土木工程专业研究生系列教材

砌体结构理论与设计

（第三版）

施楚贤　主编

施楚贤　钱义良　吴明舜　　编著
杨伟军　程才渊

中国建筑工业出版社

图书在版编目（CIP）数据

砌体结构理论与设计/施楚贤主编. —3版. —北京：
中国建筑工业出版社，2013.12
土木工程专业研究生系列教材
ISBN 978-7-112-15815-7

Ⅰ．①砌… Ⅱ．①施… Ⅲ．①砌体结构-结构设
计-研究生-教材 Ⅳ．①TU360.4

中国版本图书馆 CIP 数据核字（2013）第 210068 号

本书在第二版的基础上修订而成，论述现代砌体结构的基本概念、基本理论和设计方法。主要内容有砌体结构的发展与展望，砌体的物理力学性能，砌体结构的可靠度，无筋及配筋砌体结构构件的承载力，砌体结构房屋墙、柱内力分析与设计，墙梁和挑梁设计，砌体结构的构造措施，以及多层、高层砌体结构房屋的抗震设计。

本书为土木工程结构专业研究生教材，也可供土木工程结构设计、科研和施工人员参考。

* * *

责任编辑：王　跃　吉万旺
责任设计：李志立
责任校对：肖　剑　陈晶晶

土木工程专业研究生系列教材
砌体结构理论与设计
（第三版）
施楚贤　主编
施楚贤　钱义良　吴明舜
杨伟军　程才渊 编著

*

中国建筑工业出版社出版、发行（北京西郊百万庄）
各地新华书店、建筑书店经销
北京红光制版公司制版
北京建筑工业印刷厂印刷

开本：787×1092 毫米　1/16　印张：30　字数：730 千字
2014 年 1 月第三版　　2014 年 1 月第三次印刷
定价：**58.00** 元
ISBN 978-7-112-15815-7
（24581）

第 三 版 前 言

本书在第二版的基础上，按照《砌体结构设计规范》GB 50003—2011、《建筑抗震设计规范》GB 50010—2010 等新颁布的国家标准作了全面的修订；为适应土木工程结构专业研究生的教学，对砌体结构的研究现状及在砌体结构理论和设计方法方面新的重要成果作了补充。全书保持了论述较为系统、深入和实用的特点。

本书第一、二、三、五、八章和第十章 10.9 节由施楚贤编著，第四、六章由施楚贤和杨伟军编著，第七、九章由钱义良、程才渊和吴明舜编著，第十章 10.1～10.8 节由吴明舜和程才渊编著。全书由施楚贤主编并审定。

长期以来，本书得到读者的厚爱，此次修订中吸纳了读者的宝贵建议，在此深致谢意！并希望继续得到读者的批评和指正。

施楚贤

二〇一三年六月

第 二 版 前 言

《砌体结构理论与设计》（第一版）自1992年出版以来在工程和学术界产生了一定的反响。中国工程建设标准化协会砌体结构委员会第三届会议（1995年）工作报告指出，"我国的砌体结构设计规范颁布后，在总结多年砌体结构研究成果和国外标准规范经验的基础上，已形成具有自己特点的砌体结构理论，这可在湖南大学施楚贤教授主编的《砌体结构理论与设计》中反映出来"；该书被国内多所高等院校指定为结构工程专业砌体结构研究方面的硕士、博士研究生教材或主要参考书；2000年被全国注册工程师管理委员会（结构）选定为全国一级注册结构工程师考试参考书目。

为了反映该书出版后10年间国内外在砌体结构理论和设计方法方面所取得的新进展和新成果，我们对该书作了较为全面的修订。《砌体结构理论与设计》（第二版）保持了原书论述较为系统和深入的特点，并增加了新型砌体材料的性能与强度，结构可靠度与砌体施工质量控制等级，配筋砖砌体构件的承载力及抗震受剪承载力，基于组合受力构件强度理论的连续墙梁和框支墙梁的设计方法，以及高层配筋混凝土砌块砌体剪力墙结构的静力与抗震设计方法，使全书内容、质量有进一步的完善和提高。

本书第一、二、三、五、八章由施楚贤编著，第四、六章由施楚贤和杨伟军编著，第七、九章由钱义良编著，第十章由吴明舜和程才渊编著。全书由施楚贤主编。

因作者水平有限，恳请读者批评和指正。

编著者
2003 年 11 月

第 一 版 前 言

砌体是一种有悠久历史的建筑材料，具有较强的生命力。在我国，砌体结构得到广泛应用，目前建筑中仍有百分之九十以上的墙体采用砌体材料。近 20 年来，砌体结构在欧、美许多国家中也有很大的发展。它已成为世界上受重视的一种建筑结构体系。

本书旨在较全面阐述现代砌体结构的基本概念、基本理论和设计方法，为具有一般砌体结构知识的土建工程技术人员和大专院校师生，提供一本较深入而系统的参考书。

本书在内容上，力求论据充分、实用性强。为此，主要取材于近 20 年来国内外对砌体结构的理论分析、试验研究和设计方法方面的重要成果。对于砌体的基本力学性能、无筋和配筋砌体结构及其构件的承载力分析和设计等方面，还介绍了多种观点和方法，有一定的深度。但又立足于帮助广大技术人员加深理解和熟练应用我国新颁行的《砌体结构设计规范》（GBJ 3—88）。我们在长期从事工程结构研究、设计和教学中所积累的经验，也在本书中得到较好的反映。

全书主要内容有：砌体结构的发展和展望，砌体的物理力学性能，砌体结构的可靠度，无筋及配筋砌体结构构件的承载力，混合结构房屋的静力计算及墙、柱设计，墙梁和挑梁的设计，砌体结构的构造措施，以及多层混合结构房屋的抗震设计。

本书第一章至第六章和第八章由施楚贤编著，第七章和第九章由钱义良编著，第十章由吴明舜编著。全书由施楚贤主编。

我们恳请读者对本书中的缺点与错误提出批评指正。

编著者

1992 年 9 月

目　　录

第一章　砌体结构的发展

砌体结构是指用砖砌体、石砌体或砌块砌体建造的结构。其中石砌体和砖砌体结构的历史尤为悠久，自古至今经历了一个漫长的发展过程。20 世纪 50 年代以来，我国在砌体结构的研究、设计和计算及应用上取得了巨大的成绩。本章论述砌体结构的发展简史及砌体结构的发展方向。

1.1　古代砌体结构的发展

早在原始时代，人们就用天然石建造藏身之所，随后逐渐用石块建筑城堡、陵墓或神庙。我国 1979 年 5 月在辽宁西部喀喇沁左翼蒙古族自治县东山嘴村发现一处原始社会末期的大型石砌祭坛遗址（图 1-1）。1983 年以后，又在相距 50km 的建平、凌源两县交界处牛河梁村发现一座女神庙遗址和数处积石大家群，以及一座类似城堡或方形广场的石砌围墙遗址。经碳十四测定和树轮校正，这些遗址距今已有 5500 年历史。

图 1-1　东山嘴遗址

图 1-2　金字塔

公元前 2723 年～前 2563 年间在尼罗河三角洲的古萨建成的三座大金字塔（图 1-2），为精确的正方锥体，其中最大的胡夫金字塔，塔高 146.6m，底边长 230.60m，约用 230 万块每块重 2.5t 的石块砌成。随着石材加工业的不断发展，石结构的建造艺术和水平不断提高。公元 72～80 年建的罗马斗兽场（图 1-3），采用块石结构，平面为椭圆形，长轴 189m、短轴 156.4m。该建筑总高 48.5m，分四层，可容纳观众 5～8 万人。我国隋开皇十五年至大业元年（公元 595～605 年）李春建造的河北赵县赵州桥（图 1-4），为单孔空腹式石拱桥。该桥全长 50.83m，净跨 37.02m，矢高 7.23m，宽 9.6m，由 28 条纵向石拱券组成，在桥两端各建有两个小型拱券，既减轻了桥的自重，又减小了水流的阻力，使桥面较平缓。这是世界上现存最早、跨度最大的空腹式单孔圆弧石拱桥。北宋时期（公元

960～1127 年)在福建漳州所建虎渡桥,为简支石梁桥,桥面为三根石梁,最大跨径达23m,梁宽1.9m,厚约1.7m,每根梁重达200t。

人们生产和使用烧结砖也有3000年以上的历史。我国在夏代(约公元前21世纪～前16世纪)用土夯筑城墙。长城是举世最宏伟的土木工程(图1-5),据记载它始建于公元

图1-3 罗马斗兽场

图1-4 赵州桥   图1-5 长城

2

前7世纪春秋时期的楚国。在秦代用乱石和土将原来秦、赵、燕北面的城墙连接起来，并增筑新的长城，西起甘肃临洮，东至辽东，长达10000余里。明代又大规模地修筑了大部分长城，明长城西起甘肃嘉峪关，东至辽东虎山，全长8851.8km，其中有部分城墙用精制的大块砖重修（如现在河北、山西北部的一段城墙）。山海关至嘉峪关的万里长城至今大多完整。战国时期（公元前475年~前221年）已能烧制长方形或方形黏土薄砖、大型空心砖和断面呈几字形的花砖等。南北朝以后砖的应用比较普遍。北魏（公元386~534年）孝文帝建于河南登封的嵩岳寺塔（图1-6），是一座平面为12边形的密檐式砖塔，共15层，总高43.5m，为单筒体结构，塔底部直径8.4m、墙厚2.1m、高3.4m，塔内建有真、假门504个。该塔是我国保存最古的砖塔，在世界上也是独一无二的。始建于北齐（公元550~577年）天保十年的开封铁塔，大量采用异型琉璃砖砌成（因琉璃砖呈褐色，清代时百姓称铁塔，流传至今），平面为八角形，共13层，塔高55.08m，地下尚有5~6m。该塔已经受地震38次，冰雹19次，河患6次，雨患17次，至今依然耸立。中世纪在欧洲用砖砌筑的拱、券、穹隆和圆顶等结构也得到很大发展。如公元532~537年建于君士坦丁堡的圣索菲亚教堂，东西向长77m，南北向长71.7m，正中是直径32.6m、高15m的穹顶，全部用砖砌成。

图1-6 嵩岳寺塔

砌块的生产和应用时期很短，只有百来年历史。其中以混凝土砌块生产最早，这与水泥的出现密切相关，1824年英国建筑工人阿斯普丁发明波特兰水泥，最早的混凝土砌块于1882年问世。1958年我国建成采用混凝土空心砌块墙体承重的房屋。

1.2 20世纪50年代以来我国砌体结构的发展

20世纪上半叶，我国砌体结构的发展缓慢。1923年在有"碉楼之乡"之称的广东开平锦江里建成的瑞石楼（图1-7），共9层，高25m，底层建筑面积92m²（接近正方形），采用钢筋混凝土楼面、砖墙承重，墙厚400mm，是20世纪上半叶我国最高层数的砖墙承重的住宅房屋。

1949年中华人民共和国成立后，砌体结构得到迅速发展，取得了显著成就。概括起来，其主要特点是：应用范围广大；新材料、新技术和新结构的不断研制和使用；计算理论的深入研究和计算方法的逐步完善。

一、应用范围广大

新中国成立以来，我国砖的产量逐年增长。据统计，1980年全国砖的年产量为1566亿块。1996年增至6200亿块，为世界其他各国砖年产量的总和，全国基本建设中采用砌体作为墙体材料占90%以上。

在住宅、办公楼等民用建筑中大量采用砖墙承重。20世纪50年代这类房屋一般为3

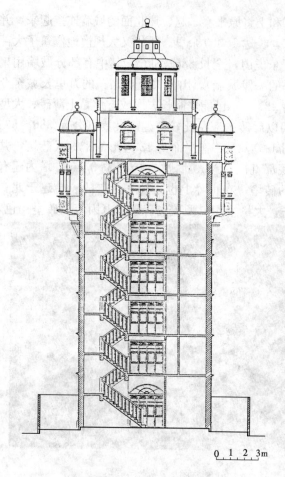

图 1-7 锦江里瑞石楼（剖面图）

~4 层，现在已大量建造 7～8 层。现在每年兴建的城市住宅，建筑面积多达数亿平方米。如重庆市，1980～1983 年新建住宅建筑面积为 503 万 m^2，其中采用砖石墙体承重的占 98%，7 层及 7 层以上的占 50%，1972 年还建成 12 层住宅。我国在产石地区用毛石砌体作承重墙的房屋高达 6 层。

在中小型单层工业厂房和多层轻工业厂房以及影剧院、食堂、仓库等建筑中，也广泛采用砖墙、柱承重结构。

砖石砌体还用于建造各种构筑物，如在镇江市建成顶部外径为 2.18m、底部外径为 4.78m、高 60m 的砖烟囱。该烟囱分为四段，自上至下每段高度为 10、17、17 和 16m，相应囱壁厚度为 240、370、490 和 620mm。小型水池、料仓、渡槽等也采用砖石建造。我国曾建成用料石砌筑高达 80m 的排气塔。在湖南建成储粮用的砖砌筒群仓，每个筒仓高 12.4m、直径 6.3m、壁厚 240mm。在福建用石砌体建成横跨云霄、东山两县的大型引水工程——向东渠，其中陈岱渡槽全长超过 4400m，高 20m，槽的支墩共有 258 座，工程规模宏大。此外，在湖南石门黄龙港 1959 年建成跨度为 60m、高 52m 的空腹式石拱桥。目前采用料石建成跨度为 112.46m 的变截面空腹式石拱桥。我国还积累了在地震区建造砌体结构房屋的宝贵经验，抗震设防烈度在 6 度及 6 度以下地区的砌体结构房屋经受了地震的考验。经过设计与构造上的改进和处理，还在 7 度和 8 度区建造了砌体结构房屋。上述情况表明，在我国砌体结构的应用范围十分广泛。

二、新材料、新技术和新结构的不断研制和使用

20 世纪 60 年代以来，我国多孔砖、空心砖的生产和应用有较大的发展。在南京市建成采用多孔砖墙承重的 6～8 层旅馆，其中 8 层旅馆的下部 4 层墙厚为 290mm，上部 4 层墙厚为 190mm，经济效益比较明显。如以 190mm×190mm×90mm 的多孔砖代替 240mm×115mm×53mm 的实心砖来砌筑砖墙，前者墙厚 190mm，后者墙厚 240mm，由于采用多孔砖不但墙体自重减轻 17%，墙厚减小 20%，还节约砂浆 20%～30%，砌筑工时少 20%～25%，墙体造价降低 19%～23%。在空心砖的孔洞内设置预应力钢筋而制成空心砖楼板、小梁或檩条，在工程上也有应用。值得指出，南京、西安等地研制和生产的拱壳砖，构造巧妙，很有特色。每块空心砖上都带有可以相互搭接的槽和挂钩（又称带钩空心砖），适宜于建造拱和薄壳结构的屋盖，不需支承模板（或仅设活动的局部模架支承），施

4

工简便，节省劳力且施工速度快。

采用混凝土、轻骨料混凝土或加气混凝土，以及利用各用工业废渣、粉煤灰、煤矸石等制成的无熟料水泥煤渣混凝土砌块或粉煤灰硅酸盐砌块等在我国有较大的发展。1958 年建成采用砌块作墙体的房屋，20 世纪 80 年代在广西南宁建成 10 层住宅和 11 层办公楼，90 年代在辽宁本溪建成 12 万 m² 的 8～10 层住宅。近十余年来，混凝土砖的产量迅增，它与混凝土小型空心砌块成为我国墙体材料革新的主要产品之一。2006 年我国房屋建筑用普通混凝土砌块的产量为 1000 万 m²，自承重混凝土砌块（包括轻集料混凝土砌块）为 6300 万 m³，混凝土多孔砖为 1300 万 m³，混凝土实心砖为 1000 万 m³。

在我国大型板材墙体也有发展。20 世纪 50 年代曾用振动砖墙板建成 5 层住宅，承重墙板厚 120mm。1974 年在南京、西安等地用空心砖做振动砖墙板建成 4 层住宅。1965～1972 年在北京市用烟灰矿渣混凝土作墙板建成 11.5 万 m² 的住宅，节约普通黏土砖 1900 万块。1986 年在长沙建成内墙采用混凝土空心大板，外墙采用砖砌体的 8 层住宅。

我国有着用砖砌筑拱和券的丰富经验，20 世纪 50 年代以来，又向新的结构形式和大跨度的方向发展。20 世纪 50～60 年代修建了一大批砖拱楼盖和屋盖（跨度一般在 3.6m 以内），还建成用作屋盖的 10.5m×11.3m 的扁球形砖壳，16m×16m 的双曲扁球形砖薄壳和 40m 直径的圆球形砖壳。湖南大学于 1958 年采用粉煤灰硅酸盐砖和砌块建成 18m 跨的大厅。20 世纪 60 年代在南京采用带钩空心砖建成 14m×10m 的双曲扁壳屋盖的实验室，10m×10m 两跨双曲扁壳屋盖的车间，16m×16m 双曲扁壳屋盖的仓库，以及直径 10m 圆形壳屋盖的油库。在西安建成 24m 跨双曲拱屋盖。20 世纪 70 年代我国还在闽清梅溪大桥工程中建成 88m 跨的双曲砖拱（拱波之间设有钢筋混凝土小肋）。

对配筋砌体结构的试验和研究在我国起步较晚。20 世纪 60 年代在衡阳和株洲一些房屋的部分墙、柱中采用网状配筋砖砌体承重，节约了钢筋和水泥。1958～1972 年在徐州采用配筋砖柱建造了跨度为 12～24m、吊车起重量为 50～200t 的单层厂房共 36 万 m²，使用情况良好。20 世纪 70 年代以来，尤其是 1975 年海城-营口地震和 1976 年唐山大地震之后，对配筋砌体结构开展了一系列的试验和研究。20 世纪 80 年代主要探讨砖混组合墙及设有构造柱组合砖墙在中高层房屋中的应用，取得了一定的成果。1984 年中国建筑西北设计院等单位，首次在西安按 8 度设防要求建成一幢六层住宅，建筑面积 4356m²，采用配竖向钢筋空心砖承重墙，墙厚 240mm。辽宁省建筑设计院设计了一种介于钢筋混凝土框架—填充墙结构体系与带钢筋混凝土构造柱的砖混结构体系之间的"砖混组合墙体系"。1987 年在沈阳（7 度区）共完成 34 幢八层住宅的设计和施工，共 17 万 m²。其墙厚均为 240mm，1～3 层处，在房屋外墙每开间设钢筋混凝土 T 形约束柱，在外墙转角处设 L 形约束柱，在内纵墙与横墙交接处设十字形约束柱，在山墙与内纵墙交接处设 T 形约束柱，在各横墙的中央设矩形约束柱；在 4 层，除横墙中央不设矩形约束柱外，其余作法同上述 1～3 层；在 5～8 层，仅沿外墙每开间及内纵墙与横墙交接处设 240mm×300mm 的约束柱。此外，在第 3 层设钢筋混凝土分配梁，其他层设钢筋混凝土圈梁。20 世纪 90 年代以来，加快并深化了对配筋混凝土砌块砌体结构的研究和应用，在吸收和消化国外成果的基础上，建立了具有中国特点的配筋混凝土砌块砌体剪力墙结构体系，大大拓宽了砌体结构在高层房屋及其在抗震设防地区的应用。图 1-8 为 1997 年在辽宁盘锦建成的 15 层

配筋混凝土砌块砌体剪力墙结构住宅房屋，墙厚 190mm，第 1、2 层为全灌孔混凝土砌块砌体，采用 MU20 砌块、Mb20 砂浆、Cb30 灌孔混凝土；第 3～15 层为部分灌孔混凝土砌块砌体，其中第 3～8 层采用 MU15 砌块、Mb15 砂浆、Cb25 灌孔混凝土，第 9～15 层采用 MU10 砌块、Mb10 砂浆、Cb20 灌孔混凝土。墙体水平钢筋配筋率为 0.1％～0.15％，竖向钢筋配筋率为 0.1％～0.35％。该房屋与钢筋混凝土

图 1-8　辽宁盘锦国税局 15 层住宅

结构房屋相比节省钢材 43％，降低造价 22％，缩短施工工期三分之一。图 1-9 为 1998 年在上海建成的 18 层（局部 20 层）配筋混凝土砌块砌体剪力墙结构住宅房屋，墙厚 190mm，为全灌孔混凝土砌块砌体，第 1～3 层采用 MU20 砌块、Mb30 砂浆、Cb40 灌孔混凝土；第 4～18 层采用 MU15 砌块、Mb25 砂浆、Cb35 灌孔混凝土。墙体水平钢筋配筋率为 0.2％～0.41％，竖向钢筋配筋率为 0.4％～0.52％。该房屋与钢筋混凝土结构房屋相比节省钢材 25％，降低造价 7.4％。上述试点建筑建成后，在抚顺和哈尔滨建成框支配筋混凝土砌块砌体剪力墙高层房屋。图 1-10 为 2003 年建成的哈尔滨 18 屋阿继科技园，其 1～5 层为钢筋混凝土框剪结构，6 层为钢筋混凝土剪力墙结构，7～18 层为配筋混凝土砌块砌体剪力墙结构。2007 年在湖南株洲国脉家园小区建成两幢配筋混凝土砌块砌体剪力墙结构住宅，一幢为 17 层（图 1-11a），另一幢为地上 19 层、地下两层（图 1-11b）。近几年来，配筋混凝土砌块砌体剪力墙结构在辽宁大庆得到较好的推广应用。位于哈尔滨地上 28 层、地下一层、总高度 98.8m（檐口高度）的科盛科技大厦（办公建筑），其主体于 2013 年 6 月底封顶，系我国首幢百米高的配筋砌块砌体建筑。

图 1-9　上海园南四街坊 18 层住宅

图 1-10　哈尔滨阿继科技园

(a)　　　　　　　　　　　(b)

图 1-11　湖南珠洲国脉家园住宅

三、计算理论的深入研究和计算方法的逐步完善

20 世纪 50 年代以前，我国所建造的砌体结构房屋主要是住宅等民用建筑，不但层数低，且只凭经验设计而不作计算，在有的城市（如上海）也只是参照某些规定，由房屋的层数来选定墙的厚度，因而直到 50 年代在我国还谈不上有什么砌体结构的设计理论。国家建委于 1956 年批准在我国推广使用苏联的《砖石及钢筋砖石结构设计标准及技术规范》HиTY120—55。这本规范采用的是属于定值的极限状态设计法。50 年代后期，我国才开始对砌体结构作一些试验和研究，同时原建筑工程部组织有关单位着手制订我国的设计规范，先后编写过三个初稿，即"砖石及钢筋砖石结构设计规范"（初稿）（1963，北京）、"砖石结构设计规范"（草稿）（1966，沈阳）及"砖石结构的设计和计算"（草案）（1970，沈阳）。它们均因种种原因未能得到批准和出版。直至 20 世纪 60 年代我国的砌体结构设计基本上仍按照上述苏联规范的方法进行。但自 60 年代初至 70 年代初，在有关部门的领导和组织下，在全国范围内对砖石结构进行了比较大规模的试验研究和调查，总结出一套符合我国实际、比较先进的砖石结构理论、计算方法和经验。在砌体强度计算公式、无筋砌体受压构件的承载力计算、按刚弹性方案考虑房屋空间工作，以及有关构造措施等方面具有我国特色。从而于 1973 年颁布国家标准《砖石结构设计规范》GBJ 3—73。它是我国制订的第一本砖石结构设计规范，从此我国的砌体结构设计进入了一个崭新的阶段。70 年代中期至 80 年代，我国对砌体结构进行了第二次比较大规模的试验和研究。在砌体结构的设计方法、多层房屋的空间工作性能、墙梁的共同工作，以及砌块砌体的力学性能和砌块房屋的设计等方面取得了新的成绩。对配筋砌体、构造柱和砌体结构房屋的抗震性能方面也进行了许多试验和研究。先后出版了《中型砌块建筑设计与施工规程》JGJ 5—80、《混凝土空心小型砌块建筑设计与施工规程》JGJ 14—82、《冶金工业厂房钢筋混凝土墙梁设计规程》YS 07—79、《多层砖房设置钢筋混凝土构造柱抗震设计与施工规程》JGJ 13—82 等。由中国建筑东北设计院主编、经建设部批准的国家标准《砌体结构设计规范》GBJ 3—88，使我国砌体结构可靠度设计方法已提高到当时的国际水平（采用以概率理论为基础的极限状态设计法），对于多层砌体结构房屋的空间工作，以及在墙梁中考虑墙和梁的共同工作等专题的研究成果在世界上处于领先地位。20 世纪 90 年代以来，我国对砌体结构的研究有新的深入和发展，突出地表现在颁布的国家标准《砌体结构设计规范》GB

50003—2001 上。为适应我国墙体材料革新的需要，增加了许多新型砌体材料，扩充了配筋砌体结构的类型，这部规范既适用于砌体结构的静力设计，又适用于抗震设计；既适用于无筋砌体结构的设计，又适用于较多类型的配筋砌体结构设计；既适用于多层房屋的设计，又适用于高层房屋的设计。可以认为新规范建立了较为完整的砌体结构设计理论体系和应用体系。具体体现在下列方面：

1. 采用统一模式的砌体强度计算公式，并建立了合理反映砌体材料和灌孔影响的灌孔砌块砌体强度计算公式。

2. 完善了以剪切变形理论为依据的房屋考虑空间工作的静力分析方法。

3. 适当提高了砌体结构的可靠度，引入了与砌体结构设计密切相关的砌体施工质量控制等级，与国际标准接轨。

4. 采用附加偏心距法建立砌体构件轴心受压、偏心受压和双向偏心受压互为衔接的承载力计算方法。

5. 建立了反映不同破坏形态的砌体受剪构件的抗剪承载力计算方法。

6. 配筋砖砌体构件类型较多，符合我国工程实际，且带面层的组合砌体构件与组合墙的轴心受压承载力的计算方法相协调。

7. 比较大地加强了防止或减轻房屋墙体开裂的措施。

8. 基于带拉杆拱的组合受力构件的强度理论，建立了简支墙梁、连续墙梁和框支墙梁的设计方法。

9. 建立了较为完整且具有我国砌体结构特点的配筋混凝土砌块砌体剪力墙结构体系，扩大了砌体结构的应用范围。

新颁布的《砌体结构设计规范》GB 50003—2011，遵照"增补、简化、完善"的原则，又作了如下主要修改：

1. 增加了符合墙体材料革新要求的混凝土多孔砖、混凝土普通砖，及其砌体结构的设计；为保证承重多孔砖及蒸压硅酸盐砖的结构性能，新增了对这些块体折压比限值的要求，对非烧结块体（多孔砖、砌块）的孔洞率、壁与肋厚尺寸限值及碳化、软化性能提出了要求。

2. 在砌体结构静力承载能力极限状态的计算式中引入可变荷载考虑设计使用年限的调整系数，在验算砌体结构的整体稳定中，增加了永久荷载控制的组合项；为重视砌体结构的耐久性，对其设计的环境类别，砌体材料选择，砌体中钢筋、保护层的选择及技术措施等方面作出了较完整的规定；对砌体强度调整系数作了一定的简化。

3. 新增框架填充墙的设计要求；补充了夹心墙的结构构造要求；修改和补充了防止或减轻墙体开裂的主要措施。

4. 统一了网状配筋砖砌体构件的体积配筋率及其计算；对组合砖砌体构件受压区相对高度的界限值作了相应的补充和调整；给出了组合墙平面外偏心受压承载力的近似计算方法；为增强配筋砌块砌体剪力墙的整体受力性能，提出了宜采用全部灌芯砌体，作抗震墙时应采用全部灌芯砌体。

5. 修改和补充了砌体结构的抗震设计：进一步定位抗震设防地区的砌体结构，普通砖、多孔砖和混凝土砌块砌体承重的多层砌体房屋及底部框架-抗震墙砌体房屋，其抗侧力墙体的最低要求是应采用约束砌体构件，即按抗震要求设置混凝土构造柱（或芯柱）和圈梁的墙体，表明抗震设防地区不能采用无筋砌体构件；增加了底部框架-抗震墙砌体房屋的抗震设计方法；对多层砌体房屋和底部框架-抗震墙砌体房屋的重要部位和薄弱部位，采取增强约束和加强配筋的措施；补充并适当提高了配筋砌块砌体抗震墙房屋适用的最大高度。

总之，20世纪50年代以来，尤其是70年代以来，砌体结构得到广泛应用和迅速发展，它对我国全面建设小康社会已经并将继续发挥重大作用。

1.3 国外20世纪60年代以来砌体结构的发展

就世界范围来说，苏联是最早较完整建立砌体结构理论和设计方法的国家。1939年苏联颁布了《砖石结构设计标准及技术规范》OCT—90038—39。20世纪40～50年代，苏联对砌体结构作了一系列的试验和研究，50年代提出了按极限状态设计方法。东欧一些国家，如捷克、波兰等国也采用这一设计方法。此时，欧、美其他国家还只是按经验或采用按弹性理论的容许应力设计法。早在1889～1891年，在美国芝加哥建造了一幢16层高的房屋，其底层承重墙厚1.8m。但自1958年在瑞士苏黎世采用抗压强度为58.8MPa、空心率为28%的空心砖作墙体建成一幢19层塔式住宅（墙厚380mm）（随后在瑞士还建成24层塔式住宅）以来，已引起世界上许多国家对砌体结构研究及应用的兴趣和重视。据联合国1980年的统计，在70年代中，世界上五十多个国家每年黏土砖总产量为1000亿块左右（不包括我国的产量）。1979年，欧洲各国产量为409亿块、苏联为470亿块，亚洲各国为132亿块，美国为85亿块。按年人均产量计算，苏联为170块，东欧各国为146块，西欧各国为137块。不少专家、学者对此古老的砖石结构相继重新作出评价，认为："值得重视黏土砖的抗压强度高于普通混凝土的抗压强度"，"古老的砖结构是在与其他材料结构的竞争中重新出世的承重墙体结构"，"黏土砖、灰砂砖、混凝土砌块砌体是高层建筑中受压构件的一种有竞争力的材料"。因而自20世纪60年代以来，欧、美及世界许多国家加强了对砌体的研究，在砌体结构理论、设计方法、材料性能，以及应用上取得了许多成果。苏联在60年代对砌体结构研究的进展不大，至70年代中期重点研究承重砌体房屋的抗震性能、配筋及组合砌体的受力性能等课题。

20世纪60年代以来，欧、美许多国家还改变了他们对长期沿用的按弹性理论的容许应力设计法的看法。1970年加拿大D. E. Allen较全面指出了这种方法的缺点，他认为：（1）容许应力法不能直接反映结构破坏的状态，必然使设计结果产生错误或不经济；（2）不能适应新的结构和不同的砌筑质量的影响；（3）以材料强度和单一安全系数为依据的容许应力，这个指标是对结构实际安全性的误解；（4）不是所有构件都应有相同的安全度。不少学者也认为，"采用极限状态设计的目的是使设计、施工和使用都很经济"。英国标准协会于1978年编制了砌体结构实施规范，意大利砖瓦工业联合会于1980年编制承重砖砌体结构设计计算的建议，均采用极限状态设计方法。不少国家正在为采用极限状态设计方法做准备工作。自60年代末至70年代国际上提出近似概率法以来，许多国家也抱积极态度。国际建筑研究与文献委员会承重墙工作委员会（CIB. W23）于1980年颁发《砌体结构设计和施工的国际建议》（CIB58），采用了以近似概率理论为基础的安全度准则。该建议的工作组成员由比利时、英国、苏格兰、法国、意大利和原联邦德国等国的专家组成，自 1974 年开始拟稿并经过 8 次正式会议讨论。目前国际标准化组织砌体结构技术委员会（ISO/TC179）正在编制国际砌体结构设计规范，也采用上述安全度准则。由此可见，从国际上来说，砌体结构的设计方法将提高到一个新的水平。

20 世纪 60 年代以来，国外研究、生产了许多性能好、质量高的砌体材料，无疑推动了砌体结构的迅速发展。在意大利，5 层及 5 层以下的居住建筑中有 55% 是采用砖墙承重。意大利全国有 800 多个生产砖和砌块的工厂，1979 年黏土砖的人均产量为 133 块，砖的抗压强度一般可达 30~60MPa，空心砖的产量占砖总产量的 80%~90%，其空心率有的高达 60%。瑞士空心砖的产量占砖总产量的 97%，保加利亚则达 99%。英国的卡尔柯龙多孔砖的抗压强度为 35、49 和 70MPa，英国砖的抗压强度最高达 140MPa。加拿大有 80% 的砖的抗压强度达 55MPa，较高的达 70MPa。法国、比利时和澳大利亚等国砖的抗压强度一般达 60MPa，在澳大利亚高的可达 130MPa。原联邦德国砖的抗压强度为 20~140MPa（黏土砖）和 7~140MPa（灰砂砖）。在美国，根据 1964 年国家鉴定检验，有 75% 的砖的抗压强度大于 55MPa，有 25% 的砖的抗压强度大于 93MPa。现在美国商品砖的抗压强度为 17.2~140MPa，最高的达 230MPa。美国有一种 5 孔空心砖（E 型砖），尺寸为 200mm×95mm×75mm，空心率为 22%，强度高达 170MPa。捷克空心砖的抗压强度为 50~160MPa，还有的高达 200MPa。由上可见，国外砖的抗压强度一般均达 30~60MPa，且能生产强度高于 100MPa 的砖。国外空心砖的重力密度一般为 13kN/m³，轻的达 0.6kN/m³。

国外采用的砂浆的抗压强度也较高，如美国 ASTMC270 规定的 M、S 和 N 三类砂浆均为水泥石灰混合砂浆，抗压强度分别为 25.5、20 和 13.8MPa。原联邦德国采用的水泥石灰混合砂浆的抗压强度为 13.7~41.1MPa。一些国家还在研究高粘结强度砂浆。S. Sahlin 指出，砖砌体强度一般为砖强度的 25%~50%，混凝土空心砌块砌体强度一般为砌块强度（按毛面积计）的 35%~55%，表明砌体强度受砂浆的影响很大。因此研究高粘结强度砂浆十分必要。美国 Dow 化学公司已生产 "Sarabond"。它是一种掺有聚氯乙烯乳胶的砂浆，抗压强度可超过 55MPa。采用这种砂浆可使砌体抗压强度提高约 37%，但要求砖的抗压强度不低于 41MPa。

由于砖和砂浆材料性能的改善，砌体的抗压强度大大提高。在西欧一些国家及美国等，早在 20 世纪 70 年代砖砌体的抗压强度已达 20MPa 以上，它接近其至超过普通强度等级的混凝土强度。现在美国砖砌体的抗压强度为 17.2~44.8MPa，当砖的抗压强度为 41MPa，用 Sarabond 砌筑，其砌体抗压强度高达 34MPa。美国得克萨斯大学试验的一种采用聚合物浸渍的砖砌体，抗压强度高达 120MPa。

许多国家的砌体材料，不但强度高而且质量也好。如砖的抗压强度的变异系数，英国为 0.06~0.25，美国为 0.018~0.382（平均 0.113），澳大利亚平均为 0.085，比利时平均为 0.15（普通砖）和 0.24（多孔砖），法国平均为 0.12（多孔砖为 0.20）。许多国家的砖砌体抗压强度的变异系数平均约为 0.09。美国 1963 年对商业性试验室的试验结果作了调查，普通砖棱柱砌体抗压强度的变异系数为 0.05~0.24，平均值为 0.094。

国外砌块的发展也相当迅速，一些国家在 20 世纪 70 年代的砌块产量就接近普通砖的产量。如原联邦德国 1970 年生产普通砖 75 亿块，生产 74 亿相当于普通砖的小砌块。英国 1976 年生产普通砖 60 亿块，生产 67 亿相当于普通砖的小砌块。美国、法国和加拿大等国的发展更快，砌块的产量已大大超过普通砖的产量。如美国 1974 年生产普通砖 73 亿块，生产 370 亿相当于普通砖的小砌块。

欧、美许多国家对预制砖墙板和配筋砌体的研究相当重视，为砌体在高层建筑中的应用开辟了新的途径。20 世纪 60 年代苏联采用预制砖墙板建造的房屋面积已超过 400 万 m^2。丹麦于 1970 年在考察欧、美许多国家的振动砖墙板之后，生产了 11 种类型的振动砖墙板，年产量达 350 万 m^2。在美国得克萨斯州奥斯汀市曾采用 76mm 的预制砖墙板作一幢 27 层房屋的外围护墙。美国的预制装配折线形砖墙板和加拿大的预制槽形及半圆筒拱形墙板，均已在工程上应用。在欧、美及新西兰等国，配筋砌体结构的研究和使用取得较大进展。一种形式是采用空心砖或空心砌块，在空洞内设置竖向及水平钢筋并灌浆或灌混凝土；另一种形式是将墙砌筑成内、外两层，用钢筋砂浆或钢筋混凝土作中间夹层。它们不但强度高，抗震性能也好。N. J. N. Priestley 认为，在新西兰配筋砌体结构的抗震能力可以与混凝土结构媲美。

国外采用砌体作承重墙建造了许多高层房屋，推动了砌体材料和结构的发展。R. J. M. Sutherland 的理论研究认为，采用无筋砌体可建造 25～30 层高的房屋；若根据经济的墙厚，则可建 15～20 层以下的住宅及少数办公楼房屋；如不考虑风力的作用（采用带有混凝土核心的组合砌体墙结构），在英国采用 225mm 厚的砖墙可建 25 层高的房屋，如在房屋的最下几层用 340mm 厚的砖墙，则可建 30 层以上的房屋，在加拿大还可将房屋层数增加到近 40 层。F. Khan 认为，如采用高强砌块、高强砂浆和含钢量为 1% 的配筋灌浆砌体，建造 60 层的房屋是可能的。1970 年在英国诺丁汉市建成一幢 14 层高的砖墙承重房屋（内墙厚 230mm，外墙厚 270mm），与该地同时建成的一幢类似的混凝土框架承重房屋相比较，上部结构的造价降低 7.7%。在英国这两类房屋的总造价，一般前者要较后者低 5%～9%。在法国和原联邦德国也相继建成 8～12 层的砌体墙承重房屋。现在瑞士采用砌体墙承重的高层房屋一般达 20 层，内承重墙厚 110mm 和 150mm，外承重墙厚 130mm 和 180mm。

18 世纪 20 年代 Mare Brunnel 将配筋技术用于 Rotherhithe 隧道的竖井建筑中，第一、二次世界大战期间，日本、印度广泛采用了配筋砖砌体。20 世纪 60～70 年代初英国开始发掘和发展配筋砖砌体和预应力砌体的潜力，1967 年英国建成一座竖向和环向施加预应力的砖水池，池内径为 12m，高 5m，池壁厚 230mm，钢筋直径 7mm。D. Foster 认为，由于砌体的徐变和收缩较混凝土的小，因此发展预应力砌体的可能性是明显的。英国在制定配筋和预应力砌体规范方面处于领先地位。第二次世界大战以来，北美也开启了配筋砖砌体及砌块砌体的应用。美国 20 世纪 50 年代起建造砌体墙承重的高层房屋，他们总结了 1931 年新西兰那匹尔大地震和 1933 年美国加利福尼亚长滩大地震中无筋砌体受到严重震害的经验，在世界上首先推出配筋混凝土砌块砌体剪力墙结构体系，并于 1943 年将此建筑列入设计规范。在美国，如 1952 年建成 26 幢 6～13 层的退伍军人医院，1966 年在圣地亚哥建成 8 层海纳雷旅馆（相当于位于我国的 9 度区）和洛杉矶 19 层公寓，1970 年在科罗拉多州丹佛市先后建成 5 幢 20 层高的塔式住宅，其中 4 幢采用配筋砖墙承重，墙厚 250mm，另 1 幢采用 150mm 厚的振动砖墙板承重，丹佛市的派克兰姆塔楼（图 1-12a）经受了里氏 5 级地震的考验。加利福尼亚州帕萨迪纳的希尔顿旅馆，共 13 层，264 间房间，建筑面积 1.4 万 m^2，采用高强混凝土砌块墙和预应力混凝土空心楼板，每一层只用 4 个半工作日完成，施工期仅五个半月，该房屋经受 1971 年圣佛南多大地震后完整无损，而与之邻近的一幢 10 层混凝土框架结构房屋却遭到严重的破坏。在同一次地震中，第一层为框架结构的 Olive View 医院全部受到破坏，邻近的在房屋一端设有配筋砌块剪力墙的电站却完好。1990 年在美国内华达州拉斯维加斯（相当于我国 7 度区）建成 28 层的 Excalibur Hotel，该酒店（五星级）有 4 幢 28 层房屋（图 1-12c 为其平面布置和二幢房屋），采用配筋混凝土砌块砌体剪力墙墙体，以其中 1 号剪力墙为例，第 1～5 层墙厚 300mm（12in），第 6～28 层墙厚 200mm（8in），灌芯砌体抗压强度 10～28MPa（1500～4000psi），水平钢筋配筋率 0.12％～0.24％，竖向钢筋配筋率 0.08％～0.12％。图 1-12 (b) 为 1995 年在美国俄亥俄州克利夫兰市区建造的一幢 17 层公寓大楼（Crittenden 庭园），采用配筋砌体墙承重，用时仅 17 个月，建成时为美国中部最高的该结构建筑。在美国，建在钢筋混凝土基础上、按悬臂梁计算的槽型配筋砖砌体挡土墙已得到应用和推广，且用于 7m 高的挡土墙也是经济的。意大利和委内瑞拉等国对配筋砌体结构的研究也极为重视。在新西兰采用配筋砌体墙在地震 C 区可建 10 层高的房屋。在加拿大，仅仅是从 1965 年才开始建造高层砌体结构，但至 1984 年就已建成大约 300 幢采用砌体作承重墙的

Park Lane Tower
Dever,Colorado
1970年建
(a)

Crittenden Garden
Cleveland,Ohio
1995年建
(b)

Excalibur Hotel
Las Vegas,Nevada
1990年建
(c)

图 1-12　美国配筋砌体承重墙高层房屋

高层房屋。如在多伦多建造的 11 层住宅，采用混凝土砌块承重墙，墙厚为 190mm 和 240mm，在空心砌块的 40％的空洞内配筋并灌浆。在澳大利亚布里斯班建成二幢 9 层、二幢 12 层的砌体结构房屋，其中 12 层房屋的内墙厚 110～230mm，外墙厚 305mm，8 层以下要求砖的抗压强度不低于 50MPa，用 1∶0.5∶4.5 的砂浆砌筑；8 层以上要求砖的抗压强度不低于 30MPa，用 1∶1∶6 的砂浆砌筑。

　　20 世纪 60 年代以来，国际上在砌体结构学科方面的交流和合作也是很引人注目的，进一步推动了砌体结构的发展。自 1967 年由美国国家科学基金会和美国结构黏土制品协会发起，在美国奥斯汀德克萨斯大学举行第一届国际砖砌体结构会议以来，每三年召开一次，分别在英国、德国、比利时、美国、意大利、澳大利亚、中国和爱尔兰等国相继召开，每次会议均有一二十个国家、数百名专家学者出席，研究和交流的课题十分广泛。如 1985 年 2 月在澳大利亚墨尔本大学举行的第 7 届会议，有 22 个国家、250 余人参加，会议出版了两卷论文集，刊载论文 227 篇。从会议交流和讨论的议题来看，现阶段国际上在砌体结构研究课题上的主要特点是，不仅重视对砌体、节点及砌体结构单元受力性能的试验和研究，还比较系统地探讨砌体结构的基本理论和设计方法，以及在动力荷载作用下墙体的结构分析；研究的范围不仅是砌体材料的生产、砌体结构的构造原理和细部设计，还扩大到砌体结构的经济、环境与节能，以及对砌体结构的评定、修复和加固等许多领域。第 11 届国际砖/砌块砌体结构会议于 1997 年 10 月在中国上海同济大学召开。2012 年 6 月在巴西弗洛里亚诺波利斯召开第 15 届国际砖/砌块砌体结构会议，其宗旨是探讨砌体结构未来的定位与发展方向。从本次会议交流的论文来看，砌体受力性能试验研究仍然是最为重要的内容，试验方法正趋于简单、高效；砌体结构抗震性能研究仍是重点，既有建筑的损伤检测及修复逐渐成为砌体结构工程应用的另一主要发展方向；新型块体及砂浆材料的研究，在全球可持续发展理念的影响下越来越受到重视，砌体材料的耐久性和节能环保也是未来重点研究的课题。

　　此外，国际建筑研究与文献委员会承重墙工作委员会已主持召开了多届国际墙体结构学术讨论会。英国、加拿大和北美等国还相继邀请外国代表参加他们本国召开的砌体结构会议。国际标准化组织砌体结构技术委员会（ISO/TC179）于 1981 年成立，下设无筋砌体（SC1）、配筋砌体（SC2）和试验方法（SC3）三个分技术委员会。我国在砌体结构方面的研究成果和发展，受到国际上的注视，1981 年我国被推选担任 ISO/TC179/SC2 的秘书国，主持编制了《配筋砌体结构设计规范》ISO 9652—3。近些年来我国在该学科上与国际的交流和合作愈来愈多。

　　以上所述足以表明，砌体结构是一项在世界上受重视和发展的工程结构体系。

1.4 展　望

　　砖、石是一种古老的建筑材料。它之所以生命力强而发展为现代砌体结构，并且成为世界上受重视的一种建筑结构体系，其中重要的原因是砌体结构所具有的特点。概括起来，它的优点有：（1）黏土、砂、石是制成砖、砂浆及石材的原材料。它们是一种天然材料，分布较广，易于就地取材，且与水泥、钢材和木材等建筑材料相比，相当便宜。（2）砖、石或砌块砌体具有良好的耐火性和较好的耐久性。在一般情况下，砌体可耐受近

400℃的高温。通常建筑中的砌体，足够使用到预期的耐久年限。（3）一般情况下砌体在施工时不需模板和特别的施工设备，较之混凝土结构大大节约木材，且具有较好的连续施工的性能。砌体还可采用冻结法在冬期施工，而不需采取特殊的保温措施。（4）砖、砌块结构的保温、隔热性能好，节能效果好。近代又能生产多种形式和色彩的砖，其建筑尤使人感到舒适和美观。（5）在砌体中设置钢筋或钢筋混凝土的配筋砌体结构，不但能提高强度，还改善了延性，具有较好的抗震性能。

砌体结构在发展中所走过的漫长道路也可以说是不断发挥其特点，并不断克服其不足的过程。砌体结构的缺点是：（1）除采用高强度的块体和砂浆外，通常砌体强度较低。因而墙、柱截面尺寸大，材料用量增多，自重加大。以采用 HPB235 级的钢筋、C20 的混凝土和强度为 1.9MPa 的砌体为例，它们的重力密度与抗压强度之比分别相应约为 3、35 和 50。（2）砌体的砌筑基本上采用手工方式，如我国传统的"一砖二刀三弯腰"操作方法，砌筑劳动量大，工人十分辛苦。（3）砌体的抗拉和抗剪强度较抗压强度更低，因而无筋砌体的抗震性能差，砌体结构在应用上受到限制。（4）黏土是制造黏土砖的主要原料，要生产大量的砖，势必过多占用农田，严重影响农业生产，破坏生态环境。在我国平均生产 1 亿块砖，需毁农田约 100 亩。

综上所述，今后应加强对现代砌体结构的研究和应用。现代砌体结构要求可持续发展，采用节能环保、轻质、高强且品种多样的砌体材料；工程上有较广的应用领域，在中高层建筑结构中有较强的竞争力；具有先进、高效的建造技术，为舒适的居住和使用环境创造良好的条件。结合我国国情，应加强以下几方面的工作。

一、努力研发有利于环境保护、生态平衡和高效的砌体材料

我国耕地面积只占世界耕地面积的 9%，而人口则占世界人口的 21%，人地矛盾十分突出。按墙体材料革新的要求，"十五"期间，我国人均占有耕地不足 0.8 亩的城市和省会城市全部禁止使用黏土实心砖，全国实心黏土砖的总量控制在 4500 亿块以内，节约土地 110 万亩，节能 8000 万吨标煤，利用工业废渣 3 亿 t，新型墙材占墙材总量的比重达到 40%。"十二五"期间，我国将进入绿色建筑快速发展阶段，要求开展城市城区限制使用黏土砖，县城禁止使用黏土实心砖工作，到 2015 年，全国 30% 以上的城市实现限制使用黏土制品，全国 50% 以上县城实现禁止使用黏土实心砖，全国黏土实心砖产量控制在 3000 亿块标准砖（拼合）以下，新型墙体材料产量比重达到 65% 以上，城镇建筑设计阶段 100% 达到节能标准要求，施工阶段节能标准执行率达到 95% 以上。坚持以节能、节地、利废、保护环境和改善建筑功能为发展方针，以提高生产技术水平、加强产品配套和应用为重点，积极发展功能好、效益佳的各种新型墙体材料，其中尤应加强对集承重和保温隔热于一体的复合节能墙体的研究和应用。还应努力对轻质、高强砖和砌块以及高粘结强度砂浆的研制和应用。

二、完善和丰富抗震砌体结构体系，深化对配筋砌体结构的研究

为提高砌体结构的抗震能力，应完善和创新抗震设防区砌体结构体系，以及隔震技术的应用。

应在对配筋混凝土砌块砌体剪力墙结构已有研究成果的基础上，进一步研究其抗震性能，使该结构体系在抗震设防地区的适用高度上较现行规范规定有较大的突破，并对框支配筋混凝土砌块砌体剪力墙结构进行系统研究，为拓宽配筋砌体结构的应用范围提供依据。将我国配筋砌体结构的研究和应用提高到一个新的水平。

预应力砌体结构具有整体性好、抗裂能力强、抗震性能良好的特点。20 世纪 70 年代以来，国外一直在开展预应力砌体结构的性能研究和应用。1985 年英国颁布了预应力砌体规范，1998 年澳大利亚、瑞士等国砌体规范中增添了有关预应力砌体的条文，1999 年美国也制订了预应力砌体规范。我国的研究工作起步晚，相当滞后。加强对预应力砌体结构的设计和应用研究，将为我国现代砌体结构增添新的结构体系。

三、加强对砌体结构理论的研究

进一步研究砌体结构的破坏机理和受力性能，通过物理或数学模式，建立精确而完整的砌体结构理论，是世界各国所关心的课题。我国在这方面的研究有较好的基础，有的课题研究有一定的深度，继续加强这方面的工作十分有利，对促进砌体结构的发展也有深远意义。这其中包括深入研究砌体结构耐久性、砌体结构正常使用极限状态的设计表达式和裂缝控制理论与方法，深入、系统的研究砌体结构可靠性检测、鉴定及加固理论与方法。目前我国既有建筑面积达 430 亿 m^2，砌体结构房屋占的比例大，使用年限长，许多房屋已产生不同程度的损伤，建立科学、实用的砌体结构可靠性鉴定与加固理论体系，有重要指导作用。此外，由于建筑节能改造的需要，建立既有砌体结构房屋节能改造评估体系，研究、推广不同地区、不同结构类型、不同构造措施下既有建筑的节能改造技术的任务亦十分紧迫。为此，还必须加强对砌体结构的实验技术和数据处理的研究，使测试自动化，且得到精确的实验结果。

四、提高砌体施工技术的工业化水平

国外在砌体结构的预制、装配化方面做了许多工作，积累了不少经验，发达国家预制板材产量已占墙材总量的 40%。在我国对预应力砌体结构的研究相当薄弱，大型预制墙板和振动砖墙板的应用也极少，目前板材产量只占墙材总量的 8%。改变砌体结构传统的建造方式，对提高砌体结构标准化、生产工业化、施工机械化，从而减少繁重的体力劳动，加快工程建设速度，无疑有着积极意义。

正如 E. A. James 指出，"砌体结构经历了一次中古欧洲的文艺复兴；其有吸引力的功能特性和经济性，是它获得新生的特点。我们不应停留在这里。我们正在进一步赋予砌体结构以新的概念和用途"。这反映了国外许多学者对砌体结构的研究所持的积极态度和对它的发展所充满的希望。同样，我们对砌体结构的未来也满怀信心，相信在党的路线、方针和政策的正确指引下，敢于改革、勇于创新，坚持科学态度，一定能再接再厉，为我国及世界砌体结构的发展做出更大贡献。

参 考 文 献

[1-1]　中国大百科全书，土木工程，北京：中国大百科全书出版社，1987.

[1-2]　丁大钧主编．砌体结构学．北京：中国建筑工业出版社，1997.

[1-3]　施楚贤主编．普通高等教育土建学科专业"十二五"规划教材、高校土木工程专业规划教材。砌体结构(第三版)，北京：中国建筑工业出版社，2012.

[1-4]　С. В. Подяков и Б. Н. фадевич Каменные Конструкции. Госстройиэдат，1960.

[1-5]　F A 伦道尔等．中国建筑科学研究院建筑设计研究所译．混凝土砌块手册．北京：中国建筑工业出版社，1982.

[1-6]　钱义良．我国砖石结构发展的回顾与瞻望．建筑结构，1984(5).

[1-7] 周承渭译．砖石及钢筋砖石结构设计标准及技术规范（НиТУ 120—55）．北京：建筑工程出版社，1959.

[1-8] 砖石结构设计规范 GBJ 3—73. 北京：中国建筑工业出版社，1973.

[1-9] 中型砌块建筑设计与施工规程 JGJ 5—80. 北京：中国建筑工业出版社，1980.

[1-10] 混凝土空心小型砌块建筑设计与施工规程 JGJ 14—82. 北京：中国建筑工业出版社，1982.

[1-11] 冶金工业厂房钢筋混凝土墙梁设计规程 YS 07—79. 北京：冶金工业出版社，1981.

[1-12] 陆能源、冯铭硕．考虑组合作用的墙梁设计．建筑结构学报，1980(3).

[1-13] 多层砖房设置钢筋混凝土构造柱抗震设计与施工规程 JGJ 13—82. 北京：中国建筑工业出版社，1982.

[1-14] 工业与民用建筑抗震加固技术措施编写组．工业与民用建筑抗震加固技术措施．北京：地震出版社，1987.

[1-15] 巴荣光等．竖向配筋空心砖承重体系住宅结构设计简介．住宅科技，1985，11.

[1-16] 刘锡荟等．用钢筋混凝土构造柱加强砖房抗震性能的研究．建筑结构学报，1981(6).

[1-17] 马宏大．多层砖房设置钢筋混凝土构造柱抗震设计方法．建筑结构，1982(5).

[1-18] 砌体结构设计规范 GBJ 3—88. 北京：中国建筑工业出版社，1988.

[1-19] 砖石结构设计手册编写组．砖石结构设计手册．北京：中国建筑工业出版社，1976.

[1-20] 杨玉成等．多层砖房的地震破坏和抗裂抗倒设计．北京：地震出版社，1981.

[1-21] 蔡君馥等．唐山市多层砖房震害分析．北京：清华大学出版社，1984.

[1-22] 孙国栋．国外砖石结构的应用及发展简介．建筑结构学报，1984(5).

[1-23] 吴晋清．国外几种主要墙体材料发展概况．硅酸盐建筑制品，1986(6).

[1-24] 乐百墉摘译．加筋砌体抗震设计．建筑结构，1977(4).

[1-25] 吴昊．国外砌块工业发展概况．砌块建筑，1986(3).

[1-26] 谢苗佐夫著．砖石及钢筋砖石结构按计算极限状态的计算．王自然译．北京：中国工业出版社，1962.

[1-27] 施楚贤．第三届国际墙体结构会议．对外科技活动信息通报．北京：科学技术文献出版社，1985(2).

[1-28] Mallet R J. Structural Behavior of Masonry Elements. Int. Conf. on Planning and Design of Tall Buildings，1972，Vol：3.

[1-29] Surtherland R J M. Structural Design of Masonry Buildings. Int. Conf. on Planing and Design of Tall Buildings，1972，Vol：3.

[1-30] Macchi G. Safety Considerations for a Limit State Design of Masonry. Proceedings of the SIBMaC，1971.

[1-31] Hendry A W. Properties and Behaviour of Structural Elements and Whole Structure. Proceedings of 6th IBMaC，Rome：1982，5.

[1-32] Macchi G. Behaviour of Masonry Under Cyclic Actions and Seismic Design，Proceedings of 6th IBMaC，Rome：1982，5.

[1-33] British Standards Code of Practice for the use of Masonry-Part1：structural use of unreinforced Masonry BS 5628-1：1992.

[1-34] British Standards Code of Practice for the use of Masonry-Part2：Structural use of Reinforced and Prestressed Masonry. BS5628-2：2000.

[1-35] International Recommendations for Masonry Structures. CIB Report，Publication 58，1980.

[1-36] Code of Practice for the Design of Masonry Structures NZS 4230P，1985. Standards Association of New Zealand.

[1-37]　Priestley M J N.　Ultimate Strength Design of Masonry Structure-The New Zealand Masonry Design Code, Proceedings of 7th IBMaC, Melbourne, 1985, 2.

[1-38]　Schellbach G.　The Influence of Preforation on the Load-bearing Capacity of Hollow Brick Masonry Structure, Proceedings of SIBMaC, England, 1970, 4.

[1-39]　Grimm C T.　Strength and Related Properties of Brick Masonry, Proceedings ASCE, Structural Division, Vol. 101, No. ST1, 1975, 1.

[1-40]　Grimm C T.　Architectural Design, Economic Considerations and Various Problems, Proc. of 6th IBMaC, Rome: 1982, 1.

[1-41]　Cantor I G and Others.　Three High-bond Mortar Applications, Proceedings of SIBMaC. England: 1970, 1.

[1-42]　Schellbach G.　Mechanical Properties and Behaviour of Materials, Proceedings of 6th IBMaC. Rome: 1982, 5.

[1-43]　Boffa C.　Thermal Properties of Buildings and Energy Conservation, Proceedings of 6th IBMaC, Rome: 1982, 5.

[1-44]　Hatzinikolas M A and others.　Prefabricated Masonry, Proceedings of 7th IBMaC. Vol. 1, 1985.

[1-45]　Dickey W L.　Pre-fabrication in Southern California. Proceedings of 7th IBMaC, Vol. 1, 1985.

[1-46]　Bradshaw R E and others.　Two Load-bearing Brickwork Buildings in Northern England, Proceeding of SIBMaC. England: 1971.

[1-47]　Amrhein J E.　Design of Reinforced Masonry Systems for Earthquake Forces.　ASCE National Structural Engineering Meetings, Meeting Preprint, 1974.

[1-48]　Giuffer A and others.　Reinforced Masonry in Seismic Areas, Studies for the New Italian Code, Proceedings of 7th IBMaC, Melbourne, 1985, 2.

[1-49]　Keller H and others.　Deformation Measurements on a Loadbearing Masonry Highrise Structure in Canada, Proceedings of 7th IBMaC, Melbourne, 1985, 2.

[1-50]　Deal D L.　Statistical Variation of Brickwork Tests on Multistorey Structural Brickwork, Proceedings of 7th IBMaC. Melbourne, 1985, 2.

[1-51]　Proceedings of the North American Masonry Conference, 1978.

[1-52]　全国砖石结构标准技术委员会. 砌体结构, 第 1 期.

[1-53]　砖瓦工业发展方向和技术政策调研组. 砖瓦工业发展方向和技术政策调研报告. 砖瓦, 1982(9)增刊.

[1-54]　陈行之. 粘土砖砌体强度的研究现状及发展方向. 湖南大学学报, 1980(2).

[1-55]　徐炳华. 砖砌体改革的方向. 硅酸盐建筑制品, 1987(4).

[1-56]　陶有生. 砖混建筑技术改造"七五"规划要点. 砖瓦, 1987(3).

[1-57]　涂逢祥. 不可鄙薄砖混建筑. 施工技术, 1987(1).

[1-58]　Sutherland R J M.　The Future for Prestressed Masonry. Proceedings of 6th IBMaC, Rome: 1982, 5.

[1-59]　Haseltine B A.　The Way Forward for Reinforced Masonry Design. Proceedings of 6th IBMaC. Rome: 1982, 5.

[1-60]　Kato S and others.　Future Brick Panel Construction. Proceedings of 6th IBMaC. Rome: 1982, 5.

[1-61]　Handle F.　The Brickworks in the Year 2000. Proceedings of 7th IBMaC. Melbourne:

1985，2.

[1-62] Uniform Buildings Code. Chapter 24，lnternational Conference of Building Officials，1991.

[1-63] 苑振芳等．我国砌体结构的发展状况与展望．建筑结构，1999(10).

[1-64] 苑振芳．混凝土砌块建筑发展现状及展望．工程建设标准化，1998(6).

[1-65] Proceedings of the 11th IBMaC. Shanghai，1997.

[1-66] Proceedings of the 12th IBMaC. Spain，2000.

[1-67] International Recommendation for Design and Erection of Unreinforced and Reinforced Masonry Structures. CIB Recommendations，Publication 94(CIB，Rotterdam，1987).

[1-68] 中国工程建设标准化协会砌体结构委员会编．现代砌体结构．北京：中国建筑工业出版社，2000.

[1-69] 砌体结构设计规范 GB 50003—2001. 北京：中国建筑工业出版社，2002.

[1-70] Code of Practice for Design of Reinforced Masonry，ISO 9652—3. 2000.

[1-71] Unreinforced Masonry Design by Calculation. ISO 9652—1. 2000.

[1-72] NEHRP Recommended Provisions for Seismic Regulation for New Buildings. 1994Edition.

[1-73] Masonry Design for Buildings. CAN3-S304-M84. Can. Standard Assoc. Rexdale，Ontario，Canada.

[1-74] Building Code Requirements for Masonry Structures (ACI 530—02/ASCE 5—02/TMS 402—02)and Specification for Masonry Structures (ACI 530. 1—02/ASCE 6—02/TMS 602—02).

[1-75] Eurocode 6：Design of Masonry Structures，Part 1-1：General Rules for Buildings. Rules for Reinforced and Unreinforced Masonry. ENY 1996—1—1：1995(CEN，Brussels，1995).

[1-76] Australian Standard 3700—1988 SAA Masonry Code. Standarsls Association of Australia Stanards House，1988.

[1-77] Code of Rractice for the use of Masonry

Part1：Structural use of Unreinforced Masonry，BSS628-1：2005.

Part2：Structural use of Reinforced and Prestressed Masonry BS5628-2：2005.

Part3：Materials and components，Design and Workmanship. BS5628-3：2005.

[1-78] 徐建，梁建国，施楚贤．《砌体结构设计规范》的若干问题和修改建议．砌体结构理论与新型墙材应用。北京：中国城市出版社，2007.

[1-79] 施楚贤．我国砌体结构设计规范的发展．建筑结构，2004(2).

[1-80] 施楚贤．对砌体结构类型的分析与抗震设计建议．建筑结构，2010(1).

[1-81] 顾祥林等．从第 13 届国际砌体大会看砌体结构的研究现状．砌体结构与墙体材料基本理论和工程应用．上海：同济大学出版社，2005.

[1-82] 建筑抗震设计规范 GB 50011—2010. 北京：中国建筑工业出版社，2010.

[1-83] 砌体结构设计规范 GB 50003—2011. 北京：中国建筑工业出版社，2012.

[1-84] 金伟良等．《砌体结构设计规范》的回顾与进展．建筑结构学报，2010(6).

[1-85] 周炳章．我国砌体结构抗震的经验与展望．建筑结构，2011(9).

[1-86] 顾祥林，高之楠，李翔，从第 15 届国际砌体大会看砌体结构的研究现状．砌体结构基本理论与工程应用：杭州：浙江大学出版社，2013.1.

[1-87] 陈福广．正确理解和善用有关政策推动墙材革新快速健康发展．墙材革新与建筑节能，2012.7.

[1-88] 陶有生．非烧结砖的发展、问题及对策．砌体结构理论与新型墙材应用．北京：中国城市出版社，2007.

[1-89] 孙伟民等．预应力砌体抗震性能的试验研究．建筑结构学报，2003(6).

[1-90] 孙伟民等．预应力混凝土小型空心砌块砌体受力性能的研究．砌体结构与墙体材料基本理论和工程应用，同济大学出版社，2005.

[1-91] 罗晓勇，旋养杭．预应力砌体特性及其应用研究．砌体结构理论与新型墙材应用．北京：中国城市出版社，2007.

19

第二章 砌体材料、种类及砌体结构类型

砌体是由块体和砂浆砌筑而成的整体材料。根据砌体中是否配置钢筋，砌体分为无筋砌体和配筋砌体。对于无筋砌体，按照所采用的块体又分为：砖砌体、石砌体和砌块砌体。砌体的材料包括砖、石材、砌块和砌筑砂浆，专用砌筑砂浆，以及钢筋、混凝土和灌孔混凝土。本章论述这些材料及其砌体的基本特点，此外还适当介绍在国内外应用的墙板。

2.1 砌 体 材 料

2.1.1 砖

在中国采用的烧结砖有烧结普通砖、烧结多孔砖，非烧结砖有混凝土普通砖、混凝土多孔砖和蒸压灰砂普通砖、蒸压粉煤灰普通砖。

烧结普通砖是以黏土、页岩、煤矸石、粉煤灰为主要原料，经焙烧而成的普通砖。根据《烧结普通砖》GB 5101—2003，按抗压强度分为 MU30、MU25、MU20、MU15 和 MU10(MU 表示 Masonrg Unit)五个强度等级，具体的划分应符合表 2-1 的规定。我国普通砖的规格尺寸为 240mm×115mm×53mm，世界上许多国家的砖也基本上采用这个尺寸。如俄罗斯为 250mm×120mm×65mm，意大利为 242×114×54mm，美国为 200mm×98mm×57mm，日本为 210mm×97.5mm×55mm，澳大利亚为 228mm×114mm×76mm。

烧结普通砖、烧结多孔砖强度等级(MPa)　　　　　　　　　　　　　　表 2-1

*强度等级	*抗压强度平均值 $f_m \geqslant$	变异系数 $\delta \leqslant 0.21$ *抗压强度标准值 $f_k \geqslant$	变异系数 $\delta > 0.21$ 单块最小抗压强度值 $f_{min} \geqslant$
MU30	30.0	22.0	25.0
MU25	25.0	18.0	22.0
MU20	20.0	14.0	16.0
MU15	15.0	10.0	12.0
MU10	10.0	6.5	7.5

以黏土、页岩、煤矸石或粉煤灰为主要原料，经焙烧而成、孔洞率不小于 28%，孔的尺寸小而数量多，主要用于承重部位的砖称为烧结多孔砖，按照《烧结多孔砖和多孔砌块》GB 13544—2011 等标准，其强度等级的划分应符合表 2-1 带 * 号项目和表 2-2 的规定。多孔砖的长度、宽度、高度尺寸要求为 290,240,190,180,140,115,90(mm)。如 190mm×190mm×90mm(又称 M 型模数多孔砖)，240mm×115mm×90mm(又称 P 型多孔砖)。采用上述主要原料，经焙烧而成、孔洞率等于或大于 40%，主要用于非承重部位的砖称为烧结空心砖。

承重砖的折压比   表 2-2

砖种类	砖高度（mm）	砖强度等级				
		MU30	MU25	MU20	MU15	MU10
		最小折压比				
蒸压灰砂普通砖、蒸压粉煤灰普通砖	53	0.16	0.18	0.20	0.25	—
烧结多孔砖、混凝土多孔砖	90	0.21	0.23	0.24	0.27	0.32

近十年来，混凝土砖尤其是混凝土多孔砖在我国得到迅速推广应用。按《混凝土实心砖》GB/T 21144—2007，以水泥、骨料，以及根据需要加入的掺和料、外加剂等，经加水搅拌、成型、养护制成的实心砖，称为混凝土实心砖。其主规格尺寸为 240mm×115mm×53mm，又称混凝土普通砖。强度等级有 MU30、MU25、MU20 和 MU15，应符合表 2-3 的要求。按《承重混凝土多孔砖》GB 25779—2010，以水泥、砂、石为主要原料，经配料、搅拌、成型、养护制成，用于承重的多排孔混凝土砖，称为混凝土多孔砖。其孔洞率不小于 25％不大于 35％，主规格尺寸为 240mm×115mm×90mm，240mm×190mm×90mm，190mm×190mm×90mm，其他规格尺寸的长度、宽度、高度应符合 360，290，240，190，140，240，190，115，90；115，90（mm）的要求，砖的铺浆面宜为盲孔或半盲孔。其强度等级有 MU25、MU20 和 MU15，应符合表 2-3、表 2-4 和表 2-5 的要求。

混凝土普通砖强度等级（MPa）   表 2-3

强度等级	抗压强度	
	平均值 $f_m \geqslant$	单块最小值 $f_{min} \geqslant$
MU30	30.0	26.0
MU25	25.0	20.0
MU20	20.0	16.0
MU15	15.0	12.0

混凝土多孔砖强度等级（MPa）   表 2-4

强度等级	抗压强度	
	平均值不小于	单块最小值不小于
MU25	25.0	20.0
MU20	20.0	16.0
MU15	15.0	12.0

非烧结块体的孔洞率、壁及肋厚度要求   表 2-5

块材类型及用途		孔洞率（％）	最小外壁（mm）	最小肋厚（mm）	其他要求
多孔砖	承重	≤35％	15	15	孔的长度与宽度比应小于 2
	自承重	—	10	10	
砌块	承重	≤47％	30	25	孔的圆角半径不应小于 20mm
	自承重	—	15	15	—

注：1. 用于承重的混凝土多孔砖的孔洞应垂直于铺浆面；当孔的长度与宽度比大于 2 时，外壁的厚度不应小于 18mm；当孔的长度与宽度比小于 2 时，壁的厚度不应小于 15mm。

2. 用于承重的多孔砖和砌块，其长度方向中部不得设孔，中肋厚度不宜小于 20mm。

在我国，硅酸盐砖（属非烧结砖）的主要产品有蒸压灰砂普通砖和蒸压粉煤灰普通砖，它是以硅质材料和钙质材料为主要原料，掺加适量集料、石膏和外加剂，经坯料制备、多次排气压制成型、高压蒸汽养护而制成的实心砖。其主规格尺寸与烧结普通砖的相同，强度等级有MU25、MU20和MU15，并应符合表2-2的要求，且碳化系数不应小于0.85。

以上论述中多次提到表2-2和表2-5的规定，这是因为块体的抗折强度与抗压强度比（折压比）及块体的孔洞布置、孔洞率（大于25％时），对砌体的受力性能与使用功能有重要影响。对于烧结普通砖，其抗折强度与抗压强度有一定的对应关系，相应的抗压强度下其抗折强度能满足受力要求。但对于蒸压硅酸盐砖，受原材料、成型设备及生产工艺的影响，如原材料的配比、粉煤灰的掺量，其折压比有较大差异，脆性也相差较大。对多孔砖仅以抗压强度来衡量其强度指标可能是不全面的。折压比低的块体，砌体受力后致使结构过早开裂并易产生脆性破坏。块体孔型、孔洞布置不合理或壁、肋厚度过小，导致砌体强度下降，亦过早开裂。这些裂缝严重的将会引起结构重大工程事故，有的虽不危及结构安全，但将直接影响结构的正常使用与耐久性。为提高块体的品质，改善其砌体结构的脆性性质和受力性能，我国首次颁布的《墙体材料应用统一技术规范》GB 50574—2010，提出了表2-2和表2-5的要求。

在上述各种砖中，烧结普通黏土砖（尤其黏土实心砖）是一种传统材料，但需耗大量黏土，对于可持续性发展和保护生态平衡十分不利。因此如何进一步改进砌体材料，已引起世界各国的关切和重视。在我国，黏土实心砖已被列为限时、限地禁止使用的墙体材料；黏土多孔砖、页岩实心和多孔砖属墙体材料革新中的过渡产品；实心或多孔的煤矸石砖、粉煤灰砖，以及灰砂砖和粉煤灰砖属新型墙体材料。

2.1.2 砌块

改进砌体材料的另一个重要途径是采用非黏土材料制成的砌块。主要有混凝土、轻集（骨）料混凝土和加气混凝土砌块，以及利用各种工业废渣、粉煤灰等制成的无熟料水泥煤渣混凝土砌块和蒸压养护粉煤灰硅酸盐砌块。

自1882年第一块混凝土砌块问世以来，国外的砌块工业发展较快。如美国和加拿大每年生产大约40亿相当于400mm×200mm×200mm的砌块，若把这些砌块铺在赤道上，可绕地球40周。砌块按其外形尺寸分，有小型砌块、中型砌块和大型砌块。小型砌块尺寸较小，自重较轻，型号多种，使用较灵活，适应面广。但工程上它大多用手工砌筑，施工劳动量较大。中型、大型砌块的尺寸较大，自重较重，适于机械起吊和安装，可提高劳动生产率。但其型号不多，不如小型砌块灵活。我国砌块工业起步较晚，目前主要应用的有混凝土小型空心砌块和轻集料混凝土小型空心砌块（图2-1）。按照《普通混凝土小型空心砌块》GB 8239—1997，砌块的主规格尺寸为390mm×190mm×190mm，孔洞率不小于25％，且不大于47％。砌块强度等级划分为MU20、MU15、MU10、MU7.5和MU5五个等级（见表2-5和表2-6的规定）。按照《轻集料混凝土小型空心砌块》GB/T 15229—2002，砌块的主规格尺寸与普通混凝土小型空心砌块的主规格尺寸相同，但孔的排数有单排孔、双排孔、三排孔和四排孔，砌块强度等级划分为MU10、MU7.5、MU5和MU3.5四个等级（见表2-7的规定）。确定掺有粉煤灰15％以上的混凝土砌块的强度等级时，如同上述对蒸压粉煤灰砖的规定，亦应考虑碳化的影响。碳化系数不应小于0.85。

普通混凝土小型空心砌块 强度等级（MPa） 表 2-6		
强度等级	砌块抗压强度	
	平均值不小于	单块最小值不小于
MU20	20.0	16.0
MU15	15.0	12.0
MU10	10.0	8.0
MU7.5	7.5	6.0
MU5	5.0	4.0

轻集料混凝土小型空心砌块 强度等级（MPa） 表 2-7		
强度等级	砌块抗压强度	密度等级范围
	平均值不小于	最小值	（kg/m³）不大于
MU10	10.0	8.0	1400
MU7.5	7.5	6.0	
MU5	5.0	4.0	1200
MU3.5	3.5	2.8	

以黏土、页岩、煤矸石、粉煤灰为主要原料，经焙烧而成、孔洞率等于或大于 40%，主要用于建筑物非承重部位的砌块称为烧结空心砌块。

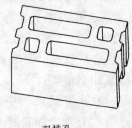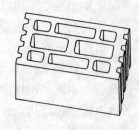

| 单排孔 | 双排孔 | 三排孔 |

图 2-1　混凝土小型空心砌块

2.1.3　石材

石材主要来源于重质岩石和轻质岩石。重质岩石抗压强度高，耐久性好，但导热系数大。轻质岩石容易加工，导热系数小，但抗压强度较低，耐久性较差。石材较易就地取材，在产石地区充分利用这一天然资源比较经济。

我国石材按其加工后的外形规则程度，分为料石和毛石。

一、料石

1. 细料石：通过细加工，外形规则，叠砌面凹入深度不应大于 10mm，截面的宽度、高度不宜小于 200mm 且不宜小于长度的 $\frac{1}{4}$。

2. 粗料石：规格尺寸同上，但叠砌面凹入深度不应大于 20mm。

3. 毛料石：外形大致方正，一般不加工或仅稍加修整，高度不应小于 200mm，叠砌面凹入深度不应大于 25mm。

二、毛石

形状不规则，中部厚度不应小于 200mm。

石材的强度等级划分为：MU100、MU80、MU60、MU50、MU40、MU30 和 MU20。它一般由边长为 70mm 的立方体试块进行抗压试验确定，抗压强度取 3 个试块

石材强度等级的换算系数　　表 2-8					
立方体边长（mm）	200	150	100	70	50
换算系数	1.43	1.28	1.14	1.00	0.86

破坏强度的平均值。当试块采用其他尺寸的立方体时，应将试验结果乘以表 2-8 中相应的换算系数才为石材的强度等级。

2.1.4 砌筑砂浆、专用砌筑砂浆

一、基本性能

砌体中的砌筑砂浆是由胶结料、细集料、掺合料加水搅拌而成的混合材料，在砌体中起粘结、衬垫和传递应力的作用。它分有普通砂浆和专用砂浆两大类。水泥混合砂浆、水泥砂浆系常用的普通砌筑砂浆，其强度等级以符号 M（Mortar）表示。我国已往还采用石灰砂浆。专用砂浆是指专门用于砌筑某种块体，并能有效提高其工作性及砌体结构力学性能的砂浆。专门用于砌筑混凝土砖和砌块的砂浆强度等级以符号 Mb（brick block）表示，可专门用于砌筑蒸压硅酸盐砖的砂浆强度等级以符号 Ms（silicate）表示。

混凝土小型空心砌块以及蒸压灰砂砖、蒸压粉煤灰砖是目前我国替代实心黏土砖的主推承重块体材料。由于混凝土砌块壁薄、孔洞率大，在同等的砂浆强度时，其砌体的抗拉、弯、剪强度只有烧结普通砖砌体的 $1/3 \sim 1/2$，这是用一般砂浆砌筑的混凝土砌块墙体易裂、漏、渗的重要原因。对于蒸压硅酸盐砖，其表面光滑，与砂浆粘结性能差，同样要予以改善。因此采用性能良好的砂浆相当重要。

我国根据砌体结构设计、施工经验和研究成果，并参考美国标准《ASTM C270 砌筑用砂浆》等要求，制订了《混凝土小型空心砌块和混凝土砖砌筑砂浆》JC 860—2008。

混凝土小型空心砌块和混凝土砖砌筑砂浆是由水泥、砂、水以及根据需要掺入的掺合料和外加剂等组分，按一定比例，采用机械拌合制成，用于砌筑混凝土小型空心砌块和混凝土砖的砂浆，又称为混凝土砌块或混凝土砖专用砂浆。其外加剂包括减水剂、早强剂、促凝剂、缓凝剂、陈冻剂和颜料等。与一般的砌筑砂浆相比较，专用砂浆的和易性好、粘结强度高，可使砌休灰缝饱满、粘结性能好，减少或防止墙体开裂和渗漏，砌块建筑质量大为提高。按照《混凝土小型空心砌块和混凝土砖砌筑砂浆》JC 860—2008，混凝土小型空心砌块和混凝土砖砌筑砂浆强度等级分为 Mb30、Mb25、Mb20、Mb15、Mb10、Mb7.5 和 Mb5，其抗压强度指标相应于一般砌筑砂浆 M30、M25、M20、M15、M10、M7.5 和 M5 的抗压强度指标。

蒸压灰砂普通砖、蒸压粉煤灰普通砖专用砌筑砂浆是由水泥、砂、水以及根据需要掺入的掺合料和外加剂等组分，按一定比例，采用机械拌合制成，专门用于砌筑蒸压灰砂砖或蒸压粉煤灰砖砌体，且砌体抗剪强度不低于烧结普通砖砌体的取值的砂浆。其强度等级有 Ms15、Ms10、Ms7.5、Ms5.0，抗压强度指标与相应的一般砌筑砂浆强度等级的指标相等。

新拌的砂浆应具有良好的和易性（即包括稠度和保水性）。硬化后的砂浆应具有所需的强度及与块体的粘结力，而且变形不能过大。

新拌砂浆在砌筑时流动的性能称为砂浆的流动性。它可由标准锥体自由落入砂浆中的沉入量（或称稠度）来表示。对于砖砌体，砂浆稠度宜为 70～100mm；对于砌块砌体，砂浆稠度宜为 50～70mm；对于石砌体，砂浆稠度宜为 30～50mm。施工时，砂浆的稠度一般由操作经验来掌握。

新拌砂浆在存放、运输和砌筑的过程中能保持水分的能力称为保水性，亦即砂浆中的

各种材料不易分离的性质。它可用分层度来表示，即新拌砂浆静置 30min 后，上下层砂浆沉入量的差值。要求砂浆的分层度不大于 20mm。

和易性好的砂浆不但操作方便，提高劳动生产率，而且可以使灰缝饱满、均匀、密实，使砌体具有良好的质量。如果砂浆流动性不好或泌水、分层、离析，均使砂浆不宜铺成均匀的砂浆层。同时，在砌筑时砂浆中的水分容易被块体很快吸收，影响胶凝材料的正常硬化，砂浆强度降低，砂浆与块体的粘结能力也差。在砂浆中掺入石灰膏、电石膏、粉煤灰等无机塑化剂或皂化松香（微沫剂）等有机塑化剂，有利于改善砂浆和易性，提高砌筑质量。但塑化剂掺量不应过多，如当石灰膏掺量由 0.3（石灰膏与水泥重量之比）增加到 1.1 时，砂浆强度降低 30％左右。一般是先测定稠度（如要求石灰膏的稠度为 120mm）来控制塑化剂的掺量。在砂浆中掺入聚化物（聚氯乙烯乳胶）也是有效的。如美国 Dow 化学公司研制的"Sarabond"掺合料，可使砂浆的抗压强度和粘结强度提高 3 倍以上。

二、我国砂浆试块的制作及砂浆强度的评定

我国砂浆强度等级是用边长为 70.7mm 的立方体试块进行抗压试验确定的。砂浆试模常采用钢模或塑料模，由于制作砂浆试块采用不同底模，其强度等级的评定不同，即分两种方法：方法一和方法一。

1. 方法一

《砌体结构设计规范》GB 5003 规定，确定砂浆强度等级时应采用同类块体作为砂浆强度试块底模。每组为 6 块，按 6 个试块受压破坏强度的平均值确定砂浆强度，当 6 个试块中的强度最大值或最小值与平均值的差值超过 20％时，取中间 4 个试块的强度平均值。该方法自 20 世纪 60 年代以来，一直在我国的砌体结构设计中使用。对砂浆试块的底模，源自于大量应用的烧结普通黏土砖，制作其砂浆试块时，将无底试模放在预先铺有吸水性较好的湿纸的普通黏土砖上，该底砖的吸水率不小于 10％，含水率不大于 2％，且凡砖面粘过水泥或其他胶结材料后，不允许再使用。

将拌合后的砂浆一次灌满试模内，成型方法根据稠度而定，当稠度不大于 50mm 时，宜采用振动台振实成型；当稠度大于 50mm 时，宜采用人工插捣成型，用直径 10mm、长 350mm 的钢筋棒（其端部应磨圆）均匀插捣 25 次，然后在四侧用油漆刮刀沿试模壁插捣数下，砂浆应高出试模顶面 6～8mm。当砂浆表面开始出现麻斑状态时（约 15～30min），将高出部分的砂浆沿试模顶面削平。最后将拆模的试块在标准养护条件或自然养护条件下养护 28 天，再进行抗压试验。采用普通硅酸盐水泥拌制的砂浆强度随龄期的增长关系可参阅表 2-9，对于石灰砂浆可参阅表 2-10。

用 32.5 级、42.5 级普通硅酸盐水泥拌制的砂浆强度增长值 　　　表 2-9

龄期（天）	不同温度下的砂浆强度百分率							
	1℃	5℃	10℃	15℃	20℃	25℃	30℃	35℃
1	4	6	8	11	15	19	23	25
3	18	25	30	36	43	48	54	60
7	38	46	54	62	69	73	78	82
10	46	55	64	71	78	84	88	92
14	50	61	71	78	85	90	94	98
21	55	67	76	85	93	98	102	104
28	59	71	81	92	100	104	—	—

注：以在 20℃时养护 28d 的强度为 100％。

龄　期	28 天	3 个月	6 个月	1 年
强度（MPa）	0.39	0.49	0.59	0.78

上面已提到，在制作砂浆试块时，试模应置于铺有一层吸水性较好的湿纸的砖上。我国的有关规范中要求该底砖的含水率不大于 20%，吸水率不小于 10%。这是考虑到允许砂浆中部分水分为砖面吸收，由于砂浆的保水性能，使保留在砂浆中的水分近乎相等。同时也是为了尽量模拟在砌体中砂浆水平灰缝处的实际条件。根据四川省建筑科学研究所的试验结果（图 2-2），制作砂浆试块时底砖的含水率对砂浆抗压强度有明显的影响。现分为两种情况来讨论。

第一种情况，即当砂浆稠度为 70～80mm 时，按试验结果经回归分析，底砖含水率 ξ_w 对砂浆抗压强度的影响系数 γ_w 可按下式计算：

$$\gamma_w = 0.1\sqrt{156.25 + 13\xi_w - \xi_w^2} - 0.25 \tag{2-1}$$

式中 ξ_w 以百分数代入。公式（2-1）为二次曲线，见图 2-2。按公式（2-1）的计算值与试验值（图 2-2 中 I、II 组试验值）比较，其平均比值为 1.01。当 ξ_w＝5%～7% 时，其 γ_w 值相差甚微，γ_w＝1.15～1.16。但当 ξ_w＜5% 或 ξ_w＞7% 时，γ_w 值均减小，其值分别为 γ_w＝1.15～1.0 和 γ_w＝1.15～0.874。底砖含水率达饱和时，γ_w＝0.874，它远低于底砖干燥时的 γ_w＝1.0。

第二种情况，即当砂浆稠度较大（试验值为 115mm）或较小（试验值为 50mm）时，按回归分析，γ_w 与 ξ_w 遵从下列关系式：

$$\gamma_w = \frac{1}{1 + 0.0025\xi_w^2} \tag{2-2}$$

按公式（2-2）的计算值与试验值（图 2-2 中 IV、V 组试验值）比较，其平均比值为 1.04。当砂浆稠度较大、较小时，不论底砖含水率的大小，其强度均较底砖为干燥时的砂浆抗压强度低。由公式（2-2），为使砂浆强度最高，须控制砂浆试块的底砖含水率 ξ_w≤2%，这时 γ_w≥0.99，接近于 1。如取 ξ_w＝10%，则须考虑 0.8 的降低影响系数。

图 2-2 中还绘出了甘肃省第五建筑公司等单位的其他试验结果，其砂浆稠度为 80～85mm。由图 2-2 可知，这些试验值与公式（2-2）的曲线较吻合。

根据上述结果，为便于控制底砖的含水率，并考虑到各地实际使用的情况，我国要求在制作砂浆试块时底砖的含水率不大于 2%。

随着我国墙体材料革新的不断推进，新型块体的生产和应用，要求确定砂浆强度等级采用同类块体作为砂浆试块的底模。以蒸压硅酸盐砖砌体为例，如采用黏土砖底模，所测砂浆强度较用蒸压硅酸盐砖底模时的强度高，而实际上其砌体抗压强度降低 10% 左右，达不到《砌体结构设计规范》规定的指标。为此，提出了方法二。

2. 方法二

方法二是在《建筑砂浆基本性能试验方法标准》JGJ/T 70—2009 中提出的，它规定采用带底的钢模或塑料模制作砂浆试块，每组为 3 块，以 3 个试块受压破坏强度的平均值确定砂浆强度，当 3 个测值的最大值或最小值中有 1 个与中间值的差值超过中间值的 15% 时，取中间值作为该组试块的抗压强度；当 2 个测值与中间值的差值均超过中间值的

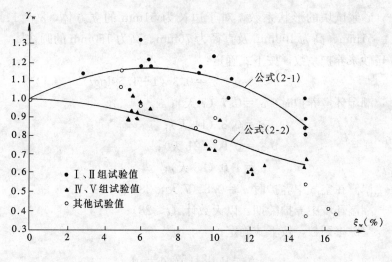

图 2-2 影响系数 γ_w

15%时，该组试验结果应为无效。这一方法是基于最近多年来的研究成果，我国幅员辽阔，不同种类块材，即使是同一类块材，各地各厂生产的块材的密实性、吸水性能不同；砂浆的种类、水泥品种与用量及强度、砂浆的稠度等存在差异；在水泥水化反应、底模的含水率及吸水率变化、砂浆对吸水性能的影响等诸多因素作用下，采用带底试模后它们对砂浆强度的影响均比采用不同块体作底模的影响要小得多，其变异性亦最小，可靠性高；采用带底试模，与欧、美等工业发达国家的方法一致。但由于试验结果表明，这种方法测得的砂浆抗压强度要比方法一的降低 50%～70%。因而在 JGJ/T 70—2009 中指出，目前，考虑与砌体结构设计、施工质量验收规范的衔接，应将带底试模制作试块测出的强度乘以换算系数 1.35，作为砂浆抗压强度；需要时，可采用与砌体同类的块体作为砂浆试块底模，进行砂浆抗压强度试验，即采用上述方法一。

鉴于以上分析，砂浆抗压强度的试验方法还有待进一步完善与统一，尤其是应深入分析方法二对砌体强度的影响，以便全面、准确地修改砌体结构设计用的各项砌体强度指标与强度计算公式。

三、砂浆抗压强度的计算公式

Koтоb 根据混合砂浆和水泥砂浆的试验结果，对于龄期 $t \leqslant 90$ 天的砂浆抗压平均强度 f_2 可按下式计算：

$$f_2 = \frac{1.5t}{14 + t} f_{2,28} \tag{2-3}$$

式中 t——龄期，以天数计；

$f_{2,28}$——龄期为 28 天的砂浆抗压平均强度。

Grimm 总结出一个考虑试块形状、龄期等多种影响因素的普通硅酸盐水泥石灰砂浆抗压平均强度的经验公式：

$$f_2 = 0.22\alpha_s\alpha_c\beta\alpha_a[554\delta + \gamma(130 - \xi)] \tag{2-4}$$

式中 f_2——砂浆抗压平均强度（MPa）；

α_s——砂浆试块的形状系数，对于边长为 51mm 的立方体，$\alpha_s=1$；对于直径为 51mm、高为 100mm 及直径为 76mm、高为 150mm 的圆柱体，$\alpha_s=0.9$；

α_c——砂浆养护系数，按下式确定：

$$\alpha_c=0.3\ (1+1.59\log t)$$

潮湿环境养护时　　$\alpha_c=0.7$（7 天）；

$\quad\quad\quad\quad\quad\quad\quad\quad\alpha_c=0.8$（14 天）；

$\quad\quad\quad\quad\quad\quad\quad\quad\alpha_c=0.93$（21 天）；

$\quad\quad\quad\quad\quad\quad\quad\quad\alpha_c=1.0$（28 天）；

暴露在空气中养护时 $\alpha_c=0.8$（7 天，28 天）；

t——潮湿环境中养护龄期，以天数计（$t\leqslant28$）；

β——空隙率系数，按下式确定；

$$\beta=0.021(57.3-\rho)$$

ρ——砂浆空隙率（按美国试验与材料标准 ASTM C185），体积的百分数（$\rho<30$）；

α_a——塑性砂浆的龄期系数，按下式确定：

$$\alpha_a=0.029\ (35-t_p^2);$$

t_p——塑性砂浆的龄期（自搅拌至使用的时间），以小时计（$t_p<4$）；

δ——ASTM C270 中砂浆类别的系数，

对于 M 类砂浆，$\delta=1.88$；

对于 S 类砂浆，$\delta=1.44$；

对于 N 类砂浆，$\delta=1.00$；

对于 O 类砂浆，$\delta=0.56$；

$\gamma=\alpha_v+3.7$，

对于 M 类砂浆，$\gamma=7.7$；

对于 S 类砂浆，$\gamma=5.7$；

对于 N 类砂浆，$\gamma=4.7$；

对于 O 类砂浆，$\gamma=4.8$；

α_v——砂浆中硅酸盐水泥与石灰的体积比，$4>\alpha_v>0.5$，

对于 M 类砂浆，$\alpha_v=4$；

对于 S 类砂浆，$\alpha_v=2$；

对于 N 类砂浆，$\alpha_v=1$；

对于 O 类砂浆，$\alpha_v=0.5$；

ξ——砂浆的初始流动率（%），按下式确定：

$$\xi=195(1.72+\log\alpha_v)(\alpha_w-0.05)-72$$

α_w——水与水泥的重量比，$0.4<\alpha_w<1.0$。

按公式（2-4）计算的砂浆标准抗压强度见表 2-11。在表中还列出了砂浆的其他强度，可供参考。

砂浆标准强度（MPa）　　　　　　　　　　表 2-11

砂浆类别	水泥：石灰（体积比）		水：水泥（重量比）	抗压强度	弯曲抗拉强度	抗拉粘结强度
	α_v	$\log\alpha_v$				
M	4	0.602	0.74	25.5	3.0	0.49
S	2	0.301	1.13	20.0	2.6	0.46
N	1	0	1.64	14.0	2.0	0.41

注：1. ASTM C270 系指硅酸盐水泥-石灰砂浆的标准。
　　2. 其他条件为：潮湿环境中养护 28 天，空隙率 5%，初始流动率 130%，吸收后流动率 90%，自搅拌至使用经 1 小时，边长为 51mm 的立方体。
　　3. 当暴露在空气中养护时，表内数值减小 20%。

2.1.5　钢筋、混凝土及混凝土砌块砌体的灌孔混凝土

在配筋砌体中还要求采用钢筋和混凝土。钢筋、混凝土的基本性能和要求在混凝土结构的书籍中有详尽叙述，为节省篇幅这里不作介绍。

我国根据砌体结构设计、施工经验和研究成果，并参考美国标准《ASTM C476 砌体用灌孔混凝土》等要求，制订了《混凝土砌块（砖）砌体用灌孔混凝土》JC 861—2008。

混凝土砌块（砖）砌体用灌孔混凝土，是由胶凝材料、骨料、水以及根据需要掺入的掺合料和外加剂等组分，按一定的比例，采用机械搅拌制成，用于浇筑混凝土砌块砌体芯柱或其他需要填实部位孔洞具有微膨胀性的混凝土，又称为混凝土砌块（砖）砌体建筑灌注芯柱、孔洞的专用混凝土。其外加剂包括减水剂、早强剂、促凝剂、缓凝剂和膨胀剂等。它是一种高流动性、硬化后体积微膨胀或有补偿收缩性能的细石混凝土。灌孔砌体整体受力性能良好，砌体强度大幅度提高。按照《混凝土砌块（砖）砌体用灌孔混凝土》JC 861—2008，其强度等级分为 Cb40、Cb35、Cb30、Cb25 和 Cb20，它们的强度指标相应于普通混凝土 C40、C35、C30、C25 和 C20 的强度指标。

混凝土砌块（砖）砌体采用专用砂浆和专用灌孔混凝土配套材料，并建立了较为完整的砌体强度指标，是我国砌块建筑由多层向高层发展的一个重要标志。

上述灌孔混凝土在国外又称稀浆或注芯混凝土。稀浆可以是在砂浆中加入更多的水制成，又称为细稀浆或细注芯混凝土，但应限制石灰的用量。它也可以是在细石混凝土中加入更多的水制成，又称为粗稀浆或粗注芯混凝土。稀浆的粗细度可根据灌浆孔洞的大小及灌浆的高度来选择，要使稀浆既容易灌入块体的孔洞内又不致离析，并能保证钢筋的正确位置。在美国，细稀浆的最小灌浆孔洞通常不小于 50mm×80mm 或 20mm 宽。在双层墙的中间空腔内一般采用低位灌浆法。对于高位灌浆法，当孔洞的最小水平尺寸为 80mm 时，稀浆中可采用最大粒径为 12mm 的粗骨料。英国 BS5628 中规定，当采用水泥：石灰：砂和粒径为 10mm 的粗骨料，按体积比为 $1:\frac{1}{4}:3:2$ 所配制的稀浆，其稠度为 75～175mm 时，可用于灌入最小尺寸为 20mm 的孔洞内。

2.2　砌体及砌体结构类型

2.2.1　砖砌体

它是由砖（包括多孔砖）和砂浆砌筑而成的整体材料，是普遍采用的一种砌体。为了

保证砖砌体的受力性能和整体性,砌筑时应上下错缝,内外搭砌。在我国,砖砌体的砌合大多采用一顺一丁、梅花丁和三顺一丁砌法(图2-3)。

| 一顺一丁 | 梅花丁 | 三顺一丁 |

图2-3 砖砌体砌合方法

目前混合结构房屋中的砖墙、柱较易出现三种施工质量问题。(1)采用包心砌法砌筑砖柱,即仅沿柱的四边将砖搭砌,更有甚者在中间的空心部分随便填以碎砖等物。这种砖柱整体性极差,砌体强度大大降低。如湖南某房屋,砖柱截面为640mm×640mm,采用包心砌法,刚建成时砌体强度不足,砖柱变形大,引起房屋整体塌倒。后在事故现场截取砖柱砌体进行试验,加压后发现,砌体一旦开裂,均距边缘约120mm处迅速产生竖向裂缝,再增加荷载,周边120mm厚砌体外崩而破坏(图2-4)。从倒塌的现场来看,许多包心砖柱呈散状,且在残留的砖柱中有多道明显的纵向裂缝。这种事故在国内曾发生多起,因此应严格禁止采用包心砌法。(2)强度等级不同的砖混用,特别是混入低于设计强度等级的砖。一旦这种砖所占比例较大时,砌体强度将显著降低。(3)施工时所配置的砂浆强度过于偏低。如某五层住宅,在建第五层时发现第一、二层砖墙中的砂浆强度只约为1MPa,而设计要求为5MPa,事后不得不将第一、二层砖墙采取

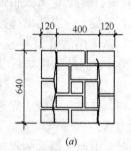 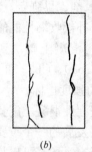 

| (a) | (b) | (c) |

图2-4 包心砖柱砌体的开裂和破坏
(a)横截面开裂;(b)外立面裂缝;(c)内部破坏

加固措施。这些都要求我们在施工时加强责任心,严格遵照规定的要求。

砖砌体大多砌成实心的,又称为实心砌体。此外,还有砌成空心的,称为空心砌体。它通常是将砖砌成两外壁,中间留有空洞的砌体,空洞中可填充松散材料或轻质材料。空心砌体重量较轻,热工性能较好。中国传统的空斗砌体也是一种空心砌体。它是用砂浆将部分砖或全部砖立砌并留有空斗(洞)的砌体。按砌筑方式分为有眠空斗和无眠空斗。它们均可作墙体,称为空斗墙。由于砖被立砌,增大了单块砖在砌体内的厚度,砌体抗压强度(按净截面计)得到提高。空斗砌体与实心砌体相比较,具有节省砖和砂浆、降低造价、减轻砌体自重等优点。我国南方的许多省内,仍习惯于在低层民用房屋中采用空斗墙承重。在现行的《砌体结构设计规范》中已取消了空斗墙。

2.2.2 石砌体

石砌体是由石材和砂浆或由石材和混凝土砌筑而成的整体材料。石砌体一般分为料石砌

体、毛石砌体和毛石混凝土砌体（图 2-5）。在产石地区采用石砌体比较经济，应用较为广泛。工程中石砌体主要用作受压构件，可用作一般民用房屋的承重墙、柱和基础。料石砌体和毛石砌体用砂浆砌筑。毛石混凝土砌体是在模板内先浇筑一层混凝土，后铺砌一层毛石，交替砌筑而成。料石砌体还可用来建造某些构筑物，如石拱桥、石坝和石涵洞等。毛石混凝土砌体的砌筑方法比较简便，在一般房屋和构筑物的基础工程中应用较多，也常用于建造挡土墙等。

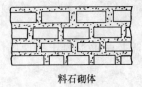 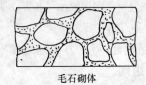 

料石砌体　　　　　　　　毛石砌体　　　　　　毛石混凝土砌体

图 2-5　石砌体

2.2.3　砌块砌体

砌块砌体是由砌块和砂浆砌筑而成的整体材料，主要用作住宅、办公楼、学校等民用建筑及工业建筑的承重墙或围护墙。

砌块砌体的使用性能决定于砌块本身的特点。在工程设计中，不仅要求砌块尺寸灵活、适应性好，还要求砌块制作方便，施工速度快。这就要求砌块的类型和规格尽量少，而在建筑的立面上和平面上可以排列出不同的组合，使墙体符合使用要求，并能满足砌块间搭砌的要求。

一、混凝土小型空心砌块块型（图 2-6）

1. 同实心黏土砖一样，混凝土小型空心砌块必须有一种基本块型，这种块型是使用最广泛的一种规格。根据混凝土空心砌块的受力特点及考虑到施工时的操作，基本块型为 K1 型，尺寸为 390mm（长）×190mm（宽）×190mm（高）。

2. 对于端部（T 形和 L 形墙角处）用砌块，为便于放置水平钢筋，在 K1 型砌块的基础上派生出配套型墙端用砌块 K2。

3. 根据砌块剪力墙结构的设计要求，需要在每层的底部第 1 皮砌块上设置观察混凝土芯柱混凝土密实度，绑扎芯柱钢筋的施工及清扫芯柱内灰渣残屑垃圾之用"清扫口"，在 K1 型砌块的基础上，结合芯柱施工的特点，在混凝土砌块的一侧侧壁开设缺口（槽），形成 K1 配合型砌块 K3。

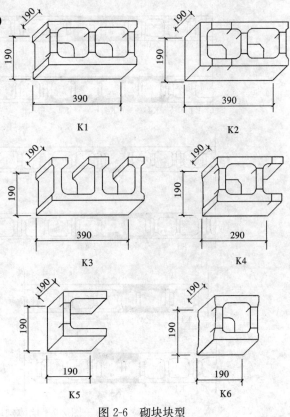

图 2-6　砌块块型

4. K1、K2、K3 的砌块长度为 390mm，适用于以 400mm 为模数的砌块中。在目前设计的房屋中，无论墙体开间、进深等均不可能都是 400mm 倍数，需要与之相配套使用的以 100mm 为模数的组合砌块，并在 T 形和十字形墙角接头处需要有 100mm 为模数的砌块。在 K1 型的基础上派生出 K4 型砌块，尺寸为 290mm（长）×190mm（宽）×190mm（高）。

5. 同上所述，在不合 400mm 模数的墙体中或门窗洞口或墙尽端部分，需要"半砖"配合型砌块。因此产生了 K5 型砌块，尺寸为 190mm（长）×190mm（宽）×190mm（高）。

6. 在 K5 的基础上派生出另一种"半砖"K6。

这 6 种砌块形成一个系列，相互配合，可以方便地组砌成无筋及配筋混凝土砌块墙体。

二、混凝土小型空心砌块墙体组砌

1. 一般方法

墙体排列时，首先将其长度除以 400mm，如能整除则合乎模数可全部用主规格

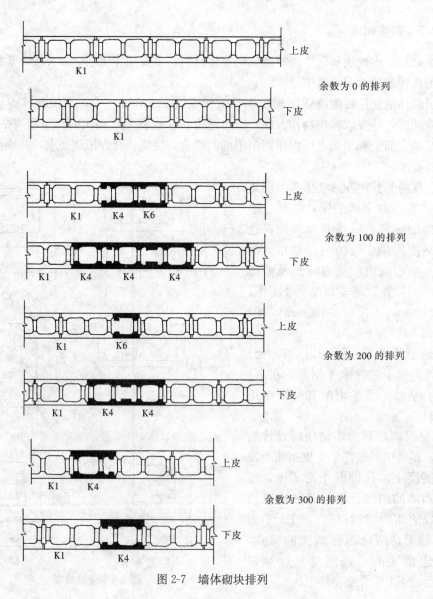

图 2-7 墙体砌块排列

（K1、K2、K3）排列。如不能整除而余数为 100mm，则将余数再加上一个主规格长度400mm 成为 500mm，该 500mm 处即用 K4 块（300mm 长）及 K6 块（200mm 长）排列，如余数为 200mm，则用 K6 块和 K4 块排列，如余数为 300mm，则用 K4 块排列，余数为0～300mm 的各种长度墙体的排列图，见图 2-7。

2.墙体中各种形状接头处砌块排列

墙体中纵、横墙交接处形成的十字形、丁字形、L 形接头较多，其排列构造是混凝土小型空心砌块的一个重点，根据各种接头的特点，在设计时可按图 2-8 所示方法进行排列。

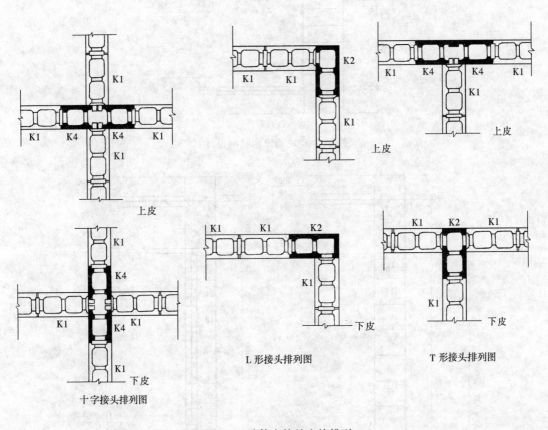

图 2-8　墙体交接处砌块排列

3.混凝土小型空心砌块墙的竖向设计

（1）窗台处砌块墙竖向设计

在一般的民用建筑设计中，窗台的高度一般为 900mm 高，对于高层建筑，根据有关规定，也可能设计成 1000mm 或 1100mm 高窗台。对于 200mm 模数高的窗台设计，可按图 2-9 (a) 进行竖向设计，而对于 200mm 模数＋100mm 高窗台，可按图 2-9 (b)、(c) 设计。

（2）砌块墙按层高的竖向设计

民用建筑中，建筑物的层高一般为 200mm 的模数，但也有的工程设计中，建筑物层高为 200mm 模数＋100mm，层高不同时，其砌体墙竖向设计会有所不同，一般通过圈梁（或实体墙）来调整。图 2-10 为层高 2.800m 和 2.900m 的竖向设计。

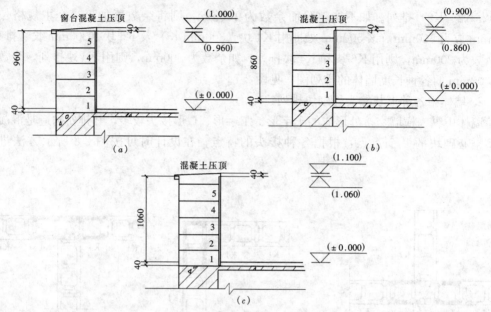

图 2-9　砌块墙窗台竖向设计

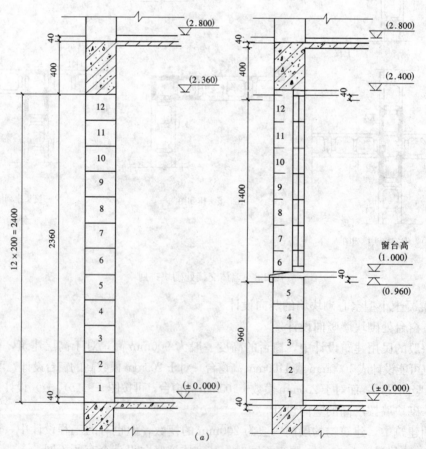

图 2-10　砌块墙体按层高的竖向设计（一）

（a）层高 2.8m

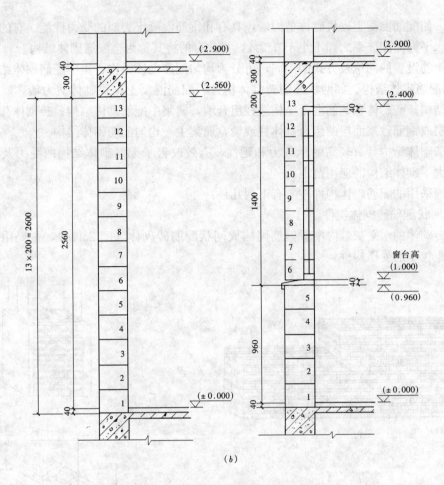

图 2-10　砌块墙体按层高的竖向设计（二）

(b) 层高 2.9m

对于其他特别部位，如门、窗洞顶处可结合具体设计，利用门窗过梁的高度（200mm 或 300mm）来调整。

2.2.4　砌体结构类型的划分

按照砌体的受力性能，由其制成的结构分为无筋砌体结构、配筋砌体结构和约束砌体结构。

一、无筋砌体结构

由无筋或配置非受力钢筋的砌体结构，称为无筋砌体结构。上述砖砌体、砌块砌体和石砌体制成的结构就属此类。对于现代砌体结构，如建造的房屋，通常屋盖、楼盖水平结构构件采用钢筋混凝土或木材，而墙、柱等竖向结构构件采用砌体，它实质上是一种混合结构房屋，但习惯上将这种结构房屋称为砌体结构房屋。

二、配筋砌体结构

由配置钢筋或钢筋混凝土的砌体作为受力构件的结构，称为配筋砌体结构，即通过配筋使钢筋在受力过程中强度达到流限的砌体结构。

国内外比较一致地认为配筋砌体结构构件中竖向和水平方向的配筋率均不应小于

0.07%。如配筋混凝土砌块砌体剪力墙，具有和钢筋混凝土类似的受力性能。有的还提出竖向和水平方向配筋率之和不小于 0.2%，为此有的将其称为全配筋砌体结构。

按钢筋设置的部位及方式的不同，可分为均匀配筋砌体结构、集中配筋砌体结构和集中-均匀配筋砌体结构。如网状配筋砖砌体构件、配筋混凝土砌块砌体剪力墙，属均匀配筋砌体结构；砖砌体和钢筋混凝土构造柱组合墙，属集中配筋砌体结构；砖砌体和钢筋混凝土面层或钢筋砂浆面层的组合砌体柱或墙，属集中—均匀配筋砌体结构。

配筋砌体结构具有较高的承载力和延性，有效改善了无筋砌体结构的受力及变形性能，扩大了砌体结构的应用范围。

我国采用的配筋砌体构件主要有下列几种：

1. 网状配筋砖砌体构件

在砖砌体的水平灰缝内配置钢筋网构成网状配筋砖砌体（图 2-11a），主要用于轴心和偏心距较小的受压构件。

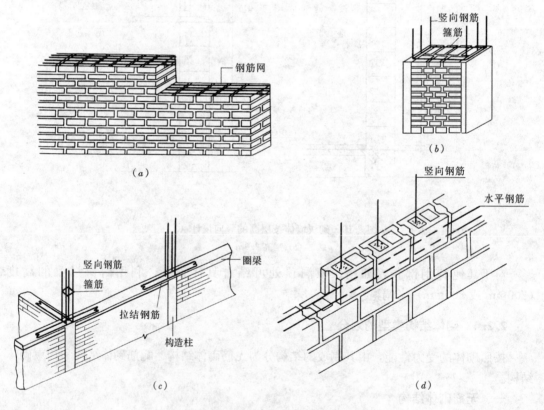

图 2-11 中国配筋砌体的主要形成

2. 组合砖砌体构件

（1）由砖砌体和钢筋混凝土或钢筋砂浆面层构成的组合砖砌体构件（图 2-11b），主要用作偏心距较大的受压构件。

（2）由砖砌体和钢筋混凝土构造柱构成的组合砖砌体构件（图 2-11c），它是在钢筋混凝土构造柱-圈梁体系上发展而成的一种结构形式，其中柱的截面尺寸和配筋量虽基本按构造柱的要求，但柱间距较小，构造柱和圈梁不仅使砌体受到约束，还能直接参与受力，可在住宅等多层民用建筑中用作承重墙，较为经济。

3. 配筋混凝土砌块砌体构件

在混凝土小型空心砌块砌体的孔洞中配置竖向和水平钢筋并灌筑混凝土的砌体构件（图 2-11d），主要用作配筋混凝土砌块砌体剪力墙，可建造高层建筑。自 20 世纪 90 年代以来，在学习国外经验的基础上，通过试验研究和总结实践经验，建立了具有我国特点的配筋混凝土砌块砌体剪力墙结构的设计方法。

欧、美等国所采用的配筋砌体，主要用于建造高层房屋及构筑物，在地震区建造多层或高层房屋。从竖向钢筋来看，一种是在空心砌块或空心砖的孔洞内设置竖向钢筋，后灌注芯混凝土（图 2-12）。中国建筑西北设计院等单位对这类配筋形式的结构进行了研究，采用配竖向钢筋空心砖墙承重，于 1984 年在地震区（西安）建成 6 层的住宅试点房屋。其墙体用尺寸为 240mm×115mm×90mm 的多孔空心砖（26 个孔、孔径 18mm、空心率为 23%）和配竖向钢筋的大孔空心砖（尺寸有 304mm×240mm×90mm、240mm×240mm×90mm 和 240mm×180mm×90mm 等，孔径为 160mm 的单圆孔或半圆孔），在内外墙交接处的大孔空心砖内配 4 Φ 12 钢筋，灌混凝土 C20。另一种是采用一定形式的砖或砌块，组砌时使砌体之间形成竖向空洞，然后设置竖向钢筋并灌注芯混凝土。从水平钢筋来看，一种是将水平钢筋或桁架式水平钢筋设置在砌体的水平灰缝内；一种是将钢筋设置在槽形砖的水平槽内，在槽内灌注芯混凝土；还有一种类型是在墙的内外层中间空腔内设置具有纵横向配筋的混凝土。为了保证中间层与内外层墙体之间的整体性，沿一定的高度在水平灰缝处设置金属拉结件（图 2-13）。上述配筋砌体均具有一定的特点，我们将在第六章中进一步加以介绍。

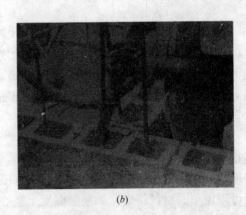

（a）   （b）

图 2-12　空心砌块配筋墙
（a）设置钢筋；（b）灌浆

除上述在墙、柱中使用的配筋砌体外，国外还较大量采用配筋砌体的板和梁，主要用作受弯构件，而在我国应用尚很少。

三、约束砌体结构

通过竖向和水平钢筋混凝土构件约束墙体、使其在抵抗水平作用时增加墙体的极限水

图 2-13 配筋墙体的金属拉结件

平位移，从而提高墙体的延性，使墙体裂而不倒。其性能介于无筋砌体和配筋砌体结构之间，或者相对于配筋砌体结构而言，是配筋加强较弱的一种砌体结构。最为典型的是钢筋混凝土构造柱-圈梁形成的砌体结构体系。如图 2-14（a）为无筋砖墙，在水平荷载作用下，墙体裂缝少，分布集中，裂缝宽度大，破坏时的主裂缝成 X 形。图 2-14（b）砖墙设有钢筋混凝土构造柱和圈梁，为约束砖墙，在水平荷载作用下，墙体裂缝多、分散，裂缝细小，由于其延性增大，明显改善了墙体的破坏形态。

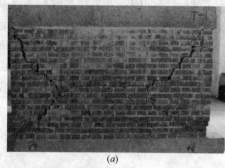

(a)　　　　　　　　　　　　　(b)

图 2-14　墙体破坏形态比较

在《砌体结构设计规范》和《建筑抗震设计规范》中，按照提高墙体的受压承载力或受剪承载力要求设置构造柱（间距不宜大于 4m），即为砖砌体和钢筋混凝土构造柱组合墙，这是对构造柱作用的一种新发展，则属于配筋砌体结构。

2.2.5　墙板

它是指尺寸较大的板，主要用作房屋的墙体。板的高度一般相当于房屋层高；其宽度相当于房屋的开间或进深的又称为大型墙板，宽度较窄的又称为条板。

墙板可以由单一材料制成，如预制混凝土空心墙板、矿渣混凝土墙板和整体现浇混凝土墙板。我国在 20 世纪 50 年代末期开始生产预制混凝土空心墙板，至 1979 年已建成 266 万 m^2 的装配式大板住宅房屋。这种房屋的施工周期短、生产率高，有利于建筑工业化和机械化。大板住宅房屋与一般砖混住宅房屋相比较，前者可节省砖约 90%，但水泥用量增加约 40%，二者的钢材用量相近，如考虑有效使用面积，二者的造价接近。但预制混凝土空心墙板的隔热性能较差，易出现竖向裂缝。如南宁市采用这种墙板的西山墙的内表面温度可达 43℃（无外粉刷）和 39℃（有外粉刷），它较普通砖墙温度高 4℃。近年整体现浇混凝土墙板在我国也有一定发展，1974～1980 年建成 212 万 m^2 的房屋。在住宅房屋中还形成了一种"内浇外砌"的墙体方案，即房屋的内墙采用大型钢模在现场浇灌混凝土而成，而外墙采用一般砖砌体，这种方案克服了上述预制混凝土空心墙板隔热性能较差的缺点。这种房屋的有效使用面积较一般砖混房屋的有效使用面积增加3.5％，造价低3％。为了加快工程进度，内墙还可采用预制混凝土墙板（图2-15）。它较上述"内浇外砌"方案又具有新的特点。

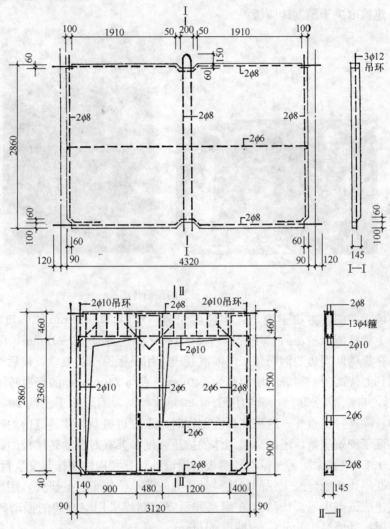

图 2-15 预制混凝土内墙板

墙板还可以采用砌体材料制成，如大型预制砖（或砌块）墙板和振动砖墙板。在我国尚未应用大型预制砖墙板，但国外对此研究并积累了一些实践经验。如美国采用一种专用的机械设备，能连续铺砌块和砂浆，制成高1.5～3.0m、宽6～12m的混凝土砌块墙板，板厚110mm，可用作围护墙。用于房屋中时，在楼面及顶棚标高处用螺栓加以连接。图2-16（a）所示为正在吊装的预制双曲线形砖墙板，板厚45mm，内仅配200mm² 面积的钢筋，用作某教堂拱形门柱的围护层。在加拿大制成高2.4m、长（壁柱间的跨度）3m、厚100mm的预制黏土砖墙板，可承受1.2kPa的风荷载，自重1.4kN/m²。日本是个多地震的国家，砖砌体结构长期不受重视。但由于砖砌体"良好的耐久性、结构特性、色彩以及其他许多独特的性能"，近二十多年来，砖又作为一种"新建筑材料"在日本重新受到欢迎。他们主要是发展预制砖墙板，其施工方法是将 65mm 厚的空心砖铺入钢模内，将垂直钢筋穿入砖的孔洞，然后铺设普通砂浆，经蒸汽养护 8.5 小时，即可起模、运输和吊装（图 2-16b）。这种墙板主要用作现浇混凝土墙板的外模，或作隔墙用。日本学者认为，在日本的砖建筑取决于预制砖墙板。

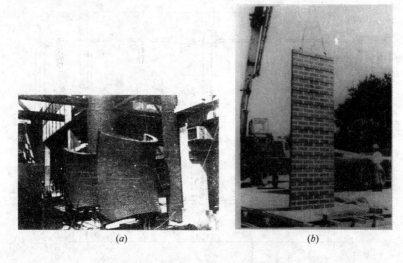

（a）   （b）

图 2-16　正在吊装的预制砖墙板

振动砖墙板的制作方法一般是在钢模内先铺一层厚 20～25mm 的强度较高的砂浆，然后在砂浆上错缝侧放一层砖（半砖厚），砖与砖之间的缝宽 12～15mm，再在砖上铺一层砂浆，并在板的四周边的钢筋骨架内灌混凝土，用平板振动器振动，最后经蒸汽养护而成。如采用普通烧结砖，制成的墙板厚为 140mm。它与 240mm 厚的普通砖墙相比较，可节省砖 50%，自重减轻 30%，节约用工量 20%～30%，缩短施工工期 20%，降低造价 10%～20%。除这些优点外，这种墙板在制作时由于经过振动，使砖缝内的砖浆密度、均匀，不但保证了砌筑质量，还提高了砌体的抗压强度。苏联对振动砖墙板的研究和应用较早，他们在 1960 年就编制了《振动砖墙板房屋设计计算和构件制作与安装暂行规范》。我国 20 世纪 60 年代初原建筑工程部建筑科学研究院等单位作了一些研究，用普通烧结砖的振动砖墙板建成试点房屋。1974 年在南京和西安试制成采用空心砖的振动砖墙板，建成四层住宅房屋，外墙厚 150mm，内墙厚 115mm。

预制墙板有一系列特点，是墙体革新的方向之一。正如 W. L. Dickey 所总结，预制砖墙板具有以下优点："施工速度快，施工方法简便，质量控制得到保证，有利于外墙的耐久性，节省能源，房屋重量减轻，房屋的空间损失少，建筑设计较自由且美观。"

参 考 文 献

[2-1]　烧结普通砖（GB 5101—2003）. 北京：中国标准出版社，2003.

[2-2]　烧结多孔砖和多孔砌块（GB 13544—2011）. 北京：中国标准出版社，2011.

[2-3]　混凝土实心砖（GB/T 21144—2007）. 北京：中国标准出版社，2007.

[2-4]　承重混凝土多孔砖（GB 25779—2010）. 北京：中国标准出版社，2011.

［2-5］ 墙体材料应用统一技术规范(GB 50574—2010). 北京：中国建筑工业出版社，2010.

［2-6］ 蒸压粉煤灰砖建筑技术规范(CECS 256：2009). 北京：中国建筑工业出版社，2009.

［2-7］ 蒸压灰砂砖(GB 11945—1999). 北京：中国标准出版社，1999.

［2-8］ 普通混凝土小型空心砌块(GB 8239—1997). 北京：中国标准出版社，1997.

［2-9］ 轻集料混凝土小型空心砌块(GB/T 15229—2002). 北京：中国标准出版社，2002.

［2-10］ 混凝土砌块(砖)砌体用灌孔混凝土(JC 861—2008). 北京：中国建材工业出版社，2008.

［2-11］ 混凝土小型空心砌块和混凝土砖砌筑砂浆(JC 860—2008). 北京：中国建材工业出版社，2008.

［2-12］ 砌体结构设计规范(GB 50003—2011). 北京：中国建筑工业出版社，2012.

［2-13］ 砌体结构工程施工质量验收规范(GB 50203—2011). 北京：中国建筑工业出版社，2011.

［2-14］ 建筑砂浆基本性能试验方法标准(JGJ/T 70—2009). 北京：中国建筑工业出版社，2009.

［2-15］ 梁建国等. 不同底模砂浆强度试验研究. 砌体结构理论与新型墙材应用. 北京，中国城市出版社，2007.

［2-16］ 施楚贤，徐建，刘桂秋. 砌体结构设计与计算. 北京：中国建筑工业出版社，2003.

［2-17］ Поляков С В и Фалевич Ь И. Каменные Конструкции. Госстройиздат，1960.

［2-18］ Panarese W C and others. Concrete masonry Handbook. 5th Edition. Portland Cement Association，Skokie Illinois，1991.

［2-19］ Grimm C T. Strength and Related Properties of Brick Masonry. Proceedings ASCE，Str uctual Division. Vol. 101，No. ST1，1975(1).

［2-20］ Поляков С В. Длительное Сжатие Кирпичной Клалки. Госсмройиздат，1959.

［2-21］ British Standards. Code of Practice for use of Masonry. BS5628：Part 2，Structural use of Reinforced and Prestressed Masonry. BS5628-2：2005.

［2-22］ Haseltine B A. The Way Forward for Reinforced Masonry Design. Proceedings of the 6th IBMaC. Rome：1982.

［2-23］ Sutherland R J M. The Future for Prestressed Masonry，Proceedings of the 6th IBMaC. Rome：1982.

［2-24］ Macchi G. Behaviour of Masonry under Cyclic Actions and Seismic Design. Proceedings of the 6th IBMaC. Rome：1982.

［2-25］ Dickey W L. Pre-fabrication in Southern California. Proceedings of the 7th IBMaC. Melbourne(Australia)：1985.

［2-26］ Hatzinikolas M A and Pacholok R. Prefabricated Masonry，Proceedings of the 7th IBMaC. Melbourne (Australia)：1985.

［2-27］ Kato S and others. Future Brick Panel Construction. Proceedings of the 6th IBMaC. Rome：1982.

［2-28］ Baba A and others. Development of Prefabricated Brick Panel Construction in Japan. Proceedings of the 6th IBMaC. Rome：1982.

［2-29］ Ando T and others. Reinforced Brick Curtain Walls. Proceedings of the 6th IBMaC. Rome：1982.

［2-30］ James E A. Reinforcing Steel in Masonry. Masonry lnstitute of America，1991.

［2-31］ 苑振芳. 砌体结构设计手册(第三版). 北京：中国建筑工业出版社，2002.

［2-32］ 施楚贤. 砌体结构类型的分析与抗震设计建议. 建筑结构，2010(1).

［2-33］ Robert G Drysdale，Ahmad A. masonry Structures-Behavior and Design. Third Edition，The Masonry Society，Boulder，Colorado，America，2008.

第三章 砌体的力学及物理性能

砌体中的砖、石、砌块和砂浆的性质不同，又受到施工质量等因素的影响，因此砌体的受力性能与匀质弹性材料的受力性能差别较大。本章重点论述无筋砌体在不同受力状态下的强度和变形的性能，这对于进一步掌握砌体结构的设计和计算是至关重要的。有关配筋砌体的受力性能，以及对砌体耐久性等方面的要求在第六章和第九章中论述。

3.1 砌体的受压性能

3.1.1 砌体受压应力状态

实际结构的破坏现象及国内外的许多试验结果表明，砌体从开始受压直到破坏为止，按照裂缝的出现和发展等特点，可以分为三个阶段。图 3-1 为作者所做烧结砖砌体轴心受压试验结果。

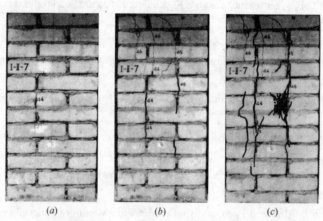

(a)   (b)   (c)

图 3-1 砖砌体受压破坏情况

第一阶段是从砌体开始受压，到出现第一批裂缝。即随着荷载的增大，裂缝显现在单块砖内（图 3-1a）。如不增加荷载，砖上裂缝也不发展，在试验中表现为千分表指针的读数维持不变。根据试验结果，砖砌体内第一批裂缝发生于破坏荷载的 50%～70%。

第二阶段是随着荷载再增大，单块砖内裂缝不断发展，并逐渐连接成一段段的裂缝，沿竖向通过若干皮砖（图 3-1b）。这时甚至不增加荷载，裂缝仍继续发展，千分表指针的读数在增大。此时的荷载约为破坏荷载的 80%～90%，在实际结构中若发生这种情况，应看作是结构处于危险状态的特征。

第三阶段是继续增加荷载，裂缝很快加长、加宽，砌体终于被压碎或因丧失稳定而完全破坏（图 3-1c）。此时砌体的强度称为砌体的破坏强度。

分析上述试验结果可看出，砖砌体在受压破坏时，一个重要的特征是单块砖先开裂，且砌体的抗压强度总是低于它所用砖的抗压强度。如图 3-1 的试验砌体，所用砖的强度为 25.5MPa，砂浆强度为 12.8MPa，而其抗压强度仅为 6.79MPa。这是因为砌体虽然承受轴向均匀分布的压力，但通过试验观测和分析，在砌体的单块砖内却产生复杂的应力状态。

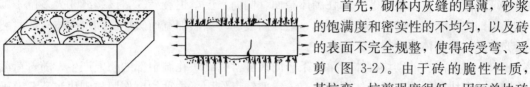

图 3-2　砌体内砖的复杂受力状态

首先，砌体内灰缝的厚薄，砂浆的饱满度和密实性的不均匀，以及砖的表面不完全规整，使得砖受弯、受剪（图 3-2）。由于砖的脆性性质，其抗弯、抗剪强度很低，因而单块砖弯曲所产生的弯、剪应力引起砌体中第一批裂缝的出现。同时，在确定砖的抗压强度时，系用 115mm×115mm×120mm 的小试块，中间只用一道且经仔细抹平的水平灰缝连接。这种试块的受压工作情况，远比砌体中砖的受压工作情况来得有利，因而砌体的抗压强度要较它所用砖的抗压强度低。图 3-1 的试验砌体，在第三阶段时，其强度仅为砖的抗压强度的 24％。

此外，砂浆和砖这两种材料的弹性模量和横向变形的不相等，也是引起这种强度差别的原因。砖的横向变形一般较砂浆的横向变形小。砌体受压后，它们相互约束，砖内产生横向拉应力；砂浆的弹性性质使每块砖如同弹性地基上的梁，基底的弹性模量愈小，砖的变形愈大，砖内产生的弯、剪应力也愈高；在砌筑砌体时，垂直灰缝一般都不能很好地填实，砖在垂直灰缝处易产生应力集中现象。显然这些原因也导致砌体强度降低。

综上所述，在均匀压力作用下，砌体内的砖块并非均匀受压，

图 3-3　多孔砖砌体受压破坏

而是处于复杂的受力状态，受到较大的弯曲、剪切和拉应力的共同作用。砖砌体的破坏不是砖先被压坏，而是砖受弯、受剪或受拉破坏的结果。砖砌体的抗压强度远低于砖的抗压强度。这是砌体受压性能不同于其他建筑材料受压性能的基本点。

对于烧结多孔砖砌体，作者与梁辉的试验研究表明，砌体内产生第一批裂缝时的荷载，较上述普通砖砌体产生第一批裂缝时的荷载要大，约为破坏荷载的 70％。在受力的第二阶段，由于多孔砖块体高度较大、孔壁较薄，砖的表面明显剥落（图 3-3），表明多孔砖砌体较普通实心砖砌体的脆性增大。

作者与谢小军的试验研究表明，混凝土小型空心砌块砌体轴心受压时，自加载直至破坏，按照裂缝的出现和发展等特点，亦可划分为三个受力阶段。但它与普通砖砌体的破坏

特征相比较，主要有下列不同之处。

（1）在受力的第一阶段，砌体内通常只产生一条竖向裂缝，由于砌块高度较普通砖的高度大，第一条裂缝的宽度虽较细，但往往在一块砌块的高度内贯通。

（2）对于未灌孔的砌块砌体，第一条竖向裂缝常在砌体宽面上沿砌块的孔边产生，即在砌块孔洞角部的肋厚减小处出现，如图 3-4 所示裂缝①；随着荷载的增加，沿砌块孔洞边缘或砂浆竖缝产生裂缝②，并在砌体窄面（侧面）上产生裂缝③，该裂缝③大多位于砌块孔洞的中央，也有的发生在孔洞边；最终因裂缝③骤然加宽而破坏。砌块砌体破坏时裂缝的数量较砖砌体的少得多。

（3）对于灌孔的砌块砌体，第一条竖向裂缝常在砌块孔洞中部的肋上产生，随着荷载的增加，砌块四周的肋对芯体混凝土有一定的约束作用。这种约束作用与砌块和灌孔混凝土的强度有关，当砌块抗压强度与芯柱混凝土的抗压强度不匹配，且前者远小于后者时，在砌块周边各肋上先产生竖向裂缝；当砌块抗压强度与芯柱混凝土的抗压强度相当且接近时，砌块与芯柱均产生纵向裂缝。由于砌块和芯柱共同工作，芯体混凝土的横向拉应力使砌块四周各肋中部的竖向裂缝加宽，破坏时芯体混凝土有明显的纵向裂缝，最终芯体外侧砌块的肋向外鼓，导致灌孔砌块砌体完全破坏，如图 3-5 所示。

图 3-4　空心砌块砌体受压破坏　　　　　　图 3-5　灌孔砌块砌体受压破坏

试验表明，混凝土空心砌块砌体与灌孔砌体，其开裂荷载与破坏荷载之比较为接近。

在毛石砌体中，毛石和灰缝的形状不规则，砌体的匀质性较差，砌体内的复杂应力状态更为不利，产生第一批裂缝时的荷载与破坏荷载之比约为 30%，低于砖砌体的值，破坏时毛石砌体内的裂缝亦不如砖砌体那样分布有规律。

3.1.2　影响砌体抗压强度的因素

从宏观上看，砌体是由块体和砂浆砌筑而成的整体材料，但从内部看它不是一个连续的整体，也不是一个完全的弹性材料。影响砌体抗压强度的因素很多，归纳起来主要有材料（块体和砂浆）本身的物理力学性能、施工质量及试验方法等方面。

一、块体和砂浆的物理力学性能

1. 块体和砂浆的强度

砌体的抗压强度随块体和砂浆强度的不同而变化。用强度高的块体和砂浆砌筑的砌体，其抗压强度高，反之，其抗压强度要低，表 3-1 为几组砖砌体抗压强度的试验结果。国内外大量的试验证明，块体和砂浆的强度是影响砌体抗压强度的主要因素，也是重要的内因。

一般情况下，对于砖砌体，当砖的强度等级不变，而砂浆强度等级提高一级时，砌体抗压平均强度只提高 15% 左右，且此时砂浆中水泥用量增加较多。例如将砂浆强度等级由 M2.5 提高为 M5，或由 M5 提高为 M7.5，水泥用量差不多增加 1 倍。若砂浆强度等级不变，砖的强度等级由 MU10 提高为 MU15，或由 MU15 提高为 MU20，砌体抗压平均强度可提高 20% 左右。因此，在砖的强度等级一定时，过高地提高砂浆强度等级并不适宜。在可能的条件下，应尽量采用高强度等级的砖，不但效果好，还较为经济。对于砌块砌体来说，也应如此。提高砂浆强度等级，对于毛石砌体抗压强度的影响则较大。

砖砌体抗压强度试验结果（MPa） 表 3-1

砖 强 度	砂浆强度	砌体抗压强度	砖 强 度	砂浆强度	砌体抗压强度
12.5	5.4	6.02	25.9	7.22	7.98
12.5	12.0	8.23	25.9	12.1	11.5

2. 块体的尺寸、几何形状及其表面的规则与平整程度

块体的尺寸，尤其是其高度对砌体抗压强度的影响较大。块体的几何形状，表面的规则、平整程度也有一定的影响。如当砖的高度增加时，其截面面积和抵抗矩相应地加大，提高了它对抗弯、剪、拉等应力的能力，砌体强度也增大。我国原建筑工程部建筑科学研究院根据 18 种不同尺寸的砖（高 44～177mm，长 65～416mm）砌筑的 219 个砌体的抗压强度试验数据，经统计得出砖的尺寸对砌体强度的影响系数为：

$$\psi_d = 2\sqrt{\frac{h+7}{l}} \tag{3-1}$$

式中　h——砖的高度（mm）；

　　　l——砖的长度（mm）。

公式（3-1）可用于当砖的尺寸与烧结普通砖的尺寸（240mm×115mm×53mm）不相同时，对砖砌体强度的影响系数。

块体的表面不平整，也使砌体灰缝厚薄不均匀，从而降低砌体抗压强度。Francis 等人做了一个有趣的试验，即将砖的上、下表面用磨光机磨平，做成无砂浆砌体，这时砌体强度较之一般砌体的强度可提高 60%；将砖的上、下表面用泥工锯锯修，砖的表面不及一般砖平整，仍然做成无砂浆砌体，其砌体强度较一般砖砌体的强度则降低 30%。该试验结果也说明，为了保证砖的质量，应对所生产的砖的几何形状，表面的规则、平整程度提出要求。

3. 砂浆的变形及和易性

图 3-6 所示为砖和砂浆受压时的变形曲线，可看出砂浆具有一定的弹塑性性质。在砌体中随着砂浆变形率增大，砖受到的弯剪应力和横向拉应力也增大，将使砌体强度降低。如苏联规范中考虑到轻质砂浆的变形率较

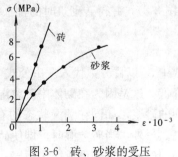

图 3-6　砖、砂浆的受压
应力-应变曲线

大，其砌体强度相应降低 15%。

前面已分析过砂浆的和易性对砂浆和砌体强度的影响，和易性好的砂浆，泥土较易铺砌成饱满、均匀、密实的灰缝，可以减小上述在砖内产生的复杂应力，使砌体强度提高。对于只由水泥和砂配制的水泥砂浆（即不掺石灰或其他塑化剂的水泥砂浆），由于其保水性与和易性较差，用它来砌筑砌体时铺砌困难，且不易均匀，将使砌体强度降低。Комов 和 Шраер 作了几个用 1∶4 的水泥砂浆和用 1∶0.2∶4 的水泥石灰砂浆的砌体抗压强度对比试验，得到其强度比值分别为 0.83、0.93 和 0.86，平均砌体强度降低 13%。湖南大学的试验表明该比值偏大，根据强度等级为 M5 和 M10 的水泥砂浆与相应的水泥石灰砂浆砌筑的砖砌体的抗压强度试验，共 33 个砌体，其强度平均只降低 5%。近年来的试验研究表明，用中、高强度的水泥砂浆时砌体抗压、抗剪强度无不利影响；对低于 M5 的水泥砂浆，其砌体强度约降低 5%。

二、施工质量

施工质量综合了砌筑质量、施工管理水平和施工技术水平等因素的影响。在影响砌筑质量的因素中通常能作出定量分析的有水平灰缝砂浆饱满度、砖砌筑时的含水率、砂浆灰缝厚度以及砌合方法。这些因素不仅对砌体抗压强度且对砌体的其他强度均有直接的影响，亦即反映它们对砌体内复杂应力状态的改善程度。对于施工管理水平和施工技术水平等方面的影响，以施工质量控制等级来衡量。

1. 水平灰缝砂浆饱满度

根据原西南建筑科学研究所的试验，砌体抗压强度随水平灰缝均匀饱满的程度（饱满度 ξ_f）的减小而降低，其影响系数为：

$$\psi_f = 0.2 + 0.8\xi_f + 0.4\xi_f^2 \tag{3-2}$$

式中当 $\xi_f = 0.73$ 时，$\psi_f = 1.0$，表示水平灰缝的砂浆饱满度为 73% 的砌体，其抗压强度可达我国规范中规定的强度指标。《砌体结构工程施工质量验收规范》为便于在施工中掌握，规定水平灰缝砂浆饱满度不得低于 80%。

2. 砖砌筑时的含水率

根据作者和几个单位的实测，长沙、济南、合肥、福州、成都、昆明和沈阳等七个地区黏土砖砌筑时的含水率频率分布见图 3-7，其平均值 $\xi_w = 9.2\%$，变异系数 $\delta = 0.617$。实测表明全国各地之间 ξ_w 的变化幅度较大，即使同一地区其变化也较大。但按 x^2 检验，可以 95% 的保证率接受全国砖砌筑时的含水率为正态分布（9.2%，5.69%）。作者采用同一强度等级的砖（分别按 4 种不同的含水率）和相同配合比的砂浆作了抗压强度试验（图 3-8），并得砖砌筑时的含水率对砌体抗压强度的影响系数可按下式计算：

$$\psi_w = 0.8 + \frac{\sqrt[3]{\xi_w}}{10} \tag{3-3}$$

式中 ξ_w 以百分数代入。由公式（3-3），砌体抗压强度随 ξ_w 的增大而提高，随 ξ_w 的减小而降低。这是因为在砌体中砖愈湿时，砖面上多余的水分有利于砂浆的硬化，处于砖与砖之间的砂浆，如同在潮湿状态的有利条件下养护。由于砂浆强度的提高，砌体抗压强度提高。另外，当砖愈湿时，即使砖面上有流浆现象，由于砂浆的流动性好，能使砂浆在较粗糙的砖面上被铺设成均匀薄层，有利于改善砌体内的复杂应力状态，虽然砂浆强度有可能降低，但却使砖的强度进一步得到发挥，也使砌体抗压强度提高。砖愈干时，砂浆刚铺砌在砖面上，大部分水分很快被砖吸收，不利于砂浆的硬化，使砌体强度降低。

按公式（3-3）的计算值与试验结果的比较是很接近的，其平均比值为1.05。

按公式（3-3），当 $\xi_w = 0$ 时，$\psi_w = 0.8$；当 $\xi_w < 8\%$ 时，$\psi_w < 1.0$，这时应考虑它对砌体抗压强度产生的不利影响；当取全国砖砌筑时含水率的平均值 $\xi_w = 9.8\%$ 时，$\psi_w = 1.01$；当 $\xi_w = 8 \sim 10\%$ 时，$\psi_w = 1.0 \sim 1.015$，可能 $\psi_w = 1.0$；当 $\xi_w > 10\%$ 时，$\psi_w > 1.0$。因此当不考虑 $\xi_w > 10\%$ 时它对砌体抗压强度的有利影响，应使砖砌筑时的含水率控制在 8%～10% 范围内。在工程中，砖在砌筑前浇水湿润，由湿润程度来控制砖砌筑时的含水率。考虑到施工中如砖浇水过湿，操作上有一定困难，不易做到，墙面也不易保持清洁，同时当 ξ_w 过大时砌体抗剪强度反而降低，因此作为正常施工质量的标准，砌筑砖砌体时，普通砖、多孔砖应提前 1～2d 浇水湿润，含水率宜为 10%～15%。此时的含水率大致相当于普通黏土砖截面四周的融水深度为 15～20mm。对于灰砂砖、粉煤灰砖砌筑时的含水率宜为 8%～12%。

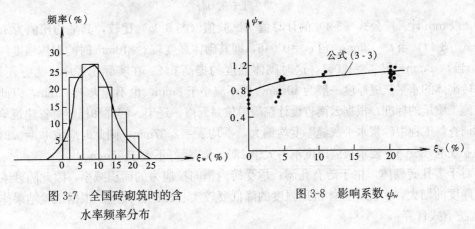

图 3-7　全国砖砌筑时的含
　　　水率频率分布

图 3-8　影响系数 ψ_w

新颁布的《砌体结构工程施工质量验收规范》GB 50203—2011 对此规定作了修改。由于各地生产的块体的吸水率变化很大，以块体的相对含水率来表示更为合理。即砌筑烧结、非烧结砖砌体时，砖应提前 1～2d 适度湿润，严禁采用干砖或处于吸水饱合状态的砖砌筑；砌筑普通混凝土砌块时，不需对块体浇水湿润，如遇天气干燥炎热，宜在砌筑前对其喷水湿润；对轻集料混凝土砌块，应提前浇水湿润；雨天及砌块表面有浮水时，不得施工。块体湿润程度，宜符合下列规定：

（1）烧结类块体的相对含水率为 60%～70%；

（2）非烧结类块体的相对含水率为 40%～50%。

但梁建国的研究认为，采用相对含水率指标对控制砌体的干燥收缩很难实施，建议采用体积含水率。美国相关标准自 2000 年起取消了相对含水率控制的方式，而增添了体积含水率和干燥收缩率的限值，应用简便。

3. 灰缝厚度

随着砂浆水平灰缝厚度的增加，砌体强度将降低。这是因为砌体受压时，灰缝愈厚，灰缝内砂浆横向变形加大，加剧了砌体内的复杂应力状态，砖内拉应力随之增大。根据 A. T. Francis 和国内的试验结果（图 3-9），作者提出砌体中砂浆水平灰缝厚度（t）对砖砌体抗压强度影响系数 ψ_t 按下式计算：

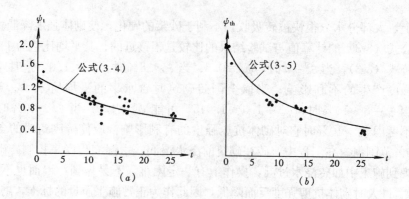

图 3-9　影响系数 ψ_t 和 ψ_{th}

(a) 砖砌体；(b) 多孔砖砌体

$$\psi_t = \frac{1.4}{1+0.04t} \tag{3-4}$$

式中 t 以 mm 计。按公式（3-4）的计算值与试验值（图 3-9a）比较，其平均比值为 1.014。由公式（3-4），当 $t=12$mm，得 $\psi_t=0.946$，即其砌体强度较 $t=10$mm 时的砌体强度约降低 5%。当 $t=8$mm，得 $\psi_t=1.061$，这时砌体强度约提高 6%。在实际工程中，为方便施工，要求砖砌体的水平灰缝厚度一般为 10mm，但不应小于 8mm，也不应大于 12mm，以此作为正常施工质量的标准。根据云南省设计院等单位对云南、辽宁、河北和福建对省建筑单位的实际调查，工程中砂浆水平灰缝厚度均偏大，平均 $t=12.37$mm，则此时应取 $\psi_t=0.94$。澳大利亚规范（SAA）要求灰缝厚度不得大于 130mm，最好不大于 95mm。

对于多孔砖砌体，由于砖有孔洞，承受砖内横向拉应力的面积减小，因此随砂浆水平灰缝厚度的增大，多孔砖砌体抗压强度的降低要较实心砖砌体大些。根据试验结果作者提出 ψ_{th} 按下式计算：

$$\psi_{th} = \frac{2}{1+0.1t} \tag{3-5}$$

按公式（3-5）的计算值与试验值（图 3-9b）比较，其平均比值为 1.074。由公式（3-5），当 $t=12$mm，得 $\psi_{th}=0.91$，砌体强度降低约 10%。当控制其砂浆水平灰缝厚度不大于 11mm 时，可取 $\psi_{th}=0.95$。

4. 砌合方法

砌体的砌合方法和其他构造措施的合理性，对保证砌体强度及其整体性也有直接影响。对实心砖砌体，采用一顺一丁、梅花丁和三顺一丁砌合方法质量较好。在第二章中已指出，施工中仍出现用包心砌法砌筑砖柱，这种砌合方法整体性差，砌体强度不能保证，如湖南、甘肃、吉林、陕西等省曾发生过多起包心砖柱倒塌事故，应引以为戒。

5. 施工质量控制等级

早在 20 世纪 80 年代，《砌体结构设计和施工国际建议》（GIB 58）等文献及有的国家的标准中较系统地提出了砌体工程质量控制的要求和分级，不少国家的设计或施工规范中作出了这方面的规定。这一论点和方法对确保和提高砌体结构的设计和施工质量有着积极的意义和重要作用。

《CIB 58》规定的质量控制包括工厂控制、施工控制、砂浆强度控制、块体强度控制和墙体的尺寸控制，其中工厂控制分 A、B 二级，施工控制分 A、B、C 三级（详表 4-24）。

《砌体工程施工及验收规范》（GB 50203—98）在我国率先提出施工质量控制等级及其划分方法，随后被纳入砌体结构设计规范并建立了与施工质量控制等级一一对应的材料性能分项系数。由于施工质量控制等级与结构设计紧密结合，所提出的施工质量控制等级符合我国工程实际，且可操作性强，这是我国砌体结构设计规范与砌体工程施工质量验收规范在编制思想上的重要突破，也是它们在工程上的成功应用。

按《砌体结构工程施工质量验收规范》（GB 50203—2011），砌体施工质量控制等级是根据施工现场的质量管理、砂浆和混凝土的强度、砌筑工人技术等级的综合水平而划分的砌体施工质量控制级别。分为 A、B、C 三级，其中 A 级的施工质量控制程度最严格，B 级次之，C 级最低。其划分标准见表 3-2（a）。砂浆、混凝土有"优良"、"一般"和"差"三个质量水平，与此对应将砂浆、混凝土强度的离散性分为"离散性小"、"离散性较小"和"离散性较大"，见表 3-2（b）和表 3-2（c）。《砌体结构设计规范》（GB 50003—2001）规定，B 级时材料性能分项系数 $\gamma_f = 1.6$，C 级时 $\gamma_f = 1.8$，A 级时可取 $\gamma_f = 1.5$。应注意到这一规定的实际含意在于，以确保砌体结构可靠度符合《建筑结构可靠度设计统一标准》的要求为前提，即可靠度不应降低，它主要反映不同施工质量控制水平与材料消耗水平的关系。即控制等级高，材料消耗少，反之则材料消耗多。

施工质量控制等级 B 级相当于我国目前一般施工质量水平，对一般多层砌体房屋宜按 B 级控制。配筋砌体不允许采用 C 级。对配筋混凝土砌块砌体剪力墙高层房屋，为提高这种结构体系的安全储备，设计时宜选用 B 级的砌体强度指标，而在施工时宜选用 A 级的施工质量控制等级。

砌体施工质量控制等级　　　　　　　　　　　　　表 3-2（a）

项　目	施 工 质 量 控 制 等 级		
	A	B	C
现场质量管理	监督检查制度健全，并严格执行；施工方有在岗专业技术管理人员，人员齐全，并持证上岗	监督检查制度基本健全，并能执行；施工方有在岗专业技术管理人员，人员齐全，并持证上岗	有监督检查制度；施工方有在岗专业技术管理人员
砂浆、混凝土强度	试块按规定制作，强度满足验收规定，离散性小	试块按规定制作，强度满足验收规定，离散性较小	试块按规定制作，强度满足验收规定，离散性大
砂浆拌合	机械拌合；配合比计量控制严格	机械拌合；配合比计量控制一般	机械或人工拌合；配合比计量控制较差
砌筑工人	中级工以上，其中高级工不少于 30%	高、中级工不少于 70%	初级工以上

砌筑砂浆质量水平　　　　　　　　　　　　　表 3-2（b）

质量水平 ＼ 强度等级 ＼ 强度标准差 σ（MPa）	M2.5	M5	M7.5	M10	M15	M20	M30
优　良	0.5	1.00	1.50	2.00	3.00	4.00	6.00
一　般	0.62	1.25	1.88	2.50	3.75	5.00	7.50
差	0.75	1.50	2.25	3.00	4.50	6.00	9.00

评定指标 \ 生产单位 \ 质量水平 强度等级		优 良		一 般		差	
		＜C20	≥C20	＜C20	≥C20	＜C20	≥C20
强度标准差（MPa）	预拌混凝土厂	≤3.0	≤3.5	≤4.0	≤5.0	＞4.0	＞5.0
	集中搅拌混凝土的施工现场	≤3.5	≤4.0	≤4.5	≤5.5	＞4.5	＞5.5
强度等于或大于混凝土强度等级值的百分率（%）	预拌混凝土厂、集中搅拌混凝土的施工现场	≥95		＞85		≤85	

三、其他因素

1. 试验方法

砌体的抗压强度是按照一定的尺寸、形状和加载方法等条件，通过试验确定的。如果这些标准不一致，所测得的抗压强度亦不相同。

按新颁布的《砌体基本力学性能试验方法标准》GB/T 50129—2011，外形尺寸为 240mm×115mm×53mm 的普通砖和外形尺寸为 240mm×115mm×90mm 的各类多孔砖，其标准砌体抗压试件（图 3-10a、b）的截面尺寸应采用 240mm×370mm 或 240mm×490mm。其他外形尺寸砖的标准砌体抗压试件的截面尺寸可稍作调整。试件高度应按高厚比（β）确定，取 $\beta=3\sim5$。试验和分析表明，标准砌体的截面尺寸 240mm×370mm 与 240mm×490mm 及高厚比为 3、4、5 时，对砌体抗压试验结果无显著性差异。

(a) (b) (c)

图 3-10 标准砌体抗压试件
（a）普通砖砌体；（b）多孔砖砌体；（c）小型砌块砌体

对主规格尺寸为 390mm×190mm×190mm 的混凝土小型空心砌块，其标准砌体抗压试件（图 3-10c），截面宽度宜为主规格砌块长度的 1.5～2 倍，厚度应为砌块厚度；高度应为五皮砌块高加灰缝厚度。它与原《砌体基本力学性能试验方法标准》GBJ 129—90 规定试件高度为三皮砌块高加灰缝厚度有所不同，修改的主要原因是使之与国际砌体试验方法标准 ISO 9652—4 的规定相接近。我国的对比试验表明，试件高厚比为 3 和 5 时，其砌体抗压试验结果无显著性区别。

对于中型砌块，其标准砌体抗压试件截面厚度应为砌块厚度，宽度为主规格砌块的长度；试件高度为三皮砌块高加灰缝厚度；中间一皮砌块应有一条竖向灰缝。

对于料石，其标准砌体抗压试件截面厚度宜为 200～250mm，宽度宜为 350～400mm；试件的中间一皮石块亦应有一条竖向灰缝。对于毛石砌体，抗压标准试件的厚度宜为 400mm，宽度宜为 700～800mm。上述料石、毛石砌体的高度均应按高厚比为 3～5 确定。

我国砌体结构设计规范中的砌体抗压强度（包括其他受力下的强度）的试验方法就是采用上述 GB/T 50129—2011 规定的方法。

早在 20 世纪 70 年代孙明依据中国建筑科学研究院用 18 种尺寸的砖（厚 44～177mm、长 65～416mm）砌筑的 219 个砌体抗压强度试验结果及原中科院土建研究所的部分试验资料，提出了砖的尺寸对砌体抗压强度的换算系数为：

$$\psi = \frac{1}{0.72 + \dfrac{20s}{A}} \tag{3-6}$$

式中　s——试件截面周长（mm）；

　　　A——试件截面面积（mm²）。

由式（3-6），当试件截面尺寸为 240mm×370mm 时，$\psi = 1.0$。

对 T 形、十字形、环形等异形截面的标准砌体抗压研究性试验，试件边长应为块体宽度的整倍数，试件截面折算厚度可近似取 3.5 倍截面回转半径、试件高度仍按 $\beta = 3～5$ 确定。

当作高厚比大于 5 的各类砌体长柱试件受压试验，其截面尺寸宜按上述规定予以确定。

苏联采用的标准砖砌体的截面尺寸为 370mm×490mm。国际材料与试验协会（RILEM）建议采用一层高的砖墙或砖柱作为标准试件。美国、加拿大和澳大利亚采用由块体叠砌的棱柱体作为标准试件。Francis 研究了采用单块砖叠砌的棱柱体试件的抗压强度，试验结果见图 3-11。当砖的皮数为四皮或大于四皮时，试件的端部约束作用对砌体抗压强度没有明显的影响。West 也获得类似的试验结果。由于这种试件的制作和试验相当简便，澳大利亚采用四皮砖棱柱体作为标准试件（ASCA47），美国大多采用五皮或六皮砖棱柱体作为标准试件。

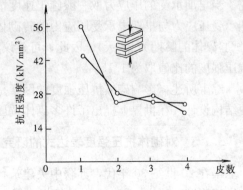

图 3-11　砖的皮数对棱柱砌体抗压强度的影响

试验时还要规定加载速度与方式，是为了控制试件在受力过程中避免承受冲击荷载，并便于准确测定砌体变形。一般来说，对同一试件随着加载速度的增大，其抗压强度增大。但在加载速度不很大的情况下，它对砌体抗压强度的影响并不显著。四川省建筑科学研究所的试验得到，当加载速度自 $9.3 \times 10^{-3} \sim 0.047 \mathrm{N/mm^2/s}$ 时，快速加载的砖砌体抗压强度平均只比慢速加载的砖砌体抗压强度高 5%。在我国，进行砌体抗压强度试验时，一般控制加载速度为 $8 \times 10^{-3} \sim 0.02 \mathrm{N/mm^2/s}$。美国（ASTM）规定，从 $0 \sim \frac{1}{2}$ 预期最大荷载的区间内，可以按任意适当的速度加载，此后在 $60 \sim 120\mathrm{s}$ 内按均匀速度施加完剩余的荷载，这个速度较上述的速度要快一些。我国 GB/T 50129—2011 规定，每级的荷载，应为预估破坏荷载的 10%，并应在 $1 \sim 1.5\mathrm{min}$ 内均匀施加完；恒载 $1 \sim 2\mathrm{min}$ 后施加下一级荷载。

2. 龄期

砌体随龄期增长其强度逐渐提高，主要是因砂浆强度随龄期增长而提高（参阅表 2-9 和表 2-10）。在工程中，当龄期超过 28d 后，砌体强度随龄期增长而提高对结构是有利的。但大多情况下，其强度提高的速度很慢。另一方面结构受长期荷载作用，使砌体强度降低，这是不利的。

3. 实际砌体与试验砌体的差异

实际工程中的砌体与试验室中的试验砌体有较大差异。一般认为，实际工程中砌体的抗压强度高于试验室中试验砌体的抗压强度。这是由于实际工程中的砌体所处的条件要较试验室中试验的单独砌体为好。如墙、柱在施工过程及使用中，砌体不断受到自重及上部荷载的压缩作用，使砌体内砖与水平灰缝砂浆的接触愈趋均匀。另外，砌体中的砂浆随着龄期的增长，强度提高，也使实际工程中砌体的强度提高。陕西省第五建筑公司做了一个有趣的对比试验，在一幢五层办公楼房屋施工时，先制作尺寸为 $240\mathrm{mm} \times 370\mathrm{mm} \times 720\mathrm{mm}$ 的两组砖砌体，其中一组砖砌体依次砌入房屋的各层墙内，待 28d 龄期后，将该砌体自墙内取出，与未砌入墙内的另一组砖砌体进行抗压强度的对比试验，其强度比值与砌体所曾处的楼层位置有关。处于房屋第一、二、三层墙中的砌体，其强度比值为 1.11 ~1.17；处于房屋第四、五层墙中的砌体，其强度比值为 1.04。作者于 1976 年对一幢三层宿舍房屋（建于 1956 年）的砖墙进行承载能力的鉴定试验，根据试验结果，上述的强度比值为 1.177。湖南大学就早期承受压应力对砖砌体抗压强度的影响进一步作了试验研究。当早期承受的压应力取一般施工速度情况下，仅由于结构自重所产生的压应力时，早期承受压应力与早期未承受压应力的砖砌体抗压强度的比值为 1.10，其变异系数为 0.10（试验砌体的龄期为 28 天）。因此，可建议实际工程中砌体的抗压强度与试验室试验砌体抗压强度的比值取为 1.15。

综上所述，影响砌体抗压强度的因素是多方面的，也是很复杂的。尽管如此，为了方便结构设计，在世界上提出了许多砌体抗压强度的计算公式。

3.1.3 对砌体抗压强度表达式的研究

早在 20 世纪 30 年代，苏联中央建筑科学研究院（ЦНИИСК）为确定砌体的抗压强度进行了试验研究，Онищик 教授提出了砌体抗压强度的计算公式，可以说这是世界上首次较精确地建立的砌体强度计算公式。随后在许多国家开展了这方面的试验和研究工作。

我国自 20 世纪 50 年代以来，对砌体强度的研究一直未间断，并作了大量的试验。1959 年 Haller 试图从理论上来解释砌体抗压强度与其影响因素间的关系。但 Haller 的公式给出的结果是：砖砌体强度大于砖在单轴应力下的强度，且这个公式从定量的角度来看，根据也不足。1969 年 Hilsdorf 根据砖和砂浆在多轴受力下的强度，建立理论公式来研究砖砌体的破坏机理。20 世纪 70 年代初，Lenczner 和 Francis 等人则根据弹性分析的破坏理论提出了砌体强度的计算公式。

上述情况表明，国内外对砌体抗压强度的研究主要有两个途径：一个是在试验的基础上，借助于试验资料，经统计分析提出其计算公式，可称为经验方法；另一个是根据弹性分析，建立理论模式，可称为理论方法。至今世界上许多国家规范中给出的砌体抗压强度是按经验方法确定的。由于试验数量有限，且其变异较大，因此按经验方法确定砌体强度仍存在不少缺陷。一些理论方法在确定砌体强度时虽不完善、还未反映砌体材料的弹塑性性能，但从建立砌体结构较完整的理论体系来说，这种方法还是具有积极意义的。

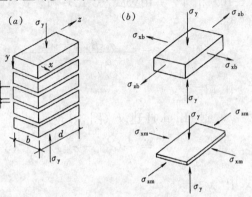

图 3-12　砌体在轴向压应力
作用下砖和砂浆的应力

一、砌体抗压强度的理论模式

1. A. J. Francis 等人的公式

A. J. Francis 等人提出的砌体抗压强度的模式是以单块砖叠砌的棱柱体试件为研究对象。当该砌体承受垂直压力 σ_y 时（图 3-12），忽略试验机压板对砌体上、下表面约束变形的影响。一般情况下，由于砂浆的弹性模量较砖的弹性模量小很多，且砖与砂浆之间的粘结力使它们不产生滑移，因此砖内将产生横向拉应力，砂浆内则产生横向压应力（图 3-12b）。

砖在 x 及 z 方向的拉应变为：

$$\varepsilon_{xb} = \frac{1}{E_b}\left[\sigma_{xb} + \nu_b(\sigma_y - \sigma_{zb})\right] \qquad (3-7)$$

$$\varepsilon_{zb} = \frac{1}{E_b}\left[\sigma_{zb} + \nu_b(\sigma_y - \sigma_{xb})\right] \qquad (3-8)$$

砂浆在 x 及 z 方向的压应变为：

$$\varepsilon_{xm} = \frac{1}{E_m}\left[-\sigma_{xm} + \nu_m(\sigma_y - \sigma_{zm})\right] \qquad (3-9)$$

$$\varepsilon_{zm} = \frac{1}{E_m}\left[-\sigma_{zm} + \nu_m(\sigma_y - \sigma_{xm})\right] \qquad (3-10)$$

式中　E_b，E_m——分别为砖和砂浆的弹性模量；

ν_b、ν_m——分别为砖和砂浆的泊松比。

假定砖和砂浆的横向变形相等，即

$$\varepsilon_{xb} = \varepsilon_{xm} \qquad (3-11)$$

$$\varepsilon_{zb} = \varepsilon_{zm} \qquad (3-12)$$

在 x 与 z 两个方向上砖内的横向拉力与砂浆的横向压力分别平衡，则

$$\sigma_{xb}dt_b = \sigma_{xm}dt_m$$

即
$$\sigma_{xm} = \frac{t_b}{t_m}\sigma_{xb} = \alpha\sigma_{xb} \tag{3-13}$$

式中　$\alpha = \dfrac{t_b}{t_m}$；

t_b、t_m——分别为砖厚度和砂浆灰缝厚度。

同理，
$$\sigma_{zm} = \alpha\sigma_{zb} \tag{3-14}$$

由公式（3-11）和公式（3-12）知，公式（3-7）与公式（3-9）相等，公式（3-8）与公式（3-10）相等，并由公式（3-13）和公式（3-14）解得：

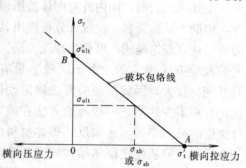

图 3-13　砖破坏时其拉、压应力的理论包络图

$$\sigma_{xb} = \sigma_{zb} = \frac{\sigma_y(\beta\nu_m - \nu_b)}{1 + \alpha\beta - \nu_b - \alpha\beta\nu_m} \tag{3-15}$$

式中　$\beta = \dfrac{E_b}{E_m}$。

根据 Hilsdorf 建议（图 3-13）：

$$\sigma_{xb} = \frac{1}{\varphi}(\sigma'_{ult} - \sigma_{ult}) \tag{3-16}$$

式中　$\varphi = \dfrac{\sigma'_{ult}}{\sigma'_t}$；

σ'_{ult}——无拉应力条件下砖破坏时的压应力；

σ_{ult}——有拉应力条件下砖破坏时的压应力；

σ'_t——砖的抗拉强度。

将公式（3-16）代入公式（3-15）可得 σ_{ult} 与 σ''_{ult} 之间的表达式：

$$\rho = \frac{\sigma_{ult}}{\sigma'_{ult}} = \frac{1}{1 + \dfrac{\varphi(\beta\nu_m - \nu_b)}{[(1 - \nu_b) + \alpha\beta(1 - \nu_m)]}} \tag{3-17}$$

因式中 $(1-\nu_b)$ 往往较 $\alpha\beta(1-\nu_m)$ 小很多，可将 ρ 简化成下式：

$$\rho = \frac{1}{1 + \dfrac{\varphi(\beta\nu_m - \nu_b)}{\alpha\beta(1 - \nu_m)}} \tag{3-18}$$

公式（3-18）的特点在于以双轴受力时砖内的压应力来衡量砌体的抗压强度，它反映了砖和砂浆的强度、变形以及砖厚度和砂浆灰缝厚度的影响。

2. H. K. Hilsdorf 公式

H. K. Hilsdorf 公式实质上是上述 Francis 公式的一个变换。Hilsdorf 假定材料的横向双轴抗拉强度与外荷载产生的平均局部压应力（$\sigma_y = \mu\sigma_{ym}$，$\mu$ 为应力不均匀系数）成线性变化（图 3-14），且砂浆的双轴强度为：

$$f'_1 = f'_c + 4.1\sigma_2 \tag{3-19}$$

式中　f'_1——横向受约束的砂浆棱柱体抗压强度；

f'_c——砂浆棱柱体的单轴抗压强度；

σ_2——砂浆棱柱体的横向约束应力。

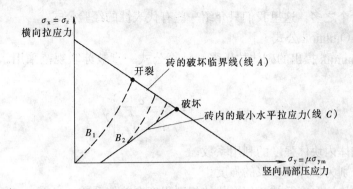

图 3-14 Hilsdorf 破坏理论

因而得灰缝砂浆的最小横向约束应力：

$$\sigma_{xj} = \frac{(\sigma_y - f_j^{'})}{4.1} \tag{3-20}$$

式中　σ_{xj}——灰缝砂浆的横向压应力；

　　　σ_y——灰缝砂浆 y 方向的局部应力；

　　　$f_j^{'}$——灰缝砂浆的单轴抗压强度。

考虑砖和砂浆内水平力的平衡，图 3-14 中线 C 的表达式为：

$$\sigma_x = \frac{t_m}{4.1 t_b}(\sigma_y - f_j^{'}) \tag{3-21}$$

图 3-14 中线 A 的表达式：

$$\sigma_x = \sigma_z = f_{bt}^{'} \left(1 - \frac{\sigma_y}{f_b^{'}}\right) \tag{3-22}$$

式中　$f_{bt}^{'}$——砖在双轴受拉时的强度；

　　　$f_b^{'}$——砖的单轴抗压强度。

局部应力的大小由图 3-14 中线 A 与线 B 的交点确定，即

$$\sigma_y = f_b^{'} \frac{f_{bt}^{'} + \alpha f_j^{'}}{f_{bt}^{'} + \alpha f_b^{'}} \tag{3-23}$$

式中　$\alpha = \dfrac{t_m}{4.1 t_b}$。

则在破坏时砌体的平均应力为：

$$\sigma_{ym} = \frac{\sigma_y}{\mu} \tag{3-24}$$

Hilsdorf 考虑砖-砂浆的共同作用，按经验确定系数 μ。根据砌体的强度，μ 是变化的，但对于中等强度的水泥砂浆，可取 $\mu = 1.3$。

Khoo 和 Hendry 对上述方法作了一些补充，他们主要是研究了砖在双轴压—拉状态下，及砂浆在三轴受压状态下的性能，以弥补 Hilsdorf 在缺乏直接试验数据时所作假定的不足。

二、砌体抗压强度的经验公式

前面已指出，要想从强度破坏机理上并以某一理论来揭示砌体抗压强度的内在规律，还有相当的距离，有待进一步研究。世界各国在试验的基础上，按数理统计而提出的砌体

强度公式有几十个之多，这里我们只介绍一些有代表性的经验公式。

1. Л. И. Онишик 公式

Л. И. Онишик 提出的砌体抗压强度计算公式一直被苏联规范采用。砌体的标准抗压强度为：

$$f_k = \psi_u f_1 \left[1 - \frac{\alpha}{\beta + \dfrac{f_2}{2f_1}} \right] \gamma \qquad (3-25)❶$$

式中　ψ_u——砌体内块体强度的利用系数；

f_1、f_2——分别为块体和砂浆的强度；

α、β——与块体厚度及其几何形状的规则程度有关的系数；

γ——系数，仅在确定低强度砂浆的砌体强度时采用。

ψ_u 与块体的抗弯和抗剪强度有关，按下式计算：

$$\psi_u = \frac{100 + f_1}{100\psi_1 + \psi_2 f_2} \qquad (3-26)$$

式中　α，β，ψ_1 和 ψ_2 等系数按表 3-3 采用。

Онишик 公式中考虑了影响砌体抗压强度的主要因素，较为合理。但该公式中参数多，计算时比较繁琐。

2. C. T. Grimm 公式

C. T. Grimm 根据美国的大量试验资料，建议砖棱柱砌体的抗压强度（f）按下式计算：

$$f = 1.42\zeta\eta f_{mb}10^{-8}(f_{mm}^2 + 9.45 \times 10^6)(1 + \xi)^{-1} \qquad (3-27)❷$$

砌体标准强度公式中的系数　　　　　　　　　　　　表 3-3

砌　体　类　别	α	β	ψ_1	ψ_2
砖砌体（每皮高度为 50~150mm）	0.2	0.3	1.25	3.0
形状规则的实心砌块砌体（每皮高度为 180~350mm）	0.15	0.3	1.10	2.5
形状规则的空心砌块砌体（每皮高度为 180~350mm）	0.15	0.3	1.50	2.5
大块砌体（每皮高度为 500mm 及 500mm 以上）	0.04	0.4	1.10	2.0
毛石砌体	0.2	0.25	2.5	8.0

式中　ζ——砖棱柱砌体的长细比系数：

$$\zeta = 0.0178\left[57.3 - \left(\frac{h_s}{b} - 6 \right)^2 \right];$$

当 $\dfrac{h_s}{b} = 5$ 时，$\zeta = 1.0$；

$\dfrac{h_s}{b}$——砌体高度与截面最小边长之比（长细比），$2 < \dfrac{h_s}{b} < 6$；

η——材料尺寸系数：

$$\eta = 0.0048 \quad 273 - \left(\frac{h_u}{h_j} - 14 \right)^2 \Big];$$

---

❶ 式中强度单位为 kgf/cm²。

❷ 式中强度单位为 1bf/m²。

当 $h_u = 2.25$（57mm），$h_j = 0.38$（10mm）时，$\eta = 1.0$；

$\dfrac{h_u}{h_j}$——砖的高度与灰缝厚度之比：

$$2.5 < \frac{h_u}{h_j} < 10;$$

f_{mb}——砖抗压强度的平均值（按 ASTM C67）；

f_{mm}——砂浆立方体的抗压强度（按 ASTM C270）；

ξ——砌体的砌筑质量系数；

如经检验时，即单块砖的垂直和水平面处砂浆饱满，且砖的尺寸符合 ASTM C62 的规定，$\xi = 0$；

未经检验时，即砂浆不饱满，此时 $\xi = 8 \times 10^{-5}$（$12000 - f_{mb}$），

当 $f_{mb} > 12000$ 时，取 $f_{mb} = 12000$。

Grimm 公式中所考虑的因素也较多，但它只适用于确定砖砌棱柱体的抗压强度，局限性较大。

3. 我国所采用的计算公式

20 世纪 70 年代在我国规范中采用的砌体抗压强度计算公式列于表 3-4 序号 1～4 栏内，随后又补充了一些建议公式，见序号 5～8 栏所示。

表 3-4 中，f_m 为砌体抗压强度平均值；f_1、f_2 分别为块体和砂浆的抗压强度平均值。

表 3-4 中的公式主要依据我国的试验资料，并以块体种类、强度和砂浆强度为参数建立与砌体强度之间的关系。总的看来，它们虽与试验值比较符合，但有的公式的计算值与试验值仍有较大差异。如中、小型砌块砌体抗压强度的计算值较试验值偏低较多（见表 3-6）。此外，这些公式在表达形式上也不一致。

砌体抗压强度计算公式　　　　　　　　　　　　　　表 3-4

序号	砌 体 类 别	计 算 公 式
1	尺寸为 240mm×115mm×53mm 的砖、多孔砖、硅酸盐砖	$f_m = (0.1\sqrt{f_1} + 0.2\sqrt{f_2})\sqrt{f_1 + 60}$
2	每皮高度为 400mm 的砌块和料石砌体	$f_m = 0.25 f_1 + 0.4\sqrt{f_1 f_2}$
3	毛石砌体	$f_m = 0.01 f_1 + 0.2\sqrt{f_1 f_2}$
4	240mm 厚空斗砌体	$f_m = (0.1 + 0.012\sqrt{f_2})f_1$
5	混凝土空心中型砌块砌体	$f_m = 0.5 f_1 + 0.001 f_1 f_2$
6	混凝土空心小型砌块砌体	$f_m = 0.3 f_1 + 0.2\sqrt{f_1 f_2}$
7	料石砌体	$f_m = \sqrt{f_1}(4.84 + 0.04 f_2)$
8	毛石砌体	$f_m = 0.0066 f_1 + 0.194\sqrt{f_1 f_2}$

注：强度单位为 kgf/cm²。

在对国内外砌体抗压强度公式分析的基础上，我国《砌体结构设计规范》（GBJ 3—88）采用形式统一的砌体抗压强度计算公式。即

$$f_m = k_1 f_1^2 (1 + 0.07 f_2) k_2 \tag{3-28}$$

式中　f_m——砌体抗压强度平均值（MPa）；

f_1——块体的抗压强度等级或平均值（MPa）；

f_2——砂浆的抗压强度平均值（MPa）；

k_1——与块体类别有关的参数，见表 3-5；

α——与块体高度及砌体类别有关的参数，见表 3-5；

k_2——砂浆强度较低或较高时对砌体抗压强度的修正系数，见表 3-5。

GBJ 3—88 采用的参数值   表 3-5

砌 体 类 别	k_1	α	k_2
砖、多孔砖、非烧结硅酸盐砖	0.78	0.5	当 $f_2<1$ 时，$k_2=0.6+0.4f_2$
240mm 厚空斗砌体	0.13	1.0	当 $f_2=0$ 时，$k_2=0.8$
混凝土小型砌块	0.46	0.9	当 $f_2=0$ 时，$k_2=0.8$
中型砌块	0.47	1.0	当 $f_2>5$ 时，$k_2=1.15-0.03f_2$
毛料石	0.79	0.5	当 $f_2<1$ 时，$k_2=0.6+0.4f_2$
毛石	0.22	0.5	当 $f_2<2.5$ 时，$k_2=0.4+0.24f_2$

注：k_2 在表列条件以外时均等于 1.0。

公式（3-28）具有以下特点：

（1）对上述各类砌体，采用了形式上比较一致的计算公式，避免了我国 20 世纪 70 年代规范公式（见表 3-4）所存在的缺点。

（2）它与试验结果的符合程度较好。表 3-6 中列出了试验值与按苏联 1955 年规范、我国 1973 年规范和 GBJ 3—88 公式计算值的比较结果（分别以 f^0/f_{55}，f^0/f_{73} 和 f^0/f_{88} 表示）。可看出，按公式（3-28）计算值与试验结果的比值，无论是其平均值 μ 和变异系数 δ 均较前二种公式要好。

砌体抗压强度试验结果与计算值比较   表 3-6

砌体类别	试件数量	f^0/f_{55}		f^0/f_{73}		f^0/f_{88}	
		μ	δ	μ	δ	μ	δ
普通砖、多孔砖	1147	1.10	—	1.06	0.18	1.025	0.11
小型砌块	217	1.36	0.19	1.75	0.25	1.03	0.13
中型砌块	111	0.96	0.20	1.38	0.25	1.01	0.14
毛料石	131	1.30	0.097	1.20	0.11	1.11	0.027
毛石	106	1.65	0.077	0.92	0.10	1.06	0.07

（3）物理概念比较明确。

英国规范和国际标准化组织砌体结构技术委员会（ISO/TC179）建议采用的砌体抗压强度计算公式为：

$$f = \alpha f_1^\beta f_2^\gamma \tag{3-29}$$

此时 $\alpha=0.4$，$\beta=0.7$，$\gamma=0.3$。公式（3-29）的形式虽简单，但当 $f_2=0$ 时，得到 $f=0$，这与实际是不符的。公式（3-28）吸取了公式（3-29）的简单表达方式，但为了避免上述存在的问题而采用二项式。同时公式（3-28）中各参数的物理概念也比较明确。

我国随后颁布的《砌体结构设计规范》（GB 50003—2001）中，各类砌体的抗压强度平均值仍采用式（3-28），但作了进一步的修改和补充。主要是取消了空斗砌体和中型砌块砌体，修正了混凝土小型空心砌块砌体抗压强度，建立了灌孔混凝土砌块砌体的计算指标。新颁布的 GB 50003—2011，又增加了混凝土普通砖、多孔砖砌体，公式（3-28）中的参数值按表 3-7 采用。

GB 50003—2011 采用的参数值 表 3-7

砌 体 种 类	$f_{\mathrm{m}}=k_1 f_1^\alpha\ (1+0.07 f_2)\ k_2$		
	k_1	α	k_2
烧结普通砖、烧结多孔砖、蒸压灰砂普通砖、蒸压粉煤灰普通砖、混凝土普通砖、混凝土多孔砖	0.78	0.5	当 $f_2<1$ 时，$k_2=0.6+0.4 f_2$
混凝土砌块、轻集料混凝土砖块	0.46	0.9	当 $f_2=0$ 时，$k_2=0.8$
毛料石	0.79	0.5	当 $f_2<1$ 时，$k_2=0.6+0.4 f_2$
毛石	0.22	0.5	当 $f_2<2.5$ 时，$k_2=0.4+0.24 f_2$

注：1. k_2 在表列条件以外时均等于 1。

2. 式中 f_1 为块体（砖、石、砌块）的强度等级或抗压强度平均值；f_2 为砂浆抗压强度平均值；单位均以 MPa 计；

3. 混凝土砌块砌体的轴心抗压强度平均值，当 $f_2>10$MPa 时，应乘系数 $1.1-0.01 f_2$，MU20 的砌体应乘系数 0.95，且满足 $f_1 \geqslant f_2$，$f_1 \leqslant 20$MPa。

由于我国砌块建筑的发展，通过试验研究进一步发现，当 $f_1 \geqslant 20$MPa、$f_2>15$MPa，以及当砂浆强度高于砌块强度时，按原规范公式的计算值（按表 3-4 取值）偏高。为此 GB 50003 规定适用条件是 $f_1 \geqslant f_2$ 和 $f_1 \leqslant 20$MPa；当 $f_2>10$MPa 时：

$$f_{\mathrm{m}} = 0.46 f_1^{0.9}(1+0.07 f_2)(1.1-0.01 f_2) \tag{3-30a}$$

采用 MU20 时：

$$f_{\mathrm{m}} = 0.95 \times 0.46 f_1^{0.9}(1+0.07 f_2) \tag{3-30b}$$

采用 MU20 且 $f_2>10$MPa 时：

$$f_{\mathrm{m}} = 0.95 \times 0.46 f_1^{0.9}(1+0.07 f_2)(1.1-0.01 f_2) \tag{3-30c}$$

对于单排孔混凝土小型空心砌块对孔砌筑并用灌孔混凝土灌孔的砌体，由于空心砌块砌体与芯柱混凝土共同工作，该砌体的抗压强度有较大程度的提高。根据谢小军与作者的研究，灌孔砌块砌体的抗压强度，可采用下述叠加方法计算。

取芯柱混凝土的应力（σ）应变（ε）关系为：

$$\sigma = \left[2\left(\frac{\varepsilon}{\varepsilon_0}\right) - \left(\frac{\varepsilon}{\varepsilon_0}\right)^2 \right] f_{\mathrm{c,m}} \tag{3-31}$$

由于空心砌块砌体与芯柱混凝土的峰值应力在不同应变 ε 下发生，根据试验结果，砌体的峰值应变可取 $\varepsilon_0=0.0015$，芯柱混凝土的峰值应变可取 $\varepsilon_0=0.002$。则当 $\varepsilon=0.0015$ 和 $\varepsilon_0=0.002$ 时，得 $\sigma=0.94 f_{\mathrm{c,m}}$。于是灌孔砌块砌体的抗压强度平均值，可按下式计算：

$$f_{\mathrm{g,m}} = f_{\mathrm{m}} + 0.94 \frac{A_{\mathrm{c}}}{A} f_{\mathrm{c,m}} \tag{3-32}$$

取 $f_{c,m} \approx 0.67 f_{cu,m}$，可得另一表达式：

$$f_{g,m} = f_m + 0.63 \frac{A_c}{A} f_{cu,m} \qquad (3-33)$$

式中　$f_{g,m}$——灌孔砌块砌体抗压强度平均值；

　　　A_c——灌孔混凝土截面面积；

　　　A——砌体毛截面面积；

　　　$f_{c,m}$——灌孔混凝土轴心抗压强度平均值；

　　　$f_{cu,m}$——灌孔混凝土立方体抗压强度平均值。

公式（3-33）考虑的因素全面，较好地反映了空心砌块砌体强度、灌孔混凝土强度和灌孔率的影响，较国外的公式或规定有较大改进。公式（3-33）为我国 GB 50003 采纳。

3.1.4　砌体受压应力-应变曲线

砌体的应力-应变关系是砌体结构中的一项基本力学性能。砌体受压时，随着应力的增加其应变也增加，但由于砌体具有弹塑性性质，该应力和应变之间的关系不符合虎克定律。在压力作用下，砌体应变增加的速度较应力增加的速度快，应力与应变之间的变化成曲线关系。国内外已提出十余种砌体受压应力-应变曲线的表达式。归纳起来其主要类型有：直线型、对数型、多项式型和根式型等。其中以 Λ. и. онишик 在 20 世纪 30 年代提出的下列对数公式较为典型：

$$\varepsilon = -\frac{1.1}{\xi} \ln\left(1 - \frac{\sigma}{1.1 f_k}\right) \qquad (3-34)$$

式中　ε——砌体应变；

　　　σ——砌体应力；

　　　ξ——与块体类别和砂浆强度有关的弹性特征值；

　　　f_k——砌体抗压强度的标准值。

在公式（3-34）中，ξ 未反映块体强度的影响，这是不够全面的。同时定义式中 $1.1 f_k$ 为砌体的条件屈服强度，这种解释无论在试验上和理论上都是比较勉强的。但该公式在应用上有一定的特点，即它可与弹性模量和稳定系数建立一定的关系。作者在上述公式的基础上，根据对 87 个砖砌体的试验资料的统计分析结果，提出以砌体抗压强度的平均值（f_m）为基本变量的砖砌体应力-应变关系式：

$$\varepsilon = -\frac{1}{\xi\sqrt{f_m}} \ln\left(1 - \frac{\sigma}{f_m}\right) \qquad (3-35)$$

按最小二乘法求得上式中的待定系数 $\xi = 460$（f_m 以 MPa 计）。因此砖砌体受压应力-应变曲线公式为：

$$\varepsilon = -\frac{1}{460\sqrt{f_m}} \ln\left(1 - \frac{\sigma}{f_m}\right) \qquad (3-36)$$

根据作者的试验研究，对于灌孔混凝土砌块砌体，可取 $\xi = 500$。

公式（3-36）表明，砌体受压时的应变随 $\frac{\sigma}{f_m}$ 的增大而增大，但随砌体抗压强度的增大而减小。该式较全面反映了砖强度和砂浆强度及其变形性能对砌体变形的影响。对不同种类的砌体，只要依据试验资料统计得出相应的 ξ 值，仍可采用公式（3-35）。

图 3-15 为作者所做第二批砖砌体试验的结果，为便于比较，在图中还绘出了按公式（3-34）和公式（3-36）计算得的曲线。

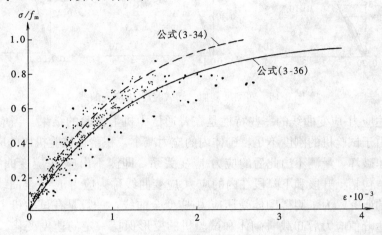

图 3-15　砖砌体受压应力-应变曲线

由公式（3-36），当 σ 趋近于 f_m 时，ε 趋近于 ∞。在分析砌体受压工作特性时我们已指出，当砌体加载到第二阶段，这时的荷载约为破坏荷载的 $80\%\sim90\%$，实际结构中的砌体若处于这种情况，应视为危险状态。因此可建议以 $\sigma=0.9f_m$ 时的应变作为砌体的极限应变（ε_{ult}）。则由公式（3-36）可得：

$$\varepsilon_{ult} = \frac{0.005}{\sqrt{f_m}} \qquad (3\text{-}37)$$

按公式（3-37）的计算结果与实测值比较，其结果基本上相符（见表 3-8）。

砖砌体受压极限应变　　　　　　　　　　　　　　表 3-8

砖　砌　体	f_m（MPa）	$\varepsilon_{ult} \cdot 10^{-3}$	
		试　验　值	计　算　值
第一批试件	2.50	2.5~3.5	3.16
	2.21	3.0~4.0	3.36
	1.95	3.2~5.0	3.58
第二批试件	3.01	2.2~3.6	2.88
第三批试件	2.41	2.6~4.9	3.22

作者还对 14 个砖砌体（砖为 MU10，砂浆强度为 $3.8\sim7.0$MPa）做了受压时反复加、卸载的试验，其应力上限约为 $0.43f_m$，部分试验结果如图 3-16 所示（图中 n 为反复加、卸载次数）。试验结果表明，14 个砌体产生第一批裂缝的荷载为破坏荷载的 $46\%\sim78\%$，平均值为 65%。砌体在短期反复加、卸载作用下，第 1 次卸载以后的残余应变增加很小。第 1 次卸载时砌体的残余应变为 $(0.03\sim0.21)\times10^{-3}$，平均值为 0.114×10^{-3}。第 5 次卸载时砌体的残余应变为 $(0.04\sim0.24)\times10^{-3}$，平均值为 0.137×10^{-3}。经反复加、卸载 5 次（有的砌体经反复加、卸载 3 次）时的砌体应力-应变曲线趋于直线。

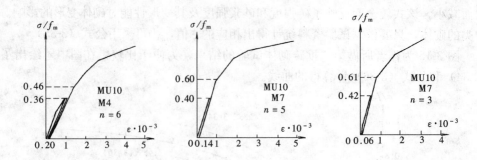

图 3-16　实测反复加、卸载时应力-应变曲线

以上所述应力-应变曲线的一些特性是在普通压力机上试验的结果。当应力达砌体极限强度时，由于试验机的刚度不足，砌体内的应力减小，积蓄在试验机内的应变能迅速释放，砌体急速破坏，量测不出此后的应力-应变关系，即测不出应力-应变曲线的下降段。砌体受压时，包括上升段和下降段在内的应力-应变曲线称为应力-应变全曲线。国内外均较重视对它的研究。为了测得砌体受压应力-应变全曲线，一般是在试验机上增设刚性元件，使砌体达峰值应力后卸载时砌体和试验机的变形保持一定的速度变化。图 3-17（a）为四川省建筑科学研究所采用砖 MU10 和砂浆 M5 砌筑的砌体所测得的受压应力-应变全曲线，图中 σ_{max} 为最大应力，ε_0 为最大应力时的应变。图 3-17（b）系 B. Powell 和 H. R. Hodgkinson 的试验结果，试验砌体分别采用四种类型的砖和 $1:\frac{1}{4}:3$ 的砂浆砌筑。

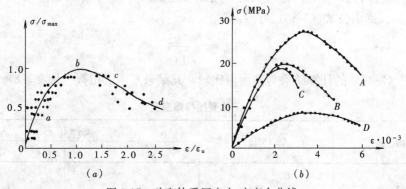

(a)　　　　　　　　　(b)

图 3-17　砖砌体受压应力-应变全曲线

由图 3-17（a）可见，砌体受压应力-应变全曲线可分为四个明显不同的阶段。

（1）在初始阶段，$\sigma \leqslant (0.4 \sim 0.5) \sigma_{max}$，荷载作用下积蓄的弹性应变能不足以使加载前砌体内的局部微裂缝扩展，砌体处于弹性阶段，其应力-应变关系呈线性变化，可取 $\sigma = 0.43 f_m$ 时的割线模量作为弹性模量的基本取值，此阶段的特征点为比例极限点 a。

（2）继续加载至应力峰值，砌体内微裂缝扩展，出现肉眼可见裂缝并不断发展延伸，砌体的应力-应变呈现较大的非线性，此阶段的特征点为应力峰值点 b。

上述（1）和（2）为应力-应变曲线的上升段。

（3）荷载达峰值后，随着砌体变形的增加，砌体内部积蓄的能量不断以出现新的裂缝表面能形式释放，砌体承载力迅速下降，应力随应变的增加而降低，应力-应变曲线由凹向应变轴变为凸向应变轴，此时曲线上有一个反弯点，标志着砌体已基本丧失承载力，此阶段的特征点为反弯点 c。

（4）随着应变的进一步增加，应力降低的幅度减缓，应力-应变曲线趋于水平，最后至极限压应变，对应的应力为残余强度，系破碎砌体间的胶合力和摩擦力所致，此阶段的特征点为极限压应变点 d。因试验方法和砌体材料的不同，砌体的极限压应变值（ε_u）变化幅度大，可达（$1.5\sim3$）倍峰值应变（ε_0），有的甚至更大。

上述（3）和（4）为应力-应变曲线的下降段。

图 3-18 中给出了几种有代表性的应力-应变全曲线，可供在砌体结构受力全过程的非线性分析时参考。图 3-18（a）为 R. H. Atkinson 等人提出的简化的四段直线式；图 3-18（b）为 A. Bemardini 等人提出，上升段为曲线，下降段为两段直线；图 3-18（c）为连续曲线，由 A. Madan 等人提出，表达式为：

$$\left.\begin{aligned}
\sigma &= \frac{\sigma_{\max}\left(\dfrac{\varepsilon}{\sigma_0}\right)\gamma}{\gamma - 1 + \left(\dfrac{\varepsilon}{\varepsilon_0}\right)\gamma} \\[2mm]
\gamma &= \frac{E_\mathrm{m}}{E_\mathrm{m} - E_\mathrm{sec}}
\end{aligned}\right\}
\tag{3-38}$$

式中 E_m 和 E_sec 如图 3-18（c）所示；图 3-18（d）为 V. Turnsek 等人提出的抛物线形，表达式为：

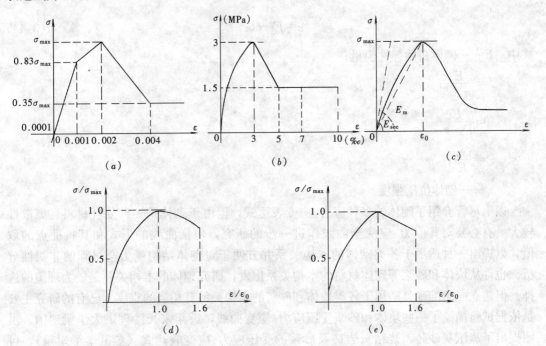

图 3-18　砌体受压应力-应变全曲线

$$\frac{\sigma}{\sigma_{\max}} = 6.4\left(\frac{\varepsilon}{\varepsilon_0}\right) - 5.4\left(\frac{\varepsilon}{\varepsilon_0}\right)^{1.17}
\tag{3-39}$$

图 3-18（e）由 B. Powell 和 H. R. Hodgkinson 提出，上升段为抛物线形，下降段为一直线，表达式如下：

$$\frac{\sigma}{\sigma_{\max}} = 2\left(\frac{\varepsilon}{\varepsilon_0}\right) - \left(\frac{\varepsilon}{\varepsilon_0}\right)^2 \quad \left(0 \leqslant \frac{\varepsilon}{\varepsilon_0} \leqslant 1.0\right) \tag{3-40}$$

$$\frac{\sigma}{\sigma_{\max}} = 1.2 - 0.2\left(\frac{\varepsilon}{\varepsilon_0}\right) \quad \left(1 < \frac{\varepsilon}{\varepsilon_0} \leqslant 1.6\right) \tag{3-41}$$

式（3-41）系湖南大学刘桂秋与作者添加，并建议在式（3-40）和式（3-41）中取 ε_u ＝1.6ε。

类似的有同济大学朱伯龙提出的下列公式：

$$\left.\begin{array}{ll} \dfrac{\sigma}{\sigma_{\max}} = \dfrac{\dfrac{\varepsilon}{\varepsilon_0}}{0.2 + 0.8\dfrac{\varepsilon}{\varepsilon_0}} & (\varepsilon \leqslant \varepsilon_0) \\[4mm] \dfrac{\sigma}{\sigma_{\max}} = 1.2 - 0.2\left(\dfrac{\varepsilon}{\varepsilon_0}\right) & (\varepsilon > \varepsilon_0) \end{array}\right\} \tag{3-42}$$

其他形式的表达式还有：K. Naraline 和 S. Sinha 提出的式（3-43），N. Contaldo 等人提出的式（3-44）。

$$\frac{\sigma}{\sigma_{\max}} = \frac{\varepsilon}{\varepsilon_0} e^{\left(1 - \frac{\varepsilon}{\varepsilon_0}\right)} \tag{3-43}$$

$$\sigma = E\varepsilon - k\varepsilon^n \tag{3-44}$$

式中　E——砌体初始弹性模量；

$k = \dfrac{E}{n\varepsilon_c^{n-1}}$；

$n = \dfrac{E\varepsilon_c}{E\varepsilon_c - \sigma_c}$；

$\varepsilon_c = \dfrac{2\sigma_c}{E}$；

σ_c——砌体抗压强度。

以上尽管介绍了砌体的多种应力-应变表达式，但由于砌体是一种复合材料且离散性较大，有必要对其应力-应变全曲线作进一步的研究，包括曲线的形式和其特征点的取值，以提出一种适用于各类砌体的本构关系并方便于对砌体结构受力全过程的非线性分析。也许从块体和砂浆等砌体材料的本构关系出发，研究砌体的本构关系是较为理想的选择。但建立一个准确且适用于各类块体和砂浆的本构关系有相当的难度。已有的研究主要是依据试验描绘了一些块体和砂浆受压应力-应变曲线，近年来长沙理工大学梁建国、洪丽提出了蒸压灰砂砖、烧结页岩砖及砂浆的受压应力-应变表达式（参见本章附录），可见这方面的研究任重而道远。

3.2　砌体的受拉和受弯性能

由于砌体自身的性质，本节重点论述砌体在轴心受拉和弯曲受拉时的性能及其强度。

3.2.1 轴心受拉

图 3-19（a）和（d）所示为承受轴心拉力的砌体。按照外力（N_t）作用于砌体的方向，砌体的轴心受拉可分为三种情况。在平行于水平灰缝的轴心拉力作用下，砌体可能沿 Ⅰ-Ⅰ 截面（沿灰缝）破坏，破坏面呈齿状，称为砌体沿齿缝截面轴心受拉（图 3-19b）；或沿 Ⅱ-Ⅱ 截面（沿块体和竖向灰缝）破坏，称为砌体沿块体截面轴心受拉（图 3-19c）。当拉力作用方向与水平灰缝垂直时，砌体可能沿 Ⅲ-Ⅲ 截面（沿灰缝）破坏，称为砌体沿水平通缝截面轴心受拉（图 3-19e）。研究表明，砌体的轴心抗拉强度主要决定于灰缝中砂浆与块体的粘结强度。拉力作用方向与水平灰缝平行时，该拉力取决于砂浆与块体的切向粘结强度。一般情况下，当块体的强度等级较高而砂浆的强度等级较低时，砖的抗拉强度大于该切向粘结强度，砌体将产生沿齿缝截面的破坏；当块体的强度等级较低而砂浆的强度等级较高时，砖的抗拉强度小于该切向粘结强度，砌体将产生沿块体截面的破坏。按我国对块体最低强度等级的规定，不致产生沿块体截面的轴心受拉破坏。拉力作用方向与水平灰缝垂直时，该拉力取决于砂浆与块体的法向粘结强度。由于灰缝中砂浆与块体的法向粘结强度很低，且很难得到保证，砌体将产生沿水平通缝截面的破坏。工程中一般也不允许采用沿水平通缝截面轴心受拉的构件。

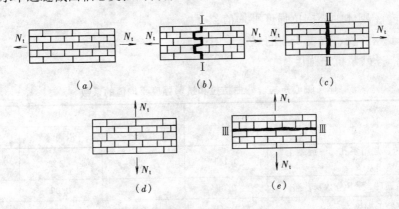

图 3-19　砌体轴心受拉及其破坏形态

按四川省建筑科学研究所的建议，砖砌体的轴心抗拉强度可通过下述方法测定。试件（图 3-20）高度（h）不少于 5 皮砖，厚度（t）可为 115mm 或 240mm，受拉部分的净长度（l_0）不小于 500mm，用槽钢或厚度 $d \geqslant 10$mm 的钢板制成夹具，用以夹住试件的两翼部，然后进行抗拉试验。

上述直接受拉试验方法要求仔细安装夹具，但即使如此，在试验中仍难以做到完全轴心受拉，因为试件内较易产生局部弯曲和应力集中。Johanson 和 Thompsond 采用间接受拉的劈裂试验来确定砌体抗拉强度，试件为一圆盘，直径 380mm，这个方法比较简单，且试验结果的变异小。当沿直径方向施加压力（N），典型的破坏形态为沿压力的直径劈裂，若按弹性体考虑，试件的抗拉强度等于 $2N/\pi A$（A 为劈裂面的面积）。Robert 等人在研究中将圆形试件改为八边形（图 3-21），试件易于制作。

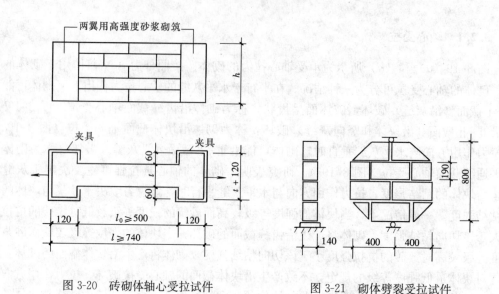

图 3-20　砖砌体轴心受拉试件　　　　　图 3-21　砌体劈裂受拉试件

我国现行砌体结构设计规范采用的砌体沿齿缝截面破坏的轴心抗拉强度按下式计算：

$$f_{t,m}=k_3\sqrt{f_2} \tag{3-45}$$

式中　$f_{t,m}$——砌体轴心抗拉强度平均值；

　　　　k_3——系数，按表 3-9 的规定采用；

　　　　f_2——砂浆抗压强度。

轴心抗拉、弯曲抗拉和抗剪强度平均值的系数　　　　　　　表 3-9

砌 体 种 类	k_3	k_4		k_5
		沿齿缝	沿通缝	
烧结普通砖、烧结多孔砖、混凝土普通砖、混凝土多孔砖	0.141	0.250	0.125	0.125
蒸压灰砂普通砖、蒸压粉煤灰普通砖	0.09	0.18	0.09	0.09
混凝土小型空心砌块	0.069	0.081	0.056	0.069
毛石	0.075	0.113	—	0.188

3.2.2　弯曲受拉

与上述轴心受拉类似，砌体的弯曲受拉也可分为三种情况（图 3-22）。图 3-22（a）属砌体沿齿缝截面弯曲受拉，图 3-22（b）属砌体沿块体截面的弯曲受拉，图 3-22（c）属砌体沿通缝截面的弯曲受拉。其强度的确定与所采用的试件和试验方法有关，下面列举几种建议的标准和使用的试件。我国《砌体基本力学性能试验方法标准》规定，砌体弯曲抗拉试件如图 3-23（a，b）所示。CIB58 建议的试件如图 3-23c、d 所示。Sinha 和 Hendry 采用的试件如图 3-23e，f 所示。显然按上述试件确定的砌体弯曲抗拉强度是有差别的。一些国家的规范规定，砌体沿齿缝截面的弯曲抗拉强度为沿通缝截面弯曲抗拉强度的 2 倍，但已有许多研究证明该比值与试验结果不完全相符。

按我国对块体最低强度等级的规定，砌体沿块体截面的弯曲受拉破坏，可避免。我国

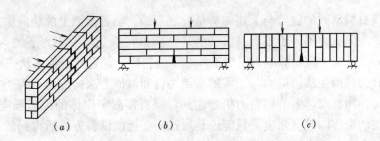

图 3-22 砖砌体弯曲受拉破坏形态

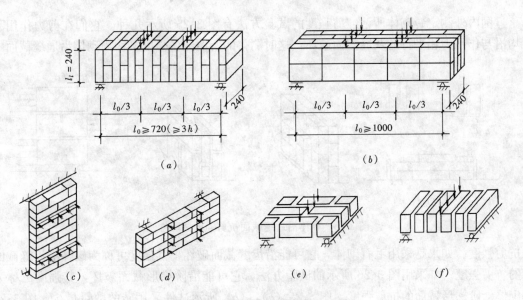

图 3-23 砖砌体弯曲抗拉强度试验方法

现行砌体结构设计规范采用的砌体沿齿缝和通缝截面破坏的弯曲抗拉强度按下式计算：

$$f_{tm,m} = k_4 \sqrt{f_2} \tag{3-46}$$

式中　　$f_{tm,m}$——砌体弯曲抗拉强度平均值；

　　　　k_4——系数，按表 3-9 采用。

3.3 砌体的受剪性能

3.3.1 概述

由材料力学可知，一个很小的材料单元，假设它仅承受沿顶面分布的剪应力 τ，我们将该单元的受力称为纯剪（图 3-24a）。如果该材料单元承受双轴应力 σ_x 和 σ_y（图 3-24b），该材料单元的某一斜面上则作用有法向应力 σ_θ 和剪应

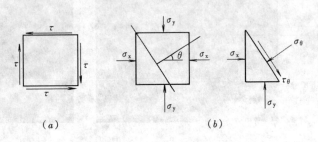

图 3-24 材料单元受剪

力 τ_{θ}，此时该材料单元的受剪与上述纯剪是有区别的。前者截面上的法向应力等于零，而后者截面上的法向应力不等于零。其实纯剪是材料单元承受双轴应力下的一种特定情况，只要 $\sigma_x = -\sigma_y$，单元中最大剪应力发生于 $\theta = 45°$ 的斜面上，它处于纯剪状态。对于砌体的受剪也可以分为截面上法向应力等于零的所谓纯剪和截面上法向应力不等于零的受剪。从实际上来说，作用在砌体上的纯剪力很难遇到，要直接测定砌体的纯剪强度也是很难的。下面将要叙述的砌体的纯剪强度，只能说是通过一些近似试验方法所得到的结果。

3.3.2 砌体抗剪强度的试验方法

国内外测定砖砌体所谓纯剪强度的试验方法有图 3-25 所示几种。它们在剪力作用下均沿与作用力相平行的灰缝截面破坏，这时测得的所谓纯剪强度又称为砌体沿通缝截面的

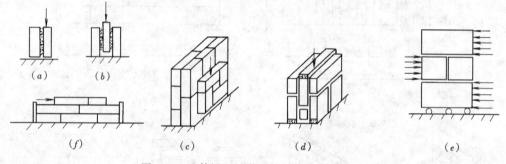

图 3-25　砌体沿通缝截面抗剪强度试验方法

抗剪强度。如果是采用毛石砌体，它可能沿齿缝截面破坏，其强度可称为砌体沿齿缝截面的抗剪强度。如采用图 3-26 所示的试验方法，它可能沿阶梯形截面破坏，其强度可称为砌体沿阶梯形截面的抗剪强度。图 3-25（a），（b）所示试件采用砖的数量最少，图 3-25（c）所示试件在凸出的部分可砌成 370mm×370mm、240mm×240mm 或 240mm×120mm 等。它们按受剪面的多少可分为单剪（图 3-25a，c，f）和双剪（图 3-25b、d、

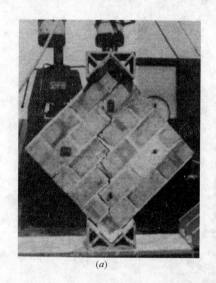
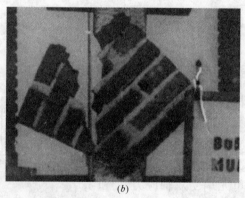

图 3-26　砌体沿阶梯形截面受剪

e)。对于单剪试件，在剪力作用下，它不可避免地还会受到弯矩作用，可看出这与纯剪的受力状态相差较大。图 3-25（a）所示试件，虽其试验方法很简单，但因只单块砖受剪，试验结果的离散性较大。我国《砌体基本力学性能试验方法标准》中，采用图 3-25（d）和（e）所示双剪试件分别测定砖砌体和中、小型的砌块砌体沿通缝截面的抗剪强度。该方法的优点是试件放置稳定，施加荷载方便，也消除了一些弯曲应力的影响，但试件在试验时常常不能两个受剪面同时破坏。图 3-26 所示对角加荷载的试验方法首先由 Blume 提出，后来 Turnsek 等人及我国也采用了这种试验方法。砌体沿阶梯形截面的抗剪强度是水平灰缝的抗剪强度和竖向灰缝抗剪强度的代数和，但对于实际工程中的砌体，其竖向灰缝中的砂浆往往不饱满，竖向灰缝的抗剪强度很低，当忽略不计该强度时，可认为砌体沿阶梯形截面的抗剪强度等于沿通缝截面的抗剪强度。

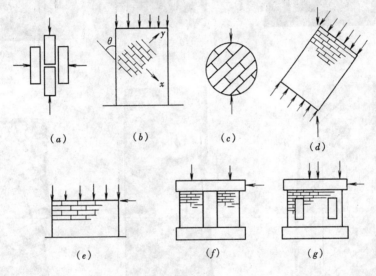

图 3-27　砌体截面上有垂直压力时的抗剪强度试验方法

　　国内、外测定砌体截面上有垂直压力时的抗剪强度的试验方法，有如图 3-27 所示几种。图 3-27（a）的试验砌体只用 4 块砖砌成，试验也很简单。西安冶金建筑学院按图 3-27（b）的方法进行了试验研究（试件的高宽比为 3∶1），不同灰缝倾斜度的砌体在竖向压力作用下，随着通缝（即常规砌筑方法时的水平通缝）截面上的法向应力与剪应力比值（σ_y/τ）的变化，可以观察到三种不同的剪切破坏形态。当 σ_y/τ 较小，即通缝与竖向的夹角 $\theta \leqslant 45°$ 时，砌体沿通缝剪切滑移而产生剪摩破坏（图 3-28a）；当 σ_y/τ 较大，即 $45°<\theta \leqslant 60°$ 时，砌体出现阶梯形裂缝而产生剪压破坏（图 3-28b）；当 σ_y/τ 更大时，砌体沿压力作用方向而产生斜压破坏（图 3-28c）。Sinha 和 Hendry 的研究也得到类似的结果。

　　对于沿阶梯形截面的抗剪强度，一般认为采用图 3-27（e）所示的试验方法比较能反映砌体的实际情况，但试验时试件底面垂直压应力的分布不明确。可假定该压应力呈三角形分布，其合力按力的平衡条件求得（图 3-29）。该方法的另一个问题是试验时试件内可能产生弯矩，在水平剪力 V 较大时，试件下部的部分截面上产生拉应力，使其与支承面脱离，上述假定底面垂直压应力呈三角形分布也正是建立在该现象的基础上。为了克服试件整体弯曲的影响，可采用图 3-27（f）、（g）的试验方法。Borchelt、Grenly 和 Yokel 及国内有的单位按图 3-27（d）所示的施加对角和边缘荷载的试验方法，其对角施加的力

图 3-28　砌体剪切破坏形态

的位置明确；当试件上、下斜面上不施加垂直力，则与上述截面上法向应力等于零时砌体沿阶梯形截面抗剪强度的试验方法一致；它还可以用来测定试件高宽比对其强度的影响。

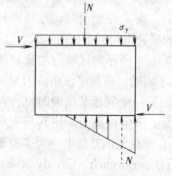

图 3-29　力的平衡示意

为了测定砌体沿阶梯形截面的抗剪强度，建议以 1000mm×1000mm×120mm 的试件作为烧结普通黏土砖砌体的标准试件，以 1200mm×1200mm×90mm 的试件作为多孔砖砌体的标准试件。对于小型砌块砌体，可参照此建议的尺寸，加荷载的方式如图 3-27（d）所示。但试验时如何施加既准确而又均匀分布于试件上、下斜面上的垂直压力，这是需要进一步加以解决的问题。

3.3.3 影响砌体抗剪强度的因素

在分析影响砌体抗压强度的因素时，我们已指出，从砌体内部来看它既不是一个连续的整体，也不是一个完全的弹性材料，砌体本身具有明显的各向异性性质。因此影响砌体抗剪强度的因素也较多，主要有以下几方面。

一、块体和砂浆的强度

根据上述砌体剪切破坏的三种状态，若产生剪摩和剪压破坏，此时砖的强度几乎对砌体的抗剪强度没有什么影响，当砌体中砖的强度较低而砂浆强度较高时尤其如此。若产生斜压破坏，由于砌体沿压力作用方向开裂，此时砖强度增大对提高砌体抗斜压破坏的能力显著。

砂浆强度对上述三种破坏形态下砌体的抗剪强度均有直接影响，特别是在可能产生剪摩和剪压破坏形态时，砂浆强度的增大对提高砌体抗剪强度的影响更为明显。图 3-30（a）所示 Pieper 和 Trautsch 所得到的不同种类的砂浆对砌体沿通缝截面抗剪强度的影响，图 3-30（b）所示为 Turnsek 和 Čačovic 根据对角加载试验所得到的砂浆强度对砌体沿阶梯形截面抗剪强度的影响。

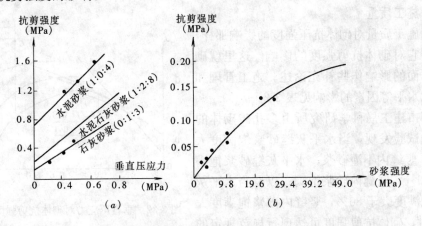

图 3-30　砂浆种类及砂浆强度对砌体抗剪强度的影响

国内也有综合考虑砖和砂浆强度的影响，即以砌体抗压强度来表达其抗剪强度。对于对角加载的试件，当砌体抗剪强度由剪摩擦强度控制时，砌体抗剪强度等于砌体抗压强度的 0.113 倍。图 3-31 系根据 Laner 和西安冶金建筑学院的试验结果绘得的关系曲线。

对于灌孔的混凝土砌块砌体，还有芯柱混凝土自身的抗剪强度和芯柱在砌体中的"销栓"作用，随灌孔率和芯柱混凝土强度的增大，灌孔砌块砌体的抗剪强度有较大程度的提高。

二、垂直压应力

国内外的许多研究结果表明，砌体截面上作用的垂直压应力 σ_y（或称沿水平通缝的法向应力）是影响砌体抗剪强度的一个不可忽视的重要因素。这是因为 σ_y 的大小决定砌体的剪切破坏形态，前面我们已指出，有剪摩、剪压和斜压三种破坏形态。此外，无论哪一种破坏形态，σ_y 的值直接影响砌体抗剪强度的大小。

对于剪摩破坏形态，由于水平灰缝中砂浆产生较大的剪切变形，剪切面将出现相对水

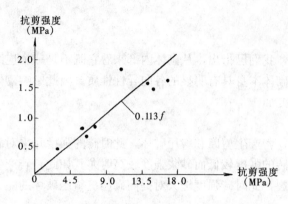

图 3-31 砌体抗压强度对抗剪强度的影响

平滑移，当受剪面上还作用有垂直压应力，垂直压应力所产生的摩擦力可减小或阻止砌体剪切面的水平滑移，此时随 σ_y 的增加砌体抗剪强度提高，研究表明这种影响可取为正比例关系，如图 3-32 中直线 A 所示。

当 σ_y 增加到一定数值时，剪摩强度将超过砌体斜截面的平均主拉应力强度，砌体有可能因抗主拉应力的强度不足而产生剪压破坏，垂直压应力对砌体抗剪强度的影响，如图 3-32 中曲线 B 所示。

当 σ_y 更大时，砌体往往沿主压应力作用线出现多条裂缝而产生斜压破坏，由于砌体接近受压破坏特性，这时垂直压应力增大，将加速砌体的斜压破坏，亦即使砌体抗剪强度降低，这是不利的，如图 3-32 中曲线 C 所示。

三、施工质量

如同施工质量对砌体抗压强度的影响那样，不容忽视它对砌体抗剪强度的影响。这里就砌筑质量方面的影响作些补充论述。施工管理和施工技术水平等因素的影响见表 3-2。

成都市建工局科学研究所由多孔砖砌体的对角加载试验发现，当水平灰缝砂浆饱满度大于 92%，竖缝内不灌砂浆；水平灰缝砂浆饱满度大于 62%，竖缝内砂浆饱满；以及当水平灰缝砂浆饱满度大于 80%，竖缝内砂浆饱满度大于 40% 时，砌体抗剪强度可达现行规范规定的

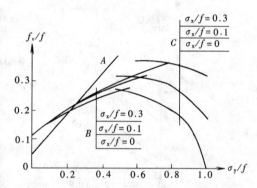

图 3-32 垂直压应力对砌体抗剪强度的影响

值。当水平灰缝砂浆饱满度为 70%～80%，竖缝内不灌砂浆，则砌体抗剪强度较现行规范规定的值低 20%～30%。

北京第三建筑工程公司根据砖砌单剪试件的试验结果认为，砖砌体的抗剪强度随砖的含水率的增加而提高，并呈线性关系（图 3-33a）。该试验结果与 Pieper 和 Trautsch 所作水平通缝抗剪的试验结果类似（图 3-33b）。但国外仍有许多试验结果与上述结论不同。如 Mallet 根据 Withey 等人所作实心黏土砖砌体双剪试验结果（图 3-33c），当砖的含水率为 10% 时，砌体抗剪强度最高，即存在一个较佳含水率。Robert 也明确指出，无论砌体上是否作用垂直压应力，砖的含水率在很大和很小的两区段，其抗剪强度均降低。早在 20 世纪 50 年代苏联学者 Поляков 及 Кукебаева 的试验也反映了这一规律（图 3-33d，e，图中曲线系作者添绘）。上述文献所提供的试验结果表明，砖砌筑时的含水率对砌体抗剪强度的影响规律有两种可能：（1）随砖砌筑时含水率的增大，砌体抗剪强度提高。（2）只有当砖砌筑时含水率在一定范围内时，砌体抗剪强度提高。从理论上来说，砖砌体受压破坏和受剪破坏的机理是不同的，砖砌筑时的含水率对砌体抗剪强度的影响规律可能与我

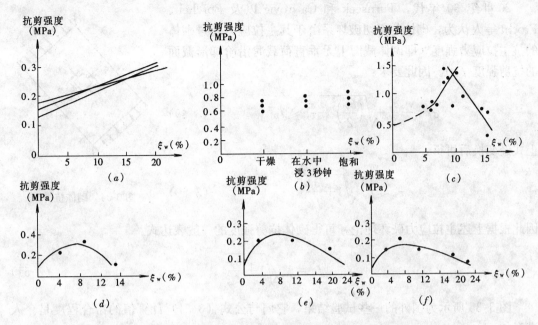

图 3-33 砖砌筑时的含水率对砌体抗剪强度的影响

们前面所述它对抗压强度的影响规律有所不同。因此，在上述看法尚未统一的情况下，作者认为可按第（2）种情况来分析。因为砖砌筑时的含水率很大直至饱和时，它使砌体抗剪强度提高，则可如同对抗压强度那样，暂不考虑这个有利影响。如果此时它使砌体抗剪强度降低，则可如同对抗压强度那样，考虑其不利影响。因此，综合砖砌筑时的含水率对砌体抗压和抗剪强度的影响，对施工时浇水湿润的要求，应使砖砌筑时的含水率控制为8%～10%，这是比较合理的。其现行的规定，见 3.1.2 节中所述。

四、试验方法

砌体抗剪强度还与试验时所采用的试件的形式、尺寸及加载方式等有关，在第 3.3.2 节中已阐述了这种影响，此处不再重复。

3.3.4 砌体抗剪强度理论

为了用公式表达砌体的抗剪强度，所采用的分析方法主要按主拉应力破坏理论和库仑破坏理论。

一、主拉应力破坏理论

早在 1882 年，Mohr 首先提出了当材料承受双轴及三轴应力时，作用于斜面上应力的图解法。对于图 3 34 所示砌体，按照莫尔圆对双轴应力的分析，可求得主拉应力 σ_1 为：

$$\sigma_1 = \frac{-(\sigma_x + \sigma_y)}{2} + \sqrt{\left(\frac{\sigma_x - \sigma_y}{2}\right)^2 + \tau_{xy}^2} \tag{3-47}$$

当 $\sigma_x = 0$ 或忽略 σ_x 的影响时，主拉应力为：

$$\sigma_1 = -\frac{\sigma_y}{2} + \sqrt{\left(\frac{\sigma_y}{2}\right)^2 + \tau_{xy}^2} \tag{3-48}$$

73

20 世纪 60 年代，Turnseck 和 Ča č ovic 以及 Borchelt、Frocht 等人认为，砌体的剪切破坏系由于其主拉应力超过砌体的抗主拉应力强度（即砌体截面上无垂直荷载时沿阶梯形截面的抗剪强度 f_{v0}）。因此要求：

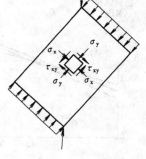

$$\sigma_1 = -\frac{\sigma_y}{2} + \sqrt{\left(\frac{\sigma_y}{2}\right)^2 + \tau_{xy}^2} \leqslant f_{v0} \qquad (3-49)$$

上式经变换后可得：

$$\tau_{xy} \leqslant f_{v0} \sqrt{1 + \frac{\sigma_y}{f_{v0}}} \qquad (3-50)$$

图 3-34　砌体抗剪

因此根据上述主拉应力破坏理论，可得砌体抗剪强度的一般表达式：

$$f_v = f_{v0} \sqrt{1 + \frac{\sigma_y}{f_{v0}}} \qquad (3-51)$$

图 3-35 所示为国外的一些试验结果，它们与公式（3-51）计算值的符合程度是令人满意的。

我国《建筑抗震设计规范》中，对验算砖墙的抗震强度所取砖砌体的抗剪强度采用了这一公式。

这种理论也存在一些不足之处，如实际工程中的墙体在斜裂缝出现乃至裂通以后仍能整体受力的这一现象，难以用它来解释。

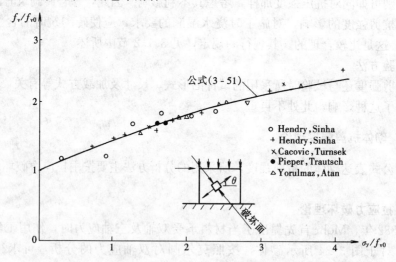

图 3-35　按主拉应力破坏理论的试验结果

二、库仑破坏理论

库仑理论是 1773 年 Coulomb 在研究土压力的计算时提出的。20 世纪 60 年代 Sinha 和 Hendry 根据一层高的剪力墙的试验结果，引用库仑理论来确定砌体的抗剪强度。该试验采用丝切黏土砖和 $1:\frac{1}{4}:3$ 的砂浆砌筑成足尺和模型墙以及小试件，其抗剪强度按下式计算：

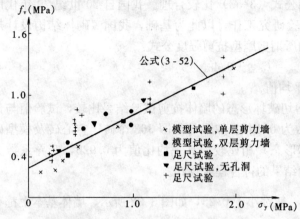

图 3-36　按库仑破坏理论的试验结果

$$f_v = 0.3 + 0.5\sigma_y \quad (3-52)$$

按公式（3-52）的计算值与试验结果的比较见图 3-36。

由上式可得砌体抗剪强度的一般表达式：

$$f_v = f_{v0} + \mu\sigma_y \quad (3-53)$$

式中 μ 为砌体的摩擦系数。这种剪摩破坏的机理，在分析 σ_y 对砌体抗剪强度的影响时已作了阐述（见第 3.3.3 节）。

Chinwah，Pieper 和 Trautsch 以及 Schneider 等人做了类似的试验和研究，其结果也可由公式（3-53）表达（试验值见表 3-10）。

现已有许多国家，如中国苏联和英国的砌体结构设计规范以及砌体结构设计和施工的国际建议（CIB58）也采用上述表达式。我国《建筑抗震设计规范》在确定砌块砌体的抗剪强度时，垂直压应力的影响系数也由此剪摩公式求得。

砌体抗剪强度的试验结果　　　　　　　　　　　　表 3-10

试 验 者	砖	砂 浆	f_{v0} （MPa）	μ
Hendry 和 Sinha	丝切黏土砖	$1 : \frac{1}{4} : 3$	0.30	0.50
Chinwah	丝切黏土砖	$1 : \frac{1}{4} : 3$	0.25	0.34
Pieper 和 Trautsch	实心灰砂砖	$1 : 2 : 8$ $1 : 0 : 4$	0.20 0.70	0.84 1.04
Schneider	硅酸盐砖	$1 : 1 : 6$	0.14	0.30

苏联 СНиП II -22-81：

$$f_v = f_{v0} + 0.8n\mu\sigma_y$$

式中　μ——砌体灰缝间的摩擦系数，对砖和形状规则的块材砌体采用 0.7；

　　　n——系数，对实心砖和块材砌体取等于 1.0；对带竖向孔洞的多孔砖与块材砌体和毛石砌体取等于 0.5。

英国 BS5628：

$$f_v = f_{v0} + 0.6\sigma_y$$

国际建议 CIB58：

$$f_{vk} = f_{v0k} + 0.4\sigma_y$$

式中　f_{vk} 和 f_{v0k} 为砌体抗剪强度的特征值。

从上面介绍的一些公式来看，按照库仑破坏理论，可按公式（3-53）来确定砌体的抗剪强度，只是它们所取用的强度 f_{v0} 和摩擦系数 μ 有所不同。

砌体受剪时，随 σ_y/τ 的大小而产生不同的破坏形态，按理当剪压破坏时采用公式（3-51）比较合理，当剪摩破坏时采用公式（3-53）比较合理。我国自 20 世纪 70 年代以来对砌体抗剪强度开展了一系列的试验研究工作，以此为基础，我国《砌体结构设计规范》GBJ3—88 采用按库仑破坏理论的所谓剪摩型抗剪强度公式：

$$f_{v,m} = f_{v0,m} + 0.4\sigma_y \tag{3-54}$$

式中 $f_{v,m}$ 和 $f_{v0,m}$ 为砌体抗剪强度的平均值。

1. 按公式（3-54）与 98 个属于剪切破坏形态的墙体抗剪试验结果比较，试验值与计算值的平均比值为 1.027，其变异系数为 0.192。如果与全国 363 个砖、空心砖及模型砖墙体的抗剪试验结果（包括弯剪破坏形态）相比较，其平均比值为 0.926，变异系数为 0.281。可见公式（3-54）与大量试验结果的符合程度较好。

2. 工程上墙体所受到的轴压比 $\dfrac{\sigma_y}{f}$ 一般都小于 0.25，如图 3-32 所示，墙体基本上都在剪摩破坏的范围以内，采用公式（3-54）所示的剪摩公式比较符合墙体的实际模式。

3. 国内的大量试验结果和实际房屋遭受地震的震害都表明，即使墙体开裂以至 $f_{v0}=0$ 时，由于砌体间的摩擦，墙体仍能承受较大的水平荷载，因而应用库仑破坏理论能解释这一现象。

4. 公式（3-54）与砌体结构设计和施工的国际建议及苏联和英国等国规范的公式比较一致。

以上所阐述的砌体受剪时的破坏理论及抗剪强度的计算公式都还存在一定的局限性，有待在现有研究成果的基础上加以完善，或提出一个新的破坏理论。如针对上述砌体受剪时的三种破坏形态，有必要寻求一个新的公式，它即能区分不同破坏形态下砌体的抗剪强度，又能相互很好地衔接起来，从而使得砌体受剪的破坏机理既明确，所采用的抗剪强度公式又统一。此外，这里所述三种破坏形态，均属砌体在竖向和水平荷载作用下所发生的剪切型破坏，以上公式也只适用于该破坏形态，对于墙体来说，此时还可能产生弯曲、剪弯以及局压型破坏。在分析和计算时，如何将所有这些破坏形态建立起有机的联系，也是需要进一步研究的问题。国内外已开始力图从复合材料性能出发，分析砌体的复杂应力状态，进行点应力破坏机理的研究。由于砌体在某点沿何方向首先破坏，不仅与该点各项应力的大小有关，还与砌体在该点对各方向应力的抵抗能力有关，因而对砌体结构来说，显然这是一个比较困难但又具有重要意义的研究课题。

可喜的是 20 世纪 90 年代，重庆建筑大学通过静、动力的剪压试验与计算分析，建立了以剪压复合受力影响系数表达的剪压相关的计算方法，对完善砌体构件受剪承载力的计算是一项较大的改进（详见下节所述）。

3.3.5 砌体抗剪强度表达式

1. 一般砌体抗剪强度

砌体仅受剪应力作用时，其抗剪强度主要取决于水平灰缝砂浆与块体的粘结强度。试验和计算表明，砌体沿通缝或齿缝截面的抗剪强度差异很小，我国《砌体结构设计规范》对此不加区别，砌体抗剪强度平均值按下式计算：

$$f_{v0,m} = k_5\sqrt{f_2} \tag{3-55}$$

式中　$f_{v0,m}$——砌体抗剪强度平均值；

　　　　k_5——系数，按表 3-9 采用。

2. 灌孔混凝土砌块砌体抗剪强度

前面已指出混凝土小型空心砌块砌体采用专用混凝土灌孔后，它们具有良好的共同工作性能，作者根据湖南大学和辽宁省建设科学研究设计院等单位对较大量试验结果的统计和分析，得出灌孔混凝土砌块砌体抗剪强度平均值按下式计算：

$$f_{vg,m}=0.32 f_{g,m}^{0.55} \tag{3-56}$$

式中　$f_{vg,m}$——灌孔混凝土砌块砌体抗剪强度平均值；

　　　　$f_{g,m}$——灌孔混凝土砌块砌体抗压强度平均值。

试验值与按式（3-56）计算值的比值为 1.061，变异系数为 0.235。

3. 压应力作用下砌体抗剪强度

当砌体截面上受压应力作用时，为了较全面反映砌体受剪时的剪摩、剪压和斜压三种破坏及相应的抗剪强度，重庆建筑大学骆万康等依据 M2.5、M5.0、M7.5 和 M10 四种强度的砂浆与 MU10 页岩砖共 231 个砌体的剪压试验结果（统计回归曲线如图 3-37 所示），提出了以剪压复合受力影响系数表达的计算公式：

$$f_{v,m}=f_{v0,m}+\alpha\mu\sigma_{0k} \tag{3-57}$$

式中　$f_{v,m}$——压应力作用下砌体抗剪强度平均值；

　　　　α——不同种类砌体的修正系数；

　　　　μ——剪压复合受力影响系数；

　　　　σ_{0k}——竖向压应力标准值。

由图 3-37 可知，在 $\sigma_0/f_m=0\sim0.6$ 区间，随 σ_0/f_m 的增大，砌体抗剪强度增大，但其增长与上述库仑理论的结果不同，不是持续增大而是增大幅度逐步减少；在 $\sigma_0/f_m>$ 0.6 后，砌体抗剪强度迅速下降，直至 σ_0/f_m $=1.0$ 时为零，较好地描述了上述三种破坏形态。为了使公式（3-57）符合工程实际，既适用于各类砌体又能较准确确定不同破坏形态下的抗剪强度，重庆建筑大学还对国内 19 份研究报告共 120 个试验数据的统计分析，确立了公式（3-57）中 α、μ 的取值。试验值与计算值之比的平均值为 0.960，标准差为 0.220；具有 95% 保证率的平均比值为 0.598≈0.6。

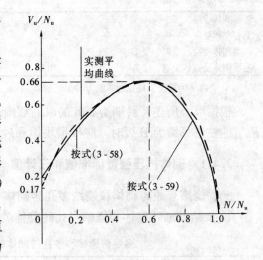

图 3-37　砌体剪压相关曲线

如对于砖砌体（如图 3-37 所示）：

当 $\sigma_0/f_m\leqslant0.8$ 时

$$\mu=0.83-0.7\frac{\sigma_{0k}}{f_m} \tag{3-58}$$

当 $0.8<\sigma_0/f_m\leqslant1.0$ 时

$$\mu = 1.690 - 1.775 \frac{\sigma_{0k}}{f_m} \tag{3-59}$$

上述方法已在《砌体结构设计规范》GB 50003确定砌体的静力抗剪强度中应用，但砌体的抗震抗剪强度仍采用《建筑抗震设计规范》GB 50011的规定。本方法在抗震计算时如何运用，值得进一步研究。近几年来，蔡勇、宋力、刘桂秋、吕伟荣与作者及王庆霖、梁建国等对如何从理论上丰富上述计算公式及确立砌体抗震抗剪强度做了有益的探讨。

3.4 砌体强度标准值和设计值

按照《建筑结构可靠度设计统一标准》的要求，砌体强度标准值（f_k）、设计值（f）的确定方法及它们与平均值（f_m）的关系如下（表3-11）：

$$f_k = f_m - 1.645\sigma_f = (1 - 1.645\delta_f)f_m \tag{3-60}$$

$$f = f_k / \gamma_f \tag{3-61}$$

式中 σ_f——砌体强度的标准差；

δ_f——砌体强度的变异系数，按表3-11的规定采用；

γ_f——砌体结构的材料性能分项系数，一般情况下，宜按施工质量控制等级为 B 级考虑，取 $\gamma_f = 1.6$；当为 C 级时，取 $\gamma_f = 1.8$；当为 A 级时，可取 $\gamma_f = 1.5$。

施工质量控制等级由设计和建设单位商定，并应明确写在设计计算书和施工图中。

砌体强度各值的关系　　　　　　　　　　　　　　表 3-11

类　别	δ_f	f_k	f
各类砌体受压	0.17	$0.72 f_m$	$0.45 f_m$
毛石砌体受压	0.24	$0.60 f_m$	$0.37 f_m$
各类砌体受拉、受弯、受剪	0.20	$0.67 f_m$	$0.42 f_m$
毛石砌体受拉、受弯、受剪	0.26	$0.57 f_m$	$0.36 f_m$

注：表内 f 为施工质量控制等级为 B 级时的值。

根据以上所述，龄期为 28d 的以毛截面计算的各类砌体强度标准值和设计值，当施工质量的控制等级为 B 级时，应根据块体和砂浆的强度分别按下列方法确定。

3.4.1 砌体抗压强度标准值和设计值

一、烧结普通砖砌体和烧结多孔砖砌体

1. 烧结普通砖砌体和烧结多孔砖砌体的抗压强度标准值，应按表3-12采用。

各类普通砖和多孔砖砌体的抗压强度标准值 f_k (MPa)　　　　　表 3-12

砖强度等级	砂浆强度等级					砂浆强度
	M15	M10	M7.5	M5	M2.5	0
MU30	6.30	5.23	4.69	4.15	3.61	1.84
MU25	5.75	4.77	4.28	3.79	3.30	1.68
MU20	5.15	4.27	3.83	3.39	2.95	1.50
MU15	4.46	3.70	3.32	2.94	2.56	1.30
MU10		3.02	2.71	2.40	2.09	1.07

2. 烧结普通砖砌体和烧结多孔砖砌体的抗压强度设计值，应按表3-13采用。

烧结普通砖和烧结多孔砖砌体的抗压强度设计值（MPa）　　表 3-13

砖强度等级	砂浆强度等级					砂浆强度
	M15	M10	M7.5	M5	M2.5	0
MU30	3.94	3.27	2.93	2.59	2.26	1.15
MU25	3.60	2.98	2.68	2.37	2.06	1.05
MU20	3.22	2.67	2.39	2.12	1.84	0.94
MU15	2.79	2.31	2.07	1.83	1.60	0.82
MU10	—	1.89	1.69	1.50	1.30	0.67

注：当烧结多孔砖的孔洞率大于 30％时，表中数值应乘以 0.9。

《烧结多孔砖和多孔砌块》GB 13544—2011 规定，砖的孔洞率不应小于 28％。随着孔洞率的增大，制砖时需增大压力来挤出砖坯，砖的密实性增加，它平衡了或部分平衡了由于孔洞引起的砖的强度的降低。另外，多孔砖的块高大于普通砖的块高，有利于改善砌体内的复杂应力状态，砌体抗压强度提高，但多孔砖砌体受压破坏时脆性增大。因此将烧结多孔砖砌体和烧结普通砖砌体的抗压强度设计值均列在表 3-13 内。但当烧结多孔砖的孔洞率大于 30％时，考虑上述影响，将表中数值乘 0.9 较为稳妥。陶秋旺与作者就孔洞率对多孔砖砌体抗压强度的影响提出了考虑孔型、砖尺寸与孔洞率的综合影响系数。

二、混凝土普通砖砌体和混凝土多孔砖砌体

1. 混凝土普通砖砌体和混凝土多孔砖砌体的抗压强度标准值，应按表 3-12MU30～MU15 栏内数值采用，其砂浆应为专用砂浆 Mb。

2. 混凝土普通砖砌体和混凝土多孔砖砌体的抗压强度设计值，应按表 3-14 采用。

混凝土普通砖和混凝土多孔砖砌体的抗压强度设计值（MPa）　　表 3-14

砖强度等级	砂浆强度等级					砂浆强度
	Mb20	Mb15	Mb10	Mb7.5	Mb5	0
MU30	4.61	3.94	3.27	2.93	2.59	1.15
MU25	4.21	3.60	2.98	2.68	2.37	1.05
MU20	3.77	3.22	2.67	2.39	2.12	0.94
MU15	—	2.79	2.31	2.07	1.83	0.82

三、蒸压灰砂普通砖砌体和蒸压粉煤灰普通砖砌体

1. 蒸压灰砂普通砖砌体的抗压强度标准值，应按表 3-12MU25～MU15 栏内数值采用，当砂浆为专用砂浆 Ms 时，亦取表中数值。

2. 蒸压灰砂普通砖砌体的抗压强度设计值，应按表 3-13 MU25～MU15 栏内数值采用，当砂浆为专用砂浆 Ms 时，亦取表中数值。

根据国内较大量的试验结果，蒸压灰砂砖砌体的抗压强度与烧结普通砖砌体的抗压强度接近，其试验值与烧结普通砖砌体抗压强度平均值公式的计算值之比平均为 0.99，变异系数为 0.205。蒸压粉煤灰砖砌体抗压强度试验值相当或略高于烧结普通砖砌体抗压强度平均值公式的计算值。因此在 MU10～MU25 的情况下，表 3-13 的值与表 3-14 的值相等。应当注意的是，蒸压灰砂砖砌体和蒸压粉煤灰砌体的抗压强度指标系采用同类砖为砂浆强度试块底模时测得的砂浆强度。若采用黏土砖作底模，砂浆强度将提高，相应的砌体强度约降低 10%，达不到表 3-14 规定的强度指标。此外，由于蒸养灰砂砖和蒸养粉煤灰砖的性能不够稳定，表 3-14 不适用于确定这两种砖砌体的抗压强度。

四、混凝土砌块砌体

1. 混凝土砌块砌体抗压强度标准值，应按表 3-15 采用。

混凝土砌块砌体的抗压强度标准值 f_k （MPa）　　　　表 3-15

砌块强度等级	砂　浆　强　度　等　级					砂浆强度
	Mb20	Mb15	Mb10	Mb7.5	Mb5	0
MU20	10.08	9.08	7.93	7.11	6.30	3.73
MU15	—	7.38	6.44	5.78	5.12	3.03
MU10	—	—	4.47	4.01	3.55	2.10
MU7.5	—	—	—	3.10	2.74	1.62
MU5	—	—	—	—	1.90	1.13

2. 对孔砌筑的单排孔混凝土和轻集料混凝土砌块砌体的抗压强度设计值，应按表 3-16 采用。

单排孔混凝土砌块和轻集料混凝土砌块对孔砌筑砌体的抗压强度设计值（MPa）表 3-16

砌块强度等级	砂　浆　强　度　等　级					砂浆强度
	Mb20	Mb15	Mb10	Mb7.5	Mb5	0
MU20	6.30	5.68	4.95	4.44	3.94	2.33
MU15	—	4.61	4.02	3.61	3.20	1.89
MU10	—	—	2.79	2.50	2.22	1.31
MU7.5	—	—	—	1.93	1.71	1.01
MU5	—	—	—	—	1.19	0.70

注：1. 对独立柱或厚度为双排组砌的砌块砌体，应按表中数值乘以 0.7；

2. 对 T 形截面墙、柱，应按表中数值乘以 0.85。

混凝土小型空心砌块错孔砌筑的砌体，其抗压强度远低于对孔砌筑砌体的抗压强度，故不应采用错孔砌筑的砌块砌体。

3. 孔洞率不大于 35% 的双排孔或多排孔轻集料混凝土砌块砌体的抗压强度设计值，应按表 3-17 采用。

双排孔或多排孔轻集料混凝土砌块砌体的抗压强度设计值（MPa）　　　表 3-17

砌块强度等级	砂　浆　强　度　等　级			砂浆强度
	Mb10	Mb7.5	Mb5	0
MU10	3.08	2.76	2.45	1.44
MU7.5	—	2.13	1.88	1.12
MU5	—	—	1.31	0.78
MU3.5	—	—	0.95	0.56

注：1. 表中的砌块为火山渣、浮石和陶粒轻集料混凝土砌块；

2. 对厚度方向为双排组砌的轻集料混凝土砌块砌体的抗压强度设计值，应按表中数值乘以 0.8。

多排孔（包括双排孔）轻集料混凝土砌块节能性能较好，在我国寒冷地区应用较多，特别是吉林和黑龙江地区已开始推广应用。这类砌块材料目前有火山渣混凝土、浮石混凝土和陶粒混凝土，孔洞率较小，块体强度等级较低，一般不超过 MU10。根据原哈尔滨建筑大学的试验结果，多排孔砌块按单排砌筑的砌体抗压强度试验值较计算值之比平均为 1.615，变异系数为 0.104；按组砌砌筑的砌体抗压强度试验值较计算值之比平均为 1.003，变异系数为 0.202。经统计分析，多排孔砌块按单排砌筑的砌体抗压强度较高，组砌的明显降低。表 3-17 的值系按表 3-16 的值乘 1.1 而得，对组砌的砌体则按表 3-17 的值乘 0.8 予以降低。

4. 单排孔混凝土砌块对孔砌筑时，灌孔砌体的抗压强度设计值，应按下列方法确定：

(1) 砌块砌体的灌孔混凝土强度等级不应低于 Cb20，也不应低于 1.5 倍的块体强度等级。

(2) 按可靠度要求，将公式（3-32）转换为设计值，得：

$$f_{\mathrm{g}} = f + 0.82\alpha f_{\mathrm{c}} \tag{3-62}$$

作者建议，考虑灌孔混凝土砌块墙体中清扫孔的不利影响，并参照新西兰砌体结构设计规范的规定，将灌孔混凝土项乘以降低系数 0.75。《砌体结构设计规范》GB 50003 最后取灌孔混凝土砌块砌体抗压强度设计值为：

$$f_{\mathrm{g}} = f + 0.6\alpha f_{\mathrm{c}} \tag{3-63}$$
$$\alpha = \delta\rho \tag{3-64}$$

式中　f_{g}——灌孔砌体的抗压强度设计值，并不应大于未灌孔砌体抗压强度设计值的 2 倍；

f——未灌孔砌体的抗压强度设计值，应按表 3-16 采用；

f_{c}——灌孔混凝土的轴心抗压强度设计值；

α——砌块砌体中灌孔混凝土面积和砌体毛面积的比值；

δ——混凝土砌块的孔洞率；

ρ——混凝土砌块砌体的灌孔率，系截面灌孔混凝土面积和截面孔洞面积的比值，ρ 不应小于 33%。

确定灌孔混凝土砌块砌体强度时，须满足上述一系列的条件，其目的在于使砌体材料强度相互匹配，每种材料均得到较为充分的发挥。根据吕伟荣、刘桂秋与作者的研究分析，其匹配关系为：MU7.5-Mb5-Cb15 或 Cb20；MU10-Mb5 或 Mb7.5-Cb20 或 Cb25；MU15-Mb7.5 或 Mb10-Cb30 或 Cb35；MU20-Mb10 或 Mb15-Cb35 或 Cb40。

五、石砌体

1. 块体高度为 180～350mm 的毛料石砌体及毛石砌体的抗压强度标准值，应分别按表 3-18 和表 3-19 采用。

表 3-18

毛料石砌体的抗压强度标准值 f_{k}（MPa）

料石强度等级	砂浆强度等级			砂浆强度
	M7.5	M5	M2.5	0
MU100	8.67	7.68	6.68	3.41
MU80	7.76	6.87	5.98	3.05

料石强度等级	砂浆强度等级			砂浆强度
	M7.5	M5	M2.5	0
MU60	6.72	5.95	5.18	2.64
MU50	6.13	5.43	4.72	2.41
MU40	5.49	4.86	4.23	2.16
MU30	4.75	4.20	3.66	1.87
MU20	3.88	3.43	2.99	1.53

毛石砌体的抗压强度标准值 f_k（MPa）　　　　　　　表 3-19

毛石强度等级	砂浆强度等级			砂浆强度
	M7.5	M5	M2.5	0
MU100	2.03	1.80	1.56	0.53
MU80	1.82	1.61	1.40	0.48
MU60	1.57	1.39	1.21	0.41
MU50	1.44	1.27	1.11	0.38
MU40	1.28	1.14	0.99	0.34
MU30	1.11	0.98	0.86	0.29
MU20	0.91	0.80	0.70	0.24

2. 砌体高度为 180～350mm 的毛料石砌体及毛石砌体的抗压强度设计值，应分别按表 3-20 和表 3-21 采用。

毛料石砌体的抗压强度设计值（MPa）　　　　　　　表 3-20

毛料石强度等级	砂浆强度等级			砂浆强度
	M7.5	M5	M2.5	0
MU100	5.42	4.80	4.18	2.13
MU80	4.85	4.29	3.73	1.91
MU60	4.20	3.71	3.23	1.65
MU50	3.83	3.39	2.95	1.51
MU40	3.43	3.04	2.64	1.35
MU30	2.97	2.63	2.29	1.17
MU20	2.42	2.15	1.87	0.95

注：对下列各类料石砌体，应按表中数值分别乘以系数：

细料石砌体　　　1.4；

粗料石砌体　　　1.2；

干砌勾缝石砌体　0.8。

毛石砌体的抗压强度设计值（MPa）　　　　表 3-21

毛石强度等级	砂浆强度等级			砂浆强度
	M7.5	M5	M2.5	0
MU100	1.27	1.12	0.98	0.34
MU80	1.13	1.00	0.87	0.30
MU60	0.98	0.87	0.76	0.26
MU50	0.90	0.80	0.69	0.23
MU40	0.80	0.71	0.62	0.21
MU30	0.69	0.61	0.53	0.18
MU20	0.56	0.51	0.44	0.15

3.4.2　砌体轴心抗拉、弯曲抗拉、抗剪强度标准值和设计值

1. 砌体轴心抗拉、弯曲抗拉和抗剪强度标准值，应按表 3-22 采用。

沿砌体灰缝截面破坏时的轴心抗拉强度标准值 $f_{t,k}$、
弯曲抗拉强度标准值 $f_{tm,k}$ 和抗剪强度标准值 $f_{v,k}$（MPa）　　　　表 3-22

强度类别	破坏特征	砌 体 种 类	砂浆强度等级			
			≥M10	M7.5	M5	M2.5
轴心抗拉	沿齿缝	烧结普通砖、烧结多孔砖、混凝土普通砖、混凝土多孔砖	0.30	0.26	0.21	0.15
		蒸压灰砂普通砖、蒸压粉煤灰普通砖	0.19	0.16	0.13	—
		混凝土砌块	0.15	0.13	0.10	—
		毛石	—	0.12	0.10	0.07
弯曲抗拉	沿齿缝	烧结普通砖、烧结多孔砖、混凝土普通砖、混凝土多孔砖	0.53	0.46	0.38	0.27
		蒸压灰砂普通砖、蒸压粉煤灰普通砖	0.38	0.32	0.26	—
		混凝土砌块	0.17	0.15	0.12	—
		毛石	—	0.18	0.14	0.10
	沿通缝	烧结普通砖、烧结多孔砖、混凝土普通砖、混凝土多孔砖	0.27	0.23	0.19	0.13
		蒸压灰砂普通砖、蒸压粉煤灰普通砖	0.19	0.16	0.13	—
		混凝土砌块	—	0.10	0.08	—
抗剪		烧结普通砖、烧结多孔砖、混凝土普通砖、混凝土多孔砖	0.27	0.23	0.19	0.13
		蒸压灰砂普通砖、蒸压粉煤灰普通砖	0.19	0.16	0.13	—
		混凝土砌块	0.15	0.13	0.10	—
		毛石	—	0.29	0.24	0.17

2. 砌体轴心抗拉、弯曲抗拉和抗剪强度设计值，应按表 3-23 采用。

沿砌体灰缝截面破坏时砌体的轴心抗拉强度设计值、

弯曲抗拉强度设计值和抗剪强度设计值（MPa）　　　　表 3-23

强度类别	破坏特征及砌体种类		≥M10	M7.5	M5	M2.5
			砂浆强度等级			
轴心抗拉	沿齿缝	烧结普通砖、烧结多孔砖	0.19	0.16	0.13	0.09
		混凝土普通砖、混凝土多孔砖	0.19	0.16	0.13	—
		蒸压灰砂普通砖、蒸压粉煤灰普通砖	0.12	0.10	0.08	—
		混凝土和轻集料混凝土砌块	0.09	0.08	0.07	—
		毛石	—	0.07	0.06	0.04
弯曲抗拉	沿齿缝	烧结普通砖、烧结多孔砖	0.33	0.29	0.23	0.17
		混凝土普通砖、混凝土多孔砖	0.33	0.29	0.23	—
		蒸压灰砂普通砖，蒸压粉煤灰普通砖	0.24	0.20	0.16	—
		混凝土和轻集料混凝土砌块	0.11	0.09	0.08	—
		毛石	—	0.11	0.09	0.07
	沿通缝	烧结普通砖、烧结多孔砖	0.17	0.14	0.11	0.08
		混凝土普通砖、混凝土多孔砖	0.17	0.14	0.11	—
		蒸压灰砂普通砖，蒸压粉煤灰普通砖	0.12	0.10	0.08	—
		混凝土和轻集料混凝土砌块	0.08	0.06	0.05	—
抗剪	烧结普通砖、烧结多孔砖		0.17	0.14	0.11	0.08
	混凝土普通砖、混凝土多孔砖		0.17	0.14	0.11	—
	蒸压灰砂普通砖，蒸压粉煤灰普通砖		0.12	0.10	0.08	—
	混凝土和轻骨料混凝土砌块		0.09	0.08	0.06	—
	毛石		—	0.19	0.16	0.11

注：1. 对于用形状规则的块体砌筑的砌体，当搭接长度与块体高度的比值小于 1 时，其轴心抗拉强度设计值 f_t 和弯曲抗拉强度设计值 f_{tm} 应按表中数值乘以搭接长度与块体高度比值后采用；

2. 对蒸压灰砂普通砖、蒸压粉煤灰普通砖砌体，当采用经研究性试验且通过技术鉴定的专用砂浆砌筑，其抗剪强度设计值，按相应的烧结普通砖砌体的采用；

3. 对采用混凝土块体的砌体，表中砂浆强度等级相应为≥Mb10、Mb7.5、Mb5.0。

砌体沿齿缝截面破坏时，其轴心抗拉强度还与砌体的砌筑方式有关。通常砌体竖向灰缝中的砂浆不饱满，同时该缝内的砂浆易收缩，因此一般不考虑竖向灰缝的抗拉能力，全部拉力由水平灰缝承担。当采用不同砌筑方式时，块体搭接长度不同，使得承受拉力的水平灰缝面积不相等。根据试验结果，按三顺一丁砌筑的砖砌体，其轴心抗拉强度大于按一顺一丁（或全部丁砌、梅花丁）砌筑的砖砌体的轴心抗拉强度，由于承受拉力的水平灰缝面积加大，故抗拉能力增高。现以砌体内块体的搭接长度（l）与块体高度（h）之比来反映该面积的大小（图 3-38）。表 3-23 所给定的强度值系指该比值等于或大于 1 的情况，若砌体的搭接长度与块体高度之比小于 1，则应将砌体沿齿缝截面破坏时的轴心抗拉设计强度乘该比值予以降低。同理，对于砌体沿齿缝截面和沿通缝截面破坏的弯曲抗拉强度，也应如同砌体的轴心受拉强度那样考虑砌体内块体的搭接长度与块体高度之比的影响。

蒸压灰砂砖等材料有较大的地区性，如各地区生产的灰砂砖所用砂的细度模数和生产工艺有所不同。这类材料砌体的抗拉、弯、剪强度较烧结普通砖砌体的强度要低。其中蒸压灰砂砖砌体和蒸压粉煤灰砖砌体的抗剪强度设计值为烧结普通砖砌体抗剪强度设计值的 70%。当蒸压灰砂砖、蒸压粉煤灰砖砌体以及烧结页岩砖、烧结煤矸石砖和烧结粉煤灰砖

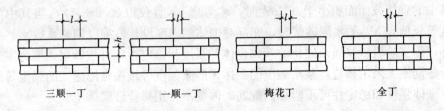

| 三顺一丁 | 一顺一丁 | 梅花丁 | 全丁 |

图 3-38 不同砌筑方式的块体搭接长度与块体高度

砌体的抗拉、弯、剪强度有可靠的试验数据时，允许其强度设计值作适当调整，有利于这些地方性材料的推广应用。

3. 灌孔混凝土砌块砌体抗剪强度设计值，应按下述方法确定。

我国《混凝土结构设计规范》GB 50010 中，混凝土构件的抗剪承载力以混凝土的抗拉强度 f_t 为主要参数代替原规范的混凝土轴心抗压强度 f_c，这是合理的。但对于砌体，其抗拉强度难以通过试验来测定，灌孔混凝土砌块砌体更是如此。因此我们以灌孔混凝土砌块砌体的抗剪强度 f_{vg} 来表达，既反映了砌体的特点，也是合理、可行的。在国际配筋砌体设计规范中，灌孔混凝土砌块砌体的抗剪贡献采用 $\sqrt{f_g}$ 的形式表示，作者参照我国混凝土结构设计规范，提出以 $f_g^{0.55}$ 为参变量。

按可靠度要求，将公式（3-56）转换为设计值，得 $f_{vg}=0.208f_g^{0.55}$。《砌体结构设计规范》最后取灌孔混凝土砌块砌体抗剪强度设计值为：

$$f_{vg}=0.2f_g^{0.55} \tag{3-65}$$

式中　f_{vg}——灌孔混凝土砌块砌体抗剪强度设计值；

　　　f_g——灌孔混凝土砌块砌体抗压强度设计值。

3.4.3 砌体强度设计值的调整

砌体在不同受力状态下虽按上述主要影响因素分别给出了砌体强度的计算公式和取值，但工程上砌体的使用情况多种多样，在某些情况下要适当提高或降低结构构件的安全储备，因而在设计计算时还需考虑砌体强度的调整，即将上述砌体强度设计值乘以调整系数 γ_a。γ_a 应按表 3-24 的规定采用。

砌体强度设计值的调整系数　　　　　　　　　　　　　　　　　　　表 3-24

项目	砌体工作情况		γ_a
1	无筋砌体构件截面面积 $A<0.3m^2$	对砌体的局部抗压强度，不考虑此项影响；配筋砌体构件中，仅对砌体的强度设计值乘 γ_a	$A+0.7$
	配筋砌体构件，当其中砌体构件截面面积 $A<0.2m^2$		$A+0.8$
2	采用强度等级低于 M5 的水泥砂浆砌筑的砌体	抗压强度	0.9
		抗拉、弯、剪强度	0.8
3	施工质量控制等级 C 级	配筋砌体不得采用 C 级	0.89
4	验算施工中房屋的构件	1.1	

表 3-24 规定的情况较多，应全面理解和正确应用，其目的主要是为了提高结构的可靠度（验算施工阶段的构件，则予降低）。如只一味取砌体强度设计值为 f 而不注意是取 $\gamma_a f$，往往造成计算结果错误，不符合《砌体结构设计规范》的要求。对于配筋砌体构件，

是指当其中的砌体截面面积小于 $0.2m^2$ 时，才考虑 γ_a，且仅取 $(0.8+A)f$；当其中的砌体采用强度等级低于 M5 的水泥砂浆时，亦仅对砌体的强度设计值乘以调整系数 γ_a。

此外，施工阶段砂浆尚未硬化的新砌砌体的强度和稳定性，可按砂浆强度为零进行验算。对于冬期施工采用掺盐砂浆法施工的砌体，砂浆强度等级按常温施工的强度等级提高一级时，砌体强度和稳定性可不验算。配筋砌体则不得用掺盐砂浆施工。

3.5 砌体的变形模量、泊松比和剪变模量

3.5.1 砌体的变形模量

砌体受压应力-应变曲线（图 3-39）上各点的应力与应变之比可用变形模量来表示。随应力与应变取值的不同，变形模量有如下三种表示方法：

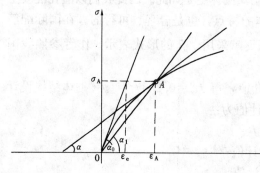

图 3-39 砌体受压变形模量的表示方法

1. 初始变形模量。它是在应力-应变曲线的原点作曲线的切线，该切线的斜率即原点的切线模量为：

$$E = \frac{\sigma_A}{\varepsilon_e} = \tan\alpha_0 \qquad (3-66)$$

式中 α_0 为砌体受压应力-应变曲线上原点的切线与横坐标的夹角。由公式（3-66），对同一种砌体，初始变形模量是一个常数，又称为弹性模量。

2. 割线模量。它是应力-应变曲线上自原点（O）至某一点（A）应力（σ_A）处割线的正切：

$$E_s = \frac{\sigma_A}{\varepsilon_A} = \tan\alpha_1 \qquad (3-67)$$

3. 切线模量。它是在应力-应变曲线上某点 A 作曲线的切线，其应力增量与应变增量之比称为相应于 σ_A 时的切线模量：

$$E_t = \frac{d\sigma_A}{d\varepsilon_A} = \tan\alpha \qquad (3-68)$$

由于砌体受压时塑性变形的发展，其应力-应变曲线上各点的割线模量和切线模量是一个变数，且随应力的增大而减小。

根据作者提出的砖砌体受压应力-应变曲线（公式 3-36），可得：

$$\sigma = f_m(1 - e^{-460\sqrt{f_m}\varepsilon}) \qquad (3-69)$$

该曲线上任一点 A 的切线模量为：

$$E_t = \frac{d\sigma_A}{d\varepsilon_A} = 460 f_m \sqrt{f_m}\left(1 - \frac{\sigma}{f_m}\right) \qquad (3-70)$$

作者的试验表明，对于砖砌体，当受压应力上限不超过砌体抗压强度平均值的 40%～50% 时，经反复加-卸载 5 次的应力-应变曲线变为直线。在取应力 $\sigma_A = 0.43 f_m$（由《砖石结构设计规范》GBJ 3—73，安全系数为 2.3）时，可按直线确定砌体受压弹性模量。即对于按公式（3-69）表达的应力-应变曲线，可取此时的割线模量作为弹性模量的基本

取值。则由公式（3-69）可得：

$$E = \frac{0.43f_\text{m}}{-\dfrac{1}{460\sqrt{f_\text{m}}}\ln(1-0.43)} = 351.9f_\text{m}\sqrt{f_\text{m}}$$

作者根据对试验结果的分析，常用的砖砌体受压弹性模量可近似按下式计算：

$$E = 370f_\text{m}\sqrt{f_\text{m}} \tag{3-71}$$

此式是以砌体抗压强度的平均值作为基本变量来表示其弹性模量的。176 个砌体的弹性模量试验值与按公式（3-71）计算值的平均比值为 0.960，其变异系数为 0.235，试验结果见图 3-40。

对于灌孔混凝土砌块砌体，可取：

$$E = 380f_\text{g,m}\sqrt{f_\text{g,m}} \tag{3-72}$$

公式（3-71）中如以强度设计值 f 代替强度平均值 f_m，则得：

$$E = 1200f\sqrt{f} \tag{3-73}$$

对于公式（3-72），则得：

$$E = 1260f_\text{g}\sqrt{f_\text{g}} \tag{3-74}$$

在我国砌体结构设计规范中，对不同强度砌体的弹性模量，取用与砌体抗压强度设计值成正比的关系（见表 3-25）。图 3-40 系作者 20 世纪 70 年代的试验结果，图中四条虚线为《砌体结构设计规范》GBJ 3—88 的取值。

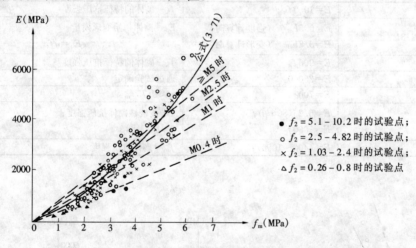

图 3-40 砖砌体受压弹性模量试验结果

对于石砌体，由于石材的强度和弹性模量远高于砂浆的强度和弹性模量，砌体的受压变形主要取决于水平灰缝砂浆的变形，因此可仅按砂浆强度等级确定弹性模量。对于灌孔混凝土砌块砌体，分析和试验表明，影响其砌体受压变形性能的因素主要是砌体的抗压强度、灌孔混凝土的强度和灌孔率，即可通过 f_g 来反映。由于芯柱混凝土参与共同工作，砂浆强度不同时，水平灰缝砂浆的变形对灌孔砌块砌体变形的影响不明显，不需像一般砌体那样，按不同砂浆强度等级来区分弹性模量的取值。单排孔且对孔砌筑的混凝土砌块灌孔砌体的弹性模量，经重新统计试验结果，其取值有所提高，并参照国外标准，取：

$$E = 2000f_\text{g} \tag{3-75}$$

砌体的弹性模量（MPa） 表 3-25

砌体种类	砂浆强度等级			
	≥M10	M7.5	M5	M2.5
烧结普通砖、烧结多孔砖砌体	$1600f$	$1600f$	$1600f$	$1390f$
混凝土普通砖、混凝土多孔砖砌体	$1600f$	$1600f$	$1600f$	—
蒸压灰砂普通砖、蒸压粉煤灰普通砖砌体	$1060f$	$1060f$	$1060f$	—
混凝土砌块砌体、轻集料混凝土砌块砌体	$1700f$	$1600f$	$1500f$	—
粗料石、毛料石、毛石砌体	—	5650	4000	2250
细料石砌体	—	17000	12000	6750

注：1. 表中砌体抗压强度设计值，不按表 3-24 进行调整；
  2. 对采用混凝土块体的砌体，表中砂浆强度等级相应为 ≥Mb10、Mb7.5、Mb5；
  3. 采用专用砂浆砌筑的蒸压灰砂普通砖、蒸压粉煤灰普通砖砌体，其弹性模量按表中数值采用。

在国外的规范和文献中，也有不少是取砌体的弹性模量与砌体抗压强度成正比关系的，如表 3-26 和图 3-41 所示。图 3-41 系 Turnsek 和 Čacovic 采用高 2.7m、宽 1m、厚 0.25m 的砖墙，当应力为砖墙抗压强度的 $\frac{1}{2}$ 时所实测的砖墙砌体的弹性模量。

国外有关文献中规定的砌体弹性模量（MPa） 表 3-26

规范或文献作者	砌体弹性模量	注
CIB 58	$E=1000f_k$	f_k—砌体的特征抗压强度
СНиП II-22-81	$E=0.5E_0$　（强度计算时） $E=0.8E_0$　（变形计算时）	E_0—砌体初始变形模量 $E_0=\alpha f_m$
BS 5628	$E=900f_k$	f_k—砌体的特征抗压强度
NZS4230P	$E=25000$	通过试验确定
Hendry	$E=700\sigma_c$	$\sigma_c\approx0.75f_m$
Grimm	$E=6.25(80+\beta)f$ $E=1000f$	f—砖棱柱砌体抗压强度； β—长细比，$\beta<45$
Plowman	$E=(400\sim1000)f_m$	f_m—砌体抗压强度

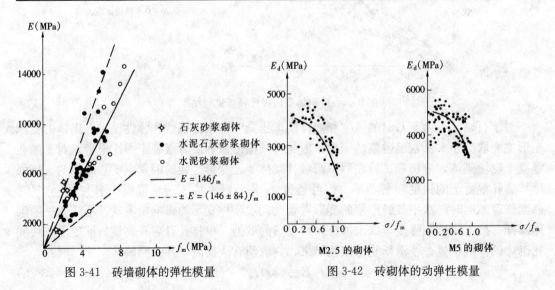

图 3-41 砖墙砌体的弹性模量　　　　　图 3-42 砖砌体的动弹性模量

国内外对砌体在动力荷载作用下的弹性模量的研究尚很少。中国科学院工程力学研究所作了 26 个砖砌体（MU7.5，M5 和 M2.5）在轴心受压时的静、动力性能试验，由于砌体在动力荷载作用下的应变较静力荷载作用下的应变小得多，根据试验结果（图 3-42），该砖砌体的动弹性模量较静弹性模量高 47%。Negolta 和 Kishna 及 Chandra 等人的研究结论与此类似，认为砌体的动弹性模量较静弹性模量高 50%。但 Monk 和 Priestley 根据试验结果认为在动力荷载作用下与在静力荷载作用下砌体的弹性模量比较接近。

3.5.2 砌体的泊松比

砌体受压（拉）时，在产生纵向变形的同时还产生横向变形，其横向应变和纵向应变之比称为砌体的泊松比 ν。对于各向同性材料，泊松比为常数。由于砌体具有一定的弹塑性性质，试验表明其泊松比为变值。四川省建筑科学研究所侯汝欣作了四批 18 个砖砌体（砖的抗压强度为 19.4MPa，砂浆抗压强度为 3.2 和 3.6MPa）的试验，其结果示于图 3-43。当 $\frac{\sigma}{f_m}=0\sim0.3$ 时，由于砌体内的应力较小和测试仪器的精度不够，ν 值比较分散。但当 $\frac{\sigma}{f_m}=0.3\sim0.6$ 时，ν 的试验值较有规律，且随着荷载的增加，砌体的横向应变较纵向应变增长快，ν 值有所增大。当 $\frac{\sigma}{f_m}=0.6\sim0.8$ 时，随着砌体内纵向裂缝的出现和发展，ν 值增长快。当 $\frac{\sigma}{f_m}>0.8$ 直至

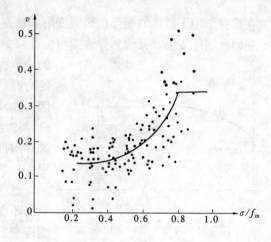

图 3-43 砖砌体的泊松比

砌体临近破坏时，横向应变急剧加大，ν 值也已失去实用意义。按试验资料经统计分析，砖砌体的泊松比可按下式计算：

$$\nu=0.3\left(\frac{\sigma}{f_m}\right)^4 e^{\frac{\sigma}{2f_m}}+0.14 \tag{3-76}$$

当取砌体在结构正常使用阶段的应力 $\left(\frac{\sigma}{f_m}=0.43\right)$，上述四批砌体泊松比的试验值分别为 0.163、0.148、0.143 和 0.163，其平均值为 0.154，变异系数为 0.229。辽宁省建筑科学研究所 6 个砖砌体泊松比的试验值平均为 0.14。中国科学院工程力学研究所 6 个砖砌体泊松比的试验值平均为 0.147。南京新宁砖瓦厂 21 个多孔砖砌体泊松比的试验值平均为 0.16。国内的试验结果与 Grimm 提出的砖砌体的泊松比为 0.11～0.20 基本相符。因此，砌体在结构正常使用阶段的应力使用下，可取 $\nu=0.15$，CIB58 也建议采用此值。对于其他应力状态下，按公式（3-76），当 $\frac{\sigma}{f_m}=0.6$，0.7 和 $\frac{\sigma}{f_m}\geqslant0.8$ 时，可分别取 $\nu=0.2$，0.24 和 0.32。

根据中国科学院工程力学研究所的试验，在动力荷载作用下砖砌体泊松比的平均值为 0.147，可认为它与静力荷载作用下的泊松比相等。

3.5.3 砌体的剪变模量

国内外对砌体剪变模量的试验和研究极少。根据材料力学，剪变模量为：

$$G = \frac{E}{2(1+\nu)} \tag{3-77}$$

现取 $\nu = 0.15$，得砌体的剪变模量：

$$G_m = \frac{E}{2(1+0.15)} = 0.43E$$

我国现行《砌体结构设计规范》中近似取 $G_m = 0.4E$。苏联规范中取 $G_m = 0.4E_0$。

3.6 砌体的徐变

在荷载作用下砌体的变形由瞬时变形和徐变变形两部分组成。瞬时变形是指在荷载作用下立即产生的变形，又称为弹性变形。在某一不变荷载作用下，随着时间的增长而产生

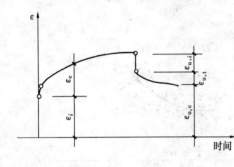

图 3-44 徐变与时间变化

的变形称为徐变变形。砌体的徐变一方面对承载能力有利，但另一方面它又可能是砌体破坏的原因。尤其是预应力砌体和不同变形性能材料的组合砌体结构的发展，以及现代发展趋势中细长的砌体构件的出现，对砌体徐变的了解和研究变得更为迫切。

图 3-44 所示为砌体徐变的基本性能之一。在某一不变应力作用下，砌体的瞬时应变为 ε_i，徐变应变为 ε_c。随时间的增加，ε_c 开始增长较快，

而后增长缓慢。卸载时的应变包括三部分：瞬时恢复应变 $\varepsilon_{u,i}$，随时间而逐渐恢复的弹性后效应变 $\varepsilon_{u,t}$ 和不能恢复的残余应变 $\varepsilon_{u,c}$。后二者均属卸载时的徐变应变。

早在 20 世纪 30 年代 Кравчен，Котов 以及 50 年代 Поляков 等人对砌体的徐变做过一系列的试验，60 年代以来 Lenczner 等人也进行了这方面的研究。Поляков 的一些试验结果如图 3-45 所示。

根据 Поляков 的试验研究，得到如下结论：

1. 棱柱体（70mm×70mm×210mm）砂浆的徐变应变较瞬时应变大 3～3.4 倍，徐变与承受的不变压应力之间接近线性关系，卸载后的弹性后效应变较小，为第一次加载时瞬时应变的 20%～30%。

2. 砖的徐变应变远比砂浆的徐变小，它与砖的种类及所承受的不变应力的大小有关。当承受相同的不变压应力时，硅酸盐砖的徐变最大，烧制塑压黏土砖的徐变最小。对于塑压砖，卸载后的弹性后效应变较大，为瞬时应变的 80%～100%。

3. 砖砌体的徐变在前期增加较快，而后其增加缓慢。砂浆的种类对砌体徐变的大小及其曲线形式影响较大。用混合砂浆砌筑的砖砌体，龄期为 1 个月，当承受不变应力为 $0.4f_m$ 及 $0.6f_m$ 时，经 250 天后的徐变应变约为瞬时应变的 1.3 倍。当砌体承受不变应力不超过砌体产生第一批裂缝时的应力，徐变与该应力呈线性关系，但当砌体承受的不变应

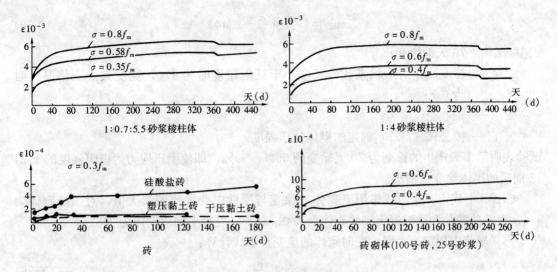

图 3-45 砂浆、砖及砖砌体的徐变试验结表

图中的天数已减去加载时砌体的龄期。

力更高时，则不存在线性关系。砌体在承受不变应力时的龄期愈短，砌体早期徐变的增长愈快，但此后的徐变的增长仍较小。

图 3-46 所示为 Lenczner 所做砖砌体徐变的试验结果。它表明，对于采用 $1 : \frac{1}{4} : 3$ 砂浆砌筑的砖砌体，当承受不变应力为 1.7MPa 时，经 4 周后，砌体徐变达到最大值；当承受不变应力为 4.3MPa 时，经 12 周后，砌体徐变达到最大值。有一个砌体，承受不变应力为 6.0MPa，试验进行到 125 天时，有产生裂缝的迹象。砌体承受不变应力为 1.7～6.0MPa 时，其最大徐变应变与瞬时应变之比为 1.2～1.29。对于采用 1:1:6 砂浆砌筑的砖砌体，当承受不变应力为 2.3～4.6MPa 时，经 13～16 周后，砌体徐变达到最大值，砌体最大徐变应变与瞬时应变之比为 1.4～1.8。上述砖砌体的徐变主要产生在三个月内。砖砌体的最大徐变较混凝土的要小很多。Grimm 认为砖砌体的徐变约为混凝土徐变的 20%～25%。Grimm 根据 1:2 的模型砖砌体试验，提出龄期为 70 天的徐变可按下式估算：

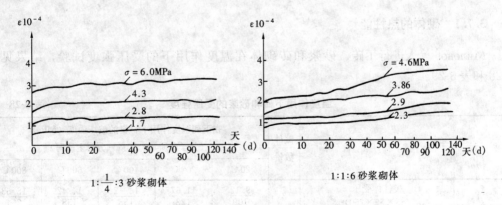

图 3-46 砖砌体的徐变试验结果

91

$$\log \varepsilon_c = 1.25 \xi \left(\frac{\sigma}{f} - 2.44 \right) \tag{3-78}$$

式中　ε_c——70 天的徐变；

　　　　ξ——徐变试件的形状系数，宽度小于三倍厚度时为 1.0，宽度大于三倍厚度时为 0.8；

　　　　σ——轴心受压应力；

　　　　f——按公式（3-27）确定的砌体抗压强度。

试验表明第 1 天产生的徐变为 70 天徐变的 65%～90%，即使受压应力为极限强度的 1/2，12 周后的砌体徐变也很小。

CIB58 中规定，在恒载作用下砌体的徐变与弹性应变之比的最大值，对于砖砌体为 1.0；对于硅酸盐和重混凝土砌块砌体为 2.0；对于轻混凝土砌块砌体为 2.5。

苏联规范中规定，考虑徐变时砌体的应变按下式计算：

$$\varepsilon = \xi_c \frac{\sigma}{E_0} \tag{3-79}$$

式中　ξ_c——考虑砌体徐变影响的系数，见表 3-27；

　　　　σ——确定 ε 时的应力；

　　　　E_0——砌体初始变形模量。

在长期荷载作用下，砌体的弹性模量（E_{cre}）也因徐变作用而降低，$E_{cre} = E_0 / \xi_c$。

砌体徐变影响系数　　　　　　　　　　　　　　表 3-27

砌　体　种　类	ξ_c
带有竖向窄孔洞的陶质块材（块高 138mm）	1.8
塑压和半塑压黏土砖	2.2
重混凝土大型砌块和块材	2.8
硅酸盐实心和空心砖、轻骨料混凝土或轻骨料多孔混凝土砌块、硅酸盐大型砌块	3.0
A 类蒸压多孔混凝土小型、大型砌块	3.5
Б 类蒸压多孔混凝土小型、大型砌块	4.0

3.7　砌体的其他物理性能

3.7.1　砌体的热性能

Милонов 等人进行了砖、砂浆和砖砌体在温度作用下的受压强度试验，结果见表 3-28 和表 3-29。

温度作用下砖和砂浆的受压强度　　　　　　　　表 3-28

材　料	试　验　条　件	试件数量	在下列温度作用下材料的破坏强度（MPa）（分子上所写）和%（分母上所写）				
			20℃	200℃	400℃	600℃	800℃
普通黏土砖	棱柱体受压（65×65×250）	3	$\frac{9.12}{100}$	$\frac{11.67}{128}$	$\frac{14.42}{158}$	$\frac{14.42}{158}$	$\frac{18.63}{204}$
	抗　折	5	$\frac{2.39}{100}$	$\frac{2.62}{110}$	$\frac{2.58}{108}$	$\frac{2.65}{111}$	$\frac{3.35}{140}$

材　料	试　验　条　件	试件数量	在下列温度作用下材料的破坏强度（MPa） （分子上所写）和%（分母上所写）				
			20℃	200℃	400℃	600℃	800℃
1:1.9:14 波特兰水泥 石灰砂浆	圆柱体在加热状态下受压	3	$\frac{1.64}{100}$	$\frac{1.88}{115}$	$\frac{1.79}{109}$	$\frac{1.47}{90}$	—
	立方体在冷却状态下受压	3	$\frac{3.00}{100}$	$\frac{2.37}{79}$	$\frac{1.63}{54}$	$\frac{0.35}{12}$	—
1:0.7:7 波特兰水泥 石灰砂浆	圆柱体在加热状态下受压	3	$\frac{2.85}{100}$	$\frac{2.70}{95}$	$\frac{3.27}{115}$	$\frac{2.53}{89}$	—
	立方体在冷却状态下受压	3	$\frac{4.55}{100}$	$\frac{3.26}{72}$	$\frac{3.00}{66}$	$\frac{1.41}{31}$	—

温度作用下砖砌体的受压强度（MPa）　　　　　　　　　　表 3-29

砌体材料抗压强度			在下列温度作用下砌体的破坏强度 （分子上所写）和%（分母上所写）			
砂浆	不受热状态下		20℃	200℃	400℃	600℃
	砂浆	砖				
1:1.9:14	1.96	13.1	$\frac{2.72}{100}$	$\frac{3.53}{130}$	$\frac{3.40}{125}$	$\frac{4.51}{166}$
1:0.7:7	3.43		$\frac{3.67}{100}$	$\frac{4.69}{128}$	$\frac{5.03}{137}$	$\frac{4.82}{131}$

在受热状态下，随着温度的增高，砖的抗压强度亦提高。砂浆在受热状态下，如温度不超过 400℃时，其抗压强度不降低。但当温度达 600℃时，砂浆抗压强度约降低 10%。砂浆在冷却状态下，其抗压强度显著减小，如当温度自 400℃冷却时，其强度降低 40%～50%。对于砖砌体，由于砖在受热状态下强度提高，同时砂浆受压变形的增大保证了应力沿砌体整个截面上较均匀地分布，使得砌体强度提高。当温度为 20～400℃时，砖砌体的抗压强度平均提高 25%～30%。但实际结构中的砌体还可能受到由热至冷的循环，因此在设计计算受热的砌体结构时不考虑砌体抗压强度的提高。上述试验结果还表明，砌体受高温（400～600℃）作用时，砂浆在冷却状态下强度的急剧降低，将使砌体产生整体破坏，因此采用普通粘土砖和普通砂浆砌筑的砌体，在一面受热状态下（如砖烟囱，囱壁内面温度高）的最高受热温度应限制在 400℃以内。

湖南大学于 1964 年对砖砌体在温度作用下的变形性能作过研究，测定了砖墙体的线膨胀系数。我国《砌体结构设计规范》GB 50003—2011 和国外有关文献给定的砌体线膨胀系数 α_T 见表 3-30。

砌体的线膨胀系数　　　　　　　　　　表 3-30

文　献	砌　体　种　类	α_T（×10^{-6}/℃）
GB 50003—2001	烧结普通砖、烧结多孔砖砌体	5
	蒸压灰砂普通砖、蒸压粉煤灰普通砖砌体	8
	混凝土普通砖、混凝土多孔砖、混凝土砌块砌体	10
	轻集料混凝土砌块砌体	10
	料石和毛石砌体	8

文 献	砌 体 种 类	α_T（$\times 10^{-6}$/℃）
CIB58	黏土砖	6
	硅酸盐砖、混凝土砌块	10
СНиП II-22-81	砖、空心砖、陶质块材	5
	硅酸盐砖、混凝土块材和砌块、毛石混凝土	10
	石材、多孔混凝土块材和砌块	8

3.7.2 砌体的干缩变形

砌体浸水时体积膨胀，失水时体积收缩，后者的变形较前者大得多，因此在工程中较为关心的是砌体的干缩变形。不同于徐变变形，干缩变形是指砌体在不承受应力的情况下，因体积变化而产生的变形。

烧结块体，如烧结黏土砖中黏土经过烧结成为粗陶，其内部为固熔体结构，没有胶凝材料，该结构不会因其孔隙中自由水的迁移引起很大的体积变形，这种块体的干燥收缩值小于 0.1mm/m。因而工程上其砌筑墙体基本上不会因干燥收缩而开裂。对于非烧结块体，因其抗压强度来源于制品在水化硬化过程中形成的水化硅酸钙，块材的所有性能取决于水化产物的数量、种类、结晶度、骨胶比、材料密度等。它不仅孔隙中存有游离水，且在水化产物中含有不同数量的结合水。非烧结块材的干缩值随原料性能、配方、工艺过程、技术装备、产品品种及管理水平不同而不同，一般为 0.2～1.2mm/m，我国为 0.6～1.2mm/m。工程上普遍反映用这类块体砌筑的墙体易产生裂缝，其内因是块体的收缩值大。它已成为制约、阻碍我国非烧结块材发展、推广应用十分突出的矛盾。此外，由于材料标准中规定的干燥收缩值是指块材的含水率从饱和至绝干这一过程中的收缩值（美国标准 ASTM C426 规定自饱和至平衡含水率的干缩值，较为合理），而块材在墙体使用中含水率的变化过程是从砌筑时的含水率至平衡含水率。块材的平衡含水率与墙体所处的湿度环境有关，其砌筑时的含水率与块材的储存、施工工艺（是否浇水湿润）有关。这些是影响墙体开裂的重要外因。可见要防治非烧结块材墙体的干缩裂缝通病，关键是控制材料的最大干燥收缩值，采取加强的设计措施和合理的施工管理措施亦必不可少。

我国砌体结构设计规范和国外有关文献给出的砌体干缩变形值见表 3-31。

砌 体 的 干 缩 变 形

表 3-31

文 献	砌 体 种 类	干缩变形 mm/m	注
GB 50003—2011	烧结普通砖、烧结多孔砖砌体	−0.1	系由达到收缩允许标准的块体砌筑 28d 的砌体收缩率，当地方有可靠的砌体收缩试验数据时，亦可采用当地的试验数据
	蒸压灰砂普通砖、蒸压粉煤灰普通砖砌体	−0.2	
	混凝土普通砖、混凝土多孔砖、混凝土砌块砌体	−0.2	
	轻集料混凝土砌块砌体	−0.3	
	料石和毛石砌体	—	

文 献	砌 体 种 类	干缩变形 mm/m	注
CIB58	砖砌体	+0.2～−0.1	指砌体干燥时的收缩与含水饱和时的膨胀之间的幅度
	硅酸盐砖、一般混凝土砌块砌体	−0.1～−0.4	
	轻混凝土砌块砌体	−0.2～−0.6	
CHиПⅡ-22-81	用硅酸盐胶结料或水泥胶结料制作的砖、块体、小型砌块及大型砌块砌体	0.3	对于黏土砖和陶质块材，不考虑干缩变形
	蒸压多孔混凝土（A类）块材和砌块砌体	0.4	
	非蒸压多孔混凝土（Б类）块材和砌块砌体	0.8	

3.7.3 砌体的摩擦系数

砌体与常用材料间的摩擦系数，可见表 3-32。

摩 擦 系 数 　　　　　　表 3-32

类　别	摩擦面情况		类　别	摩擦面情况	
	干燥的	潮湿的		干燥的	潮湿的
砌体沿砌体或混凝土滑动	0.70	0.60	砌体沿砂或卵石滑动	0.60	0.50
砌体沿木材滑动	0.60	0.50	砌体沿粉土滑动	0.55	0.40
砌体沿钢滑动	0.45	0.35	砌体沿黏性土滑动	0.50	0.30

3.8 砌体的破坏准则

为深化对砌体结构基本理论的研究，从理论上建立完善的砌体结构设计方法，加强对砌体破坏准则的分析和研究是十分重要的。但由于砌体为各向异性材料，工程中砌体的受力有的相当复杂，确立完整且准确的砌体破坏准则有很大的难度。至今国内外有关文献中大多只限于研究平面受力砌体的破坏准则，且研究者主要借助于试验结果。本节简要介绍砌体强度破坏准则的一些研究成果，供读者参考。

一、单轴受力

砌体单轴受力的破坏准则较易建立。砌体在单轴受压时，以砌体的压应变达到其极限压应变作为控制条件，即

$$\varepsilon_c = \varepsilon_{ult} \tag{3-80}$$

单轴受拉时，以砌体的拉应力达到抗拉强度作为控制条件，即

$$\sigma_t = f_{t,m} \tag{3-81}$$

二、双轴受拉

砌体双轴受拉时，按最大拉应力理论，以主拉应力达到单轴抗拉强度为破坏准则，即

$$\sigma_1 = f_{t,m}，\text{或} \sigma_2 = f_{t,m} \tag{3-82}$$

三、一轴受拉、一轴受压

砌体在一轴受拉、一轴受压时，采用莫尔-库仑理论，其破坏准则为：

$$\frac{\sigma_1}{f_{t,m}} - \frac{\sigma_2}{f_m} = 1 \tag{3-83}$$

取 $\sigma_{1max} = \left(1 + \frac{\sigma_2}{f_m}\right) f_{t,m}$, $\sigma_{2max} = \left(\frac{\sigma_1}{f_{t,m}} - 1\right) f_m$

当 $\sigma_1 = \sigma_{1max}$，砌体沿垂直 σ_1 方向受拉破坏；若 $\varepsilon_c = \varepsilon_{ult}$，砌体受压破坏。

四、双轴受压

K. Naraine 和 S. Sinha 提出了砖砌体在水平灰缝法向和切向同时作用压应力时的破坏准则，即：

$$c\left(\frac{\sigma_n}{\beta} - \frac{\sigma_p}{\beta}\right)^2 + (1-c)\left(\frac{\sigma_n}{\beta} + \frac{\sigma_p}{\beta}\right) + c\left(\frac{\sigma_n\sigma_p}{\beta^2}\right) = 1 \tag{3-84}$$

式中　$\sigma_n = f_n/f_{n,m}$;

　　　　$\sigma_p = f_p/f_{p,m}$;

　　　　f_n、f_p——分别为砌体沿水平灰缝法向和切向的压应力；

　　$f_{n,m}$、$f_{p,m}$——分别为砌体沿水平灰缝法向和切向的平均抗压强度；

　　　　　　c——系数，取 1.6；

　　　　　　β——系数，反映一定应力比（f_n/f_p）时峰值应力的变化，当一次加载时取 $\beta = 1.0$，当反复加—卸载时取 $\beta = 0.85$，当周期荷载作用下 $\beta = 0.67$。

五、剪-压作用

1. P. B. Lourenco 和 J. G. Rots 在研究砌体剪力墙水平力与水平位移的关系时，认为砌体破坏包括受拉和受压两种破坏类型，受拉破坏准则为：

$$\frac{(\sigma_x - f_{tx}) + (\sigma_y - f_{ty})}{2} + \sqrt{\left[\frac{(\sigma_x - f_{tx}) - (\sigma_y - f_{ty})}{2}\right]^2 + \alpha\tau_{xy}^2} = 0 \tag{3-85}$$

受压破坏准则为：

$$\frac{\sigma_x^2}{f_{mx}^2} + \beta\frac{\sigma_x\sigma_y}{f_{mx}f_{my}} + \frac{\sigma_y^2}{f_{my}^2} + \gamma\frac{\tau_{xy}^2}{f_{mx}f_{my}} - 1 = 0 \tag{3-86}$$

式中　σ_x、σ_y——分别为砌体沿水平灰缝切向的拉应力和法向的压应力；

　　f_{tx}、f_{mx}——分别为砌体沿水平灰缝切向的抗拉和抗压强度；

　　f_{ty}、f_{my}——分别为砌体沿水平灰缝法向的抗拉和抗压强度；

　　　α、γ——系数，反映剪应力对受拉和受压破坏的影响；

　　　　　β——系数，反应正应力（σ_x、σ_y）之间的耦合影响。

该作者认为，上述准则适用于砖砌体和混凝土砌块砌体，能较精确地预计剪力墙的破坏荷载，并能模拟包括下降段在内的受力全过程。

2. U. Andreaus 采用改进的莫尔-库仑理论、最大拉应变准则和最大压应力准则，将砌体在平面应力作用下的破坏形式归纳为三种类型：砂浆层的滑移破坏、砖开裂和节点的破坏以及砌体的受压破坏。

当砌体内的剪应力（τ）达到按下式确定的抗剪强度时，产生砂浆层的滑移破坏：

$$\tau^2 - (c_e - \mu\sigma_n^2) \leqslant 0 \tag{3-87}$$

式中　c_e——有效粘结力；

　　　μ——砌体沿水平灰缝切向滑移的摩擦系数；

　　　σ_n——法向压应力。

当法向压应力较大时，砖及节点处开裂，水平灰缝节点不产生滑移破坏，其破坏由极限主拉应变控制，破坏准则由下式表达：

$$\tau^2 - G^2\left\{\left[\varepsilon_u - \frac{1}{2}\left(\frac{1-\nu_{pn}}{E_p}\sigma_p + \frac{1-\nu_{np}}{E_n}\sigma_n\right)\right]^2 - \frac{1}{4}\left(\frac{1+\nu_{pn}}{E_p}\sigma_p - \frac{1+\nu_{np}}{E_n}\sigma_n\right)^2\right\} \leqslant 0$$

$$(3\text{-}88)$$

式中　ε_u——极限拉应变，取 1.0×10^{-4}；

ν_{pn}、ν_{np}——分别为砌体沿水平灰缝法向和切向的泊松比；

E_n、E_p——分别为砌体沿水平灰缝法向和切向的弹性模量；

σ_n、σ_p——分别为砌体沿水平灰缝法向的压应力和切向的拉应力。

当法向压应力更大时，砌体呈受压破坏，其破坏由最大压应力控制，破坏准则表达式为：

$$\tau^2 - (\sigma_p - f'_c)(\sigma_n - f'_c) \leqslant 0 \qquad (3\text{-}89)$$

式中　f'_c——砌体沿最小主应力方向的双轴抗压强度。

当忽略法向压应力和切向压应力之间的相互作用时，公式（3-89）可简化为：

$$\tau^2 - (\sigma_n - f'_{cp})(\sigma_n - f'_{cn}) \leqslant 0 \qquad (3\text{-}90)$$

式中　f'_{cn}、f'_{cp}——分别为砌体沿水平灰缝法向和切向的双轴抗压强度。

3. 作者建议的方法

基于重庆建筑大学的砌体剪-压试验结果并通过分析，湖南大学刘桂秋与作者提出了如下建议：

砌体在竖向应力 σ_y、水平应力 σ_x（其值相对较小，以下分析中忽略不计）和剪应力 τ_{xy} 作用下，当 $\sigma_y/f_m \leqslant 0.32$ 时，砌体呈剪切滑移破坏，砌体抗剪强度平均值可由下式确定：

$$f_{v,m} = f_{v0,m} + 0.5\sigma_y \qquad (3\text{-}91)$$

当 $0.32 < \dfrac{\sigma_y}{f_m} \leqslant 0.67$ 时，砌体的破坏由主拉应力控制：

$$-\frac{\sigma_y}{2} + \sqrt{\left(\frac{\sigma_y}{2}\right)^2 + \alpha\,\tau_{xy}^2} \leqslant f_{v0} \qquad (3\text{-}92)$$

$$f_{v,m} = f_{v0}\sqrt{1.53 + 13.5\frac{\sigma_y}{f_m}} \qquad (3\text{-}93)$$

当 $0.67 < \dfrac{\sigma_y}{f_m} \leqslant 1.0$ 时，砌体的破坏由主压应力控制：

$$-\frac{\sigma_y}{2} - \sqrt{\left(\frac{\sigma_y}{2}\right)^2 + \beta\,\tau_{xy}^2} \geqslant -f_m \qquad (3\text{-}94)$$

$$f_{v,m} = f_m\sqrt{0.4\left(1 - \frac{\sigma_y}{f_m}\right)} \qquad (3\text{-}95)$$

以上式中 α、β 为反映砌体的弹塑性和剪应力对砌体破坏的影响，可取 $\alpha=0.655$，$\beta=2.5$。

附录：块体、砂浆本构关系的研究

一、梁建国、洪丽的研究

梁建国、洪丽通过 20 个烧结页岩砖、20 个蒸压灰砂砖棱柱体（53mm×53mm×160mm）及 40 个混合砂浆棱柱体（70.7mm×70.7mm×210mm）的轴心受压试验，提出了以下建议。

1. 应力-应变关系

砂浆

$$\frac{\sigma}{f_{c,m}} = -0.93\left(\frac{\varepsilon}{\varepsilon_{p,m}}\right)^2 + 1.91\frac{\varepsilon}{\varepsilon_{p,m}}$$

蒸压灰砂砖

$$\frac{\sigma}{f_{c,b}} = -0.58\left(\frac{\varepsilon}{\varepsilon_{p,b}}\right)^2 + 1.58\frac{\varepsilon}{\varepsilon_{p,b}}$$

烧结页岩砖

$$\frac{\sigma}{f_{c,b}} = -0.52\left(\frac{\varepsilon}{\varepsilon_{p,b}}\right)^2 + 1.52\frac{\varepsilon}{\varepsilon_{p,b}}$$

式中　$f_{c,m}$、$f_{c,b}$——分别为砂浆和砖棱柱体抗压强度；

　　　$\varepsilon_{p,m}$、$\varepsilon_{p,b}$——分别为砂浆和砖棱柱体受压峰值应变。

2. 弹性模量

砂浆

$$E_m = 2397 f_{cu,m}^{0.68}$$

砖

$$E_b = 820 f_{cu,b}^{0.75} = 820 f_1^{0.75}$$

式中　$f_{cu,m}$、$f_{cu,b}$——分别为砂浆和砖立方体抗压强度。

3. 泊松比

砂浆

$$\nu_m = 0.016\left(\frac{\sigma}{f_{c,m}}\right)^4 e^{\left(\frac{\sigma}{2f_{c,m}}\right)} + 0.166$$

可取 $\nu_m = 0.167$

蒸压灰砂砖

$$\nu_b = 0.032\left(\frac{\sigma}{f_{c,b}}\right)^4 e^{\left(\frac{\sigma}{2f_{c,b}}\right)} + 0.157$$

可取 $\nu_b = 0.158$

烧结页岩砖

$$\nu_b = 0.071\left(\frac{\sigma}{f_{c,b}}\right)^4 e^{\left(\frac{\sigma}{2f_{c,b}}\right)} + 0.075$$

可取 $\nu_b = 0.077$

4. 棱柱体抗压强度与立方体抗压强度

砂浆

$$f_{c,m} = 0.85 f_{cu,m}$$

蒸压灰砂砖

$$f_{c,b} = 0.84 f_1$$

烧结页岩砖

$$f_{c,b} = 0.58 f_1$$

二、刘桂秋与作者的研究

依据试验资料，经统计提出的砂浆、砖及混凝土砌块的弹性模量：

砂浆

$$E_m = 1057 f_2^{0.84}$$

砖

$$E_b = 4467 f_1^{0.22}$$

混凝土砌块

$$E_b = 2845 f_1^{0.5}$$

三、朱伯龙的研究

砖、砂浆棱柱体尺寸同上述一。

1. 砖棱柱体的变形

烧结普通黏土砖的平均弹性模量为 1.3×10^4 MPa；

蒸压粉煤灰砖的平均弹性模量为 1.2×10^4 MPa；

上述砖的峰值应变为 $0.001 \sim 0.0015$，极限应变为 $0.0011 \sim 0.0023$。

2. 砂浆棱柱体的 σ-ε 关系式

上升段

$$\sigma = \frac{\varepsilon \varepsilon_0 f_{c,m}}{0.3\varepsilon^2 + 0.4\varepsilon \varepsilon_0 + 0.3\varepsilon_0^2}$$

下降段

$$\sigma = \left(1.1 - 0.1 \frac{\varepsilon}{\varepsilon_0}\right) f_{c,m}$$

式中　$f_{c,m}$——砂浆棱柱体抗压强度；

ε_0——砂浆棱柱体峰值压应变，为 $0.0014 \sim 0.0021$。砂浆棱柱体的极限压应变在 0.003 以上。

参 考 文 献

[3-1] Л. И. 奥尼西克主编. 砖石结构的研究. 北京：科学出版社，1955.

[3-2] 工程结构教材选编小组编，砖石及钢筋砖石结构. 北京：中国工业出版社，1961.

[3-3] 钱义良，施楚贤主编. 砌体结构研究论文集. 长沙：湖南大学出版社，1989.

[3-4] 施楚贤主编. 普通高等教育土建学科"十二五"规划教材. 高校土木工程专业规划教材. 砌体结构(第三版). 北京：中国建筑工业出版社，2012.

[3-5] Francis A J, Horinan C B and Jerrems L E. The Effect of Joint Thickness and other Factors on the Compressive Strength of Brickwork. Proceedings of the SIBMaC. 1971.

[3-6] Поляков С В. Длительное Сжатие Кирпичной Кладки. Госстройиздат, 1959.

[3-7] Grimm C. T. Strength and Related Properties of Brick Masonry. Proceedings ASCE, Structural Division. Vol. 101, No. ST1, 1975(1).

[3-8] Hendry A W. Structural Brickwork, New York: John Wiley and Sons, 1981.

[3-9] British Standards Institution. Code of Practice for Structural use of Masonry. BS5628: Part 1, Unreinforced Masonry. 1978.

[3-10] 南京工学院主编. 砖石结构. 北京: 中国建筑工业出版社, 1981.

[3-11] 施楚贤. 砂浆水平灰缝厚度对砖砌体抗压强度的影响. 建筑技术, 1981(12).

[3-12] 施楚贤. 砖砌筑时的含水率对砌体抗压和抗剪强度的影响. 建筑技术, 1983(3).

[3-13] Shi Chuxian. The Influence of Joint Thickness and the Water Absorption of Bricks on Compressive Strength of Brickwork. Proceedings of the 7th IBMaC. Melbourne. (Australia): 1985, 2.

[3-14] 孙明. 砖石砌体强度的平均值和变异系数的确定. 四川建筑科学研究, 1982(1).

[3-15] Поляков С В. Сцепление в Кирпичной Кладке. Госстройиздат, 1959.

[3-16] 辽宁工业建筑设计院. 砖石结构设计规范 GBJ 3—73 简介. 建筑结构, 1975(4).

[3-17] 陈茂义. 料石砌体试验研究. 建筑结构. 1981(4).

[3-18] Page A W. Finite Element Model for Masonry, Journal of the Structural Division, ASCE. Vol. 104, No. ST8, 1978(8).

[3-19] Каменные и Армокаменные Конструкции, Нормы Проектирования, СНип II-22-81. Москва: 1983.

[3-20] Anderson G W. Stack-bonded Small Specimens as Design and Construction Criteria. Proceedings of the SIBMaC. 1971.

[3-21] Houston J Y and Grimm C T. Effect of Brick Height on Masonry Compressive Strength. J. Mater, ASTM, 1972.

[3-22] West H W H and others. The Comparative Strength of Walls Built of Standard and Modular Bricks. Proceedings of the SIBMaC. 1971.

[3-23] Schellbach G. The Influence of Perforation on the Load-bearing Capacity of Hollow Brick Masonry Structures. Proceedings of the SIBMaC. 1971.

[3-24] Brown R H. Prediction of Brick Masonry Prism Strength from Reduced Constraint Bricks Tests. Symp. on Masonry, Pastand Present, 1974.

[3-25] Turnsek V, Cacovic F. Some Experimental Results on the Strength of Brick Masonry Walls. Proceedings of the SIBMaC. 1971.

[3-26] 朱伯龙. 砌体结构设计原理. 上海: 同济大学出版社, 1991.

[3-27] 砌体结构设计规范 GBJ 3—88. 北京: 中国建筑工业出版社, 1988.

[3-28] 砖石结构设计规范修订组. 砌体强度的变异和抗力分项系数. 建筑结构, 1984(2).

[3-29] 建筑结构可靠度设计统一标准 GB 50068—2001. 北京: 中国建筑工业出版社, 2001.

[3-30] 砌体结构设计规范 GB 50003—2001. 北京: 中国建筑工业出版社, 2002.

[3-31] 砌体工程施工质量验收规范 GB 50203—2002. 北京: 中国建筑工业出版社, 2002.

[3-32] 施楚贤, 徐建, 刘桂秋. 砌体结构设计与计算. 北京: 中国建筑工业出版社, 2003.

[3-33] 砌体基本力学性能试验方法标准 GBJ 129—90. 北京: 中国建筑工业出版社, 1991.

[3-34] ISO 9652-4: 2000(E). International Standard. Masonry-Part4: Test Methods. 2000.

[3-35] 刘桂秋, 施楚贤. 砌体受压时的应力分析及强度取值. 建筑结构. 2000(8).

[3-36] 施楚贤, 谢小军. 混凝土小型空心砌块砌体受力性能. 建筑结构. 1999(3).

[3-37] 杨伟军. 施楚贤. 灌芯混凝土砌体抗剪强度的理论分析和试验研究. 建筑结构. 2002(2).

[3-38] Atkinson R H, Noland J L. A Proposed Failure Theory for Brick Masonry in Compression.

3rd Canadian Masonry Symposium. Edmonton Canada，1983.

［3-39］ Ahmad A Hamid，Ambrose O Chukwunenye. Compression Behavior of Concrete Masonry Prisms. Journal of Structural Engineering，ASCE，1986(3).

［3-40］ Tariq S Cheema，Richard E Klingner. Compressive Strength of Concrete Masonry Prisms. ACI Journal，1986(1).

［3-41］ 陶秋旺，施楚贤. 孔洞对多孔砖砌体抗压强度的影响及抗压强度取值. 建筑结构，2005(9).

［3-42］ 梁建国，施楚贤. 我国墙体块材标准存在的问题与建议. 砌体结构理论与新型墙材应用. 北京：中国城市出版社，2007.

［3-43］ 宋力，施楚贤，顾祥林. 混凝土砌块砌体在剪-压作用下抗剪强度研究. 砌体结构理论与新型墙材应用. 北京：中国城市出版社，2007.

［3-44］ 陶秋旺，旋楚贤. 多孔砖砌体剪-压复合受力抗剪强度研究. 砌体结构与墙体材料基本理论和工程应用. 上海：同济大学出版社，2005.

［3-45］ 宋力，施楚贤. 混凝土砌块砌体的受剪性能与强度研究. 砌体结构与墙体材料基本理论和工程应用. 上海：同济大学出版社，2005.

［3-46］ 蔡勇，施楚贤. 砌体在剪-压作用下抗剪强度研究. 建筑结构学报. 2004(5).

［3-47］ 吕伟荣，施楚贤，刘桂秋. 灌芯砌体中芯柱混凝土与砌块的强度匹配研究. 砌体结构理论与新型墙材应用. 北京：中国城市出版社，2007.

［3-48］ 杨伟军，施楚贤. 灌芯混凝土砌体抗剪强度的理论分析和试验研究. 建筑结构. 2002(2).

［3-49］ 施楚贤. 砌体材料及其强度取值. 建筑结构. 2003(2).

［3-50］ 吕伟荣，施楚贤，刘桂秋. 剪压复合作用下砌体的静力与抗震抗剪强度。工程力学. 2008(4).

［3-51］ 梁建国，方亮. 混凝土空心砌块砌体抗震抗剪强度研究. 建筑结构. 2009(1).

［3-52］ 骆万康，李锡军. 砖砌体剪压复合受力动、静力特性与抗剪强度公式、重庆建筑大学学报. 2000(4).

［3-53］ 骆万康等. 砌体抗剪强度研究的回顾与新的计算方法. 重庆建筑大学学报. 1995(6).

［3-54］ 杨伟军，施楚贤. 砌体受压本构关系研究成果的述评. 四川建筑科学研究. 1999(3).

［3-55］ Powell B，Hodgkinson，Determination of Stress-strain Relationship of Brickwork. TN249，B. C. R. A. Stoke on Trent. 1976.

［3-56］ Priestley M J N and Elder D M. Stress-Strain Curves for Unconfined and Confined Concrete Masonry. ACI Journal. 1983(3).

［3-57］ Senthivel R，Sinha S N，Madan Alok. Influence of Bed Joint Orientation on the Stress-Strain Characteristics of Sand Plast Brick Masonry under Uniaxial Compression and Tension. 12th Brick/Block Masonry Conference，Spain，2000.

［3-58］ 杨伟军，施楚贤. 灌芯砌体的变形性能试验研究. 建筑结构. 2002(1).

［3-59］ 唐岱新. 刘学东. 轻骨料混凝土空心砌块砌体静力性能. 哈尔滨建筑工程学院学报. 1998(1).

［3-60］ Filippo Romano and others. Cracked Nonlinear Masonry Stability under Vertical and Lateral Loads. ASCE. 1993(1).

［3-61］ Krishna Naraine and others. Behavior of Brick Masonry under Cyclic Compressive Loading. ASCE. 1989(6).

［3-62］ Shing P B and others. In-plane Resistance of Reinforced Masonry shear Wall. Journal of Structural Engineering. ASCE，1990(3).

[3-63] Abdel Dayem S Mahmoud, Ahmad A Hamid. Lateral Response of Unreinforced Solid Masonry Shear Walls. An Experimental Study. Seventh Canadian Masonry Symposium, June 1995.

[3-64] Rosiljkov V and others. Shear Tests of the URM ponels Made from Different Types of Mortar-An Experimental Study. 12th IBMaC, Madrid-Spain, June 2000.

[3-65] R G Drysdale and others. Behavior of Concrete Block Masonry under Axial Compression. ACI, 1979(1).

[3-66] A Madan and others. Modeling of Masonry lnfill Panels for Structural Analysis. ASCE. 1997(10).

[3-67] Shrive N C and others. Stress-Strain Behaviour of Masonry Walls. Preprintsof papers to be delivered at the Vth IBMaC, 1979.

[3-68] Contaldo N and others. The Mumerical Simulation for the Prevision of the Load Carring Capacity of Masonry Structures. Preprints of papers to be delivered at the Vth IBMaC, 1979.

[3-69] Pedreschi R F, Sinha B P. The Stress/Strain Relationship of Brickwork, Proceedings of the 6th IBMaC. Rome: 1982.

[3-70] Keller J C. Experimental Investigation on the Modulus of Elasticity of Brickwork. Proceedings of the 6th IBMaC. Rome: 1982.

[3-71] Hodgkinson H R, Davies S. The Stress/Strain Relationship of Brickwork when Stressed in Direction other than Normal to the Bed Face. Proceedings of the 6th IBMaC. Rome: 1982.

[3-72] Shi Chuxian. Analysis of the Strength for Compressive Members of Brick Masonry under Eccentric Loads. Third International Symposium on Wall Structures, Vol. 1. Warsaw: 1984(6).

[3-73] Hendry A W and others. An Introduction to Load Bearing Brickwork Design. England: 1981.

[3-74] 砖石结构设计规范抗震设计研究组. 无筋墙体的抗震剪切强度. 建筑结构学报, 1984(6).

[3-75] 钱义良, 王增泽. 砖砌体沿阶梯截面抗剪强度的试验方法及其分析. 建筑结构, 1981(4).

[3-76] Hamid A A and Drysdale R G. Proposed Failure Criteria for Concrete Block Masonry under Biaxial Stresses. Journal of the Structural Division, ASCE. 1981(8).

[3-77] Yokel F Y and Fattal S G. Failure Hypothesis for Masonry Shear Walls. Journal of the Structural Division, ASCE. 1976(3).

[3-78] Drysdale R G and others. Tensile Strength of Concrete Masonry. Jounral of the Structural Division, ASCE, Vol. 105, No. ST7. 1979(7).

[3-79] Hendry A W. The lateral Strength of Unreinforced Brickwork. Struct. Engr, 1973.

[3-80] Pieper K and Trautsch W. Shear Tests on Walls. Proceedings of the SIBMaC. 1971.

[3-81] Grenley D G and Cattanco L E. The Effect of Edge Load on the Racking Strength of Clay Masonry. Proceedings of the SIBMaC. 1971.

[3-82] Borchelt J G. Analysis of Brick Walls Subject to Axial Compression and In plane Shear. Proceedings of the SIBMaC. 1971.

[3-83] Dryadale R G and others. Shear Strength of Brick Masonry Joints. Proceedings of the Vth IBMaC. 1979(10).

[3-84] 周九仪. 砖砌体抗剪强度影响因素的试验分析. 建筑技术, 1981(12).

[3-85] 张青. 砖含水率对砌体抗剪强度的影响. 建筑技术, 1981(12).

[3-86] Page A W. An Experimental Investigation of the Biaxial Strength of Brick Masonry. Proceedings of the 6th IBMaC. 1983.

[3-87] Smith B S and Carter C. Hypothesis for Shear Failure of Brickwork. Journal of the Structur-

al Division，ASCE．1971(4).

[3-88]　Wang Qinglin and Yi Wenzong．An Experimental and Theoretical Investigation of the Ultimate Shear Capacity of Masonry Walls on Beams．Ⅲ International Symposium on Wall Structures．Warsaw：1984(6).

[3-89]　Schneider R R and Dickey W L．Reinforced Masonry Design．Prentice-Hall，1980.

[3-90]　巴荣光．无筋和配筋砌体抗剪强度的计算．建筑结构学报，1985(6).

[3-91]　Hamid A A and others．Shear Strength of Concrete Masonry Joints．Journal of the Structural Division，ASCE，Vol. 105，NoST7. 1979(7).

[3-92]　Sinha B P and Hendry A W．Tensile Strength of Brickwork Speciments，Proceedings of the British Ceramic Society No. 24．Load-Bearing Brickwork(5)．1975.

[3-93]　Mallet RJ．Structural Behavior of Masonry Elements．Int．Conf．on Planning and Design of Tall Buildings，Vol. 3．1972(8).

[3-94]　Indian Standard Code of Practice for Structural Safety of Buildings：Masonry Wall(Second Revision)，1981.

[3-95]　International Recommendations for Masonry Structures，CIB Report，Publication 58，1980.

[3-96]　Code of Practice for the Design of Masonry Structures NZS 4230P：1985．Standards Association of New Zealand.

[3-97]　Plowman J M．The Modulus of Elasticity of Brickwork．Proceedings of the British Ceramic Society，No4. 1965(7).

[3-98]　夏敬谦等．砖结构基本力学性能的试验研究．地震工程与工程振动，3(1)1983.

[3-99]　Monk C B．Testing Heigh-bond Clay Masonry．Assemblages Special Technical Publication No320，ASTM．1963.

[3-100]　Priestley M J N．Seismic Design Methodology for Masonry Buildings in New Zealand．Preprints of the Research Conference on Earthquake Engineering，1980.

[3-101]　侯汝欣．砖砌体泊松系数 μ 值的初步试验研究．建筑结构，1982(6).

[3-102]　王传志等主编．钢筋混凝土结构理论．北京：中国建筑工业出版社，1985.

[3-103]　Lenczner D．Creep in Brickwork．Proceedings of the SIBMaC．1971.

[3-104]　Милонов В И и Семенов А И．Прочность и Деформалйи Кладки из Обыкновенноть Гниного Кирпина при Сжатип в Нагретом Состаянии．Исследования по Жароупорным Железобетониым и Армокирпицным Конструкчиям．Госстройиздат，1959.

[3-105]　梁建国等．蒸压粉煤灰砖砌体干燥收缩试验研究及其预测模型．新型砌体结构体系与墙体材料工程应用．北京：中国建材工业出版社，2010.

[3-106]　梁建国等．非烧结砌墙砖的吸水特性与应用研究，砌体结构理论与新型墙材应用．北京：中国城市出版社，2007.

[3-107]　工程结构可靠性设计统一标准 GB 50153—2008．北京：中国建筑工业出版社，2008.

[3-108]　砌体结构设计规范 GB 50003—2011．北京：中国建筑工业出版社，2012.

[3-109]　建筑抗震设计规范 GB 50011—2010．北京：中国建筑工业出版社，2010.

[3-110]　墙体材料应用统一技术规范 GB 50574—2010．北京：中国建筑工业出版社，2010.

[3-111]　砌体结构工程施工质量验收规范 GB 50203—2011．北京：中国建筑工业出版社，2011.

[3-112]　砌体基本力学性能试验方法标准 GB/T 50129—2011．北京：中国建筑工业出版社，2011.

[3-113]　Specification for Masonry Structure．ACI 530. 1-05/ASCE 6-05/TMS 602-05.

[3-114]　Building Code Requirements for Masonry Structures．ACI 530-05/ASCE 5-05/TMS 4. 2-05.

[3-115]　Standard Test Method for Linear Drying Shrinkage of Concrete Masonry Units．ASTM

C426-05.

[3-116] Code of Practice for the Use of Masonry-Parl 1: Structural Use of Unreinforced Masonry. BS5628-1: 2005.

[3-117] 刘桂秋，施楚贤. 砌体受压应力-应变关系. 现代砌体结构. 北京：中国建筑工业出版社，2000.

[3-118] 吕伟荣，施楚贤. 普通砖砌体受压本构模型. 建筑结构. 2006(11).

[3-119] 刘桂秋，施楚贤等. 平面受力砌体的破坏准则. 现代砌体结构. 北京：中国建筑工业出版社，2000.

[3-120] 刘桂秋，施楚贤，黄靓. 对砌体剪-压破坏准则的研究. 湖南大学学报. 自然科学版. 2007(4).

[3-121] 刘桂秋，施楚贤，吕伟荣. 砌体剪力墙的受剪性能及其承载力计算. 建筑结构学报. 2005(5).

[3-122] 刘桂秋，施楚贤等. 砌体及砌体材料弹性模量取值的研究. 湖南大学学报. 自然科学版. 2008(4).

[3-123] 梁建国，洪丽等. 砖和砂浆的本构关系试验研究. 砌体结构基本理论与工程应用. 杭州：浙江大学出版社，2013.1.

[3-124] Paulo B Lourence and others. A Solution for the Macro-Modeling of Masonry Structures. Proceedings of the llth IBMaC. 1997.

[3-125] U Andreaus. Failure Criteria for Masonry Panels under in-Plane Loading. Journal of Structural Engineering. 1996(1).

[3-126] Krishna Naraine and others. Stress-Strain Curves for Brick Masonry in Biaxial Compression Journal of Structural Engineering. ASCE. 1992(6).

[3-127] M Ayubur Rahman and others. Empirical Mohr-Coulomb Failure Criterion for Concrete Block-Mortar Joints. Journal of Structural Engineering. ASCE. 1994(8).

[3-128] Robert G Drysdale, Ahmad A Hamid. Masonry Structures-Behavior and Design. Third Edition. The Masonry Society, Boulder, Colorado, America, 2008.

[3-129] 刘西光，王庆霖. 多层砌体结构墙体的抗震剪切强度研究. 建筑结构. 2012(12).

[3-130] 梁建国、方亮. 砖砌体墙的屈服准则及其抗剪强度计算. 土木工程学报. 2010(6).

第四章 砌体结构可靠度设计

由于结构受到荷载（施加在结构上的集中或分布荷载称为直接作用）或由于某种原因所产生的外加变形或约束变形的作用（引起结构外加变形或约束变形的原因称间接作用），这就要求结构应满足安全性、适用性和耐久性的要求。结构能承受在正常使用和正常施工条件下可能出现的各种作用的能力，以及在偶然事件发生时和发生后仍能保持必需的整体稳定性的能力称为安全性；结构在正常使用条件下能满足规定使用要求的能力称为适用性；结构在正常维护条件下，材料性能虽随时间变化而仍能满足规定功能要求的能力称为耐久性。上述安全性、适用性和耐久性构成结构的可靠性。可靠度（或称安全度）则是这种性能的度量。结构设计也就是要在结构的可靠与经济之间选择一种合理的平衡，即解决好它们之间的矛盾。本章先概要介绍砌体结构可靠度设计方法的发展，然后重点论述我国现行砌体结构可靠度的设计方法。

4.1 砌体结构可靠度设计方法的发展

砖、石是一种古老的建筑材料。早期人们只是凭经验来建造砖石结构，如古希腊人（古罗马人）在建造神殿时，还不懂得柱的性能，在所探索的方法中，他们测量男人的足印，发现足的长度为人身高的六分之一，于是将此比例用于柱，取柱高为柱基处尺寸的 6 倍，这样柱不但能承重，还具有男人体型般的结实和美观，从而产生了多利斯式柱。

随着生产和科学技术的发展，砌体结构可靠度的设计方法逐渐上升到理性阶段。19 世纪末至 20 世纪 30 年代，采用按弹性理论的容许应力设计法。其表达式为：

$$\sigma \leqslant [\sigma] \tag{4-1}$$

此时的应力 σ 系根据虎克定律，将砌体视为各向同性的理想弹性体，按材料力学公式计算。容许应力 $[\sigma]$ 系按一般简单试验确定。设计时要求砌体材料的设计应力不大于材料的容许应力。在公式（4-1）中，实际上隐含了安全系数 K，如以 f_u 表示砌体的极限强度，则 $[\sigma] = \dfrac{f_u}{K}$，只不过该 K 的取值即笼统又取得很大。因而按上述容许应力设计法，其设计结果相当保守。

自 1932 年起，苏联中央工业建筑科学研究所砖石结构研究室，在 Л. И. 奥尼西克教授领导下所作的多次实验和理论研究表明，砖石结构的实际承载能力与按材料力学公式所确定的承载能力相差甚大。20 世纪 40 年代，在砌体结构中采用了破坏强度设计法。如苏联颁布了《砖石结构设计标准及技术规范》OCT 90038—39、《战时砖石及钢筋砖石结构设计及应用指示》У57—43，以及于 50 年代初颁布的《砖石及钢筋砖石结构设计暂行指示》У57—51。这种方法取用砌体的平均极限强度，而容许荷载产生的内力则由破坏荷载产生的内力除以安全系数而得。它亦称为最大荷载设计法。其表达式为：

$$KN_{ik} \leqslant \Phi(f_{m}, a) \tag{4-2}$$

式中　K——安全系数；

　　　N_{ik}——标准荷载产生的内力；

　　$\Phi(\cdot)$——结构构件抗力函数；

　　　f_{m}——砌体平均极限强度；

　　　a——截面几何特征值。

这种方法考虑了砌体的弹塑性性能，砌体的承载能力增大，因而较容许应力设计法来得合理。

上述两种设计方法，其材料强度、荷载和安全系数均采用定值，属"定值法"。

20世纪50年代苏联提出了极限状态设计法，如制定了《建筑法规》СНиП11—2和《砖石及配筋砖石结构设计标准及技术规范》НиТУ120—55。这种方法考虑了砌体结构三种可能的极限状态（按承载能力、极限变形及按裂缝的出现和开展极限状态），并采用三个系数（超载系数，砌体匀质系数和构件工作条件系数）代替安全系数。这种方法又通俗地称为"三系数法"。其表达式为：

$$\Sigma n_{i} N_{ik} \leqslant \Phi(m, k f_{k}, a) \tag{4-3}$$

式中　n_{i}——超载系数；

　　　m——构件工作条件系数；

　　　k——砌体匀质系数；

　　　f_{k}——砌体标准强度。

其余符号的意义见公式（4-2）。

公式（4-3）表示在荷载作用下，构件中可能产生的最大内力不大于构件的可能最小内力。从理论上来说，它是按数理统计来确定材料和荷载的取值的，如以砌体平均强度减去其三倍标准差作为砌体的可能最小强度。但该方法在取用的荷载值等方面又有许多是按经验确定的。因此这种方法实质上属半概率、半经验的极限状态设计法。它在一定程度上考虑了砌体结构中可能的荷载组合、材料的匀质程度以及构件的工作条件，区分不同的安全系数，这些都是一个很大的改进，且有一定的灵活性。其优点显然是上述容许应力设计法和破坏强度设计法所不能比拟的。但该方法在材料强度及部分荷载的取值上过分强调小概率，产生与实际不符的情况。同时，将影响结构安全的因素只反映在三个系数中，不免在某些情况下使结构的安全度偏大或偏小。而且这种方法常使人误认为，只要设计中采用了某一给定的安全系数，结构就百分之百的可靠，将设计安全系数与结构的可靠度简单地等同起来。

20世纪50年代至60年代，我国的砌体结构基本上采用原苏联规范НиТУ120—55的设计方法。1973年颁布和多年应用的《砖石结构设计规范》GBJ 3—73是按照多系数分析影响结构的安全因素，采用单一安全系数形式的设计表达式。它也属于半概率、半经验的极限状态设计法（见第4.2节）。

由于结构从设计、施工到使用，受各种随机因素的影响，它们又存在不定性，即使采用定量的安全系数也达不到从定量上来度量结构可靠度的目的。因此结构的可靠与否只能借助于概率来保证。采用概率极限状态设计法，不但使结构安全度的分析有一个可靠的理论基础，且使结构设计方法发展到一个新的阶段。可以认为结构可靠度是指：结构在规定的时间内，在规定的条件下，完成预定功能的概率。结构可靠度愈高，表明它失效的可能性愈小。在设计时，应使结构的失效概率控制在可接受的概率范围之内。我们应看到，结构可靠度的这一概率定义与上述从定值观点出发的定义有本质上的区别。

对于概率极限状态设计法的研究，可以追溯到 20 世纪 50 年代。那时 A. M. Freudenthal 和 H. C. Стрелецкии 提出了概率极限状态设计的古典安全度理论。由于他们未解决实际应用的问题，此后的进展较为缓慢。直至 60 年代末和 70 年代，A. H. S. Ang 和 C. A. Cornell 等人经过研究，对古典安全度理论加以改进，提出了可应用的、将定值法转变为非定值法的近似概率法。随之这一方法已引起国际上的广泛重视和进一步的研究，将结构安全度问题作为制定设计方法与标准规范的一个主攻项目，提出了许多按近似概率法确定结构安全度的标准和建议。如 1971 年欧洲-国际混凝土委员会（CEB）、欧洲钢结构协会（CECM）、国际建筑研究与文献委员会（CIB）、国际预应力混凝土联合会（FIP）、国际桥梁与结构工程协会（IABSE）和国际材料与结构试验研究所联合会（RJLEM）等六个组织联合成立了结构安全度联合委员会（JCSS），于 1976 年编制了结构统一标准规范国际体系的第一卷"对各类结构和各种材料的共同统一规则"。1978 年北欧五国编制了"结构设计的荷载和安全规则的建议"，1981 年国际标准化组织（ISO）编制了"结构可靠度设计总原则（ISO 2394）修正草案"，1981 年联邦德国出版的工业标准"结构安全要求规程的总原则（草案）"，1984 年美国国家标准局出版"为美国国家标准 A58 拟定的基于概率的荷载准则"。根据 JCSS 等提出的方法，国际建筑研究与文献委员会、承重墙工作委员会（CIB·W23）于 1980 年编写的"砌体结构设计和施工的国际建议"（CIB 58），以及国际标准化组织砌体结构技术委员会（ISO TC179）组织编制的国际砌体结构设计规范也采用以近似概率理论为基础的安全度准则。

我国 20 世纪 60 年代曾在中国土木工程学会的组织下，较广泛地开展了对结构安全度的研究。1976 年原国家建委下达了"建筑结构安全度及荷载组合"的研究课题，从此我国对结构安全度的研究进入了一个新的阶段。由中国建筑科学研究院主持，于 1978 年开始编制《建筑结构设计统一标准》GBJ 68—84，已于 1984 年正式出版。该标准是在上述国际标准的基础上，结合我国的研究成果而制订的。它采用以概率理论为基础的极限状态设计法，即考虑随机变量分布类型的一次二阶矩极限状态设计法。据此，随之确定了我国砌体结构的设计法。

《建筑结构可靠度设计统一标准》GB 50068—2001 及《工程结构可靠性设计统一标准》GB 50153—2008 仍采用概率极限状态设计原则和分项系数表达的计算方法，并根据我国国情适当提高了建筑结构的可靠度水准，明确了结构和结构构件的设计使用年限的含义，并给出了具体分类。

2002 年实施的《砌体结构设计规范》GB 50003—2001 相应对砌体结构的基本设计规定作了几个重要改变：

1. 砌体结构材料分项系数 γ_f 从原来的 1.5 提高到 1.6；

2. 针对以自重为主的结构构件，永久荷载的分项系数增加了 1.35 的组合，以改进自重为主构件可靠度偏低的情况；

3. 引入了"施工质量控制等级"的概念。

现行《砌体结构设计规范》GB 50003—2011 相应对砌体结构基本设计规定作了如下调整：

1. 补充了部分砌体强度的取值；
2. 对砌体强度调整系数作了简化；
3. 较系统规定了砌体结构耐久性要求；
4. 在设计表达式中增加了可变荷载考虑设计使用年限的调整系数；
5. 在砌体结构整体稳定性验算中增加了由永久荷载效应控制的组合。

欧洲-国际混凝土委员会（CEB）根据安全度采用概率的程度，将其划分为三个设计水准，即水准 I—半概率法，水准 II—近似概率法和水准 III—全概率法。我国《砖石结构设计规范》GBJ 3—73 的设计方法属水准 I，《砌体结构设计规范》的设计方法属水准 II。全概率法不但要求确定基本变量的概率分布，还能精确计算各种极限状态下的概率，虽然这是一个研究方向，但要实际应用还是一个十分困难的事。

4.2　砌体结构半概率、半经验的极限状态设计方法

本节就我国 1973 年颁布的《砖石结构设计规范》GBJ 3—73 及随后制订的《中型砌块建筑设计与施工规程》JGJ 5—80 和《混凝土空心小型砌块建筑设计与施工规程》JGJ 14—82 的设计方法作一简单介绍，一方面是这个设计方法在我国使用时间较长，另一方面也因我国《砌体结构设计规范》的设计方法是通过对该方法设计的各种构件进行可靠度校准的结果。

按《砖石结构设计规范》GBJ 3—73，其表达式为：

$$KN_k \leqslant \Phi(f_m, a) \tag{4-4}$$

这个公式看起来好像与公式（4-2）相同，但其实质有很大的区别。公式（4-4）是表示砌体构件截面内可能产生的最大内力不大于该截面的最小承载能力。它是在试验研究和一定理论分析的基础上，考虑各种影响构件安全度的因素，并与长期的实践经验相结合而制订的，是采用多系数分析、单一安全系数表达的半概率、半经验的极限状态设计法。由于影响荷载效应和构件强度的诸多因素主要按经验确定，未与结构构件的失效概率相联系，因而这种方法仍属"定值法"的范畴。

影响砌体结构安全系数 K 的因素很多，归纳起来主要有五个，即按下式确定 K：

$$K = k_1 \cdot k_2 \cdot k_3 \cdot k_4 \cdot k_5 \cdot c \tag{4-5}$$

式中　k_1——砌体强度变异影响系数；

k_2——砌体因材料缺乏系统试验的变异影响系数；

k_3——砌筑质量变异影响系数；

k_4——构件尺寸偏差、计算公式假定与实际不完全相符等变异影响系数；

k_5——荷载变异影响系数；

c——考虑各种最不利因素同时出现的组合系数。

1. 根据我国 1958 年和 1972 年的 1074 个砖砌体强度的试验结果，经统计得砖砌体抗

压强度变异影响系数 k_1 见表 4-1。

砖砌体抗压强度的变异影响系数 表 4-1

种 类	地 区	数 量	变异系数	k_1	k_1 平均值
砖 砌 体	上 海	178	0.142	1.36	1.52
	成 都	204	0.137	1.50	
	富拉尔基	209	0.133	1.73	
	沈 阳	50	0.160	1.37	
	西 安	50	0.160	1.52	
	成 都	50	0.178	1.78	
	南 宁	50	0.230	1.57	
	长 沙	50	0.132	1.57	
240mm 砖空斗砌体	北 京	233	0.171	1.51	1.51

在统计 k_1 时，由于采用了截面为 240mm×370mm 和 370mm×490mm 的砌体的试验结果，因此可不考虑小截面构件的特殊影响。但根据使用经验，各种偶然因素，如缺口、碰损等，可能使小截面构件的强度有较大的降低，因此考虑到这方面的传统经验，对其安全系数仍予以适当的提高。

砖砌体在抗拉、抗弯和抗剪时的 k_1 变化较抗压的大，根据国外资料，采用 $k_1=1.65$。

2. 砌体材料主要是块体和砂浆。对于块体一般有出厂证明书，其强度等级要求是得到保证的。如无出厂证明书时，则按有关标准规定的方法进行检验。因此，在确定砌体因材料缺乏系统试验的变异影响系数时，可不考虑块体的影响。对于砂浆，通常不作系统检验。同时，砂浆强度又采用较小的试块（70.7mm×70.7mm×70.7mm）来测定，其变异较大。根据我们在新疆、四川和山东等省收集的 355 个强度等级为 M5 的砂浆试块和 380 个 M2.5 的试块强度数据分析，由于砂浆未经系统检验，其强度有降低一级的可能，即 M5 可能降为 M2.5，M2.5 可能降为 M1。此时砌体强度相应地降低约 15%，相当于 $k_2=1.15$。

3. 砌体的砌筑质量与操作技术水平、砌筑时的含水率等因素有关，在《砖石结构设计规范》GBJ 3—73 中，主要以水平灰缝砂浆的饱满度来衡量。我国施工验收规范要求水平灰缝砂浆饱满度达到 80%。在第 3.1.2 节中已指出，当水平灰缝砂浆饱满度为 73% 时，砌体强度可以达到规范的规定要求（见公式 3-2）。根据在辽宁、四川和湖南等六省部分工地所做的现场测定，砂浆水平灰缝饱满度有的大于规定值，有的低于规定值。如在辽宁实测的平均值为 91.2%，而湖南的平均值为 65.8%。后者之所以比较低，与湖南砌筑工习惯用刮刀灰砌筑有关。考虑到砂浆水平灰缝饱满度有的达不到规定的要求，且即使在同一饱满度时，由于操作技术水平不同，灰缝的匀质性也有差异，故取 $k_3=1.10$。

4. 对于构件尺寸偏差、计算公式假定与实际不完全相符等因素的变异影响，由于目前尚无确切的资料和方法来进行分析，故根据一般经验取 $k_4=1.10$。

5. 荷载变异影响系数 k_5，主要是根据《工业与民用建筑结构荷载规范》TJ 9—74，以及砌体结构中荷载的特点而确定的。砌体主要用做墙、柱，承受屋架、楼面梁或板传来的荷载。根据调查和统计的结果，对于单层房屋，在竖向荷载中砌体自重是主要的，其荷载系数约为 1.13；当考虑风荷载时（单层房屋中风荷载影响显著），其荷载系数约为 1.3。对于多层房屋，则楼面荷载是主要的，其荷载系数为 1.10～1.18。为简化起见，对于单层及多层房屋，均采用相同的荷载变异影响系数，故取 $k_5=1.2$。

对有吊车厂房，考虑到砌体抗拉强度较低和振动对砌体的不利影响，因此适当提高其安全系数。

以上各种最不利变异影响因素同时出现的可能性较小，故取 $c=0.9$。

由上述分析，按式（4-5），可求得砖砌体受压构件的安全系数 $K=1.5\times1.15\times1.10\times1.10\times1.2\times0.9=2.25$，最后取 $K=2.3$。简单地归纳来说，砖砌体受压构件的安全系数 2.3 是对应于荷载变异影响系数取 1.2，砌体抗压强度取其平均值的结果。

根据砌体受压的工作特性，受压构件往往先出现裂缝而后产生破坏。如果构件的破坏荷载远大于初裂荷载，则过低的安全系数不能保证它在使用阶段不出现裂缝。湖南大学以两种强度的砖、四种强度的砂浆，分别砌筑 8 组共 40 个砌体，轴心受压试验结果是初裂荷载（N_c）与破坏荷载（N_u）之平均比值为 0.545。根据国内试验资料，$\dfrac{N_c}{N_u}$ 见表 4-2。

砌体受压时初裂荷载
与破坏荷载之比　　　表 4-2

砌 体 种 类	N_c/N_u 平均值
砖砌体	>0.50
空斗砌体	0.55
砌块砌体	0.53
毛石砌体	0.39

由表 4-2 可知，对于砖和砌块砌体受压构件，取 $K=2.3$ 时，基本上可保证它在使用时不出现裂缝。由于毛石砌体的上述比值较小，$\dfrac{N_c}{N_u}=0.39$，因此取 $K=3.0$。

在《砖石结构设计规范》GBJ 3—73 中，根据砌体类别和构件受力情况，安全系数按表 4-3 采用。

安 全 系 数 K　　　　　　表 4-3

砌 体 种 类	受 力 情 况		
	受　压	受弯、受拉和受剪	倾覆和滑移
砖、石、砌块和空斗砌体	2.3	2.5	1.5
毛石砌体	3.0	3.3	

注：1. 在下列情况下，表中 K 值应予以提高：

    （1）有吊车的房屋—10%；

    （2）特殊重要的房屋和构筑物—10%～20%；

    （3）截面面积 A 小于 $0.35m^2$ 的构件—$(0.35-A)\times100\%$。

  2. 当验算正在施工中的房屋时，K 值可降低 10%～20%。

  3. 当有可靠依据时，K 值可适当调整。

  4. 配筋砌体构件的 K 值另详。

上述规定的安全系数也符合我国的设计经验。如 1957 年以前，砌体受压构件的安全系数约为 2.5。1957 年以后，采用多系数法，其安全系数约相当于 2.3。根据大量调查结果，从工程实践来看，除不按有关规范而犯有明显设计错误，或施工质量极差而导致工程事故的情况外，全国各地在砌体结构设计方面的安全事故没有反映出什么问题。从国内 110 幢房屋的调查结果来看，其中安全系数 $K>2.3$ 的占 89.1%，而 $K<2.3$ 的只占 10.9%。同时调查资料的分析说明，在 $K<2.3$ 的房屋中又有大约一半属于冷滩瓦屋面，而规范中已适当提高了这类房屋的安全系数，这就使得 $K<2.3$ 的房屋所占的比例远远要小于 10.9%。

4.3　砌体结构以概率理论为基础的极限状态设计

我国《砌体结构设计规范》GB 50003 以及原《砌体结构设计规范》GBJ 3—88 采用

以概率理论为基础的极限状态设计法。

4.3.1 可靠指标

现以 S 表示结构的作用效应，R 表示结构抗力，则结构的功能函数为：

$$Z = g(S,R) = R - S \tag{4-6}$$

由公式（4-6）可知：

当 $Z>0$ 时，结构处于可靠状态；

当 $Z<0$ 时，结构处于失效状态；

当 $Z=0$ 时，结构处于极限状态。

因此 $Z=R-S$ 又可称为安全裕度。结构的极限状态方程为：

$$Z = g(S,R) = R - S = 0 \tag{4-7}$$

根据概率理论，结构的失效概率为：

$$p_f = p(Z < 0) \tag{4-8}$$

当 R、S 为正态分布，则 Z 也为正态分布。此时 $\mu_Z = \mu_R - \mu_S$，$\sigma_Z = \sqrt{\sigma_R^2 + \sigma_S^2}$。

令

$$\beta = \frac{\mu_Z}{\sigma_Z} = \frac{\mu_R - \mu_S}{\sqrt{\sigma_R^2 + \sigma_S^2}} \tag{4-9}$$

式中，μ_Z、μ_R、μ_S、σ_Z、σ_R、σ_S 分别为 Z、R、S 的平均值和标准差。μ_Z、σ_Z 又称为安全裕度的平均值和标准差。由公式（4-8）得：

$$p_f = P(Z - \mu_Z < -\mu_Z)$$

$$= P\left(\frac{Z - \mu_Z}{\sigma_Z} < \frac{-\mu_Z}{\sigma_Z}\right) \qquad (\because \sigma_Z > 0)$$

$$= \Phi\left(\frac{-\mu_Z}{\sigma_Z}\right)$$

即结构的失效概率为：

$$p_f = \Phi(-\beta) \quad 或 \quad \beta = \Phi^{-1}(1 - p_f) \tag{4-10}$$

式中，$\Phi(\cdot)$ 为标准正态分布函数。公式（4-10）的物理意义可用图 4-1 来表示。

设 $f_Z(x)$ 为安全裕度的概率密度函数，则 $p_f = \int_{-\infty}^{0} f_Z(x)\,\mathrm{d}x$。说明公式（4-10）中，不但 β 与 p_f 在数值上一一对应，而且在物理意义上也相对应。其数值关系可见表 4-4。当 β 越大时，p_f 越小（图 4-1 中尾部面积愈小），即结构越可靠。当 p_f 一定时又可求得其对应的 β。由于 β 的概念比较清楚，还可由基本变量的统计参数来直接表达，计算上也比较方便。因此它可代替失效概率作为衡量结构安全度的一个指标，通常将 β 称为"可靠指标"。由公式（4-9），由于 β 只用平均值和标准差表示，标准差一般称为二阶中心矩，因此这种近似概率法又可称为二阶矩

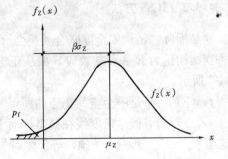

图 4-1　失效概率与安全指标的关系

概率法。

当 R, S 为对数正态分布时，结构的功能函数可表示为 $Z=\ln(R/S)=\ln R-\ln S$，且 $\ln R$、$\ln S$ 相互独立时，于是由 $\ln R$ 与 $\ln S$ 服从正态分布得到 Z 的统计参数和 β。

$$\mu_Z = \mu_{\ln R} - \mu_{\ln S}$$

$$\sigma_Z = \sqrt{\sigma_{\ln R}^2 + \sigma_{\ln S}^2}$$

$$\beta = \frac{\mu_Z}{\sigma_Z} = \frac{\mu_{\ln R} - \mu_{\ln S}}{\sqrt{\sigma_{\ln R}^2 + \sigma_{\ln S}^2}}$$

$$= \frac{\ln\left(\frac{\mu_R}{\sigma_S}\sqrt{\frac{1+\delta_S^2}{1+\delta_R^2}}\right)}{\sqrt{\ln\left[(1+\delta_R^2)(1+\delta_S^2)\right]}}$$

$$\approx \frac{ln\left(\frac{\mu_R}{\mu_S}\right)}{\sqrt{\delta_R^2 + \delta_S^2}} \tag{4-11}$$

式中，δ_R，δ_S 分别为 R 和 S 的变异系数。

R，S 为正态分布时 β 与 p_f 的对应值   表 4-4

β	1.0	1.64	2.0	2.7	3.0	3.2
p_f	0.1587	0.0505	2.28×10^{-2}	3.47×10^{-3}	1.35×10^{-3}	6.87×10^{-4}
β	3.5	3.7	4.0	4.2	4.5	5.0
p_f	2.33×10^{-4}	1.08×10^{-4}	3.17×10^{-5}	1.33×10^{-5}	3.4×10^{-6}	2.87×10^{-7}

比较公式（4-9）和（4-11）可知，β 可以考虑基本变量的概率分布类型。即当 R, S 为正态分布时，β 按公式（4-9）计算；当 R, S 为对数正态分布时，β 按公式（4-11）计算。同时由有关基本变量的平均值和标准差来确定 β，可较全面地反映各种影响因素的变异性，这是传统的安全系数所不及的。此外，β 是基于结构功能函数，综合考虑了荷载和抗力的变异性对结构可靠度的影响。而半概率、半经验设计法，只是在设计取值上部分和独自地考虑各种基本变量的变异影响。因而以概率理论为基础的极限状态设计法较前述方法有着本质上的区别。

4.3.2 JCSS 方法

这是国际"结构安全度联合委员会（JCSS）"推荐的方法。

当结构抗力 R 和荷载效应 S 服从正态分布，其联合概率密度函数为 $f_{R,S}(r, s)$，如图 4-2 所示。

$f_{R,S}(r, s)$ 是一个空间正态曲面。如果将它绘于 r, s 坐标系，则图 4-3 中的椭圆为 $f_{R,S}(r, s)$ 的等概率密度线在该坐标面上的水平投影。椭圆中心的坐标为 μ_R, μ_S。极限状态方程（4-7）则为一条倾角等于 45° 的直线。

下面将 s, r 转换为标准正态变量。

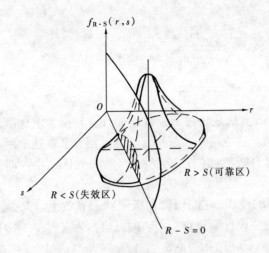

图 4-2 R, S 联合概率密度函数图形

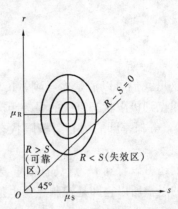

图 4-3 等概率密度线

先取 $s' = \dfrac{s}{\sigma_S}$，$r' = \dfrac{r}{\sigma_R}$，则图 4-3 中的等概率椭圆在坐标系 $r'os'$ 中变为等概率圆（图 4-4），其极限状态直线的倾角为 $\arctan\dfrac{\sigma_R}{\sigma_S}$。再将坐标原点平移到等概率圆的圆心 $\left(\dfrac{\mu_R}{\sigma_R}, \dfrac{\mu_S}{\sigma_S}\right)$，此时新坐标系为 $\hat{r}\,\hat{o}\,\hat{s}$（图 4-4），有

$$\hat{s} = \frac{s - \mu_S}{\sigma_S} \tag{4-12}$$

$$\hat{r} = \frac{r - \mu_R}{\sigma_R}$$

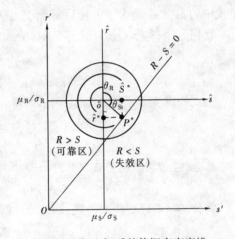

图 4-4 新坐标系的等概率密度线

上式中 $\hat{s}$，$\hat{r}$ 即为标准正态变量（平均值为 0，标准差为 1）。

以 $s = \hat{s}\sigma_S + \mu_S$，$r = \hat{r}\sigma_R + \mu_R$ 代入公式（4-7），得极限状态方程：

$$Z = g(\hat{s}, \hat{r}) = (\hat{r}\sigma_R + \mu_R) - (\hat{s}\sigma_S + \mu_S) = 0 \tag{4-13}$$

将公式（4-13）两边除以 $\sqrt{\sigma_R^2 + \sigma_S^2}$，得极限状态直线的标准型法线式方程：

$$-\frac{\sigma_R}{\sqrt{\sigma_R^2 + \sigma_S^2}}\hat{r} + \frac{\sigma_S}{\sqrt{\sigma_R^2 + \sigma_S^2}}\hat{s} - \frac{\mu_R - \mu_S}{\sqrt{\sigma_R^2 + \sigma_S^2}} = 0 \tag{4-14}$$

由公式（4-14），在新坐标系中，$\hat{o}$ 至 P^* 的长度即极限状态直线的最短距离，为 $\dfrac{\mu_R - \mu_S}{\sqrt{\sigma_R^2 + \sigma_S^2}}$。该值又正好等于可靠指标 β，即：

$$\beta = |\hat{o}P^*| = \frac{\mu_R - \mu_S}{\sqrt{\sigma_R^2 + \sigma_S^2}} \tag{4-15}$$

由公式（4-14），得：

$$\hat{s}\cos\theta_S + \hat{r}\cos\theta_R - \beta = 0 \tag{4-16}$$

式中

$$\cos\theta_S = \frac{\sigma_S}{\sqrt{\sigma_R^2 + \sigma_S^2}}$$

$$\cos\theta_R = \frac{-\sigma_R}{\sqrt{\sigma_R^2 + \sigma_S^2}}$$

从这里我们可以清楚地看到，JCSS 方法是将可靠指标 β 的计算转换为求标准正态坐标系中原点到极限状态直线的最短距离。这也进一步解释了 β 的几何意义。这个距离愈大（β 愈大），等概率圆的圆心离极限状态直线越远，$f_{R,S}$ (r, s) 的失效区愈小，即失效概率愈小。

我们还可以看到 P^* 点具有很重要的性质。由于 P^* 在极限状态直线上，又是上述最短距离的点，所以它即是控制点，也是"设计验算点"。P^* 的点坐标为 $(\hat{r}^*, \hat{s}^*)$：

$$\hat{r}^* = \cos\theta_R\beta = -\alpha_R\beta$$

$$\hat{s}^* = \cos\theta_S\beta = -\alpha_S\beta$$

上式中的 α_R、α_S 是为了方便计算而引入的参数，即 $\alpha_R = -\cos\theta_R$，$\alpha_S = -\cos\theta_S$。

换回原坐标系（ros）计算，得：

$$r^* = \mu_R + \hat{r}^* \sigma_R = \mu_R - \alpha_R\beta\sigma_R$$

$$s^* = \mu_S + \hat{s}^* \sigma_S = \mu_S - \alpha_S\beta\sigma_S$$

上式如以变异系数 δ_R、δ_S 表示，得：

$$r^* = \mu_R(1 - \alpha_R\beta\delta_R)$$

$$s^* = \mu_S(1 - \alpha_S\beta\delta_S) \tag{4-17}$$

P^* 点也必然满足公式（4-7），即：

$$Z = g(s^*, r^*) = r^* - s^* = 0 \tag{4-18}$$

将公式（4-17）代入公式（4-18），得：

$$\mu_R(1 - \alpha_R\beta\delta_R) = \mu_S(1 - \alpha_S\beta\delta_S)$$

令

$$\gamma_R = 1 - \alpha_R\beta\delta_R$$

$$\gamma_S = 1 - \alpha_S\beta\delta_S$$

得

$$\gamma_R\mu_R = \gamma_S\mu_S \tag{4-19}$$

式中，γ_R 称为抗力分项系数，γ_S 称为荷载分项系数。则由公式（4-19），以分项系数 γ_R 和 γ_S 表示的设计表达式为：

$$\gamma_R\mu_R \geqslant \gamma_S\mu_S \tag{4-19a}$$

如果取 $\dfrac{\mu_R}{\mu_S} = \dfrac{\gamma_S}{\gamma_R} = K$，$K$ 称为中心安全系数，则：

$$K = \frac{1 - \alpha_S\beta\delta_S}{1 - \alpha_R\beta\delta_R}$$

则由公式（4-19），得到以单一系数 K 表示的设计表达式：

$$\mu_R \geqslant K\mu_S \tag{4-20}$$

公式（4-20）不但建立在数理统计与概率理论的基础上，还反映了 R、S 的二阶中心矩对结构构件可靠度的影响。而在前述定值法中的安全系数（如公式 4-2）是在经验的基础上确定的，且只反映了 R、S 的一阶中心矩的影响。从而使我们进一步看到，这里的中

114

心安全系数与定值法的安全系数在本质上的区别。

以上所分析的仅仅是两个正态基本变量的情况，实际上影响结构可靠度的因素是多个随机变量，且结构的荷载效应 S 多数不服从正态分布，结构的抗力 R 一般也不服从正态分布。此外，结构极限状态方程有的为非线性函数。因此还需进一步研究多个正态和非正态基本变量的情况。

当功能函数与多个正态基本变量 X_i ($i=1, 2, \cdots, n$) 有关时，其极限状态方程为：

$$Z = g(X_1, X_2, \cdots, X_n) = 0 \tag{4-21}$$

该极限状态方程为一曲面，如图 4-5 所示为三个基本变量的极限状态曲面。可靠指标 β 则是标准正态空间坐标系中原点至极限状态曲面的最短距离，亦即过 P^* 点所作其切平面至原点的法线距离。该切平面可由极限状态曲面方程在 P^* 展开成泰勒级数，且仅取其一次项。然后类似于上述两个正态基本变量的方法进行推导。

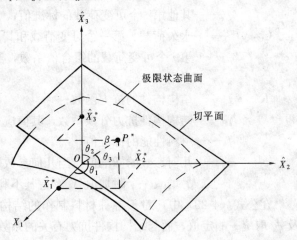

图 4-5　三个基本变量时的极限状态曲面

当基本变量 X_i 为非正态变量时，关键在于将它们转化为当量正态分布的随机变量，因此在设计验算点 X_i^* 处作当量正态化处理。这时应使设计验算点处当量正态分布与原非正态变量的概率分布函数值（尾部面积）相等以及概率密度函数值（纵坐标）相等，求出当量正态变量 X'_i 的平均值（$\mu_{X'_i}$）和标准差（$\sigma_{X'_i}$），然后按照正态基本变量的类似方求解 β。

上述情况下，因设计验算点的坐标 X_i^* 未知，通常采用迭代法求 β。计算 β 的迭代步骤可参阅《建筑结构设计统一标准》GBJ 68—84。

由于在计算时考虑了基本变量的概率分布类型和采用了线性化的近似手段，且 β 是以 Z 的一阶原点矩 μ_z 和二阶中心矩 σ_z 表达，因此 JCSS 方法是一次二阶矩的近似概率法。我国《建筑结构设计统一标准》是以 JCSS 方法为基础，考虑随机变量分布和多个随机变量组成的可靠指标，称为"考虑基本变量概率分布类型的一次二阶矩方法，又称为以概率理论为基础的极限状态设计法。"

4.3.3　《砌体结构设计规范》GBJ 3—88 的设计表达式

由于直接采用可靠指标 β 来进行结构设计尚有许多困难，且广大设计人员也不习惯，因此《建筑结构设计统一标准》规定，在设计验算点 P^* 处将极限状态方程转化为以基本变量的标准值（如标准荷载，材料标准强度等）和分项系数（如荷载系数，材料强度系数等）形式表达的极限状态设计表达式。如对于承载能力的极限状态一般设计表达式为：

$$\gamma_0 \left(\gamma_G C_G G_k + \gamma_{Q_1} C_{Q_1} Q_{1k} + \sum_{i=2}^{n} \gamma_{Q_i} C_{Q_i} \psi_{ci} Q_{ik} \right)$$
$$\leqslant R(\gamma_R, f_k, a_k, \cdots \cdots) \tag{4-22}$$

式中　　　　γ_0——结构重要性系数，对安全等级为一级、二级、三级的结构构件可分别取
　　　　　　　　1.1、1.0、0.9；

　　　　　　γ_G——永久荷载分项系数，一般情况下可采用1.2；

　γ_{Q_1}、γ_{Q_i}——第一个和其他第 i 个可变荷载分项系数，一般情况下可采用1.4；

　　　　　　G_k——永久荷载的标准值；

　　　　　Q_{1k}——第一个可变荷载的标准值，该可变荷载标准值的效应大于其他任第意 i
　　　　　　　　个可变荷载标准值的效应；

　　　　　Q_{ik}——其他第 i 个可变荷载的标准值；

C_G、C_{Q_1}、C_{Q_i}——永久荷载、第一个可变荷载和其他第 i 个可变荷载的荷载效应系数；

　　　　　ψ_{ci}——第 i 个可变荷载的组合值系数，当风荷载与其他可变荷载组合时，均可
　　　　　　　　采用0.6；

　　　$R(\cdot)$——结构构件的抗力函数；

　　　　　γ_R——结构构件抗力分项系数，其值应符合各类材料的结构设计规范的规定；

　　　　　　f_k——材料性能的标准值；

　　　　　　a_k——几何参数的标准值，当几何参数的变异性对结构性能有明显影响时，可
　　　　　　　　另增减一个附加值 Δ_a 考虑其不利影响。

在公式（4-22）中，对于各种材料制作的结构构件，与荷载效应有关的系数 γ_G、γ_Q 及 ψ_c 取统一的定值，而与结构构件抗力有关的系数 γ_R 则分别取不同的值。

总的来说，上述各值是通过下列途径确定的。首先对原有设计的各种结构构件的可靠度进行校准，确定现行规范采用的可靠指标 β，然后在各项标准值已给定的前提下，选取一组分项系数，使极限状态设计表达式设计的各种结构构件所具有的可靠指标与上述规范的可靠指标之间在总体上误差最小。即选择最优的荷载分项系数 γ_G、γ_Q 和最优的抗力分项系数 γ_R 等。

在《建筑结构设计统一标准》中，对各类荷载的概率分布函数、各类荷载的统计参数，以及荷载分项系数、荷载效应系数和荷载组合值系数的确定，已有详尽的分析。下面着重阐述无筋砌体结构构件的可靠度校准，如何确定无筋砌体结构构件的抗力系数和材料分项系数，从而最后得到实用的砌体结构构件的设计表达式。

一、砌体结构构件的抗力统计参数

影响结构构件抗力的因素很多，它们又都是随机变量。按《建筑结构设计统一标准》，主要考虑材料性能 f、几何参数 a 和计算模式的精确性 p 三类因素对构件抗力的影响。对于无筋砌体结构构件，其抗力 R 可由下式表达：

$$R = \Omega_f \cdot \Omega_a \cdot \Omega_p \cdot R_k \tag{4-23}$$

式中　　$\Omega_f \cdot \Omega_a \cdot \Omega_p$——分别为结构构件材料性能、几何参数和计算模式不定性的随机变
　　　　　　　　　　量；

　　　　　　　　R_k——按规范规定的材料性能和几何参数标准值以及抗力计算公式求得
　　　　　　　　　　的结构构件抗力值。

根据随机变量函数统计参数的运算法则，可得结构构件抗力 R 的统计参数：

$$\kappa_R = \frac{\mu_R}{R_k} = \mu_{\Omega_f} \cdot \mu_{\Omega_a} \cdot \mu_{\Omega_p} \tag{4-24}$$

$$\delta_R = \sqrt{\delta_{\Omega_f} + \delta_{\Omega_a}^2 + \delta_{\Omega_p}} \tag{4-25}$$

式中　μ_{Ω_f}、μ_{Ω_a}、μ_{Ω_p}——分别为随机变量 Ω_f、Ω_a 和 Ω_p 的平均值；

　　　　δ_{Ω_f}、δ_{Ω_a}、δ_{Ω_p}——分别分随机变量 Ω_f、Ω_a 和 Ω_p 的变异系数。

下面进一步分析如何确定公式（4-24）和公式（4-25）中三类不定性因素的统计参数。

1. 材料性能的不定性

砌体结构构件材料性能不定性，主要指材质、砌筑质量、试验方法等因素引起的结构中材料性能的变异性。其随机变量为：

$$\Omega_f = \frac{f_c}{\omega_0 f_k} = \frac{1}{\omega_0} \cdot \frac{f_c}{f_s} \cdot \frac{f_s}{f_k} = \frac{1}{\omega_0} \Omega_0 \cdot \Omega_1 \tag{4-26}$$

式中　f_c、f_s——分别为结构构件中材料性能值及试件材料性能值；

　　　　f_k——规范规定的试件材料性能标准值；

　　　　ω_0——规范规定的反映结构构件材料性能与试件材料性能差别的系数；

　　　　Ω_0——反映结构构件材料性能与试件材料性能差别的随机变量 $\Omega_0 = \dfrac{f_c}{f_s}$；

　　　　Ω_1——反映试件材料性能不定性的随机变量，$\Omega_1 = \dfrac{f_s}{f_k}$。

Ω_f 的平均值 μ_{Ω_f} 和变异系数 δ_{Ω_f} 可按下式计算：

$$\mu_{\Omega_f} = \frac{\mu_{\Omega_0} \cdot \mu_{\Omega_1}}{\omega_0} = \frac{\mu_{\Omega_0} \cdot \mu_f}{\omega_0 f_k} \tag{4-27}$$

$$\delta_{\Omega_f} = \sqrt{\delta_{\Omega_0}^2 + \delta_f^2} \tag{4-28}$$

式中　μ_f、μ_{Ω_0}、μ_{Ω_1}——分别为试件材料性能 f_s 的平均值及 Ω_0、Ω_1 的平均值；

　　　　δ_f、δ_{Ω_0}——分别为试件材料性能 f_s 的变异系数及 Ω_0 的变异系数。

在上述公式中，ω_0 可由一系列规定的正常施工质量标准和采用统一的砌体试件尺寸等方面来加以控制。若与这些条件不符，将在确定砌体的强度时乘以调整系数 γ_a。因此，一般情况下，可取 $\omega_0 = 1$。

根据第三章第 3.1.2 节中的试验和分析结果，实际工程中砖砌体抗压强度的平均值与试验室中标准砌体抗压强度的平均值的比值可取为常数，且鉴于对其他种类砌体及其他受力状态下的试验研究很少，因此对 Ω_0 不作随机变量处理。Ω_0 可分别取下列常数：

砖砌体轴心受压——1.15；

砖砌体偏心受压

$e \leqslant 0.5y$——1.10；

$e > 0.5y$——1.05；

其他种类砌体——1.0。

由此 μ_{Ω_f} 和 δ_{Ω_f} 可简化为按下式计算：

$$\mu_{\Omega_f} = \frac{\mu_{\Omega_0} \cdot \mu_f}{f_k} \tag{4-27a}$$

$$\delta_{\Omega_f} = \delta_f \tag{4-28a}$$

我国在 20 世纪 50 年代和 70 年代先后两次对砌体抗压强度的变异系数进行了较大量的试验研究，其结果见表 4-1 和表 4-5。

种 类	地 区	数 量	变异系数
空心砖砌体	北 京	233	0.171
	西 安	30	0.182
混凝土中型空心砌块砌体	成 都	50	0.225
		20	0.169
混凝土小型砌块砌体	成 都	50	0.111
	成 都	50	0.096
	安 徽	50	0.158
	广 西	48	0.181
	广 东	50	0.132
	贵 州	94	0.173
	贵 州	50	0.124
	贵 州	50	0.083
毛石砌体	济 南	48	0.173

由于砌体强度的取值主要决定于块体和砂浆的强度，因此在国内还试图从理论上来计算砌体强度的变异。即对一个已知的砌体强度公式，由试验得到的块体和砂浆强度的变异系数，按误差传递公式，从而推导出砌体强度的变异系数。当采用公式（3-28），按此方法计算的砌体抗压强度变异系数的结果见表 4-6。

砌体抗压强度变异系数的计算值（δ_f）   表 4-6

砌体类别	块体强度变异系数	砂浆强度变异系数	砂浆强度等级如下时					δ_f 的平均值
			M1	M2.5	M5	M7.5	M10	
砖	0.25	0.30		0.1327	0.1472	0.1621	0.1757	0.1544
空斗	0.25	0.30	0.2508	0.2540	0.2618	0.2704	0.2787	0.2631
小型砌块	0.17	0.30		0.1594	0.1716	0.1846	0.1966	0.1781
中型砌块（手工）	0.20	0.30		0.2049	0.2146	0.2251	0.2351	0.2200
中型砌块（机制）	0.15	0.30		0.1565	0.1689	0.1821	0.1943	0.1754
毛料石	0.30	0.30	0.1513	0.1565	0.1689	0.1821	0.1943	0.1706
毛 石	0.40	0.30	0.2009	0.2049	0.2146	0.2251	0.2351	0.2161

砌体抗剪、拉、弯强度变异系数的试验结果见表 4-7。

砌体抗剪、拉、弯强度的变异系数试验值   表 4-7

类 别	地 区	数 量	变异系数
砖砌体沿通缝截面抗剪	沈 阳	252	0.193
		36	0.200
		36	0.169
		36	0.189
空心砖砌体沿阶梯形截面抗剪	南 京	47	0.200
		40	0.100
混凝土小型砌块砌体沿通缝截面抗剪	成 都	50	0.169
	广 西	50	0.273
	贵 州	49	0.332
	广 州	50	0.380
砖砌体轴心抗拉	沈 阳	50	0.220
砖砌体沿通缝抗弯		50	0.360
空心砖砌体沿通缝抗弯	成 都	50	0.240
		50	0.200

根据上述试验和分析的结果，砌体材料性能的统计参数按表4-8采用。

砌体材料性能的统计参数

表4-8

砌 体 种 类	构 件 类 别	μ_{Ω_f}	δ_{Ω_f}
砖 砌 体	轴心受压	1.15	0.20
	偏心受压 $e \leqslant 0.5y$	1.10	0.20
	$e > 0.5y$	1.05	0.20
	轴心受拉	1.00	0.22
	沿齿缝受弯	1.00	0.22
	沿通缝受弯	1.00	0.24
	受剪	1.00	0.24
混凝土小型砌块砌体	轴心受压	1.00	0.14
	沿通缝受剪	1.00	0.24
混凝土中型砌块砌体	轴心受压	1.00	0.22
粉煤灰中型砌块砌体	轴心受压	1.00	0.17

2. 几何参数的不定性

砌体结构构件几何参数的不定性，主要指砌筑或制作尺寸偏差以及安装误差等因素引起结构构件几何参数的变异性。它可用随机变量 Ω_a 表达：

$$\Omega_a = \frac{a}{a_k} \tag{4-29}$$

式中 a、a_k——分别为结构构件的几何参数值及几何参数标准值。

Ω_a 的平均值 μ_{Ω_a} 和变异系数 δ_{Ω_a} 按下式计算：

$$\mu_{\Omega_a} = \frac{\mu_a}{a_k} \tag{4-30}$$

$$\delta_{\Omega_a} = \delta_a \tag{4-31}$$

式中 μ_a、δ_a——分别为结构构件几何参数的平均值及变异系数。

对我国砌体构件常用的截面尺寸进行实测，并分析其结果，砌体构件截面几何特征的统计参数按表4-9采用。

砌体构件截面几何特征的统计参数

表4-9

砌 体 种 类	构 件 类 别	μ_{Ω_a}	δ_{Ω_a}
砖 砌 体	轴心受压 偏心受压 轴心受拉	1.0	0.023
	沿齿缝受弯 沿通缝受弯 受 剪		0.036
混凝土小型砌块砌体	轴心受压 偏心受压	1.0	0.014
混凝土中型砌块砌体			0.010
粉煤灰中型砌块砌体			0.023

3. 计算模式的不定性

砌体结构构件计算模式的不定性，主要指抗力计算所采用的基本假设和计算公式不精确等引起的变异性。它可用随机变量 Ω_p 表达：

$$\Omega_p = \frac{R^o}{R^c} \tag{4-32}$$

式中　R^o、R^c——分别为结构构件的实际抗力值（可取试验值或精确计算值）及按规范公式的计算抗力值。

现根据试验得到的 R^o 和按材料实际强度、构件实际尺寸（消除了 Ω_f、Ω_a 的变异对 Ω_p 的影响）用规范公式计算的 R^c，经分析，砌体构件计算模式不定性的统计参数按表 4-10采用。

砌体构件计算模式不定性的统计参数　　　　　　　　　　　表 4-10

砌 体 种 类	构 件 类 别	μ_{Ω_p}	δ_{Ω_p}
砖 砌 体	轴心受压	1.053	0.147
	偏心受压 $e \leqslant 0.5y$	1.143	0.226
	$e > 0.5y$	1.166	0.229
	轴心受拉	1.025	0.071
	沿齿缝受弯	1.060	0.096
	沿通缝受弯	1.069	0.098
	受剪	1.017	0.126
混凝土小型砌块砌体	轴心受压	1.359	0.224
	沿通缝受剪	1.180	0.155
中型砌块砌体	轴心受压	1.199	0.134
	偏心受压	1.304	0.183

由以上所得到的 Ω_f、Ω_a 和 Ω_p 的统计参数，代入公式（4-24）和公式（4-25），可计算砌体结构构件的抗力统计参数，其结果见表 4-11。

砌体结构构件的抗力统计参数　　　　　　　　　　　表 4-11

砌 体 种 类	构 件 类 别	κ_R	δ_R
砖 砌 体	轴心受压	1.211	0.249
	偏心受压 $e \leqslant 0.5y$	1.257	0.302
	$e > 0.5y$	1.224	0.305
	轴心受拉	1.025	0.232
	沿齿缝受弯	1.060	0.242
	沿通缝受弯	1.069	0.261
	受剪	1.017	0.273
混凝土小型砌块砌体	轴心受压	1.359	0.265
	沿通缝受剪	1.180	0.288
中型砌块砌体	轴心受压	1.199	0.259
	偏心受压	1.304	0.287

注：计算中，有关取值按文献 [4-15] ～ [4-17] 的规定。

二、可靠指标 β 的校准

《建筑结构设计统一标准》规定，建筑结构设计时，应根据结构破坏对危及人的生命、造成经济损失、产生社会影响的严重后果，采用不同的安全等级（表 4-12）。对于承载能力极限状态，结构构件的可靠指标应根据结构构件的破坏类型和安全等级按表 4-13 确定。

下面我们来研究，按照原设计规范 [4-15] 和规程 [4-16]、[4-17]，如何确定砌体结构可靠度的水平。概括来说，它是通过对这些规范和规程的可靠度的反演计算并经综合分析的结果，即采用"校准法"。

建筑结构的安全等级   表 4-12

安全等级	破坏后果	建筑物类型
一级	很严重	重要的工业与民用建筑物
二级	严 重	一般的工业与民用建筑物
三级	不严重	次要的建筑物

注：1. 对于次要的建筑物，其安全等级可根据具体情况另行确定；

     2. 当按抗震要求设计时，建筑结构的安全等级应符合国家现行《建筑抗震设计规范》的规定。

结构构件按承载能力极限状态设计时采用的可靠指标 β 值   表 4-13

破坏类型	安 全 等 级		
	一级	二级	三级
延性破坏	3.7	3.2	2.7
脆性破坏	4.2	3.7	3.2

注：1. 延性破坏是指结构构件在破坏前有明显的变形或其他预兆；脆性破坏是指结构构件在破坏前无明显的变形或其他预兆；

     2. 当有充分根据时，各类材料的结构设计规范中采用的 β 值。可对本表的规定值作不超过 ±0.25 幅度的调整。

校准时，需考虑结构构件不同的荷载效应比值。根据统计和分析，对于砖砌体结构，常遇的活荷载与恒荷载之比 $\dfrac{I}{G}=0.1\sim0.2$，常遇的风荷载与恒荷载之比 $\dfrac{W}{G}=0.1\sim0.6$，常遇的 $\dfrac{L+W}{G}=0.1\sim0.5$；对于混凝土小型砌块砌体结构，常遇的荷载效应比值均为 $0.1\sim0.6$。中型砌块砌体主要用于住宅建筑，对于混凝土空心中型砌块砌体结构，$\dfrac{L}{G}=0.09\sim0.27$；对于粉煤灰中型砌块砌体结构，$\dfrac{L}{G}=0.07\sim0.21$。因此，对于一般的砌体结构构件，其荷载效应比值可取为 $0.1\sim0.5$。

按《建筑结构设计统一标准》给定的荷载统计参数、砌体结构抗力统计参数和荷载效应比值，采用校准法，使标准抗力值与标准荷载效应值之比等于安全系数 K，可计算得《砖石结构设计规范》GBJ 3—73 和砌块规程所具有的可靠指标，结果见表 4-14。

砖石结构设计规范和砌块规程的加权平均可靠指标 β_0   表 4-14

砌 体 种 类	构 件 类 别	$G+Q^{①}$	$G+Q^{②}$	$G+W$
	轴心受压	3.89		3.72
	偏心受压 $e\leqslant0.5y$	3.35		3.22
	$e<0.5y$	3.23		3.11
砖 砌 体	轴心受拉	3.81		3.63
	沿齿缝受弯	3.79		3.62
	沿通缝受弯	3.56		3.41
	受剪	3.23		3.10

砌 体 种 类	构 件 类 别	$G+Q^{①}$	$G+Q^{②}$	$G+W$
混凝土小型砌块砌体	轴心受压	4.13	4.04	3.95
	沿通缝受剪	3.62	3.53	3.45
中型砌块砌体	轴心受压	3.76	3.65	3.57
	偏心受压	3.69	3.61	3.51

注：①为办公楼建筑；
　　②为住宅建筑。

由表 4-14 可看出，按照上述规范和规程，砌体结构的可靠指标在 3.10～4.13 之间波动，各类砌体结构构件的可靠度水平不完全一致。通常砌体结构的破坏类型属脆性，对于安全等级为二级的砌体结构构件，其可靠指标 $\beta=3.7$，或按表 4-13 注②可调整取 $\beta=3.7\pm0.25$。上述标准的结果与 $\beta=3.45～3.7$ 相比较，对于砖砌体轴心受压、受拉和受弯构件、混凝土小型砌块砌体受剪构件以及中型砌块砌体轴心受压、偏心受压构件，均能满足要求；对于混凝土小型砌块砌体轴心受压构件，则偏高；对于砖砌块偏心受压和受剪构件，则偏低。由此可见，有必要对砌体结构构件的可靠度水平作一些合理的调整。

三、砌体结构构件的抗力分项系数

根据公式（4-22），即按该设计表达式并采用规范规定的标准值，可求得结构构件的抗力 R_k。当可靠指标和基本变量的统计参数已知时，也可算出相应于规定可靠指标的构件的抗力平均值，并可求出对应于规范规定的标准值的结构构件抗力 R_k^* 为：

$$R_k^* = \frac{\mu_R}{\kappa_R} \tag{4-33}$$

式中　κ_R——反映砌体结构构件抗力不定性的平均值，见表 4-11。

当 $R_k = R_k^*$ 时，表明按设计表达式计算的结构构件所具有的可靠指标，必然与规定的可靠指标相等。因此应使 R_k^* 与 R_k 误差的平方和 H 最小，来选择最优的抗力分项系数。即：

$$H = \sum_j \{R_{kj}^* - R_{kj}\}^2 = \sum_j \{R_{kj}^* - \gamma_R S_j\}^2 \tag{4-34}$$

式中　　　　　　　　$S_j = \gamma_G (S_{G_k})_j + \gamma_Q (S_{Q_k})^j$

令 $\dfrac{dH}{d\gamma_R} = 0$，得：

$$\gamma_R = \frac{\sum\limits_j R_{kj}^* S_j}{\sum\limits_j S_j^2} \tag{4-35}$$

按《建筑结构设计统一标准》，在分析时一般取用恒载加办公楼楼面活荷载：$S_G + S_L$（办公楼），恒载加住宅楼面活荷载：$S_G + S_L$（住宅）和恒载加风荷载：$S_G + S_W$ 三种荷载效应组合。对于砌体结构，在这三种荷载效应组合下所计算的 β 值比较接近。为简化分析，只取恒载加住宅楼面活荷载的组合，且荷载效应比值取 $\rho=0.1$、0.25 和 0.5。有关荷载统计参数，按"建筑结构设计统一标准"取用。即对于恒载：$\dfrac{\mu_{S_G}}{S_{G_k}} = 1.060$，$\delta_G =$

0.070；对于住宅楼面活荷载：$\frac{\mu_{S_L}}{S_{L_k}} = 0.8585$，$\delta_L = 0.2326$。现以砌体受压构件为例，其抗力统计参数：对于砖砌体构件，$\frac{\mu_R}{R_K} = 1.211$，$\delta_R = 0.249$；对于小型砌块砌体构件，$\frac{\mu_R}{R_K} = 1.359$，$\delta_R = 0.265$；对于中型砌块砌体构件，$\frac{\mu_R}{R_K} = 1.199$，$\delta_R = 0.259$。为了选择合理的目标可靠指标，使 $\beta = 3.7 \sim 3.9$，则根据以上取值，由公式（4-35），砌体受压构件的抗力分项系数 γ_R 的计算结果见表4-15。

采用上述分析和计算方法，可确定砌体受拉、弯、剪构件的抗力分项系数。

砌体受压构件的抗力分项系数　　　　表 4-15

可靠指标	砌体种类	荷 载 效 应 比 值			γ_R 的平均值
		0.1	0.25	0.5	
3.7	砖砌体	1.8584	1.7865	1.7273	1.7907
	小型砌块砌体	1.7527	1.6780	1.6258	1.6855
	中型砌块砌体	1.9434	1.8606	1.8043	1.8694
3.8	砖砌体	1.9061	1.8327	1.7734	1.8374
	小型砌块砌体	1.8004	1.7305	1.6718	1.7357
	中型砌块砌体	1.9951	1.9179	1.8539	1.9223
3.9	砖砌体	1.9551	1.8800	1.8209	1.8853
	小型砌块砌体	1.8493	1.7778	1.7185	1.7819
	中型砌块砌体	2.0482	1.9692	1.9054	1.9743

四、砌体材料分项系数

1. 砌体的平均强度、标准强度和设计强度

在砌体结构设计规范中，给出了砌体的平均强度 f_m、强度标准值 f_k 和强度设计值 f 三种值（详见第三章）。平均强度是按试验结果统计得的极限强度的平均值。强度标准值是考虑了砌体强度的变异，由其概率分布的 0.05 分位数确定，即：

$$f_k = f_m - 1.645\sigma_f = f_m(1 - 1.645\delta_f) \tag{4-36}$$

式中变异系数 δ_f，采用下列各值。

各类砌体受压时，　　　　　　　　　　　　　　　　　$\delta_f = 0.17$

毛石砌体受压时，　　　　　　　　　　　　　　　　　$\delta_f = 0.24$

各类砌体受拉、受弯、受剪时，　　　　　　　　　　　$\delta_f = 0.20$

毛石砌体受拉、受弯、受剪时，　　　　　　　　　　　$\delta_f = 0.26$

将 δ_f 值代入公式（4-36），得砌体的强度标准值与平均强度的简单关系式：

各类砌体受压时，　　　　　　　　　　　　　　　　$f_k = 0.72 f_m$

毛石砌体受压时，　　　　　　　　　　　　　　　　$f_k = 0.60 f_m$

各类砌体受拉、受弯、受剪时，　　　　　　　　　　$f_k = 0.67 f_m$

毛石砌体受拉、受弯、受剪时，　　　　　　　　　　$f_k = 0.57 f_m$

为方便计算，在砌体结构设计规范中，直接采用强度设计值。它由砌体的强度标准值

除以砌体材料性能分项系数，即：

$$f = \frac{f_k}{\gamma_f} \qquad (4\text{-}37)$$

γ_f 可由砌体结构构件设计表达式中抗力项的变换而得，例如对于轴心受压短柱：

$$\frac{R_k}{\gamma_R} = \frac{\mu_R}{\kappa_R} \cdot \frac{1}{\gamma_R} = \frac{\mu'_R}{\alpha} \frac{1}{\kappa_R \cdot \gamma_R}$$

$$= \frac{f_m A}{\alpha \kappa_R \gamma_R} = \frac{f_k A}{\gamma \alpha \kappa_R \gamma_R} = \frac{f_k A}{\gamma_f} \qquad (4\text{-}38)$$

$$= fA$$

式中　R_k——按"砖石结构设计规范"和规程计算的构件抗力标准值；

$\qquad \gamma_R$——构件抗力分项系数；

$\qquad \mu_R$——按《砖石结构设计规范》和规程计算的构件抗力平均值，$\kappa_R = \dfrac{\mu_R}{R_k}$；

$\qquad \mu'_R$——按"砌体结构设计规范"计算的构件抗力平均值，$\alpha = \dfrac{\mu'_R}{\mu_R}$；

$\qquad f_m$——按《砌体结构设计规范》计算的砌体强度平均值；

$\qquad A$——构件截面面积：

$$\gamma = \frac{f_k}{f_m}$$

$$\gamma_f = \gamma \alpha \kappa_R \gamma_R$$

材料性能分项系数与反映材料强度变异的 γ 和构件抗力系数 γ_R 等因素有关，是一个综合性的影响系数。因而由公式（4-37）确定的强度设计值，不仅仅是计算指标的换算，实质上是考虑了影响结构构件可靠度因素后的材料强度设计指标。

2. 砌体受压时材料性能分项系数的确定

由公式（4-38），当已知 γ、α、κ_R 和 γ_R 时，可求得材料性能分项系数 γ_f。其中 $\alpha \kappa_R = \dfrac{\mu'_R}{R_k} = \dfrac{f_m}{f'_m}$（见表 4-16），$f'_m$ 为按砖石结构设计规范或规程的砌体抗压强度。

现选择表 4-15 中 $\beta = 3.8$ 时的 γ_R，经计算，γ_f 值见表 4-17。

μ'_R/R_k （f_m/f'_m）值　　　　　　　　　　　　　表 4-16

砖 砌 体	小型砌块砌体	中型砌块砌体
1.060	1.196	0.988

砌体材料性能分项系数　　　　　　　　　　　　　表 4-17

γ_f			γ_f 的修正值		
砖砌体	小型砌块砌体	中型砌块砌体	砖砌体	小型砌块砌体	中型砌块砌体
1.402	1.495	1.367	1.521	1.495	1.483

124

《砖石结构设计规范》GBJ 3—73 规定的砖砌体抗压强度是按截面尺寸为 370mm×490mm 的标准砌体确定的，由于这一尺寸较大，实际试验不方便，《砌体结构设计规范》GBJ 3—88 将标准的砖砌体的截面尺寸改用 240mm×370mm。为了保持上述可靠度的一致，应将 γ_f 乘以换算系数 ξ，即得表 4-17 中 γ_f 的修正值。对于砖砌体和中型砌块砌体，ξ=1.085；对于小型砌块砌体，ξ=1.0。

由表 4-17 可看出，在可靠指标一致的情况下（取 β=3.8），所得材料性能分项系数的变化不大。现取 γ_f=1.5，则受压构件设计表达式所内涵的可靠指标示于表 4-18。

砌体受压构件设计表达式内涵的可靠指标 β　　　　　表 4-18

砌体种类	ρ=0.1	ρ=0.25	ρ=0.5	β 的平均值
砖砌体	3.599	3.755	3.882	3.746
小型砌块砌体	3.677	3.825	3.949	3.817
中型砌块砌体	3.701	3.851	3.975	3.843

由表 4-18，其可靠指标的平均值变化很小，因此，对于受压构件，砌体材料性能分项系数采用 1.5，不但可行也是合理的。

3. 砌体受剪、轴心受拉和弯曲受拉时材料性能分项系数的确定

受剪构件可靠指标的校准（表 4-14）表明，按照砖石结构设计规范或规程所计算的砌体受剪构件的可靠度偏低，有必要将它适当提高。采用上述确定砌体受压时材料性能分项系数的同样方法，可得砌体受压时材料性能分项系数，γ_f=1.5。此时，受剪构件设计表达式内涵的可靠指标示于表 4-19，它较校准值有明显提高。

砌体受剪构件设计表达式内涵的可靠指标 β　　　　　表 4-19

砌体种类	ρ=0.1	ρ=0.25	ρ=0.5	β 的平均值
砖砌体	3.423	3.568	3.699	3.564
小型砌块砌体	3.765	3.903	4.024	3.897

砌体轴心受拉和弯曲受拉时，其强度取决于灰缝砂浆的粘结强度，而灰缝砂浆的粘结力一般通过砌体的抗剪试验确定。因此，砌体的抗拉和弯曲抗拉能力，原则上均可由砌体抗剪强度折算而得。根据分析结果，砌体轴心受拉和弯曲受拉时材料性能分项系数也取用 γ_f=1.5。

五、实用的设计表达式

根据以上分析的结果，无筋砌体结构构件的承载能力，采用下列极限状态设计表达式：

$$\gamma_0 S \leqslant R(\gamma_a f, a_k, \cdots\cdots) \tag{4-39}$$

式中　γ_0——结构重要性系数，按公式（4-22）的规定采用；

　　　S——设计荷载效应组合值，分别表示轴向力 N、弯矩 M 和剪力 V 等；

　$R(\cdot)$——结构构件的设计抗力函数；

　　　γ_a——砌体强度设计值的调整系数，按表 4-20 的规定采用；

砌体强度设计值的调整系数		表 4-20
使 用 情 况		γ_a
有吊车房屋或跨度 $l \geqslant 9\text{m}$ 的房屋		0.93
构件截面面积 $A < 0.3\text{m}^2$		$0.7 + A$ (对局部受压，$\gamma_a = 1$)
验算施工中房屋的构件		1.1
用水泥砂浆砌筑的各类砌体	对表 3-12～表 3-17	0.85
	对表 3-19、表 3-22 和表 3-25 中沿砌体灰缝截面破坏时	0.75
	对粉煤灰中型砌块砌体	0.5

f——砌体的强度设计值，$f = \dfrac{f_k}{\gamma_f}$；

f_k——砌体的强度标准值，$f_k = f_m - 1.645\sigma_f$；

γ_f——砌体结构的材料性能分项系数，$\gamma_f = 1.5$；

f_m——砌体的平均强度；

σ_f——砌体强度的标准差；

a_k——几何参数标准值。

$S = \gamma_G C_G G_k + \gamma_{Q1} C_{Q1} Q_{1k} + \sum\limits_{i=2}^{n} \gamma_{Q_i} C_{Q_i} \psi_{ci} Q_{ik}$，其中各符号的意义及取值见公式（4-22）中的规定。

对于一般单层和多层房屋，可采用下列简化极限状态设计表达式：

$$\gamma_0 \left(\gamma_G C_G G_k + \psi \sum\limits_{i=1}^{n} \gamma_{Q_i} C_{Q_i} Q_{ik} \right) \leqslant R(\gamma_a f, a_k, \cdots\cdots)$$

$$(n \geqslant 2) \tag{4-40}$$

式中 ψ——简化设计表达式中采用的荷载组合系数，当风荷载与其他可变荷载组合时，可采用 0.85。

在确定设计荷载效应组合值时，首先应根据结构可能同时承受的可变荷载进行荷载效应组合，然后取其中最不利的组合值进行设计。各种可变荷载的具体组合规则，可详见《建筑结构荷载规范》的规定。

在我国《砌体结构设计规范》GBJ3—88 中，因 γ_f 取用 1.5，因此可知砌体强度设计值 f 与原砖石结构设计规范和规程中的平均强度 f'_m 之间的关系。如砖砌体受压时，$f = \dfrac{f_k}{\gamma_f} = \dfrac{1.085 \times 0.72 f'_m}{1.5} = 0.52 f'_m$；砖砌体轴心受压、弯曲受拉和受剪时，$f = \dfrac{f_k}{\gamma_f} = \dfrac{0.67 f'_m}{1.5} = 0.45 f'_m$。

表 4-21 列出了我国和外国一些文献所规定的砌体结构材料性能分项系数 γ_f 值。我国的 γ_f 值较国外的取值低很多，这与历史上沿用的安全系数有关。国外在砌体结构设计时，其安全系数取值较我国的大，如英国规范 CP111 给出的安全系数为 5～12。但国外的 γ_f 值有的与生产和施工控制等级有关，我国在这方面的研究尚不够。原苏联在规范中还规定，对计算承载能力利用率大于 80% 的结构，要求在施工中对块体和砂浆强度作系统的

126

检验，这些结构应在施工图中标出。

国外一些文献在荷载分项系数的取值上也较我国的大（见表 4-22）。当取活荷载与恒载的比值为 0.25，并按表 4-21 和表 4-22 中的相应值来计算可靠指标，结果见表 4-23，国外标准的 β 值也高于我国规范的 β 值。

砌体结构构件材料性能分项系数 γ_f　　表 4-21

| 标　　准 | | 施工控制等级 | | |
		A	B	C
CIB 58	生产控制等级　A	2.0	2.3	—
	B	—	2.5	3.5
BS 5628	生产控制等级　A	2.5	3.1	—
	B	2.8	3.5	
TBE		1.8		
GBJ 3-88		1.5		

荷载分项系数　　表 4-22

标　　准	永久荷载	可变荷载
CIB 58	1.35	1.5
BS 5628	1.4	1.6
TBE	1.1	1.4
ISO/TC 179	1.4	1.6
GBJ 3-88	1.2	1.4

可　靠　指　标　　表 4-23

标	CIB 58	生产控制等级 B 级	5.67（施工控制等级 B 级）
	BS 5628	生产控制等级 B 级	5.98（施工控制等级 B 级）
准	TBE		4.76
	GBJ 3—88		3.7

当砌体结构作为一个刚体，需验算整体稳定时，例如倾覆、滑移、漂浮等，采用下列设计表达式验算：

$$0.8C_{G_1}G_{1k} - 1.2C_{G_2}G_{2k} - 1.4C_{Q_1}Q_{1k} - \sum_{i=2}^{n}1.4C_{Q_i}\psi_{ci}Q_{ik} \geqslant 0 \qquad (4-41)$$

式中　　G_{1k}——起有利作用的永久荷载标准值；

　　　　G_{2k}——起不利作用的永久荷载标准值；

C_{G_1}、C_{G_2}——分别为 G_{1k}、G_{2k} 的荷载效应系数；

Q_{1k}、Q_{ik}——起不利作用的第一个和第 i 个可变荷载的标准值；

C_{Q_1}、C_{Q_i}——分别为第一个可变荷载和第 i 个可变荷载的荷载效应系数；

　　　　ψ_{ci}——第 i 个可变荷载的组合值系数。

按《建筑结构设计统一标准》，结构的极限状态分为两类：承载能力极限状态和正常使用极限状态。由于砌体结构自身的特点，真正常使用极限状态的要求，一般情况下由相应的构造措施加以保证。这一方面是与其他种类的结构如钢筋混凝土结构不同的。因而在学习和应用砌体结构的有关构造措施时，应将它与确保正常使极限状态联系起来理解。

4.4　《砌体结构设计规范》GB 50003—2001 的可靠度设计调整及其设计表达式

《砌体结构设计规范》GB 50003—2001 仍采用以概率理论为基础的极限状态设计方法，以可靠指标度量结构构件的可靠度，并采用分项系数的设计表达式进行计算。其可靠度设计及设计表达式在《砌体结构设计规范》GBJ 3—88 的基础上作了一些调整和补充。

4.4.1 设计表达式

鉴于以永久荷载为主的结构可靠度水平偏低，砌体结构设计规范编制组经过多次研究和试算并和相应的《建筑结构荷载规范》协调后规定，砌体结构应考虑下列两种荷载分项系数组合，以保证取得较大的可靠指标。

砌体结构设计荷载效应部分的两个组合为：

$$\gamma_0 \left(1.2S_{GK} + 1.4S_{Q1K} + \sum_{i=2}^{n} \gamma_{Qi}\psi_{ci}S_{Qik}\right)$$

$$\gamma_0 \left(1.35S_{GK} + 1.4\sum_{i=1}^{n} \psi_{ci}S_{Qik}\right)$$

当仅有一个可变荷载时，则按下列两个最不利组合进行计算：

$$\gamma_0(1.2S_{GK} + 1.4S_{QK})$$

$$\gamma_0(1.35S_{GK} + 1.0S_{QK})$$

式中　S_{GK}——永久荷载标准值的效应；

　　S_{QK}——可变荷载标准值的效应；

　　ψ_{ci}——第 i 个可变荷载的组合值系数，一般情况下可取为 0.7。

对于第二个组合的第二项系数为 $1.4 \times 0.7 = 0.98$，为简化可取为 1.0。

经分析表明，采用两种荷载效应组合模式后，提高了以自重为主的砌体结构可靠度，两个设计表达式的界限荷载效应 ρ 值为 0.376，这样：

当 $\rho \leqslant 0.376$ 时，由 $\gamma_G = 1.35$，$\gamma_Q = 1.0$ 控制；

当 $\rho > 0.376$ 时，由 $\gamma_G = 1.2$，$\gamma_Q = 1.4$ 控制。

故该规范规定砌体结构按承载能力极限状态设计时，应按下列公式中最不利组合进行计算：

$$\gamma_0 \left(1.2S_{Gk} + 1.4S_{Q1k} + \sum_{i=2}^{n} \gamma_{Qi}\psi_{ci}S_{Qik}\right) \leqslant R(f, a_k \cdots\cdots) \qquad (4\text{-}42)$$

$$\gamma_0 \left(1.35S_{Gk} + 1.4\sum_{i=1}^{n} \psi_{ci}S_{Qik}\right) \leqslant R(f, a_k \cdots\cdots) \qquad (4\text{-}43)$$

式中　γ_0——结构重要性系数，对安全等级为一级或设计使用年限为 50 年以上的结构构件，不应小于 1.1；对安全等级为二级或设计使用年限为 50 年的结构构件，不应小于 1.0；对安全等级为三级或设计使用年限为 1~5 年的结构构件，不应小于 0.9；

　　S_{Gk}——永久荷载标准值的效应；

　　S_{Q1k}——在基本组合中起控制作用的一个可变荷载标准值的效应；

　　S_{Qik}——第 i 个可变荷载标准值的效应；

　　$R(\cdot)$——结构构件的抗力函数；

　　γ_{Qi}——第 i 个可变荷载的分项系数；

　　ψ_{ci}——第 i 个可变荷载的组合值系数，一般情况下应取 0.7；对书库、档案库、储藏室或通风机房、电梯机房应取 0.9；

　　f——砌体的强度设计值，$f = f_k/\gamma_f$；

f_k——砌体的强度标准值，$f_k = f_m - 1.645\sigma_f$；

γ_f——砌体结构的材料性能分项系数，一般情况下，宜按施工质量控制等级为 B 级考虑，取 $\gamma_f = 1.6$；当为 C 级时，取 $\gamma_f = 1.8$；

f_m——砌体的强度平均值；

σ_f——砌体强度的标准差；

a_k——几何参数标准值。

当砌体结构作为一个刚体，需验算整体稳定时，应按下式验算：

$$\gamma_0(1.2S_{G2k} + 1.4S_{Q1k} + \sum_{i=2}^{n} S_{Qik}) \leqslant 0.8S_{G1k} \tag{4-44}$$

式中 S_{G1k}——起有利作用的永久荷载标准值的效应；

S_{G2k}——起不利作用的永久荷载标准值的效应。

对永久荷载系数 γ_G 和可变荷载系数 γ_Q 的取值，分别根据对结构构件承载能力有利和不利两种情况取值。

在某些情况下，永久荷载效应与可变荷载效应符号相反，而前者对结构承载能力起有利作用。此时，若永久荷载分项系数仍取同号效应时相同的值，则结构构件的可靠度将严重不足。为了保证结构构件具有必要的可靠度，并考虑到经济指标不致波动过大，在应用方面，当永久荷载效应对结构构件的承载能力有利时，一般取 γ_G 不大于 1.0。式 (4-44) 取 $\gamma_G = 0.8$。

4.4.2 施工质量控制等级

我国长期以来，设计规范的安全度未和施工技术、施工管理水平等挂钩。而实际上它们对结构的安全度影响很大，因此，为保证规范规定的安全度，有必要考虑这种影响。发达国家在设计规范中明确地提出了这方面的规定，如英国规范、国际标准等，在规范中材料分项系数 γ_f 值考虑生产和施工质量控制等级而给出不同的值（表 4-24）。我国对此的规定，请阅 3.1.2 和 3.4 节的论述。

材料分项系数 γ_f 表 4-24

标　准			施　工　控　制		
			A	B	C
GIB58	生产控制	A	2.0	2.3	—
		B	—	2.5	3.5
TC179	生产控制	A	2.0	2.5	3.0
		B	2.3	2.8	3.0
BS5628	生产控制	A	2.5	3.1	3.0
		B	2.8	3.5	
	GBJ3—88			1.5	

4.4.3 本规范的砌体结构设计可靠指标

除了上述外，还有几项因素影响砌体结构设计可靠指标。

一、关于楼面均布活荷载及风荷载、雪荷载的标准值的调整

针对办公楼、住宅和宿舍建设量很大，且 1.5kN/m² 的楼面活荷载已不符合实际情况

（工程界普通要求其标准值适当提高）的状况，并参照国外同类规范的取值，本荷载规范将住宅、办公楼的均布活荷载由 1.5kN/m^2 调整为 2.0kN/m^2。这使砌体结构的可靠度有所提高。

本荷载规范根据全国各气象台站重新统计的风压、雪压值，并将基本风压和雪压的重现期统一改为平均 50 年一遇，对风荷载、雪荷载的标准值进行了调整。重现期采用 50 年与设计使用年限为 50 年是吻合的，也符合国际标准，原荷载规范中设计使用年限为 50 年，而风、雪荷载重现期采用 30 年一遇是不合理的。当然，重现期由 30 年改为 50 年，其风、雪标准值在全国范围内不同程度的有所提高。由于砌体结构一般为多层房屋，这一调整对砌体结构的可靠度影响较小。

二、关于材料

我国砌体材料强度偏低，材料强度低对砌体强度、耐久性和经济性有很大影响，并考虑到我国墙体材料革新的国策，本规范限制了低强度砌体材料的应用，提高了砌体块体和砂浆的最低强度等级。根据《烧结普通砖》GB/T 5101—1998 标准，取消了烧结普通砖的 MU7.5 强度等级；为适应砌块建筑的发展，增加了 MU20 的混凝土砌块强度等级，承重砌块取消了 MU3.5 的强度等级；根据国家建材行业标准《混凝土小型空心砌块砌筑砂浆和灌孔混凝土》JC860—2000 和 JC861—2000，引入了砌块专用砂浆（Mb）和专用灌孔混凝土（Cb）；根据石材的应用情况，取消石材 MU15 和 MU10 的强度等级；砂浆强度等级作了调整，取消了低强度等级砂浆。这些调整提高了砌体的安全性、耐久性和经济性。

砌体结构一般属于脆性破坏，因而，其安全等级为二级时相应的目标可靠指标 $[\beta]$ 应为 3.7。由于《建筑结构可靠度设计统一标准》取消了表 4-13 的注，对目标可靠指标不能作 ± 0.25 幅度内的调整，即适当提高了可靠度水准。而砌体结构构件实际具有的可靠度，是由各个分项系数来反映的。根据这一原则，本规范调整了材料性能分项系数，γ_f 由原规范的 1.5 调整为 1.6，即适当降低了砌体的强度设计值，提高了砌体的可靠度。

三、关于承载力计算

根据砌体结构偏心受压构件的试验，当 $\frac{e_0}{y}$ 在 $0.6\sim0.8$ 时试验值离散性大，承载能力较低，可靠指标 β 较低，且因钢筋混凝土结构和钢结构的应用，在实际工程中大偏心受压构件应用较少，故本规范调整了砌体偏压构件应用范围，由原规范规定偏心距不宜超过 $0.7y$，调整为不应超过 $0.6y$。这一调整使偏压构件 β 值偏低的情况得到改善。

原砌体规范规定轴向力的偏心距 e 按荷载标准值计算，即应由荷载标准值产生于构件截面的内力经计算求得。这与砌体受压构件承载力计算式中其他量采用设计值不相一致，与《建筑结构可靠度设计统一标准》GB 50068—2001 要求的概率极限状态设计方法的表达式不符，也使广大设计人员不方便。根据作者的分析，偏心距改用设计值对承载力计算的误差不超过 5%。因此，本规范规定砌体偏心受压构件设计时偏心距计算采用荷载效应设计值计算。

四、砌体结构的可靠指标

《统一标准》规定，构件可靠度分析时，一般取用恒载加办公楼楼面活载，恒载加住宅楼面活载和恒载加风载三种组合，对于砌体结构经多次分析，三种组合计算结果，相互间一般相差 0.1β 左右，三种组合的平均值与恒载加住宅楼面活载组合所计算的 β 值比较接近，为了简化计算，在可靠度分析时只应用永久荷载加住宅楼面活载的组合，砌体结构的荷载效应比值 ρ 较小（ρ 为可变荷载效应与永久荷载效应之比），一般在 $0.1\sim0.5$ 之间变化，分析计算时采用 $\rho=0.1$、0.25、0.5 三个比值。

荷载统计参数采用《统一标准》的规定值，即：

恒载：$X_G=1.060$，$\delta_G=0.070$，服从正态分布。

住宅楼面活载：$X_Q=0.644$，$\delta_Q=0.233$，服从极值 I 型分布。

根据砌体和构件类别，构件的抗力参数统计考虑了三个方面的不确定性，即材料、几何和计算公式的不确定性，然后根据误差传递公式，可以得到抗力的参数统计值，具体见表 4-25～表 4-28，抗力服从对数正态分布。

砌体材料强度的统计参数　　　　　　　　　　表 4-25

砌 体 类 别	构 件 类 别	平 均 值	变 异 系 数
砖 砌 体	轴　　压 偏　　压 受　　剪	1.0 1.0 1.0	0.174 0.174 0.24
混凝土小型砌块砌体	轴　　压 通 缝 受 剪	1.0 1.0	0.14 0.24

砌体截面几何特征的统计参数　　　　　　　　表 4-26

砌 体 类 别	构 件 类 别	平 均 值	变 异 系 数
砖 砌 体	轴　　压 偏　　压 受　　剪	1.0 1.0 1.0	0.023 0.023 0.036
混凝土小型砌块砌体	轴　　压 通 缝 受 剪	1.0 1.0	0.014 0.014

砌体构件的计算模式不定性　　　　　　　　　表 4-27

砌 体 类 别	构 件 类 别	平 均 值	变 异 系 数
砖 砌 体	轴　　压 偏　　压 受　　剪	1.0922 1.1814 1.017	0.2059 0.2195 0.126
混凝土小型砌块砌体	轴　　压 通 缝 受 剪	1.1680 1.180	0.24 0.155

无筋砌体各类构件的抗力统计参数　　　　　　表 4-28

砌 体 类 别	构 件 类 别	平 均 值	变 异 系 数
砖 砌 体	轴　　压 偏　　压 受　　剪	1.0922 1.1814 1.017	0.2705 0.2811 0.2734
混凝土小型砌块砌体	轴　　压 通 缝 受 剪	1.1680 1.180	0.2782 0.288

以上各统计参数大部分仍沿用"88 规范"修订时采用的数据，但有的作了调整，例如：

（1）砖砌体材料强度统计参数采用了南宁、长沙、西安、成都和沈阳五个地区砌体抗压强度变异系数试验平均值 0.174。过去考虑砌体结构和砌体试件材料性能的差异对轴压和偏压砌体材料强度不定性平均值乘以提高系数 1.15、1.1，考虑到该项试验数量较少且因砌体施工质量差别较大，从偏于安全计取消了提高系数。

（2）砖砌体偏压构件公式不定性，由材料强度计算公式和承载力影响系数计算公式不定性组成，前者根据全国 1102 个试验统计得出平均值 1.0438，变异系数 0.20；后者由于新规范 $e_0/y \leqslant 0.6$ 因此统计参数为平均值 1.138，变异系数 0.0908。

然后两者合成偏压计算公式不定性，其平均值为 1.0438×1.1318＝1.1814。变异系数为 $\sqrt{0.2^2 + 0.0908^2} = 0.2195$。

（3）砖砌体轴压构件不定性也由材料强度计算公式和承载力影响系数计算公式不定性组成，前者有平均值 1.0438，变异系数 0.20，后者根据四川省建筑科学研究院资料，平均值 1.0464，变异系数 0.0493，两者合成后平均值 1.0922，变异系数为 0.2059。

砌体结构可靠度计算可仅取一个永久荷载和一个可变荷载计算，其极限状态方程为：

$$\gamma_0 (\gamma_G C_G G_K + \gamma_Q C_Q Q_K) \leqslant R \tag{4-45}$$

规范编制组综合分析各类砌体、各种构件的 γ_f 变化，考虑适当提高结构可靠度的要求，最后确定砌体结构的材料分项系数 γ_f 统一取为 1.6。

公式（4-45）中的荷载分项系数分别考虑 $\gamma_G = 1.2$，$\gamma_Q = 1.4$ 和 $\gamma_G = 1.35$，$\gamma_Q = 1.0$ 两种组合。

确定 $\gamma_f = 1.6$ 之后，按《统一标准》的方法可求得轴压构件设计表达式内涵的可靠指标值，列于表 4-29（荷载分项系数：永久荷载取 1.35，可变荷载取 1.0）。

砌体轴压构件的可靠指标　　　　　　　表 4-29

砌 体 类 别	$\rho = 0.1$	$\rho = 0.25$	$\rho = 0.5$	平均 β
砖 砌 体	4.038	4.098	4.142	4.093
小砌块砌体	4.176	4.235	4.278	4.230

表中两类砌体的平均可靠指标值变化不大，说明轴压砌体采用统一的 γ_f 是可靠的。

对砌体受剪构件，规范编制组采用分析轴压设计强度同样的方法，求得通缝抗剪的材料分项系数亦为 $\gamma_f = 1.6$。按 $\gamma_f = 1.6$ 计算得到的通缝抗剪设计表达式的内涵可靠指标 β 值列于表 4-30（荷载分项系数：永久荷载取 1.35，可变荷载取 1.0）。

砌体通缝抗剪时可靠指标　　　　　　　表 4-30

砌 体 类 别	$\rho = 0.1$	$\rho = 0.25$	$\rho = 0.5$	平均 β
砖 砌 体	4.007	4.067	4.112	4.062
小砌块砌体	4.198	4.172	4.088	4.153

表 4-30 说明，砌体抗剪可靠指标均已大于 3.7，达到 4 左右。

综上所述，本规范的设计可靠度水平有了适当的提高，以住宅房屋而言，其可靠度水平比 88 规范提高约 16%。

4.4.4 配筋混凝土砌块砌体构件可靠度分析

《砌体结构设计规范》GB 50003—2001 增加了配筋砌块砌体剪力墙结构，它是我国一种新型的建筑结构形式，对配筋砌块砌体结构进行可靠度分析，具有十分重要的意义。

在砌块砌体结构中，多采用混凝土小型空心砌块灌孔砌体。作者收集了灌孔砌块砌体抗压强度试验的资料，对其进行了统计分析（表 4-31）。

灌孔砌块砌体抗压强度统计参数 表 4-31

样本量	均　值	极　差	均方差	变异系数	标准偏度系数	标准峰度系数
150	1.857	2.177	0.414	0.22	1.472	3.469

从表 4-31 可看出，标准偏度系数接近 1，呈正偏态，与正态分布拟合较好；标准峰度系数较大，顶峰的凸度尚可，说明虽然受材料、施工质量、试验情况等的影响，但实际灌孔砌体抗压强度值比较集中于平均值。试验值与计算值的比值平均偏大，表明采用规范公式计算灌孔砌体抗压强度偏保守。

一、配筋砌块砌体构件轴心受压承载力可靠度分析

由于缺乏其计算模式的统计参数，作者收集了配筋砌块砌体构件轴心受压承载力试验资料，对其进行了统计分析（表 4-32）。

配筋砌块砌体构件轴心受压承载力计算模式统计参数 表 4-32

样本量	均　值	极　差	均方差	变异系数	标准偏度系数	标准峰度系数
32	1.316	0.659	0.202	0.15	−0.655	−1.028

从表 4-32 可看出，试验数据与规范公式拟合较好，变异系数小于 0.2；标准偏度系数较小，与正态分布拟合尚可；标准峰度系数较小，顶峰的凸度非常小，受材料、施工质量、试验情况等的影响，实际配筋砌块砌体轴心受压构件承载力并不是非常集中于平均值。

配筋砌块砌体轴心受压构件承载力计算可靠度分析结果见表 4-33（a）。

配筋砌块砌体轴心受压构件承载力计算式——β 表 4-33（a）

$\rho = S_{QK}/S_{GK}$		0.1	0.25	0.5	1	2	平均值
高厚比 $H/b=3$	G+L（办）	3.628	3.728	3.843	3.975	4.095	3.854
	G+L（住）	3.613	3.697	3.793	3.902	4.001	3.802
$H/b=15$	G+L（办）	3.628	3.728	3.843	3.976	4.096	3.854
	G+L（住）	3.613	3.697	3.793	3.903	4.002	3.802
$H/b=27$	G+L（办）	3.629	3.729	3.844	3.976	4.096	3.855
	G+L（住）	3.614	3.699	3.794	3.903	4.002	3.803
备注	$f_{Gm}=15$ HRB335 级钢筋　配筋率=0.5%　总平均：$\beta=3.828$　β（办）=3.854　β（住）=3.802						

从表 4-33 可看出，各高厚比情况下按规范公式计算其可靠指标一致；如果考虑一般荷载比 $\rho=0.1\sim0.5$ 之间，可靠指标随荷载效应比变化很小；按《建筑结构可靠度设计统一标准》的要求 $[\beta]=3.7$，砖砌体轴心受压构件 $\beta_{办}=3.98$ 和 $\beta_{住}=3.84$，钢筋混凝土轴心受压构件 $\beta_{办}=3.84$ 和 $\beta_{住}=3.65$，与表 4-33 非常接近，满足《统一标准》的要求。灌孔砌体抗压强度和配筋率对配筋砌块砌体轴心受压构件承载力可靠指标的影响也较小（见表 4-33b、表 4-33c）。

f_{Gm}	7.5	10	15	20	25	30
β	3.914	3.856	3.793	3.760	3.740	3.726
备　注	G+L（住）组合　$\rho=0.5$　HRB335 级钢筋　纵筋配筋率=0.5%　$H/b=17$					

配筋砌块砌体轴心受压构件承载力计算式——β（纵筋配筋率）　　　　表 4-33（c）

纵筋配筋率	0.001	0.0025	0.005	0.0075	0.01	0.02
β	3.685	3.726	3.793	3.856	3.914	4.100
备　注	G+L（住）+W 组合　$\rho=0.5$　HRB335 级钢筋　$f_{Gm}=15$　$H/b=17$					

二、配筋砌块砌体构件偏心受压正截面承载力可靠度分析

根据所收集的配筋砌块砌体构件偏心受压正截面承载力试验资料，其计算模式的统计参数列于表 4-34。

配筋砌块砌体构件偏心受压承载力计算模式统计参数　　　　　表 4-34

样本量	均　　值	极　差	均方差	变异系数	标准偏度系数	标准峰度系数
25	1.409	0.753	0.248	0.18	0.482	−1.003

从表 4-34 可看出，试验数据与规范公式拟合较好，变异系数小于 0.2；标准偏度系数较小，与正态分布拟合尚可；标准峰度系数较小，顶峰的凸度非常小，较离散。配筋砌块砌体构件偏心受压正截面承载力可靠度分析结果见表 4-35。

从表 4-35 可看出，大偏心受压的可靠指标比小偏心受压的可靠指标大，小偏心受压的可靠指标偏小。灌孔砌体抗压强度和纵筋配筋率对可靠指标有一定的影响，在常遇情况下，可靠指标均较高，而头尾则稍低；可靠指标随灌孔砌体抗压强度而降低；当纵筋配筋率为 0.298% 时，可靠指标最大。

配筋砌块砌体构件偏心受压承载力计算式——β（x/h）　　　　表 4-35（a）

受力状态	大　偏　心　受　压						小　偏　心　受　压			
相对受压区高度	0.1	0.2	0.3	0.4	0.5	0.6	0.7	0.8	0.9	1
β(G+L(住)+W 组合)	4.479	4.337	4.202	4.079	3.971	3.877	3.806	3.743	3.687	3.638
β(G+L(办)+W 组合)	4.480	4.340	4.206	4.086	3.980	3.887	3.818	3.757	3.704	3.657
备　　注	$\rho=0.2$　$f=8.38$　HRB335 级钢筋　纵筋配筋率=0.1%　分布筋配筋率=0.1%									

配筋砌块砌体构件偏心受压承载力计算式——β（f）　　　　　表 4-35（b）

f	4.19	6.28	8.38	10.5	12.6	16.8	平均值
β	4.147	4.103	4.079	4.065	4.054	4.041	4.082
备注	G+L（住）+W 组合　$\rho=0.2 x/h_0=0.4$　HRB335 级钢筋　纵筋配筋率=0.1%　分布筋配筋率=0.1%						

配筋砌块砌体构件偏心受压承载力计算式——β（纵筋配筋率）　　　表 4-35（c）

纵筋配筋率	0.0001	0.0005	0.001	0.002	0.003	0.004
β	4.002	4.039	4.079	4.147	4.200	3.214
备　注	G+L（住）+W 组合　$\rho=0.2$　$x/h_0=0.4$　HRB335 级钢筋　$f=8.38$ 分布筋配筋率=0.1%					

总的来说，大大满足《建筑结构可靠度设计统一标准》[β]＝3.2的要求。

三、配筋砌块砌体构件斜截面受剪承载力可靠度分析

根据收集的配筋砌块砌体构件斜截面受剪承载力试验资料，其计算模式的统计参数列于表4-36。从表4-36可看出，试验数据与规范公式拟合较好，变异系数仅为0.16。

配筋砌块砌体构件斜截面受剪承载力可靠度分析结果见表4-37。

从表4-37可看出，按规范公式计算其可靠指标水平较好，按脆性构件，符合《统一标准》[β]＝3.7的要求；可靠指标对计算式中各变量稍敏感，可靠指标随剪跨比增大而减小，随轴向力增大亦减小。

配筋砌块砌体构件斜截面受剪承载力计算模式统计参数 表4-36

样本量	均　值	极　差	均方差	变异系数	标准偏度系数	标准峰度系数
26	1.453	1.047	0.239	0.16	0.591	0.397

配筋砌块砌体构件斜截面受剪承载力计算式——β（水平筋配筋率） 表4-37（a）

水平筋配筋率（%）	0.025	0.05	0.1	0.2	0.4
β	3.968	3.935	3.876	3.782	3.661
备　注	G＋L（住）＋W组合　$\rho=0.2$　$f=8.38$　HRB335级钢筋 $N=0.2bh_0\sqrt{f}$　$\lambda=1$				

配筋砌块砌体构件斜截面受剪承载力计算式——β（f） 表4-37（b）

f	4.19	6.28	8.38	10.47	12.56	16.75
β	3.834	3.860	3.876	3.888	3.897	3.910
备　注	G＋L（住）＋W组合　$\rho=0.2$　HRB335级钢筋水平筋配筋率＝0.1% $N=0.2bh_0\sqrt{f}$　$\lambda=1$					

配筋砌块砌体构件斜截面受剪承载力计算式——β 表4-37（c）

λ		$N=0.1bh_0\sqrt{f}$	$N=0.2bh_0\sqrt{f}$	$N=0.3bh_0\sqrt{f}$	$N=0.4bh_0\sqrt{f}$	平均值
1.0	G＋L（办）＋W组合	3.931	3.873	3.820	3.770	3.849
	G＋L（住）＋W组合	3.932	3.876	3.824	3.776	3.852
1.2	G＋L（办）＋W组合	3.914	3.859	3.808	3.760	3.835
	G＋L（住）＋W组合	3.915	3.862	3.812	3.765	3.839
1.4	G＋L（办）＋W组合	3.898	3.846	3.796	3.750	3.823
	G＋L（住）＋W组合	3.900	3.848	3.800	3.755	3.826
1.6	G＋L（办）＋W组合	3.883	3.833	3.785	3.740	3.810
	G＋L（住）＋W组合	3.885	3.835	3.789	3.745	3.814
1.8	G＋L（办）＋W组合	3.869	3.820	3.774	3.731	3.799
	G＋L（住）＋W组合	3.870	3.823	3.778	3.736	3.802
2.0	G＋L（办）＋W组合	3.855	3.808	3.764	3.722	3.787
	G＋L（住）＋W组合	3.856	3.811	3.767	3.727	3.790
平　均　值		3.892	3.841	3.793	3.748	3.819

注：$f=8.38$，Ⅰ级钢筋，水平筋配筋率＝0.1%。

灌孔砌体抗压强度和水平筋配筋率对可靠指标的影响较小。在常遇情况下,可靠指标均较高(见表 4-37a、4-37b),配筋砌块砌体构件斜截面承载力计算式满足《统一标准》可靠度的要求(表 4-37c)。

所以《砌体结构设计规范》GB 50003 提出的整套配筋混凝土砌块砌体构件承载力计算式满足《统一标准》可靠度的要求。

4.5 《砌体结构设计规范》GB 50003—2011 对砌体结构设计调整与耐久性设计

我国现行《砌体结构设计规范》GB 50003—2011 继续采用以概率理论为基础的极限状态设计方法,只是在 GB 50003—2001 的基础上对砌体结构的基本设计规定、可靠度设计及其设计表达式方面,作了进一步的补充和完善,并对砌体结构的耐久性设计给出了较系统的规定。

4.5.1 基本设计规定的补充与简化

一、砌体强度的补充

由于混凝土普通砖及混凝土多孔砖在各地大量涌现,尤其在浙江、上海、湖南、辽宁、河南、江苏、湖北、福建、安徽、广西、河北、内蒙古、陕西等省市区得到迅速发展,一些地区颁布了当地的地方标准。为了统一设计技术,保障结构质量与安全,长沙理工大学、中国建筑东北设计研究院、沈阳建筑大学、同济大学等单位进行了大量、系统的试验和研究,如:混凝土砖砌体基本力学性能试验研究;借助试验及有限元方法分析了肋厚对砌体性能的影响研究和砖的抗折性能;混凝土砖砌体受压承载力试验;混凝土砖墙低周反复荷载的拟静力试验;混凝土多孔砖砌体结构模型房屋的子结构拟动力和拟静力试验;混凝土多孔砖砌体底框模型房屋拟静力试验;混凝土多孔砖砌体结构模型房屋振动台试验等。并编制了《混凝土砖建筑技术规范》CECS257:2009。据此,现行规范按可靠度设计原则增加了混凝土砖砌体的强度指标。根据长沙理工大学等单位的大量试验研究结果,混凝土多孔砖砌体的抗压强度试验值与按烧结黏土砖砌体计算公式的计算值比值平均为 1.127;混凝土多孔砖砌体沿灰缝截面破坏时砌体的轴心抗拉强度、弯曲抗拉强度和抗剪强度高于烧结普通砖砌体的,为可靠,偏安全地取烧结黏土砖砌体的各相应强度值。

根据目前砂浆应用情况,增补强度等级为 Mb20 的砂浆,其砌体取值采用原规范公式外推得到。

为有效提高蒸压硅酸盐砖砌体的抗剪强度,确保结构的工程质量,应积极推广、应用专用砌筑砂浆。规范中的砌筑砂浆为普通砂浆,当该类砖采用专用砂浆砌筑时,其沿灰缝截面破坏时砌体的轴心抗拉强度设计值、弯曲抗拉强度设计值和抗剪强度设计值按普通烧结砖砌体的采用。当专用砂浆的砌体抗剪强度高于烧结普通砖砌体时,其砌体抗剪强度仍取烧结普通砖砌体的强度设计值。

二、砌体强度调整系数的简化

由于目前有吊车房屋不再采用砌体结构,因此取消了 2001 规范对有吊车房屋及一定跨度梁下砌体强度设计值的调整。

水泥砂浆调整系数在 73 及 88 规范中基本参照苏联规范而确定的调整系数。四川省建筑科学研究院对大孔洞率条型孔多孔砖砌体力学性能试验表明，中、高强度水泥砂浆对砌体抗压强度和砌体抗剪强度无不利影响，为此规定当 $f_2 \geqslant 5\text{MPa}$ 时，可不调整。

三、设计表达式的补充

根据《工程结构可靠性设计统一标准》GB 50153—2008 和《建筑结构荷载规范》GB 50009—2012，在荷载效应组合的设计值中引入可变荷载考虑结构设计使用年限的调整系数 γ_L。这是因为设计基准期是为统一确定荷载和材料强度标准值而规定的年限，它通常是一个固定值。而可变荷载是一个随机过程，其标准值是指在结构设计基准期内可能出现的最大值。设计使用年限越长，出现上述"大值"的可能性越大，因而设计中应提高其荷载标准值。反之亦然，设计中应降低其荷载标准值。可见引入 γ_L 的目的是为解决设计使用年限与设计基准期不同时对可变荷载标准值的调整（作者注：GB 50003—2011 中称 γ_L 为"结构构件的抗力模型不定性系数"，应予修改）。据此，对公式（4-42）、公式（4-43）作了修改。即砌体结构按承载能力极限状态设计时，应按下列公式中最不利组合进行计算：

$$\gamma_0 \left(1.2S_{Gk} + 1.4\gamma_L S_{Q1K} + \gamma_L \sum_{i=2}^{n} \gamma_{Qi}\psi_{ci}S_{Qik}\right) \leqslant R(f, a_k \cdots\cdots) \tag{4-46}$$

$$\gamma_0 \left(1.35S_{Gk} + 1.4\gamma_L \sum_{i=1}^{n} \psi_{ci}S_{Qik}\right) \leqslant R(f, a_k \cdots\cdots) \tag{4-47}$$

式中　γ_L 应按下列规定采用：

1. 对楼面和屋面活荷载，按表 4-38 采用。

2. 对雪荷载和风荷载，应取重现期为设计使用年限，按 GB 50009—2012 的规定确定基本雪压和基本风压，或按有关规范的规定采用。

对于温度作用，还没有太多设计经验，暂不考虑 γ_L。对于楼面均布活荷载中的书库、储藏室、机房、停车库以及工业楼面均布活荷载，不会随时间明显变化，属荷载标准值可控制的活荷载，取 $\gamma_L = 1.0$。

楼面和屋面活荷载考虑设计使用年限的调整系数 γ_L　　　　　表 4-38

设计使用年限（年）	5	50	100
γ_L	0.9	1.0	1.1

注：1. 当设计使用年限不为表中数值时，γ_L 可按线性内插确定；

　　2. 对于荷载标准值可控制的活荷载，取 $\gamma_L = 1.0$。

在验算整体稳定性时，除在设计表达式中增加 γ_L 外，还对永久荷载的分项系数增加了 1.35 的组合，以改进永久荷载（如自重）为主的结构可靠度偏低的情况。为此，对公式（4-44）作了修改，即当砌体结构作为一个刚体，需验算整体稳定性时，应按下列公式中最不利组合进行验算：

$$\gamma_0 \left(1.2S_{G2k} + 1.4\gamma_L S_{Q1K} + \gamma_L \sum_{i=2}^{n} S_{Qik}\right) \leqslant 0.8S_{G1k} \tag{4-48}$$

$$\gamma_0 \left(1.35S_{G2k} + 1.4\gamma_L \sum_{i=1}^{n} \psi_{ci}S_{Qik}\right) \leqslant 0.8S_{G1k} \tag{4-49}$$

另外关于补充、完善耐久性设计的有关规定，在下节中叙述。

4.5.2 砌体结构耐久性设计

结构的耐久性是在设计确定的环境作用和维修、使用条件下，结构构件在设计使用年限内保持其适用性和安全性的能力。结构耐久性设计的主要目标，是为了确保主体结构能达到规定的设计使用年限，满足建筑物的合理使用年限要求。合理使用年限是一个确定的期望值，而设计使用年限必须考虑环境作用、材料性能等因素的变异对于结构耐久性的影响，需要有足够的保证率。

砌体结构的耐久性包括两个方面，一是对砌体结构中钢筋的保护，二是对砌体材料的保护。GB 50003—2001 中虽均有反映，但规定不全面、不系统，且对砌体耐久性的要求或保护措施较薄弱。随着人们对工程结构耐久性要求的关注，有必要在新规范中对砌体结构的耐久性设计进行增补和完善并单独作为一节。砌体结构的耐久性与钢筋混凝土结构的耐久性既有相同处又有一些优势。如砌体结构中的钢筋保护增加了砌体部分；无筋砌体尤其是烧结类砖砌体、质地坚硬石材砌体的耐久性更好。新修订并颁布的《砌体结构设计规范》GB 50003—2011 中砌体结构耐久性设计系主要根据工程经验并参照国内外有关规范增补而成。

一、影响结构耐久性的因素

影响结构耐久性的因素较多，归纳起来主要是：设计使用年限，环境作用，材料的性能，防止材料劣化的技术措施以及使用期的检测、维护。

在这些因素作用下，结构耐久性设计的定量计算方法，尚未成熟到能在工程中普遍应用的程度。因而至今，国内外对结构耐久性设计仍采用传统的经验方法。在我国，结构耐久性暂归入正常使用极限状态进行设计控制。对砌体结构，其状态主要表现为砌体产生可见的裂缝、酥裂、风化、粉化，砌体中钢筋锈蚀、胀裂（图 4-6）。它们将导致结构功能降低，达不到设计预期的使用年限，甚至产生严重的工程事故。

二、砌体材料性能劣化

材料性能随时间的逐渐衰减，称为劣化。砌体、混凝土材料耐久性的优劣，主要取决于下列几个方面的影响。

1. 密实度

砌体材料、混凝土抵抗有害介质入侵的能力，其密实度是关键。通常以材料最低强度等级、最大水胶比来控制。强度等级高，材料孔隙率小；降低水胶比，材料含水少，孔隙小。因而提高了材料的耐久性。

2. 碳化

混凝土及硅酸盐材料，受大气中二氧化碳及酸性介质在水的参与下发生化学反应，形成中性的碳酸钙，即碳化作用。碳化会使材料的内部结构破坏，强度下降，不仅砌体性能劣化，对于配筋砌体，随着碳化深度加大，引起钢筋锈蚀。为此应控制材料的碳化系数，它是碳化后试件与碳化前对比试件抗压强度的比值。一般要求块材的碳化系数不小于0.85。限制其碳化指标是保障墙体的耐久性和结构安全性的重要措施，也对生产企业原材料质量控制、工艺养护制度起到促进作用。

3. 有害成分

砌体及混凝土中的有害成分主要是氯离子、碱骨料。材料中的氯离子会大大促进电化

图 4-6 砌体因耐久性原因产生的破坏示例

(a) 块体风化、剥落；(b) 块体风化、砂浆粉化；

(c) 砌体受腐蚀开裂、剥落；(d) 砌体中钢筋锈蚀、胀裂

学反应的速度，必须严格控制其氯离子含量。材料中碱性骨料与水反应体积膨胀，发生碱骨料反应，使砌体、混凝土产生膨胀裂缝，需控制材料的最大含碱量。

4. 冻融

砌体块体、混凝土内部含水量高时，尤其是多孔、轻质材料，冻融循环的作用会引起其内部或表面的冻融、损伤，甚至胀裂。当水中含有盐分，将加剧材料的损伤。因此要确保材料的冻融循环性能。

材料在 $-15℃$ 冻结后，再于 $20℃$ 的水中融化，称为一次冻融循环。冻结温度不应高于 $-15℃$，是因为水在微小的细孔中在低于 $-15℃$ 的温度下才能冻结。水在冻结时体积约增长 9% 左右，对材料孔壁产生可达 100MPa 的压力，在压力的反复作用下，使其由表面至内部产生裂纹、剥落、崩溃，因而使强度降低，甚至破坏。材料的冻结是由表及里，可使材料内外产生温差，这种冻融温差所引起的温度应力，加速造成了材料孔壁的破坏。材

料冻融循环的破坏作用，还与材料相互贯通的孔隙大小和充水程度有关，材料孔隙大，充水量多，再加之冻融次数多，则对材料的破坏越严重。

材料的抗冻性通过冻融试验测得，可按《砌墙砖试验方法》GB/T 2542—2003、《混凝土小型空心砌块试验方法》GB/T 4111—1997 中规定的方法来进行。

材料抗冻性指标的高低，不仅能评价材料在寒冷及严寒地区的应用效果，还可表征材料内在质量的优劣。通常抗冻性能要求，在经过规定的循环冻融次数后，材料重量损失不超过 5%，且强度损失不超过 25%。

5. 耐水性

材料长期在饱和水作用下，其强度显著降低，甚至丧失强度，这是材料耐水性差的表现。通常采用软化系数来表示其耐水性的优劣。材料的耐水性主要与其组成在水中的溶解度和材料的孔隙率有关，因此，块材的原材料选择、成型和养护工艺等均对软化系数有较大影响。

一般而言，吸水率低，则软化系数高；反之，吸水率高，则软化系数低。通过耐水性试验测定砌体材料的软化系数，可参照《混凝土小型空心砌块试验方法》GB/T 4111—1997 中规定的方法来进行。

软化系数处于 0～1 之间，接近于 1 时耐水性好。受水浸泡或处于潮湿环境中的重要建筑物所选用的材料软化系数不得小于 0.85。因此，软化系数大于 0.85 的材料常被认为是耐水的。干燥环境中使用的材料可以不考虑耐水性。

三、砌体结构耐久性设计

对于结构耐久性设计，主要是依据结构的设计使用年限、环境类别，选择性能可靠的材料和采取防止材料劣化的措施。结构的设计使用年限，应按建筑物的合理使用年限确定，不低于《工程结构可靠性设计统一标准》GB 50153 规定的设计使用年限。

1. 砌体结构的环境类别

砌体结构的耐久性，应根据结构的设计使用年限和表 4-39 规定的环境类别进行设计。

环境类别主要参考《配筋砌体结构设计规范》ISO 9652—3 和英国标准 BS5628，且与我国《混凝土结构设计规范》GB 50010 的接近。但砌体结构耐久性设计的环境类别与混凝土结构耐久性设计的环境类别有所差异，这是由于砌体结构主要用于 1、2、3 类环境类别，没有如同混凝土结构那样，按环境类别和环境作用等级分得那么细。

砌体结构的环境类别 表 4-39

环境类别	条　件
1	正常居住及办公建筑的内部干燥环境
2	潮湿的室内或室外环境，包括与无侵蚀性土和水接触的环境
3	严寒和使用化冰盐的潮湿环境（室内或室外）
4	与海水直接接触的环境，或处于滨海地区的盐饱和的气体环境
5	有化学侵蚀的气体、液体或固态形式的环境，包括有侵蚀性土壤的环境

2. 砌体中钢筋的选择及技术措施

（1）设计使用年限为 50 年时，砌体中钢筋的耐久性选择，应符合表 4-40 的规定。

环境类别	钢筋种类和最低保护要求	
	位于砂浆中的钢筋	位于灌孔混凝土中的钢筋
1	普通钢筋	普通钢筋
2	重镀锌或有等效保护的钢筋	当采用混凝土灌孔时，可为普通钢筋；当采用砂浆灌孔时应为重镀锌或有等效保护的钢筋
3	不锈钢或有等效保护的钢筋	重镀锌或有等效保护的钢筋
4 和 5	不锈钢或等效保护的钢筋	不锈钢或等效保护的钢筋

注：1 对夹心墙的外叶墙，应采用重镀锌或有等效保护的钢筋；
2 表中的钢筋即为国家现行标准《混凝土结构设计规范》GB 50010 和《冷轧带肋钢筋混凝土结构技术规程》JGJ 95 等标准规定的普通钢筋或非预应力钢筋。

（2）设计使用年限为 50 年时，夹心墙的钢筋连接件或钢筋网片、连接钢板、锚固螺栓或钢筋，应采用重镀锌或等效的防护涂层，镀锌层的厚度不应小于 $290g/m^2$；当采用环氧涂层时，灰缝钢筋涂层厚度不应小于 $290\mu m$，其余部件涂层厚度不应小于 $450\mu m$。

3. 砌体中钢筋的保护层厚度

配筋砌体中钢筋的保护层厚度要求，英国标准比美国规范更严，而 ISO 标准有一定灵活性。

（1）英国标准认为砖砌体等材料具有吸水性，内部允许存在渗流，砌体保护层几乎对钢筋起不到防腐作用，可忽略不计。砂浆的防腐性能通常又较相同厚度的密实混凝土的防腐性能差，在相同暴露情况下它要求的保护层厚度通常比混凝土的保护层大。

（2）ISO 标准与英国标准要求的保护层厚度相同，但在块体和砂浆满足抗渗性能要求条件下，钢筋的保护层可考虑部分砌体厚度的作用。

（3）美国砌体规范规定的环境仅有室内正常环境和室外或暴露于地基土中两类，对于后者，当钢筋直径大于 No.5（$\phi=16$）时钢筋保护层厚度不小于 2 英寸（50.8mm），当不大于 No.5 时不小于 1.5 英寸（38.1mm）。其理由是传统的钢筋是不镀锌的，砌体保护层可以延缓钢筋的锈蚀。保护层厚度是指从砌体外表面到钢筋最外层的距离，如果横向钢筋围着主筋，则应从箍筋的最外边缘算起。砌体保护层包括砌块、抹灰层及面层的厚度。在水平灰缝中，钢筋保护层厚度是指从钢筋的最外缘到抹灰层外表面的砂浆和面层总厚度。

（4）我国新规范在环境类别 1～3 时给出了采用防渗块材和砂浆时混凝土保护的低限值，并参照国外规范规定了某些钢筋的防腐镀（涂）层的厚度或等效的保护；在环境类别 4、5 时保护层厚度采用了 ISO 标准的规定。随着新防腐材料或技术的发展也可采用性价比更好、更节能环保的钢筋防护材料。

（5）砌体中钢筋的混凝土保护层厚度要求基本上同混凝土规范的规定，但适用的环境条件根据砌体具有复合保护层的特点有所扩大。对于配筋混凝土砌块砌体结构，采用专用系列砌块、专用砂浆和专用灌孔混凝土，施工时采用专用振捣棒等，以确保灌孔混凝土密实并与砌块壁粘结牢靠是十分重要的。

因此，我国现行《砌体结构设计规范》GB 50003—2011 规定，设计使用年限为 50 年时，砌体中钢筋的保护层厚度，应符合下列规定：

1）配筋砌体中钢筋的最小混凝土保护层厚度，应符合表 4-41 的规定。

钢筋的最小保护层厚度（mm） 表 4-41

环境类别	混凝土强度等级			
	C20	C25	C30	C35
	最低水泥含量（kg/m³）			
	260	280	300	320
1	20	20	20	20
2		25	25	25
3		40	40	30
4			40	40
5				40

注：1. 材料中最大氯离子含量和最大碱含量应符合《混凝土结构设计规范》GB 50010 的规定。

2. 当采用防渗砌体块材和防渗砂浆砌筑时，可考虑部分砌体（含抹灰层）的厚度作为保护层，但对环境类别 1、2、3，其混凝土保护层的厚度分别不应小于 10mm、15mm 和 20mm。

3. 钢筋砂浆面层的组合砌体构件的钢筋保护层厚度，可近似按 M7.5～M15 对应 C20，M20 对应 C25 的关系，按表中规定的混凝土保护层厚度数值增加 5～10mm（本条注系作者对 GB 50003—2011 相应规定的补充，方便应用）。

4. 对安全等级为一级或设计使用年限为 50 年以上的砌体结构，钢筋的保护层厚度应至少增加 10mm。

2）灰缝中钢筋外露砂浆保护层厚度不应小于 15mm。

3）所有钢筋端部均应有与对应钢筋的环境类别条件相同的保护层厚度。

4）对填实的夹心墙或特别的墙体构造，钢筋的最小保护层厚度，应符合下列要求：

① 用于环境类别 1 时，应取 20mm 厚砂浆或灌孔混凝土与钢筋直径较大者。

② 用于环境类别 2 时，应取 20mm 厚灌孔混凝土与钢筋直径较大者。

③ 采用重镀锌钢筋时，应取 20mm 厚砂浆或灌孔混凝土与钢筋直径较大者。

④ 采用不锈钢钢筋时，应取钢筋的直径。

4. 砌体材料的选择及技术措施

无筋高强度砖、石结构经历数百年乃至上千年考验，其耐久性不容置疑。即使在现代，提高砌体材料的强度等级，仍然是增强其耐久性的有效和普遍采用的方法。对非烧结块材、多孔块材的砌体，处于冻胀或某些侵蚀环境条件下其耐久性易于受损，更应注意提高其砌体材料的强度等级。

地面以下或防潮层以下的砌体采用多孔砖或混凝土空心砌块时，应将其孔洞预先用不低于 M10 的水泥砂浆或不低于 Cb20 的混凝土灌实，不应随砌随灌，以保证灌孔混凝土的密实度及质量。

鉴于全国范围内的蒸压灰砂砖、蒸压粉煤灰砖等蒸压硅酸盐砖的制砖工艺、制造设备等有着较大的差异，砖的品质不尽一致。国家现行的材料标准规定，在环境类别为 3—5 等有侵蚀性介质的情况下，不应采用蒸压灰砂砖和蒸压粉煤灰砖。

因此，设计使用年限为 50 年时，砌体材料的选择、最低强度等级及技术措施，应符合下列规定。

(1) 处于环境类别 1 的砌体，其块体材料的最低强度等级，应符合表 4-42 的要求。

在《砌体结构设计规范》GB 50003—2011 中，未明确规定 1 类环境下砌体材料的耐久性要求。为此，作者提出以《墙体材料应用统一技术规范》GB 50574—2010 中对块体材料的最低强度等级的要求作为处于环境类别 1 砌体材料耐久性的规定。但表 4-42 对用于外墙的烧结普通砖、烧结多孔砖、蒸压普通砖和混凝土砖的强度等级应提高一级的规定，值得商榷。因为从施工上，其内墙的砖强度等级势必也需提高。

在国外，不少国家块体材料的最低强度等级很高，无须对此作出限制。

块体材料的最低强度等级   表 4-42

块体材料用途及类型		最低强度等级	备 注
承 重	烧结普通砖、烧结多孔砖	MU10	用于外墙及潮湿环境的内墙时，强度等级应提高一级
	蒸压普通砖、混凝土砖	MU15	
	普通、轻集料混凝土小型空心砌块	MU7.5	以粉煤灰做掺合料时，粉煤灰的品质、取代水泥最大限量和掺量应符合现行国家标准《用于水泥和混凝土中的粉煤灰》GB/T 1596、《粉煤灰混凝土应用技术规范》GBJ 146 和《粉煤灰在混凝土和砂浆中应用技术规程》JGJ 28 的有关规定
自承重	轻集料混凝土小型空心砌块	MU3.5	用于外墙及潮湿环境的内墙时，强度等级不应低于 MU5.0；全烧结陶粒保温砌块用于内墙时，强度等级不应低于 MU2.5、密度不应大于 800kg/m³
	烧结空心砖、空心砌块	MU3.5	用于外墙及潮湿环境的内墙时，强度等级不应低于 MU5.0

(2) 处于环境类别 2 的砌体，其材料最低强度等级，应符合表 4-42 备注栏及表 4-43 的要求。

轻集料砌块的建筑应用，应采用以强度等级和密度等级双控的原则，避免只顾块体强度而忽视其耐久性。例如，用于自承重墙的全烧结陶粒砌块，按强度等级不小于 MU2.5、密度等级不大于 800 级的条件实施双控。这既符合目前企业的实际生产能力，也可满足工程需要。

地面以下或防潮层以下的砌体及潮湿房间墙所用材料的最低强度等级   表 4-43

潮湿程度	烧结普通砖	混凝土普通砖、蒸压普通砖	混凝土砌块	石 材	水泥砂浆
稍潮湿的	MU15	MU20	MU7.5	MU30	M5
很潮湿的	MU20	MU20	MU10	MU30	M7.5
含水饱和的	MU20	MU25	MU15	MU40	M10

注：1. 在冻胀地区，地面以下或防潮层以下的砌体，不宜采用多孔砖，如采用时，其孔洞应用不低于 M10 的水泥砂浆预先灌实；当采用混凝土空心砌块砌体时，其孔洞应采用强度等级不低于 Cb20 的混凝土预先灌实；
2. 对安全等级为一级或设计使用年限大于 50 年的房屋，表中材料强度等级应至少提高一级。

（3）处于环境类别 3~5 等有侵蚀性介质的砌体材料，应符合下列要求：

1）不应采用蒸压灰砂砖、蒸压粉煤灰砖。

2）应采用实心砖，砖的强度等级不应低于 MU20，水泥砂浆的强度等级不应低于 M10。

3）混凝土砌块的强度等级不应低于 MU15，灌孔混凝土的强度等级不应低于 Cb30，砂浆的强度等级不应低于 Mb10。

4）应根据环境类别对砌体材料的抗冻指标、耐酸、耐碱性能提出要求，或符合有关标准的规定。

参 考 文 献

[4-1]　建筑结构设计统一标准 GBJ 68—84(试行). 北京：中国建筑工业出版社，1984.

[4-2]　建筑结构安全性研究小组. 建筑结构安全性理论的发展与应用. 建筑结构学报. 1980，1.

[4-3]　中国建筑科学研究院建筑结构研究所规范研究室. 以概率理论为基础的极限状态设计方法. 建筑结构学报. 1981，4.

[4-4]　霍夫著. 纵向弯曲与稳定性. 王听留等译. 北京：中国工业出版社，1963.

[4-5]　尔然尼采主编. 建筑结构的安全度与强度. 赵超燮等译. 北京：建筑工程出版社，1957.

[4-6]　谢苗佐夫著. 砖石及钢筋砖石结构按极限状态的计算. 王自然译. 北京：中国工业出版社，1962.

[4-7]　周承渭译. 砖石及钢筋砖石结构设计标准及技术规范(НиТУ 120-55). 北京：建筑工程出版社，1959.

[4-8]　王传志等主编. 钢筋混凝土结构理论. 北京：中国建筑工业出版社，1985.

[4-9]　Macchi G. Safety Considerations for a Limit State Design of Masonry. Proceedings of the SIB-MaC. 1971.

[4-10]　Turkstra C，Ojinaga J，Shyu C T. Safety Index Analysis of Brick Masonry. 6th IBMaC. 1982.

[4-11]　Chen Xingzhi. The Development of the Chinese Design Code for Brick Masonry Structures. The Proceedings of the 7th IBMaC. Vol. 2，1985.

[4-12]　Hu Chiuku. Chinese Research on the Reliability of Brick Masonry. The Proceedings of the 7th IBMaC. Vol. 2，1985.

[4-13]　Hart G C，Englekirk R E，Sabol T A. Limit State Design of Masonry in the United States. The Proceedings of the 7th IBMaC. Vol. 2，1985.

[4-14]　International Recommendations for Masonry Structures. CIB Report，Publication 58，1980.

[4-15]　砖石结构设计规范(GBJ 3—73). 北京：中国建筑工业出版社，1973.

[4-16]　中型砌块建筑设计与施工规程(JGJ 5—80). 北京：中国建筑工业出版社，1980.

[4-17]　混凝土空心小型砌块建筑设计与施工规程(JGJ 14—82). 北京：中国建筑工业出版社，1983.

[4-18]　砖石结构设计规范修订组。关于《砖石结构设计规范》的安全系数问题. 建筑结构，1975，4.

[4-19]　砌体结构设计规范(GBJ 3—88). 北京：中国建筑工业出版社，1988.

[4-20]　钱义良，施楚贤主编. 砌体结构研究论文集. 长沙：湖南大学出版社，1989.

[4-21]　砖石结构设计规范修订组. 砌体强度的变异和抗力分项系数. 建筑结构，1984，2.

[4-22]　British Standards Institution，Code of Practice for Structural use of Masonry. BS 5628：

Part1，Unreinforced Masonry. 1978.

［4-23］ Hendry A W. Structural Brickwork. New York：John Wiley and Sons，1981.

［4-24］ Каменные и Армокаменные Конструкчии. Нормы Проектирования，СНип Ⅱ-22-81. Москва：1983.

［4-25］ 赵国藩. 结构可靠度的实用分析方法. 建筑结构学报. 1984，3.

［4-26］ 李继华. 结构可靠性分析的优化方法. 建筑结构学报. 1987，2.

［4-27］ 杨伟军，赵传智. 土木工程结构可靠度理论与设计. 北京：人民交通出版社，1999.

［4-28］ 砌体结构设计规范(GB 50003—2001)，北京：中国建筑工业出版社，2002.

［4-29］ 建筑结构可靠度设计统一标准(GB 50068—2001)，北京：中国建筑工业出版社，2001.

［4-30］ 砌体工程施工质量验收规范(GB 50203—2002)，北京：中国建筑工业出版社，2002.

［4-31］ 杨伟军，施楚贤. 偏心受压砌体构件偏心距计算的探讨. 建筑结构. 1999(11).

［4-32］ 严家熺等. 无筋砌体的可靠度分析. 建筑科学. 2002(增刊-2).

［4-33］ 杨伟军，施楚贤. 配筋混凝土砌块砌体剪力墙可靠度分析. 建筑科学. 2002(增刊-2).

［4-34］ 施楚贤，杨伟军. 灌芯砌块砌体强度及配筋砌体剪力墙的受剪承载力研究. 现代砌体结构. 北京：中国建筑工业出版社，2000.

［4-35］ 施楚贤，杨伟军. 配筋砌块砌体剪力墙的受剪承载力及可靠度分析. 建筑结构，2001(3).

［4-36］ 严家熺等. 无筋砌体的可靠度分析. 现代砌体结构. 北京：中国建筑工业出版社，2000.

［4-37］ code of Practice for the Use of Masonry. Part 1：Structural use of Unteinforced Masanry. BS5628-1：2005.

［4-38］ Specificatian for Masonry Structure. Acl 530. 1-05/ASCE6-05/TMS602-05.

［4-39］ Building Code Requirements for Masonry Structures. ACI 530-05/ASCE5-05/TMS4. 2-0. 5.

［4-40］ 赵国藩等. 结构可靠度理论. 北京：中国建筑工业出版社，2000.

［4-41］ 工程结构可靠性设计统一标准(GB 50153—2008). 北京：中国建筑工业出版社，2008.

［4-42］ 砌体结构设计规范(GB 50003—2011). 北京：中国建筑工业出版社，2012.

［4-43］ 砌体结构工程施工质量验收规范(GB 50203—2011). 北京：中国建筑工业出版社，2011.

［4-44］ 建筑结构荷载规范(GB 50009—2012). 北京：中国建筑工业出版社，2012.

［4-45］ 混凝土结构耐久性设计规范(GB/T 50476—2008). 北京：中国建筑工业出版社，2009.

［4-46］ 苑振芳，刘斌等. 砌体结构的耐久性. 建筑结构. 2011(4).

［4-47］ 金伟良等. 《混凝土结构设计规范》修订简介(三)——混凝土结构的耐久性设计. 建筑结构，2011(4).

［4-48］ 林文修等. 关于砌体的耐久性检测. 砌体结构理论与新型墙材应用. 中国城市出版社，2007.

［4-49］ 杨玉成等. 在极端环境中砌体结构的抗裂性能. 现代砌体结构. 北京：中国建筑工业出版社，2000.

［4-50］ 林文修等. 灰砂砖砌体耐久性问题留下的思考，砌体结构与墙体材料基本理论和工程应用. 上海：同济大学出版社，2005.

［4-51］ Code of Practice for Design of Reinforced Masonry. ISO 9652-3. 2000.

［4-52］ 墙体材料应用统一技术规范(GB 50574—2010). 北京：中国建筑工业出版社，2010.

第五章　无筋砌体结构构件的承载力

在第三章中，我们已就无筋砌体的抗压、抗拉、抗弯和抗剪强度作了分析，现在讨论无筋砌体结构受压构件、受拉构件　受弯构件和受剪构件的承载力及其计算方法。由于无筋砌体的抗拉、抗弯和抗剪强度远低于其抗压强度，因此无筋砌体主要用作受压构件。无筋砌体抗剪强度虽低，但往往墙体截面尺寸较大，有较大的抗剪能力。本章重点论述无筋砌体受压构件和受剪构件的承载力。

5.1　受　压　构　件

5.1.1　短柱

短柱在承受压力时，若按匀质弹性材料力学假定，其截面应力按线性分布（图 5-1）。

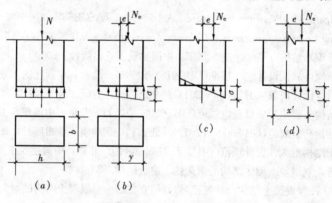

图 5-1　截面应力图

图 5-1（a）为短柱轴心受压，当砌体抗压强度为 f_m、截面面积为 A 时，该柱能承受的压力为 $N=Af_m$。若偏心受压时（偏心距为 e），按普通材料力学公式，截面较大受压边缘的应力 σ（图 5-1b、c）为：

$$\sigma = \frac{N_e}{A} + \frac{N_e e}{I} y$$
$$= \frac{N_e}{A}\left(1 + \frac{ey}{i^2}\right)$$

当上述边缘应力达 f_m 时，该柱能承受的压力为：

$$N_e = \frac{1}{1 + \dfrac{ey}{i^2}} f_m A \tag{5-1}$$

146

由公式（5-1）可得：

$$\alpha_1 = \frac{N_e}{f_m A} = \frac{1}{1 + \frac{ey}{i^2}} \tag{5-2}$$

对于尺寸为 bh 的矩形截面，则：

$$\alpha_1 = \frac{1}{1 + \frac{6e}{h}} \tag{5-3}$$

α_1 可称为按普通材料力学公式计算，当截面全部受压，或部分截面受压和部分截面受拉时砌体的偏心影响系数。

当偏心距较大，且不考虑截面的受拉应力（图 5-1d）时，对矩形截面短柱，截面受压区高度 $x' = \left(1.5 - 3\frac{e}{h}\right)h$，则得：

$$\alpha_2 = 0.75 - 1.5\frac{e}{h} \tag{5-4}$$

上述计算公式是否符合砌体的实际情况呢？以作者的实测结果来看，试验砌体尺寸为 240mm×370mm×740mm，砌筑材料的强度 $f_1 = 14.5$MPa 和 $f_2 = 4.8$MPa。轴心受压时，实测破坏荷载 $N = 711.6$kN；偏心受压时（$e = 83$mm），实测破坏荷载 $N_e = 446.8$kN。实测的砌体偏心影响系数为：

$$\alpha = \frac{N_e}{N} = \frac{446.8}{711.6} = 0.628$$

而按公式（5-3）的计算值 $\alpha_1 = 0.426$，按公式（5-4）的计算值 $\alpha_2 = 0.414$，均较实测结果小很多。大量的试验研究结果证明，按普通材料力学公式确定砌体的偏心影响系数，将过低地估计砌体的承载力。

云南省设计院胡秋谷等人进行了一项有意义的研究，即在砖砌体的表面贴较薄的光敏材料，砌体受压后，拍摄得一系列应力条纹图像。图 5-2 为砖砌体偏心受压接近破坏时，根据应力条纹图像绘得的水平截面及垂直截面上法向应力的图像（图中负号表示压应力，正号表示拉应力）。由于砌体材料的塑性性质，截面应力出现重分布。砖砌体在偏心受压时，截面的应力图形并不呈线性而是呈曲线分布，且该应力图形比按匀质弹性材料力学所假定的较均匀、饱满。因此砌体在偏心受压时的强度，不能直接采用普通材料力学的公式来计算。

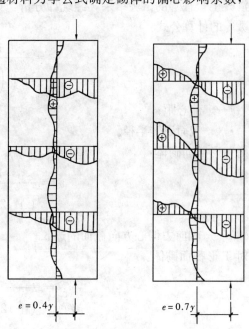

图 5-2　砖砌体偏心受压时应力图像

根据试验研究，短柱在受压过程中，当偏心距 $e=0$ 时，砌体为轴心受压，截面压应力均匀分布（图 5-3a）。随着荷载偏心距的增大，截面应力分布变得不均匀（图 5-3b）。当偏心距继续增大时，远离荷载的截面边缘由受压较小而逐渐变为受拉。一旦该拉应力大于砌体沿通缝截面的弯曲抗拉强度时相继产生水平裂缝（图 5-3c），且随荷载的增大，水平裂缝不断地向荷载偏心方面延伸发展（图 5-3d）。

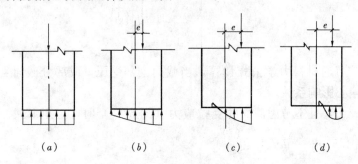

$$(a) \qquad (b) \qquad (c) \qquad (d)$$

图 5-3　砌体受压时截面应力变化

根据上述砌体在偏心受压时的特性可以看出，一方面砌体截面的压应力图形呈曲线分布；随着水平裂缝的发展，受压面积逐渐减小，荷载对减小了的截面的偏心距也逐渐减小；砌体局部受压面积上的抗压强度，一般都有所提高（详见本章第 5.2.1）。这些因素对砌体的承载能力产生有利影响。但另一方面也应看到，砌体截面应力非均匀分布，截面面积有可能被削弱。这些因素对砌体的承载能力则产生不利影响。由于现有的试验研究，对所有上述因素的影响还不能分别予以确定。因此，对于砌体的偏心受压，实用上可以一个总的系数，即砌体的偏心影响系数 α 来加以综合考虑。

根据四川省建筑科学研究所等单位，对矩形、T 形、十字形截面的砌体，以及圆形截面素混凝土短柱等的试验结果，经统计分析，孙明提出了砌体（或称短柱）受压时偏心影响系数 α 的计算公式：

$$\alpha = \frac{1}{1 + \left(\dfrac{e}{i}\right)^2} \tag{5-5}$$

式中　e——偏心距；
i——截面回转半径。

对矩形截面砌体：

$$\alpha = \frac{1}{1 + 12\left(\dfrac{e}{h}\right)^2} \tag{5-5a}$$

式中　h——轴向力偏心方向截面的边长。

对 T 形截面砌体：

$$\alpha = \frac{1}{1 + 12\left(\dfrac{e}{h_T}\right)^2} \tag{5-5b}$$

式中　h_T——T 形截面的折算厚度，$h_T = 3.5i$。

砌体偏心影响系数的试验值（组平均值）与按公式（5-5）的计算值绘于图 5-4。其中矩形截面的砖、多孔砖砌体共 198 个（试验值以"■"表示），其平均比值为 1.160，变异系数为 0.227；矩形截面的小型砌块及石砌体共 152 个（试验值以"□"表示），其平均比值为 1.062，变异系数为 0.122；T 形截面的砖砌体共 47 个（荷载作用于翼缘时的试验值以"⊤"表示，荷载作用于肋部时的试验值以"⊥"表示），其平均比值为 1.058，变异系数为 0.157；环形截面的砖砌体共 28 个（试验值以"○"表示），其平均比值为 0.975，变异系数为 0.042。图中"×"表示的试验值系收集近年来的研究报告而得，共 37 个砌体（有蒸压粉煤灰砖砌体、陶粒混凝土砌块砌体等），其平均比值为 0.962，变异系数为 0.114。上述试验中，大部分砌体的荷载偏心距为（0～0.4）h。

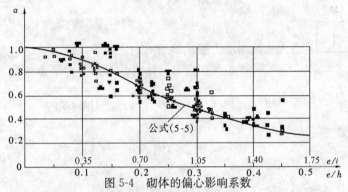

图 5-4　砌体的偏心影响系数

5.1.2　对砌体偏心影响系数的进一步研究

由上述分析可知，要确定短柱的承载能力，重要的在于确定砌体的偏心影响系数，公式（5-5）是我国现行规范推荐的计算公式，应用比较简便。但该公式是根据试验结果统计而得，其主要的缺点在于尚未得到理论上的解释。为使 α 的取值更趋合理，下面介绍近年来国内一些单位的探讨，还扼要介绍国外的有关论述。

一、作者的研究

对于已知截面的砌体，在偏心受压时，作者采用下列三条基本假定进行推导。

1. 砌体在偏心压力 N 作用下，截面符合平面变形假定。

2. 砖砌体的受压应力-应变关系，可采用公式（3-36）。

国内外对于混凝土的受压应力-应变曲线的研究表明，以轴心受压时的应力-应变曲线作为偏心受压的应力-应变曲线，在设计中是偏安全的，因此，我们也有理由将砌体轴心受压时的 $\sigma\varepsilon$ 曲线（即公式 3-36）来代替偏心受压的应力-应变曲线。砖砌体轴心受压时，其极限应变可按公式（3-37）计算。如当 $f_m=3\text{MPa}$，$\varepsilon_{0.9}=2.89\times10^{-3}$。奥尼西克在研究中指出，矩形截面砖砌体偏心受压时，受压边缘的极限应变较轴心受压时的极限应变增大 50%。为了在轴心受压的应力—应变关系中适当反映偏心受压的应力—应变特性，现按公式（3-36），取 $\sigma=0.99f_m$ 时的应变值作为其极限应变，即 $\varepsilon_{ult}=\dfrac{0.01}{\sqrt{f_m}}$。如当 $f_m=3\text{MPa}$ 时，$\varepsilon_{ult}=5.11\times10^{-3}$。该值与 V. Tursek 等人的试验结果也比较接近。他们根据 57 个砖墙的试验结果，按回归分析给出应力-应变全曲线，当砖墙应力达 f_m（$f_m=2.96\text{MPa}$）时的变值为 5.0×10^{-3}。

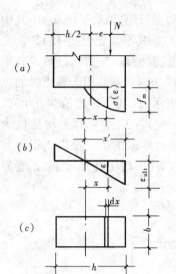

图 5-5 砌体偏心
受压计算图

3. 忽略砌体的抗拉强度。

现以图 5-5 所示矩形截面砖砌体为例，根据假定 1（图 5-5b）可得：

$$\frac{\varepsilon}{\varepsilon_{ult}} = \frac{x}{x'}$$

即

$$\varepsilon = \frac{\varepsilon_{ult}}{x'}x \tag{5-6}$$

式中　x'——截面受压区高度。

根据假定 2，得：

$$\sigma = (1 - e^{-460\sqrt{f_m}\frac{\varepsilon_{ult}}{x'}x})f_m \tag{5-7}$$

截面应力按曲线分布（图 5-5a）。

根据假定 3，并由截面的静力平衡条件可得：

$$N = \int_0^{x'} \sigma(\varepsilon)b\mathrm{d}x$$

$$= \int_0^{x'} (1 - e^{-460\sqrt{f_m}\frac{\varepsilon_{ult}}{x'}x})f_m b\mathrm{d}x \tag{5-8}$$

$$N\left(\frac{h}{2} + e\right) = \int_0^{x'} \sigma(\varepsilon)(h - x' + x)b\mathrm{d}x$$

$$= \int_0^{x'} (1 - e^{-460\sqrt{f_m}\frac{\varepsilon_{ult}}{x'}x})f_m(h - x' + x)b\mathrm{d}x \tag{5-9}$$

由公式（5-8）解得：

$$N = 0.785x'bf_m \tag{5-10}$$

由公式（5-9）解得：

$$N\left(\frac{h}{2} + e\right) = (0.785hx' - 0.329x'^2)bf_m \tag{5-11}$$

联立解方程式（5-10）和式（5-11），得砌体偏心受压时截面受压区高度：

$$x' = 1.19\left(1 - \frac{2e}{h}\right)h \leqslant h \tag{5-12}$$

由公式（5-12）所确定的 x'，小于受压区取三角形应力分布图形，即按材料力学公式不考虑受压计算得的受压区高度 $1.5\left(1 - \frac{2e}{h}\right)h$，而大于受压区取矩形应力分布图形，即按《混凝土结构设计规范》所计算的受压区高度。可见公式（5-12）较好地反映了砌体的弹塑性性质。同时，按该公式的计算值与云南省设计院 13 个贴有光敏薄层的砖砌体和苏联 5 个砖砌体偏心受压时实测的受压区高度很吻合（图 5-6）。公式（5-12）中，当 $e=$

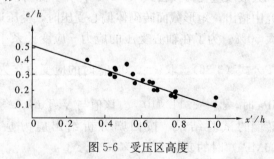

图 5-6　受压区高度

0，即轴心受压时，受压区高度应为 h，故按此式计算的 x' 不应大于 h。

将公式（5-12）代入公式（5-10）得：

$$N = \left(0.934 - 1.868\frac{e}{h}\right)f_m A$$

根据试验结果，对此式加以修正，最后可取：

$$N = \left(1 - 1.5\frac{e}{h}\right)f_m A \tag{5-13}$$

则

$$a = 1 - 1.5\frac{e}{h} \tag{5-14}$$

国内 118 个砖砌体的试验值与按公式（5-14）的计算值的比较见图 5-7，其平均比值

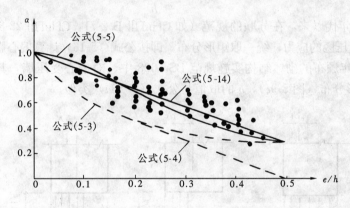

图 5-7 矩形截面的砌体的偏心影响系数

为 1.055，变异系数为 0.178。而该试验值与公式（5-5a）比较，其平均比值为 1.136，变异系数为 0.208。可见公式（5-14）较公式（5-5a）更为符合试验结果。

二、伍培根的方法

贵州省建筑设计院伍培根在研究时假定砌体受压后截面应力图形，仍采用普通材料力学的线性应力图形，但强度校核点取在轴向力 N 作用下的点，即使截面上该点的压应力 $\sigma = f_m$（图 5-8）。因此，在公式（5-1）中，令 $y = e$，即可推导出公式（5-5）。该方法看似直接、简单，但其截面应力图形与实际不符，且 N 作用点处的应力取值缺乏依据。

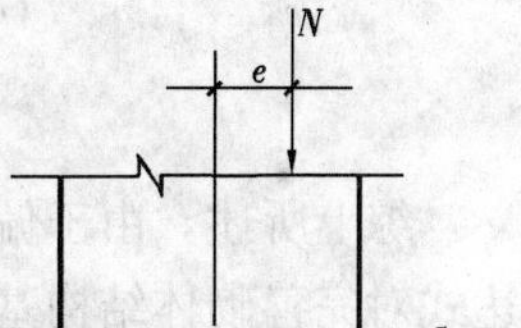

三、国外的研究

国外对砌体偏心影响系数也作了许多研究。早在 20 世纪 50 年代，苏联规范（НиТУ 120—55）中，将偏心受压构件分为小偏心受压和大偏心受压两种类型。在小偏心受压时，截面应力按曲线分布（图 5-9a），并假定轴向力对截面较小受压边或受拉边的破坏力矩为一常数，从而得：

图 5-8 假定的截面
应力图

$$\alpha = \cfrac{1}{1 + \cfrac{e}{h - y}} \tag{5-15}$$

对于矩形截面

$$\alpha = \frac{1}{1+\frac{2e}{h}}$$ (5-15a)

在大偏心受压时，假定受压区应力的重心与轴向偏心力的作用点相重合，受压区的截面应力按矩形分布（图 5-9b）（在进行强度计算时还考虑了受压区局部受压应力的提高）。此时：

$$\alpha \approx \frac{2(y-e)}{h}$$ (5-16)

对于矩形截面

$$\alpha = 1 - \frac{2e}{h}$$ (5-16a)

20 世纪 70 年代以来，在苏联的规范（如 СНиПⅡ-Б.2-71，СНиПⅡ-22-81）中，对偏心受压构件截面受压区的应力，统一取矩形分布，即按公式（5-16）计算偏心影响系数。

英国 1978 年颁布的砌体结构实施规范 BS 5628 中，对偏心受压墙，其截面受压区的应力也取用矩形分布（图 5-9c），α 的取值与公式（5-16a）类似。

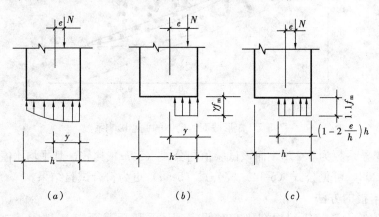

图 5-9 原苏联等国规范采用的截面应力图

综上所述，由于偏心影响系数是一个至关重要的概念和计算参数，从理论上建立其表达式对完善砌体结构基本理论是一项有意义的研究。

5.1.3 轴心受压长柱

细长的柱在轴心受压时，往往由于侧向变形（挠度）的增大而产生纵向弯曲的破坏。对于用砖、石或砌块砌筑的构件，由于有水平砂浆，且水平灰缝数量多，砌体的整体性受到影响。它们在受压时，纵向弯曲对构件承载力的影响较素混凝土构件的要大些。试验表明，随着构件高厚比 β 的增大，纵向弯曲现象愈加显著，一般当 $\beta > 12$ 时，构件在临近破坏时，凭肉眼可观察到纵向弯曲。在通常的情况下，均应考虑纵向弯曲的影响，图 5-10 为砖柱纵向弯曲试验时的几种破坏形态。

根据作者的研究，当采用材料力学公式，构件产生纵向弯曲破坏的临界应力为：

$$\sigma_c = \frac{\pi^2 EI}{AH_0^2} = \pi^2 E \left(\frac{r}{H_0}\right)^2$$ (5-17)

图 5-10　砖柱纵向弯曲与破坏形态

将公式（3-54）代入上式得：

$$\sigma_c = 460\pi^2 f_m \sqrt{f_m}\left(1 - \frac{\sigma_c}{f_m}\right)\left(\frac{r}{H_0}\right)^2 \tag{5-18}$$

在计算轴心受压长柱的承载力时，临界应力 σ_c 与其破坏强度 f_m 的比值称为稳定系数，即：

$$\varphi_0 = \frac{\sigma_c}{f_m}$$

$$= 460\pi^2 \sqrt{f_m}\left(1 - \frac{\sigma_c}{f_m}\right)\left(\frac{r}{H_0}\right)^2 \tag{5-19}$$

令 $\varphi_1 = 460\pi^2 \sqrt{f_m}\left(\frac{r}{H_0}\right)^2$，且对于矩形截面构件，截面回转半径 $r = 0.289h$，则：

$$\varphi_1 = 379.2\sqrt{f_m}\,\frac{1}{\beta^2} \approx 370\sqrt{f_m}\,\frac{1}{\beta^2}$$

$\beta = \dfrac{H_0}{h}$ 为构件的高厚比。由公式（5-19）：

$$\varphi_0 = \varphi_1(1 - \varphi_0)$$

即

$$\varphi_0 = \frac{\varphi_1}{1 + \varphi_1} = \frac{1}{1 + \dfrac{1}{\varphi_1}}$$

$$= \frac{1}{1 + \dfrac{1}{370\sqrt{f_m}}\beta^2} \tag{5-20}$$

取弹性常数 $\eta_1 = \dfrac{1}{370\sqrt{f_m}}$，则：

$$\varphi_0 = \frac{1}{1 + \eta_1\beta^2} \tag{5-20a}$$

在这里我们推导出公式（5-20a）中 η_1 的一般表达式，如以设计强度 f 代替平均强度 f_m，则 $\eta_1 = \dfrac{1}{510\sqrt{f}}$。公式（5-20）较全面考虑了砖和砂浆以及其他因素对构件纵向弯曲的影响。

按西安冶金建筑学院和四川省建筑科学研究所 59 个构件的试验值（试验构件的高厚比为 3～30 共 10 种，截面尺寸为 240mm×370mm 和 115mm×490mm 两种）与按公式（5-20）的计算值比较，其平均比值为 1.013，变异系数为 0.093；与我国规范比较，其平均比值为 1.016，变异系数为 0.115。可见公式（5-20）不仅与试验结果相当符合，且与我国规范值很接近。

进一步分析公式（5-20）可知，f_m 在某一范围内时，η_1 值的变化很小，如当

$f_m \geqslant 2.94\text{MPa}$ 时，可取 $\eta_1 = 0.0015$；

$1.77 \leqslant f_m < 2.94\text{MPa}$ 时，可取 $\eta_1 = 0.002$；

$f_m < 1.77\text{MPa}$ 时，可取 $\eta_1 = 0.003$；

取上述简化的 η_1 所计算的稳定系数与其试验结果的比较，如图 5-11 所示。

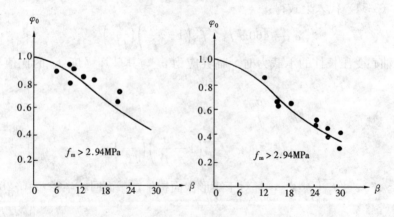

图 5-11　稳定系数

采用上述简化的 η_1，即方便计算，也与我国规范的取值相一致。《砌体结构设计规范》规定：

$$\varphi_0 = \frac{1}{1 + \eta \beta^2} \tag{5-21}$$

式中弹性常数 η 只与砂浆强度 f_2 有关，即当

$f_2 \geqslant 5\text{MPa}$ 时，$\eta = 0.0015$；

$f_2 = 2.5\text{MPa}$ 时，$\eta = 0.0020$；

$f_2 = 1\text{MPa}$ 时，$\eta = 0.0030$；

$f_2 = 0.4\text{MPa}$ 时，$\eta = 0.0045$；

$f_2 = 0$ 时，$\eta = 0.0090$。

5.1.4 偏心受压长柱

细长的柱在偏心荷载作用下，由于纵向弯曲较大，还必须考虑侧向变形（挠度）引起的附加偏心距对承载能力降低的影响。这是因为在偏心荷载作用下产生侧向挠度，该挠度又使荷载偏心距增大，它们相互作用使长柱破坏。早在1932年，苏联中央工业建筑科学研究所砖石结构试验室在 Л. И. ОНишик 领导下，对砖石结构偏心受压构件的承载力作了探讨，其承载能力与按材料力学公式所确定的承载能力差别较大。几十年来各国所进行的实验和理论研究也表明，要准确估计偏心受压长柱的承载能力，在于考虑砌体结构的弹塑性性质，进行受力全过程的分析。但这是比较复杂而困难的，至今各国一直采用简化的分析方法。归纳起来，这些方法大体有两种，第一种以截面的极限转动-曲率作为主要参数的附加弯矩近似计算方法，第二种以截面刚度作为主要参数的扩大弯矩（或扩大偏心距）近似计算方法。

一、国外的一些分析方法

N. Royen 于1937年提出脆性材料柱的弹性压屈理论。1954年 K. Angevo 按无抗拉强度柱的微分方程的解，也建立了类似的理论。K. Angevo 假定，在偏心荷载作用下沿柱高产生水平裂缝，未开裂截面及开裂截面的应力按直线分布（图5-12a）；破坏时在柱的二分之一高度的截面内形成一个铰（图5-12b）。其计算方法是，先研究任一微段柱在不同偏

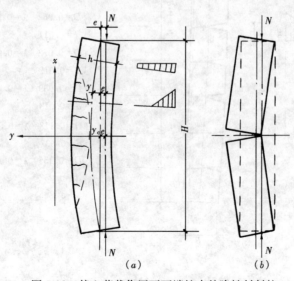

图5-12 偏心荷载作用下两端铰支的脆性材料柱

心荷载作用下的曲率，然后求柱的挠度曲线，从中找出稳定平衡到不稳定平衡的分界，即求得极限承载力。

1976 年 A. Hillerborg 等人提出"假定的裂缝模式"的概念（图 5-13a）。1980 年 A. Dl. Tomaso 等人在此基础上，先假定柱的变形曲线，求出其曲率，然后按有限差分法求出挠度，一旦计算得的挠度与原假定的变形情况一样，则认为原假定的变形值为其近似的数值解。如墙宽度 $B=1$，高度 $H=10B$（分为 10 段计算），荷载作用位置 $K=\dfrac{D}{B}=0.2$，最大压应变 $\varepsilon_{max}=0.002$ 时，可解得其无量纲临界荷载 $n^*=\dfrac{N}{B\sigma_0}=0.1$。经计算可得各裂缝截面裂缝长度及应力分布（图 5-13b）。

自 20 世纪 60 年代以来，欧美一些国家还对偏心受压长柱的承载力进行非线性的计算分析和试验，尽管分析模式较多、公式复杂，但作为推荐应用的设计公式仍比较简单。如英国规范 BS5628，在考虑长细比、偏心距对墙、柱承载能力的影响时，假定荷载偏心距自构件顶部的 e_x 至底部为零变化；构件顶部与底部的附加偏心距为零，构件中部五分之一高度处为 e_a，其间按线性变化（图 5-14）。

$$e_a = \left(\frac{1}{2400}\beta^2 - 0.015\right)h \tag{5-22}$$

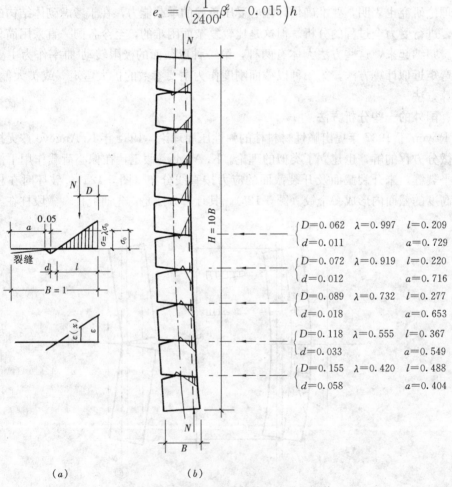

$$\begin{cases} D=0.062 & \lambda=0.997 & l=0.209 \\ d=0.011 & & a=0.729 \end{cases}$$

$$\begin{cases} D=0.072 & \lambda=0.919 & l=0.220 \\ d=0.012 & & a=0.716 \end{cases}$$

$$\begin{cases} D=0.089 & \lambda=0.732 & l=0.277 \\ d=0.018 & & a=0.653 \end{cases}$$

$$\begin{cases} D=0.118 & \lambda=0.555 & l=0.367 \\ d=0.033 & & a=0.549 \end{cases}$$

$$\begin{cases} D=0.155 & \lambda=0.420 & l=0.488 \\ d=0.058 & & a=0.404 \end{cases}$$

（a）　　　　　　（b）

图 5-13　承受偏心荷载结构的有关极限值

式中，当高厚比 $\beta \leqslant 6$ 时，$e_a = 0$。

构件在高度中间范围内的总设计偏心距为：

$$e_t = 0.6e_x + e_a \tag{5-23}$$

由于截面受压区的应力取用矩形图形（图 5-9c），构件承载能力降低系数按下式计算：

$$\psi = 1.1\left(1 - \frac{2e_m}{h}\right) \tag{5-24}$$

式中 e_m（即图 5-9c 中的 e）为 e_x 和 e_t 中的较大值。按 BS5628，墙柱的承载力按下式计算：

$$N \leqslant \frac{\psi A f_k}{\gamma_f} \tag{5-25}$$

式中　f_k——砌体的抗压特征强度；

　　　γ_f——砌体材料强度的分安全系数（材料性能分项系数），按表 4-21 采用。

二、我国规范的方法

20 世纪 70 年代以来，我国对偏心受压构件的承载力进行了较大量的试验研究和理论上的探讨，成绩显著。

在《砌体结构设计规范》中，采用的是附加偏心距方法。如图 5-15 所示的偏心受压构件，由于纵向弯曲产生的附加偏心距为 u。按公式（5-5），得偏心受压长柱考虑纵向弯曲和偏心距影响的系数（简称为影响系数）：

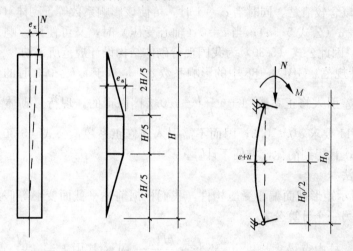

图 5-14　偏心距　　　　　图 5-15　偏心受压构件

$$\varphi = \frac{1}{1 + \left(\dfrac{e + u}{r}\right)^2} \tag{5-26}$$

当轴心受压时（$e = 0$），该影响系数等于稳定系数，即：

$$\frac{1}{1 + \left(\dfrac{u}{r}\right)^2} = \varphi_0$$

故得：

$$u = r\sqrt{\frac{1}{\varphi_0} - 1} \tag{5-27}$$

将 u 值代入公式 (5-26)，得：

$$\varphi = \cfrac{1}{1 + \left[\cfrac{e + r\sqrt{\cfrac{1}{\varphi_0} - 1}}{r} \right]^2} \tag{5-28}$$

公式 (5-28) 可用于计算任意截面的偏心受压构件的影响系数。当为矩形截面时，$r = \dfrac{h}{\sqrt{12}}$，则：

$$u = \frac{h}{\sqrt{12}} \sqrt{\frac{1}{\varphi_0} - 1} \tag{5-29}$$

代入公式 (5-26) 得：

$$\varphi = \cfrac{1}{1 + 12 \left[\cfrac{e}{h} + \sqrt{\cfrac{1}{12} \left(\cfrac{1}{\varphi_0} - 1 \right)} \right]^2} \tag{5-30}$$

公式 (5-30) 也适用于 T 形截面构件，只需以折算厚度 h_{T} 代替 h。

试验值与按公式 (5-30) 计算值相比较，其平均比值为 1.07，变异系数为 0.089。

由以上分析可看出，按公式 (5-30) 确定的影响系数 φ，不但与试验结果相吻合，而且计算模式明确，概念较清楚。同时当 $\varphi_0 = 1$ 时，可使该影响系数等于砌体（短柱）的偏心影响系数，即 $\varphi = \alpha$（公式 5-5a）；当 $e = 0$（轴心受压）时，又可使该影响系数等于稳定系数，即 $\varphi = \varphi_0$。因此公式 (5-30) 为我国现行砌体结构设计规范所采纳。

《砌体结构设计规范》GBJ 3—88 中的影响系数 φ，是基于 $e/h > 0.3$ 时的计算值与试验值的符合程度较差引入修正系数 $\left[1 + 6 \dfrac{e}{h} \left(\dfrac{e}{h} - 0.2 \right) \right]$ 而得的。现行《砌体结构设计规范》GB 50003—2011 要求 $e/h \leqslant 0.3$，因而不需引入该修正系数，公式 (5-30) 不但具有原规范公式的特点，且得到简化，方便于计算。

三、作者的方法

对于图 5-15 所示矩形截面偏心受压构件，我们根据前述平截面变形等假定，按下列方法可推导得 φ 的另一个计算公式。

根据材料力学，柱中点最大挠度 $u = e \left(\sec \dfrac{kH_0}{2} - 1 \right)$，其中 $k = \sqrt{\dfrac{N}{EI}}$。对于短柱，可取 $\sec \dfrac{kH_0}{2} \approx 1 + \dfrac{k^2 H_0^2}{8} = 1 + \dfrac{NH_0^2}{8EI}$。此式是建立在小挠度和线性弹性性能的假定之上的，对于砖砌体偏心受压构件，还必须考虑在偏心压力作用下附加偏心距的增大和截面塑性变形等因素的影响。为此将上式中截面刚度 EI 乘以修正系数 γ，根据试验结果取 $\gamma = \dfrac{2.8 \left(\dfrac{e}{h} \right)}{1 + 20 \left(\dfrac{e}{h} \right)^2}$。则此时在构件最大弯矩截面所具有的偏心距为：

$$e + u_{\max} = \left(1 + \frac{NH_0^2}{8\gamma EI} \right) e$$

参照图 5-5 和公式 (5-11)，可得截面的静力平衡方程式：

$$N\left(\frac{h}{2}+e+u_{max}\right)=(0.785hx'-0.329x'^2)bf_m$$

即

$$\frac{h}{2}+\left(1+\frac{NH_0^2}{8\gamma EI}\right)e=h-0.419x' \tag{5-31}$$

将公式 (5-31) 与公式 (5-10) 联立求解，并采用公式 (5-13) 的处理方法，得：

$$N=\left(1-1.5\frac{e}{h}\right)\frac{1}{1+\frac{1}{370\sqrt{f_m}}\beta^2\left[1+20\left(\frac{e}{h}\right)^2\right]}Af_m \tag{5-32}$$

或

$$N=\varphi Af_m \tag{5-33}$$

$$\varphi=\left(1-1.5\frac{e}{h}\right)\frac{1}{1+\frac{1}{370\sqrt{f_m}}\beta^2\left[1+20\left(\frac{e}{h}\right)^2\right]} \tag{5-34}$$

试验结果与公式 (5-34) 相比较，其平均比值为 1.016，变异系数为 0.101。该公式也具有公式 (5-30) 那样的优点。试验结果与苏联规范 (СНиПⅡ-22-81) 值相比较，其平均比值为 1.07，变异系数为 0.129；与英国规范 (BS5628) 值相比较，其平均比值为 1.132，变异系数为 0.179。

四、西北建筑工程学院张兴武的建议方法

当偏心受压构件处于弹塑性工作阶段时，类似于按材料力学公式推导的结果，其强度的相关公式为：

$$\frac{N}{\varphi_0 Af_m}+\frac{\gamma_{pm}Ne}{\eta_p Wf_m\left(1-\frac{N}{N_{cr}}\varphi_0\right)}=1 \tag{5-35}$$

式中　φ_0——稳定系数；

　　　γ_{pm}——构件的弯曲塑性系数；

　　　η_p——截面弯曲塑性系数。

假定截面应力由矩形和梯形两部分组成 (图 5-16)，按截面静力平衡条件，可推导得截面弯曲塑性系数的理论值，根据试验结果，取用：

$$\eta_p=5.578-19.465\frac{e}{h}+19.75\left(\frac{e}{h}\right)^2 \tag{5-36}$$

按公式 (5-36) 的计算值较试验平均值略小，而大于按理论分析的结果。

公式 (5-35) 中，构件的弯曲弹性系数 $\gamma_e=\dfrac{1}{1-\dfrac{N}{N_{cr}}\varphi_0}$。

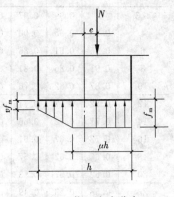

图 5-16　截面应力分布

对于矩形截面构件，由公式 (5-35) 可得：

$$\gamma_{pm}=\frac{\eta_p h(\varphi_0 Af_m-N)}{6\varphi_0\gamma_e Ne} \tag{5-37}$$

令 $\gamma_p = \gamma_e \gamma_{pm}$，$\gamma_p$ 称为塑性系数，则公式（5-35）变为：

$$\frac{N}{\varphi_0 A f_m} + \frac{\gamma_p N e}{\eta_p W f_m} = 1$$

即矩形截面砖砌体受压构件的承载力可按下式计算：

$$N = \frac{\eta_p h \varphi_0}{\eta_p h + 6 e \varphi_0 \gamma_p} A f_m \tag{5-38}$$

试验值与按公式（5-38）计算值的比较，其平均比值为 1.035，变异系数为 0.045。
由于 $\gamma_p = \dfrac{\eta_p h (\varphi_0 A f_m - N)}{6 \varphi_0 N e}$，应用公式（5-38）时计算较为麻烦。

5.1.5 受压构件的承载力计算

无筋砌体轴心和偏心受压构件的承载力，应按下式计算：

$$N \leqslant \varphi f A \tag{5-39}$$

式中　N——轴向力设计值；

　　　φ——高厚比 β 和轴向力的偏心距 e 对受压构件承载力的影响系数，应按公式（5-30）计算，或查表 5-1（a）～（c）；

　　　f——砌体抗压强度设计值，应按第 3.4 节的规定采用；

　　　A——截面面积，对各类砌体均可按毛截面计算；对带壁柱墙，当考虑翼缘宽度时，其翼缘宽度应按第七章第 7.3 节中所述规定采用。

对矩形截面构件，当轴向力偏心方向的截面边长大于另一方向的边长时，有可能 $\varphi_0 < \varphi$，因此除按偏心受压计算外，还应对较小边长方向按轴心受压进行验算。这一点往往容易被忽视。

影响系数 φ（砂浆强度等级 ≥ M5）　　　　　　　　表 5-1（a）

β	$\frac{e}{h}$ 或 $\frac{e}{h_T}$												
	0	0.025	0.05	0.075	0.1	0.125	0.15	0.175	0.2	0.225	0.25	0.275	0.3
≤3	1	0.99	0.97	0.94	0.89	0.84	0.79	0.73	0.68	0.62	0.57	0.52	0.48
4	0.98	0.95	0.90	0.85	0.80	0.74	0.69	0.64	0.58	0.53	0.49	0.45	0.41
6	0.95	0.91	0.86	0.81	0.75	0.69	0.64	0.59	0.54	0.49	0.45	0.42	0.38
8	0.91	0.86	0.81	0.76	0.70	0.64	0.59	0.54	0.50	0.46	0.42	0.39	0.36
10	0.87	0.82	0.76	0.71	0.65	0.60	0.55	0.50	0.46	0.42	0.39	0.36	0.33
12	0.82	0.77	0.71	0.66	0.60	0.55	0.51	0.47	0.43	0.39	0.36	0.33	0.31
14	0.77	0.72	0.66	0.61	0.56	0.51	0.47	0.43	0.40	0.36	0.34	0.31	0.29
16	0.72	0.67	0.61	0.56	0.52	0.47	0.44	0.40	0.37	0.34	0.31	0.29	0.27
18	0.67	0.62	0.57	0.52	0.48	0.44	0.40	0.37	0.34	0.31	0.29	0.27	0.25
20	0.62	0.57	0.53	0.48	0.44	0.40	0.37	0.34	0.32	0.29	0.27	0.25	0.23
22	0.58	0.53	0.49	0.45	0.41	0.38	0.35	0.32	0.30	0.27	0.25	0.24	0.22
24	0.54	0.49	0.45	0.41	0.38	0.35	0.32	0.30	0.28	0.26	0.24	0.22	0.21
26	0.50	0.46	0.42	0.38	0.35	0.33	0.30	0.28	0.26	0.24	0.22	0.21	0.19
28	0.46	0.42	0.39	0.36	0.33	0.30	0.28	0.26	0.24	0.22	0.21	0.19	0.18
30	0.42	0.39	0.36	0.33	0.31	0.28	0.26	0.24	0.22	0.21	0.20	0.18	0.17

影响系数 **φ**（砂浆强度等级 M2.5） 表 5-1（b）

β	$\frac{e}{h}$ 或 $\frac{e}{h_T}$												
	0	0.025	0.05	0.075	0.1	0.125	0.15	0.175	0.2	0.225	0.25	0.275	0.3
≤3	1	0.99	0.97	0.94	0.89	0.84	0.79	0.73	0.68	0.62	0.57	0.52	0.48
4	0.97	0.94	0.89	0.84	0.78	0.73	0.67	0.62	0.57	0.52	0.48	0.44	0.40
6	0.93	0.89	0.84	0.78	0.73	0.67	0.62	0.57	0.52	0.48	0.44	0.40	0.37
8	0.89	0.84	0.78	0.72	0.67	0.62	0.57	0.52	0.48	0.44	0.40	0.37	0.34
10	0.83	0.78	0.72	0.67	0.61	0.56	0.52	0.47	0.43	0.40	0.37	0.34	0.31
12	0.78	0.72	0.67	0.61	0.56	0.52	0.47	0.43	0.40	0.37	0.34	0.31	0.29
14	0.72	0.66	0.61	0.56	0.51	0.47	0.43	0.40	0.36	0.34	0.31	0.29	0.27
16	0.66	0.61	0.56	0.51	0.47	0.43	0.40	0.36	0.34	0.31	0.29	0.26	0.25
18	0.61	0.56	0.51	0.47	0.43	0.40	0.36	0.33	0.31	0.29	0.26	0.24	0.23
20	0.56	0.51	0.47	0.43	0.39	0.36	0.33	0.31	0.28	0.26	0.24	0.23	0.21
22	0.51	0.47	0.43	0.39	0.36	0.33	0.31	0.28	0.26	0.24	0.23	0.21	0.20
24	0.46	0.43	0.39	0.36	0.33	0.31	0.28	0.26	0.24	0.23	0.21	0.20	0.18
26	0.42	0.39	0.36	0.33	0.31	0.28	0.26	0.24	0.22	0.21	0.20	0.18	0.17
28	0.39	0.36	0.33	0.30	0.28	0.26	0.24	0.22	0.21	0.20	0.18	0.17	0.16
30	0.36	0.33	0.30	0.28	0.26	0.24	0.22	0.21	0.20	0.18	0.17	0.16	0.15

影响系数 **φ**（砂浆强度 0） 表 5-1（c）

β	$\frac{e}{h}$ 或 $\frac{e}{h_T}$												
	0	0.025	0.05	0.075	0.1	0.125	0.15	0.175	0.2	0.225	0.25	0.275	0.3
≤3	1	0.99	0.97	0.94	0.89	0.84	0.79	0.73	0.68	0.62	0.57	0.52	0.48
4	0.87	0.82	0.77	0.71	0.66	0.60	0.55	0.51	0.46	0.43	0.39	0.36	0.33
6	0.76	0.70	0.65	0.59	0.54	0.50	0.46	0.42	0.39	0.36	0.33	0.30	0.28
8	0.63	0.58	0.54	0.49	0.45	0.41	0.38	0.35	0.32	0.30	0.28	0.25	0.24
10	0.53	0.48	0.44	0.41	0.37	0.34	0.32	0.29	0.27	0.25	0.23	0.22	0.20
12	0.44	0.40	0.37	0.34	0.31	0.29	0.27	0.25	0.23	0.21	0.20	0.19	0.17
14	0.36	0.33	0.31	0.28	0.26	0.24	0.23	0.21	0.20	0.18	0.17	0.16	0.15
16	0.30	0.28	0.26	0.24	0.22	0.21	0.19	0.18	0.17	0.16	0.15	0.14	0.13
18	0.26	0.24	0.22	0.21	0.19	0.18	0.17	0.16	0.15	0.14	0.13	0.12	0.12
20	0.22	0.20	0.19	0.18	0.17	0.16	0.15	0.14	0.13	0.12	0.12	0.11	0.10
22	0.19	0.18	0.16	0.15	0.14	0.14	0.13	0.12	0.12	0.11	0.10	0.10	0.09
24	0.16	0.15	0.14	0.13	0.13	0.12	0.11	0.11	0.10	0.10	0.09	0.09	0.08
26	0.14	0.13	0.13	0.12	0.11	0.11	0.10	0.10	0.09	0.09	0.08	0.08	0.07
28	0.12	0.12	0.11	0.11	0.10	0.10	0.09	0.09	0.08	0.08	0.08	0.07	0.07
30	0.11	0.10	0.10	0.09	0.09	0.09	0.08	0.08	0.07	0.07	0.07	0.07	0.06

为了准确应用公式（5-39），下面进一步说明几个问题。

1. 计算影响系数 φ 或查 φ 表时，构件高厚比 β 应按下列公式确定：

对矩形截面 $$\beta = \gamma_\beta \frac{H_0}{h} \tag{5-40}$$

对 T 形截面
$$\beta = \gamma_\beta \frac{H_0}{h_T} \qquad (5\text{-}41)$$

式中　γ_β——不同砌体材料的高厚比修正系数，按表 5-2 采用；

　　　H_0——受压构件的计算高度，按表 7-8 确定；

　　　h——矩形截面轴向力偏心方向的边长，当轴心受压时为截面较小边长；

　　　h_T——T 形截面的折算厚度，可近似按 $3.5i$ 计算；

　　　i——截面回转半径。

高厚比修正系数 γ_β	表 5-2
砌体材料类别	γ_β
烧结普通砖、烧结多孔砖	1.0
混凝土普通砖、混凝土多孔砖、混凝土及轻集料混凝土砌块	1.1
蒸压灰砂普通砖、蒸压粉煤灰普通砖、细料石	1.2
粗料石、毛石	1.5

注：对灌孔混凝土砌块砌体，γ_β 取 1.0。

上述 γ_β 是因不同种类砌体构件在受力性能上的差异而引入的，计算 φ 时务必先考虑 β 值，是否要修正。

2. 轴向力的偏心距及其限值。

轴向力的偏心距按内力设计值计算。《砌体结构设计规范》GBJ 3—88 的偏心距规定按内力标准值计算，与建筑结构可靠度设计统一标准的规定不完全相符，计算上亦不方便。为此《砌体结构设计规范》GB 50003 改为按内力设计值计算。计算所得轴向力的偏心距较原规范的要大些，引起构件承载力有所下降，但这对于适当提高构件的安全度是有利的。经计算分析，在常遇荷载情况下，由于偏心距计算结果的变化，与 GBJ 3—88 相比，构件承载力的降低将不超过 6%。

国外有的规范在确定偏心距 e 时，还考虑附加偶然偏心距的影响。这可解释为由于砌体材料的不匀质性、砌筑时构件几何尺寸的偏差以及荷载实际作用位置的偏差等因素的存在，使工程中的砌体受压构件，不可能有真正的轴心受压情况。如苏联规范规定，偶然偏心距的大小等于：对承重墙——20mm；对自承重墙和夹心（共三层）承重墙——10mm；对隔墙、自承重墙和框架填充墙，可不考虑偶然偏心距。英国规范、砌体结构设计和施工的国际建议中规定，附加偏心距按公式（5-22）计算，并不小于 $0.05h$。在我国现行规范中，尚未考虑上述影响。

试验表明，荷载较大，偏心距也较大时，构件截面受拉边会出现水平裂缝。当偏心距继续增大，截面受压区逐渐减小，构件刚度相应地削弱，纵向弯曲的不利影响也随着增大，使得构件的承载能力显著降低。这时不仅结构不安全，而且材料强度的利用率很低，也不经济。因此根据实践并参照国外有关规定，在我国现行规范中，要求轴向力的偏心矩 e 不应超过下列规定：

$$e \leqslant 0.6y \qquad (5\text{-}42)$$

式中 y 为截面重心到轴向力所在偏心方向截面边缘的距离，如图 5-17 所示。现行砌体结构设计规范对偏心距 e 的限值较原规范严些，有利于确保砌体构件在偏心受压时的安全，并防止产生过大的受力裂缝。

3. 当轴向力的偏心距超过公式（5-42）的要求时，应采取适当措施减小偏心距，如修改构件的截面尺寸，甚至改变其结构方案。

早在 GBJ 3—73 及随后的 GBJ 3—88 中，对受压构件轴向力偏心距超过规定限值时

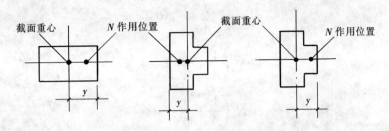

图 5-17　y 的取值

$(e>0.7y)$，参照苏联规范的规定应进行正常使用极限状态的验算。相应的计算公式为：

按 GBJ 3—73

$$KN \leqslant \frac{f_{tm,m}A}{\dfrac{Ae}{W}-1} \quad \left(\begin{matrix}不考虑风荷载，e>0.7y\\考虑风荷载，e>0.8y\end{matrix}\right)$$

按 GBJ 3—88：

$$N_k \leqslant \frac{f_{tm,k}A}{\dfrac{Ae}{W}-1} \quad (0.7y<e\leqslant0.95y)$$

$$N \leqslant \frac{f_{tm}A}{\dfrac{Ae}{W}-1} \quad (e>0.95y)$$

而 GB 50003—2001 和 GB 50003—2011 取消了上述规定，从结构设计上考虑，采用限制受压构件轴向力的偏心距来控制产生或产生过大的裂缝是否合理，是否全面？更为重要的是缺失了砌体结构构件正常使用极限状态的计算方法。因此，深入研究砌体结构正常使用极限状态下的允许裂缝宽度及建立其变形与裂缝的计算方法不容忽视。

5.1.6　双向偏心受压构件

图 5-18 所示受压构件，轴向力在 x 轴方向的偏心距为 e_x，在 y 轴方向的偏心距为 e_y。当轴向压力 N 在截面的两个主轴方向都有偏心距，或同时承受轴心压力及两个主轴方向的弯矩的构件，称为双向偏心受压构件。比较而言，5.1.1～5.1.6 节论述的内容均属砌体及其构件的单向偏心受压，而砌体构件双向偏心受压的受力性能与承载力的计算方法要复杂得多。

一、已有的计算方法

国内外对砌体结构双向偏心受压构件性能的研究很少，已有的计算方法均为近似方法，且相当保守。一般是根据弹性理论，利用应力叠加原理而建立近似公式，即采用 Nikitin 公式。

设 N_0 为轴心受压时构件所能承受的轴向力，N_x 为当荷载偏心距为 e_x 时构件所能承受的轴向力，N_y 为当荷载偏心距为 e_y 时构件所能承受的轴向力，N 为在两个方向均有偏心距 e_x 及 e_y 时构件所能承受的轴向力。并假定在上述四种荷载作用下构件截面承受的最大应力均为 σ，则

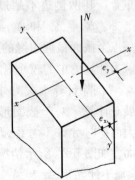

图 5-18　双向偏心
受压构件

$$\frac{N_0}{A} = \sigma$$

$$N_x\left(\frac{1}{A} + \frac{e_x}{W_x}\right) = \sigma$$

$$N_y\left(\frac{1}{A} + \frac{e_y}{W_y}\right) = \sigma$$

$$N\left(\frac{1}{A} + \frac{e_x}{W_x} + \frac{e_y}{W_y}\right) = \sigma$$

联立解上述四个方程式，可得：

$$\frac{1}{N} = \frac{1}{N_x} + \frac{1}{N_y} - \frac{1}{N_0} \tag{5-43}$$

在我国 1975 年出版的《砖石结构设计手册》中，建议无筋砌体的双向偏心受压构件承载力按下式计算：

$$KN = \frac{1}{\dfrac{1}{N_x} + \dfrac{1}{N_y} - \dfrac{1}{N_0}} \tag{5-44}$$

式中 K 为受压安全系数（可见表 4-3）。该手册还规定，轴向力的偏心距 e_x 和 e_y 分别不宜超过 $0.6x$ 和 $0.6y$（x、y 分别为截面重心沿 x、y 轴至轴向力所在方向截面边缘的距离）。

当采用以概率理论为基础的极限状态设计法时，上述公式（5-44）可用下式代替：

$$N = \frac{1}{\dfrac{1}{N_x} + \dfrac{1}{N_y} - \dfrac{1}{N_0}} \tag{5-45}$$

式中 N、N_x、N_y 和 N_0 均应按我国《砌体结构设计规范》GBJ 3—88 的规定进行计算。

苏联直至在 1983 年出版的规范中，才列入砌体双向偏心受压构件承载力的计算。其方法是将双向偏心受压构件分别按两个方向的单向偏心受压构件计算。受压区的截面面积取矩形（图 5-19），受压区的应力分布假定为矩形。该应力图形的合力与轴向力的作用点相重合，其两侧边不超过构件截面的边界。此时 $h_c = 2c_h, b_c = 2c_b$ 和 $A_c = 4c_hc_b$（c_h、c_b 为轴向力 N 作用点至截面最近边缘的距离）。最后取两个方向承载力计算值中的较小者。如果 $e_b > 0.7c_b$ 或 $e_h > 0.7c_h$，则除计算承载力外，尚应作相应方向的裂缝展开计算。对于截面形状复杂的构件，在确定截面面积时允许不考虑复杂形状部分，仍取矩形截面。如图 5-20 所示情况，在计算时可只取面积 A，而不计面积 A_1 和 A_2。

在英国规范（BS5628）中，也是将双向偏心受压构件，分别按两个方向的单向偏心受压构件计算，

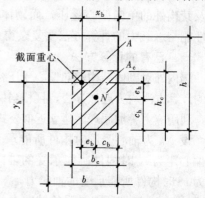

图 5-19　矩形截面双向偏心受压
构件的计算截面

164

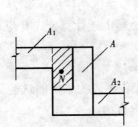

图 5-20 复杂截面双向
偏心受压构件的计算截面

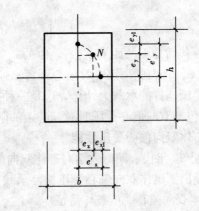

图 5-21 双向偏心受压砌体的
等效偏心距示意

可参见公式(5-22)~公式(5-25)。如计算截面宽度 b 方向时，取 $\psi = 1.1\left(1 - \dfrac{2e_m}{b}\right)$。

根据以上对国内外双向偏心受压砌体构件承载力的分析，我们曾提出等效偏心距的计算方法。对于矩形截面的双向偏心受压砌体(图 5-21)，当按公式(5-45)计算时：

$$N_0 = Af$$

$$N_x = \alpha_x Af, \quad \alpha_x = \frac{1}{1 + 12\left(\dfrac{e_x}{b}\right)^2}$$

$$N_y = \alpha_y Af, \quad \alpha_y = \frac{1}{1 + 12\left(\dfrac{e_y}{h}\right)^2}$$

$$N = \frac{Af}{\dfrac{1}{\alpha_x} + \dfrac{1}{\alpha_y} - 1} = \frac{Af}{\xi}, \qquad \xi = \frac{1}{\alpha_x} + \frac{1}{\alpha_y} - 1 \,。$$

现取等效偏心距 e'_x 和 e'_y，则两个方向的轴向力影响系数也可按公式(5-5a)计算，即

$$\alpha'_x = \frac{1}{1 + 12\left(\dfrac{e_x + e_{x1}}{b}\right)^2} = \frac{1}{1 + 12\left(\dfrac{e'_x}{b}\right)^2}$$

$$\alpha'_y = \frac{1}{1 + 12\left(\dfrac{e_y + e_{y1}}{h}\right)^2} = \frac{1}{1 + 12\left(\dfrac{e'_y}{h}\right)^2}$$

两个方向的承载力为：

$$N'_x = \alpha'_x Af$$

$$N'_y = \alpha'_y Af$$

使 $N = N'_x$ 或 $N = N'_y$，则解得等效偏心距：

$$e'_x = b\sqrt{\frac{1}{12}(\xi - 1)} \tag{5-46a}$$

或 $$e'_y = h\sqrt{\frac{1}{12}(\xi - 1)}$$ (5-46b)

以 e'_x 或 e'_y 代替原偏心距 e_x 或 e_y，由公式(5-30)可求得双向偏心受压构件的轴向力影响系数 φ'_x 或 φ'_y。因此采用等效偏心距后，便可按单向偏心受压构件的承载力公式来进行双向偏心受压构件的承载力计算，这是一种简便的方法。但上述计算公式有待通过试验来验证(其中包括双向偏心受压时对偏心距的限值)。

二、砌体双向偏心受压性能

20世纪90年代，湖南大学对砌体双向偏心受压性能作了较为系统的试验研究，并在此基础上提出了砌体双向偏心受压构件承载力的新的计算方法。

1. 砌体双向偏心受压破坏特征

图5-22为高厚比 $\beta = 8$、12和15的砖柱在双向偏心受压时的破坏形态。试验表明，偏心距(图5-23所示 e_h 和 e_b)的大小对砌体竖向裂缝、水平裂缝的产生和发展及其破坏特征有着直接且不同的影响。

图5-22　双向偏心受压砖柱破坏形态

(1)当两个方向的偏心距均很小，偏心率 e_h/h、e_b/b 均小于0.2时，砌体从开始受压直至破坏，裂缝的出现、发展及其破坏特征类似于砌体轴心受压的三个受力阶段。

(2)当一个方向的偏心距很大，偏心率达0.4，而另一方向的偏心距很小，偏心率小于0.1时，砌体的受力性能与单向偏心受压时的受力性能类似。

（3）当两个方向的偏心距均较大，偏心率达 0.2～0.3 时，砌体内水平裂缝和竖向裂缝几乎同时出现。

（4）当两个方向的偏心距均很大，偏心率达 0.3～0.4 时，砌体内水平裂缝较竖向裂缝出现得早。

由此可见，砌体在双向偏心受压时，它与砌体在单向偏心受压时的受力性能有类似之处，但又有较大的区别，尤其当两个方向的偏心距均较大时的受力更为不利。

2. 偏心影响系数

根据试验结果，双向偏心受压砌体（短柱）截面应变基本符合平截面假定。当 N 作用于截面上的某点（图 5-23）时，按材料力学方法，即截面应力成线性分布并运用应力叠加原理，砌体截面受压边缘的最大压应力应符合下式要求：

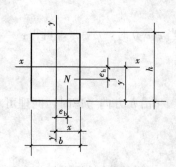

图 5-23　双向偏心距

$$\sigma_{max} = \frac{N}{A} + \frac{Ne_b}{I_x}x + \frac{Ne_h}{I_y}y \leqslant f_m \qquad (5\text{-}47)$$

式中　I_x、I_y——分别为截面对 x 轴和 y 轴的惯性矩。

对于矩形截面砌体，由公式（5-47）可得砌体双向偏心影响系数为：

$$\alpha = \frac{1}{1 + \dfrac{e_b}{i_x^2}x + \dfrac{e_h}{i_y^2}y} \qquad (5\text{-}48)$$

考虑砌体截面塑性变形等因素的影响，依据试验结果对公式（5-48）进行修正，砌体双向偏心受压时的偏心影响系数，可按下式计算：

$$\alpha = \frac{1}{1 + \left(\dfrac{e_b}{i_x}\right)^2 + \left(\dfrac{e_h}{i_y}\right)^2} \qquad (5\text{-}49)$$

式中　x、y——自截面重心沿 x 轴、y 轴至轴向力所在偏心方向截面边缘的距离；

　　e_b、e_h——轴向力在截面重心 x 轴、y 轴方向的偏心距；

　　i_x、i_y——截面对 x、y 轴的回转半径，对于矩形截面分别取 $b/\sqrt{12}$ 和 $h/\sqrt{12}$。

湖南大学对 48 根短柱的双向偏心受压试验结果与按公式（5-49）计算值的平均比值为 1.236，变异系数为 0.103。而试验值与原苏联规范计算值的平均比值为 1.439，变异系数为 0.163。

3. 纵向弯曲的影响

双向偏心受压砖柱破坏时，其纵向弯曲明显得多（图 5-22）。假设长柱与短柱破坏时截面应力分布图形相同，仅由于纵向弯曲的影响使长柱较短柱增加了一个附加偏心距。当轴向力在截面重心 x 轴、y 轴方向分别产生 e_{ib} 和 e_{ih} 的附加偏心距时，作者采用与单向偏心受压相同的附加偏心距法，则由公式（5-49）可得高厚比和偏心距对双向偏心受压构件承载力的影响系数为：

$$\varphi = \frac{1}{1 + \left(\dfrac{e_b + e_{ib}}{i_x}\right)^2 + \left(\dfrac{e_h + e_{ih}}{i_y}\right)^2} \qquad (5\text{-}50)$$

对于矩形截面构件：

$$\varphi = \cfrac{1}{1 + 12\left[\left(\cfrac{e_b + e_{ib}}{b}\right)^2 + \left(\cfrac{e_h + e_{ih}}{h}\right)^2\right]} \tag{5-51}$$

上式应同时满足下列边界条件，即沿 b 方向产生单向偏心受压时：

$$\varphi = \cfrac{1}{1 + 12\left(\cfrac{e_b + e_{ib}}{b}\right)^2}$$

当 $e_b = 0$ 时，$\varphi = \varphi_0$，可得：

$$e_{ib} = \cfrac{b}{\sqrt{12}}\sqrt{\cfrac{1}{\varphi_0} - 1} \tag{5-52}$$

沿 h 方向考虑时，同理可求得：

$$e_{ih} = \cfrac{h}{\sqrt{12}}\sqrt{\cfrac{1}{\varphi_0} - 1} \tag{5-53}$$

经与试验结果进行拟合，公式(5-52)和公式(5-53)需作以下修正，即附加偏心距最后按下列公式计算：

$$e_{ib} = \cfrac{b}{\sqrt{12}}\sqrt{\cfrac{1}{\varphi_0} - 1}\left(\cfrac{e_b/b}{e_b/b + e_h/h}\right) \tag{5-54}$$

$$e_{ih} = \cfrac{h}{\sqrt{12}}\sqrt{\cfrac{1}{\varphi_0} - 1}\left(\cfrac{e_h/h}{e_b/b + e_h/h}\right) \tag{5-55}$$

将公式(5-54)和公式(5-55)的计算结果代入公式(5-51)，便可求得矩形截面双向偏心受压砌体构件承载力的影响系数。

湖南大学对 30 根长柱的双向偏心受压的试验结果与公式(5-54)、公式(5-55)和公式(5-51)的计算值的平均比值为 1.329，变异系数为 0.163。而试验值与苏联规范计算值的平均比值为 1.478，变异系数为 0.225。

上述分析表明，双向偏心受压砌体构件的承载力影响系数仍可采用附加偏心距法，在理论上和方法上与单向偏心受压的一致，建立的计算公式与单向偏心受压的计算公式相衔接；计算值与试验值相比留有一定的富裕，用于工程设计亦偏于安全。正因为本方法较已往的方法有较大的改进，为我国《砌体结构设计规范》GB 50003 采纳。

三、双向偏心受压构件承载力的计算

基于以上分析结果，矩形截面双向偏心受压砌体构件的承载力仍按公式(5-39)计算，但其中影响系数 φ 应按公式(5-54)、公式(5-55)和公式(5-51)确定。

试验表明，在偏心距 $e_h < 0.3h$ 和 $e_b < 0.3b$ 的情况下，砌体破坏时大多只产生竖向裂缝，而不出现水平裂缝。但当 $e_h \geqslant 0.3h$ 和 $e_b \geqslant 0.3b$ 时，随荷载的增加，砌体内产生一条或多条水平裂缝，该裂缝的长度和宽度明显增大，且相继产生竖向裂缝。开裂后截面受拉区立即退出工作，受压区面积减小，构件刚度降低，纵向弯曲的不利影响随之增大。因此当荷载偏心距很大时，不但构件承载力低，也很不安全，这已在单向偏心受压构件承载力的计算中得到体现。双向偏心受压较单向偏心受压更为不利，有必要将其偏心距限值规定

得小些，为此按公式(5-39)计算时宜控制 $e_h \leqslant 0.5y$ 和 $e_b \leqslant 0.5x$。

在结构设计中如遇一个方向的偏心率(如 e_b/b)不大于另一方向的偏心率(如 e_h/h)的5%时，分析表明双向偏心受压构件的承载力与单向偏心受压构件的承载力相差在5%以内，因而可简化按另一方向(如仅取 e_h/b)的单向偏心受压进行计算。

5.1.7 计算例题

【例题 5-1】 某砖柱，计算高度3.8m 承受轴心压力 $N=95.0$kN，截面尺寸为 370mm×490mm，采用烧结普通砖 MU10、水泥砂浆 M5、施工质量控制等级为 B 级。试核算该砖柱的受压承载力。

【解】 由公式 (5-40)，

$$\beta = \gamma_\beta \frac{H_0}{h} = 1 \times \frac{3.8}{0.37} = 10.27,$$

查表 5-1 (a)，得 $\varphi=0.863$。亦可按公式计算，由公式 (5-30) 和公式 (5-21) 得：

$$\varphi = \varphi_0 = \frac{1}{1+\eta\beta^2} = \frac{1}{1+0.0015 \times 10.27^2} = 0.863$$

与查表结果一致。

按表 3-24，因 $A=0.37 \times 0.49=0.1813\text{m}^2 < 0.3\text{m}^2$，$\gamma_a=0.7+A=0.7+0.1813=0.881$，该砖柱采用水泥砂浆的强度等级不低于 M5，则查表 3-13 后，取 $f=0.881 \times 1.50=1.32$MPa。

按公式 (5-39)，

$\varphi fA=0.863 \times 1.32 \times 181300 \times 10^{-3}=206.5kN>195.0$kN，该砖柱安全。

如果该砖柱的施工质量控制等级定为 C 级，则由表 3-24，还应计入 $\gamma_a=0.89$。则

$$\varphi fA=0.89 \times 206.5=183.8\text{kN}<195.0\text{kN}$$

此时该砖柱不安全。需提高材料强度等级或增大柱截面尺寸。如改用 MU7.5 的水泥砂浆，得 $f=0.881 \times 1.69=1.49$MPa。$\varphi fA = \frac{1.49}{1.32} \times 183.8=207.5kN>195.0$kN。该砖柱受压承载力可满足要求。

如该砖柱的施工质量控制等级选择为 A 级，此时 $\varphi fA=1.05 \times 206.5=216.8$kN。

以上计算表明提高施工质量控制等级可减少材料用量。

【例题 5-2】 某矩形截面砖柱，截面尺寸为 490mm×740mm，用烧结多孔砖 MU10、水泥混合砂浆 M5 砌筑，柱的计算高度 6m，施工质量控制等级 B 级。核算该柱在下列情况下 (图 5-24) 的承载力。

【解】 第 (1) 种情况：

$$H_0=6\text{m}$$

$$\beta = \gamma_\beta \frac{H_0}{h} = \frac{6}{0.74} = 8.1$$

$$\frac{e}{h} = \frac{0.09}{0.74} = 0.122, \frac{e}{y} = 2 \times 0.122 = 0.244 < 0.6$$

查表 5-1 (a) 得，$\varphi=0.65$。

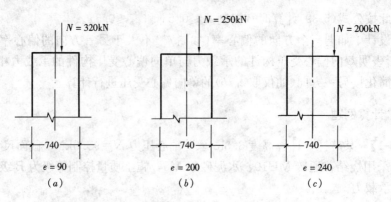

图 5-24 偏心受压砖柱

由表 3-24, $A=0.49\times0.74=0.363m^2>0.3m^2$, 取 $\gamma_a=1.0$。

由表 3-13, $f=1.50MPa$。

将以上各值代入公式 (5-39) 得:

$$\varphi fA=0.65\times1.50\times0.363\times10^3=353.9kN>320kN$$

还应按较小边长方向验算其轴心受压承载力。

$$\beta=\frac{H_0}{h}=\frac{6}{0.49}=12.2$$

查表 5-1 (a) 得: $\varphi=0.817$

$$\varphi fA=0.817\times1.50\times0.363\times10^3=444.8kN>320kN$$

故第 (1) 种情况下, 柱安全。

第 (2) 种情况:

$$\beta=8.1$$

$$\frac{e}{h}=\frac{0.2}{0.74}=0.27, \frac{e}{y}=2\times0.27=0.54<0.6$$

查表 5-1 (a) 得 $\varphi=0.39$。

由表 3-24, 取 $\gamma_a=1.0$。

由表 3-13, $f=1.5MPa$。

将以上各值代入公式 (5-39) 得:

$$\varphi fA=0.39\times1.50\times0.363\times10^3=212.3kN<250kN$$

第 (2) 种情况下, 柱不安全。

第 (3) 种情况:

因 $\frac{e}{h}=\frac{0.24}{0.74}=0.324$, 即 $\frac{e}{y}=2\times0.324=0.648>0.6$, 不满足公式 (5-42) 的要求, 柱不安全。

【例题 5-3】 某带壁柱砖墙, 截面尺寸如图 5-25 所示, 用烧结粉煤灰普通砖 MU10、水泥混合砂浆 M5 砌筑, 柱的计算高度 5m, 施工质量控制等级 B 级。计算当轴向力作用在截面重心、A 点及 B 点的承载力。

【解】 先计算截面几何特征

截面面积 $A=1.0\times0.24+0.24\times0.25=0.3m^2$

截面重心位置

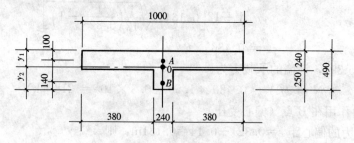

图 5-25 带壁柱砖墙截面

$$y_1 = \frac{1 \times 0.24 \times 0.12 + 0.24 \times 0.25 \times 0.365}{0.3} = 0.169\text{m}$$

$$y_2 = 0.49 - 0.169 = 0.321\text{m}$$

截面惯性矩

$$I = \frac{1}{3} \times 1 \times (0.169)^3 + \frac{1}{3} \times (1 - 0.24)(0.24 - 0.169)^3 + \frac{1}{3} \times 0.24 \times (0.321)^3$$

$$= 0.00161 + 0.000091 + 0.0026$$

$$= 0.0043\text{m}^4$$

回转半径

$$i = \sqrt{\frac{I}{A}} = \sqrt{\frac{0.0043}{0.3}} = 0.12\text{m}$$

折算厚度

$$h_\text{T} = 3.5i = 3.5 \times 0.12 = 0.42\text{m}$$

1. 轴向力作用在截面重心（轴心受压）

$$\beta = \gamma_\beta \frac{H_0}{h_\text{T}} = \frac{5}{0.42} = 11.9$$

按公式（5-21）计算（亦可查表 5-1-1）稳定系数：

$$\varphi_0 = \frac{1}{1 + \eta\beta^2} = \frac{1}{1 + 0.0015 \times (11.9)^2} = 0.825$$

由表 3-13 和表 3-24，$f = 1.50\text{MPa}$

由公式（5-39），该墙的承载力为：

$$N = \varphi f A = 0.825 \times 1.50 \times 0.3 \times 10^3 = 371.2\text{kN}$$

2. 轴向力作用在 A 点（偏心受压）

已知轴向力的偏心距 $\quad e = 0.169 - 0.1 = 0.069\text{m}$

$$\frac{e}{h_\text{T}} = \frac{0.069}{0.42} = 0.164$$

$$\frac{e}{y_1} = \frac{0.069}{0.169} = 0.408 < 0.6$$

按公式（5-30）计算（亦可查表 5-1a）影响系数：

$$\varphi = \frac{1}{1 + 12\left[\dfrac{e}{h_\text{T}} + \sqrt{\dfrac{1}{12}\left(\dfrac{1}{\varphi_0} - 1\right)}\right]^2}$$

171

$$= \frac{1}{1 + 12\left[0.164 + \sqrt{\frac{1}{12}\left(\frac{1}{0.825} - 1\right)}\right]^2}$$

$$= 0.486$$

由公式（5-39），该墙的承载力为：

$$N = \varphi f A = 0.486 \times 1.50 \times 0.3 \times 10^3 = 218.7\text{kN}$$

3. 轴向力作用在 B 点（偏心受压）

已知轴向力的偏心距 $e = 0.321 - 0.14 = 0.181\text{m}$，则

$$\frac{e}{h_\text{T}} = \frac{0.181}{0.42} = 0.43$$

$$\frac{e}{y_2} = \frac{0.181}{0.321} = 0.56 < 0.6$$

因在表 5-1（a）中查不到 φ 值，现按公式（5-30）计算得：

$$\varphi = \frac{1}{1 + 12\left[\frac{e}{h_\text{T}} + \sqrt{\frac{1}{12}\left(\frac{1}{\varphi_0} - 1\right)}\right]^2}$$

$$= \frac{1}{1 + 12\left[0.43 + \sqrt{\frac{1}{12}\left(\frac{1}{0.825} - 1\right)}\right]^2} = 0.208$$

按公式（5-39），该墙的承载力为：

$$N = \varphi f A = 0.208 \times 1.50 \times 0.3 \times 10^3 = 93.6\text{kN}$$

上述计算表明，随 e/h 的增大，该墙的受压承载力有较大幅度的降低。

【例题 5-4】 某房屋窗间墙，墙的计算高度 4.2m，截面尺寸为 1200mm×190mm，采用孔洞率为 46% 的混凝土小型空心砌块 MU7.5 和专用砂浆 Mb5 砌筑。环境类别为 1 类，设计使用年限 50 年，施工质量控制等级 B 级。作用于墙上的轴向力 $N = 180\text{kN}$，其偏心距为 40mm。试核算该窗间墙的受压承载力。

【解】 墙体采用的砌块、砂浆强度等级符合环境类别 1 的要求。

本例为混凝土砌块砌体窗间墙，在承载力计算中，有关参数的取值与上述例题有较大不同。

由公式（5-40）和表 5-2，有：

$$\beta = \gamma_\beta \frac{H_0}{h} = 1.1 \times \frac{4.2}{0.19} = 24.3$$

$$\frac{e}{h} = \frac{40}{190} = 0.21, \frac{e}{y} = 2 \times 0.21 = 0.42 < 0.6$$

查表 5-1（a）得 $\varphi = 0.26$。

由表 3-24 和表 3-16，有：

$$A = 1.2 \times 0.19 = 0.228\text{m}^2 < 0.3\text{m}^2$$

取 $\quad\quad\quad\quad\quad\quad \gamma_\text{a} = 0.7 + A = 0.7 + 0.228 = 0.928$

得 $\quad\quad\quad\quad\quad\quad f = 0.928 \times 1.71 = 1.59\text{MPa}$

按公式（5-39），有：

$$\varphi fA = 0.26 \times 1.59 \times 0.228 \times 10^3 = 94.2 \text{kN} < 180 \text{kN}$$

此时该窗间墙的承载力，距要求值相差甚远。

将墙体沿砌块孔洞每隔 1 孔用 Cb20 混凝土灌孔，砌体的灌孔率 $\rho = 50\% > 33\%$，$f_c = 9.6 \text{MPa}$。

由公式（3-64），有：

$$\alpha = \delta \rho = 0.46 \times 0.5 = 0.23$$

由公式（3-63），单排孔混凝土砌块对孔砌筋的灌孔砌体的抗压强度为：

$$f_g = f + 0.6 \alpha f_c = 1.59 + 0.6 \times 0.23 \times 9.6 = 2.91 \text{MPa} < 2f$$

根据公式（5-40）和表 5-2 的注，有：

$$\beta = \gamma_\beta \frac{H_0}{h} = 1 \times \frac{4.2}{0.19} = 22.1$$

查表 5-1（a）得 $\varphi = 0.285$。

按公式（5-39）有：

$$\varphi f_g A = 0.285 \times 2.91 \times 0.228 \times 10^3 = 189.1 \text{kN} > 180 \text{kN}$$

可见混凝土小型空心砌块砌体灌孔后，墙体的受压承载力得到较大程度的提高。

【例题 5-5】 某建筑的墙，厚 400mm，采用毛石 MU20、水泥混合砂浆 M2.5 砌筑，墙的计算高度 3.5m，施工质量控制等级 B 级。计算该墙轴心受压时的承载力。

【解】 $H_0 = 3.5$m，由公式（5-40）和表 5-2，有：

$$\beta = \gamma_\beta \frac{H_0}{h} = 1.5 \times \frac{3.5}{0.4} = 13.1$$

查表 5-1（b）得 $\varphi = 0.74$，查表 3-21 得 $f = 0.44 \text{MPa}$。

将以上各值代入公式（5-39），该墙的轴力受压承载力为：

$$\varphi fA = 0.74 \times 0.44 \times 0.4 \times 10^3 = 130.2 \text{kN/m}$$

【例题 5-6】 某矩形截面砖柱，截面尺寸为 490mm×620mm（图 5-26），用烧结普通砖 MU10、水泥混合砂浆 M10 砌筑，施工质量控制等级 B 级。柱沿 x、y 轴两个方向的计算高度均为 6m，作用于柱上的轴向力为 160kN，轴向力的偏心距 $e_b = 100$mm，$e_h = 120$mm。试验算该柱的承载力。

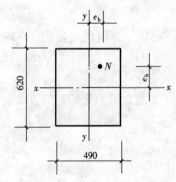

图 5-26 双向偏心受压砖柱截面

【解】 1. 按现行《砌体结构设计规范》的方法计算

$A = 0.49 \times 0.62 = 0.3038 \text{m}^2 > 0.3 \text{m}^2$，查表 3-13 得 $f = 1.89 \text{MPa}$。

由公式（5-40）和表 2-2，有：

$$\beta = \gamma_\beta \frac{H_0}{h} = \frac{6}{0.49} = 12.2$$

查表 5-1 (b)，$\varphi_0 = 0.817$。

$$\frac{e_b}{b} = \frac{100}{490} = 0.204, 0.5x = 0.5 \times \frac{490}{2} = 122.5\text{mm} > 100\text{mm}$$

$$\frac{e_h}{h} = \frac{120}{620} = 0.193, 0.5y = 0.5 \times \frac{620}{2} = 155\text{mm} > 120\text{mm}$$

由公式（5-54）

$$e_{ib} = \frac{b}{\sqrt{12}}\sqrt{\frac{1}{\varphi_0} - 1}\left(\frac{e_b/b}{e_b/b + e_h/h}\right)$$

$$= \frac{490}{\sqrt{12}}\sqrt{\frac{1}{0.817} - 1}\left(\frac{0.204}{0.204 + 0.193}\right) = 34.4\text{mm}$$

由公式（5-55）

$$e_{ih} = \frac{h}{\sqrt{12}}\sqrt{\frac{1}{\varphi_0} - 1}\left(\frac{e_h/h}{e_b/b + e_h/h}\right)$$

$$= \frac{620}{\sqrt{12}}\sqrt{\frac{1}{0.817} - 1}\left(\frac{0.193}{0.204 + 0.193}\right) = 41.2\text{mm}$$

按公式（5-51）

$$\varphi = \frac{1}{1 + 12\left[\left(\frac{e_b + e_{ib}}{b}\right)^2 + \left(\frac{e_h + e_{ih}}{h}\right)^2\right]}$$

$$= \frac{1}{1 + 12\left[\left(\frac{100 + 34.4}{490}\right)^2 + \left(\frac{120 + 41.2}{620}\right)^2\right]}$$

$$= \frac{1}{1 + 12\ (0.075 + 0.068)} = 0.368$$

将以上各值代入公式（5-39），有：

$$\varphi fA = 0.368 \times 1.89 \times 0.3038 \times 10^3 = 211.3\text{kN} > 160.0\text{kN},$$

该柱安全。

2. 按公式（5-45）的方法计算

以 $e = 0$、$e_b/b = 0.204$ 和 $e_h/h = 0.193$ 算得：

$$\varphi_0 = 0.817, \quad \varphi_x = 0.418, \quad \varphi_y = 0.434$$

$$N_0 = \varphi_0 fA = 0.817 \times 1.89 \times 0.3038 \times 10^3 = 469.1\text{kN}$$

$$N_x = \varphi_x fA = 0.418 \times 1.89 \times 0.3038 \times 10^3 = 240.0\text{kN}$$

$$N_y = \varphi_y fA = 0.434 \times 1.89 \times 0.3038 \times 10^3 = 249.2\text{kN}$$

将以上各值代入公式（5-45）

$$N = \frac{1}{\dfrac{1}{N_x} + \dfrac{1}{N_y} - \dfrac{1}{N_0}} = \frac{1}{\dfrac{1}{240.0} + \dfrac{1}{249.2} - \dfrac{1}{469.1}}$$

$$=165.3\text{kN}>160.0\text{kN}$$

3. 按等效偏心距的方法计算

$$\alpha_x=\frac{1}{1+12\left(\frac{e_b}{b}\right)^2}=\frac{1}{1+12\times0.204^2}=0.667$$

$$\alpha_y=\frac{1}{1+12\left(\frac{e_h}{h}\right)^2}=\frac{1}{1+12\times0.193^2}=0.691$$

$$\xi=\frac{1}{\alpha_x}+\frac{1}{\alpha_y}-1=\frac{1}{0.667}+\frac{1}{0.691}-1=1.946$$

将 ξ 值代入公式（5-46）得等效偏心距为：

$$e'_x=b\sqrt{\frac{1}{12}(\xi-1)}=0.49\sqrt{\frac{1}{12}(1.946-1)}=0.14$$

$$e'_y=h\sqrt{\frac{1}{12}(\xi-1)}=0.62\sqrt{\frac{1}{12}(1.946-1)}=0.17$$

$$\frac{e'_x}{b}=\frac{0.14}{0.49}=0.286,\quad\frac{e'_y}{b}=\frac{0.17}{0.62}=0.274$$

由公式（5-30）计算得：

$$\varphi'_x=0.318,\quad\varphi'_y=0.331$$

按公式（5-39），以 x 方向的等效偏心距计算，得：

$$N_x=\varphi'_x\,fA=0.318\times1.89\times0.3038\times10^3=182.6\text{kN}$$

再以 y 方向的等效偏心距计算，得：

$$N_y=\varphi'_y\,fA=0.331\times1.89\times0.3038\times10^3=190.0\text{kN}$$

取上述计算结果中的较小值 $N=182.6\text{kN}>160.0\text{kN}$。

可以看出，按公式（5-45）的方法与按等效偏心距的方法的承载力均较现行规范方法的承载力要小些，偏于保守。

5.2 局 部 受 压

5.2.1 局部受压的工作机理

当轴向力作用于砌体部分截面上时，砌体处于局部受压，这是砌体结构中常见的一种受力状态。如基础顶面的墙、柱支承处，梁或屋架端部的支承处，均产生局部受压。根据局部受压截面上压应力的分布情况，砌体局部受压分为局部均匀受压和局部不均匀受压。当砌体截面上作用局部均匀压力，按局部荷载位置的不同，又有各种受力情况，如图5-27所示。通常梁端支承处的砌体，轴向压力偏心作用，且截面上压应力分布不均匀，该支承处截面产生局部不均匀受压（图5-28）。

根据试验研究，局部受压有两个重要的物理现象。一个是在局部压力接触面上的局部范围有应力集中现象，随着砌体深度的增大，其应力不断扩散且趋均匀（图5-29）。另一个是在局部压力作用下，直接受压的局部范围内的砌体抗压强度有一定程度的提高。

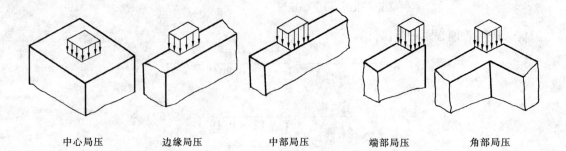

中心局压　　　边缘局压　　　　中部局压　　　　端部局压　　　　角部局压

图 5-27　局部均匀受压

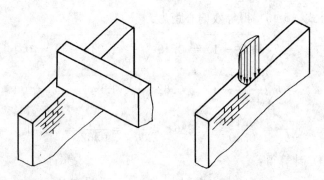

图 5-28　局部不均匀受压

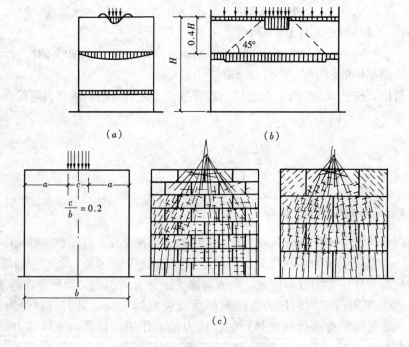

图 5-29　局部受压时应力扩散

(a) 垂直应力扩散示意图；(b) BS5628 规范所采用的垂直应力扩散图；

(c) 不同块材时砌体内的应力轨迹线

哈尔滨建筑工程学院的试验表明，砌体局部受压时有三种破坏形态。

一、因纵向裂缝的发展而破坏

图 5-30（a）所示为一般墙体在中部承受局部均匀压力时的破坏形态，初裂往往发生在与钢垫板直接接触的 1～2 皮砖以下的砌体，随着荷载的增加，纵向裂缝向上、向下发展，同时也产生新的纵向裂缝和斜向裂缝，一般来说它在破坏时有一条主要的纵向裂缝。在局部受压中，这是较常见也是最基本的破坏形态。

二、劈裂破坏

这种破坏形态的特点是，在荷载作用下，纵向裂缝少而集中，一旦出现纵向裂缝，砌体即犹如刀劈而破坏（图 5-30b）。试验表明，只有当砌体面积与局部受压面积之比相当大、砌体局压时初裂荷载与破坏荷载十分接近，才有可能产生这种破坏形态。

三、与垫板直接接触的砌体局部破坏

这种情况较少见，一般当墙梁的墙高与跨度之比较大，砌体强度较低时，有可能产生梁支承附近砌体被压碎的现象。

一般墙体在中部局部荷载作用下，砌体中线截面上的横向应力 σ_x 与竖向应力 σ_y 的分布如图 5-31 所示。在荷载作用下，局部受压区的砌体首先变形（横向膨胀），而其周围未直接承受压力的部分象套箍一样阻止这种横向变形，垫板下的附近砌体处于双向或三向受压状态，使得局部受压区砌体的抗压能力（局部抗压强度）大大提高。由 σ_x 的分布可看出，最大横向拉应力产生在垫板下方的一段长度上。当其值超过砌体抗拉强度时即出现纵向裂缝，这也是为什么初裂往往发生在与钢垫板直接接触的数皮砖以下砌体的原因。

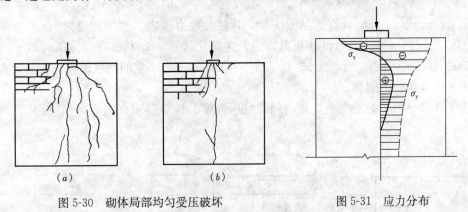

图 5-30　砌体局部均匀受压破坏　　　　图 5-31　应力分布

上述套箍"强化"作用，能很好地解释在中心局压情况下砌体抗压强度提高的原因。但对于边缘及端部局压等情况，套箍"强化"作用则不明显或不存在，这时用"力的扩散"的概念来解释局部受压的工作机理是恰当的。早在 20 世纪 50 年代，Guyon 和 Семенцов 提出了"力的扩散"概念。对于砌体，只要存在未直接承受压力的面积，就有力的扩散现象，也就能在不同程度上提高砌体的局部抗压强度。

由上面分析可以看出，砌体局部受压时，尽管砌体局部抗压强度得到提高，但局部受压面积往往很小，后者对工程结构来说是很不利的。如果结构的局部破坏，其整体可能立即起变化，甚至在工程中造成重大质量事故，因此在砌体结构中切不可忽视局部受压。

5.2.2 砌体局部均匀受压

当砌体的抗压强度为 f 时，砌体局部抗压强度可取为 γf。γ 称为局部抗压强度提高系数，它与影响局部抗压强度的计算面积 A_0 和局部受压面积 A_l 存在着密切关系。我国根据哈尔滨建筑工程学院唐岱新等的试验研究，对于中心局部受压：

$$\gamma = 1 + 0.7\sqrt{\frac{A_0}{A_l} - 1} \tag{5-56}$$

苏联的规范公式为：

$$\gamma = \sqrt[3]{\frac{A_0}{A_l}} \leqslant \gamma_1 \tag{5-57}$$

式中　γ_1——与砌体材料和荷载作用位置有关的系数。

公式（5-56）由两项组成，第一项为局部受压面积 A_l 范围内砌体本身的抗压强度，第二项为非局部受压面积（$A_0 - A_l$）范围内砌体的侧压力和力的扩散的综合影响。试验结果见图 5-32。

对于一般墙体中部、端部和角部的局部受压，根据试验得：

图 5-32　局部抗压强度提高系数

$$\gamma = 1 + 0.35\sqrt{\frac{A_0}{A_l} - 1} \tag{5-58}$$

试验值与按公式（5-58）计算值见图 5-32，其相关数为 0.88，平均比值为 1.0，变异系数为 0.14。在我国《砌体结构设计规范》中，为简化计算，将中心局部受压时的 γ 值也统一按公式（5-58）计算。比较公式（5-57）和公式（5-58），它们的取值接近，但后者对局部受压机理有较好的解释。

为了计算 γ 值，必需先确定影响局部抗压强度的计算面积（图 5-33），可从下列图示中得到：

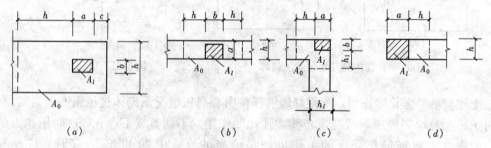

图 5-33　影响局部抗压强度的面积 A_0

1. 在图 5-33(a)的情况下　　　　$A_0 = (a + c + h)h$

2. 在图 5-33(b)的情况下　　　　$A_0 = (b + 2h)h$

3. 在图 5-33(c)的情况下　　　　$A_0 = (a + h)h + (b + h_1 - h)h_1$

4. 在图 5-33(d)的情况下　　　　$A_0 = (a + h)h$

在以上公式和图中

178

a、b——矩形局部受压面积 A_l 的边长；

h、h_1——墙厚或柱的较小边长，墙厚；

　　c——矩形局部受压面积 A_l 的外边缘至构件边缘的较小距离，当大于 h 时，取为 h。

根据局部受压试验结果，可算出当砌体初裂时的局部抗压强度提高系数 γ_{cra}。对于中心局部受压，γ_{cra} 与其试验值如图 5-34 (a) 所示，且 γ_{cra} 曲线与当砌体破坏时的局部抗压强度提高系数 γ 曲线相交于 $A_0/A_l \approx 10$，此时 $\gamma \approx 3$。当 $A_0/A_l > 10$ 时，砌体局部受压很可能出现劈裂破坏。由于这种破坏属脆性，是突然发生的。因此对于中心局部受压，应限制其 γ 值不超过 3.0。对于中部局部受压情况，γ_{cra} 与其试验如图 5-34 (b) 所示，γ_{cra} 曲线与当砌体破坏时的局部抗压强度提高系数 γ 曲线相交于 $\dfrac{A_0}{A_l} \approx 9$，此时 $\gamma \approx 2$。根据上述理由，对于中部局部受压，应限制其 γ 值不超过 2.0。

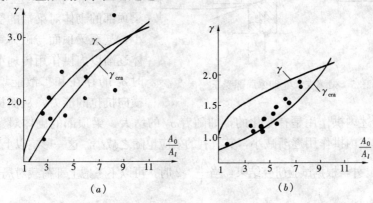

图 5-34　$\gamma - \gamma_{cra}$ 关系

根据上述分析，砌体截面中受局部均匀压力时的承载力按下式计算：

$$N_l \leqslant \gamma f A_l \tag{5-59}$$

式中　N_l——局部受压面积上的轴向力设计值；

　　　γ——砌体局部抗压强度提高系数，按公式（5-58）计算；

　　　f——砌体抗压强度设计值，对于局部受压计算，可不考虑表 3-24 中第 1 项的影响（GB 50003—2011 给的条件是 $A_L < 0.3\text{m}^2$，作者认为这一规定似无必要；且 "可不考虑强度调整系数 γ_a 的影响" 的规定，是不当的）；

　　　A_l——局部受压面积。

在按图 5-33 确定影响局部抗压强度的计算面积 A_0 时，所计算得的 γ 尚不应超过下列限值：

对于图 5-33(a) 的情况　　　　　$\gamma \leqslant 2.5$

对于图 5-33(b) 的情况　　　　　$\gamma \leqslant 2.0$

对于图 5-33(c) 的情况　　　　　$\gamma \leqslant 1.5$

对于图 5-33(d) 的情况　　　　　$\gamma \leqslant 1.25$

对于按规定要求灌孔的混凝土小型砌块砌体，在上述 a、b 的情况下尚应符合 $\gamma \leqslant$

1.5。未灌孔的混凝土砌块砌体，取 $\gamma=1.0$。对多孔砖砌体孔洞难以灌实时，取 $\gamma=1.0$；当设置混凝土垫块时，按垫块下的砌体局部受压计算。

5.2.3 梁端支承处砌体的局部受压

一、概述

梁端支承处砌体局部受压（图 5-35）时，作用在梁端砌体上的轴向力除梁端支承压力 N_l 外，还有由上部荷载产生的轴向力 N_0，且梁端底面砌体上的应力不均匀分布，呈曲线图形，属局部不均匀受压。显然它较上述砌体局部均匀受压要复杂得多。

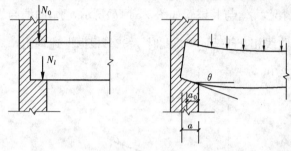

图 5-35　梁端支承处砌体局部受压

试验表明，当梁上荷载增加，梁端底部砌体的局部压缩变形增大，砌体内部产生应力重分布现象。在上部荷载产生的平均压应力 σ_0 较小时，梁顶部的砌体对梁端的受压接触面减小，甚至梁顶面与砌体完全脱开，砌体逐渐以内拱作用传递上部荷载，此时 σ_0 的存在和扩散能增强下端砌体横向抗拉的能力，从而提高局部受压承载力。但上述内拱作用是有变化的，如随着 σ_0 的增大，梁顶部的砌体对梁端的受压接触面加大，上述内拱作用逐渐减小，其有利的效应也随之减小。这一影响以上部荷载的折减系数来表示。此外，根据试验研究结果，当 $\dfrac{A_0}{A_l}>2$ 时，可以不考虑上部荷载对局部抗压强度的影响。在砌体结构设计规范中，为偏于安全，规定当 $\dfrac{A_0}{A_l}\geqslant3$ 时，不考虑上部荷载的影响。

二、梁端有效支承长度

当梁端支承在砌体上（实际支承长度为 a，梁宽为 b），由于梁的挠曲变形（图 5-35）和支承处砌体压缩变形的影响，梁端有效支承长度不一定等于 a，而应取为 a_0。此时砌体局部受压面积 $A_l=a_0b$。

假定梁端转角为 θ，砌体的变形按直线分布，则砌体边缘的变形 $y_e=a_0\mathrm{tg}\theta$。该点的压应力如为线形分布，$\sigma_{max}=ky_e$（k 为梁端支承处砌体的压缩刚度系数）。由于实际的应力成曲线分布，应考虑砌体压应力图形的完整系数 η，则可取 $\sigma_{max}=\eta ky_e$。按静力平衡条件，得

$$N_l=\eta ky_ea_0b=\eta ka_0^2b\tan\theta \tag{5-60}$$

根据试验结果，$\eta k=0.332f_m=\dfrac{0.33}{0.48}f=0.692f$。将此值代入公式（5-60），并考虑对计量单位的规定，得：

$$a_0=38\sqrt{\dfrac{N_l}{bf\tan\theta}} \tag{5-61}$$

式中　a_0——梁端有效支承长度（mm），当 $a_0>a$ 时，取 $a_0=a$；

　　　a——梁端实际支承长度（mm）；

　　　N_l——梁端荷载设计值产生的支承压力（kN）；

b——梁的截面宽度（mm）；

f——砌体的抗压强度设计值（MPa）；

$\tan\theta$——梁变形时，梁端轴线倾角的正切，对于受均布荷载的简支梁，当梁的最大挠度与跨度之比为 $\frac{1}{250}$ 时，可近似取 $\tan\theta=\frac{1}{78}$。

将公式（5-61）进行简化，还可得到 a_0 的另外一个计算公式。对受均布荷载 q 作用的钢筋混凝土简支梁，可取 $N_l=\frac{ql}{2}$，$\tan\theta\approx\theta=\frac{ql^3}{24B}$，$\frac{h_c}{l}\approx\frac{1}{11}$。考虑钢筋混凝土梁允许出现裂缝，以及长期荷载效应对梁刚度的影响，可取梁刚度 $B\approx0.3E_cI_c$。当梁采用混凝土 C20 时，$E_c=25.5\text{kN/mm}^2$，则

$$a_0=38\sqrt{\frac{ql}{2}\frac{1}{bf}\frac{24\times0.3\times25.5}{ql^3}\frac{bh_c^3}{12}}$$

$$=38\sqrt{\frac{0.3\times25.5}{f}\left(\frac{1}{11}\right)^2h_c}=9.55\sqrt{\frac{h_c}{f}}$$

$$\approx10\sqrt{\frac{h_c}{f}}$$

最后取
$$a_0=10\sqrt{\frac{h_c}{f}} \tag{5-62}$$

式中　h_c——梁的截面高度（mm）；

f——砌体的抗压强度设计值（MPa）。

公式（5-61）可称为精确公式，而公式（5-62）为简化公式。但当取 $\tan\theta=1/78$ 后，则公式（5-61）与公式（5-62）同样属近似公式，况且 $\tan\theta$ 取该定值后反而与试验结果有较大误差。相比之下公式（5-62）形式十分简单，方便计算，且概念上也比较清楚，如对于一定的砌体，当梁的截面愈高，梁端转角愈小，使 a_0 愈长，这对砌体局部受压是有利的。对于常用材料和跨度的梁的情况下，公式（5-62）与公式（5-61）计算结果的误差约在 15% 左右，对砌体局部受压的安全度影响不大。尽管如此，但由于公式（5-61）和公式（5-62）的计算结果不一致，为了避免有时在设计计算上的争异，《砌体结构设计规范》GB 50003 规定只采用公式（5-62）计算梁端有效支承长度。

三、梁端支承处砌体的局部受压承载力计算

如图 5-36 所示梁端支承处砌体，为了保证其局部抗压强度，可控制砌体边缘的应力 σ_{max}，即应符合下式要求：

$$\sigma_{max}\leqslant\gamma f$$

即
$$\sigma'_0+\sigma_l=\sigma'_0+\frac{N_l}{\eta A_l}\leqslant\gamma f$$

将方程式两边同乘以 ηA_l，得：

$$\eta\sigma'_0A_l+N_l\leqslant\eta\gamma fA_l$$

此处 σ'_0 可看成是由上部荷载实际产生的平均应力。现取上部荷载产生的计算平均应力 σ_0，且 $\eta\sigma'_0=\psi\sigma_0$，则得：

$$\psi\sigma_0A_l+N_l\leqslant\eta\gamma fA_l$$

即梁端支承处砌体的局部受压承载力，按下式计算：

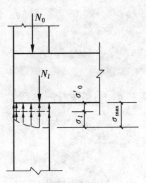

图 5-36　梁端支承
处砌体的应力

181

$$\psi N_0 + N_l \leqslant \eta\gamma f A_l \tag{5-63}$$

$$\psi = 1.5 - 0.5\frac{A_0}{A_l} \tag{5-64}$$

$$N_0 = \sigma_0 A_l \tag{5-65}$$

$$A_l = a_0 b \tag{5-66}$$

式中　ψ——上部荷载的折减系数，当 $A_0/A_l \geqslant 3$ 时，应取 $\psi = 0$；

N_0——局部受压面积内上部轴向力设计值；

N_l——梁端支承压力设计值；

σ_0——上部平均压应力设计值；

η——梁端底面压应力图形的完整系数，应取 0.7，对于过梁和墙梁应取 1.0；

a_0——梁端有效支承长度，应按公式（5-62）计算，当 $a_0 > a$ 时应取 $a_0 = a$；

a——梁端实际支承长度；

b——梁的截面宽度。

5.2.4　梁端下设有垫块或垫梁时支承处砌体的局部受压

一、刚性垫块下的砌体局部受压

当梁端支承处砌体局部受压按公式（5-63）计算不能满足要求时，可在梁端设置刚性垫块（图 5-37）。垫块能扩大局部受压面积，刚性垫块又能使梁端压力较好地传至砌体截面上。由于垫块面积 A_b 与未设垫块时砌体计算面积 A_0 相差不大，在梁端下设有刚性垫块时，垫块下砌体的局部受压可借助于砌体的偏心受压强度公式来进行计算。试验表明，垫块底面积以外的砌体对局部受压强度能提供有利影响，但考虑到垫块底面压应力的不均匀，并为偏于安全，使垫块外砌体面积的有利影响系数 $\gamma_1 = 0.8\gamma$。

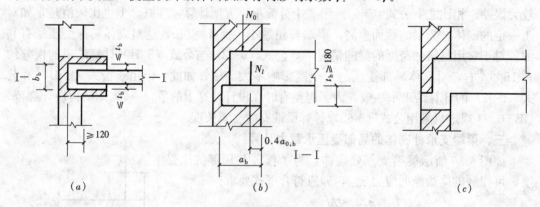

图 5-37　梁端下设置刚性垫块

由上述分析，在梁端下设有刚性垫块时，垫块下砌体的局部受压承载力按下式计算：

$$N_0 + N_l \leqslant \varphi\gamma_1 f A_b \tag{5-67}$$

$$N_0 = \sigma_0 A_b \tag{5-68}$$

$$A_b = a_b b_b \tag{5-69}$$

式中　N_0——垫块面积 A_b 内上部轴向力设计值；

φ——垫块上 N_0 及 N_l 合力的影响系数，取 $\beta \leqslant 3$ 按公式（5-30）或查表 5-1

确定；

γ_1——垫块外砌体面积的有利影响系数，$\gamma_1 = 0.8\gamma$ 但不小于 1.0；γ 按公式（5-58）以 A_b 代替 A_l 计算得出；

A_b——垫块面积；

a_b——垫块伸入墙内的长度；

b_b——垫块的宽度。

在设计上刚性垫块还应符合下列规定：

（1）刚性垫块的高度不宜小于 180mm，自梁边算起的垫块挑出长度不宜大于垫块高度 t_b，如图 5-37 所示。

（2）在带壁柱墙的壁柱内设刚性垫块时，由于墙的翼缘部分大多位于压应力较小处，参加工作程度有限，其计算面积应取壁柱范围内的面积，而不应计算翼缘部分，同时壁柱上垫块伸入翼墙内的长度不应小于 120mm，如图 5-37（a）所示。

（3）当现浇垫块与梁端整体浇筑时，垫块可在梁高范围内设置。

由图 5-37 可看出，上述刚性垫块有预制和现浇之分，按理它们的砌体局部受压性能有些区别，因而原《砌体结构设计规范》GBJ 3—88 对设有预制刚性垫块（图 5-37b）和现浇刚性垫块（图 5-37c）时采用了不同的计算方法。但由于刚性垫块下砌体的局部受压可靠度较高，为了简化计算，《砌体结构设计规范》GB 50003 规定统一采用前者的方法计算。

二、刚性垫块时的梁端有效支承长度

《砌体结构设计规范》GBJ 3—88 对于图 5-37（b）的情况，N_l 的作用点由梁与砌体直接接触面的 a_0 确定，即采用图 5-36 计算得的 a_0 值，而对于图 5-37（c）的情况，亦按梁与砌体直接接触面的 a_0 确定，只是 $A_l = a_0 b_b$，且在公式（5-61）中以垫块宽度 b_b 代替梁宽 b 计算求得。这显然有不合理之处。

哈尔滨建筑大学的试验和有限元分析表明，垫块上、下表面的梁端有效支承长度并不相等，前者小于后者，这对于垫块下砌体局部受压承载力虽影响不大，但对于其下墙体由于偏心距的增大，将导致墙体的受压承载力降低。为此有必要研究刚性垫块上表面（即梁与垫块的接触面）的梁端有效支承长度的计算方法。

根据试验结果和计算分析，刚性垫块上、下表面的梁端有效支承长度 $a_{0,b}$（本符号系作者添加，以示与上述 a_0 的区别）（如图 5-37b 所示），可按下式计算：

$$a_{0,b} = \delta_1 \sqrt{\frac{N_l}{b_b f \tan\theta}}$$

简化为取

$$a_{0,b} = \delta_1 \sqrt{\frac{h_c}{f}} \tag{5-70}$$

式中 δ_1 为刚性垫块的影响系数，可按表 5-3 采用。

刚性垫块的影响系数   表 5-3

σ_0/f	0	0.2	0.4	0.6	0.8
δ_1	5.4	5.7	6.0	6.9	7.8

注：表中其间的数值可采用插入法求得。

垫块上 N_l 作用点的位置可取 $0.4a_{0,b}$ 处，即以此计算公式（5-67）中垫块上 N_0 与 N_l 合力的影响系数 φ。这一点较《砌体结构设计规范》GBJ 3—88 的方法有所改进。

三、垫梁下的砌体局部受压

混合结构房屋中，往往在屋面或楼面大梁梁底沿砌体墙设垫梁，如设钢筋混凝土圈梁，该圈梁也是楼、屋面梁的垫梁。

根据弹性力学，当一个集中力 N_l 作用在半无限弹性地基上时（图 5-38a），在深度 h_0 处的竖向压应力为：

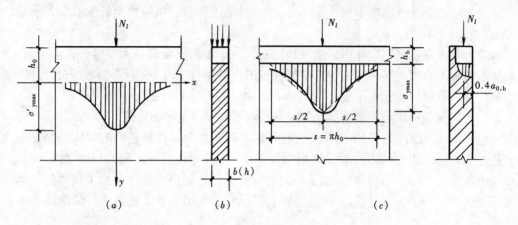

图 5-38　垫梁局部受压示意

$$\sigma'_y = \frac{2N_l h_0^3}{\pi b \ (h_0^2 + x^2)^2} \tag{5-71}$$

取 $x=0$，N_l 作用点 F 的应力最大，则

$$\sigma'_{ymax} = \frac{2N_l}{\pi b h_0} = 0.64 \frac{N_l}{b h_0} \tag{5-72}$$

当钢筋混凝土垫梁中部受集中局部荷载作用时，可将垫梁看成弹性地基梁（图 5-38b），竖向应力的分布与"弹性特征系数" k 有关，则

$$k = \frac{16\pi^3 E_c I_c}{E h l^3} \tag{5-73}$$

式中　E_c、I_c——分别为弹性地基梁（即垫梁）的弹性模量和截面惯性矩；

　　　　E——弹性地基（即砌体）的弹性模量；

　　　　h——墙厚；

　　　　l——集中力之间的距离。

按弹性力学计算，在垫梁底面、集中力作用点处的应力最大，则

$$\sigma_{ymax} = \frac{2.418 N_l}{l} \frac{1}{b_b \sqrt[3]{k}}$$

$$= 0.31 \frac{N_l}{b_b} \sqrt[3]{\frac{E h}{E_c I_c}} \tag{5-74}$$

公式（5-72）与公式（5-74），虽然一个是没有弹性地基梁（相当于没有垫梁）一个是有弹性地基梁（相当于有垫梁）的情况，但它们反映的 σ_y 的变化规律是相似的。即对

前者，h_0 越大，σ_y 越小，σ_y 的分布随深度的增大而趋于均匀；对后者，$E_c I_c$ 越大，σ_y 也越小，σ_y 的分布随 $E_c I_c$ 的增大而趋于均匀。同时，如图 5-38(a)和图 5-38(b)中弹性地基的材料相同，且 $b = b_b$，则可认为 $\sigma'_{ymax} = \sigma_{ymax}$，则

$$0.64 \frac{N_l}{bh_0} = 0.31 \frac{N_l}{b_b} \sqrt[3]{\frac{Eh}{E_c I_c}}$$

得

$$h_0 = 2 \sqrt[3]{\frac{E_c I_c}{Eh}} \tag{5-75}$$

上式表明，可将钢筋混凝土垫梁换算成高度为 h_0 的弹性地基（砌体）。h_0 称为垫梁折算高度。

为简化计算，现以三角形应力图形来代替上述曲线分布应力图形（图 5-38b），折算的应力分布长度 s 可由静力平衡条件求得：

$$N_l = \frac{1}{2} \sigma_{ymax} b_b s = \frac{1}{2} \frac{2N_l}{\pi b_b h_0} b_b s$$

则

$$s = \pi h_0 \tag{5-76}$$

根据试验研究，在荷载作用下由于混凝土垫梁先开裂，垫梁的刚度大为减小。砌体临近破坏时，砌体内实际最大应力比按上述弹性力学分析的结果要大得多。$\frac{\sigma_{ymax}}{f}$ 均大于 1.5，有的可达 2.5，也就是说垫梁下砌体的局部受压工作是比较有利的。现取

$$\sigma_{ymax} \leqslant \gamma f = 1.5 f$$

即

$$\frac{2N_l}{\pi b_b h_0} \leqslant 1.5 f$$

或

$$N_l \leqslant \frac{1.5 \pi b_b h_0 f}{2} \approx 2.4 b_b h_0 f \tag{5-77}$$

上式中还应考虑 N_l 沿墙厚方向产生不均匀分布压应力的影响（图 5-38c），为此引入垫梁底面压应力分布系数 δ_2。

综上所述，钢筋混凝土垫梁受上部荷载 N_0 和集中局部荷载 N_l 作用，且垫梁长度大于 πh_0 时，垫梁下的砌体局部受压承载力按下列公式计算：

$$N_0 + N_l \leqslant 2.4 \delta_2 f b_b h_0 \tag{5-78}$$

$$N_0 = \frac{1}{2} \pi b_b h_0 \sigma_0 \tag{5-79}$$

式中　N_0——垫梁上部轴向力设计值；

δ_2——垫梁底面压应力分布系数，当荷载沿墙厚方向均匀分布时 $\delta_2 = 1.0$，不均匀分布时 $\delta_2 = 0.8$；

b_b——垫梁在墙厚方向的宽度；

h_0——垫梁折算高度，按公式（5-75）计算；

σ_0——上部平均压应力设计值；

E_b、I_b——分别为垫梁的混凝土弹性模量和截面惯性矩；

E——砌体的弹性模量；

h——墙厚。

图 5-38 中 h_b 为垫梁的高度。

垫梁上梁端有效支承长度 $a_{0,b}$，可近似按刚性垫块的情况确定，即按公式（5-70）计算。

5.2.5 计算例题

【例题 5-7】 某窗间墙，截面尺寸为 1300mm×240mm，采用混凝土多孔砖 MU15、专用砂浆 Mb5 砌筑，施工质量控制等级 B 级。墙上支承钢筋混凝土楼面梁（图 5-39），梁端支承压力设计值为 50kN，上部轴向力设计值为 160kN。验算梁端支承处砌体的局部受承载力。

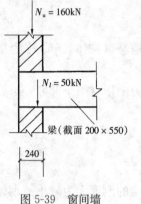

图 5-39 窗间墙
砌体局部受压

【解】 本题属图 5-33（b）情况的局部受压。

查表 3-14，$f=1.83$MPa（对于局压计算，不考虑表 3-24 中第 1 项的 γ_a）。

$$A_0 = (b+2h)\,h = (0.2+2\times0.24)\times0.24 = 0.163\text{m}^2$$

由公式（5-62）得：

$$a_0 = 10\sqrt{\frac{h_c}{f}} = 10\sqrt{\frac{550}{1.83}} = 173.4\text{mm}<a$$

$$A_l = a_0 b = 0.1734\times0.24 = 0.042\text{m}^2$$

$$\frac{A_0}{A_l} = \frac{0.163}{0.042} = 3.88>3$$

此时取 $\psi=0$，即不考虑上部荷载的影响。

由公式（5-58），有：

$$\gamma = 1+0.35\sqrt{\frac{A_0}{A_l}-1}$$

$$=1+0.35\sqrt{3.88-1} = 1.59<2.0，因多孔砖孔洞未灌实故取 \gamma=1.0。$$

按公式（5-63）得：

$\eta\gamma f A_l = 0.7\times1.0\times1.83\times0.042\times10^3 = 53.8\text{kN}>50.0\text{kN}$，该窗间墙梁端支承处砌体局部受压安全。

【例题 5-8】 某墙截面尺寸为 1200mm×190mm，采用烧结多孔砖 MU10、水泥混合砂浆 M5 砌筑，施工质量控制等级 B 级。墙上支承截面尺寸为 250mm×600mm 的钢筋混凝土梁，梁端支承压力设计值为 85kN，上部轴向力设计值为 37kN。验算梁端支承处砌体的局部受压承载力。

【解】 本题属图 5-33（b）情况的局部受压。

对于局压计算，虽不考虑表 3-24 中第 1 项的影响，但本墙截面 $A=1.2\times0.19=0.228\text{m}^2<0.3\text{m}^2$，故应取 $\gamma_a=0.7+0.228=0.928$，则由表 3-13 $f=0.928\times1.5=1.39$MPa。

$$A_0 = (b+2h)\,h = (0.25+2\times0.19)\times0.19 = 0.1197\text{m}^2$$

由公式（5-62），有：

$$a_0 = 10\sqrt{\frac{h_c}{f}} = 10\sqrt{\frac{600}{1.39}} = 207.8\text{mm}>190\text{mm}，取 a_0=190\text{mm}$$

$$A_l = a_0 b = 0.19 \times 0.25 = 0.0475 \text{mm}^2$$

$\dfrac{A_0}{A_l} = \dfrac{0.1197}{0.0475} = 2.52 < 3.0$，应计入上部荷载的影响，由公式（5-64），有：

$$\psi = 1.5 - 0.5 \frac{A_0}{A_l} = 1.5 - 0.5 \times 2.52 = 0.24$$

$$\sigma_0 = \frac{37 \times 10^3}{1200 \times 190} = 0.16 \text{MPa}$$

$$N_0 = \sigma_0 A_l = 0.16 \times 0.0475 \times 10^3 = 7.6 \text{kN}$$

由公式（5-58），有：

$$\gamma = 1 + 0.35 \sqrt{\frac{A_0}{A_l} - 1} = 1 + 0.35\sqrt{2.52 - 1} = 1.43 < 1.5$$

按公式（5-63），有：

$$\psi N_0 + N_l = 0.24 \times 7.6 + 85 = 86.8 \text{kN}$$

$\eta\gamma f A_l = 0.7 \times 1.43 \times 1.39 \times 0.0475 \times 10^3 = 66.1 \text{kN} < 86.8 \text{kN}$，该墙梁端支承处砌体局部受压不安全。

现利用该墙体上的圈梁，圈梁截面尺寸为 190mm×190mm，C20 混凝土（$E_b = 25.5 \text{kN/mm}^2$）。由表 3-25，$E = 1600f = 1600 \times 1.39 \times 10^{-3} = 2.22 \text{kN/mm}^2$。

由公式（5-75），有：

$$h_0 = 2\sqrt[3]{\frac{E_c I_c}{Eh}} = 2\sqrt[3]{\frac{25.5 \times \frac{1}{12} \times 190 \times 190^3}{2.22 \times 190}} = 374.5 \text{mm}$$

因该圈梁沿墙长设置，其长度大于 $\pi h_0 = 1.146\text{m}$，故该圈梁可作为砌体局部受压时的垫梁。

由公式（5-79），有：

$$N_0 = \frac{1}{2}\pi b_b h_0 \sigma_0 = \frac{\pi}{2} \times 0.19 \times 0.3749 \times 0.16 \times 10^3 = 17.9 \text{kN}$$

按公式（5-78），有：

$$N_0 + N_l = 17.9 + 85 = 102.9 \text{kN}$$

考虑荷载沿墙厚方向分布不均匀，取 $\delta_2 = 0.8$，从而得：

$$2.4\delta_2 f b_b h_0 = 2.4 \times 0.8 \times 1.39 \times 0.19 \times 0.3745 \times 10^3$$
$$= 189.9 \text{kN} > 102.9 \text{kN}$$

此时垫梁下砌体的局部受压承载力足以满足规定的要求。

【例题 5-9】 某带壁柱窗间墙，采用烧结页岩普通砖 MU10、水泥混合砂浆 M7.5 砌筑，施工质量控制等级 B 级。墙截面尺寸如图 5-40 所示。墙上支承截面尺寸为 200mm×650mm 的钢筋混凝土梁，梁端搁置长度 370mm，梁端支承压力设计值为 90kN，上部轴向力设计值为 105kN。要求确保梁端支承处砌体的局部受压承载力。

【解】 本题属图 5-33（b）情况的局部受压。

查表 3-13，$f = 1.69 \text{MPa}$（对于局部受压，不考虑表 3-24 中第 1 项的 γ_a），则

$$A_0 = (0.2 + 2 \times 0.24) \times 0.24 + 0.37 \times 0.13 = 0.2113 \text{m}^2$$

由公式（5-62），有：

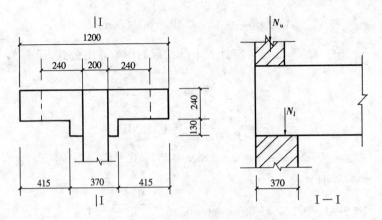

图 5-40 带壁柱窗间墙砌体局部受压

$$a_0 = 10\sqrt{\frac{h_c}{f}} = 10\sqrt{\frac{650}{1.69}} = 196.1\text{mm} < a$$

$$A_l = a_0 b = 0.1961 \times 0.2 = 0.039\text{m}^2$$

$$\frac{A_0}{A_l} = \frac{0.2113}{0.039} = 5.42 > 3, \text{ 取 } \psi = 0$$

由公式（5-58），有：

$$\gamma = 1 + 0.35\sqrt{\frac{A_0}{A_l} - 1} = 1 + 0.35\sqrt{5.42 - 1} = 1.73 < 2.0$$

$$\eta = 0.7$$

按公式（5-63）得：

$$\eta\gamma f A_l = 0.7 \times 1.73 \times 1.69 \times 0.039 \times 10^3 = 79.8\text{kN} < 90\text{kN}$$

此时梁端支承处砌体局部受压承载力不够。

现设置 370mm×370mm×180mm 预制混凝土垫块，尺寸符合刚性垫块要求，且垫块伸入墙翼缘内的长度亦符合要求。

$$A_b = 0.37 \times 0.37 = 0.1369\text{m}^2$$

$$\sigma_0 = \frac{105 \times 10^3}{1200 \times 240 + 370 \times 130} = 0.312\text{MPa}$$

$$N_0 = \sigma_0 A_b = 0.312 \times 0.1369 \times 10^3 = 42.7\text{kN}$$

$$N_0 + N_l = 42.7 + 90 = 132.7\text{kN}$$

N_l 的作用点按刚性垫块时梁端有效支承长度计算，由 $\sigma_0/f = 0.312/1.69 = 0.185$ 查表 5-3，得 $\delta_1 = 5.68$，由公式（5-70），有：

$$a_{0,b} = \delta_1\sqrt{\frac{h_c}{f}} = 5.68\sqrt{\frac{650}{1.69}} = 111.3\text{mm}$$

N_0 与 N_l 合力的偏心距为：

$$e = \frac{90\left(\frac{0.37}{2} - 0.4 \times 0.111\right)}{132.7} = 0.09\text{m}$$

$$\frac{e}{h} = \frac{0.09}{0.37} = 0.24, \text{ 按 } \beta \leqslant 3 \text{ 查表 5-1 (a)，得 } \varphi = 0.59.$$

因 A_0 只取壁柱面积（370mm×370mm），且 $A_0 = A_b$，取 $\gamma_1 = 1.0$。

按公式（5-67），有：

$$\varphi \gamma_1 f A_b = 0.59 \times 1.0 \times 1.69 \times 0.1369 \times 10^3 = 136.5\text{kN} > 132.7\text{kN}。$$

梁端设预制刚性垫块后，梁端支承处砌体的局部受压安全。

如将上述预制刚性垫块改为现浇刚性垫块，其局部受压承载力的计算结果完全相同。

【例题 5-10】 某房屋中墙体，采用孔洞率为 45%的混凝土小型空心砌块 MU7.5 和专用砂浆 Mb5 砌筑。环境类别为 1 类，设计使用年限 50 年，施工质量控制等级 B 级。墙截面尺寸为 1000mm×190mm，支承截面尺寸为 200mm×400mm 的钢筋混凝土梁，梁端支承压力设计值 50kN，上部轴向力设计值 90kN。验算梁端支承处砌体局部受压承载力。

【解】 本题属图 5-33（b）情况的局部受压。

对于局压计算，虽不考虑表 3-24 中第 1 项的影响，但本墙体截面 $A = 1.0 \times 0.19 = 0.19\text{m}^2 < 0.3\text{m}^2$，故应取 $\gamma_a = 0.7 + 0.19 = 0.89$，则由表 3-16 $f = 0.89 \times 1.71 = 1.52\text{MPa}$。

$$A_0 = (b + 2h)h = (0.2 + 2 \times 0.19) \times 0.19 = 0.1102\text{m}^2$$

由公式（5-62），有：

$$a_0 = 10\sqrt{\frac{h_c}{f}} = 10\sqrt{\frac{400}{1.52}} = 162.2\text{mm} < a$$

$$A_l = a_0 b = 0.162 \times 0.2 = 0.0324\text{m}^2$$

$$\frac{A_0}{A_l} = \frac{0.1102}{0.0324} = 3.4 > 3，取 \psi = 0$$

对于未灌孔的混凝土砌块砌体，$\gamma = 1.0$，按公式（5-63）并取 $\eta = 0.7$，得：

$$\eta \gamma f A_l = 0.7 \times 1.0 \times 1.52 \times 0.0324 \times 10^3 = 34.5\text{kN} < 50\text{kN}$$

此时梁端支承处砌体局部受压不安全。

现按构造要求，在梁支承面下三皮砌块高度和二块砌块长度部位的砌体用 Cb20 混凝土将孔洞灌实，按公式（5-58），有：

$$\gamma = 1 + 0.35\sqrt{\frac{A_0}{A_l} - 1} = 1 + 0.35\sqrt{3.4 - 1} = 1.54 > 1.5 （对灌孔砌块砌体），取 \gamma = 1.5。$$

按公式（5-63），得：

$$\eta \gamma f A_l = 0.7 \times 1.5 \times 1.52 \times 0.0324 \times 10^3 = 51.7\text{kN} > 50.0\text{kN}$$

混凝土小型空心砌块砌体按构造要求灌孔后，由于砌体局部抗压强度提高系数 γ 的增大（未灌孔时 $\gamma = 1.0$），有利于砌体的局部受压。

如该窗间墙按 $\rho = 33\%$的灌孔率（每隔 2 孔灌 1 孔）灌孔，则由公式（3-64）$\alpha = \delta\rho = 0.45 \times 0.33 = 0.15$，由公式（3-63），有：

$$f_g = f + 0.6\alpha f_c = 1.52 + 0.6 \times 0.15 \times 9.6 = 2.38\text{MPa} < 2f$$

由公式（5-62），有：

$$a_0 = 10\sqrt{\frac{h_c}{f}} = 10\sqrt{\frac{400}{2.38}} = 129.6\text{mm}$$

$$A_l = a_0 b = 0.1296 \times 0.2 = 0.026\text{m}^2$$

$$\frac{A_0}{A_l} = \frac{0.1102}{0.026} = 4.42 > 3，取 \psi = 0$$

由公式（5-58），有：

$$\gamma = 1 + 0.35\sqrt{\frac{A_0}{A_l} - 1} = 1 + 0.35\sqrt{4.42 - 1} = 1.65 > 1.5，取 \gamma = 1.5$$

按公式（5-63），得：

$$\eta\gamma f_g A_l = 0.7 \times 1.5 \times 2.38 \times 0.0206 \times 10^3 = 51.5\text{kN} > 50.0\text{kN}$$

本算例表明，采用灌孔混凝土砌块砌体，虽梁端有效支承长度 a_0 和局部受压面积 A_l 均有所减小，但由于 f_g 远大于 f，仍能提高砌体的局部受压承载力，且随着灌孔率的增大，其提高幅度更大。

上述计算中墙体采用的砌块、砂浆和灌孔混凝土的强度等级均符合环境类别 1 的要求。

5.2.6 对砌体局部受压计算的改进建议

我国自 GBJ 3—73 至 GB 50003—2011 中对砌体局部受压均提出了设计方法，其主要参数取值与承载力计算公式的变化如表 5-4 所示。

砌体局部受压计算 表 5-4

设计规范	γ	梁端支承处砌体的局部受压承载力	a_0	梁端下设有垫块时支承处砌体的局部受压承载力
GBJ 3—73	$\sqrt{\frac{A_0}{A_l}}$	$K(N_0 + N_l) \leqslant \mu A_l f_m$ $\mu = 0.8; 1.0$	$\frac{1}{7}\sqrt{\frac{N_l}{b\tan\theta}}, \approx 4\sqrt{h_c}$	$K(N_0 + N_l) \leqslant \varphi A_b f_m$
GBJ 3—88	$1 + 0.35\sqrt{\frac{A_0}{A_l} - 1}$	$\psi N_0 + N_l \leqslant \eta\gamma f A_l$	$38\sqrt{\frac{N_l}{bf\tan\theta}}, \sqrt{10\frac{h_c}{f}}$	$N_0 + N_l \leqslant \varphi\gamma_1 f A_b$
GB 50003—2001 GB 50003—2011	$1 + 0.35\sqrt{\frac{A_0}{A_l} - 1}$	$\psi N_0 + N_l \leqslant \eta\gamma f A_l$	$\sqrt{10\frac{h_c}{f}}$	$N_0 + N_l \leqslant \varphi\gamma_1 f A_b$, $a_{0,b} = \delta_1\sqrt{\frac{h_c}{f}}$

由表 5-4 可知，我国砌体局部受压承载力的计算在不断完善。但 GB 50003 的方法应用至今仍有研究者提出了一些改进建议，现择要论述如下。

一、杨卫忠等人的研究

杨卫忠等人通过分析，对梁端支承处砌体的局部受压承载力提出了下列改进建议。

1. 局部抗压强度提高系数

与试验结果对比，GB 50003 的 γ 取值对墙端、墙角的局部受压偏不安全。这是由于 γ 按均匀受压时的结果，未考虑梁端支承处砌体非均匀受力的特点和上部荷载的影响（上部荷载可以提高周围砌体的约束作用），建议取：

$$\gamma = 1 + \zeta\left[1 + \zeta^2(l_d - 1)\frac{\sigma_0}{f_m}\right]\lg\frac{A_d}{A_l}$$

式中 ζ——约束系数，对中心局压 $\zeta = 2.0$，对角部局压 $\zeta = 1.0$，对一般墙段中部局压 $\zeta = A_c / A_d$；

A_d——扩散面积，以 A_l 为基础，自 A_l 的短边向周围扩散，不超过截面允许范围；

A_c——约束面积，以 A_d 为基础，按与 A_d 同心、对称的原则确定，不超过截面允许范围；

l_d——垂直梁长方向的扩散面积 A_d 的边长；

σ_0——上部荷载在砌体内产生的压应力；

f_m——砌体抗压强度（该作者在与试验结果比较时采用的是砌体抗压强度试验值，未说明在设计上是否以 f 代替）。

2. 梁端有效支承长度

由于局部受压位置不同，对砌体的约束作用不同，且上部荷载一方面降低了砌体的原始强度又增加了对梁端砌体的约束，使梁端有效支承长度增大，建议取：

$$a_0 = \xi \sqrt{\frac{N_l}{b(f_m - \sigma_0)\sqrt{f_m - \sigma_0}}}$$

式中 ξ——系数，对端部局压 $\xi = 21$，对中部局压 $\xi = 17$。

3. 局部受压承载力

将梁端支承处砌体的压应力等效为均匀分布，等效压应力等于 $f_m - \sigma_0$，得：

$$N_l = \gamma(f_m - \sigma_0)a_0 b$$
$$\psi N_0 + N_l \leqslant \eta \gamma f A_l$$

二、宋力与作者的研究

宋力与作者通过分析，GB 50003 中梁端支承处砌体的局部受压承载力与梁端下设有刚性垫块时支承处砌体的局部受压承载力的计算公式建立的理论基础不同，在梁端支承条件相近的情况下，二者计算的承载力有较大差异，导致设计中可能出现不设置刚性垫块时，局部受压承载力满足要求，设置刚性垫块后的局部受压承载力反而不满足要求；有时无论怎样设置刚性垫块均难以满足承载力要求；墙体截面尺寸较小（如窗间墙）时，在一定的荷载作用下局部受压承载力不满足要求，增设不同面积的垫块时，其局部受压承载力可能满足，也可能不满足。其主要原因在于垫块上表面梁端有效支承长度 $a_{0,b}$ 减小，N_l 的偏心距增大，偏心影响系数 φ 显著降低。为此，对梁端下设有刚性垫块时支承处砌体的局部受压承载力计算公式作如下改进。

1. 上部荷载需考虑内拱卸荷作用，取：

$$\psi N_0 + N_l \leqslant \varphi \gamma_1 f A_b$$

当 $1 \leqslant \dfrac{b_b}{b} < 2$ 时，$\psi = 1.5 - 0.5 \dfrac{A_0}{A_l}$（$\psi < 0$ 时，取 $\psi = 0$）；

$\dfrac{b_b}{b} \geqslant 2$ 时，$\psi = 1.0$。

2. 在确定 $a_{0,b}$ 时，不宜忽略 b/b_b 和混凝土弹性模量的影响，以梁的混凝土强度等级 C20（$E_c = 25.5\text{MPa}$）为例。

$$a_{0,b} = \delta \sqrt{\frac{N_l}{b_b f \tan\theta}}$$

$$= \delta k \sqrt{\frac{0.5E_c}{100}} \sqrt{\frac{h_c}{f}}$$

$$= \delta_1 \sqrt{\frac{h_c}{f}};$$

$$\delta_1 = \delta k \sqrt{\frac{0.5E_c}{100}};$$

$$k = \sqrt{\frac{b}{b_\text{b}}}$$

并以 $\tan = 0.016$（取梁的最大挠度与跨度之比为 1/200），得到新的 δ 值：

σ_0/f	0	0.2	0.4	0.6	0.8
原 δ 取值	36	38	40	46	52
新的 δ 取值	40.3	42.6	44.8	51.5	58.2

通过上述改进后，使梁端下设有刚性垫块时支承处砌体的局部受压承载力计算更为合理，解决了上述工程设计上的问题。

5.3 轴心受拉、受弯和受剪构件

5.3.1 轴心受拉构件

根据砌体材料的性能，其轴心抗拉能力是很低的，因此工程上采用砌体轴心受拉的构件很少。在容积不大的圆形水池或筒仓中，可将池壁或筒壁设计成轴心受拉构件（图 5-41）。由于液体或松散物料对墙壁的压力，在壁内产生环向拉力，使砌体轴心受拉。其破坏形态在 3.2.1 节中已述。

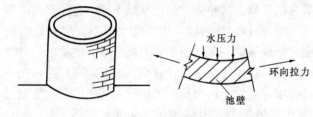

图 5-41 圆形水池

砌体轴心受拉构件的承载力，按下式计算：

$$N_\text{t} \leqslant f_\text{t} A \qquad (5-80)$$

式中 N_t——轴心拉力设计值；

f_t——砌体轴心抗拉强度设计值，按表 3-23 采用。

5.3.2 受弯构件

图 5-42(a) 所示过梁在竖向荷载作用下，图 5-42(b)、(c) 所示挡土墙在水平荷载作用下，截面内产生弯矩，它们属受弯构件。图 5-42(b) 所示带壁柱的挡土墙，在土压力作用下竖向截面内将产生沿齿缝或沿砖和竖向灰缝的弯曲受拉。图 5-42(c) 所示悬臂式挡土墙，在土压力作用下，墙的内边（靠土层的一边）将产生沿通缝截面的弯曲受拉。由于受弯构件的截面内还产生剪力，因此对受弯构件除作抗弯承载力计算外，还应作受弯时的抗剪承载力计算。

一、抗弯承载力

$$M \leqslant f_\text{tm} W \qquad (5-81)$$

式中 M——弯矩设计值；

f_tm——砌体的弯曲抗拉强度设计值，按表 3-23 采用；

W——截面抵抗矩。

二、抗剪承载力

$$V \leqslant f_\text{v0} bz \qquad (5-82)$$

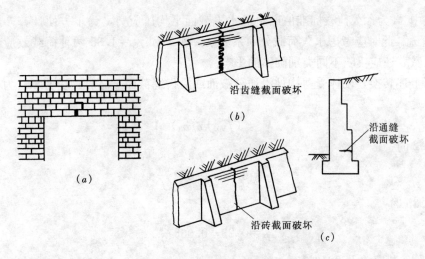

沿齿缝截面破坏

沿通缝
截面破坏

沿砖截面破坏

(a) (b) (c)

图 5-42 受弯构件示例

$$z = \frac{I}{S} \tag{5-83}$$

式中 V——剪力设计值；

f_{V0}——砌体的抗剪强度设计值，按表 3-23 采用；

b——截面宽度；

z——内力臂，对于矩形截面 $z = 2h/3$；

I——截面惯性矩；

S——截面面积矩；

h——截面高度。

5.3.3 受剪构件

图 5-43 所示房屋中的横墙，在竖向荷载和水平荷载作用下，可能产生沿通缝截面或沿齿缝截面的受剪破坏。

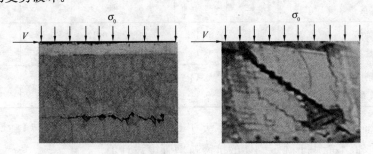

图 5-43 墙体受剪

按可靠度要求，将公式（3-57）在压应力作用下砌体抗剪强度平均值 $f_{v,m}$ 转换为设计值 f_v，得：

$$f_V = f_{V0} + \alpha\mu\sigma_{0k} \tag{5-84}$$

$$\mu = 0.311 - 0.118 \frac{\sigma_{0k}}{f} \tag{5-85}$$

193

上式中 σ_{0k} 为永久荷载标准值产生的水平截面平均压应力，为了方便计算，还需转换为设计值 σ_0。此时应考虑永久荷载分项系数 $\gamma_G = 1.2$ 和 $\gamma_G = 1.35$ 两种荷载效应组合。对于修正系数 α 还应反映不同类别砌体的影响。

根据上述转换，砌体受剪构件沿通缝截面或沿齿缝截面破坏时的受剪承载力，应按下列公式计算：

$$V \leqslant (f_{v0} + \alpha\mu\sigma_0) A \tag{5-86}$$

当 $\gamma_G = 1.2$ 时

$$\mu = 0.26 - 0.082\frac{\sigma_0}{f} \tag{5-87}$$

当 $\gamma_G = 1.35$ 时

$$\mu = 0.23 - 0.065\frac{\sigma_0}{f} \tag{5-88}$$

式中　V——截面剪力设计值；

f_{v0}——砌体的抗剪强度设计值，应按表 3-23 采用，对灌孔混凝土砌块砌体取 f_{vg} 并按公式 3-65 确定；

α——修正系数；

当 $\gamma_G = 1.2$ 时，对砖砌体取 0.60，对混凝土砌块砌体取 0.64；

当 $\gamma_G = 1.35$ 时，对砖砌体取 0.64，对混凝土砌块砌体取 0.66；

μ——剪压复合受力影响系数，α 与 μ 的乘积可查表 5-5；

σ_0——永久荷载设计值产生的水平截面平均压应力；

A——水平截面面积，当有洞口时取净截面面积；

f——砌体的抗压强度设计值，对灌孔混凝土砌块砌体取 f_g 并按公式 3-63 确定；

σ_0/f——轴压比，不应大于 0.8。

$\alpha\ \mu$ 值　　　　　　　　　　表 5-5

γ_G	σ_0/f 砌体种类	0.1	0.2	0.3	0.4	0.5	0.6	0.7	0.8
1.2	砖砌体	0.15	0.15	0.14	0.14	0.13	0.13	0.12	0.12
	砌块砖体	0.16	0.16	0.15	0.15	0.14	0.13	0.13	0.12
1.35	砖砌体	0.14	0.14	0.13	0.13	0.13	0.12	0.12	0.11
	砌块砌体	0.15	0.14	0.14	0.13	0.13	0.13	0.12	0.12

设计计算时，应控制轴压比 σ_0/f 不大于 0.8，以防止墙体产生斜压破坏。还应注意到，上述 f_v 取值不能用于确定砌体的抗震抗剪强度设计值。

5.3.4　计算例题

【例题 5-11】　某圆形水池，采用混凝土普通砖 MU20、专用砂浆 Mb7.5 按三顺一丁砌筑，施工质量控制等级 B 级。其中某 1m 高的池壁内作用环向拉向 $N_t = 77$kN。选择该段池壁的厚度。

【解】　由表 3-23 和表 3-24，该池壁沿齿缝截面的轴心抗拉强度设计值 $f_t = 0.16$MPa。

按公式（5-80），有：

$$h=\frac{N_t}{1\times f_t}=\frac{77}{1\times 0.16}=481mm$$

选取池壁厚度为 490mm。

【例题 5-12】　某悬臂式水池池壁（图 5-44），高 1.4m，采用蒸压粉煤灰普通砖 MU25、专用砂浆 Ms10 砌筑，施工质量控制等级 B 级。验算池壁下端截面的承载力。

【解】　沿竖向方向截取单位宽度的池壁。因池壁自重产生的垂直压力较小，可忽略不计。该池壁为悬臂受弯构件。

按公式（5-81）计算抗弯承载力：

池壁底端产生的弯矩 $M=\frac{1}{6}pH^2=\frac{1}{6}\times 10\times 1.4\times$ $1.4^2=4.57kN\cdot m$。

$$W=\frac{1}{6}bh^2=\frac{1}{6}\times 1\times 0.49^2=0.04m^3$$

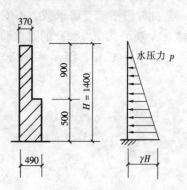

图 5-44　池壁计算简图

由表 3-23 和表 3-24，该池壁沿通缝截面的弯曲抗拉强度设计值 $f_{tm}=0.12MPa$。则

$$Wf_{tm}=0.12\times 0.04\times 10^3=4.8kN\cdot m>4.57kN\cdot m$$

池壁抗弯承载力符合要求。按公式（5-82）计算抗剪承载力，池壁底端产生的剪力：

$$V=\frac{1}{2}pH=\frac{1}{2}\times 10\times 1.4\times 1.4=9.8kN$$

由表 3-23 和表 3-24，$f_{v0}=0.12MPa$。

$$bzf_{v0}=1\times \frac{2}{3}\times 0.49\times 0.12\times 10^3=39.2kN>9.8kN，池壁抗剪承载力符合要求。$$

【例题 5-13】　某房屋中的横墙（图 5-45），截面尺寸为 5200mm×190mm，采用混凝土小型空心砌块 MU7.5 和专用砂浆 Mb5 砌筑，施工质量控制等级 B 级。由恒荷载标准值作用于墙顶水平截面上的平均压应力为 0.82N/mm²，作用于墙顶的水平剪力设计值：按可变荷载效应控制的组合为 230kN，按永久荷载效应控制的组合为 250kN。验算该横墙的受剪承载力。

【解】　本题应按公式（4-42）和公式（4-43）的要求分别进行验算。

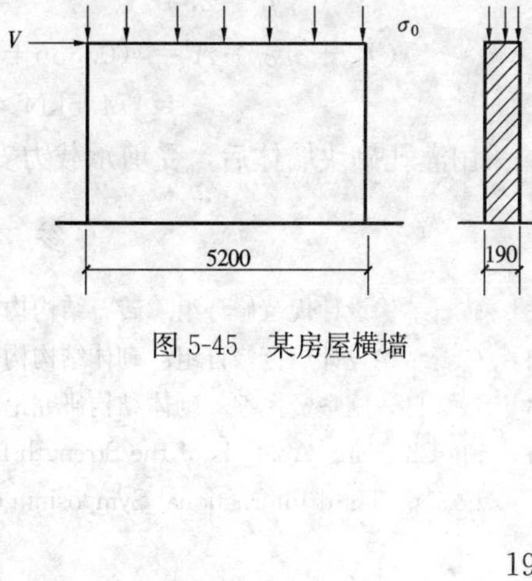

查表 3-23，$f_{v0}=0.06MPa$。

查表 3-16，$f=1.71MPa$。

1. 按公式（4-42）的要求验算。

取 $\gamma_G=1.2$，得 $\sigma_0=1.2\times 0.82=0.98N/mm^2$

图 5-45　某房屋横墙

$$\frac{\sigma_0}{f}=\frac{0.98}{1.71}=0.57<0.8$$

由公式（5-87），有：

$$\mu = 0.26 - 0.082 \frac{\sigma_0}{f} = 0.26 - 0.082 \times 0.57 = 0.21$$

取 $\alpha = 0.64$，$\alpha\mu = 0.64 \times 0.21 = 0.13$（亦可查表 5-5）。

按公式（5-86），有：

$$(f_{v0} + \alpha\mu\sigma_0) A = (0.06 + 0.13 \times 0.98) \times 5200 \times 190 \times 10^{-3}$$
$$= 185.1 \text{kN} < 230 \text{kN}$$

此时该横墙受剪承载力不安全。

2. 按公式（4-43）的要求验算。

取 $\gamma_G = 1.35$，得 $\sigma_0 = 1.35 \times 0.82 = 1.11 \text{N/mm}^2$，有：

$$\frac{\sigma_0}{f} = \frac{1.11}{1.71} = 0.65 < 0.8$$

查表 5-5，$\alpha\mu = 0.13$。

按公式（5-86），有：

$$(f_{v0} + \alpha\mu\sigma_0) A = (0.06 + 0.13 \times 1.11) \times 5200 \times 190 \times 10^{-3}$$
$$= 201.8 \text{kN} < 250 \text{kN}$$

此时该横墙受剪承载力不安全。

3. 为确保该横墙的受剪承载力，现采用 Cb20 混凝土灌孔。砌块的孔洞率为 45%，每隔 2 孔灌 1 孔，即 $\rho = 33\%$。

由公式（3-64），有：

$$\alpha = \delta\rho = 0.45 \times 0.33 = 0.15$$

由公式（3-63），有：

$$f_g = f + 0.6\alpha f_c = 1.71 + 0.6 \times 0.15 \times 9.6 = 2.57 \text{MPa} < 2f$$

由公式（3-65），有：

$$f_{vg} = 0.2 f_g^{0.55} = 0.2 \times 2.57^{0.55} = 0.336 \text{MPa}$$

当 $\gamma_G = 1.2$ 时，$\frac{\sigma_0}{f_g} = \frac{0.98}{2.57} = 0.38 < 0.8$，$\alpha\mu = 0.15$

$$(f_{vg} + \alpha\mu\sigma_0) A = (0.336 + 0.15 \times 0.98) \times 5200 \times 190 \times 10^{-3}$$
$$= 477.2 \text{kN} > 230 \text{kN}$$

当 $\gamma_G = 1.3$ 时，$\frac{\sigma_0}{f_g} = \frac{1.11}{2.57} = 0.43 < 0.08$，$\alpha\mu = 0.13$，

$$(f_{vg} + \alpha\mu\sigma_0) A = (0.336 + 0.13 \times 1.11) \times 5200 \times 190 \times 10^{-3}$$
$$= 474.5 \text{kN} > 250 \text{kN}$$

采用灌孔砌块墙体后，受剪承载力安全。

参 考 文 献

[5-1] 砖石结构设计规范修订组. 砖石结构构件偏心受压的计算. 建筑技术通讯（建筑结构）. 1976(2).

[5-2] 砖石结构设计规范修订组. 砌体结构构件的偏心受压. 建筑结构，1984(2).

[5-3] 钱义良，施楚贤主编. 砌体结构研究论文集. 长沙：湖南大学出版社，1989.

[5-4] Shi Chuxian. Analysis of the Strength for Compressive Members of Brick Masonry under Eccentric Loads. Third International Symposium on Wall Structures，Vol. 1. Warsaw：1984，7.

[5-5] 施楚贤主编. 砌体结构(第三版). 北京：中国建筑工业出版社，2012.

[5-6] Turnsek V，Čacovic F. Some Experimental Results on the Serength of Brick Masonry Wall. Proceedings of the SIBMaC，1971.

[5-7] Contaldo N and others. The Mumerical Simulation for the Prevision of the Load Carring Capacity of Masonry Structures. Preprints of papers to be delivered at the Vth IBMaC，1979.

[5-8] 承重墙的计算方法. 蒋式金摘译. 建筑译丛建筑结构. 中国科学技术情报研究所，1965，6.

[5-9] Grimm C T. Strength and Related Properties of Brick Masonry. Proceedings ASCE，Structural Division，Vol. 101，No. ST1，1975，1.

[5-10] 砖石结构设计规范 GBJ 3—73. 北京：中国建筑工业出版社，1973.

[5-11] Каменные И Арокаменные Конструкции. Нормы Проектирования，СНиП II-22-81. Москва：1983.

[5-12] British Standards Institution. Code of Practice for Structural use of Masonry. BS5628：Part 1，Unreinforced Masonry，1978.

[5-13] 丁大钧. 砖石结构设计中若干问题的商榷. 南京工学院学报. 1980(2).

[5-14] Hendry A W. Structural Brickwork. New York：John Wiley and Sons，1981.

[5-15] Hendry A W and others. An Introduction to Load-bearing Brickwork Design，England. 1981.

[5-16] 结构试验室. 砖柱中心受压时纵向弯曲系数 φ 的试验研究. 西安冶金建筑学院学报. 1973(1).

[5-17] 砌体结构设计规范(GBJ 3—88). 北京：中国建筑工业出版社，1988.

[5-18] Hendry A W. Properties and Behaviour of Structural Elements and Whole Structures. the Proceedings of 6th IBMaC. Rome：1982.

[5-19] Tommaso AD1 and others. Stability and Fracture Analysis of Eccentrically Loaded Brick Masonry Walls. the Proceedings of 6th IBMaC. Rome：1982.

[5-20] Parland H and others. On the Problem of Bending and Compression of Masonry Structures. the Proceedings of 6th IBMaC. Rome：1982.

[5-21] Crook R N. The Behaviour of Concrete Block Masonry Units under Vertical Loads. the Proceedings of 6th IBMaC. Rome：1982.

[5-22] International Recommendations for Masonry Structures. CIB Report，Publication 58. 1980.

[5-23] Dikkers R D and others. Strength of Brick Walls Subject to Axial Compression and Bending. Proceedings of the SIBMaC. 1971.

[5-24] Colville J. Stress Reduction Design Factors for Masonry Walls. Journal of the Structural Division ASCE，Vol 105 No. ST10，1979，10.

[5-25] Awnl A A，Hendry A W. A Simplified Method for Eccentricity Calculation. Preprints of papers to be Delivered at the VthIBMaC. 1979.

[5-26] Amrhein J E，Mclean R S. Methods of Structural Design for Interaction Forces on Masonry Walls. Preprints of papers to be Delivered at the VthIBMaC. 1979.

[5-27] Colville J，Lears M F. A Comparison of Masonry Design Parametes. Preprints of papers to be Delivered at the VthIBMaC. 1979.

[5-28] Sutherland R J M. Structural Design of Masonry Buildings. Int. Conf. on Planning and Design of tall Buildings，Vol. 3. 1972.

[5-29] 张兴武. 偏压砖柱的强度相关公式. 建筑结构学报. 1987(1).

[5-30] Семенцов С А. Местное Краевое Внецентренное Сжатие Бетон Кладки，Строительная Механика и расчет Сооружении Ио. 1，1959.

[5-31] 砌体结构设计规范(GB 50003—2001). 北京：中国建筑工业出版社，2003.

[5-32] 施楚贤，徐建，刘桂秋. 砌体结构设计与计算. 北京：中国建筑工业出版社，2003.

[5-33] 杨伟军，施楚贤. 偏心受压砌体构件偏心距计算的讨论. 建筑结构. 1999(1).

[5-34] 刘桂秋，施楚贤. 砌体双向偏心受压构件承载力的设计方法. 建筑结构. 2000(3).

[5-35] Shi Chuxian, Liu Guiqiu. An Experimental Investigation of the Load-Bearing Capacity of Brick Masonry under Bi-Eccentric Compression. Proceedings of 9th IBMaC, 1991.

[5-36] 廖双莲. 用等效偏心距法计算双向偏心受压砖柱的强度. 湖南省土建学会 1987 年度结构学术年会论文(007). 1987.

[5-37] 施楚贤，施宇红. 砌体结构疑难释义(第三版). 北京：中国建筑工业出版社，2004.

[5-38] 孙伟民. 墙体设计中的附加偏心距和控制截面. 南京建筑工程学院学报. 1991(3).

[5-39] 唐岱新等. 梁端垫块局压应力分布及有效支承长度测定. 哈尔滨建筑大学学报. 2000(4).

[5-40] 王凤来，唐岱新. 梁端设柔性垫梁的砌体局压计算方法研究. 哈尔滨建筑大学学报. 2000(5).

[5-41] 唐岱新等. 砖砌体局部受压强度试验与实用计算方法. 建筑结构学报. 1980(4).

[5-42] 唐岱新等. 梁端砌体的卸荷与约束作用. 建筑结构学报. 1986(2).

[5-43] Tan Dai-xin. Testing and Analysis of the Bearing Strength of Brick Masonry. Proceedings of the 7th IBMaC, Vol. 1. 1985.

[5-44] Mann W, Pfeifer M. Investigations on the Stresses in Masonry Walls Subjected to Concentrated Loads. Proceedings of the 7th IBMaC, Vol. 1. 1985.

[5-45] ALi S, Page A W. Concentrated Loads on Brickwork-A Preliminary Study. Proceedings of 7th IBMaC, Vol. 1. 1985.

[5-46] Vähäkallio P, Mäkelä K. Method for Calculating Restraining Moments in Unreinforced Masonry Structures. Proceedings of the British Ceramic Society No. 24, Load-Bearing Brickwork (5). 1975.

[5-47] Brchelt J G. Analysis of Brick Walls Subject to Axial Compression and In-plane Shear. Proceedings of the SIBMaC. 1971.

[5-48] 杨卫忠等. 支承于砌体上的梁端有效支承长度计算. 建筑结构. 2000(8).

[5-49] 杨卫忠等. 砌体局部受压承载力分析. 现代砌体结构. 北京：中国建筑工业出版社，2000.

[5-50] 宋力，施楚贤. 对垫块下砌体局部受压承载力计算方法的分析. 四川建筑科学研究. 2005(1).

[5-51] 施楚贤. 注册结构工程师砌体结构考试中的几个难点问题. 建筑结构. 2002(1).

[5-52] 施楚贤. 无筋砌体构件承载力计算. 建筑结构. 2003(4).

[5-53] 刘桂秋，施楚贤等. 无筋砖墙的受剪性能分析. 建筑结构. 2003(12).

[5-54] 旋楚贤，梁建国. 砌体结构学习辅导与习题精解. 北京：中国建筑工业出版社，2006.

[5-55] 砌体结构设计规范 GB 50003—2011. 北京：中国建筑工业出版社，2012.

第六章 配筋砌体结构

为了提高砌体结构的承载能力，扩大砌体在工程上的应用范围，在砌体中配置钢筋或钢筋混凝土构成配筋砌体结构。在第二章中我们已指出，因钢筋设置在砌体中的部位和方式不同，配筋砌体的种类很多。本章重点论述我国《砌体结构设计规范》中所列入的网状配筋砖砌体构件、组合砖砌体构件及配筋砌块砌体构件的受力性能和设计计算方法。

6.1 网状配筋砖砌体受压构件

在砖砌体的水平灰缝内设置一定数量、规格的钢筋网以共同工作，这是网状配筋砖砌体，因钢筋设在水平灰缝内，又称为横向配筋砖砌体。早在 20 世纪 40～50 年代，在原苏联对网状配筋砌体进行了试验研究，提出了较完整的计算方法。在我国，对它的受压性能进行比较系统的试验和研究是 20 世纪 70 年代在湖南大学进行的。常用的钢筋网为方格形，又称方格钢筋网（图 6-1a）。还可做成连弯形，称为连弯钢筋网（图 6-1b）。原南京工学院等单位研究了配置盘旋形钢筋（图 6-1c）的配筋砌体。德国研究的横向钢筋形式如图 6-1 (d) 所示。

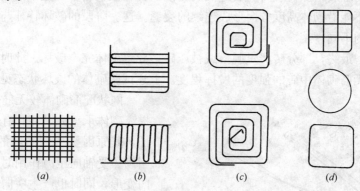

图 6-1 横向钢筋形式

6.1.1 网状配筋砖砌体的受压性能

以作者早期试验的一个砌体为例，砌体截面尺寸为 370mm×490mm、高 1000mm，采用烧结普通砖 MU10、混合砂浆 M5 砌筑，在每隔二皮砖的水平灰缝内配置钢筋网（用 $\phi^b 4$，配筋率 $\rho=0.355\%$）（图 6-2），在试验机上进行轴心受压试验，压力为 794kN 时砌体破坏（相应的砌体强度为 4.38MPa）。而砌体未配置钢筋网时，所能承受的压力仅为 463kN（砌体强度为 2.56MPa）。可看出，砌体内配置了钢筋网后，砌体强度得到提高，本试验砌体的承载力提高 71%。

根据试验研究，网状配筋砖砌体轴心受压时，从开始加载直至破坏为止，分为三个受力阶段。

图 6-2　网状配筋砖砌体

(a) 正在砌筑；(b) 破坏状态

第一阶段：开始承受荷载阶段同无筋砌体那样，由于砌体内产生拉、弯、剪等复杂应力，使个别的单块砖开裂。但出现第一批裂缝的荷载较无筋砌体的高，为破坏荷载的 $60\%\sim75\%$，如上述配筋砌体的试验值为 68%。

第二阶段：继续增加荷载时，裂缝发展缓慢，裂缝数量增多，且纵向裂缝均在横向钢筋网之间，而不能沿砌体高度方向形成连续的裂缝。这一阶段的破坏特征与无筋砌体的破坏特征有很大的不同。

第三阶段：最终，部分砖严重脱落或被压碎，导致砌体完全破坏。此时砖的强度的发挥程度要大于无筋砌体中砖的强度的发挥程度。上述试验砌体的破坏状态见图 6-2(b)。

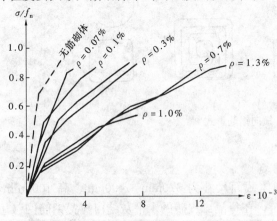

图 6-3　网状配筋砌体 σ-ε 曲线

网状配筋砌体较无筋砌体之所以能提高砌体承载力，并具有不同的破坏特征，其原因要从钢筋网的作用来分析。当砌体受轴向压力作用时，砌体产生纵向变形，同时也产生横向变形。钢筋网砌在灰缝内，由于摩擦力和粘结力的存在，钢筋与砌体共同工作，能承受较大的拉应力。由于钢筋的弹性模量大于砌体的弹性模量，因此在荷载作用下，砖砌体的横向变形受到钢筋的约束，最终间接地提高了砌体的抗压强度。

作者实测的网状配筋砌体轴心受压时的应力-应变曲线如图 6-3 所示。由于砌体中配置钢筋网，砌体被水平钢筋网分隔，灰缝加厚。因此图 6-3 中反映出网状配筋砌体的变形大于无筋砌体的变形，并随着配筋率 ρ

的增加，其变形也增大。

6.1.2 网状配筋砖砌体受压构件的承载力

一、砌体强度

图 6-4 所示的网状配筋砌体，在轴心压力作用下的纵向变形 $\varepsilon=\sigma/E$，根据泊松比 $\nu=\varepsilon_{tra}/\varepsilon$，则砌体相应的横向变形 $\varepsilon_{tra}=\sigma_n/E=\nu\sigma/E$。此时可假定 σ_n 如同液体的侧压力一样作用在外壁上，它使壁内产生轴向拉力 N_{tx} 和 N_{ty}，该拉力由砌体的横向钢筋承受。根据材料力学，有：

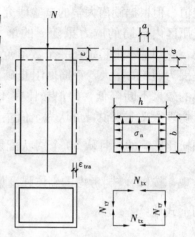

$$N_{tx}=\frac{\sigma_n b s_n}{2}$$

$$N_{ty}=\frac{\sigma_n h s_n}{2}$$

图 6-4　网状配筋砖砌体计算示意图

总拉力为：

$$2\,(N_{tx}+N_{ty})=\nu\sigma\,(b+h)\,s_n \tag{6-1}$$

当采用截面面积为 A_s，抗拉强度平均值为 f_{ym} 的钢筋组成方格网，网格尺寸为 a，钢筋网的间距为 s_n 时，横向钢筋能承受的总拉力为：

$$\left(\frac{b}{a}A_s+\frac{h}{a}A_s\right)f_{ym}=\frac{A_s}{a}\,(b+h)\,f_{ym} \tag{6-2}$$

由公式 (6-1) 与公式 (6-2) 相等，得：

$$\sigma=\frac{A_s}{\nu a s_n}f_{ym} \tag{6-3}$$

取配筋率（体积比）$\rho=\dfrac{V_s}{V}100=\dfrac{2A_s}{a s_n}100$，则公式 (6-3) 可变为 $\sigma=\dfrac{2\rho}{100}f_{ym}$（考虑了 ν 的影响），此 σ 为配置钢筋网后较无筋砌体（砌体的抗压强度平均值为 f_m）所增加的砌体强度，即 $\sigma=\Delta f$。因此得轴心受压时，网状配筋砖砌体的抗压强度为：

$$f_{nm}=f_m+\Delta f=f_m+\frac{2\rho}{100}f_{ym} \tag{6-4}$$

根据湖南大学 41 个砌体的轴心受压试验结果，试验值与按公式 (6-4) 计算值的平均比值为 1.02，其变异系数为 0.149。分析试验资料，f_{nm}/f_m 与 ρ 的关系（图 6-5）可采用线性公式：

$$f_{nm}/f_m=1+3\rho \tag{6-5}$$

当 $\rho=1.0\%$ 时，由公式 (6-5) 得 $f_{nm}/f_m=4$。但当 $\rho>1.0\%$ 时，试验点均在该直线之下，表明当 ρ 过大时，网状配筋砖砌体发挥的抗压强度有限，为安全与经济起见，可取 $f_{nm}/f_m\leqslant4$。

网状配筋砖砌体在偏心压力作用下，需考虑偏心距 e 的影响，影响系数 $\gamma=2\left(1-\dfrac{2e}{y}\right)$，表明这种砌体在偏心受压时，随着 e 的增大，钢筋网内钢筋的强度降低。因此，网状配筋砖砌体偏心受压时的抗压强度按下式计算：

$$f_{nm}=f_m+\frac{2\rho}{100}\gamma f_{ym}=f_m+\frac{2\rho}{100}\left(1-\frac{2e}{y}\right)f_{ym}$$

$$(6\text{-}6)$$

公式（6-6）是直接引用苏联规范的规
定值。但根据湖南大学的试验研究，在截面
受压区内钢筋的应力虽随 e 的增大有所减
小，它却基本上稳定在一个数值范围内。这
是因为随 e 的增大，钢筋网阻止砌体横向变
形的效果不断降低，即泊松比在不断增大。
从物理意义上来说，可认为 γ 值主要是考虑

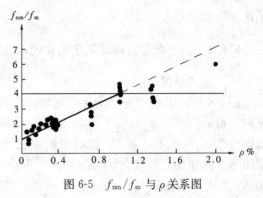

图 6-5 f_{nm}/f_m 与 ρ 关系图

泊松比影响的，且从 50 个网状配筋砖砌体 $\left(\rho=0.1\sim1\%,\ e\leqslant\frac{1}{3}y\right)$ 的偏心受压试验结果

发现，按 $\left(1-\frac{2e}{y}\right)$ 考虑的砌体强度偏小。因此网状配筋砖砌体偏心受压时的抗压强度可采

用下式计算：

$$f_{nm}=f_m+\frac{2\rho}{100}\left(1-\frac{e}{y}\right)f_{ym} \qquad (6\text{-}7)$$

试验值与按公式（6-7）计算值的平均比值为 1.093，其变异系数为 0.157。而试验值与按
公式（6-6）计算值的平均比值为 1.163。可见公式（6-7）与试验结果的符合程度较公式
（6-6）与试验结果的符合程度要好。

根据试验，网状配筋砌体偏心受压时的破坏特征与荷载偏心距大小有关。由于网状配
筋并不提高砌体沿通缝截面的抗拉强度，仍然与无筋砌体一样很低。试验中也观测到当 e
$>0.5y$ 时，大部分砌体远离荷载的边缘受拉，并产生水平裂缝。这样就大大减小了受压
区面积，削弱了砌体的刚度，使砌体承载能力下降。当 $e=(0.5\sim0.7)y$ 时，其承载能
力只为轴心受压时的 $18\%\sim65\%$，平均为 42%，该承载能力较无筋砌体的承载能力也提
高不了多少，低者只高 10%。试验还表明，尤其是偏心距愈大时，一旦出现水平裂缝，
砌体立即丧失承载能力，这在使用中是极不安全的。因而有必要对偏心距 e 加以限制，使
网状配筋砌体使用时即较合理又保证结构安全。同时，试验中当 $e=\frac{1}{3}y$ 及 $0.5y$ 时，已有
个别砌体在破坏时出现水平裂缝。因此规定，当偏心距超过截面核心范围，对矩形截面即
$\frac{e}{y}>\frac{1}{3}\left(\text{或}\frac{e}{h}>0.17\right)$ 时，不宜采用网状配筋砖砌体。

二、承载力影响系数

在第五章中，我们通过推导和分析，建立了无筋砌体受压构件的承载力影响系数的计
算公式（5-31）。该式也适用于网状配筋砖砌体构件。此时应以网状配筋砖砌体构件的稳
定系数 φ_{0n} 代替 φ_0 进行计算。考虑到网状配筋砖砌体的偏心距 e 不宜大于 $0.17h$，故还可
略去公式（5-31）分母中最后一项的影响。因此网状配筋砖砌体受压构件承载力影响系数
按下列简化公式计算：

$$\varphi_n=\frac{1}{1+12\left[\frac{e}{h}+\sqrt{\frac{1}{12}\left(\frac{1}{\varphi_{0n}}-1\right)}\right]^2} \qquad (6\text{-}8)$$

式中 φ_{0n} 可由无筋砌体轴心受压时的稳定系数的公式（5-21）来确定，但考虑网状配筋砌体的变形特性，取弹性特征值 $\eta=\dfrac{1+3\rho}{667}$。即

$$\varphi_{0n}=\frac{1}{1+\dfrac{1+3\rho}{667}\beta^2} \tag{6-9}$$

正因为网状配筋砌体受压时的变形较无筋砌体的变形大，因此也反映了按公式（6-9）所计算的网状配筋砌体受压构件的稳定系数，要小于按公式（5-21）所计算的无筋砌体构件的稳定系数。对于细长构件，如采用网状配筋砖砌体，效果较差。故当构件柔性较大，即 $\beta>16$ 时，不宜采用网状配筋砖砌体。

φ_n 也称为高厚比、配筋率和轴向力的偏心距对网状配筋砖砌体受压构件承载力的影响系数。为减小计算工作量，可直接查用表 6-1 来确定 φ_n。

公式（6-8）是我国《砌体结构设计规范》中采用的公式。它的特点在于使得无筋砌体和网状配筋砖砌体受压构件承载力影响系数的计算公式在形式上统一，它们之间有较好的联系，具有相同的优点。

公式（6-8）也存在不完善之处。在该式中，如 β 值很小，即当 $\varphi_{0n}=1$ 时，得：

$$\varphi_n=\alpha_n=\frac{1}{1+12\left(\dfrac{e}{h}\right)^2} \tag{6-10}$$

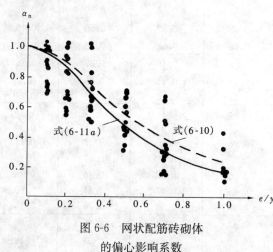

图 6-6　网状配筋砖砌体
的偏心影响系数

公式（6-10）与公式（5-5a）是相同的，表明无筋砌体与网状配筋砖砌体受压时的偏心影响系数相等。以往在我国《砖石结构设计规范》GBJ 3—73 中也是这么规定的。作者根据湖南大学 65 个网状配筋砖砌体偏心受压的试验结果（图6-6）统计得：

$$\alpha_n=\frac{1}{1+18\left(\dfrac{e}{h}\right)^2} \tag{6-11}$$

或

$$\alpha_n=\frac{1}{1+4.5\left(\dfrac{e}{y}\right)^2} \tag{6-11a}$$

试验值与按公式（6-11）计算值的平均比值为 0.999，其变异系数为 0.267。公式（6-11）的取值较公式（6-10）的取值要小（图 6-6），说明由于钢筋网的影响，网状配筋砖砌体的偏心影响系数与无筋砌体的偏心影响系数是有差异的。

对于偏心受压构件，由于需考虑在偏心压力作用下附加挠度的增大和截面塑性变形等因素的影响，类似于第五章 5.1.4 节所述方法，可得网状配筋砖砌体受压构件承载力影响系数的建议公式为：

$$\varphi_n=\frac{1}{1+4.5\left[\dfrac{e}{y}+\sqrt{\dfrac{1}{4.5}\left(\dfrac{1}{\varphi_{0n}}-1\right)}\,(0.025\beta+0.4)\right]^2} \tag{6-12}$$

式中 φ_{0n} 仍按公式（6-9）采用。如 β 值很小，即当 $\varphi_{0n}=1$ 时，得 $\varphi_n=\alpha_n$（公式 6-11a）。

但公式（6-12）有待通过网状配筋砌体受压长柱的试验来进一步验证。

影 响 系 数 φ_n

表 6-1

ρ（%）	β	e/h 0	0.05	0.10	0.15	0.17
0.1	4	0.97	0.89	0.78	0.67	0.63
	6	0.93	0.84	0.73	0.62	0.58
	8	0.89	0.78	0.67	0.57	0.53
	10	0.84	0.72	0.62	0.52	0.48
	12	0.78	0.67	0.56	0.48	0.44
	14	0.72	0.61	0.52	0.44	0.41
	16	0.67	0.56	0.47	0.40	0.37
0.3	4	0.96	0.87	0.76	0.65	0.61
	6	0.91	0.80	0.69	0.59	0.55
	8	0.84	0.74	0.62	0.53	0.49
	10	0.78	0.67	0.56	0.47	0.44
	12	0.71	0.60	0.51	0.43	0.40
	14	0.64	0.54	0.46	0.38	0.36
	16	0.58	0.49	0.41	0.35	0.32
0.5	4	0.94	0.85	0.74	0.63	0.59
	6	0.88	0.77	0.66	0.56	0.52
	8	0.81	0.69	0.59	0.50	0.46
	10	0.73	0.62	0.52	0.44	0.41
	12	0.65	0.55	0.46	0.39	0.36
	14	0.58	0.49	0.41	0.35	0.32
	16	0.51	0.43	0.36	0.31	0.29
0.7	4	0.93	0.83	0.72	0.61	0.57
	6	0.86	0.75	0.63	0.53	0.50
	8	0.77	0.66	0.56	0.47	0.43
	10	0.68	0.58	0.49	0.41	0.38
	12	0.60	0.50	0.42	0.36	0.33
	14	0.52	0.44	0.37	0.31	0.30
	16	0.46	0.38	0.33	0.28	0.26
0.9	4	0.92	0.82	0.71	0.60	0.56
	6	0.83	0.72	0.61	0.52	0.48
	8	0.73	0.63	0.53	0.45	0.42
	10	0.64	0.54	0.46	0.38	0.36
	12	0.55	0.47	0.39	0.33	0.31
	14	0.48	0.40	0.34	0.29	0.27
	16	0.41	0.35	0.30	0.25	0.24
1.0	4	0.91	0.81	0.70	0.59	0.55
	6	0.82	0.71	0.60	0.51	0.47
	8	0.72	0.61	0.52	0.43	0.41
	10	0.62	0.53	0.44	0.37	0.35
	12	0.54	0.45	0.38	0.32	0.30
	14	0.46	0.39	0.33	0.28	0.26
	16	0.39	0.34	0.28	0.24	0.23

三、承载力计算公式

根据以上对网状配筋砌体受力性能的分析，网状配筋砌体的抗压强度较无筋砌体的抗压强度有所提高。因此当砖砌体受压构件的截面尺寸受限制时，可采用网状配筋砖砌体，但宜控制 $\dfrac{e}{h} \leqslant 0.17$，以及 $\beta \leqslant 16$。

当网状配筋砖砌体受压构件的承载力以相应材料的强度平均值表示时，其计算公式为：

$$KN_k \leqslant \varphi_n A f_{nm} \leqslant \varphi_n A \left[f_m + \frac{2\rho}{100}\left(1 - \frac{2e}{y}\right) f_{ym} \right]$$

式中　K——安全系数，按《砖石结构设计规范》GBJ 3—73 取 2.3；

N_k——荷载标准值产生的轴向力；

f_m——砖砌体的抗压强度平均值；

f_{ym}——钢筋的抗拉强度平均值。

现采用以概率理论为基础的极限状态设计法，将材料强度的平均值换算为标准值和设计值等，可得以往《砌体结构设计规范》采用的网状配筋砖砌体受压构件承载力的计算公式：

$$N \leqslant \varphi_n f_n A \tag{6-13}$$

$$f_n = f + 2\left(1 - \frac{2e}{y}\right)\frac{\rho}{100} f_y \tag{6-13a}$$

$$\rho = \frac{V_s}{V} 100 \tag{6-13b}$$

原规范中网状配筋砖砌体构件的体积配筋率 ρ 在计算时采用配筋百分率 $\rho = \dfrac{V_s}{V}100$

（例如 $\rho = 0.0016$），在构造上采用配筋率 $\rho = \dfrac{V_s}{V}$（例如 $\rho = 0.16\%$），这两种表述易引起混淆。为简便，GB 50003—2011 统一采用后者，因此网状配筋砖砌体受压构件的承载力按下列公式计算：

$$N \leqslant \varphi_n f_n A \tag{6-14}$$

$$f_n = f + 2\left(1 - \frac{2e}{y}\right)\rho f_y \tag{6-14a}$$

$$\rho = \frac{V_s}{V} = \frac{(a+b)A_s}{abs_n} \tag{6-14b}$$

$$\varphi_{on} = \frac{1}{1 + (0.0015 + 0.45\rho)\beta^2} \tag{6-14c}$$

式中　N——轴向力设计值；

φ_n——高厚比和配筋率以及轴向力的偏心距对网状配筋砖砌体受压构件承载力的影响系数，可按表 6-1 采用或按公式（6-8）计算（其中 φ_{on} 按公式 6-14c 计算）；

f_n——网状配筋砖砌体的抗压强度设计值；

A——截面面积；

e——轴向力的偏心距；

y——自截面重心至轴向力所在偏心方向截面边缘的距离；

ρ——体积配筋率；

f_y——钢筋的抗拉强度设计值，当 f_y 大于 320MPa 时，仍采用 320MPa；

V_s、V——分别为钢筋和砌体的体积；

a、b——钢筋网的网格尺寸；

A_s——钢筋的截面面积；

s_n——钢筋网的竖向间距；

φ_{on}——网状配筋砖砌体受压构件的稳定系数。

上述现行规范计算公式与 GB 50003—2001 的计算公式无实质的变化，只是将配筋率 ρ 由原来的配筋百分率值（例如 $\rho=0.0016$）改为以配筋率（例如 0.16%）值进行计算，导致二者公式在表达上有些不同而已。

在应用公式（6-14）时，对于矩形截面构件，若轴向力偏心方向截面边长大于另一方向的边长时，则除按偏心受压计算外，还应对较小边长方向按轴心受压进行验算。当采用连弯钢筋网（图 6-1b）时，网的钢筋方向应互相垂直，沿砌体高度交错设置，s_n 取同一方向网的竖向间距。

在苏联的规范中，对网状配筋砌体的抗压强度有一定的限值，即 $f_n \leqslant 2f$。因我国的试验结果可取 $f_{nm} \leqslant 4f_m$，对于配筋率为 0.1%～1% 的砌体，其抗压强度均满足此要求。所以，在我国现行规范中未提出网状配筋砖砌体抗压强度的限值。但当网状配筋砖砌体构件下端与无筋砌体交接时，为了避免在交接处无筋砌体的受压强度过高而引起破坏，尚应验算无筋砌体的局部受压承载力。

如按照作者的上述研究结果和建议，网状配筋砖砌体受压构件的承载力可按下式计算：

$$N \leqslant \varphi_n \left[f + \frac{1.6\rho}{100} \left(1 - \frac{e}{y}\right) f_y \right] A \qquad (6\text{-}15)$$

或

$$N \leqslant \varphi_n f_n A \qquad (6\text{-}15a)$$

公式（6-15）、公式（6-15a）与公式（6-14）、公式（6-14a）的区别在于，这里的 φ_n 按公式（6-12）计算，且 $f_n = f + \frac{1.6\rho}{100}\left(1 - \frac{e}{y}\right)f_y$。按公式（6-15）的计算结果与按《砖石结构设计规范》GBJ 3—73 的计算结果比较接近，亦即承载力保持了基本相同的可靠度水平。而按现行规范公式（6-14）的计算结果较按公式（6-15）的计算结果，其承载力偏低一些。

6.1.3 网状配筋砖砌体构件的构造要求

为了保证网状配筋砖砌体受压构件的安全可靠，除按上述公式进行承载力计算外，在选用材料和施工时尚应符合下列构造要求。

1. 在网状配筋砌体中，如配筋率过小，砌体强度提高有限；如配筋率过大，砌体强度可能接近砖的强度，若再提高配筋率，钢筋的强度不能进一步发挥，所增加的砌体强度将很小。因此网状配筋砌体中的体积配筋率不应小于 0.1%，也不应大于 1%。此外，钢筋网的竖向间距，不应大于 5 皮砖，也不应大于 400mm。

2. 从钢筋被锈蚀的程度来看，粗钢筋较细钢筋耐久。但钢筋过粗，则灰缝很厚。所以网状钢筋的直径宜采用 3～4mm，当采用连弯钢筋网时，钢筋的直径不应大于 8mm。

3. 钢筋网中钢筋的间距（网孔尺寸）如太密，灰缝中的砂浆难以均匀密实；如太稀，钢筋网的横向约束作用很小。要求钢筋网中钢筋的间距不应大于 120mm，也不应小于 30mm。

4. 为了保证网状配筋砌体较好的受力性能，有效地发挥其强度，所选用的砌体材料强度等级不宜过低。高强砂浆不但能保护钢筋，还与钢筋有较大的粘结力。要求网状配筋砖砌体所用砖的强度等级不应低于 MU10，其砂浆不应低于 M7.5；钢筋网应设置在砌体的水平灰缝中，在规定的灰缝厚度中应保证在钢筋上下至少各有 2mm 厚的砂浆层。此外，在钢筋网中应留出标记，如将钢筋网中一根钢筋的末端伸出砌体表面 5mm，在施工时便于检查钢筋网是否错设或漏放。

5. 钢筋保护层厚度，应符合耐久性要求（详 4.5.2 节之三）。

6.1.4 计算例题

【例题 6-1】 某房屋底层砖柱采用烧结普通砖 MU15 和水泥混合砂浆 M25，截面尺寸为 490mm×620mm，柱上下端为不动铰支承，高 4.5m，承受轴心压力 820kN。本房屋的环境类别为 1 类，设计使用年限 50 年，施工质量控制等级为 B 级。试设计网状钢筋。

【解】 柱的计算高度 $H_0=1.0H=4.5m$，则

$$\beta=\frac{H_0}{h}=\frac{4.5}{0.49}=9.2<16$$

查表 5-1 (a)，$\varphi=0.89$。

由表 3-24，$A=0.49\times0.62=0.304m^2>0.3m^2$，$\gamma_a=1$。

查表 3-13，$f=2.07MPa$。

由公式 (5-39)，有：

$$\varphi fA=0.89\times2.07\times0.304\times10^3=560.0kN<820kN$$

此柱承载力不够。拟每隔 2 皮砖（$s_n=2\times65=130mm$）设置 ϕ_4 方格钢筋网，网格尺寸为 100mm×90mm（图 6-7）。则由公式 (6-14b)，有：

$$\rho=\frac{V_s}{V}=\frac{(100+90)\times12.6}{100\times90\times130}=0.205\%\begin{matrix}>0.1\%\\<1.0\%\end{matrix}$$

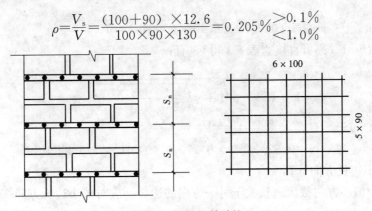

图 6-7　网状配筋砖柱

$$\beta = 9.2 < 16$$

查表 6-1，$\varphi_n = 0.83$（或按公式 6-14c 计算，$\varphi = \dfrac{1}{1+(0.0015+0.45\times0.00205)\times9.2^2} = 0.83$）

查《冷拔钢丝预应力混凝土构件设计与施工规程》，$f_y = 320\text{MPa}$。

按公式（6-14），有：

$$f_n = f + 2\rho f_y = 2.07 + 2\times0.00205\times320 = 3.38\text{MPa}$$

$$\varphi_n f_n A = 0.83\times3.38\times0.304\times10^3 = 852.8\text{kN} > 820\text{kN}$$

所配置钢筋网满足承载力要求，且砖柱采用的砌体材料、钢筋及构造符合环境类别 1 的要求。

【例题 6-2】　某柱上、下端为铰支承，高 4.6m；采用混凝土普通砖 MU20、专用砂浆 Mb10 砌筑；截面尺寸为 370mm×490mm，沿柱高每隔 1 皮砖（$s_n = 65\text{mm}$）配置有 $\phi^b 4$ 钢筋网，网格尺寸为 90mm×80mm；施工质量控制等级为 B 级。该柱承受偏心压力，沿截面长边方向偏心距 $e = 49\text{mm}$。试求该柱能承受的轴向压力。

【解】　由表 3-14 和表 3-24，

因 $A = 0.37\times0.49 = 0.181\text{m}^2 < 0.2\text{m}^2$，则 $\gamma_a = 0.8 + 0.181 = 0.981$，故取 $f = 0.981\times2.67 = 2.62\text{MPa}$

1. 按偏心方向计算

由表 5-2，$\gamma_\beta = 1.1$，则

$$\beta = 1.1\frac{4.6}{0.49} = 10.3 < 16$$

由公式（6-14b），有：

$$\rho = \frac{(80+90)\times12.6}{80\times90\times65} = 0.46\% \begin{array}{l} >0.1\% \\ <1.0\% \end{array}$$

由公式（6-14a），有：

$$f_n = 2.62 + 2\times(1-2\times0.2)\times0.0046\times320 = 4.39\text{MPa}$$

由公式（6-14c），有：

$$\varphi_{0n} = \frac{1}{1+(0.0015+0.45\times0.0046)\times10.3^2} = 0.725$$

由公式（6-8）（亦可直接查表 6-1 得），有：

$$\varphi_n = \frac{1}{1+12\times\left[0.1+\sqrt{\dfrac{1}{12}\left(\dfrac{1}{0.725}-1\right)}\right]^2} = 0.52$$

由公式（6-14），有：

$$N = 0.52\times4.39\times0.37\times0.49\times10^3 = 413.9\text{kN}$$

2. 按较小边长方向计算

因轴向力偏心方向截面边长大于另一方向的边长，应对较小边长方向按轴心受压进行验算。

此时
$$\beta = 1.1 \times \frac{4.6}{0.37} = 13.7 < 16$$

$$\varphi_{0n} = \frac{1}{1 + (0.0015 + 0.45 \times 0.0046) \times 13.7^2} = 0.6$$

$$N = 0.6 \times 4.39 \times 0.37 \times 0.49 \times 10^3 = 477.5 \text{kN}$$

取上述 N 的小值，故该柱能承受的轴向压力 $N = 413.9 \text{kN}$。

6.1.5 关于受剪承载力

以上论述了 GB 50003 中网状配筋砖砌体构件在静力设计时受压承载力的计算方法，GB 50003 中亦给出了水平配筋砖墙截面抗震受剪承载力的计算方法。可见有待建立网状配筋砖砌体构件静力设计时受剪承载力的计算公式。

6.2 组合砖砌体受压构件

在第二章中已指出组合砖砌体构件有两种形式，一种是砖砌体和钢筋混凝土面层或钢筋砂浆面层的组合砌体构件，另一种是砖砌体和钢筋混凝土构造柱组合墙。本节论述它们的受压性能和设计方法。

6.2.1 砖砌体和钢筋混凝土面层或钢筋砂浆面层的组合砌体构件

组合砌体构件有图 6-8 所示几种，其中钢筋配置在砖砌体的竖向灰缝内，又称为纵向配筋砖砌体（图 6-8a）；钢筋混凝土或钢筋砂浆可设置在砌体内部（图 6-8b），也可设在砌体的面层（图 6-8c、d）。

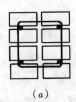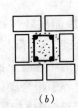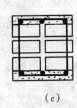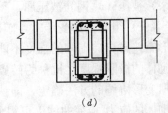

| (a) | (b) | (c) | (d) |

图 6-8 组合砖砌体截面

早在 20 世纪 40～50 年代，苏联对组合砖砌体已进行了试验研究，并建立了计算公式，其成果相继列入 50 年代和 60 年代的设计规范中。在我国，湖南大学于 70 年代初对设置钢筋混凝土面层的组合砖砌体的轴心受压和偏心受压性能作了初步的试验研究。1978年四川省建筑科学研究所柏傲冬等对设置钢筋混凝土面层和钢筋砂浆面层的组合砖砌体及构件的受压性能进行了较系统的试验研究，确立了我国砌体结构设计规范中的计算公式。图 6-8(a) 和 (b) 所示的组合砖砌体，因钢筋配置在砌体的竖向灰缝内或钢筋混凝土做砌体的内芯，钢筋虽可得到很好的保护，但施工相当困难，尤其是难以检查内芯混凝土质量的好坏。此外，其受力性能也不及图 6-8(c) 和 (d) 所示形式的组合砖砌体。因此，在我国《砌体结构设计规范》中推荐采用由砖砌体和钢筋混凝土面层或钢筋砂浆面层组成的组合砖砌体。

以作者早期试验的一个组合砖砌体（图 6-9）为例，砌体用烧结普通砖 MU10 和砂浆 M5 砌筑，混凝土为 C15，内配钢筋 6φ10，在试验机上进行轴心受压试验，压力为 890kN 时砌体破坏，而这种无筋砌体的破坏荷载为 460kN，由于砌体中设置了部分较强的材料与砌体共同工作，显著提高了砌体的承载能力。

当无筋砌体构件的截面尺寸受限制，或设计不经济，以及当荷载偏心距超过第五章第 5.1.5 节所规定的限值时，可采用组合砖砌体。

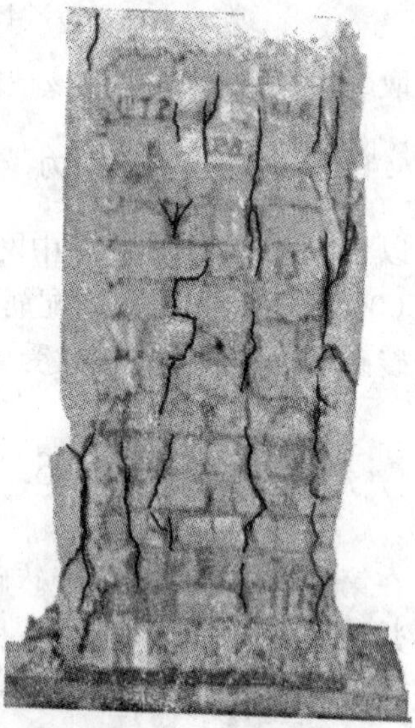

一、组合砖砌体的受压性能

根据国内外的试验研究，组合砖砌体有如下主要受力性能。

（一）由于砖砌体能吸收混凝土中多余的水分，因此在砖砌体中硬化的混凝土的强度比在木模或金属模板中硬化的混凝土的强度高，这种现象在混凝土硬化的早期（4～10d 内）特别显著，使组合砌体中的混凝土较一般情况下的混凝土能提前发挥承载作用。对于具有砂浆面层的组合砖砌体中的砂浆，也有类似的特性。

（二）组合砌体轴心受压时，从安装在四个侧面上的仪表读数可知，砖砌体和钢筋混凝土（或钢筋砂

图 6-9　组合砖砌体破坏状态

浆）均受压，第一批裂缝大多出现于砌体和钢筋混凝土（或钢筋砂浆）之间的连接处。继续增加荷载时，砖砌体上逐渐产生竖向的裂缝。由于两侧的钢筋混凝土（或钢筋砂浆）对它起了套箍作用，砖砌体上的这种裂缝开展得不及无筋砌体那么宽。最后混凝土（或面层砂浆）被压碎，钢筋被压屈，整个砌体完全破坏（图 6-9）。

（三）组合砌体受压时，砖砌体受到面层混凝土（或面层砂浆）的约束，它们之间的变形有差异，砖砌体的强度不能充分利用。我们将组合砌体破坏时截面中砖砌体的应力与砖砌体的极限强度之比称为砖砌体的强度系数。对于有钢筋混凝土面层的组合砖砌体，可根据变形协调的方法确定，即认为此时砖砌体的应变值等于组合砌体破坏时的应变值，从砖砌体的应力-应变曲线上可得此时砖砌体的应力，它与砖砌体极限强度之比亦即为砖砌体的强度系数。根据试验结果，该系数的平均值为 0.945。当面层采用水泥砂浆时，砂浆的极限压缩变形不仅小于混凝土的极限压应变，还小于受压钢筋的屈服应变，其受压钢筋的强度亦不能充分被利用。根据原四川省建筑科学研究所的试验，砂浆面层中钢筋的强度系数平均为 0.93。

二、组合砖砌体构件轴心受压时的承载力

组合砖砌体轴心受压构件与无筋砌体构件一样，需要考虑纵向弯曲的影响。从定性上来分析，组合砖砌体构件的稳定系数 φ_{com} 应介于无筋砌体构件的稳定系数 φ_0 与钢筋混凝土构件的稳定系数 φ_{rc} 之间。在《砖石结构设计规范》GBJ 3—73 中，由组合砌体的换算强度和换算弹性模量，按与无筋砌体构件类同的公式来计算 φ_{com}，但四川省建筑科学研究所的试验研究表明，φ_{com} 主要与高厚比和配筋率有关，其值可按（6-16）式计算或按表 6-2 采用。

210

高厚比 β	配 筋 率 ρ（%）					
	0	0.2	0.4	0.6	0.8	$\geqslant 1.0$
8	0.91	0.93	0.95	0.97	0.99	1.00
10	0.87	0.90	0.92	0.94	0.96	0.98
12	0.82	0.85	0.88	0.91	0.93	0.95
14	0.77	0.80	0.83	0.86	0.89	0.92
16	0.72	0.75	0.78	0.81	0.84	0.87
18	0.67	0.70	0.73	0.76	0.79	0.81
20	0.62	0.65	0.68	0.71	0.73	0.75
22	0.58	0.61	0.64	0.66	0.68	0.70
24	0.54	0.57	0.59	0.61	0.63	0.65
26	0.50	0.52	0.54	0.56	0.58	0.60
28	0.46	0.48	0.50	0.52	0.54	0.56

$$\varphi_{com} = \varphi_0 + 100\rho\ (\varphi_{rc} - \varphi_0) \leqslant \varphi_{rc} \tag{6-16}$$

试验值与按公式（6-16）计算值的平均比值为 1.01，其变异系数为 0.058。

当组合砖砌体构件轴心受压的承载力以相应材料的强度平均值表示时，其计算公式为：

$$KN_k \leqslant \varphi_{com}\ (\eta_b A f_m + A_c f_{cm} + \eta_s A_s'\ f_{ym}'\ ) \tag{6-17}$$

式中　　　　K——安全系数，按《砖石结构设计规范》GBJ 3—73 取 2.1；

　　η_b 和 η_s——分别为砖砌体和受压钢筋的强度系数；

　A、A_c 和 A_s'——分别为砖砌体、混凝土或面层砂浆和受压钢筋的截面面积；

f_m、f_{cm} 和 f_{ym}'——分别为砖砌体、混凝土或面层砂浆和钢筋的抗压强度平均值。

现采用以概率理论为基础的极限状态法，将材料强度的平均值换算为标准值和设计值，可得：

$$N \leqslant \varphi_{com}(1.14\eta_b fA + f_c A_c + 0.8\eta_s\ f_y'\ A_s')$$

对于混凝土面层的组合砖砌体，根据试验 $\eta_b = 0.945$，$\eta_s = 1.08$，计算时取 $\eta_b = 0.9$，$\eta_s = 1.0$，这是偏于安全的。对于砂浆面层的组合砖砌体，根据试验 $\eta_b = 0.93$。但因其变异较大，故强度系数应较混凝土面层时的略低，可取 $\eta_b = 0.85$。为了使砂浆面层的组合砖砌体与混凝土面层的组合砖砌体的 η_b 相一致，此时对砂浆的轴心抗压强度设计值作适当降低，予以调整。按试验结果，砂浆轴心抗压强度平均值与强度等级的比值约为 0.8，它与混凝土的结果一致。至于砂浆强度的变异较混凝土的大，可将砂浆的轴心抗压强度设计值取为同强度等级混凝土轴心抗压强度设计值的 70%。对于砂浆面层的组合砖砌体，根据试验 $\eta_s = 0.93$，计算时取 $\eta_s = 0.9$。

考虑到组合砖砌体轴心受压构件的可靠指标较要求值偏高，且钢筋承载力项所占的比例又很小等因素，可将上式中砖砌体和钢筋项前面的系数取整。

由上分析，得砌体结构设计规范采用的组合砖砌体轴心受压构件承载力的计算公式为：

$$N \leqslant \varphi_{com}(fA + f_c A_c + \eta_s f_y'\ A_s'\ ) \tag{6-18}$$

211

式中　N——轴向力设计值；

　　　　φ_{com}——组合砖砌体构件的稳定系数，按公式（6-16）计算，或按表 6-2 采用，此时组合砖砌体构件截面的配筋率 $\rho=\dfrac{A_s'}{bh}$；

　　　　A——砖砌体的截面面积；

　　　　f_c——混凝土或面层水泥砂浆的轴心抗压强度设计值，对于面层砂浆，其轴心抗压强度设计值可取为同强度等级混凝土轴心抗压强度设计值的 70%；当面层砂浆为 M15 时，取 5.0MPa；当砂浆为 M10 时，取 3.4MPa；当砂浆为 M7.5 时，取 2.5MPa；

　　　　A_c——混凝土或砂浆面层的截面面积；

　　　　η_s——受压钢筋的强度系数，当为混凝土面层时，可取 1.0；当为砂浆面层时可取 0.9；

　　　　f_y'——钢筋的抗压强度设计值；

　　　　A_s'——受压钢筋的截面面积。

混凝土强度等级为 C20 时，$f_c=9.6$MPa；HPB300 和 HRB335 级钢筋的 f_y' 分别为 270MPa 和 300MPa。

三、组合砖砌体构件偏心受压时的承载力

组合砖砌体构件偏心受压时（图 6-10），其承载能力和变形性能与钢筋混凝土结构相近。《砌体结构设计规范》在确定组合砖砌体构件偏心受压时的水平位移、钢筋应力以及截面受压区相对高度的界限值等方面，均采用了与钢筋混凝土结构中类似的方法。

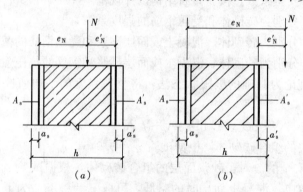

图 6-10　组合砖砌体偏心受压构件
（a）小偏心受压；（b）大偏心受压

（一）组合砖砌体偏心受压构件极限承载力时的水平位移

构件偏心受压时，截面内除承受轴向压力外，还受到弯矩作用，构件产生侧向挠曲，即产生水平位移。随着轴向压力的增加，截面内的弯矩增长速度加快，它与轴向压力不成比例，这是偏心受压构件的"细长效应"。对于确定组合砖砌体偏心受压构件的极限承载力，需要考虑因上述水平位移而由轴向压力引起的附加弯矩的影响。现取用控制截面的转动-曲率达到极限状态时的附加弯矩，这是一种考虑"细长效应"的近似计算方法。此时构件的水平位移 $u=\rho\dfrac{H_0^2}{10}$。根据平截面变形假定，截面破坏时的曲率 $\rho=\dfrac{\varepsilon_c+\varepsilon_s}{h_0}$，故得：

$$u = \frac{\varepsilon_c + \varepsilon_s}{h_0} \frac{H_0^2}{\psi} \tag{6-19}$$

式中 ε_c ——受压或受压较大边混凝土的极限压应变；

ε_s ——受拉或受压较小边钢筋的屈服应变；

H_0 ——构件的计算高度；

h_0 ——截面有效高度；

ψ ——表征柱变形曲率沿长度分布形态的系数。

四川省建筑科学研究所的试验表明，对于面层为钢筋混凝土的组合砖砌体构件，当取实测应变值 ε'_c 和 ε'_s 代替 ε_c 和 ε_s 时，按公式（6-19）计算的水平位移与实测水平位移接近，平均值为 0.98。但当取 $\varepsilon_c = 0.003$ 及 $\varepsilon_s = \frac{f_y}{E_s}$ 时，按公式（6-19）计算的水平位移则较实测水平位移大得多，平均比值为 1.5。现在后者的基础上加以修正，取 $\varepsilon_c + \varepsilon_s = 0.003 + \frac{f_y}{E_s} - \beta \times 10^4$，且采用较大的钢筋屈服应变 $\frac{f_y}{E_s} = 0.0016$（此值接近 HRB335 级钢筋的屈服应变）。此外，取 $h_0 \approx 0.95h$，$\psi = 11$。将以上各值代入公式（6-19），则

$$u = \frac{0.003 + 0.0016 - \beta \times 10^{-4}}{0.95h} \frac{H_0^2}{11}$$

$$= \frac{0.0046 - \beta \times 10^{-4}}{10.45} \left(\frac{H_0}{h}\right)^2 h$$

$$= (1 - 0.0217\beta) \frac{\beta^2 h}{2270}$$

此处 u 即为现行规范中组合砖砌体构件在轴向力作用下的附加偏心距 e_a，且最后取：

$$e_a = (1 - 0.022\beta) \frac{\beta^2 h}{2200} \tag{6-20}$$

按上式计算的水平位移与实测水平位移接近，平均比值为 1.04，同时计算的应变值与实测应变值也较接近。对于面层为钢筋砂浆的组合砖砌体构件，尽管水平位移的计算值与实测值的离散性较大，但仍可采用公式（6-20）。

（二）组合砖砌体偏心受压构件中钢筋的应力及受压区相对高度的界限值

组合砖砌体构件大偏心受压时（图 6-10b），离轴向力 N 较远侧钢筋的应力达到屈服，取 $\sigma_s = f_y$。

当小偏心受压时（图 6-10a），设截面受压区的折算高度 x 与截面有效高度 h_0 之比为 $\xi = \frac{x}{h_0}$，截面受压区的折算高度 x 与实际高度 x_p 之比为 $\eta = \frac{x}{x_p}$，则由平截面变形假定可得

$$\frac{\varepsilon_s}{h_0 - \frac{\xi h_0}{\eta}} = \frac{\varepsilon_c}{\frac{\xi h_0}{\eta}}, \quad 即$$

$$\varepsilon_s = \left(1 - \frac{\xi}{\eta}\right) \frac{\varepsilon_c}{\frac{\xi}{\eta}} = \varepsilon_c \left(\frac{\eta}{\xi} - 1\right) \tag{6-21}$$

当材料的应力-应变关系呈"理想弹性"或"理想塑性"时，η 值分别达 0.5 和 1.0。对于混凝土材料，η 值约为 0.7～0.9，对于组合砖砌体，根据试验结果 $\eta = 0.7$。现取 $\varepsilon_c =$

0.003，且由 $\delta_s = \varepsilon_s E_s$，可得小偏心受压时离轴向力 N 较远一侧钢筋的应力，$\sigma_s = 600 \times \left(\dfrac{0.7}{\xi} - 1 \right)$。为了方便计算，将该式简化为线性公式，得

$$\sigma_s = 650 - 800\xi \qquad (6\text{-}22)$$

试验表明，公式（6-22）也适用于面层为钢筋砂浆的组合砖砌体构件。

由公式（6-22），可得 $\xi = \dfrac{650 - \sigma_s}{800}$。当钢筋应力达屈服强度时的 ξ，即为组合砖砌体大、小偏心受压时受压区相对高度的界限值 ξ_b。经分析，当采用 HPB300 级钢筋时，$\xi_b = 0.47$；当采用 HRB335 级钢筋时，$\xi_b = 0.44$；当采用 HRB400 级钢筋时，$\xi_b = 0.36$。

（三）组合砖砌体构件偏心受压时的承载力计算

对于图 6-10 所示组合砖砌体偏心受压构件，如其强度以相应材料的平均强度表示，则由截面静力平衡条件 $\Sigma N = 0$ 可得：

$$KN_k \leqslant \eta_b A' f_m + A'_c f_{cm} + \eta_s A'_s f'_{ym} - A_s \sigma_{sm} \qquad (6\text{-}23)$$

式中 σ_{sm}——钢筋 A_s 的平均应力。

其他符号的意义有的已在上面指出，有的将在下面介绍。

现采用以概率理论为基础的极限状态设计法，参照变换公式（6-17）的步骤和有关数据，可得：

$$N \leqslant 1.169 \eta_b A' f + A'_c f_c + 0.802 \eta_s A'_s f'_y - 0.802 A_s \sigma_s$$

最后，规范采用的组合砖砌体偏心受压构件承载力的计算公式为：

$$N \leqslant f A' + f_c A'_c + \eta_s f'_y A'_s - \sigma_s A_s \qquad (6\text{-}24)$$

或由截面静力平衡条件 $\Sigma M_{A_s} = 0$，得：

$$N e_N \leqslant f S_s + f_c S_{c,s} + \eta_s f'_y A'_s (h_0 - a'_s) \qquad (6\text{-}25)$$

此时受压区的高度 x 可按下式确定：

$$f S_N + f_c S_{c,N} + \eta_s f'_y A'_s e'_N - \sigma_s A_s e_N = 0 \qquad (6\text{-}26)$$

$$e_N = e + e_a + (h/2 - a_s) \qquad (6\text{-}27)$$

$$e'_N = e + e_a - (h/2 - a'_s) \qquad (6\text{-}28)$$

式中 A'、A'_c——分别为砖砌体和混凝土或砂浆面层受压部分的面积；

$\quad\quad A'_s$——受压钢筋的截面面积；

$\quad\quad A_s$——距轴向力 N 较远侧钢筋的截面面积；

$\quad\quad f_c$——混凝土或面层砂浆的轴心抗压强度设计值，按公式（6-18）的规定采用；

$\quad\quad \eta_s$——钢筋的抗压强度系数，按公式（6-18）的规定采用；

$\quad\quad f'_y$——钢筋的抗压强度设计值；

$\quad\quad \sigma_s$——钢筋 A_s 的应力，按下式确定（以"MPa"计，正值为拉应力，负值为压应力）：

$\quad\quad\quad\quad$ 当 $\xi \geqslant \xi_b$，即小偏心受压时，按公式（6-22）计算；

$\quad\quad\quad\quad$ 当 $\xi < \xi_b$，即大偏心受压时，$\sigma_s = f_y$；

$\quad\quad \xi$——组合砖砌体构件截面受压区的相对高度，$\xi = \dfrac{x}{h_0}$；

$\quad\quad h_0$——组合砖砌体构件截面的有效高度，$h_0 = h - a$；

$\quad\quad \xi_b$——组合砖砌体构件大、小偏心受压时，受压区相对高度的界限值；

$\quad\quad f_y$——钢筋的抗拉强度设计值；

S_s——砖砌体受压部分的面积对钢筋 A_s 重心的面积矩;

$S_{c,s}$——混凝土或砂浆面层受压部分的面积对钢筋 A_s 重心的面积矩;

S_N——砖砌体受压部分的面积对轴向力 N 作用点的面积矩;

$S_{c,N}$——混凝土或砂浆面层受压部分的面积对轴向力 N 作用点的面积矩;

e_N, e'_N——分别为钢筋 A_s 和 A'_s 重心至轴向力 N 作用点的距离(图 6-10);

e——轴向力的初始偏心距,按荷载设计值计算,当 e 小于 $0.05h$ 时,应取 e 等于 $0.05h$;

e_a——组合砖砌体构件在轴向力作用下的附加偏心距,按公式(6-20)计算;

a_s, a'_s——分别为钢筋 A_s 和 A'_s 重心至截面较近边的距离。

对于一般的组合砖砌体构件,当 $e=0.05h$ 时,按轴心受压计算的承载力(公式 6-18)与按偏心受压计算的承载力(公式 6-24 或公式 6-25)很接近。但当 $0 \leqslant e < 0.05h$ 时,按轴心受压计算的承载力则略低于按偏心受压计算的承载力(承载力相差小于 5%)。为了避免这一矛盾现象,规定当偏心距很小,即当 $e < 0.05h$ 时,取 $e=0.05h$ 按偏心受压公式计算。

在基本公式(6-24)和公式(6-25)中,一般情况下有 A_s、A'_s 和 x 三个未知数,不能求得唯一解,参照钢筋混凝土偏心受压构件的计算方法,可以总用钢量 ($A_s+A'_s$) 为最省作为补充条件。对于大偏心受压可取 $x=\xi_b h_0$。对于小偏心受压可取最小配筋量 $A_s=\mu_{min}bh_0$。在大偏心受压时,如 $x<2a'$,可近似取 $x=2a'$,即取静力平衡条件 $\Sigma M_{A'_s}=0$,其承载力可按下式计算:

$$Ne'_N \leqslant (h_0-a')A_s f_y \tag{6-29}$$

在小偏心受压时,如偏心矩很小而轴向压力又比较大(按钢筋混凝土结构,$e \leqslant 0.15h_0$ 且 $N \geqslant bh_0 f_{cm}$),远离轴向力一侧的钢筋可能达到受压屈服强度,此时可取 $\sigma_s=-f'_y$ 及 $x=h_0$,由 $\Sigma M_{A'_s}=0$,可得承载力计算公式。

组合砖砌体偏心受压构件一般按对称配筋(即 $A_s=A'_s$)计算。这时因基本公式中少了一个未知数,其承载力可直接按公式(6-24)和公式(6-25)进行计算。

上述轴心受压和偏心受压承载力计算时,对于砖墙与组合砌体一同砌筑的 T 形截面构件(图 6-11a),GB 50003—2001 规定其承载力按矩形截面(图 6-11b)计算,而高厚比仍按 T 形截面进行验算,显得较

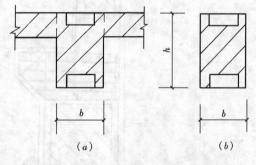

图 6-11 T 形截面组合砖砌体构件

为烦琐。现行规范 GB 50003—2011,对此作了简化,均按矩形截面构件(图 6-11b)计算。分析表明,这是偏于安全的。

四、组合砖砌体构件的构造要求

根据以上对组合砖砌体构件受力性能的分析,为了保证这种构件的承载能力,砖砌体和钢筋混凝土或钢筋砂浆面层之间应整体连接。因此组合砖砌体构件在材料的选用、钢筋的配置等方面,应满足下列构造要求。

1. 面层混凝土的强度等级宜采用 C20。为了使砖砌体的强度不致过低，砌筑砂浆不宜低于 M7.5。当面层采用砂浆时，为了防止钢筋的锈蚀，并使钢筋与砂浆及砂浆面层与砖砌体之间均有足够的粘结强度，面层砂浆不宜低于 M10。

2. 竖向受力钢筋保护层的厚度，应符合耐久性要求（见表 4-41）。

3. 为了满足保护层厚度等要求，砂浆面层不能太薄。但面层也不宜太厚，否则施工麻烦，砂浆结硬时易开裂，影响面层受力性能。砂浆面层的厚度，一般采用 30～45mm。当面层厚度大于 45mm 时，宜采用混凝土。

4. 竖向受力钢筋宜采用 HPB300 级钢筋。对于混凝土面层，因它的受力和变形性能较砂浆面层好，可采用 HRB335 级钢筋。受压钢筋的配筋率，一侧不宜少于 0.1%（砂浆面层时）或 0.2%（混凝土面层时）。受拉钢筋的配筋率不应小于 0.1%。受力钢筋的直径不应小于 8mm。钢筋的净间距不应小于 30mm。

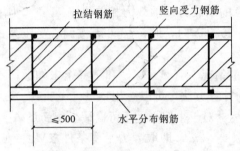

图 6-12 组合砖砌体墙的配筋

5. 箍筋的直径，不宜小于 4mm，不应小于 $d/5$（d 为受压钢筋的直径），也不宜大于 6mm。箍筋的间距，不应大于 20d 及 500mm，也不应小于 120mm。

6. 当组合砖砌体构件一侧的竖向受力钢筋多于 4 根时，应设置附加箍筋或拉结钢筋。

对于截面长短边相差较大的构件及墙体等，应采用穿通构件及墙体的拉结钢筋，并设置水平分布钢筋，以形成一个封闭的箍筋体系（图 6-12）。拉结钢筋的水平间距和水平分布钢筋的竖向间距均不应大于 500mm。

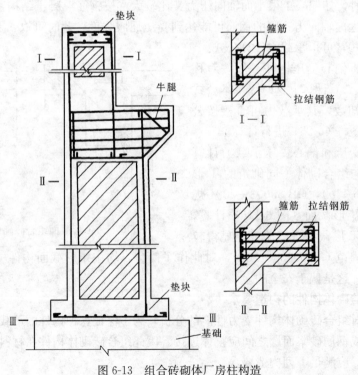

图 6-13 组合砖砌体厂房柱构造

216

7. 组合砖砌体构件的顶、底部，以及牛腿处是直接承受或传递荷载的主要部位，在这些地方必须设置钢筋混凝土垫块（图6-13），以确保组合砖砌体构件的受力性能。竖向受力钢筋伸入垫块内，并应符合锚固长度的要求。当组合砖砌体采用毛石砌体或砖砌体基础时，在组合砖砌体与毛石基础或砖基础之间所设置现浇钢筋混凝土垫块的底面积，应按Ⅲ-Ⅲ截面（图6-13）的强度验算决定；垫块的厚度及垫块内的钢筋，按垫块底面反力及垫块挑出长度 a 按受弯计算确定。

6.2.2 计算例题

【例题6-3】 某混凝土面层的组合砖柱，柱的计算高度6.7m，截面尺寸及配筋如图6-14所示，采用烧结普通砖MU10、水泥混合砂浆M10、面层混凝土C20和配置HPB300级钢筋，施工质量控制等级为B级。求该柱能承受的最大轴心压力。

【解】 砖砌体面积 $A=2\times120\times620+130\times380=198200mm^2$，

混凝土面积 $A_c=2\times130\times120=31200mm^2$，

受压钢筋的截面面积 $A'_s=923mm^2$，

由表3-13和表3-24，$A=0.1982m^2<0.2m^2$，$\gamma_a=0.8+A=0.8+0.1982=0.9982$，砌体抗压强度设计值 $f=1.88MPa$，混凝土轴心抗压强度设计值 $f_c=9.6MPa$，钢筋的抗压强度设计值 $f'_y=270MPa$，组合砖砌体截面的配筋率为：

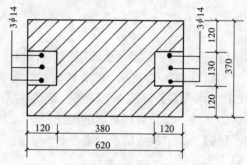

图6-14 混凝土面层组合砖柱截面

$$\rho=\frac{A'_s}{bh_0}=\frac{923}{370(620-35)}=0.426\%>0.4\%$$

柱的高厚比 $\beta=\frac{H_0}{b}=\frac{6700}{370}=18.1$

由表6-2，组合砖砌体构件的稳定系数 $\varphi_{com}=0.73$。

因采用混凝土面层，受压钢筋的强度系数 $\eta_s=1$。

按公式（6-18），该柱能承受的最大轴心压力为：

$$
\begin{aligned}
N&=\varphi_{com}(fA+f_cA_c+\eta_sf'_yA'_s)\\
&=0.73\times(1.88\times198200+9.6\times31200+270\times923)\times10^{-3}\\
&=672.6kN
\end{aligned}
$$

【例题6-4】 某砂浆面层的组合砖柱，柱的计算高度6m，截面尺寸及配筋如图6-15所示，由混凝土普通砖MU20、专用砂浆Mb10砌筑，面层砂浆为M10，配置HPB300级钢筋，施工质量控制等级为B级。求该柱能承受的最大轴心压力。

【解】 砖砌体面积 $A=370\times540=199800mm^2$

砂浆面层面积 $A_c=2\times370\times40=29600mm^2$

受压钢筋的截面面积 $A'_s=628mm^2$

由表3-14和表3-24（$A\approx0.2m^2$），砌体抗压强度设计值 $f=2.67MPa$。

面层砂浆的轴心抗压强度设计值 $f_c=3.4MPa$。

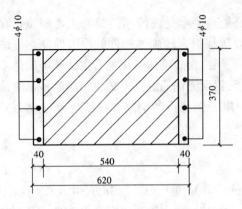

图 6-15　砂浆面层组合砖柱截面

钢筋的抗压强度设计值 $f'_y = 270\text{MPa}$。

组合砖砌体截面的配筋率：

$$\rho = \frac{A'_s}{bh_0} = \frac{628}{370 \times (620 - 30)}$$
$$= 0.29\% > 0.2\%$$

柱的高厚比 $\beta = \dfrac{H_0}{b} = \dfrac{6000}{370} = 16.2$。

由表 6-2，组合砖砌体构件的稳定系数 φ_{com} $= 0.76$，因采用砂浆面层，受压钢筋的强度系数 $\eta_s = 0.9$。

按公式（6-18），该柱能承受的最大轴心压力为：

$$N = \varphi_{\text{com}}(fA + f_c A_c + \eta_s f'_y A'_s)$$
$$= 0.76 \times (2.67 \times 199800 + 3.4 \times 29600 + 0.9 \times 270 \times 628) \times 10^{-3}$$
$$= 597.9\text{kN}$$

【例题 6-5】 某混凝土面层的组合砖柱，柱的计算高度 5m，截面尺寸如图 6-16 所示，承受轴向力 $N = 620\text{kN}$，并沿截面长边方向作用弯矩 $M = 25\text{kN·m}$，采用烧结普通砖 MU10、水泥混合砂浆 M10 砌筑，面层混凝土 C20，配置 HPB300 级钢筋，施工质量控制等级为 B 级。试计算柱截面的配筋。

【解】 假定截面属小偏心受压。因轴向力的偏心距

$e = \dfrac{M}{N} = \dfrac{25}{620} = 40.3\text{mm} < 0.15h_0 = 0.15 \times (620 - 35) =$ 87.8mm，参照钢筋混凝土小偏心受压构件的计算方法，可认为该柱全截面受压，并取 $\sigma_s = -f'_y$。材料强度取值见例题 6-3。

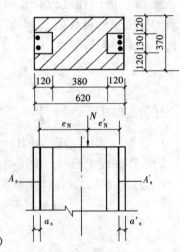

图 6-16　混凝土面层
组合砖柱

砌砖体受压部分的面积：

$A' = 2 \times 120 \times 620 + 130 \times 380 = 198200\text{mm}^2$，

混凝土面层受压部分的面积：

$A'_c = 2 \times 130 \times 120 = 31200\text{mm}^2$，

砖砌体受压部分的面积对钢筋 A_s 重心的面积矩：

$S_s = 2 \times 120 \times 620 \times (310 - 35) + 130 \times 380 \times (310 - 35)$
$= 54.5 \times 10^6 \text{mm}^3$，

混凝土面层受压部分的面积对钢筋 A_s 重心的面积矩：

$$S_{c,s} = 130 \times 120 \times (620 - 60 - 35) + 130 \times 120 \times (60 - 35)$$
$$= 8.58 \times 10^6 \text{mm}^3，$$

柱的高厚比 $\beta = \dfrac{H_0}{h} = \dfrac{5000}{620} = 8.06$。

由公式（6-20），组合砖砌体构件在轴向力作用下的附加偏心距：

$$e_a = (1 - 0.022\beta) \frac{\beta^2 h}{2200} = (1 - 0.022 \times 8.06) \times \frac{8.06^2 \times 620}{2200}$$

$$= 15.06\text{mm}$$

自轴向力 N 作用点至钢筋 A_s 重心的距离

$$e_N = e + e_a + \left(\frac{h}{2} - a_s\right) = 40.3 + 15.06 + (310 - 35)$$

$$= 330.36\text{mm}$$

按公式（6-25），有：

$$Ne_N = fS_s + f_cS_{c,s} + \eta_s f'_y A'_s (h_0 - a'_s)$$

$$620000 \times 330.36 = 1.89 \times 54.5 \times 10^6 + 9.6 \times 8.58 \times 10^6 + 1 \times 270 \times A'_s (620 - 35 - 35)$$

解得 $A'_s = 131.0\text{mm}^2$，按构造要求选用 3ϕ14（实际钢筋面积为 461.7mm^2）。

将 A'_s 值代入公式（6-24），有：

$$N = fA' + f_cA'_c + \eta_s f'_y A'_s - \sigma_s A_s$$

$$620000 = 1.89 \times 198200 + 9.6 \times 31200 + 270 \times 131.0 - 270A_s$$

$$270A_s = 620000 - 709488 < 0$$

故由计算不需要钢筋 A_s，现按构造要求配置 2ϕ12（$A_s = 226\text{mm}^2$）。

为检验上述小偏心受压的假定是否正确，现进一步求中和轴的位置。

设截面受压区高度 x 如图 6-17 所示。

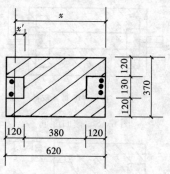

图 6-17 截面受压区

$$e'_N = \left(\frac{h}{2} - a_s\right) - (e + e_a)$$

$$= (310 - 35) - (40.3 + 15.06)$$

$$= 219.64\text{mm},$$

按公式（6-26），有：

$$fS_N + f_cS_{c,N} + \eta_s f'_y A'_s e'_N - \sigma_s A_s e_N = 0$$

$$-1.89 \times 2 \times 120 \times 120 \times \left(\frac{620}{2} - 40.3 - 15.06 - 60\right)$$

$$+1.89 \times 380 \times 370 \times (40.3 + 15.06)$$

$$+1.89 \times 2 \times 120x' \times \left(\frac{380}{2} + \frac{x'}{2} + 40.3 + 15.06\right)$$

$$-9.6 \times 120 \times 130 \times \left(\frac{620}{2} - 40.3 - 15.06 - 60\right)$$

$$+9.6 \times 130x' \times \left(\frac{x'}{2} + \frac{380}{2} + 40.3 + 15.06\right)$$

$$+270 \times 461.7 \times 219.64 - \left(650 - 800\frac{500 + x'}{585}\right) \times 226 \times 330.36 = 0$$

即

$$x'^2 + 610.7x' + 5721.5 = 0$$

解得

$$x' = 9.5\text{mm}$$

$$x = 500 + x' = 500 + 9.5 = 509.5\text{mm}$$

$$\xi = \frac{x}{h_0} = \frac{509.5}{585} = 0.87 > 0.47$$

故上述假定截面属小偏心受压正确。

最后沿截面短边方向验算该柱轴心受压承载力。

砖砌体面积 $A=198200\text{mm}^2$，混凝土面积 $A_c=31200\text{mm}^2$。

组合砖砌体截面的配筋率：

$$\rho = \frac{A_s + A'_s}{bh} = \frac{226 + 461.7}{370 \times 620} = 0.3\%，符合构造要求。$$

柱的高厚比 $\beta = \dfrac{H_0}{b} = \dfrac{5000}{370} = 13.5$。

由表 6-2，组合砖砌体构件的稳定系数 $\varphi_{\text{com}} = 0.827$。

按公式（6-18），有：

$$N = \varphi_{\text{com}}(fA + f_c A_c + \eta_s f'_y A'_s)$$
$$= 0.827 \times (1.89 \times 198200 + 9.6 \times 31200 + 270 \times 687.7) \times 10^{-3}$$
$$= 711.0\text{kN} > 620\text{kN}$$

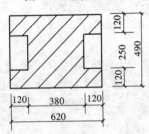

2φ12   3φ14

箍筋 φ6，每 4 皮砖一道

图 6-18　截面配筋

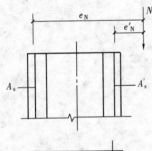

120
250   490
120

120   380   120
620

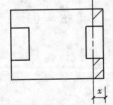

e_N N

e'_N

A_s A'_s

x

图 6-19　混凝土面层组合
砖柱计算图

截面配筋如图 6-18 所示。

【例题 6-6】　某混凝土面层的组合砖柱，柱的计算高度 6.7m，截面尺寸如图 6-19 所示，承受轴向力 $N = 400\text{kN}$ 和弯矩 $M = 190\text{kN} \cdot \text{m}$，采用烧结页岩普通砖 MU10、水泥混合砂浆 M10 砌筑，面层混凝土 C20，施工质量控制等级为 B 级。按对称配筋计算柱截面配筋。

【解】　选用 HPB300 级钢筋，材料强度取值见例题 6-3，但 $f = 1.89\text{MPa}$（$A > 0.2\text{m}^2$）。

因截面采用对称配筋，由公式（6-24），有：

$$N = fA' + f_c A'_c$$

即

$$400 \times 10^3 = 1.89 \times 2 \times 120x + 9.6 \times 250x$$

得

$$x = 140.2\text{mm}$$

$$\xi = \frac{x}{h_0} = \frac{140.2}{585} = 0.24 < 0.47，属大偏心受压。$$

砖砌体受压部分的面积对钢筋 A_s 重心的面积矩：

$$S_s = 2 \times 120 \times 140.2 \times \left(585 - \frac{140.2}{2}\right)$$
$$= 17.3 \times 10^6 \text{mm}^3$$

混凝土面层受压部分的面积对钢筋 A_s 重心的面积矩：

$$S_{c,s} = 250 \times 140.2 \times \left(585 - \frac{140.2}{2}\right)$$
$$= 18.0 \times 10^6 \text{mm}^3$$

轴向力的偏心距 $e = \dfrac{M}{N} = \dfrac{190}{400} = 0.475\text{m} = 475\text{mm}$。

柱的高厚比 $\beta = \dfrac{H_0}{h} = \dfrac{6700}{620} = 10.8$。

由公式（6-20），组合砖砌体构件在轴向力作用下的附加偏心距：

$$e_a = (1 - 0.022\beta)\frac{\beta^2 h}{2200}$$

$$= (1 - 0.022 \times 10.8) \times \frac{10.8^2 \times 620}{2200}$$

$$= 25.06\text{mm}$$

自轴向力 N 作用点至钢筋 A_s 重心的距离：

$$e_N = e + e_a + \left(\frac{h}{2} - a_s'\right)$$

$$= 475 + 25.06 + (310 - 35) = 775.06\text{mm}$$

由公式（6-25），有：

$$Ne_N = fS_s + f_c S_{c,s} + \eta_s f_y' A_s'(h_0 - a_s')$$

$$400 \times 10^3 \times 775.06 = 1.89 \times 17.3 \times 10^6 + 9.6 \times 18 \times 10^6 + 210 \times (585 - 35)A_s'$$

解得 $A_s' = 703.9\text{mm}^2$，每侧选用 $4\phi16$（实际每侧钢筋面积为 804mm^2）。每侧配筋率为 0.26%，符合构造要求。

6.2.3 砖砌体和钢筋混凝土构造柱组合墙

在砖混结构房屋中，设置钢筋混凝土构造柱是抗震加强的一种有效措施，在国内外，尤其在我国得到广泛应用。研究表明，当按照提高墙体的抗压强度或抗剪强度要求设置构造柱，则形成砖砌体和钢筋混凝土构造柱组合墙，这是对构造柱体系作用的一种新发展。这种组合墙中混凝土柱的截面尺寸和配筋量基本上按构造柱的要求，但柱间距较小，构造柱和圈梁不仅使砌体受到约束，增大墙体的延性，还能直接提高墙体的受压和受剪承载力。本节论述组合墙的受压性能和受压承载力计算方法。

一、组合墙的受力性能

湖南大学的试验和研究表明，图 6-20 所示砖砌体和钢筋混凝土构造柱组合墙，在竖向均布荷载作用下有下列特点：

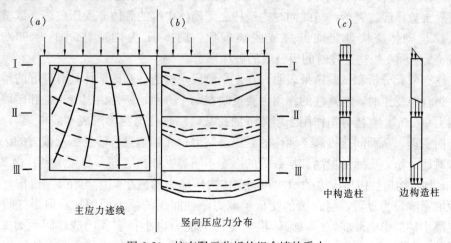

图 6-20 按有限元分析的组合墙的受力

从有限元分析结果来看：

（1）靠近构造柱一定距离范围内墙体的主压应力迹线（图 6-20a 中实线所示）明显指向构造柱方向，竖向荷载向构造柱方向扩散；墙体内主拉应力迹线如图 6-20 (a) 中虚线所示，水平拉应力均很小；在靠近构造柱和圈梁四周的砌体处于双向受压应力状态。

（2）墙体内竖向压应力的分布不均匀，墙顶部、中部和底部截面上（分别为Ⅰ-Ⅰ、Ⅱ-Ⅱ和Ⅲ-Ⅲ截面）的竖向压应力为上部大、下部小，它沿墙体水平方向是中间大、两端小。其应力峰值位于墙体上部跨中处，它随构造柱间距的减小而减小。按图 6-20 (b) 中Ⅰ-Ⅰ截面的竖向应力分布，将较均匀分布应力之外的水平距离，称为构造柱对墙体竖向压应力分布的影响长度，对于中构造柱，柱每侧砌体的影响长度约为 1.2m；对于边构造柱，一侧砌体的影响长度约为 1.0m。

（3）构造柱水平截面上的竖向应力呈线性分布（图 6-20c）。对于边构造柱，柱顶部截面（Ⅰ-Ⅰ）为内边受压，外边受拉；柱中部（Ⅱ-Ⅱ）、下部截面（Ⅲ-Ⅲ）全部受压，竖向压应力大多是外边大、内边小。对于中构造柱，基本上处于均匀受压，上部截面的竖向压应力小，下部截面的大。构造柱间距越小，柱分担墙体上的荷载增加，砌体内的应力降低。

从试验结果来看：

（1）当竖向荷载小于极限荷载的约 40%，墙体基本上处于弹性阶段，砌体内竖向应力的分布与有限元分析结果大致相同，如图 6-20 (b) 中虚线所示。

（2）继续增加荷载，上圈梁与构造柱连接的附近及构造柱之间中部砌体出现竖向裂缝（图 6-20b 中点画线为开裂时砌体内的竖向应力分布），且上部圈梁在跨中处产生自下而上的竖向裂缝，直至竖向荷载达极限荷载的约 70% 时，裂缝发展缓慢，裂缝走向大多指向构造柱柱脚，这是由于构造柱与圈梁形成的约束作用所致。这一阶段经历较长时间，所施加的荷载可达极限荷载的 90%。图 6-20 (b) 中实线所示为临近破坏时砌体内的竖向应力分布。砌体内的竖向应力出现明显的内力重分布，构造柱下部截面应力较上部截面的应力增加较多。中部构造柱为均匀受压，但边构造柱处于小偏心受压状态，其横向变形逐渐增大，边构造柱略向外鼓。

（3）在破坏阶段，墙砌体内裂缝贯通，最终裂缝穿过构造柱柱脚，构造柱内钢筋压屈，混凝土被压碎、剥落，与此同时构造柱之间墙体中部的砌体亦受压破坏。试验中未出现构造柱与砌体交接处竖向开裂或脱离现象。图 6-21 为构造柱间距为 900、1250、1600mm 及中间 1 根构造柱时的组合墙的破坏形态。

上述有限元分析和试验结果表明，在使用阶段，构造柱和砖墙体具有良好的整体工作性能；组合墙受压时，构造柱的作用主要反映在两个方面，一是因混凝土柱和砖墙刚度不同及内力重分布，直接分担作用于墙体上的荷载，二是柱与圈梁形成"弱框架"，约束砌体的横向变形，从而间接提高了墙体的受压承载力；在影响组合墙受压承载力的诸多因素中，经对比分析，房屋的层高和层数等的影响不明显，如当墙高（房屋层高）由 2.8m 增到 3.6m 时，构造柱内压应力的增加和墙砌体内压应力的减小幅度均在 5% 以内，而构造柱间距的影响最为显著，组合墙的受压承载力随柱间距的减小而增加，但当柱间距较大时，混凝土柱的影响减弱，约束砌体横向变形的能力也小得多。构造柱间距为 2m 左右时，柱的作用得到充分发挥，间距大于 4m 时，构造柱对组合墙受压承载力的影响很小。

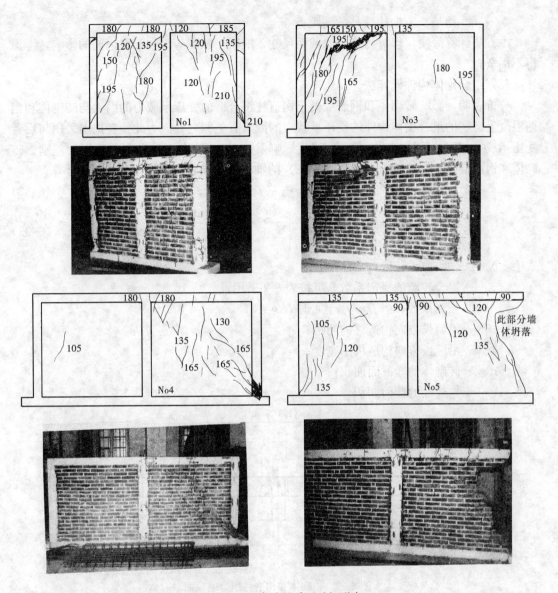

图 6-21 组合墙的受压破坏形态

二、组合墙的受压承载力

1. 轴心受压

对于砖砌体和钢筋混凝土构造柱组合墙的轴心受压承载力，在国内曾提出过几种计算方法，较有代表性的是由湖南大学提出的下列两种方法。

（1）强度提高系数法

本方法是将无筋墙体的轴心受压承载力乘以强度提高系数来确定组合墙的轴心受压承载力。其计算公式为：

$$N \leqslant \varphi \gamma_{in} f A \tag{6-30}$$

$$\gamma_{in} = 1 + 2e^{-0.65l} \tag{6-31}$$

式中 γ_{in}——砌体抗压强度提高系数；

l——沿墙长方向构造柱的间距。

本方法计算简便，但对构造柱的截面尺寸、混凝土强度等级和配置钢筋的影响，考虑得不周全。

（2）组合砌体构件计算法

分析表明，影响砖砌体和钢筋混凝土构造柱组合墙的受压承载力的因素与砖砌体和钢筋混凝土面层的组合砌体构件的受压承载力的因素有类似之处。为此作者提出采用与后者受压承载力相同的计算模式，但引入强度影响系数 η，以充分反映前者与后者的差别。砖砌体和钢筋混凝土构造柱组合墙（图 6-22）的轴心受压承载力，应按下列公式计算：

$$N \leqslant \varphi_{com}[fA_n + \eta(f_c A_c + f'_y A'_s)] \tag{6-32}$$

$$\eta = \left[\frac{1}{\dfrac{l}{b_c} - 3}\right]^{\frac{1}{4}} \tag{6-33}$$

式中　N——轴心力设计值；

φ_{com}——组合砖墙的稳定系数，可按表 6-2 采用；

η——强度系数，当 l/b_c 小于 4 时 $l/b_c = 4$；

l——沿墙长方向构造柱的间距；

b_c——沿墙长方向构造柱的宽度；

A_n——砖砌体的净截面面积；

A_c——构造柱的截面面积。

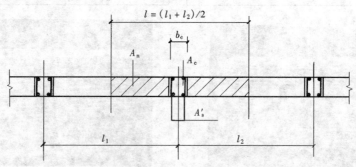

图 6-22　砖砌体和构造柱组合墙截面

对比公式（6-32）和公式（6-18）可知，二者计算模式相同，只相差一个系数 η。公式（6-33）不仅与试验结果吻合，且较好地反映了构造柱间距的影响。按有限元非线性分析，当构造柱间距小于 1m 后，计算得到的极限荷载与按砖砌体和钢筋混凝土面层的组合砌体构件公式（即公式 6-18）得到的极限荷载很接近。因而按公式（6-33）计算，当 l/b_c <4 时，取 $l/b_c = 4$。基于以上分析，上述两种组合砖砌体构件的轴心受压承载力不仅计算模式相同、计算公式相互衔接，且具有在理论体系上的一致性。公式（6-32）和公式（6-33）为我国《砌体结构设计规范》GB 50003 采用。

由于公式（6-32）是建立在构造柱水平的基础之上的，所谓"构造柱水平"是指构造柱的截面尺寸、混凝土强度等级与配置的竖向受力钢筋的级别、直径和根数均按一般构造要求选定。因而设计上当组合墙的受压承载力低于设计要求的承载力较多时，不应过分增大构造柱截面尺寸或配筋，减小构造柱间距是合理的选择。

在多层房屋的墙体中增设均匀分布的混凝土构造柱对提高墙体的承载力（对抗剪承载力亦如此）较为有效。

2. 平面外偏心受压

多层房屋中的组合墙如遇平面外偏心受压，可按下述方法进行计算。

(1) 按第 7.3 节规定的方法计算组合墙承受的轴向压力和偏心距。

(2) 按公式（6-24）和公式（6-25）计算构造柱的竖向钢筋，此时截面宽度应等于构造柱间距 l；对于大偏心受压，不计受压区构造柱混凝土和钢筋的作用，最终构造柱的计算配筋量应符合其构造要求。在这里将砖砌体和钢筋混凝土面层组合砌体构件偏心受压承载力的计算方法套用于砖砌体和构造柱组合墙平面外的偏心受压承载力计算，显然是一种简化且近似的方法，但偏于安全。要完善其计算方法，有待作进一步的研究。

三、组合墙的构造要求

上述组合墙是按间距 l 设置钢筋混凝土构造柱，沿房屋楼层设置混凝土圈梁，且构造柱与圈梁和砌体之间可靠连接而形成的一种组合砌体结构，为保证其整体受力性能和可靠的工作，组合墙的材料和构造应符合下列规定：

1. 砂浆的强度等级不应低于 M5，构造柱的混凝土强度等级不宜低于 C20。

2. 柱内竖向受力钢筋的混凝土保护层厚度，应符合耐久性要求（详 4.5.2 节之三）。

3. 构造柱的截面尺寸不宜小于 240mm×240mm，其厚度不应小于墙厚，边柱、角柱的截面宽度宜适当加大。柱内竖向受力钢筋，对于中柱，不宜少于 $4\phi12$；对于边柱、角柱，不宜少于 $4\phi14$。构造柱的竖向受力钢筋的直径也不宜大于 16mm。其箍筋，一般部位宜采用 $\phi6$、间距 200mm，楼层上下 500mm 范围内宜采用 $\phi6$、间距 100mm。构造柱的竖向受力钢筋应在基础梁和楼层圈梁中锚固，并应符合受拉钢筋的锚固要求。

4. 组合砖墙砌体结构房屋，应在纵横墙交接处、墙端部和较大洞口的洞边设置构造柱，其间距不宜大于 4m。各层洞口宜设置在相应位置，并宜上下对齐。

5. 组合砖墙砌体结构房屋应在基础顶面、有组合墙的楼层处设置现浇钢筋混凝土圈梁。圈梁的截面高度不宜小于 240mm；纵向钢筋不宜小于 $4\phi12$，纵向钢筋应伸入构造柱内，并应符合受拉钢筋的锚固要求；圈梁的箍筋宜采用 $\phi6$、间距 200mm。

6. 砖砌体与构造柱的连接处应砌成马牙槎，并应沿墙高每隔 500mm 设 $2\phi6$ 拉结钢筋，且每边伸入墙内不宜小于 600mm。

7. 组合砖墙的施工顺序应为先砌墙后浇混凝土构造柱。

6.2.4 计算例题

【例题 6-7】　某房屋横墙，墙厚 240mm 计算高度 4.5m，作用的竖向压力设计值 320kN/m，采用烧结普通砖 MU10、水泥混合砂浆 M5。本房屋的环境类别为 1 类，设计使用年限 50 年，施工质量控制等级为 B 级。试按砖砌体和钢筋混凝土构造柱组合墙进行设计。

【解】　$\beta = \dfrac{H_0}{h} = \dfrac{4.5}{0.24} = 18.75$，查表 5-1（a）得 $\varphi = 0.65$。

按公式（5-39），有：

$\varphi f A = 0.65 \times 1.50 \times 240 \times 1000 = 234\text{kN} < 320\text{kN}$，承载力不满足要求。

在墙内设置钢筋混凝土构造柱，间距 2.5m，截面 240mm×240mm，混凝土 C20（f_c

$=9.6\text{MPa}$），配置 $4\phi14$ 钢筋（$f'_y=270\text{MPa}$，$A'_s=615.6\text{mm}^2$）。

$$\rho=\frac{A'_s}{bh}=\frac{615.6}{2500\times240}=0.1\%$$

查表 6-2，得 $\varphi_{com}=0.666$。

$$\frac{l}{b_c}=\frac{2.5}{0.24}=10.4>4$$

由公式（6-33），有：

$$\eta=\left[\frac{1}{\dfrac{l}{b_c}-3}\right]^{\frac{1}{4}}=\left(\frac{1}{10.4-2.5}\right)^{\frac{1}{4}}=0.6$$

按公式（6-32），有：

$$\varphi_{com}[fA+\eta(f_cA_c+f'_yA'_s)]$$
$$=0.666\times[1.5\times(2500-240)\times240+0.6\times(9.6\times240\times240+270\times615.6)]$$
$$=0.666\times(813600+431503)=829.2\text{kN}>2.5\times320$$
$$=800\text{kN}$$

以上设计满足轴心受压承载力要求，所采用的砌体材料、混凝土、钢筋及构造符合环境类别 1 的要求。

【例题 6-8】 设计条件同例题 6-7，但竖向压力在组合墙平面外的偏心距为 20mm，试核算其偏心受压承载力。

【解】 本题为组合墙平面外偏心受压，现采用砖砌体和钢筋混凝土面层组合砌体构件偏心受压（图 6-23）方法计算。

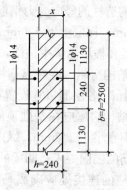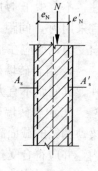

1. 相关偏心距的计算

$$\beta=\frac{H_0}{h}=\frac{4500}{240}=18.75$$

由公式（6-20），有：

$$e_a=(1-0.022\beta)\frac{\beta^2 h}{2200}$$

$$=(1-0.022)\times18.75\frac{18.75^2\times240}{2200}$$

$$=22.53\text{mm}$$

图 6-23 构件计算图

由公式（6-27），有：

$$e_N=e+e_a+\left(\frac{h}{2}-a_s\right)$$

$$=20+22.53+\left(\frac{240}{2}-35\right)=127.53\text{mm}$$

由公式（6-28），有：

$$e'_N=\left(\frac{h}{2}-a'_s\right)-(e+e_a)$$

$$=\left(\frac{240}{2}-35\right)-(20+22.53)=42.47\text{mm}$$

2. 计算截面受压区高度 x

砖砌体受压部分面积对 N 作用点的面积矩：

$$S_N = 2 \times 1130x\left(\frac{x}{2} - 20 - 22.53 - 35\right) = 1130x^2 - 175217.8x$$

构造柱混凝土受压部分面积对 N 作用点的面积矩：

$$S_{c,N} = 240x\left(\frac{x}{2} - 20 - 22.53 - 35\right) = 120x^2 - 18607x$$

由公式（6-22），$\sigma = 650 - 800\dfrac{x}{h}$。

将上述结果代入公式（6-26），有：

$$1.5 \times (1130x^2 - 175217.8x) + 9.6 \times (120x^2 - 18607x) + 270 \times 307.8 \times 42.47$$

$$- \left(650 - \frac{800x}{h}\right) \times 307.8 \times 127.53 = 0$$

得 $\qquad\qquad\qquad x^2 - 101.3x - 7720.2 = 0$

解得 $\qquad\qquad\qquad x = 152.0\text{mm}$

$$\frac{x}{h_0} = \frac{152.0}{205} = 0.74 > 0.47$$

3. 核算平面外偏心受压承载力

$$A' = 2 \times 1130 \times 152.0 = 343520\text{mm}^2$$

$$A'_c = 240 \times 152.0 = 36480\text{mm}^2$$

由公式（6-24），有：

$$fA' + f_cA'_c + \eta_s f_y A'_s - \sigma_s A_s = \Big[1.5 \times 343520 + 9.6 \times 36480 + 270 \times 307.8$$

$$- \left(650 - \frac{800 \times 152.0}{205}\right) \times 307.8 \Big] \times 10^{-3}$$

$$= 931.1\text{kN} > 800\text{kN}$$

讨论：如竖向压力在组合墙平面外的偏心距为 80mm，则

$$e_N = 80 + 22.53 + \left(\frac{240}{2} - 35\right) = 187.53\text{mm}$$

$$e'_N = 80 + 22.53 - \left(\frac{240}{2} - 35\right) = 17.53\text{mm}$$

$$S_N = 2 \times 1130x\left(\frac{x}{2} - 80 - 22.53 - 35\right) = 1130x^2 - 310817.8x$$

$$S_{C,N} = 240x\left(\frac{x}{2} - 80 - 22.53 - 35\right) = 120x^2 - 33007.2x$$

代入公式（6-26），有：

$$1.5 \times (1130x^2 - 316817.8x) + 9.6 \times (120x^2 - 33007.2x) + 270 \times 307.8 \times 17.53$$

$$- \left(650 - \frac{800x}{h}\right)307.8 \times 187.53 = 0$$

得 $\qquad\qquad\qquad x^2 - 207.5x - 12666.8 = 0$

解得 $\qquad\qquad\qquad x = 49.3\text{mm}$

$$\frac{x}{h_0} = \frac{49.3}{205} = 0.24 < 0.47$$

$$A' = 2 \times 1130 \times 49.3 = 111418 \text{mm}^2$$

$$A'_c = 240 \times 49.3 = 11832 \text{mm}^2$$

由公式（6-22），有：

$$\sigma_s = 650 - 800 \times \frac{49.3}{205} = 457.6 \text{N/mm}^2 > 270 \text{MPa}, \text{取} \ \sigma_s = 270 \text{MPa}。$$

由公式（6-24），有：

$$fA' + f_c A'_c + \eta_s f'_y A'_s - \sigma_s A_s = [1.5 \times 111418 + 9.6 \times 11832$$

$$+ 270 \times 307.8 - 270 \times 307.8] \times 10^{-3}$$

$$= 280.7 \text{kN} < 800 \text{kN}$$

如不计受压区构造柱混凝土和钢筋的作用，则

$$fA'_c - \sigma_s A_s = 1.5 \times 111418 - 270 \times 307.8 = 84.0 \text{kN} < 800 \text{kN}$$

以上计算结果表明，该组合墙平面外的偏心受压承载力大于其轴心受压承载力；当大偏心受压时，不计受压区构造柱混凝土和钢筋的作用，其受压承载力大幅度下降。因而现行《砌体结构设计规范》GB 50003—2011 对组合墙平面外偏心受压承载力提出的近似计算方法，有待改进，值得作进一步的探讨。

6.2.5 有必要建立完善、配套的承载力设计计算方法

组合砖砌体构件在工程中有较广的应用，因而既要提供静力设计计算方法，又要提供抗震设计计算乃至加固设计计算方法。在我国现行相关规范中规定有设计计算方法的情况如表 6-3 所示（表内划√者表示有设计计算规定，划×者为无）。

配筋砖砌体构件设计计算规定的现状 表 6-3

采用的规范 / 设计计算项目 / 构件类型	砌体结构设计规范 GB 50003—2011			砌体结构设计规范 GB 50003—2011 建筑抗震设计规范 GB 50011—2010	砌体结构加固设计规范 GB 50702—2011				建筑抗震加固技术规程 JGJ 116—2009
	静力设计计算			抗震受剪计算	静力加固			抗震加固	抗震加固
	轴压	偏压	受剪		轴压	偏压	受剪	受剪	受剪
网状配筋（包括水平配筋）砖砌体构件	√	√	×	√（水平配筋）					
砖砌体和钢筋混凝土面层组合砌体构件	√	√	×	×	√	√	√	√	√（钢筋混凝土板墙）
砖砌体和钢筋砂浆面层组合砌体构件	√	√			√	√	√	√	√（钢筋网砂浆面层）
砖砌体和钢筋混凝土构造柱组合墙	√	√（平面外偏压）	×	√					

228

分析表 6-3，可以得到以下启示。

1. 我国配筋砖砌体结构构件有网状配筋砖砌体构件和组合砖砌体构件。其中组合砖砌体构件又有三种类型，即砖砌体和钢筋混凝土面层组合砌体构件，砖砌体和钢筋砂浆面层组合砌体构件及砖砌体和钢筋混凝土构造柱组合墙。这些类型的结构构件，在我国现行相关规范中自静力计算、抗震计算直至静力加固、抗震加固计算，均未形成相互衔接的一整套方法。如网状配筋砖砌体构件、砖砌体和钢筋混凝土构造柱组合墙有抗震受剪承载力的计算方法，却没有静力受剪承载力的计算方法；对于带钢筋混凝土或钢筋砂浆面层的组合砌体构件，其静力受剪和抗震受剪均缺少计算方法。

2. 这些类型的结构构件的静力、抗震及加固计算，在受力机理、计算原理及计算方法的表达上有许多不一致。以钢筋混凝土或钢筋砂浆面层的组合砌体构件为例，其静力受压加固是在静力受压计算的基础上考虑二次受力性能影响而建立的，其砌体、混凝土或砂浆、钢筋均直接受力。而 JGJ 116—2009 规定的抗震加固，采用楼层抗震能力增强系数来表达，且它们的配筋为钢筋网，表明其加固设计计算是依据间接受力的原理。不仅与静力计算的方法不一致，亦存在与 GB 50702—2011 规定的抗震加固计算结果是否吻合的问题。

3. 在缺乏静力受剪承载力计算方法，有的还同时缺乏抗震受剪承载力计算方法的前提下，其抗震受剪承载力乃至抗震加固的计算方法是否可靠，值得怀疑。

综上所述，以静力设计计算方法作为研究、分析的基础，建立完善、相互协调且配套的承载力设计计算方法是十分必要的。

6.3 配筋混凝土砌块砌体构件

传统砌体结构主要用于低层民用建筑。由于材料和结构性能的改善，近代砌体结构应用十分广泛。各种住宅、办公楼、工业厂房、影剧院等工业民用建筑，还有挡土墙、水箱、筒仓、烟囱等构筑物，特别是在高层建筑中和在地震区均得到广泛应用。美国、新西兰等国采用配筋混凝土砌块砌体在地震区建造高层房屋，层数一般达 15～20 层，1990 年落成的拉斯维加斯 28 层配筋混凝土砌块砌体结构——爱斯凯利堡旅馆位于地震 2 区（相当于我国的 7 度区）（图 1-12）是目前最高的配筋砌体建筑。我国先后在盘锦、上海、抚顺、哈尔滨、大庆、株洲、长沙等城市建造了许多高层配筋混凝土砌块砌体建筑（例如图 1-8～图 1-11 所示）。

配筋混凝土砌块砌体由混凝土砌块、砂浆砌筑而成，并放置有竖向和水平钢筋，孔洞中灌注混凝土，如图 6-24 所示。这种由预制的混凝土空心砌块在现场砌筑成墙体，然后在竖向孔洞中配以纵向钢筋，水平槽中配以横向水平钢筋再浇灌注芯混凝土，最后组成的墙体属于一种装配整体式钢筋混凝土剪力墙结构。

6.3.1 配筋砌块砌体剪力墙轴心受压承载力

一、试验研究

为了研究配筋砌块砌体轴心受压的破坏特征、承载力计算、钢筋与砌体的共同工作性能，湖南大学、长沙交通学院、四川省建筑科学研究院等单位做了许多配筋砌块墙体轴心受压的试验，其试验结果表明：

图 6-24　施工中的墙体

1. 墙体在轴心压力作用下，从开始加载至破坏经历三个工作阶段。在初裂阶段，砌体和钢筋的应变均很小，第一条（或第一批）竖向裂缝大多在有竖向钢筋的附近砌体内出现。随着荷载的增加，墙体进入裂缝发展阶段，裂缝增多、加长，且大多分布在两竖向钢筋之间的砌体内，形成条带状。由于钢筋的约束，裂缝宽度较小，在水平钢筋处竖向裂缝有转折。最终因墙体竖向裂缝较宽，个别砌块被压碎，荷载下降较快而终止试验（图 6-25）。相对无筋砌体，裂缝密而细，且裂缝分布较均匀。在破坏阶段，即使有的砌块被压碎，由于钢筋的约束，墙体仍保持良好的整体性。

2. 试验墙体的开裂荷载与破坏荷载的比值为 0.4～0.7，随竖向钢筋配筋率的增加，该比值有所降低，但变化不大。

图 6-25　配筋混凝土砌块砌体轴心受压破坏

3. 在芯柱混凝土强度不变的前提下，配筋砌块砌体强度随砌筑砂浆强度增加而提高，但其增加幅度不十分显著。说明配筋砌块砌体轴心抗压强度起主导作用的是钢筋混凝土芯柱。

4. 符合平截面变形假定。

5. 实测结果表明，配筋砌块砌体轴心受压破坏时，钢筋与砌体的共同工作较好，此时竖向钢筋也达屈服强度。

6. 配筋砌块砌体轴心抗压强度、弹性模量，在砌块强度、砂浆强度基本相同条件下，比无筋砌块砌体的提高了许多。

二、承载力分析

因受力简单，从力学意义上讲，无论是哪种砌体，其承载力计算均类同于无筋砌体的公式。配筋混凝土砌块砌体剪力墙轴心受压承载力同样有：

$$N \leqslant \varphi_{0g}(f_g A + \eta_s f'_y A'_s) \tag{6-34}$$

式中　N——轴向力设计值；

　　　f_g——灌孔砌体的抗压强度设计值；

f'_y——钢筋的抗压强度设计值；

A——构件的截面面积；

A'_s——全部竖向钢筋的截面面积；

η_s——受压钢筋的强度系数，《砌体结构设计规范》GB 50003 取为 0.8，其中 0.8 可理解为竖向钢筋的强度利用系数；国外的规范通常取 0.8～1；

φ_{0g}——配筋混凝土砌块砌体轴心受压构件的稳定系数。

无箍筋或水平分布钢筋时，轴心受压承载力的计算仍采用公式（6-34），但 $f'_y A'_s = 0$。

由于芯柱混凝土的连续性，加强了砌体的整体性，其稳定性能显著提高。故配筋混凝土砌块砌体的稳定系数应不同于一般砌体的稳定系数。根据欧拉公式，对于两端铰支细长等截面压杆临界力的计算公式为：

$$N_{cr} = \frac{\pi^2 EI}{H_0^2} \tag{6-35}$$

式中　H_0——构件计算高度。

根据作者的试验和研究，灌孔砌体受压的本构关系为：

$$\varepsilon = -\frac{1}{500\sqrt{f_{gm}}} \ln\left(1 - \frac{\sigma}{f_{gm}}\right) \tag{6-36}$$

由稳定系数的意义和灌孔砌体的本构关系式（6-36）得到：

$$\varphi_{0g} = \frac{N_{cr}}{A f_{gm}} = 500\pi^2 \sqrt{f_{gm}} (1 - \varphi_{g0})\left(\frac{r}{H_0}\right)^2 \tag{6-37}$$

式中　r——截面回转半径。

对于矩形截面构件，截面回转半径 $r = 0.289h$，h 为墙体厚，由上式解得：

$$\varphi_{0g} = \frac{1}{1 + \dfrac{1}{400\sqrt{f_{gm}}}\beta^2} \tag{6-38}$$

式中　β——配筋混凝土砌块砌体剪力墙的高厚比。

按一般 f_{gm} 在 10 左右推算，β 前系数应等于 0.0008，偏安全取 0.001，有：

$$\varphi_{0g} = \frac{1}{1 + 0.001\beta^2} \tag{6-39}$$

6.3.2　配筋砌块砌体剪力墙偏心受压正截面承载力

一、概述

早在 1956 年，Rober R. Schneider 就曾指出，无论弯曲破坏模式还是剪切破坏模式均与高宽比有直接的关系。当高宽比较大时，剪力墙呈现弯曲破坏，在剪力墙两端布置足够的竖向钢筋是提高抗弯承载力最有效的手段。新西兰的 J. C. Scrivener（1996）、D. Williama（1971）、美国的 P. B. Shing（1989）亦曾作过一系列配筋砌体剪力墙的试验，试验结果表明，随着竖向压应力的增大，剪力墙的破坏模式可从弯曲破坏模式转变为剪切破坏模式，剪力墙的承载能力及刚度退化特征取决于占主导地位的破坏形态，弯曲破坏的墙体滞回环比较稳定，刚度退化亦甚少。Miha Tomazevic（1996）研究了配筋墙体在单调荷载下、低周反复荷载下以及动力荷载下的抗弯性能。Cardenas（1973）提出了配筋混凝土砌块砌体剪力墙极限抗弯能力的近似计算公式。

我国湖南大学、长沙交通学院、广西建筑科学研究院、哈尔滨建筑大学、同济大学等在对配筋墙体抗弯性能试验研究的基础上，提出了配筋砌体剪力墙的正截面承载力计算方法。试验指出：砌体配筋灌芯后，其破坏形态接近钢筋混凝土剪力墙，只是在底部几层灰缝处出现水平裂缝，表现出明显的弯曲破坏形态，底部裂缝贯通后，承载力仍然提高。

抗弯承载力的计算分析，整体上类似于钢筋混凝土，同样有一些基本假设和等效矩形应力图形，具体数据根据砌体结构本身来确定，细节上稍有不同。

英国 BS5628—2 给出，在满足高厚比条件下，在水平荷载作用时，将房屋墙体作为悬臂构件进行抗弯验算：

$$M_d = \frac{A_s f_{yk} Z}{\gamma_{ms}} \leqslant 0.4 \frac{f_k b d^2}{\gamma_{mm}} \tag{6-40a}$$

$$Z = \left(1 - \frac{0.5 A_s f_{yk} \gamma_{mm}}{f_k \gamma_{ms} b d}\right) \leqslant 0.95d \tag{6-40b}$$

式中　γ_{mm}、γ_{ms}——分别为砌体强度和钢筋抗拉强度分项系数；

b、d——分别为构件截面宽度和高度。

新西兰规范在试验研究的基础上给出剪力墙的极限承载力计算公式，若剪力墙的截面高度为 L_w，配有均匀分布的竖向钢筋，其总面积为 A_s，承受的轴向压力为 N_u，极限抗弯承载力为：

$$M_u = 0.5 A_s f_y L_w \left(1 + \frac{N_u}{A_s f_y}\right)\left(1 - \frac{e}{L_w}\right) \tag{6-41}$$

式中　e——中和轴至最外侧受压钢筋的距离。

还有许多学者提出的计算方法基本上类同钢筋混凝土的方法。曾草拟的《配筋砌体高层建筑结构设计规程》按大、小偏心受压给出了正截面承载力计算公式：

大偏心受压
$$\left.\begin{array}{l} N \leqslant f_b b x + f'_y A'_s - f_y A_s - \Sigma f_{yi} A_{si} \\ Ne \leqslant f_b b x (h_0 - x/2) + f'_y A'_s (h_0 - a'_s) - \Sigma f_{yi} S_{si} \end{array}\right\} \tag{6-42}$$

$x < 2 a'_s$ 时，$\qquad\qquad Ne' \leqslant f_y A_s (h_0 - a'_s) \tag{6-43}$

小偏心受压
$$\left.\begin{array}{l} N \leqslant f b x + f'_y A'_s - \sigma_s A_s - \Sigma f_{yi} A_{si} \\ Ne \leqslant f b x (h_0 - x/2) + f'_y A'_s (h_0 - a'_s) \end{array}\right\} \tag{6-44}$$
$$\sigma_s = f_y (x/h_0 - 0.8)/(\xi_b - 0.8)$$

直接采用钢筋混凝土的计算方法也被用于设计中，有关文献的试验结果指出，这偏于安全。

B. P. Shing 等采用试算法来进行配筋砌体抗弯承载力计算。

目前 UBC 提出的类似钢筋混凝土的计算方法似乎合理些，但需进一步的理论分析和试验验证。公式（6-42）～公式（6-44）中与《高层建筑混凝土结构技术规程》不同，考虑偏心距增大系数和附加偏心距，必要性不大。

二、配筋混凝土砌块砌体剪力墙偏心受压的试验研究

根据同济大学、湖南大学、哈尔滨建筑大学、广西建筑科学研究院等单位的试验研究，可得出如下试验结果。

1. 当高宽比较大时，试件呈延性弯曲破坏，类似于钢筋混凝土剪力墙大偏心受压情况（图 6-26）。随着荷载增加，试件在底部几皮出现水平裂缝，由外向内扩展，表现出明显的受弯形态。临近破坏时构件下部几皮出现断断续续的弯剪裂缝，但不会引起弯剪破坏。破坏主裂缝出现在试件最底部的水平灰缝，破坏时，水平裂缝已贯通，且试件产生一定的滑移。压区混凝土酥裂脱落时，注芯混凝土内部已产生竖向裂缝，说明此时不论是砌体本身还是压区混凝土都已达到极限压应变而破坏。达到极限荷载时，可以认为在 $h_0 - 1.5x$ 范围内的分布钢筋全部受拉屈服。

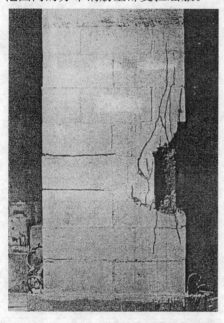

图 6-26　配筋混凝土砌块砌体墙大偏心受压破坏

2. 当高宽比较小时，试件呈弯剪破坏。加荷时，首先在试件底部产生水平裂缝，随着荷载的增加水平裂缝不断伸展和扩张，在主筋受拉屈服前后，陆续产生了弯剪裂缝，临近破坏时，弯剪裂缝已断断续续的连通起来。破坏时，压区混凝土被压碎，同时墙片上出现弯剪主裂缝。由于构件最先产生水平弯曲裂缝，所以初裂缝荷载的计算与弯曲破坏构件的相同。达到极限荷载时，可以认为在 $h_0 - 1.5x$ 范围内的分布钢筋全部受拉屈服。

3. 砌块剪力墙经灌芯并配筋后，其受力性能和破坏形态与钢筋混凝土剪力墙的接近。

三、承载力计算分析

由大量试验和以上分析可知，配筋混凝土砌块砌体剪力墙偏心受压的受力性能和破坏形态与钢筋混凝土剪力墙偏心受压是相似的。据此参照钢筋混凝土剪力墙偏心受压计算公式建立配筋混凝土砌块砌体剪力墙偏心受压计算公式。

极限状态下，当相对受压区高度 $\xi = x/h_0 \leqslant \xi_b$ 时，为大偏压破坏情况；当 $\xi = x/h_0 > \xi_b$ 时，为小偏压破坏情况。ξ_b 为相对界限受压区高度，在《砌体结构设计规范》GB 50003—2011 中，对 HPB300 级钢筋取 ξ_b 等于 0.56，对 HRB335 级钢筋取 ξ_b 等于 0.53；对 HRB400 级钢筋取 ξ_b 等于 0.50（见表 6-4 注）。x 为截面受压区高度；h_0 为截面有效高度。

（一）大偏心受压情况

基本假定：

1. 截面应变符合平截面假定；

233

2. 远离中和轴的受拉、受压钢筋达到屈服强度，根据材料选择钢筋的极限拉应变，且不应大于 0.01；

3. 不考虑受压区分布筋作用；

4. 砌体受压区应力图形采用等效矩形应力图形，其弯曲抗压强度取为灌孔砌体抗压强度，等效受压区应力图形高度 $x = k_0 x_f$，x_f 为实际受压区应力图形高度；

5. 根据材料选择砌体、灌孔混凝土的极限压应变，不应大于 0.003；

6. 受拉区分布筋考虑在 $h_0 - 1.5x$ 范围内屈服并参与受力

由以上分析，极限状态下大偏心受压剪力墙截面计算应力分布如图 6-27，可根据 $\Sigma N = 0$ 及 $\Sigma M_{As} = 0$ 两个平衡条件建立计算公式。

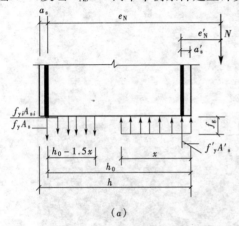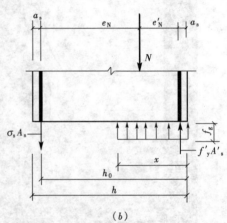

(a) (b)

图 6-27 矩形截面偏心受压正截面承载力计算简图

(a) 大偏心受压；(b) 小偏心受压

对矩形截面大偏心受压构件有：

$$N \leqslant f_g b x + f'_y A'_s - f_y A_s - \Sigma f_{yi} A_{si} \tag{6-45}$$

$$N e_N \leqslant f_g b x \left(h_0 - \frac{x}{2} \right) + f'_y A'_s (h_0 - a'_s) - \Sigma f_{yi} S_{si} \tag{6-46}$$

式中　N——剪力墙计算截面的轴向力设计值；

　　　f_g——灌孔砌体的抗压强度设计值；

　f_y、f'_y——剪力墙端部竖向受拉、受压主筋的强度设计值；

　A_s、A'_s——竖向受拉、受压主筋的截面面积；

　　　f_{yi}——第 i 根竖向分布筋抗拉强度设计值；

　　　A_{si}——第 i 根竖向分布筋的截面面积；

　　　b——截面宽度；

　　　h_0——剪力墙截面有效高度；

　a_s、a'_s——分别为受拉筋 A_s 重心到拉边缘之距和受压筋 A'_s 重心到压边缘之距；

　　　S_{si}——第 i 根竖向分布钢筋对竖向受拉主筋的面积矩；

　　　e_N——轴向力作用点到竖向受拉主筋合力点之间的距离。

当竖向分布筋为均匀分布时，公式（6-45）、公式（6-48）中的最后一项可分别按公式（6-47）、公式(6-48)计算。否则需采取试算或其他方法。

234

$$\Sigma f_{si}A_{si} = (h_0 - 1.5x)bf_{sy}\rho_s \tag{6-47}$$

$$\Sigma f_{si}S_{si} = \frac{1}{2}(h_0 - 1.5x)^2 bf_{sy}\rho_s \tag{6-48}$$

式中　f_{sy}——为竖向分布筋强度设计值；

ρ_s——竖向分布筋配筋率，$\rho_s = \dfrac{A_{sw}}{bs_w}$；

A_{sw}——剪力墙同一截面内竖向分布筋的截面面积；

s_w——竖向分布筋的间距；

当 $x \leqslant 2a_s'$ 时，说明 A_s' 不屈服，可令 $x = 2a_s'$，另根据 $\Sigma M_{A_s'} = 0$ 建立近似公式求解。

$$Ne_N' \leqslant f_y A_s(h_0 - a_s') \tag{6-49}$$

式中　e_N'——轴向力作用点到竖向受压主筋合力点之间的距离。

（二）小偏心受压情况

极限状态下，当 $\xi = x/h_0 > \xi_b$ 时，为小偏压破坏情况。

基本假定：

1. 截面应变符合平截面假定；

2. 受压钢筋达到屈服强度，根据材料选择钢筋的极限拉应变，且不应大于 0.01；

3. 不考虑分布筋作用；

4. 砌体受压区应力图形采用等效矩形应力图形，其弯曲抗压强度取为灌孔砌体抗压强度，等效受压区应力图形高度 $x = k_0 x_f$，x_f 为实际受压区应力图形高度；

5. 根据材料选择砌体、灌孔混凝土的极限压应变，轴心受压时不应大于 0.002，偏心受压时不应大于 0.003；

6. 受拉钢筋或压应力较小侧钢筋 A_s 应力较小，为 σ_s。

同样可建立小偏心受压基本平衡方程为（图 6-23）：

$$N \leqslant f_g bx + f_y' A_s' - \sigma_s A_s \tag{6-50}$$

$$Ne_N \leqslant f_g bx\left(h_0 - \frac{x}{2}\right) + f_y' A_s'(h_0 - a_s') \tag{6-51}$$

$$\sigma_s = \frac{f_y}{\xi_b - 0.8}\left(\frac{x}{h_0} - 0.8\right) \tag{6-52}$$

当受压区竖向受压主筋无箍筋或无水平钢筋约束时，可不考虑竖向受压主筋的作用，即取 $f_y' A_s' = 0$。

矩形截面对称配筋砌块砌体剪力墙小偏心受压时，也可近似按下式计算钢筋截面面积：

$$A_s = A_s' = \frac{Ne_N - \xi(1 - 0.5\xi)f_g bh_0^2}{f_y'(h_0 - a_s')} \tag{6-53}$$

此处，相对受压区高度可按下式计算：

$$\xi = \frac{x'}{h_0} = \frac{Ne - \xi_b f_g bh_0}{\dfrac{Ne_N - 0.43 f_g bh_0^2}{(0.8 - \xi_b)(h_0 - a_s')} + f_g bh_0} + \xi_b \tag{6-54}$$

四、承载力计算公式讨论

（一）相对界限受压高度

砌体结构是一种材料性能离散性较大的结构。关于砌体极限压应变，大量试验结果表明，尚无法给出一个相对统一的结论。有的认为可参考混凝土，取 $\varepsilon_u = 0.0033$；有的认为应为 $1.2\varepsilon_0$，如 $\varepsilon_0 = 0.002$，则 $\varepsilon_u = 0.0024$。有大量试验表明 $\varepsilon_u < 0.0033$，且 ε_u 的变化幅度相当大。在目前对 ε_u 研究不够的情况下，作者建议取：

$$\varepsilon_u = 0.0025 \tag{6-55}$$

由于砌体的 ε_u 小于混凝土的 ε_u，砌体的塑性发展小于混凝土，因而其等效矩形应力图形的受压区高度要比混凝土的情况小。在目前对灌芯砌体偏心受压等效矩形应力图形研究不够的情况下，因考虑到等效矩形应力图形中取消弯曲抗压强度，直接采用抗压强度，故建议仍取其等效矩形应力图形的受压区高度：

$$x = 0.8 x_f \tag{6-56}$$

按照平截面假定，在轴力及弯矩共同作用下，墙截面应变呈直线分布，由此可得到界限配筋时受压区高度与截面有效高度的比值（相对界限受压区高度）为：

$$\xi_b = \frac{0.8}{1 + \dfrac{f_y}{0.0025 E_s}} \tag{6-57}$$

可以由 ξ_b 判别剪力墙属于大偏压，还是属于小偏压状态。表6-4列出了分别按《砌体结构设计规范》GB 50003（取 $\varepsilon_u = 0.003$）和式 (6-57) 的 ξ_b 值。

相对界限受压区高度 ξ_b 表 6-4

采用的钢筋	GB50003	公式 (6-57)
HPB300	0.56	0.53
HRB335	0.53	0.50
HRB400	0.50	0.47

注：GB 50003—2011 中的 ξ_b 相应为 0.57、0.55、0.52，系按 $\varepsilon_u = 0.0033$ 而得，建议更正。

（二）大偏压时受拉竖向分布筋屈服范围

如图 6-28，当 ε_u 由 0.0033 变成 0.0025 时，则考虑 $1.5x$（$=1.2 x_f$）外的受拉竖向分布筋屈服变为考虑 kx 外的受拉竖向分布筋屈服，k 的推导如下。

当 $\varepsilon_u = 0.003$ 时，有：

$$\frac{1.2 x_f - x_f}{a} = \frac{x_f}{0.0033}$$

得：

$$a = 0.00066$$

同样当 $\varepsilon_u = 0.0025$ 时，有：

$$\frac{0.8 k x_f - x_f}{a} = \frac{x_f}{0.0025}$$

将 $a = 0.00066$ 代入上式，得：

$$k = 1.55$$

可见 GB 50003—2011 规定考虑 $1.5x$ 外的竖向受拉分布钢筋屈服，对砌体极限压应变小时偏不安全。故建议大偏心受压时考虑 $1.55x$ 外的竖向受拉分布钢筋屈服。

（三）小偏压时受拉钢筋应力

根据平截面等基本假定由变形协调关系导得：

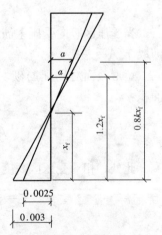

图 6-28 大偏压时受拉竖向分布筋屈服范围分析图

$$\sigma_s = E_s \varepsilon_s = \frac{f_y}{\varepsilon_y} \varepsilon_u \left(\frac{0.8}{\xi} - 1 \right) \tag{6-58}$$

因为取砌体情况的 $\varepsilon_u = 0.0025$ 约为混凝土情况的 75%，所以，砌体情况的 σ_s 应为混凝土情况的 75%。即有：

$$\sigma_s = \frac{0.75 f_y}{\xi_b - 0.8} (\xi - 0.8) \tag{6-59}$$

由式（6-50）知，按式（6-52）计算比式（6-59）偏于安全。

6.3.3 配筋砌块砌体剪力墙斜截面受剪承载力

一、配筋砌体剪力墙斜截面破坏机理

无筋砌体墙在保持一定的竖向压力作用下，施加反复水平荷载，加荷至破坏荷载的 $80\% \sim 90\%$ 时，墙体出现交叉的斜向阶梯形裂缝，荷载增大，裂缝逐渐连通，很快达到极限荷载，墙体受剪破坏，如以变形控制继续加荷，裂缝迅速扩展，承载能力急速下降。墙体裂缝贯通后，墙面分为四块，两侧的三角形块体位移逐渐积累、扩大，最后出现三角块体脱落。无筋砌体墙在反复水平荷载作用下发生脆性破坏，在墙体开裂前墙体具有较大的刚度，开裂后刚度迅速降低。达到极限荷载后，刚度急剧下降，裂缝扩展，甚至部分块体脱落，墙体倒塌，因此无筋砌体不宜用于高地震烈度区的建筑和低地震烈度区的高层建筑。

水平配筋砌体墙，在反复水平荷载作用下，墙体发生剪切破坏，沿墙体两个对角线方向，出现多条斜向裂缝，裂缝多而细且分布较均匀，承载能力大大提高（图 6-29）。从试验得到的荷载-位移骨架曲线可看出，配筋砌体的延性比无筋砌体有明显的提高，极限变形值约为无筋砌体墙的 $2 \sim 3$ 倍。若对砌体的延性定义为极限位移与开裂位移的比值，配筋墙体的延性系数约为无筋墙体的两倍。

墙体试件的滞回曲线可以全面地描述砖墙的弹性与非弹性性质和抗震性能(图 6-30)。从墙体试验滞回曲线，可以看出墙体工作过程经历了三个阶段，在开裂荷载前，荷载-位移曲线接近于线性变化的弹性阶段。由开裂荷载至极限荷载，墙体裂缝逐渐开展，刚度明显降低，为弹塑性阶段。超过极限荷载后，墙体的承载力，随位移的增大而逐渐下降，称为破坏阶段。

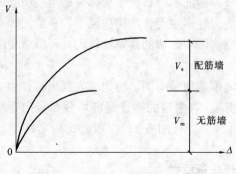

图 6-29　无筋与配筋砌体 V-Δ 曲线

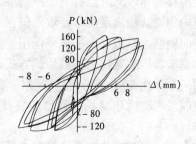

图 6-30　墙体试件滞回曲线

水平配筋墙体的受剪承载力与砌体的抗剪强度、墙体上作用的压应力大小及体积配筋率 ρ 有关。在水平剪力作用下，墙体开裂前钢筋内的应力较低，钢筋的作用很小。墙体开

裂后，阶梯形斜裂缝处的砌体产生相互错动，使水平钢筋拉应力逐渐增加，当钢筋锚固良好时，拉应力甚至可以达到屈服强度，随着裂缝和变形不断发展，可以使通过裂缝的钢筋全部屈服（图 6-31a）。水平钢筋有利于截面应力均匀分布，还起到延缓裂缝发展的作用。试验表明，配筋率 $\rho=0.03\%\sim0.17\%$ 时，墙体受剪承载力较无筋墙体可提高 $5\%\sim25\%$。水平配筋过多，并不能显著提高墙体的抗剪能力，因此水平配筋数量不宜过多。配筋过少，承载能力提高有限。为了有效地发挥水平配筋的作用，对于在水平灰缝配置水平钢筋的墙体，其体积配筋率宜取 $0.07\%\sim0.17\%$。

墙体的受剪承载力根据配筋率的不同，可分为两种情况，在低配筋率的情况下，墙体在达到极限受剪承载力时，只有少量钢筋达到屈服强度，受剪承载力主要由砌体的抗剪强度提供，钢筋不能充分利用，此后，若继续试验，墙体的承载力逐渐下降，裂缝和变形不断发展，更多的钢筋屈服，使墙体的变形能力大大增强。水平配筋率较高时，水平钢筋的抗剪能力甚

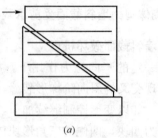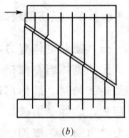

图 6-31 墙体破坏分析图
(a) 水平配筋墙体；(b) 竖向配筋墙体

至超过砌体的受剪承载力，此时，墙体的极限受剪承载力主要由钢筋和部分砌体的摩擦阻力提供。

同时配置水平钢筋和竖向钢筋的复合配筋剪力墙有以下两种，一类用高强度实体异型砖或混凝土砌块作为外壁，空腔内配置竖向及水平钢筋并灌浆；另一类采用敞口空心砖，在竖孔中配置竖向钢筋，所有孔洞及空腔均灌浆。这两种配筋砌体剪力墙的受力性能及破坏特性与钢筋混凝土剪力墙相似，具有较大的抗侧刚度和承载力。可用于建造高层混合结构房屋，如在美国采用空心砌块内腔配筋承重墙，已建成 20 层公寓建筑。

配置于墙体内的水平钢筋可以有效地提高墙体的抗剪能力，竖向钢筋通过销键作用也可承受一定的剪力（图 6-31b）。但其受剪承载力仅为有相同配筋率的水平钢筋的 1/3。由于竖向钢筋还可以抵抗水平荷载产生的弯矩，竖向钢筋常与水平钢筋联合配置，形成复合配筋砌体。竖向钢筋宜均匀分散布置，以避免竖向钢筋集中布置于墙体两端可能引起的粘结滑移破坏，同时也有利于抑制墙体裂缝的发展。在多层混合结构房屋中，一般无须布置竖向钢筋就能满足抗弯要求。但在中高层和高层房屋中，墙的高宽比较大，可能就要配置竖向钢筋，以抵抗水平荷载作用产生的弯矩。

随墙体高宽比、荷载加载方式、水平及竖向钢筋用量不同，剪力墙表现出两种明显不同的非弹性荷载-变形曲线特征：弯曲型和剪切型。弯曲型的特征是破坏截面竖向钢筋受拉屈服或砌体压溃；剪切型的特征是出现对角斜裂缝（图 6-32）。前者比后者的延性性能好。

二、配筋砌体剪力墙斜截面受剪承载力理论分析模式

国内外的大量试验证明，砌体的抗剪强度、竖向压应力的大小和水平配筋对配筋砌体剪力墙的抗剪能力影响最大，而竖向配筋在剪切破坏中作用不大。故在这里的分析中忽略竖向钢筋的影响。

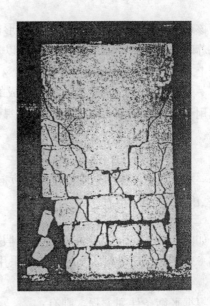

图 6-32　配筋混凝土砌块砌体墙剪压破坏

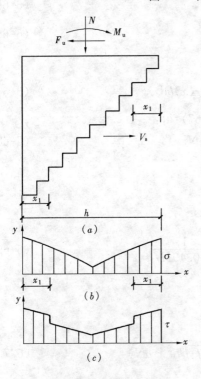

图 6-33　配筋砌体剪力墙抗剪
极限荷载时的内力分布图
(a) 隔离体；(b) σ 分布；(c) τ 分布

根据配筋砌体剪力墙的破坏机理，由广义的统一剪摩理论，采用极限平衡方法，结合空间变角桁架模型，建立受剪承载力计算模式。

如图 6-33 所示，沿墙体对角斜裂缝方向取隔离体，并绘出极限荷载时的内力分布图。图中 x_1 表示角端未开裂区域长度；σ 为法向压应力；τ 为剪应力；V_s 为水平钢筋受力。

（一）抗剪强度理论

20 世纪 60 年代，Turnseck 等人认为：砌体的剪切破坏是由于其主拉应力超过砌体的抗主拉应力强度（即砌体截面上无垂直荷载时的抗剪强度 f_{vg}）。因此根据主拉应力破坏理论要求：

$$-\frac{\sigma}{2}+\sqrt{\left(\frac{\sigma}{2}\right)^2+\tau^2}\leqslant f_{vg} \qquad (6\text{-}60)$$

上式经变换后可得：

$$\tau\leqslant f_{vg}\sqrt{1+\frac{\sigma}{f_{vg}}} \qquad (6\text{-}61)$$

该理论用于表达理想均匀连续介质的抗剪强度公式较合适。我国《建筑抗震设计规范》GB 50011 中，对验算砖墙的抗震强度所取砌体的抗剪强度采用了这一公式。

Sinha 和 Hendry 根据一层高的剪力墙的试验结果，引用经典剪摩理论来确定砌体的抗剪强度，其一般表达式为：

$$\tau=f_{v0}+\mu\sigma \qquad (6\text{-}62)$$

239

该理论用于表达理想层状界面情形的抗剪强度公式较合适。现已有许多国家，如中国、苏联和英国的砌体结构设计规范以及《砌体结构设计和施工的国际建议》（GIB58）采用上式。

一般来说，用砂浆连接块材而筑成的砌体，是一种很不均匀的网状结构体系，在水平力作用下与上述两种理想情况都相差甚远。砌体的抗剪强度宜用广义的统一剪摩公式表示：

$$\tau = \alpha f_{v0} + \beta \mu \sigma \tag{6-63}$$

上述二式中：μ 为摩擦系数；α，β 为综合结构影响系数。各式各样的经验剪摩公式即反映在 α、β 取值的不同上。

（二）受剪承载力理论分析

如图 6-33 所示，为了简化分析，假定未开裂截面上的剪应力可用广义的统一剪摩公式(6-63)表示；开裂截面上的剪应力采用：

$$\tau = \beta \mu \sigma \tag{6-64}$$

根据平衡条件列方程，则有：

$$V = V_{m} + V_{s} \tag{6-65}$$

$$N = \int_0^h \sigma(x) b \mathrm{d}x \tag{6-66}$$

对于砌体部分承担的剪力 V_{m}：

$$V_{m} = 2 \int_0^{x_1} \tau(x) b \mathrm{d}x + \int_{x_1}^{h-x_1} \tau(x) b \mathrm{d}x \tag{6-67}$$

将式（6-63）、式（6-64）、式（6-66）代入式（6-67）得：

$$V_{m} = 2\xi \alpha f_{vg} b h_0 + \beta \mu N \tag{6-68}$$

式中

$$\xi = \frac{x_1}{h_0}$$

由文献 [6-42]，对于混凝土小砌块：

$$\alpha = \frac{0.66}{1 + 0.49 H/h}; \beta = \frac{1}{1 + 0.49 H/h} \tag{6-69}$$

根据第 3.3 节的研究：

$$f_{vg} = k \sqrt{f_g}$$

所以有：

$$V_{m} = \frac{1}{1 + 0.49 H/h}(1.33\xi k \sqrt{f_g} b h_0 + \mu N) \tag{6-70}$$

所以得到 V_{m} 的一般表达式：

$$V_{m} = \frac{a}{b + \lambda}(c \sqrt{f_g} b h_0 + dN) \tag{6-71}$$

式中 a、b、c、d 为待定系数。

对于水平钢筋部分承担的剪力 V_{s}，采用空间变角桁架模型来模拟其抗剪机理。如图 6-34 所示，取长为 h，高 H 的一片墙，设水平配钢筋 $A_{sh}@s$，抗拉强度为 f_{yh}，裂缝与水平向夹角为 θ，则有：

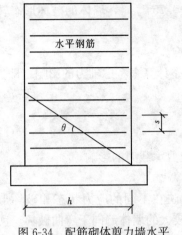

图 6-34 配筋砌体剪力墙水平
钢筋受剪承载力分析图

$$V_s = \tan\theta f_{yh} A_{sh} \frac{h_0}{s} \qquad (6\text{-}72)$$

故有：

$$V = \frac{a}{b+\lambda}(c\sqrt{f_g}bh_0 + dN) + \tan\theta f_{yh} A_{sh} \frac{h_0}{s}$$

$$(6\text{-}73)$$

三、配筋砌体剪力墙斜截面受剪承载力设计研究

（一）承载力计算式分析

配筋砌体剪力墙的受剪承载力主要与砌体材料、垂直压应力、墙体高宽比、水平钢筋、竖向钢筋、芯柱、构造柱等因素有关。

（1）无筋砌体的抗剪能力

无筋砌体的抗剪主要与块体、砂浆和灌芯混凝土形成的组合体强度有关。组合体的抗剪强度越高，墙体受剪承载力则越大。组合体的强度与块体、砂浆以及灌芯混凝土的强度直接相关。无筋砌体的抗剪能力在计算中有四种方式体现：

1）不考虑砌体抗剪。新西兰砌体设计规范，忽略砌体的摩擦抗剪作用，仅考虑水平钢筋的受剪承载力。考虑到砖石砌体剪切破坏的脆性性质，设计砖石砌体剪力墙时，按抗剪能力大于抗弯能力的原则确定剪力设计值，墙体在主斜裂缝范围内，剪力全部由钢筋承受。

2）直接用砌体抗剪强度来表达其抗剪能力。例如我国目前主要采用的低配筋率的水平配筋砌体（多层房屋），我国《建筑抗震设计规范》GB 50011 给出的受剪承载力计算式，英国 BS5628Ⅱ套用受弯构件斜截面承载力计算，以及作者提出的配筋砌体剪力墙的受剪承载力计算公式。

3）在综合考虑块体、砂浆和灌芯强度的基础上，用砌体抗压强度来表达其抗剪能力。例如 E. A. James 提出的（不含钢筋项）公式：

$$V = 0.02bh_0 f_m/(1.4 - 1.0/\lambda) + 0.17N \qquad (6\text{-}74)$$

4）用砌体抗压强度的平方根来表达砌体部分对受剪承载力所作的贡献。试验研究表明：砌体的抗剪能力大致随砌体抗压强度平方根的增加而提高，美国规范、UBC 关于配筋砌体剪力墙受剪极限承载力 V_u 的计算以及国际标准化组织 ISO/TC179/SC2 配筋砌体规范均是这样。

由 ISO/TC179/SC2 提出的 ISO 9652-3 是第一本以我国为主编写的建筑国际规范，也是目前为止唯一的一本，很大程度上反映我国学者的研究工作。受此影响，国内许多研究用砌体抗压强度的平方根来表达砌体部分对受剪承载力所作的贡献。

许多学者认为，不带根号较理想，与钢筋混凝土剪力墙的相一致。另外，是否可用砌体抗拉强度来表达其抗剪能力，但问题是如何通过试验确定灌孔砌体的抗拉强度。

（2）竖向压应力

在竖向力的作用下，剪力墙斜向主拉应力降低，从而推迟斜裂缝的开展，提高砌体受剪承载力。竖向压应力 σ_0 对配筋墙体抗剪强度的影响即为竖向正压力 N 对墙体抗剪强度的影响。在轴压比不大的情况下，随着 σ_0 的增加，墙体的抗剪能力、变形能力均增大。

因此，增大 σ_0 能有效地提高墙体的抗震承载力。但当 $\sigma_0 > 0.75 f_m$ 时，墙体的破坏形态转为斜压破坏，σ_0 的增加反而使墙体的抗侧强度有所降低。

国外规范和一些研究忽略了竖向力对受剪承载力的影响。

我国《建筑抗震设计规范》GB 50011 中通过 f_{VE} 的调整计算来考虑轴力的影响，即

$$f_{VE} = \zeta_N f_V \tag{6-75}$$

式中　f_V——非抗震设计的砌体抗剪强度设计值；

　　　ζ_N——砌体强度的正应力影响系数。

ISO/TC179/SC2 和国内的分析大都考虑了竖向力对受剪承载力的影响。

（3）墙体高宽比影响

墙体高宽比对抗剪强度有很大影响，这种影响主要反映在不同的应力状态和破坏形态，试件高宽比较小的墙体趋向于剪切破坏，试件高宽比较大的墙体趋向于弯曲破坏。剪切破坏墙体的抗侧能力远大于弯曲破坏墙体的抗侧能力。随着高宽比的增大，配筋墙体的抗侧向荷载的能力减小。周炳章等通过对试验数据统计回归分析，提出了配筋墙体高宽比影响系数的计算公式。即

$$\phi_m = 0.96 - 0.68 \lg(H/B) \tag{6-76}$$

式中　H——配筋墙体高度；

　　　B——配筋墙体宽度。

墙体高宽比对墙体抗剪强度的影响又可用其剪跨比来表示。在计算中有三种方式体现剪跨比的影响。①不考虑其影响（新西兰规范、我国抗震规范等）；②间接考虑其影响（UBC 规范）；③直接考虑其影响（美国规范、我国砌体规范等）。

（4）水平钢筋

在配筋砌体中，随着配筋形式的不同，它们起着不同的作用。配置在水平灰缝内的钢筋网，通过粘结力与砌体共同工作。水平钢筋在裂缝通过的斜截面上直接受拉抗剪，同时由于钢筋网小的锚固钢筋阻碍了受力钢筋和砌体之间的相对滑移，增大了钢筋与砌体共同工作范围，使钢筋的拉应力有效地传递给砌体。在墙体中不断出现新的裂缝后，仍能起到均匀约束砌体的作用。由于水平钢筋可有效地提高墙体在地震作用下的变形能力，可使地震力在墙体中大量耗散，从而提高墙体抗震能力。

国内的研究一般考虑钢筋屈服破坏，直接用 $f_y A_s$ 表示，而美国等不同。ACI 规范建立了两个条件，考虑砌体剪切破坏和考虑钢筋受拉破坏。因为配筋砌体中的砌体和钢筋很难同时达到极限强度，无疑这一考虑值得我国规范借鉴。水平钢筋承担全部剪力时的 F_v 仅为砌体承载全部剪力时的 F_v 的 15%。很显然，钢筋强度得不到充分发挥，这与我国规范充分利用钢筋强度的做法不一样。延性在配筋砌体剪力墙中同样重要。另外，美国采用容许应力设计理论的安全系数为 4 以上。

（5）同时配有水平、竖向钢筋

随着砌体结构向高层发展，在配置水平钢筋的同时配置竖向钢筋。试验证实：该种墙体具有良好的耗能能力，表现了比其他配筋墙体更佳的抗震性能。墙体中的水平钢筋在开裂前几乎不受力。所以第一条对角裂缝在很大程度上是取决于砌体抗拉强度和荷载条件。开裂后，剪力会在水平筋、骨料咬合未开裂区和竖向钢筋销栓作用间重新分配。骨料咬合所提供的抗力反过来又取决于施加的竖向应力和竖向钢筋与水平钢筋的桁架作用。墙体到

242

达极限荷载时，所有水平钢筋均可达屈服。竖向钢筋主要通过销栓作用抗剪，极限荷载时，钢筋应力未达到屈服应力，墙体破坏时，部分竖向钢筋可屈服。

由于竖向钢筋的抗剪能力约为 1/3 水平钢筋的抗剪能力，很多学者忽略了竖向钢筋的受剪承载力，或一并在砌体中考虑。

澳大利亚砌体设计规范考虑竖向钢筋的抗剪作用比较独特，当 $H/L>1$ 时，不考虑竖向钢筋的抗剪作用；当 $H/L\leqslant1$ 时，取 $A_s=\min$ ｛水平钢筋面积，竖向钢筋面积｝。

（二）承载力计算公式拟合分析

作者根据同济大学、湖南大学广西建筑科学研究院、哈尔滨建筑大学和沈阳建筑工程学院的配筋砌体剪力墙斜截面受剪承载力试验资料，对其进行回归分析得

$$V_{g,m} = \frac{1.5}{\lambda+0.5}(0.143bh_0\sqrt{f_{g,m}}+0.246N_k)+f_{yh,m}\frac{A_{sh}}{s}h_0 \qquad (6-77)$$

对 41 个试件分析得：单位平均值（试验值/公式计算值或 V_u^*/V）$\mu=1.188$，均方差 $\sigma=0.259$，变异系数 $\delta=0.218$，试验数据与式 (6-77) 拟合较好。

取偏下限：$\mu+0.5\sigma=1.317$，有约 70% 保证率。若考虑 V_u^*/V 已为 1.188，按单位平均值为 1，则 $\mu+\sigma$ 有约 85% 保证率，此时相当于

$$V_u^*/(0.9V) = 1.188/0.9 = 1.32$$

故取偏下限：

$$V_{g,m} = \frac{1.5}{\lambda+0.5}(0.13bh_0\sqrt{f_{g,m}}+0.22N_k)+0.9f_{yh,m}\frac{A_{sh}}{s}h_0 \qquad (6-78)$$

变成设计式：

$$V = \frac{1.5}{\lambda+0.5}(0.13bh_0\sqrt{f_g}+0.12N)+0.9f_y\frac{A_s}{s}h_0 \qquad (6-79)$$

为了与钢筋混凝土结构中的公式相协调，进一步对公式 (6-79) 作了下列转换：

（1）截面剪跨比的影响与钢筋混凝土结构的一致，即将 $\frac{1.5}{\lambda+0.5}$ 改为 $\frac{1}{\lambda-0.5}$，二者相差不大。

（2）砌体承载力项中的 $\sqrt{f_g}$ 以 $f_g^{0.55}$ 代替（改善了高强砌体材料时承载力偏低），并转化为 f_{vg}（在钢筋混凝土结构中以 f_t 表示，对于砌体结构难以测定其抗拉强度，故以 f_{vg} 表达更为合理）。即由 $f_{vg}=0.208f_g^{0.55}$ 得 $0.13\frac{f_{vg}}{0.208}=0.625f_{vg}$，最后取 $0.6f_{vg}$。

从而得到 GB 50003 中配筋砌体剪力墙偏心受压时斜截面受剪承载力计算公式：

$$V \leqslant \frac{1}{\lambda-0.5}\left(0.6f_{vg}bh_0+0.12N\frac{A_w}{A}\right)+0.9f_{yh}\frac{A_{sh}}{s}h_0 \qquad (6-80)$$

$$\lambda = M/Vh_0 \qquad (6-81)$$

式中　　f_{vg}——灌孔砌体的抗剪强度设计值；

M、N、V——计算截面的弯矩、轴向力和剪力设计值，当 $N>0.25f_gbh$ 时取 $N=0.25f_gbh$；

A——剪力墙的截面面积；

A_w——T 形或倒 L 形截面腹板的截面面积，对矩形截面取 A_w 等于 A；

λ——计算截面的剪跨比，当 λ 小于 1.5 时取 1.5，当 λ 大于等于 2.2 时取 2.2；

h_0——剪力墙截面的有效高度；

A_{sh}——配置在同一截面内的水平分布钢筋的全部截面面积；

s——水平分布钢筋的竖向间距；

f_{yh}——水平钢筋的抗拉强度设计值。

根据公式（6-80），当 N 为拉力，N 虽为作用效应，在此属抗力项，应偏安全取小（$-0.22N$）。因而偏心受拉时斜截面受剪承载力设计公式：

$$V \leqslant \frac{1}{\lambda-0.5}\left(0.6f_{vg}bh_0 - 0.22N\frac{A_w}{A}\right) + 0.9f_{yh}\frac{A_{sh}}{s}h_0 \qquad (6\text{-}82)$$

当截面受拉力而使公式右边第一项小于 0 时，取其等于 0，即验算时不考虑砌体作用。

上述分析表明，公式（6-80）和公式（6-82）采用了与钢筋混凝土结构相近的表达式，但又反映了砌体结构自身的特点。

参照钢筋混凝土高层建筑规程，剪力墙截面应满足条件：

$$V \leqslant 0.25f_g bh_0 \qquad (6\text{-}83)$$

6.3.4 配筋砌块砌体剪力墙连梁的计算

砌体结构设计规范根据已有资料参考国际标准，对配筋砌块剪力墙连梁斜截面受剪承载力作如下规定：

1. 当连梁采用钢筋混凝土时，连梁的承载力应按现行国家标准《混凝土结构设计规范》的有关规定进行计算；

2. 当连梁采用配筋砌块砌体时，应符合下列规定：

（1）连梁的截面应符合下列要求：

$$V_b \leqslant 0.25f_g bh \qquad (6\text{-}84)$$

（2）连梁的斜截面受剪承载力应按下式计算：

$$V_b \leqslant 0.8f_{vg}bh_0 + f_{yv}\frac{A_{sv}}{s}h_0 \qquad (6\text{-}85)$$

式中　V_b——连梁的剪力设计值；

b——连梁的截面宽度；

h_0——连梁的截面有效高度；

A_{sv}——配置在同一截面内箍筋各肢的全部截面面积；

f_{yv}——箍筋的抗拉强度设计值；

s——沿构件长度方向箍筋的间距。

连梁的正截面受弯承载力应按现行《混凝土结构设计规范》受弯构件的有关规定进行计算。对于配筋砌块砌体连梁，应采用其相应的计算参数和指标。

6.3.5 配筋砌块砌体剪力墙的构造

配筋砌块砌体剪力墙的构造规定主要是考虑这种结构的特点，为保证其结构性能和正常工作而提出的很重要的措施。根据配筋砌体结构、钢筋混凝土结构和高层钢筋混凝土结构的构造特性，以及国内部分试验的结果和参考国外的资料，对配筋混凝土砌块砌体剪力墙提出了以下主要构造要求。为增强墙体的整体受力性能，一般情况下宜采用全部灌孔砌体。

一、钢筋的构造要求

1. 钢筋的规格和设置

考虑到孔洞中配筋所受到的尺寸限制，钢筋直径不能太粗。配筋砌块砌体剪力墙中使用的钢筋直径不宜大于 25mm 且不应大于砌块厚度的 1/8，设在砌块孔洞内钢筋的直径，不应大于其最小净尺寸的一半。

设置在水平灰缝中钢筋的直径不宜大于灰缝厚度的 1/2，不应小于 4mm。其他部位中钢筋的直径不应小于 10mm。

配置在孔洞或空腔中的钢筋面积不应大于孔洞或空腔面积的 6%。

两平行钢筋间的净距不应小于钢筋的直径，亦不应小于 25mm；柱和壁柱中的竖向钢筋的净距不应小于钢筋直径的 1.5 倍，亦不宜小于 40mm（包括接头处钢筋间的净距）。

配筋混凝土砌块砌体剪力墙中的竖向钢筋应在每层墙高范围内连续布置，可采用单排钢筋；水平分布钢筋（宜采用双排钢筋）或网片宜沿墙长连续布置。

2. 钢筋在灌孔混凝土中的锚固

当计算中充分利用竖向受拉钢筋强度时，其锚固长度 l_a，对 HPB300 级、HRB335 级钢筋不宜小于 $30d$；对 HRB400 和 RRB400 级钢筋不宜小于 $35d$；在任何情况下钢筋（包括钢丝）锚固长度不应小于 300mm。

竖向受拉钢筋不宜在受拉区截断。如必须截断时，应延伸至按正截面受弯承载力计算不需要该钢筋的截面以外，延伸的长度不应小于 $20d$；竖向受压钢筋在跨中截断时，必须伸至按计算不需要该钢筋的截面以外，延伸的长度不应小于 $20d$；对绑扎骨架中末端无弯钩的钢筋，不应小于 $25d$；钢筋骨架中的受力光面钢筋，应在钢筋末端作弯钩，在焊接骨架、焊接网以及轴心受压构件中，可不作弯钩；绑扎骨架中的受力变形钢筋，在钢筋的末端可不作弯钩。

沈阳建筑工程学院和中国建筑东北设计研究院的锚固试验表明，位于灌孔混凝土中的钢筋不论位置是否对中，均能在远小于规定的锚固长度内达到屈服。这是因为钢筋周边有砌块壁约束所致。从国际标准《配筋砌体结构设计规范》ISO 9652—3 中提供的钢筋锚固粘结强度来看，受砌块约束的混凝土内的钢筋锚固粘结强度比无砌块约束时的强度对光面钢筋提高85%～20%，对变形钢筋提高 140%～64%。

3. 钢筋的接头

钢筋的接头宜采用搭接或非接触搭接接头，以便于先砌墙后插筋，就位绑扎和浇灌混凝土的施工工艺。钢筋的直径大于 22mm 时宜采用机械连接接头，接头的质量应符合有关标准、规范的规定；其他直径的钢筋可采用搭接接头，并应符合下列要求：

（1）钢筋的接头位置宜设置在受力较小处；

（2）受拉钢筋的搭接接头长度不应小于 $1.1l_a$，受压钢筋的搭接接头长度不应小于 $0.7l_a$，但不应小于 300mm；

（3）当相邻接头钢筋的间距不大于 75mm 时，其搭接长度应为 $1.2l_a$ 当钢筋间的接头错开 $20d$ 时，搭接长度可不增加。

4. 水平受力钢筋（网片）的锚固和搭接长度

水平受力钢筋（网片）的锚固和搭接长度应符合下列规定：

（1）在凹槽砌块混凝土带中钢筋的锚固长度不宜小于 30d，且其水平或垂直弯折段的长度不宜小于 15d 和 200mm；钢筋的搭接长度不宜小于 35d；

（2）在砌体水平灰缝中，钢筋的锚固长度不宜小于 50d，且其水平或垂直弯折段的长度不宜小于 20d 和 150mm；钢筋的搭接长度不宜小于 55d；

（3）在隔皮或错缝搭接的灰缝中为 50d+2h，d 为灰缝受力钢筋的直径，h 为水平灰缝的间距。

试验发现配置在水平灰缝中的受力钢筋，其握裹条件比灌孔混凝土中要差些，因此其搭接长度要长些。

5. 钢筋最小保护层厚度

钢筋最小保护层厚度，应符合下列要求：

（1）水平灰缝中钢筋外露砂浆保护层不宜小于 15mm；

（2）位于砌块孔槽中的钢筋保护层厚度，1 类环境不宜小于 20mm；2 类环境不宜小于 25mm；3 类环境不宜小于 30mm；4、5 类环境不宜小于 40mm；

（3）安全等级为一级或设计使用年限大于 50 年的配筋砌块砌体剪力墙，钢筋的保护层厚度应比上述最小保护层厚度至少增加 5mm 或采用经防腐处理的钢筋、抗渗混凝土砌块等措施。

二、配筋砌块砌体剪力墙、连梁的构造要求

1. 砌体材料强度等级

（1）砌块不应低于 MU10；

（2）砌筑砂浆不应低于 Mb7.5；

（3）灌孔混凝土不应低于 Cb20。

对安全等级为一级或设计使用年限大于 50 年的配筋砌块砌体剪力墙房屋，所用材料的最低强度等级至少提高一级。

2. 配筋砌块砌体剪力墙的最小厚度、连梁截面最小宽度

配筋砌块砌体剪力墙的最小厚度，可根据建筑物层数和高度，分别采用 190mm、240mm 和 290mm，有时还可以采用组合墙、空腔墙等。当配筋砌块砌体剪力墙采用高强度等级的砌块和错缝对孔的砌筑法施工，且全灌孔或部分灌孔时，配筋砌块砌体剪力墙的允许高厚比可达 30。配筋砌块砌体剪力墙厚度、连梁截面宽度不应小于 190mm。

3. 配筋砌块砌体剪力墙的构造配筋

（1）应在墙的转角、端部和孔洞的两侧配置竖向连续的钢筋，钢筋直径不宜小于 12mm；

（2）应在洞口的底部和顶部设置不小于 2ϕ10 的水平钢筋，其伸入墙内的长度不宜小于 40d 和 600mm；

（3）应在楼（屋）盖的所有纵横墙处设置现浇钢筋混凝土圈梁，圈梁的宽度和高度宜等于墙厚和块高，圈梁主筋不应小于 4ϕ10，圈梁的混凝土强度等级不宜低于同层混凝土块体强度等级的 2 倍，或该层灌孔混凝土的强度等级，也不应低于 C20。

（4）剪力墙其他部位的竖向和水平钢筋的间距不应大于墙长、墙高的 1/3，也不应大于 900mm。对局部灌孔的砌体，竖向钢筋的间距不应大于 600mm；

（5）剪力墙沿竖向和水平方向的构造钢筋配筋率均不应小于 0.07%。

剪力墙的构造配筋，实际上隐含着构造含钢率 0.05%～0.06%，主要考虑两个作用，其一限制砌体干缩裂缝，其二保证剪力墙有一定的延性。另外根据我国工程实践提出竖向钢筋间距不大于 600mm。

4. 按壁式框架设计的配筋砌块窗间墙

(1) 窗间墙的截面墙宽不应小于 800mm，也不宜大于 2400mm；墙净高与墙宽之比不宜大于 5。

(2) 窗间墙中的竖向钢筋，每片窗间墙中沿全高不应少于 4 根钢筋；沿墙的全截面应配置足够的抗弯钢筋；窗间墙的竖向钢筋含钢率不宜小于 0.2%，也不宜大于 0.8%。

(3) 窗间墙中的水平分布钢筋，应在墙端部纵筋处向下弯折 90°，弯折段长度不小于 15d 和 150mm。水平分布钢筋的间距：在距梁边 1 倍墙宽范围内不应大于 1/4 墙宽，其余部位不应大于 1/2 墙宽；水平分布钢筋的配筋率不宜小于 0.15%。

5. 配筋砌块砌体剪力墙边缘构件

剪力墙的边缘构件即剪力墙的暗柱，主要是提高剪力墙的整体抗弯能力和延性，同时和混凝土剪力墙一样在砌块剪力墙底部也要设置加强区。

配筋砌块砌体剪力墙应按下列情况设置边缘构件：

(1) 当利用剪力墙端的砌体受力时，应在一字墙的端部至少 3 倍墙厚范围内的孔中设置不小于 φ12 通长竖向钢筋；应在 L、T 形或十字形墙交接处 3 或 4 个孔中设置不小于 φ12 通长竖向钢筋；当剪力墙端部的压应力大于 $0.6f_g$ 时，除按前述的规定设置竖向钢筋外，尚应设置间距不大于 200mm、直径不小于 6mm 的水平钢筋（钢箍），该水平钢筋宜设置在灌孔混凝土中。

(2) 当在剪力墙墙端设置混凝土柱时，柱的截面宽度不宜小于墙厚，柱的截面长度宜为 1～2 倍的墙厚，并不应小于 200mm；柱的混凝土强度等级不宜低于该墙体块体强度等级的 2 倍，或不低于该墙体灌孔混凝土的强度等级，也不应低于 Cb20；柱的竖向钢筋不宜小于 4φ12，箍筋不宜小于 φ6、间距不宜大于 200mm；墙体中的水平钢筋应在柱中锚固，并应满足钢筋的锚固要求；柱的施工顺序宜为先砌砌块墙体，后浇捣混凝土。

6. 连梁

配筋砌块砌体剪力墙中当连梁采用钢筋混凝土时，连梁混凝土的强度等级不宜低于同层墙体块体强度等级的 2 倍，或同层墙体灌孔混凝土的强度等级，也不应低于 C20；其他构造尚应符合现行国家标准《混凝土结构设计规范》GB 50010 的有关规定要求。

配筋砌块砌体剪力墙中当连梁采用配筋砌块砌体时，连梁应符合下列规定：

(1) 连梁的高度不应小于两皮砌块的高度和 400mm；连梁应采用 H 形砌块或凹槽砌块组砌，孔洞应全部浇灌混凝土。

(2) 连梁的水平钢筋宜符合下列要求：连梁上、下水平受力钢筋宜对称、通长设置，在灌孔砌体内的锚固长度不应小于 40d 和 600mm；连梁水平受力钢筋的含钢率不宜小于 0.2%，也不宜大于 0.8%。

(3) 连梁箍筋的直径不应小于 6mm；箍筋的间距不宜大于 1/2 梁高和 600mm；在距支座等于梁高范围内的箍筋间距不应大于 1/4 梁高，距支座表面第一根箍筋的间距不应大于 100mm；箍筋的面积配筋率不宜小于 0.15%；箍筋宜为封闭式，双肢箍末端弯钩为 135°，单肢箍末端的弯钩为 180°，或弯 90°加 12 倍箍筋直径的延长段。

6.3.6 计算例题

【例题 6-9】 某高层混凝土小砌块配筋砌体房屋底层－2.8m 高墙肢，截面尺寸为 190mm×3800mm，根据内力分析该墙肢的截面内力设计值：水平方向剪力 $V=897$kN，轴向压力 $N=4247$kN，弯矩 $M=2088$kN·m。该墙肢由 MU20 砌块，Mb15 砂浆砌筑而成，灌孔混凝土为 Cb40，施工质量控制等级 A 级；竖向及水平向钢筋皆为 HRB335 级。试计算该墙肢的配筋。

【解】

1. 确定强度设计值

未灌孔的空心砌块砌体抗压强度设计值（按 B 级取值）：

$$f = 5.68\text{MPa}$$

Cb40 混凝土轴心抗压强度设计值：

$$f_c = 19.1\text{MPa}$$

采用全灌孔，灌孔砌体的抗压强度设计值：

$$f_g = f + 0.6\alpha f_c$$
$$= 5.68 + 0.6 \times 0.47 \times 19.1$$
$$= 11.07\text{MPa}$$

灌孔砌体的抗剪强度设计值：

$$f_{vg} = 0.2 f_g^{0.55} = 0.2 \times 11.07^{0.55} = 0.75$$

钢筋的强度设计值：

$$f_y = f_y' = 300\text{N/mm}^2$$

2. 构件正截面承载力计算

考虑对称配筋 $\qquad f_y A_s = f_y' A_s'$

竖向分布钢筋取 Φ 12@200mm，故其配筋率：

$$\rho_w = 0.003$$

简化计算，有：

$$\Sigma f_{si} A_{si} = (h_0 - 1.5x) b f_y \rho_w$$

故由平衡条件：

$$N = f_g bx + f_g' A_s' - f_y A_s - \Sigma f_{si} A_{si}$$

有：

$$x = \frac{N + f_y b h_0 \rho_w}{f_g b + 1.5 f_y b \rho_w}$$
$$= \frac{4247 \times 10^3 + 300 \times 190 \times (3800 - 300) \times 0.003}{11.07 \times 190 + 1.5 \times 300 \times 190 \times 0.003}$$
$$= 1813.08\text{mm} < \xi_b h_0 = 0.53 \times 3500 = 1855\text{mm}$$

可按大偏心受压构件计算。

由另一平衡方程计算 A_s、A_s'

$$N e_N = f_g bx \left(h_0 - \frac{x}{2} \right) + f_y' A_s' (h_0 - a_s') - \Sigma f_{si} S_{si}$$

$$e_N = e_0 + e_i + \left(\frac{h}{2} - a_s \right)$$

$$e_0 = \frac{M}{N} = \frac{2088}{4247} = 0.492\text{m} = 492\text{mm}$$

$$e_i = \frac{\beta^2 h}{2200}(1 - 0.022\beta)$$

$$= \frac{\left(\frac{2800}{190}\right)^2 \times 3800}{2200} \times \left(1 - 0.022\frac{2800}{190}\right) = 279\text{mm}$$

$$e_N = 492 + 279 + \frac{3800}{2} - 300 = 2371\text{mm}$$

$$f_g bx\left(h_0 - \frac{x}{2}\right) = 11.07 \times 190 \times 1813 \times \left(3500 - \frac{1813}{2}\right)$$

$$= 9889.7\text{kN} \cdot \text{m}$$

$$\Sigma f_{si} S_{si} = \frac{1}{2}(h_0 - 1.5x)^2 b f_y \rho_w$$

$$= \frac{1}{2} \times (3500 - 1.5 \times 1813)^2 \times 190 \times 300 \times 0.003$$

$$= 52.085\text{kN} \cdot \text{m}$$

$$A_s = A'_s = \frac{Ne_N + \Sigma f_{si} S_{si} - f_g bx\left(h_0 - \frac{x}{2}\right)}{f_y(h_0 - a'_s)}$$

$$= \frac{4247 \times 10^3 \times 2371 + 52085 \times 10^3 - 9889.7 \times 10^6}{3000 \times (3500 - 300)}$$

$$= 23.44\text{mm}^2$$

计算面积过小，按构造配筋。

3. 斜截面承载力计算

（1）截面限制条件

$$V \leqslant 0.25 f_g b h_0$$

$$0.25 \times 11.07 \times 190 \times 3500 = 1840387.5\text{N} > V = 897000\text{N}$$

截面尺寸满足要求。

（2）配筋计算

$$\lambda = \frac{M}{V h_0} = \frac{2088 \times 10^6}{897 \times 10^3 \times 3500} = 0.67 < 1.5$$

取 $\lambda = 1.5$，因 $N > 0.25 f_g b h_0$，则取 $N = 0.25 f_g b h_0$。

故有：

$$V \leqslant \frac{1}{\lambda - 0.5}\left(0.6 f_{vg} b h_0 + 0.12 N \frac{A_w}{A}\right) + 0.9 f_{yh} \frac{A_{Sh}}{s} h_0$$

$$\frac{A_{Sh}}{s} = \frac{V - \frac{1}{\lambda - 0.5}(0.6 f_{vg} b h_0 + 0.12 N)}{0.9 f_{yh} h_0}$$

$$= \frac{897 \times 10^3 - \frac{1}{1.5 - 0.5} \times (0.6 \times 0.75 \times 190 \times 3500 + 0.12 \times 0.25 \times 11.07 \times 190 \times 3500)}{0.9 \times 300 \times 3500}$$

$$= 0.399$$

取间距 $s=200$mm，则 $A_{sh}=79.8$mm^2。

取 $\Phi 12$，$A_{sh}=113.1$mm^2。

4. 墙肢配筋设计

竖向：墙肢两端各 3 个孔洞配 3 Φ 14（主筋）竖向分布筋为 Φ 12@200mm。

水平：水平钢筋为 Φ 12@200mm。

参 考 文 献

［6-1］ Л. И. 奥尼西克主编. 砖石结构的研究. 北京：科学出版社，1955.

［6-2］ Каменные и Армокаменные Конструкции. Нормы Проектирования，СНиП11- 22-81. Москва：1983.

［6-3］ Ohler A，Göpfert N. The Effect of Lateral Joint Reinforcement on the Strength and Deformation of Brick Piers. Proceedings of the 6th IBMaC. Rome：1982.

［6-4］ 砖石结构设计规范(GBJ3—73). 北京：中国建筑工业出版社，1973.

［6-5］ 砌体结构设计规范(GBJ3—88). 北京：中国建筑工业出版社，1988.

［6-6］ 砌体结构设计规范(GB50003—2001). 北京：中国建筑工业出版社，2002.

［6-7］ Chen Xingzhi and Shi Chuxian. The Calculation of the Load-bearing Capacity of Brick Masonry with Reinforced Network Subject to Compression. proceedings of the 6th IBMaC. Rome：1982.

［6-8］ Shi Chuxian. The Probability-Based Limit State Design of Brick Masonry with Reinforced Network. Proceedings of the 7th IBMaC. Melbourne(Australia)：1985.

［6-9］ 砖石及钢筋砖石结构设计标准及技术规范 НиТУ120—55. 北京：建筑工程出版社，1959.

［6-10］ 建筑结构设计统一标准 GBJ68—84. 北京：中国建筑工业出版社，1984.

［6-11］ 建筑结构可靠度设计统一标准 GB 50068—2001. 北京：中国建筑工业出版社，2001.

［6-12］ 砖石结构设计规范修订组. 砌体强度的变异和抗力分项系数. 建筑技术通讯《建筑结构》，1984，2.

［6-13］ 柏傲冬等. 砂浆抹面纵配筋砖柱承载能力的试验及计算. 建筑结构学报，1982(1).

［6-14］ 柏傲冬等. 组合砖砌体构件承载能力的试验及可靠度计算. 建筑技术通讯《建筑结构》. 1986，3.

［6-15］ 砖石结构设计手册编写组. 砖石结构设计手册. 北京：中国建筑工业出版社，1976.

［6-16］ 施楚贤主编. 砌体结构(第三版). 北京：中国建筑工业出版社，2012.

［6-17］ Haseltine B A. The Way Forward for Reinforced Masonry Design. Proceedings of the 6th IBMaC. Rome：1982.

［6-18］ Macchi G. Behaviour of Masonry under Cyclic Actions and Seismic Design. Proceedings of the 6th IBMaC. Rome：1982.

［6-19］ Code of Practice for the Design of Masonry Structures NZS4230P：1985. Standards Association of New Zealand.

［6-20］ Schneider R R，Dickey W L. Reinforced Masonry Design. Prentice-Hall，1980.

［6-21］ Hendry A W. Structural Brickwork. New York：John Wiley and Sons，1981.

［6-22］ Abel C R，Cochran M R A. Reinforced Brick Masonry Retaining Wall with Reinforcement in Pockets. Proceedings of the SIBMaC. 1971.

［6-23］ Grogan J C. Miscellaneous Reinforced Brick Masonry Structures. Proceedings of the SIBMaC. 1971.

［6-24］ British Standards. Structural Recommendations for Loadbearing Walls，CP111. 1970.

［6-25］ British Standards. Code of Practice for use of Masonry-Part 2：Structural use Reinforced and

Prestressed Masonry. BS5628-2：2005.

[6-26] Curtin W G and others. Structural Masonry Designers' Manual. Granada：1982.

[6-27] 钱义良、施楚贤主编. 砌体结构研究论文集. 长沙：湖南大学出版社，1989.

[6-28] 施楚贤，徐建，刘桂秋. 砌体结构设计与计算. 北京：中国建筑工业出版社，2003.

[6-29] 施楚贤. 设置混凝土构造柱砖砌体结构受压承载力计算. 建筑结构，1996(3).

[6-30] Shi Chuxian. The Design of Brick Masonry Structure with Concrete column. Proceeding of 11th IBMaC. 1997.

[6-31] 施楚贤，周海兵. 配筋砌体剪力墙的抗震性能. 建筑结构学报. 1997(6).

[6-32] 施楚贤，梁建国. 设置混凝土构造柱的网状配筋砖墙的抗震性能. 建筑结构. 1996(9).

[6-33] 周炳章，夏敬谦. 水平配筋砖砌体抗震性能的试验研究. 建筑结构学报. 1996(4).

[6-34] 田玉滨，唐岱新. 组合墙体的承载力计算方法. 现代砌体结构. 北京：中国建筑工业出版社，2000.

[6-35] 杨伟军，施楚贤. 灌芯配筋砌体墙体轴心受压承载力研究. 建筑结构. 2002(2).

[6-36] 唐岱新，费金标. 配筋砌块剪力墙正截面强度试验研究. 上海建材学院学报. 1995(3).

[6-37] 施楚贤，杨伟军. 灌芯砌块砌体强度及配筋砌体剪力墙的受剪承载力研究. 现代砌体结构. 北京：中国建筑工业出版社，2000.

[6-38] 全成华，唐岱新. 高强砌块配筋砌体剪力墙抗剪性能试验研究. 建筑结构学报，2002(2).

[6-39] 杨伟军，施楚贤. 混凝土砌块砌体与配筋砌体剪力墙研究. 北京：中国科学技术出版社，2002.

[6-40] Shing B P and others. lnelastic Behavior of Concrete Masonry Shear Wall. ASCE. 1990(3).

[6-41] Bechara E A and others, Small-scale Modeling of Concrete Block Masonry Structures. ACI Structural Journal. March-Aprill 1990.

[6-42] Drysdate R G and others. Behavior of Concrete Block Masonry under Axial Compression. ACI Journal. Proceedings V. 76，No6，June 1979.

[6-43] 杨伟军，施楚贤. 配筋砌块砌体剪力墙抗剪承载力研究. 建筑结构. 2001(9).

[6-44] 施楚贤，杨伟军. 配筋砌块砌体剪力墙的受剪承载力及可靠度分析. 建筑结构. 2001(3).

[6-45] 杨伟军，施楚贤. 灌芯混凝土砌体抗剪强度的理论分析和试验研究. 建筑结构. 2002(1).

[6-46] Code of Practice for Reinforced Masonry. ISO9652-3. 2000.

[6-47] James E A. Reinforcing Steel in Masonry. Masonry lnstitute of America, 1991.

[6-48] 苑振芳. 注芯混凝土配筋砌体指南. 现代砌体结构. 北京：中国建筑工业出版社，2000.

[6-49] T Paulay. M J N Priestley. Seismic Design of Reinforced Concrete and Masonry Buildings. John wiley. & Sons，New York：1992.

[6-50] Robert G Drysdale, Ahmad A. Masonry Structures-Behavior and Design. Third Edition. The Masonry Society，Boulder，Colorado，America，2008.

[6-51] 砌体结构设计规范 GB 50003—2011. 北京：中国建筑工业出版社，2012.

[6-52] 建筑抗震设计规范 GB 50011—2010. 北京：中国建筑工业出版社，2010.

[6-53] 砌体结构加固设计规范 GB 50702—2011. 北京：中国建筑工业出版社，2011.

[6-54] 建筑抗震加固技术规程 JGJ 116—2009. 北京：中国建筑工业出版社，2009.

[6-55] 建筑抗震鉴定标准 GB 50023—2009. 北京：中国建筑工业出版社，2009.

[6-56] 住房和城乡建设部工程质量安全监管司，中国建筑标准设计研究院. 全国民用建筑工程设计技术措施(2009)结构(砌体结构). 北京：中国计划出版社，2012.

第七章　砌体结构房屋的静力计算和设计

房屋中的屋盖、楼盖等水平结构构件采用钢筋混凝土或木材，而墙、柱等竖向结构构件采用砖或砌块等砌体材料，这种房屋称为砌体结构房屋，又可称为混合结构房屋。本章着重分析砌体结构房屋的空间受力性能，论述这类房屋的结构布置和静力计算方案，确定墙、柱的静力计算简图，这些在设计中是十分重要的。此外，对横墙水平位移的计算，墙、柱计算高度的确定，以及墙-梁（板）节点的约束，也作了较深入的分析。

7.1　承重墙体的布置

在设计砌体结构房屋时，往往先要确定房屋承重墙体的布置，然后再作进一步的静力分析。承重墙体的布置应综合考虑房屋的使用要求、受力性能、自然条件、材料供应情况和承重墙体布置方案的特点等。在这些条件中，使用要求往往是最主要的。砌体结构房屋的承重墙体布置主要有下列几种方案。

一、横墙承重方案

将楼板和屋盖等水平构件沿房屋纵向搁置在横墙上，横墙需要承受各层楼（屋）盖传下来的垂直荷载，纵墙仅对横墙起侧向支撑作用和房屋围护作用的布置方案称横墙承重方案。由于在承重横墙上布置短向板对楼（屋）面结构比较经济，所以横向承重方案的横墙间距（开间）一般较短

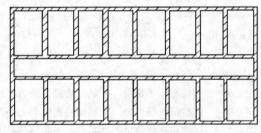

图 7-1　横墙承重房屋

（图 7-1）。这种方案的优点一是楼（屋）盖结构一般采用预应力钢筋混凝土空心板，施工简单，材料节省；二是由于横墙较多、较密，而纵向由于房屋较长，高长比较小，因此房屋的空间刚度好，对抵抗地震作用、风荷载和偶然损坏的能力强；三是由于外纵墙不承重，可以开较大的门窗洞口，建筑立面容易处理，能较好地满足使用要求。但缺点一是横墙较密，不容易做大开间，部分使用功能受限制；二是如今后需要改变房屋使用要求，由于横墙是承重墙拆除比较困难。因此砌体房屋目前主要用于住宅、宿舍或不需要很大开间房屋的办公楼、招待所等。横墙承重方案的房屋在墙体中适当的配筋和加强构造措施，其建造的建筑层数可以较高，国内在非抗震设防区已建有 12 层砌体房屋建筑。

二、纵墙承重方案

楼（屋）盖的荷载由纵墙（外墙和内纵墙）承重的房屋为纵墙承重方案（图 7-2）。其楼板、梁分两种方式传递荷

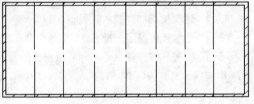

图 7-2　纵墙承重房屋

载。一为直接将楼板搁置在纵墙上，一为通过大梁传递，大梁搁置在纵墙上，楼板横向搁置在大梁上，目前多采用后者。这种方案的优点是房间布置灵活，横向可设置不承重的隔墙。内纵墙和外纵墙的间距一般不宜超过 8m，否则室内采光欠佳。纵墙承重方案一般应尽可能地多设置一些保证房屋空间刚度的横墙，这些横墙并不承重，但对增加房屋空间刚度有很大裨益，而房屋空间刚度稍差是纵墙承重方案房屋的主要缺点。一般说来，纵墙承重方案楼（屋）盖的材料用量较横墙承重方案的多，主要用于开间较大的教学楼、医院、食堂、仓库等。单层厂房和小型影剧院观众厅也常采用此方案。

三、纵横墙混合承重方案

根据房屋平面布置的情况，有时需要纵横墙同时承重，有时为增加空间刚度增设一些横墙使其承重，构成了纵横墙承重方案（图 7-3a）。国外在 20 世纪 60 年代高层砌体结构中采用的蜂窝状结构（图 7-3b），是典型的纵横墙共同承重的形式。这种结构空间刚度很大，但在我国的砌体结构中还未见到。

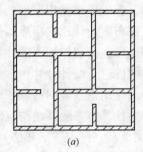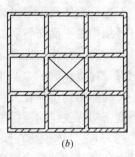

图 7-3　纵横墙承重房屋

四、底部框架、上部砌体墙承重方案

根据一些使用要求，底部往往需要大空间，如底部商场，公共设施、车库或多层厂房等，此时采用底部钢筋混凝土框架结构、上部采用砌体墙承重的方案（图 7-4）具有很好的实用性，这种结构方案即兼顾了底部布置灵活、需要大开间的使用要求，上部砌体结构又满足了住宅、宿舍、办公室等一般的使用要求，充分发挥了两者的各自特点，而且相对整幢楼都是钢筋混凝土框架要更经济、更舒适以及保温节能性能更好，在我国大部分城市和城镇都有比较广泛的应用。

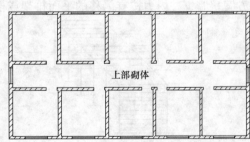

图 7-4　底部框架砌体房屋

根据近几十年工程抗震的经验总结，底部框架、上部砌体墙承重的房屋由于上下结构形式不同，其抗侧刚度和变形能力也不同，因此在地震区建设该类房屋时，应注意其沿全高结构刚度分布不均的特点。

除上述四种方案之外，还有单层砖柱承重方案和内框架承重方案，其中砖柱承重方案主要用于小型的厂房、仓库等单层空旷房屋，内框架承重方案被用于商场、仓库、厂房等多层房屋。虽然这两类房屋具有较好的经济性，但近年来的地震灾害经验和研究结果表明，单层砖柱房屋和内框架房屋的抗震性能较差，在地震区的破坏比例非常高，因此目前我国已基本淘汰这两类房屋的建设，在新颁布的《砌体结构设计规范》和《建筑抗震设计规范》中已不再列入相应的设计规定。

总之，在设计砌体结构房屋时，结构承重方案的选择十分重要，要充分考虑各种条件，进行比较后确定。

7.2 砌体结构房屋的静力计算方案

进行砌体房屋设计时，首先应根据拟采用的材料特性和房屋的使用要求、按结构概念进行结构的平面布置和立面布置设计；在房屋墙体布置确定后，根据计算确定荷载在墙体内的传递与分配，即确定房屋在荷载作用下的计算简图并计算各层、各墙片的内力，然后把每一片墙作为一个基本构件进行设计计算。

砌体结构房屋在外荷载作用下（竖向荷载和水平荷载）的工作状况，与其结构的空间刚度密切有关，房屋的静力计算方案随其结构空间刚度的不同而不同。现以单层房屋为例（图 7-5），具体说明在竖向荷载（屋盖等的重力）和水平荷载（风载等）作用下，房屋的静力计算是如何随房屋空间刚度不同而变化的。假设房屋的横墙间距大致相同但各开间之间的联系十分薄弱，也即房的楼盖或屋盖沿横向的刚度很低，此时可以认为由于每开间的结构相似，房屋承受竖向和水平荷载时的结构受力和变形每开间也相似，则其墙顶或柱顶的水平位移可近似认为相同，均为 y_p，因此房屋的静力分析可截取其一开间作为计算单元，在这开间内的荷载都由计算单元内的构件承受。由于砌体墙或柱一般不能承受楼盖或屋盖端部的弯矩，因此该计算单元可简化成一个单跨平面排架。竖向荷载，尤其是水平荷载，都将由纵向墙、柱传到基础。对于多层房屋，如果房屋的楼盖或屋盖沿横向的剪切刚度也很低，则房屋的静力分析也可截取其一开间作为计算单元，如同一个平面框（排）架。对于这种不考虑房屋空间作用或空间刚度的静力计算方案，在砌体结构计算中称为弹性方案，墙、柱内力按有侧移的平面排架或框架计算。

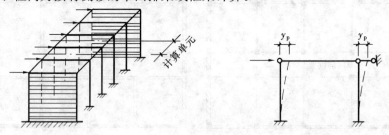

图 7-5　平面排架

实际上完全柔性的楼盖或屋盖是不存在的，各开间之间的楼盖或屋盖均具有一定的横向刚度，而且房屋都具有横墙或山墙，此时可以把楼盖或屋盖体系视作一根支承在横墙或山墙上的弹性连续复合梁，而横墙或山墙则作为该复合梁的各弹性支点，每开间的墙、柱顶的侧移与该复合梁的横向刚度有关，也与各墙、柱的抗侧刚度有关。在水平荷载作用下，对于墙或柱布置沿横向中心轴基本对称的房屋，当复合梁刚度为零时，各单元墙或柱顶的侧移只与该单元承受的水平荷载以及侧向刚度有关，相互之间没有影响，即为平面排架或框架的侧移；当复合梁的刚度为有限刚时，由于复合梁刚度的影响，各单元墙或柱顶的侧移将相互协调，此时结构产生空间共同工作，墙或柱顶的侧移小于平面排架或框架的侧移；当复合梁刚度为无限刚时，各单元墙或柱顶的侧移基本相同，此时结构的侧移很小，可忽略不计。以某一单层房屋为例，两端有抗侧刚度很大的山墙，中间是抗侧刚度较弱的横墙或砖柱，屋盖复合梁的刚度为有限刚，在水平荷载作用下复合梁平面内的挠度曲线呈两端小，中间大，每单元墙或柱的侧移也随之不同（图 7-6）。考察房屋中间单元墙或柱的水平最大位移，其顶端侧移为：

图 7-6　空间排架

$$y_{max} = \Delta + f_{max} \leqslant y_p$$

式中　y_{max}——中间计算单元墙柱的水平侧移；

Δ——山墙的侧移；

f_{max}——屋盖复合梁的最大水平位移；

y_p——按单个单元计算的侧移（平面排架的侧移）。

显然，房屋空间工作产生的结果是减少了房屋的水平侧移。一般来说山墙或横墙的刚度较大，其在水平力作用下的侧移远小于单个排架的，可以忽略不计，因此影响房屋各单元侧移的主要因素是山墙或横墙的间距以及楼盖或屋盖复合梁平面内的弯剪刚度。

当复合梁刚度很小，即 $y_{max} \approx y_p$，为弹性方案。墙、柱内力按不考虑空间工作的平面排架或框架计算；当复合梁和山墙或横墙刚度很大，$y_{max} \approx 0$，则为刚性方案，此时楼盖或屋盖的侧移几乎为零，墙、柱内力可按不动铰支承的竖向构件计算。当复合梁刚度为有限刚时，即 $0 < y_{max} < y_p$，称为刚弹性方案，此时墙、柱内力可按考虑空间工作后侧移折减的方法计算。以上三种静力计算方案，概括了房屋在竖向和水平荷载作用下的全部受力情况。

我国在 20 世纪 60 年代前采用的是苏联的设计规范，因此对于房屋的静力计算方案，规范只规定了两种计算方案，即弹性方案和刚性方案。这样的假定在应用上较为方便，但显然并不符合结构的实际情况，这主要是由于房屋空间工作是一个很复杂的问题，即使在结构计算软件发展已非常成熟的今天，要想准确计算房屋的空间作用也是非常困难的，这涉及屋盖或楼盖梁刚度及其变形模式如何确定，以及影响这类刚度和变形模式的各种具体构造等，而在当时更是受试验条件和计算工具的限制，很少开展这方面相关的试验和理论研究工作。20 世纪 60 年代后我国广大设计科研人员通过以实测为主，结合实践经验和理论分析，对砌体结构房屋的空间工作机理进行了大量研究，提出了考虑房屋空间工作的计算方法，并把复杂的空间计算简化成考虑各种影响系数的平面排架或框架计算，使设计规范可以方便采用该方法进行实用简化计算。这种把房屋明确划分为三种静力计算方案，并采用简便的计算方法，在当时的国内外还是第一次。我国在 20 世纪 60 年代后曾颁布的《砌体结构设计规范》GB 50003—2001、《砌体结构设计规范》GBJ 3—88 和《砖石结构设计规范》GBJ 3—73 都规定了砌体房屋的静力计算按上述三种方案考虑。

表 7-1 是划分三类静力计算方案的标准，现行《砌体结构设计规范》GB 50003—2011 仍保持了这样的规定。从表中可见，决定房屋按何种方案设计与两个条件有关：楼（屋）盖的刚度和横墙的间距，这也是房屋是否具有明显空间工作作用的判别标准。

房屋的静力计算方案 　　　　　　　　　　　　　　　　表 7-1

	屋盖或楼盖类别	刚性方案	刚弹性方案	弹性方案
1	整体式、装配整体和装配式无檩体系钢筋混凝土屋盖或钢筋混凝土楼盖	$s<32$	$32\leqslant s\leqslant 72$	$s>72$
2	装配式有檩体系钢筋混凝土屋盖、轻钢屋盖和有密铺望板的木屋盖或木楼盖	$s<20$	$20\leqslant s\leqslant 48$	$s>48$
3	冷摊瓦木屋盖和石棉水泥瓦轻钢屋盖	$s<16$	$16\leqslant s\leqslant 36$	$s>36$

注：1. 表中 s 为房屋横墙间距，其长度单位为"m"。
　　2. 当屋盖、楼盖类别不同或横墙间距不同时，可按第 7.5.3 节的规定确定房屋的静力计算方案。
　　3. 对无山墙或伸缩缝处无横墙的房屋，应按弹性方案考虑。

表 7-1 的规定较苏联规范除了增加房屋的刚弹性方案外，在刚性方案房屋的长度（横墙间距）上也有显著的变化。按照表 7-1 确定房屋属于那种静力计算方案是一种极简易实用的方法，深受广大设计人员的欢迎，其理论依据也比较完整，这可从以下的叙述中反映出来。

7.3 刚性方案房屋的静力计算

刚性方案的房屋，也就是按屋盖或楼盖处墙、柱顶无侧移的房屋，即柱顶为不动铰的计算模式。相应于这类房屋的楼（屋）盖类别（表 7-1），其横墙间距分别小于 32、20 和 16m 时，即为刚性方案房屋。

一、单层房屋

对于单层房屋，刚性方案的静力计算简图如图 7-7 所示，在荷载作用下，纵向的墙、柱视作上端为不动铰支承于屋盖，下端嵌固于基础的竖向构件。由于砌体承受弯矩的能力很差，因此也曾有人提出下端取铰接的计算简图，但是考虑到砌体房屋的自重较大，风荷载较小，再者从与弹性和刚弹性方案的单层房屋的计算简图相统一考虑，取下端固接应该是比较合适的。在计算时一般要考虑两种荷载，即竖向荷载和水平风荷载。

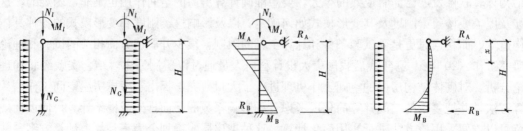

图 7-7　单层刚性方案

1. 竖向荷载作用

与多层房屋相比，单层房屋的竖向荷载较小，一般不控制截面的破坏，往往还起着有利的作用。竖向荷载主要为屋盖自重、屋面活荷载或雪荷载和墙柱自重：屋面荷载通过屋架或大梁作用于墙体顶部。由于屋架或大梁的支承反力对墙体中心线来说，往往有一个偏心距，所以屋面荷载将由轴心压力 N_l 和弯矩 M_l 所组成。砌体墙、柱自重则作用于截面的重心处。

2. 水平风荷载作用

风荷载包括屋面风荷载和墙面风荷载两部分。在刚性方案中屋面风载最后以集中力方式通过不动铰支点由屋盖复合梁传给横墙，所以不影响纵向墙、柱的内力。上述两种荷载作用下的内力分别为：

第 1 组（屋面荷载）

$$R_A = -R_B = -\frac{3M_l}{2H}$$

$$M_A = M_l$$

$$M_B = -\frac{M_l}{2}$$

第 2 组（墙面风荷载）

$$R_A = \frac{3wH}{8}$$

$$R_B = \frac{5wH}{8}$$

$$M_B = \frac{wH^2}{8}$$

$$M_x = -\frac{wHx}{8}\left(3 - 4\frac{x}{H}\right)$$

最大值在 $x = \frac{3}{8}H$ 处，$M_{max} = -\frac{9\omega H^2}{128}$。

计算时还需考虑风的吸力，即考虑迎风面 $w = w_1$ 和背风面 $w = -w_2$ 的影响。

验算时一般取墙、柱底部为控制截面。如墙、柱为变截面（有吊车厂房或散装仓库等），则需考虑变截面处的承载力，此时上下墙、柱自重的偏心影响也需考虑。此外，在验算截面承载力时，还应考虑荷载组合系数，其值见《建筑结构荷载规范》的规定。

在验算刚性方案房屋的墙、柱高厚比时，对有壁柱截面在验算壁柱的整体高厚比时，确定计算高度 H_0 要考虑周边拉结条件，此时墙长 l 可取相邻横墙的间距。

二、多层房屋

1. 竖向荷载作用的计算方法

在竖向荷载作用下，墙、柱在每层高度范围内，可近似地视作两端铰支的竖向构件；在水平荷载作用下，则视作竖向连续梁（图 7-8）。上层传来的竖向荷载将不考虑其弯矩的影响而作用于上一楼层墙、柱的截面重心处。对本层传来的竖向荷载，需考虑其对墙、柱的实际偏心影响，当梁支承与墙上时，根据理论研究和试验结果，并考虑上部荷载和由于塑性产生内力重分布的影响，其对墙外边缘的距离取为 $0.4a_0$（图 7-9）

257

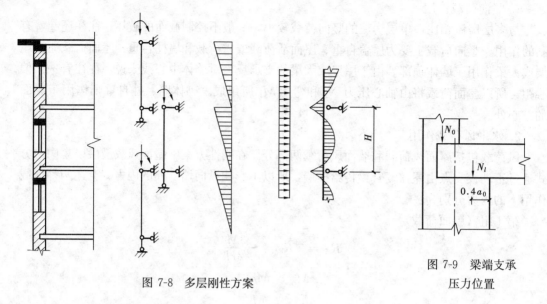

图 7-8　多层刚性方案　　　　　　　　　　图 7-9　梁端支承
　　　　　　　　　　　　　　　　　　　　　　　压力位置

设墙厚为 h，则偏心距为：

$$e_0 = \frac{h}{2} - 0.4a_0$$

作用于每层墙上端的竖向荷载 N 和弯矩 M 分别为：

$$N = N_0 + N_l$$

$$M = N_l \cdot e_0$$

$$e = \frac{M}{N} = \frac{N_l \cdot e_0}{N_0 + N_l}$$

每层墙、柱的弯矩图为三角形，上端 $M = N_l \cdot e_0$，下端为 $M = 0$，而轴向力上端为 $N = N_0 + N_l$，下端为 $N = N_0 + N_l + N_G$。

式中　　N_0——上层传来的竖向荷载，对等截面墙，作用于下端墙的截面重心处；

　　　　N_l——本层由楼盖梁传来的竖向荷载，其偏心距为 e；

　　　　e——N_0 和 N_l 的合力对墙重心轴的偏心距；

　　　　N_G——本层墙、柱自重。

验算墙柱的危险截面时应考虑取上述两位置，前者弯矩最大，竖向荷载最小；后者弯矩最小，竖向荷载最大。现行规范规定，在计算这两个截面时都还需要考虑墙、柱的稳定系数。确定墙、柱的截面面积时，其翼缘宽度按下列规定取用：对于多层房屋，当有门窗洞口时，取窗间墙宽度；当无门窗洞口时，取相邻壁柱间的距离。对单层房屋，取壁柱宽加 2/3 墙高，但不大于窗间墙宽度和相邻壁柱间的距离。计算带壁柱墙的条形基础时，可取相邻壁柱间的距离。

将墙、柱视作两端铰接的计算简图，大大简化了砌体结构的设计，且偏于安全。这是世界各国至今为止比较广泛采用的方法。

2. 水平荷载作用计算

在水平荷载（风荷载）作用下，墙、柱可视作竖向连续梁。为简化起见，规范规定该连续梁的弯矩可近似取为：

$$M = \frac{1}{12}wH_i^2$$

式中　w——计算单元每层墙体上作用的风荷载（面荷载）；

　　　H_i——层高。

对刚性方案房屋而言，一般风荷载引起的内力不大，往往不到全部内力的 5%，在进行房屋荷载组合时，风荷载的组合系数又小于 1，因此房屋的荷载主要由竖向荷载起控制作用。根据大量设计计算和调查结果，下列情况可以不考虑刚性方案房屋外墙的风荷载：

（1）洞口水平截面面积不超过全截面面积的 2/3。

（2）层高和总高不超过表 7-2 的规定。

外墙不考虑风荷载影响时的最大高度　　　　　　　表 7-2

基本风压值 （kN/m²）	层　高 （m）	总　高 （m）	基本风压值 （kN/m²）	层　高 （m）	总　高 （m）
0.4	4.0	28	0.6	4.0	18
0.5	4.0	24	0.7	3.5	18

注：对于多层砌块房屋 190mm 厚的外墙，当层高不大于 2.8m，总高不大于 19.6m，基本风压不大于 0.7kN/m² 时，可不考虑风荷载的影响。

（3）屋面自重不小于 0.8kN/m²。

外纵墙除作为竖向偏心受压构件外，在风荷载作用下，墙面还承受风荷载引起的弯矩，如同一个四边支承的板。根据我国的大量工程实践经验，一般无须校核墙面的抗弯强度，即只要高厚比及其他墙体构造满足规范要求，此项强度就能够满足。

刚性方案的横墙承重房屋，其计算原理与纵墙承重方案的外纵墙相同，内横墙不需要考虑风荷载，而且两边楼盖的作用使得其偏心距往往很小，甚至为零而近似为轴心受压构件。

理论计算和实践经验都表明，等截面墙厚的房屋，当各层砌体的块体和砂浆强度等级都相同时，底层墙体最危险，对房屋的整体安全起控制作用。目前设计的多层砌体房屋几乎都是刚性方案的房屋。尤其在抗震设防区，对横墙的间距有严格的要求，其值都要远小于表 7-1 的要求。单层房屋则由于使用功能的不同，不一定都是刚性方案房屋。但必须指出的是，刚性方案房屋不仅设计简单，而且经济、结构更可靠，因此在设计时，如果有可能应将房屋设计成刚性方案的房屋。

7.4　弹性方案房屋的静力计算

在设计单层砌体结构房屋时常采用弹性方案，这是由弹性方案的特点和房屋使用要求决定的。一般的车间、有吊车房屋，都要求有较大的空间，横墙间距很大，有时还有伸缩缝，往往无法满足砌体结构房屋刚性方案的要求。单层房屋按弹性方案进行分析，也就是按平面排架的计算模型确定内力，这在不少资料中都有详细介绍。其主要计算步骤为：

1. 先在排架上端假设一不动铰支承，成为无侧移排架，求算不动铰支端反力和杆件内力，其方法和刚性方案单层房屋相同。

2. 将已求出的柱顶反力反方向作用于排架顶端，求出此时各杆的内力。

3. 将上述两种计算结果叠加，即为弹性方案单层房屋的计算结果。

很多单层房屋为等截面的单跨对称排架，内力计算比较简单，现列出其在屋盖荷载和风荷载作用下的柱底截面的计算结果如下：

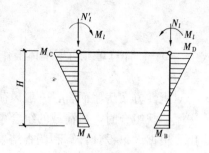

图 7-10　屋盖荷载作用

（1）屋盖荷载（图 7-10）

由于结构反对称，故有：

$$M_A = M_B = -\frac{M_l}{2}$$

$$M_l = N_l \cdot e_0$$

$$N_A = N_B = N_l + N_G$$

（2）风荷载（图 7-11）

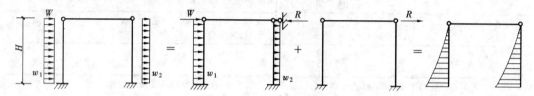

图 7-11　风荷载作用

$$M_A = \frac{WH}{2} + \frac{5}{16}w_1 H^2 + \frac{3}{16}w_2 H^2$$

$$M_B = -\frac{WH}{2} - \frac{3}{16}w_1 H^2 - \frac{5}{16}w_2 H^2$$

一般不考虑风载载引起的轴向力。将上述二个结果叠加即为最后的计算结果：

$$M_A = -\frac{M_l}{2} + \frac{WH}{2} + \frac{5}{16}w_1 H^2 + \frac{3}{16}w_2 H^2$$

$$M_B = -\frac{M_l}{2} - \frac{WH}{2} - \frac{3}{16}w_1 H^2 - \frac{5}{16}w_2 H^2$$

$$N_A = N_B = N_l + N_G$$

砌体结构的多层房屋不应设计成弹性方案的房屋。这是由于楼盖梁与砌体墙、柱的连接不能形成类似钢筋混凝土框架那样的整体，所以梁与墙的连接一般都应假设为柱外铰接，按这种计算简图作为平面结构计算，在风荷载作用下会产生很大侧移，不能满足设计和使用要求，而且所需要的墙、柱截面也会很大。因此从变形和使用角度看，多层弹性方案的砌体房屋很难满足要求，此外，这种房屋的空间刚度很差，个别构件的损坏、失效就可能引起结构的连续倒塌，这也就是抗震设防区多层砌体房屋要求横墙间距较小的主要原因之一。

7.5　刚弹性方案房屋的静力计算

7.5.1　单层刚弹性方案房屋的静力计算

砌体结构房屋从严格的意义上看，应该都是属于刚弹性方案的，因为墙、柱顶端多少都会有些侧移，整个房屋又多少会有些空间工作，只是在量的等级上会有差别而已。问题在于什么时候可以忽视这些侧移或认为此侧移与平面框排架模型的计算结果相同。

在分析刚弹性方案房屋时，我们可以先把结构按弹性方案的单元划分出来，看成是平面排（框）架，然后在沿房屋高度的每一楼层处假设存在一个弹性支座。房屋空间工作的强弱可由弹性支座的刚度来体现。刚度为零即为弹性方案，刚度极大则为刚性方案。弹性支座的存在减少了房屋的侧移。现对单层房屋的刚弹性方案叙述如下。

如图 7-12（a）所示排架，设在排架顶端作用一集中力 R，有弹性支座时产生侧移为 y_s，无弹性支座时产生侧移设为 y_p，其减少的部分侧移是 $y_p - y_s$，可以认为这是由弹性支座反力 x 产生的。由此可得：

$$\frac{x}{R} = \frac{y_p - y_s}{y_p} = 1 - \frac{y_s}{y_p} \tag{7-1}$$

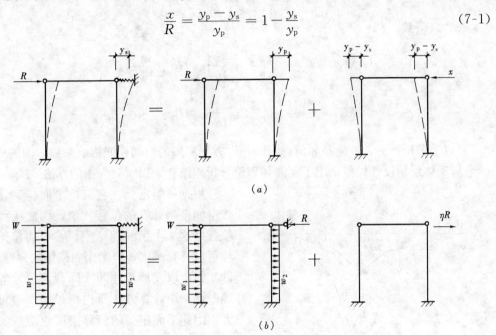

图 7-12　单层刚弹性方案房屋的静力计算简图

设 $\dfrac{y_s}{y_p} = \eta$，则有

$$x = \left(1 - \frac{y_s}{y_p}\right)R = (1 - \eta)R \tag{7-2}$$

η 为考虑空间工作时的柱顶侧移和不考虑空间工作时柱顶侧移的比值，称为侧移折减系数，对单层房屋也可称为房屋的空间性能影响系数。R 是外荷载是已知的，如果能够知道 η 的值则就可以得到弹性支座反力 x，图 7-12 的排架内力就可以计算求得，屋盖处的作用力可表达为：

$$R - x = R - (1 - \eta)R = \eta R \tag{7-3}$$

也就是说，当柱顶作用一集中力 R 时，刚弹性方案房屋中划分出的单元内力分析如同一个平面排架，只是以 ηR 代替 R 进行计算。由于 $\eta < 1$，因此该单元按刚弹性方案计算的内力一定小于弹性方案时的内力。

除 R 作用于柱顶外，若尚有其他荷载，如均布水平荷载（图 7-12b）则内力的求解也为两步叠加，具体方法如下：

1. 在屋盖梁连接处加水平铰支杆，计算其在水平荷载作用下无侧移时内力与支杆的

反力 R。

2. 考虑房屋空间作用，将支杆反力 R 乘以房屋空间性能影响系数 η，并反向施加于节点上，计算其内力。

3. 将上述两内力图叠加即为刚弹性方案房屋的最后内力。

仍以在屋盖荷载和风荷载作用下的单层单跨对称的平面排架为例（图 7-12），则有：

(1) 屋盖荷载。因荷载对称，排架顶端无侧移，其内力计算如同刚性方案

$$M_A = M_B = \frac{M}{2} = \frac{N_i e_0}{2}$$

(2) 风荷载。

$$M_A = \frac{\eta WH}{2} + \left(\frac{1}{8} + \frac{3\eta}{16}\right)w_1 H^2 + \frac{3\eta}{16}w_2 H^2$$

$$M_B = \frac{\eta WH}{2} - \left(\frac{1}{8} + \frac{3\eta}{16}\right)w_2 H^2 + \frac{3\eta}{16}w_1 H^2$$

从以上分析可见，关键是如何确定刚弹性方案房屋的空间性能影响系数，即侧移比值 η。我国砌体结构设计规范采用了实测和理论分析相结合，以实测为主的方法。

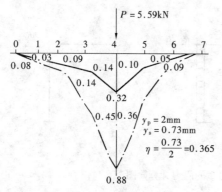

图 7-13　实测位移曲线

根据 η 的定义，它是按平面排架计算和按空间排架计算的位移比值，因此实测的对象就是这二个值。理论上说，平面排架的侧移可按计算求出，但考虑到砌体的弹性模量，砂浆强度以及墙、柱的实际截面尺寸等的不确定性，用计算方法所得结果的误差可能较大，因此平面排架的侧移刚度也应按实测求出。这就需要测定房屋施工全过程的柱顶侧移。对于房屋平面尺寸的选择，重点是横墙间距的大小，应该有各种不同的值，因为它是影响空间共同作用的主要因素，即影响 η

值的主要因素，而横墙的长短在一定范围内是次要的，相对平面排架它有足够的刚度。屋盖类型也是影响 η 的主要因素，但它的种类很多，实测时宜先选择其中的一类进行测定和分析，然后从分析或从实测结果中确定另几类屋盖的影响。根据实践经验和实际屋盖类别，可以将常用屋盖根据刚度不同分成三类：第 1 类是整体式与装配整体式钢筋混凝土屋盖，屋盖的剪切刚度较大；第 3 类是冷摊瓦木屋盖，剪切刚度较小；第 2 类是有檩体系钢筋混凝土屋盖，剪切刚度介于 1 类和 3 类之间。房屋的高度对 η 也会有影响，但可能不是主要的。表 7-3 是 17 幢 2 类屋盖的结构情况。这类屋盖的基本构造是木屋架上设檩条满铺木望板。实测是在房屋施工安装结束后，测得各平面排架在集中力作用下的侧移 y_s 沿房屋长度的曲线如图 7-13（表 7-3 中编号 1 的房屋）。测试的加荷方法及测点如图 7-14 所示。从图 7-13 中可以看到：

1. 即使在屋盖未吊装前，由于外纵墙的存在房屋已经显现有共同工作效应，即中部加载时，其他各点也有位移（如图中点划分表示）。

2. 屋盖作为复合梁其变形与一般弯曲梁不同，而是类似以剪切变形为主的剪切梁。

实测房屋结构特征　　　　　　　　　　　　　　　　　　　表 7-3

编号	房屋名称	横墙间距 （m）	墙柱高度 （m）	墙柱高厚比	房屋跨度 （m）	屋盖情况
1	木模车间	7×3.5＝24.5	4.05	15.4	12	木屋盖密铺木望板平瓦
2	热处理车间	7×3.5＝24.5	5.05	19.4	12	木屋盖密铺木望板平瓦
3	锻工车间	8×3.5＝28	5.65	15	15	木屋盖密铺木望板平瓦
4	仓库（一）	16×3.5＝56	4.05	15.4	15	木屋盖密铺木望板平瓦
5	仓库（二）	12×3.5＝42	4.05	15.4	15	同上，以支撑代横墙
6	仓库（三）	6×3.5＝21	4.05	15.4	15	同上，以支撑代横墙
7	二金工车间	14×4＝56	6.30	16.7	15	木屋盖密铺木望板平瓦
8	堆料棚	7×3.8＝26.6	3.60	10	10	木屋盖密铺木望板平瓦
9	同济大学仓库 A	10×3.5＝35	3.80	19.6	10.2	轻型钢屋架木望板平瓦
10	同济大学仓库 B	10×3.5＝35	3.50	14.6	9.6	木屋盖架木望板平瓦
11	金属公司仓库	8×4＝32	4.10	10	11.2	木屋盖架木望板平瓦
12	金属公司仓库	16×4＝64	4.20	12.1	10.1	木屋盖顶上有圈梁
13	排送机房	6.5×4＝26	6.32	16.4	9.24	木屋盖顶上有圈梁
14	镇江船校	9×4＝36	4.80	17.2	15	组合屋架钢筋混凝土檩条
15	镇江船校	6×4＝24	4.80	17.2	15	组合屋架钢筋混凝土檩条
16	轴承厂车间	7×4＝28	4.50	15.8	12	组合屋架
17	剪刀厂车间	10×4＝40	4.35	14.4	10	组合屋架

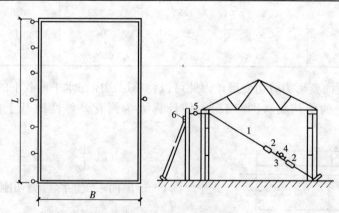

图 7-14　加载方法及仪表布置

1—钢丝绳；2—花篮螺丝；3—钢筋；4—手提应变仪；5—百分表；6—表架

由于实测时加载为单点加载，而我们需要的是均布荷载（风荷载）时的 η 值，所以需要按图 7-13 来求 y_p 和 y_s，根据位移互等定理，中部排架的位移在均布荷载时为：

$$y_p = 0.08 + 0.14 + 0.45 + 0.88 + 0.36 + 0.09 + 0 = 2\text{mm}$$

$$y_s = 0.03 + 0.09 + 0.14 + 0.32 + 0.10 + 0.05 = 0.73\text{mm}$$

$$\eta = \frac{y_s}{y_p} = \frac{0.73}{2} = 0.365$$

263

按此法逐一求得的实测侧移折减系数 η 如表 7-4 所示。从表可见，虽然房屋屋盖为同一类别，但所得 η 值不同，这主要是因为房屋的长度不同，其空间共同工作的作用也不同；而房屋长度相同的，则所得 η 值接近。根据实测的位移曲线，可以求出 η 与横墙间距 L 的关系。由于试验的数量毕竟有限，而且实测的结果容易受到各种误差的影响。为此，宜采用理论分析的方法来进一步整理上述数据，从而求得合理的 η 值。

2 类屋盖实测值 η 与计算值比较　　　　　　　　　　　　　　　　　　表 7-4

序号	横墙间距 (m)	η 实测值	$ch tL$	t	η 计算值	
					$t=0.05$	$t=0.04$
1	24.5	0.365	1.58	0.042	0.46	0.34
2	24.5	0.318	1.46	0.0378	0.46	0.34
3	28	0.423	1.73	0.041	0.54	0.41
4	56	0.730	3.57	0.0348	0.88	0.79
5	42	0.595	2.47	0.0369	0.76	0.64
6	21	0.244	1.31	0.0371	0.38	0.29
7	56	0.67	3.03	0.0316	0.88	0.79
8	26.6	0.41	1.69	0.042	0.51	0.39
9	35	0.475	1.92	0.0363	0.665	0.53
10	35	0.608	2.52	0.045	0.665	0.53
11	32	0.62	2.63	0.0505	0.61	0.48
12	64	0.89	9.1	0.0453	0.92	0.85
13	26	0.33	1.53	0.038	0.5	0.37
14	36	0.60	2.5	0.0435	0.68	0.55
15	24	0.38	1.70	0.047	0.45	0.33

实测表明屋面变形为剪切变形，因此可以将单层房屋在水平荷载下的空间作用计算比拟为弹性地基上的剪切梁（图 7-15），使计算大为简化。弹性地基上剪切梁的微分方程为：

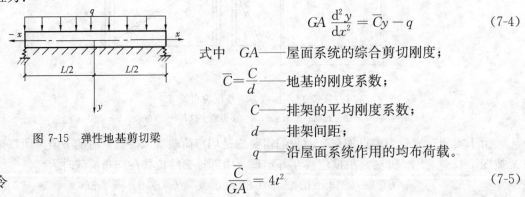

$$GA \frac{\mathrm{d}^2 y}{\mathrm{d}x^2} = \overline{C}y - q \qquad (7-4)$$

式中　GA——屋面系统的综合剪切刚度；

$\overline{C} = \dfrac{C}{d}$——地基的刚度系数；

C——排架的平均刚度系数；

d——排架间距；

q——沿屋面系统作用的均布荷载。

图 7-15　弹性地基剪切梁

令

$$\frac{\overline{C}}{GA} = 4t^2 \qquad (7-5)$$

式中　t——房屋空间工作的弹性常数。

则式 (7-4) 可写为：

$$\frac{d^2 y}{dx^2} - 4t^2 y = -\frac{4t^2 q}{\overline{C}} \tag{7-6}$$

其解为：

$$y = A_0 \operatorname{ch}2tx + B_0 \operatorname{sh}2tx + \frac{q}{\overline{C}}$$

当 $x = \dfrac{L}{2}$ 时

$$y = y_{\max} = y_s = A_0 \operatorname{ch}tL + B_0 \operatorname{sh}tL + \frac{q}{\overline{C}} \tag{7-7}$$

各截面的剪力为：

$$\frac{\overline{C}}{4t^2} \cdot \frac{dy}{dx} = \frac{\overline{C}}{2t}(A_0 \operatorname{ch}2t + B_0 \operatorname{sh}2t) \tag{7-8}$$

两端有山墙时，边界条件为

$$x = 0, \frac{dy}{dx} = 0; x = \frac{L}{2}, GA\frac{dy}{dx} = C_0 y$$

其中 C_0 为山墙的折算刚度系数。

从上述边界条件可求得常数 A_0，B_0 代入公式（7-7）即得：

$$y_s = \frac{q}{\overline{C}}\left[1 - \frac{1}{\operatorname{ch}tL + \dfrac{\overline{C}}{2tC_0}\operatorname{sh}tL}\right] \tag{7-9}$$

式中 $\dfrac{q}{\overline{C}} = y_p$ ——平面排架的位移。因此有：

$$\eta = \frac{y_s}{y_p} = 1 - \frac{1}{\operatorname{ch}tL + \dfrac{\overline{C}}{2tC_0}\operatorname{sh}tL} \tag{7-10}$$

山墙刚度一般很大，可认为 $\dfrac{\overline{C}}{C_0} \approx 0$，因此有：

$$\eta = 1 - \frac{1}{\operatorname{ch}tL} \tag{7-11}$$

上式中的 t 值与房屋长度无关，是个仅与房屋屋盖的类型和结构有关的综合常数，虽然有公式可以计算，但由于影响屋盖的综合剪切刚度有许多不确定性因素，很难通过计算准确得到。根据实测的结果，公式（7-11）中的 η 值在各种不同 L 情况下是已知的，因此可以根据实测的 η 和 L 来反推 t 值。如果 t 值比较稳定，一方面证明理论分析的正确性，另一方面用式（7-11）来计算各种不同 L 时的 η 值，可以避免实测时的一些局限性。

表 7-4 为根据实测求得的 t 值，平均值 $t_m = 0.038$，变异系数 $\delta_t = 0.15$。对野外现场实测而言其值是比较稳定的，因此可以认为 t 值对这类房屋应该是一个常数。为偏于安全起见，在砌体结构设计规范中，t 值取为 $t = t_m + 2\sigma$（σ 为均方差），由此求得的 2 类屋盖

的 t 值为 0.05。

1975 年以后哈尔滨建工学院和华南工学院等单位进行了 1 类和 3 类屋盖的补充试验,其结果分别为 $t=0.03$ 和 $t=0.065$。

根据公式 (7-11) 和 t 值,不难求出侧移折减系数 η。表 7-5 系按此式,根据三类不同屋盖刚度的 t 值 ($t=0.03$、0.05、0.065) 求得的 η 值,即为我国砌体结构设计规范的规定值。按理论计算在横墙间距小于 32m,大于 72m (1 类屋盖);小于 20m,大于 48m (2 类屋盖);小于 16m,大于 36m (3 类屋盖) 时,都有相应的 η 值。但这样的划分不便于应用,也与目前设计习惯不同。规范中实际上认为当 $\eta>0.82$ 的房屋为弹性方案,$\eta<0.35$ 的房屋为刚性方案。由于弹性方案时的排架内力大于刚弹性方案的内力,取 $\eta>0.82$ 的房屋为弹性,偏于安全。至于 $\eta<0.35$ 的房屋能否认为是刚性的,则需要分析讨论。苏联规范规定对第 1 类屋盖当 $L\leqslant54m$ 时属刚性方案,但并未经试验分析,也没有确定 η 值,其规定值是根据实践经验确定的。而要安全的划分 η 值,应该从房屋空间工作原理出发,以 η 取值不影响墙、柱的承载能力为基点来划分刚性和刚弹性方案的界限。按照这种观点,在 $\eta=0.35$ 的情况下,刚性方案和刚弹性方案的墙、柱承载力比值均在 0.75~0.9 之间。所以从承载力比值相差不是过大的角度看,$\eta=0.35$ 为分界点还是可以的,但这已比苏联规范规定的横墙间距减小了近 15~20m。我国规范这样规定还考虑到其他两个情况,一是过去的使用经验,即过去按苏联规范设计的刚性方案房屋在大风地区未出现过不安全实例;二是在设计时墙、柱还需要满足高厚比要求。按这种要求确定的墙、柱截面,对于三种类别的屋盖,当横墙间距分别为 40m,24m 和 18m 时其承载能力能够满足要求。因此,综合这些情况,表 7-1 规定的三种静力计算方案的横墙间距的界限应该是合适的。

房屋各屋的空间性能影响系数 η_i

表 7-5

屋盖或楼盖类别	横墙间距													
	16	20	24	28	32	36	40	44	48	52	56	60	64	69	72
1	—	—	—	—	0.33	0.39	0.45	0.50	0.55	0.60	0.64	0.68	0.71	0.74	0.77
2	—	0.35	0.45	0.54	0.61	0.68	0.73	0.78	0.82	—	—	—	—	—	—
3	0.37	0.49	0.60	0.68	0.75	0.81	—	—	—	—	—	—	—	—	—

注:i 取 1~n,n 为房屋层数。

实际上,房屋的跨度、排架刚度、屋面天窗和屋面纵向水平支撑等都对房屋空间工作有影响,只是这些影响是否明显的问题。表 7-6 是实测不同跨度房屋后推算求得的 t 值,表明了跨度对 t 值无明显的相关关系。排架刚度 C,从理论上讲对 t 值有影响,因为:

$$t=\sqrt{\frac{C}{4GA}}=\sqrt{\frac{C}{4GAd}}$$

表 7-7 系根据实测结果整理的墙、柱高厚比 β 与 t 的数据,β 愈大,排架刚度愈小,t 值也愈小,从而反映了上式的关系,但差别亦不显著,因此可以忽略其影响。此外还需指出的是,有些设计人员从字面上理解三种静力计算方案,认为刚性方案,墙、柱断面大,刚性好,反之弹性方案则差。实际上,所谓刚性或弹性,是指柱顶的侧移,刚性方案空间工作好,柱顶侧移小。在同样的结构情况和平面尺寸下,房屋墙、柱刚度愈大,空间工作反而可能会差些,η 值可能会大些。

实测房屋跨度与 t 的关系		表 7-6
跨度	编号	t
9～10.5	13	0.038
	8	0.046
	10	0.0453
	9	0.042
	12	0.0363
	平均	0.0413
10.6～12	11	0.0505
	1	0.0378
	2	0.042
	平均	0.0434
15	3	0.041
	4	0.0369
	5	0.0435
	6	0.0348
	14	0.0371
	平均	0.0387

实测房屋高厚比 β 与 t 的关系		表 7-7
β	编号	t
10～12.5	3	0.042
	11	0.0483
	12	0.0505
	平均	0.0459
12.6～15	3	0.041
	10	0.045
	平均	0.043
15.1～17.5	6	0.0371
	5	0.0369
	1	0.042
	4	0.0348
	13	0.038
	14	0.0435
	2	0.0378
	平均	0.0386
>17.5	9	0.0363
	平均	0.0363

对于有屋面天窗的屋面，由于天窗在屋盖上开洞，破坏了屋面的整体性，这会降低整个屋盖的剪切刚度，但从另一方面来看，由于天窗上一些附属构件的存在，会增加屋盖的平均厚度和加强空间联系，对提高屋盖刚度有利。少量的实测结果表明，有或无天窗对屋盖刚度的影响不大，因此在设计中可以忽略天窗的影响。

还应指出，按照刚弹性方案分析的墙、柱的侧移和内力，比按弹性方案计算的要小，而横墙或山墙单元的侧移和内力会比按弹性方案计算的要大（一般而言横墙或山墙单元的承载力和抗侧刚度都能满足要求），正是这两种单元的侧移和内力通过屋盖梁来协调和重分布的结果，显示了房屋空间共同工作效应。

刚弹性静力计算方案已长期为我国砌体结构设计规范采纳，实践经验表明，它是一种能够较为准确反映房屋空间工作情况而计算又简便的方法，在一般情况下较弹性方案能够节约材料。曾有设计单位还将这种方案推广应用于钢筋混凝土单层厂房中，并收到明显的经济效益，目前在其他国家中还没有见到类似的方法。

7.5.2 多层刚弹性方案房屋的静力计算

多层房屋的刚弹性静力计算方法的试验和理论研究是 1975 年以后开始的。理论分析和实测表明，多层房屋与单层房屋不同，它除存在本层楼盖的空间传力外，还存在层间的空间传力，而且这种层间的相互联系还是很强的。当多层房屋某开间受有水平荷载时（图7-16)，考虑其空间工作进行内力分析也可为两步叠加：

1. 取多层房屋受有水平荷载的平面单元，在其各层横梁与柱连接处加水平支杆，求得其反力 R_1、R_2。

2. 将 R_1、R_2 反向加在房屋空间体系上，求得其内力。

R_1 和 R_2 是很容易求得的，特别是假设水平风荷载作用于每层楼盖水平面上时。但将R_1 和 R_2 反向作用于空间体系时的求解内力则是一个复杂的问题。这主要是由于屋盖、楼盖、纵墙和横墙等作用，R_1 和 R_2 分别沿纵向传递至各平面单元及山墙或横墙，并分别沿高度方向向各层传递，因此实际上计算平面单元只承受了 R_1 和 R_2 的一部分。仅在 R_1 作用下，平面单元受力如图 7-17 所示。图中 V_{11} 为计算平面单元左侧和右侧开间一层楼盖纵

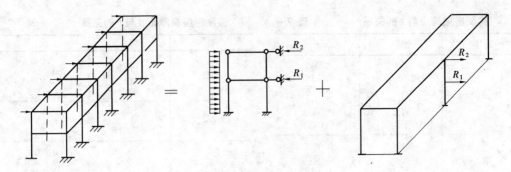

图 7-16 多层刚弹性方案房屋

向体系的总剪力，V_{21} 为二层楼盖的总剪力。此时作用于计算平面单元的实际侧向力为 $m_{11}R_1$，其值为：

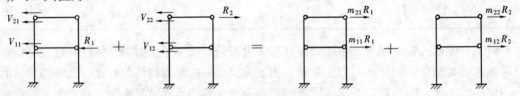

图 7-17 多层刚弹性方案房屋的受力分析

$$m_{11}R_1 = R_1 - V_{11}$$
$$m_{11} = 1 - \frac{V_{11}}{R_1}$$

而作用于顶层的侧力为 $m_{21}R_1$，其值为：

$$m_{21}R_1 = V_{21}$$
$$m_{21} = \frac{V_{21}}{R_1}$$

同理当仅考虑 R_2 时有：

$$m_{22} = 1 - \frac{V_{22}}{R_2}$$
$$m_{12} = -\frac{V_{12}}{R_2}$$

m_{11}、m_{21}、m_{22}、m_{12} 都为小于 1 的系数，称为空间作用系数。m_{11} 和 m_{22} 为主空间作用系数；m_{21}、m_{12} 为副空间作用系数，为各层之间相互作用而产生的。对于 n 层房屋，共有 n^2 个空间作用系数。将上述两种情况叠加，可得：

第一层 $$\left(m_{11} + m_{12}\frac{R_2}{R_1}\right)R_1 = \eta_1 R_1$$

第二层 $$\left(m_{22} + m_{21}\frac{R_1}{R_2}\right)R_2 = \eta_2 R_2$$

η_1 和 η_2 称为第一层和第二层的综合空间性能影响系数，简称空间性能影响系数。

$$\eta_1 = m_{11} + m_{12}\frac{R_2}{R_1}$$
$$\eta_2 = m_{22} + m_{21}\frac{R_1}{R_2}$$

若不考虑各层之间的空间作用时，则 $m_{12} = m_{21} = 0$，有：

$$\eta_1 = m_{11}, \eta_2 = m_{22}$$

可以证明此时的 m_{11} 和 m_{22}，即为空间位移与平面位移之比，也即相当于单层房屋的空间性能影响系数。由图 7-17 可见，两层房屋时，m_{12} 和 m_{21} 为负值，故 $\eta_1 < m_{11}$，$\eta_2 < m_{22}$。实测结果表明，有时在下层加力，下层的侧移比上层大，说明上下层间副空间作用系数的量级与主空间作用系数相当，但隔层的相互作用则小很多，可以忽略。

由于空间作用系数随房屋层数的增加有 n^2 个，所以准确的分析十分复杂，必须进行简化。砌体结构设计规范考虑到结构的安全和计算的方便作了下列简化。

1. 不考虑层间相互的空间工作，也就是说认为 $m_{ij} = 0 (i \neq j)$。由前所述，这是偏于安全的。

2. 本层的空间性能影响系数 η_i 和单层房屋时的相同，这一结果已被实测所证实。由于 $m_{ij} = 0 (i \neq j)$，因此每层的空间性能影响系数 η_i，按该层楼盖的类别也可以如单层房屋那样由表 7-5 查得。

3. 楼盖梁和屋盖梁与砌体墙、柱的连接为侧向铰接（图 7-18）。

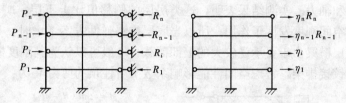

图 7-18　多层刚弹性方案房屋的静力计算简图

按这三条简化后的多层刚弹性方案房屋的计算将十分简单。设在多层刚弹性方案房屋每层作用有集中荷载 P_i，按上述假定其计算结果如图 7-18 所示。每层的不动铰支座反力为 $R_i = P_i$，而考虑空间作用后为 $P_i - \eta_i P_i = (1 - \eta_i)P_i$，其与 P_i 合成的结果为：

$$P_i - (1 - \eta_i)P_i = \eta_i P_i$$

所以可以认为 η_i 是侧力的折减系数。这样，多层房屋的刚弹性方案计算，可以简化为弹性方案，而把侧力 P_i 乘以折减系数 η_i 即可。也可以说，刚弹性方案的内力为弹性方案的内力乘以折减系数 η_i。

据调查，自《砌体结构设计规范》GBJ 3—88 实行以来几乎还没有哪个设计单位设计过多层刚弹性方案的房屋。其原因很简单，因为我国大多数城市都有抗震设防要求。符合抗震要求的多层房屋横墙间距都大大低于砌体结构设计规范中刚性方案横墙间距的要求。因此在有抗震设防要求的地区，根本不允许设计多层刚弹性的房屋。同时还必须指出的是多层刚弹性方案房屋的空间刚度较刚性房屋的差很多。这种房屋大多数为纵墙承重，它的抗倒塌能力，特别是其抗连续倒塌的能力较差，一旦发生不幸，房屋可能会连续倒塌造成较巨大的事故，这在我国几次砌体结构房屋的重大事故中已经证实。而刚性方案房屋，尤其是横墙较密的多层住宅，国外曾做过局部爆炸试验，房屋一般不会发生连续倒塌，近几十年的地震灾害调查也证实了这个情况。据此，笔者建议不应设计多层刚弹性方案的砌体房屋，而且在砌体结构设计规范中应取消相应的设计规定。

7.5.3 上柔下刚和上刚下柔房屋的静力计算

多层房屋的刚弹性方案的设计计算虽然简化成十分简单的形式，但在工程实践中，这种房屋并不多见，因为横墙间距大于 32m 的多层房屋毕竟很少很少。实际应用中有可能发生下列两种情况：

1. 房屋顶层横墙间距较大（如作礼堂等用），屋面采用屋架的承重方式，而其他各层采用大梁承重且横墙间距较密。这样，顶层可能属于刚弹性或弹性方案而其他各层为刚性方案。这种房屋可称为上柔下刚。

2. 底层由于使用功能要求如商店、食堂等横墙间距较大，超过刚性方案的范围，而以上各层则属于刚性方案，如作为住宅使用。这种房屋可称为上刚下柔。此时底层需用钢筋混凝土托墙梁来承受上部各层的荷载，包括墙重，有时还需设柱以满足使用功能。

对于上柔下刚房屋，顶层按单层刚弹性或弹性方案进行静力计算，空间性能影响系数 η 按屋盖类别确定。上下层交接处可只考虑其竖向荷载向下传递，不计固端弯矩。

上刚下柔房屋，在水平荷载下的底层内力可按图 7-19 所示计算。计算时考虑风荷载引起的整体弯矩和轴力。实测结果表明，这类房屋的侧移值比上下层空旷房屋的小得多，说明上层横墙对空间刚度发挥了作用。所以当底层按刚弹性方案考虑时，其 η 值可按第 1 类楼盖选用。底层横梁由于要承受较大的上部荷载，一般可以认为其刚度极大，底层的计算简图可简化为铰接排架，考虑空间性能影响系数 η 后柱顶的剪力 V 为：

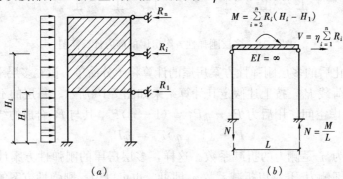

图 7-19　上刚下柔房屋静力计算简图

$$V = \eta \sum_{i=1}^{n} R_i$$

考虑到上刚下柔多层房屋有明显的刚度突变，在构造处理不当或偶发事件中存在着整体失效的可能，在《砌体体结构设计规范》GB 50003—2001 中已取消了该类结构方案。

7.5.4 底部框架结构房屋的静力计算

底部框架结构房屋一般是指底部一层或二层为钢筋混凝土框架结构承重、上部各层为砌体结构承重的多层砌体房屋。这一类建筑的底部为了满足大空间的使用要求而采用钢筋混凝土框架，其抗侧刚度较弱；上部一般作为办公楼、住宅等，其纵横墙布置比较密集，是按刚性方案布置的砌体房屋，其抗侧刚度很大。因此这一类房屋属于典型的上刚下柔多层砌体房屋，其静力计算应该分成两部分进行。

第一部分是上部砌体结构的计算。底部框架结构房屋的上部砌体墙按刚性方案布置，因此上部结构可以按照 7.3 节的方法进行静力计算。此时上部砌体的荷载通过承重的砌体横墙或纵墙向下传递，底部的框架梁将要承受上部墙体传来的竖向荷载。如果将框架梁上的墙体和上部传来的荷载视为作用在其上的荷载，不仅对底部框架的梁柱构件要求较高，而且会影响底部大空间的使用。试验研究结果表明，只要符合一定的条件，底部框架梁能够和上面的砌体墙形成组合构件共同工作，即墙梁的工作作用，使得结构的设计可以更经济、合理，因此底框房屋的上部砌体墙可以按照墙梁的有关要求进行设计。有关墙梁的具体受力分析和计算方法以及墙梁部分的墙体的构造要求可以详见本书 8.3 节。

第二部分是底部框架结构的计算。底部框架结构可按单层或二层框架的计算模型进行计算，框架梁和柱为刚接，底框的顶部框架梁主要承受上部多层砌体传来的竖向荷载，在其交接处可仅考虑沿砌体墙截面中心传递的荷载，顶部框架梁和墙体在满足一定条件下可按墙梁计算。在水平风荷载作用下，底部框架除了要承受作用于本身的风荷载之外，还应承受上部各层砌体累计的风荷载，即把上部多层砌体房屋承受的风荷载的总和作为水平线荷载作用在底部框架的顶梁标高处。除此之外，还应将上部多层砌体房屋视作刚体，将水平风荷载集中等效作用至刚体的形心来验算底部框架的抗倾覆能力。

由于底部框架结构房屋属于典型的上刚下柔房屋，其结构的竖向整体性较差，在水平荷载作用下、特别是地震作用下，底框部分就是明显的薄弱层，容易遭受破坏，因此在进行底部框架结构房屋设计时，仍应在底框适当部位设置一些抗侧墙，增加底框的抗侧刚度，增强结构的竖向整体性。

7.6 横墙在侧向荷载作用下的分析

横墙在确定砌体结构房屋的静力计算方案时起着重要的作用。房屋承受的水平荷载是通过楼（屋）盖的复合梁体系传递到横墙，然后由横墙传到基础。只有在弹性方案中，横墙对房屋的整体作用才显得不是十分重要。

横墙不仅要满足在水平和竖向荷载作用下的承载力要求，而且要满足较为严格的刚度要求。因为在刚性和刚弹性方案要求中，相对于房屋中部的平面单元（框、排架）而言，作为竖向悬臂构件的横墙的侧向变形极小，可以忽略，空间性能影响系数就是在这一前提下推导的。反之，如果横墙刚度很小，与平面单元相似，则在水平风荷载下，房屋将不存在空间作用。我国的实践经验和理论计算证明，在一般的房屋中，例如 7 层以下的房屋，横墙的强度和刚度是能够满足作为刚性和刚弹性方案房屋横墙的要求的，可不予计算。规范规定，满足下述要求的墙，可以认为是横向稳定结构。

1. 横墙中开有洞口时，洞口的水平截面面积不超过横墙截面面积的 5%。

2. 横墙的厚度不宜小于 180mm。

3. 单层房屋的横墙长度不宜小于其高度，多层房屋的横墙长度不宜小于 $\frac{H}{2}$（H 为横墙总高度）。

当横墙不能同时符合上述要求时，应对横墙的刚度进行验算，如在水平风荷载作用下其最大水平位移值 $u_{max} \leqslant \frac{H}{4000}$ 时，仍可视作刚性和刚弹性方案房屋的横墙。换言之，满足上述三项要求的横墙，其最大水平位移 u_{max} 将不超过 $\dfrac{H}{4000}$。

一般的砌体结构房屋都能满足上述三项要求，但有时第三项要求可能不满足，例如单边外廊式房屋，房屋跨度会比较小。即使这样的房屋，其横墙仍能满足刚度要求。因为上述三项要求中，并未规定横墙的间距，横墙间距愈大，其所受水平力也大。规范中的三项要求是指横墙间距很大者，实际上是指最大间距（对于 1 类楼盖，间距为 72m）。单边外廊式房屋的横墙间距一般不大，可能仅 3~12m。此时横墙间距的影响可能远大于横墙长度的影响，因此只需进行如下的简单换算就可确定其是否满足刚度要求。

在水平风荷载作用下要求横墙最大水平位移 $u_{max} \leqslant \dfrac{H}{4000}$，是考虑到一般排架的柱顶侧移约为 $\dfrac{H}{480} \sim \dfrac{H}{300}$。设取为 $\dfrac{H}{480}$，则无横墙的排架刚度与横墙刚度比 $\dfrac{C}{C_0} = \dfrac{480}{4000} = 0.12$。

设排架间距为 6m，由公式（7-10），当 $t = 0.03$（Ⅰ类屋盖），$L = 32m$ 时，按 $C_0 \to \infty$ 得 $\eta = 0.33$；按 $\dfrac{C}{C_0} = 0.12$ 得 $\eta = 0.46$，考虑到实测结果与理论计算的差异以及纵墙的有利影响，规范取值仍是比较合理的。苏联有些文献提出横墙最大水平位移控制值为 $\dfrac{H}{2000}$，按此限值求得的 $\eta = 0.55$，与我国规范列出的 η 值出入就较大。空间共同工作的效应就较小。

横墙的水平位移可以按照竖向悬臂梁在集中力作用下的变形进行计算，此时墙的总变形应是弯曲变形和剪切变形之和。设集中力为 P_1（如图 7-20），横墙的洞口面积不大于 70%，则有：

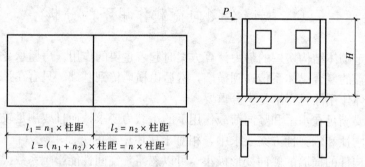

图 7-20　横墙的计算简图

$$u = \frac{P_1 H^3}{3EI} + \frac{P_1 H}{\xi GA} = \frac{P_1 H^3}{3EI} + \frac{P_1 H}{GA/2} = \frac{P_1 H^3}{3EI} + \frac{5P_1 H}{EA} \qquad (7\text{-}12)$$

如果有横墙端部还有纵墙，则应按工字形截面计算墙体的柔度。

式中　u——横墙顶端水平变位；

　　　H——横墙高度；

　　　E——砌体弹性模量；

　　　I——横墙的惯性矩，为简化计算近似地可取横墙毛截面，当横墙与纵墙连接时，可按工字形或匚形截面考虑，与横墙共同工作的纵墙部分的翼缘计算长度 s，每边可取 $s = 0.3H$；

　　　G——砌体的剪变模量，近似取 $G = 0.4E$；

ξ——考虑洞口影响的折减系数，取 $\xi = 0.5$。

P_1 值根据房屋的静力计算方案不同而不同。对于刚性方案有：

$$P_1 = \frac{n}{2}P = \frac{n}{2}(W+R) \tag{7-13}$$

式中　　n——与该横墙相邻的两横墙间的开间数；

$P = W + R$——作用于不动铰上的力；

$\quad\quad W$——每开间中作用于屋架下弦由屋面风荷载产生的集中力；

$\quad\quad R$——假定排架无侧移时每开间柱顶反力。

对于刚弹性方案有：

$$P_1 = \frac{nP}{2} - \frac{1}{6}n\eta P \tag{7-14}$$

横墙的水平变位也可根据其实际情况采用更准确的公式计算。在这方面近年来对高层建筑研究中发表的剪力墙计算有详细的介绍。

横墙的承载力在水平风荷载作用下一般都能满足要求。当需要核算时，可按公式 (5-86) 计算横墙的抗剪承载力。

7.7　墙、柱的计算高度

众所周知，柱的计算高度是根据其临界荷载大小与支承条件的变化关系推求的。三种静力计算方案墙、柱上端的支承条件不同，临界荷载不同，其计算高度也不同。根据弹性稳定理论，结合砌体结构的特点，并参照《混凝土结构设计规范》中的有关规定，在我国的砌体结构设计规范中，视房屋类别和构件支承条件等情况的不同，最后由表 7-8 来确定墙、柱的计算高度。

受压构件的计算高度 H_0

表 7-8

房屋类别			柱		带壁柱墙或周边拉结的墙		
			排架方向	垂直排架方向	$s > 2H$	$2H \geqslant s > H$	$s \leqslant H$
有吊车的单层房屋	变截面柱上段	弹性方案	$2.5H_u$	$1.25H_u$	$2.5H_u$		
		刚性、刚弹性方案	$2.0H_u$	$1.25H_u$	$2.0H_u$		
	变截面柱下段		$1.0H_0$	$0.8H_l$	$1.0H_l$		
无吊车的单层和多层房屋	单跨	弹性方案	$1.5H$	$1.0H$	$1.5H$		
		刚弹性方案	$1.2H$	$1.0H$	$1.2H$		
	两跨或多跨	弹性方案	$1.25H$	$1.0H$	$1.25H$		
		刚弹性方案	$1.1H$	$1.0H$	$1.1H$		
	刚性方案		$1.0H$	$1.0H$	$1.0H$	$0.45 + 0.2H$	$0.6s$

注：1. 表中 s 为房屋横墙的间距；H_0 为变截面柱的上段高度；H_l 为变截面柱的下段高度。

　　2. 对于上端为自由端的构件，$H_0 = 2H$。

　　3. 独立砖柱，当无柱间支撑时，柱在垂直排架方向的 H_0 应按表中数值乘以 1.25 后采用。

　　4. 自承重墙的计算高度，应根据周边支承或拉接条件确定。

表中 H 为构件高度。在房屋底层，它为楼板至构件下端支点的距离。该下端支点的位置，可取在基础顶面；当埋置较深时，可取在室内地面或室外地面下 $300\sim500\,\text{mm}$ 处。在房屋其他楼层，H 取楼板或其他水平支点间的距离。对于顶层山墙，H 取层高加山墙尖高度的 $1/2$；有壁柱的山墙则可取壁柱处的山墙高度。对于有吊车的房屋，当不考虑吊车作用时（包括无吊车房屋的变截面柱），变截面柱上段的计算高度 H_u 仍按表 7-8 的规定采用；但变截面柱下段的 H_0 则按下列规定采用：

1. 当 $\dfrac{H_u}{H}\leqslant\dfrac{1}{3}$ 时，取无吊车房屋的 H_0。

2. 当 $\dfrac{1}{3}<\dfrac{H_u}{H}<\dfrac{1}{2}$ 时，取无吊车房屋的 H_0 乘以修正系数 μ，$\mu=1.3-0.3\dfrac{I_u}{I_l}$（$I_u$ 为变截面柱上段的惯性矩，I_l 为变截面柱下段的惯性矩）。

3. 当 $\dfrac{H_u}{H}\geqslant\dfrac{1}{2}$ 当时，取无吊车房屋的 H_0。但在确定高厚比 β 时，采用上柱截面。

下面进一步说明表 7-8 中有关计算高度取值的依据。

对于高为 H，宽为 s 的不动铰支承的构件，相当于四边均有拉结的薄板，按弹性稳定理论可以求得

$$H_0=\frac{H}{1+\left(\dfrac{H}{s}\right)^2}$$

按上式计算，当 $\dfrac{s}{H}\leqslant1.0$ 时，$H_0<0.5H$；当 $\dfrac{s}{H}=2.0$ 时，$H_0=0.8H$；当 $\dfrac{s}{H}>3.5$ 时，$H_0>0.92H$。为偏于安全，规范中对于带壁柱墙或周边有拉结的墙（刚性方案时）规定：当 $s\leqslant H$ 时，取 $H_0=0.65H$；当 $s>2H$ 时，取 $H_0=1.0H$；当 $2H\geqslant s>H$ 时，为了与上述取值相衔接，取 $H_0=0.45s+0.2H$。

根据弹性稳定理论，图 7-21（a）所示排架的失稳，可用竖杆 AB 的稳定代替，竖杆 DC 和横梁 BC 对 AB 的作用，可用 B 点的弹性支承来反映（图 7-21b）。设弹簧刚度系数为 c，在临界状态下，AB 杆的变形如图 7-21（c）所示。弹簧反力 $R=c\Delta$（Δ 为侧移值）。

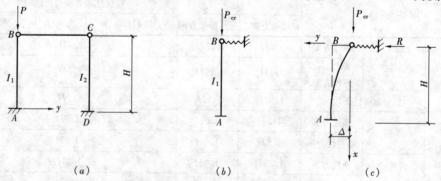

图 7-21　单跨排架柱的计算高度分析

任一截面的弯矩为：

$$M=Py-Rx=Py-c\Delta x \tag{7-15}$$

平衡微分方程为：

$$EI_1y''=-(Py-c\Delta x)$$

$$y''+k^2y=\frac{c\Delta}{EI_1}x \tag{7-16}$$

式中 $k = \sqrt{\dfrac{P}{EI_1}}$。解上式得：

$$y = A\cos kx + B\sin kx + \frac{cA}{P}x$$

有边界条件：$x = 0$，$y = 0$；$x = H$，$y = \Delta$，$y' = 0$。

代入公式中，可得 A、B、Δ 的系数行列式，系数行列式有解的条件为系数矩阵等于零，此即稳定特征方程：

$$D = \begin{bmatrix} 1 & 0 & 0 \\ \cos kH & \sin kH & \left(\dfrac{1}{P} - \dfrac{1}{c}\right) \\ k\sin kH & k\cos kH & \dfrac{1}{P} \end{bmatrix} = 0 \tag{7-17}$$

展开上式，并代入 $P = k^2 EI_l$，可得方程如下：

$$\tan kH = kH - \frac{(kH)^3 EI_1}{H^3 c} \tag{7-18}$$

当略去横梁轴向变形，刚度系数 c 即为另一侧竖杆的刚度：

$$c = \frac{3EI_2}{H^3} \tag{7-19}$$

如 $I_1 = I_2$，代入公式（7-18）有：

$$\frac{1}{3}(kH)^3 - kH + \tan kH = 0 \tag{7-20}$$

解得 $kH = 2.21$，故有：

$$P_{cr} = 4.88\frac{EI}{H^3} \approx \frac{\pi^2 EI}{(1.42H)^2} \tag{7-21}$$

这就是弹性方案单层单跨房屋计算高度取值的根据（规范取为 $H_0 = 1.5H$，见表 7-8）。对于刚弹性方案，空间性能影响系数为 η，对单层排架而言即为侧移折减系数。所以刚弹性方案的排架，上述公式中的弹簧刚度系数将为公式（7-19）的 $\dfrac{1}{\eta}$ 倍，即

$$c = \frac{3EI}{\eta H^3} \tag{7-22}$$

以此代入公式（7-18）有：

$$\frac{\eta}{3}(kH)^3 - kH + \tan(kH) = 0 \tag{7-23}$$

不同 η 值时，可解得相应的计算高度 μH。且当 $\eta \leqslant 0.6$，μ 值都在 1.2 以下，规范为简化起见，统一取 $H_0 = \mu H = 1.2H$（见表 7-8）是合适的。

7.8 墙-梁（板）的连接和约束

长期以来在砌体结构设计中墙-梁（板）的连接采用铰接，前面提到的几种静力计算方案的计算简图都是这样考虑的。目前世界上大多数国家也仍然采用这样的计算简图。它的优点是使计算简化，同时认为墙-梁（板）之间缺乏整体联系，墙在弯矩作用下可能出

现开裂，而形成塑性铰。国外对墙-梁（板）的连接作了不少试验，认为二者间的约束弯矩还是很大的。国际房屋文献委员会编写的《砌体结构设计和施工的国际建议》CIB58中，提出了允许采纳的三种约束方案：（1）刚性节点，（2）半刚性节点，（3）铰节点。但由于前二种节点的计算和试验方面的复杂性和不足，实际上主张采用第三种铰接方案，并认为它是保守的（更安全）。其约束弯矩是因假设的局部荷载（梁板传来）转动所引起，与我国规范规定的相同。我国也曾进行过这方面的试验和研究，其结果与国外的情况相同。通过试验表明，墙-梁（板）的节点约束与上部荷载有关，上部荷载愈大，约束愈大。如为三层建筑，底层节点的约束几近嵌固，而顶层则同铰接。图 7-22 为英国爱丁堡大学的实验结果，其中图（a）为墙厚 225mm，钢筋混凝土板厚 152mm，图（b）为墙厚 105mm，板厚 130mm。图（a）中上层引起的压应力达 0.3N/mm^2 时，约束相当为 80% 的嵌固状况，图（b）当压应力达 1.6N/mm^2 时，约束相当于 50% 的嵌固状况。

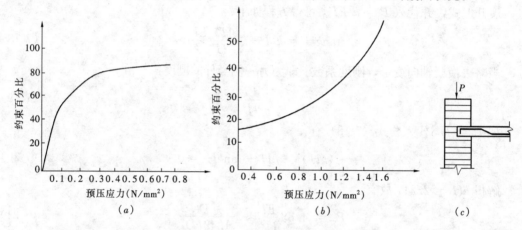

图 7-22　墙-板节点约束与预压应力

英国 Hendry 和 Awni 提出当考虑嵌固约束后承重墙偏心距 e 的计算公式：

$$\frac{e}{h} = \frac{\overline{M}}{P_\text{L} h [(1+\psi)(1+\overline{\beta})R + \overline{K}/R]} \tag{7-24}$$

式中　　　　　　h——墙厚；

　　　　　　　　q——楼板上的均布荷载；

　　　　　　　　$\overline{M} = \dfrac{qL^2}{12}$；

　　　　　　　　$\psi = \dfrac{P_\text{u}}{P_\text{L}}$；

　　　　　P_L——楼板节点处以下的全部荷载，相当于上部荷载和局部荷载总和；

　　　　　P_u——楼板节点处以上的荷载，即上部荷载；

　　　　　　R——与荷载偏心，墙长细比与曲率形式有关的系数，根据试验结果和理论推导建议取 $R=2.345$（无开裂断面）；$R=1.275$（开裂断面）；

$\overline{K} = (2EI)_\text{s} H/(EI)_\text{w} L$——系数，是楼板与墙的相对刚度比值；其中下标 s 指楼板，w 指墙，H 为墙高，L 为梁板跨度。

β——节点刚度系数，$\bar{\beta} = \dfrac{2(EI)_s}{\beta L}$；

$\theta_j = \theta_s - \theta_w$——节点的整体转角，其中$\theta_s$为板转角，$\theta_w$为墙转角。

如果是嵌固端，则有$\theta_j = 0$，$\beta = \infty$，$\bar{\beta} = 0$，则公式（7-24）可以简化为：

$$\frac{e}{h} = \frac{\overline{M}}{P_L h[(1+\psi) + \overline{K}/R]} \tag{7-25}$$

设一多层建筑的底层，$P_u \approx P_L$，则$\psi \approx 1$，$R = 2.345$，$\overline{M} = \dfrac{qL^2}{12}$，设$P_L = \xi ql$，$H = 0.5L$，$\dfrac{I_s}{I_w} \approx 1$，$\dfrac{E_s}{E_w} = 15$，$\overline{K} = 15$，代入公式(7-25)，有：

$$\frac{e}{h} = \frac{\dfrac{ql^2}{12}}{\xi qlh\left[2 + \dfrac{15}{2.345}\right]} = \frac{1}{12 \times 8.4} \times \frac{L}{\xi h} = \frac{L}{100\xi h}$$

故

$$e = 0.01\frac{L}{\xi}$$

ξ随层数的增加而增加，当为顶层时$\xi = 0.5$，则$e = 0.02L$；当为两层时，$\xi = 1.5$；$e = 0.007L$；当为5层时，$\xi = 3.5$，$e = 0.003L$；如果$L = 6m$，则e值分别为：120、42和18mm。可见对于底层，即使为嵌固对偏心距的影响也不大。对于跨度大的梁，其引起的偏心距可能大些，但此时$\dfrac{I_s}{I_w}$值也可能大些。顶层的偏心距虽大些，但实际上由于节点不是嵌固的，因此实际偏心距会远小于计算值。

综上所述，考虑嵌固约束的节点，其偏心距计算值在一般情况下，不一定大于按目前规定为铰接、并按此来考虑梁板荷载引起的偏心影响的计算方法的结果。长期的实践证明，在目前可靠度的取值情况下，按铰接的简化计算方法可以保证墙-梁（板）节点以及墙承载能力的安全。

我国在进行局部受压的试验时，同时观察了梁端约束，发现除前述的约束弯矩与梁的跨度有关外还与下列情况有关：

1. 梁端约束的大小和墙的上部荷载有关。上层传来的荷载愈大，约束也愈大，约束弯矩也愈大。但当上部荷载到达一定较大值时，此时墙体发生塑性变形，约束减小。此值约相当于墙体应力达到$0.3f_m \sim 0.4f_m$。

2. 梁端约束还与本层大梁的荷载有关。本层荷载愈大，梁下墙体发生塑性变形愈大，梁与墙的上部发生局部脱开，减小了约束。当梁下发生局压破坏时，约束完全不存在。

3. 约束弯矩还与梁的搁置长度有关。当梁完全伸入墙内时，约束最大。当梁搁置长度很小，几乎完全没有时，可以想象此时梁的约束弯矩也完全没有。我们以M表示梁产生的固端弯矩，M_y为梁端约束弯矩，即梁端实际存在的弯矩，M_1为梁端按框架分析所得的弯矩，哈尔滨建筑大学用有限元分析的办法代替试验对此进行了计算，其计算结果早在《砌体结构设计规范》GB 50003—2001中已经反映。在有限元计算中以上部荷载作为主要因素，梁跨度作为另一因素，梁的搁置长度为全部墙长。现用系数$\mu = M_y/M_1$表示约束的程度。当其值为1时，表示完全的约束；为0时表示不存在约束，梁端为铰接。计算所得的结果见表7-9所示。

梁端约束程度系数 μ					表 7-9
正应力 σ/f	梁跨 5.4m	梁跨 9m	正应力 σ/f	梁跨 5.4m	梁跨 9m
0	0.04	0.06	0.3	0.449	0.363
0.1	0.28	0.182	0.4	0.511	0.467
0.2	0.378	0.268			

当把上述的框架弯矩 M_1 直接改用固端弯矩 M，梁端实际约束弯矩与其的比值用约束系数 γ 表示，其近似值见表 7-10 所示。

梁端约束系数 γ					表 7-10
正应力 σ/f	梁跨 5.4m	梁跨 9m	正应力 σ/f	梁跨 5.4m	梁跨 9m
0	0.013	0.03	0.3	0.146	0.166
0.1	0.091	0.083	0.4	0.166	0.214
0.2	0.123	0.122			

从表 7-9 的数值上看，梁端约束弯矩值似乎不小，几乎达到框架梁端弯矩的 40% 左右。当已知墙上的荷载 P 值和梁端按框架计算的弯矩时，梁端实际约束弯矩可得：

$$M_y = \mu M_1$$

为简化计算和安全起见，参考表中的数值，μ 值可取较大值 0.4。此时墙体上部正应力约是 35% 的砌体抗压强度，其值几乎达到抗压设计的临界状态。考虑到按框架计算梁的弯矩比较复杂，为简化计算起见，在规范中采用梁的固端弯矩来代替框架弯矩，近似的采用：

$$M_y = \mu M_1 = \gamma M$$

γ 值取为 0.2。实际上相当于取 $M_1 = 0.5M$，也就是说在实用计算时，当梁全部伸入墙柱内时，由于约束引起的梁端弯矩约为 20% 的固端弯矩。

$$M_y = 0.2M$$

一般说来对于跨度较大的梁，梁的搁置长度总是较长的，全部伸入墙柱内。但考虑到当不是全部伸入时的情况，规范采用下述表达式来反映其影响：

$$\gamma = 0.2\sqrt{\frac{a}{h}}$$

式中　a——梁端实际支承长度；

　　　h——支承墙体的墙厚，当变截面上下墙厚不同时取下部墙厚，当有壁柱时取 h_T。

　　　当 $a=h$ 时，$\gamma=0.2$；当 $a=h/2$ 时，$\gamma=0.14$；当 $a=0$ 时，$\gamma=0$。

对于多层房屋，墙体由于梁端约束产生的弯矩还尚应根据墙体线刚度比例来求得上层墙底和下层墙顶的弯矩。当上下墙线刚度相等时，墙底分配的弯矩约为梁端弯矩的 1/2。也即为上述固端弯矩的 1/10。规范规定当梁跨度大于 9m 时，才需要进行上述计算，否则不需考虑。经过实际计算表明当梁跨为 9m 时，上述看来很大的约束弯矩并不一定大于采用铰支计算的计算方案。因为在铰支计算时，规范规定还须考虑本层竖向荷载对墙柱的实际偏心影响。其偏心距为：

$$e = 0.5h - 0.4a_0$$

式中　h——墙厚；

　　　a_0——梁端有效支承长度。

设 N_l 为本层竖向荷载，则由于其偏心对下层墙体引起的弯矩为：

$$M_l = N_l(0.5h - 0.4a_0)$$

均布荷载时，$N_l = 0.5qL$，梁端的固端弯矩应该为：

$$M = 0.0833qL^2 = 0.167N_l L$$

梁端实际弯矩 $M_y = 0.2M = 0.0334N_l L$，设上下墙柱的线刚度相等，则墙柱分配得到的弯矩就为：

$$M_l = 0.0167N_l L$$

设这二个 M_l 相等，则有：

$$0.5h - 0.4a_0 = 0.0167L$$

$$L = 0.5h - 0.4a_0/0.0167 = 60 \times (0.5h - 0.4a_0) = 30h - 24a_0$$

当 L 大于 $(30h - 24a_0)$ 时，说明梁的约束弯矩影响大于铰接时的偏心弯矩影响，反之则小于铰接时的偏心弯矩影响。对于梁跨在 9m 以上较大的梁，其全支承长度和折算墙厚一般都有 490mm 以上。梁端有效支承长度按梁高 h_c 为 900mm，砌体抗压设计强度 f 以 2MPa 计：

$$a_0 = 10(h_c/f) = 10 \times (900/2)^{0.5} = 212\text{mm}$$

$$30h - 24a_0 = 14700 - 5040 = 9660\text{mm} = 9.61\text{m}$$

此值已经大于前述假设梁的跨度 9m，意味着对这种情况计算所得的墙柱约束弯矩影响小于按铰接计算的偏心弯矩；当梁的支承长度不是全长时，如 370mm，则可算得 $\gamma = 0.17$，更是如此。当墙柱厚度为 370mm 时，经计算所得的墙柱约束弯矩影响则要大于铰接的偏心弯矩。一般来说，跨度在 9m 以上的梁多采用有壁柱的墙柱体系，其墙柱厚度基本都在 490mm 以上。但为安全起见，规范对 9m 以上的梁应按上述规定进行计算的要求还是合适的。最后需指出的是，随着我国经济的快速发展和国力的不断增强，以及我国大部分地区抗震设防要求的不断提高，对于砌体结构中较大跨度梁的支承，设计者大多都采用组合砖柱结构或钢筋混凝土结构，而无筋砌体结构几乎已很少采用。

参 考 文 献

[7-1] 砖石结构设计规范修订组. 关于《砖石结构设计规范》的静力计算问题. 建筑结构. 1975(4).

[7-2] 辽宁工业建筑设计院.《砖石结构设计规范》GBJ3—73 简介. 建筑结构，1975(4).

[7-3] 砖石及钢筋砖石结构设计暂行指示 $\frac{Y—57—51}{\text{МСПТИ}}$. 北京：重工业出版社，1953.

[7-4] 砖石及钢筋砖石结构设计标准及技术规范 НиТУ120—55. 周承渭译. 北京：建筑工程出版社，1959.

[7-5] 砖石结构设计规范 GBJ3—73. 北京：中国建筑工业出版社，1973.

[7-6] 钱义良. 砌体结构设计中的若干问题(25-28). 建筑结构，1994(7).

[7-7] 钱义良. 砌体结构设计中的若干问题(29-32). 建筑结构，1994(8).

[7-8] 施楚贤. 砌体结构设计的基本规定. 建筑结构，2003(3).

[7-9] 辽宁省工业建筑设计院技术情报组译.《砖石及钢筋砖石结构设计标准及技术规范》(СНиП Ⅱ-В、2-71). 辽宁省工业建筑设计院技术情报组译. 国家建委建筑科学研究院建筑情报研究所，1973.

[7-10] Каменные и Армокаменные конструкции Нормы Проектирования СНиП Ⅱ-22-81. Москва：1983.

[7-11] 王光远. 考虑空间作用时单层工业厂房动力及静力计算理论. 土木工程学报. 1963(1).

[7-12] 刘季等. 多层房屋的空间作用问题. 砌体结构研究论文集. 长沙：湖南大学出版社，1989.

[7-13] 刘季等. 多层砖石结构房屋空间作用的实测与分析. 砌体结构研究论文集. 长沙：湖南大学出版社，1989.

[7-14] 砌体结构设计规范 GBJ3—88. 北京：中国建筑工业出版社，1988.

[7-15] T.φ.库兹涅佐夫. 板材式及骨架-板材式结构的民用房屋设计指南. 北京：中国工业出版社，1965.

[7-16] 南京工学院土木系建筑结构工程专业教研组. 简明砖石结构. 上海：上海科学技术出版社，1981.

[7-17] Arnold W. Hendry. Structural Brickwork. London：Macmillan Press，1981.

[7-18] 魏兆正等. 多层砖石及大板式结构房屋整体空间有限元法计算. 建筑结构，1983(2).

[7-19] 陈肇元等. 多层混合结构中梁板的嵌固作用. 建筑结构学报，1986(2).

[7-20] 吕慧慧等. 上部荷载作用下单跨单向板的板端砌体局部压应力分布研究. 新型砌体结构体系与墙体材料-工程应用(上册). 北京：中国建筑工业出版社，2010.

[7-21] International Recommendations for Masonry Structures. GIB Report，Publication 58. 1980.

[7-22] 唐岱新等. 混合结构房屋墙体计算简图的研究，哈尔滨工业大学学报，2000 年 10 月.

[7-23] 砌体结构设计规范 GB 50003—2001. 北京：中国建筑工业出版社，2002.

[7-24] 孙伟民等. 多层混合结构房屋承重纵墙计算模式研究. 东南大学学报，1999 年 7 月.

[7-25] 砌体构设计规范 GB 50003—2011. 北京：中国建筑工业出版社，2011.

[7-26] 罗宇，孙伟民. 多层混合结构房屋承重纵墙计算模式试验研究. 砌体结构与墙体材料基本理论和工程应用. 上海：同济大学出版社，2005.

第八章　圈梁、过梁、墙梁和挑梁

圈梁、过梁、墙梁和挑梁是砌体结构中常采用的构件。它们的设置及计算又与墙体有着密切的关系，较之其他构件具有一定的特殊性。本章主要论述这些构件的受力性能和设计方法。

8.1　圈　梁

8.1.1　房屋中圈梁设置的部位

在房屋的墙中设置钢筋混凝土圈梁或钢筋砖圈梁，可以增强房屋的整体刚度，防止由于地基的不均匀沉降或较大振动荷载等对房屋引起的不利影响。在房屋的基础顶面和檐口部位设置圈梁，对抵抗不均匀沉降的效果好。通常按地基情况、房屋的类型、层数以及所受的振动荷载等条件来决定圈梁设置的位置和数量。

一、建筑在软弱地基或不均匀地基上的砌体房屋，应按国家现行《建筑地基基础设计规范》和下述的规定设置现浇钢筋混凝土圈梁。

二、在空旷的单层房屋中，如厂房、仓库及食堂等，应按下列规定设置圈梁：

1. 砖砌体房屋：檐口标高为 5～8m 时，应在檐口标高处设一道圈梁；檐口标高大于 8m 时，应增加设置数量。

2. 砌块及料石砌体房屋：檐口标高为 4～5m 时，应在檐口标高处设一道圈梁；檐口标高大于 5m 时，应增加设置数量。

在有吊车或较大振动设备的单层工业房屋中，当未采取有效的隔振措施时，除设置在檐口或窗顶标高处，尚应在吊车梁标高处或其他适当位置增设。

三、在多层砌体民用房屋中，如住宅、办公楼等，且层数为 3～4 层时，应在底层、檐口标高处设一道圈梁；4 层以上时，除应在底层和檐口标高处各设置一道圈梁外，至少应在所有纵、横墙上隔层设置。

对多层砌体工业房屋，应每层设置现浇钢筋混凝土圈梁。

设置墙梁的多层砌体房屋，应在托梁、墙梁顶面和檐口标高处设置现浇钢筋混凝土圈梁。

8.1.2　圈梁的构造要求

为了使圈梁能较好地发挥上述作用，还对圈梁进一步提出了下列要求。

一、圈梁宜连续地设在同一水平面上，并形成封闭状。在房屋中，圈梁往往被门窗洞口截断，此时应在洞口上部增设相同截面的附加圈梁，其

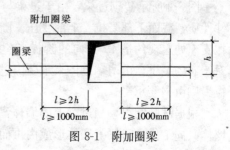

图 8-1　附加圈梁

要求如图 8-1 所示。

二、纵、横墙交接处的圈梁应有可靠的连接，如设置附加钢筋予以加强（图 8-2）。工程上一般将圈梁伸入横墙 1.5～2m，其间距应符合表 7-1 对横墙间距的规定。

在刚弹性和弹性方案房屋中，圈梁应与屋架、大梁等构件可靠连接，如在屋架或大梁端部伸出钢筋与圈梁内的钢筋搭接。

三、钢筋混凝土圈梁最大长度，可按钢筋混凝土结构伸缩缝最大间距考虑。圈梁的高度不应小于 120mm，宽度宜与墙厚相同，当墙厚 $h \geqslant 240$mm 时，宽度不宜小于 $2h/3$。圈梁内的纵向钢筋不应少于 $4\phi10$，绑扎接头的搭接长度 l_c 按受拉钢筋的要求确定，箍筋间距不应大于 300mm。

四、圈梁兼作过梁时，过梁部分的配筋应按计算用量另行增加。

五、采用现浇钢筋混凝土楼、屋盖的多层砌体结构房屋，当层数超过 5 层时，除在檐口标高处设置一道圈梁外，可隔层设置圈梁，并与楼、屋面板一起现浇。未设置圈梁的楼面板嵌入墙内的长度不应小于 120mm，并沿墙长配置不少于 $2\phi10$ 的纵向钢筋。

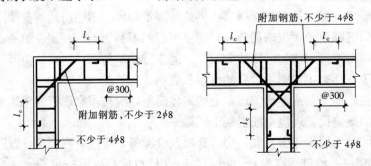

图 8-2 纵横墙交接处圈梁配筋

8.2 过 梁

为了承受门、窗洞以上的砌体自重以及楼板传来的荷载，常在洞口顶部设置过梁。常用的过梁有钢筋混凝土过梁、砖过梁和钢筋砖过梁。砖过梁的形式有砖砌平拱和砖砌弧拱。砖砌过梁具有节约钢材和水泥的优点，但其使用的跨度受到限制。砖砌平拱的跨度不应超过 1.2m，钢筋砖过梁的跨度不应超过 1.5m。此外，在有较大振动荷载或可能产生不均匀沉降的房屋中，不允许采用砖砌过梁，而应采用钢筋混凝土过梁。

8.2.1 过梁上的荷载

图 8-3 所示砖砌过梁，由于过梁与其上部墙体共同工作，当荷载较小时，呈现受弯构件性质，截面下部受拉、上部受压。随着荷载的增加，先在跨中受拉区出现竖向裂缝，后在支座处出现约呈 45°方向的阶梯形裂缝。当荷载再继续增大，跨中竖向裂缝不再发展，对于砖砌平拱，由两端砌体来承受因过梁下部的拉力而产生的推力；对于钢筋砖过梁，该拉力则由钢筋承受。

根据试验结果，当过梁上的墙体高度 h_w 达过梁净跨度（l_n）的二分之一时，过梁与墙体共同工作，过梁上墙体形成内拱而产生卸荷作用，一部分墙体荷载直接传给支座。当

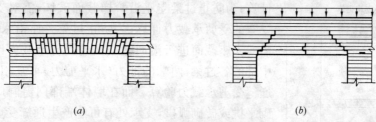

图 8-3 砖砌过梁的破坏
(a) 砖砌平拱；(b) 钢筋砖过梁

过梁上的墙体高度 $h_\mathrm{w} > l_\mathrm{n}/3$ 时，过梁上的墙体荷载始终接近 45°三角形范围内的墙体自重，即不超过相当于 $l_\mathrm{n}/3$ 高度的墙体自重。过梁与墙体的共同工作，也为在过梁上的墙体高度 h_w 处施加外荷载的试验证实。当 h_w 达 $0.8l_\mathrm{n}$ 时，过梁跨中挠度亦增加很小。根据过梁的上述受力性能，过梁的荷载，按下列规定采用。

一、墙体荷载

1. 对砖砌墙体，当过梁上的墙体高度 $h_\mathrm{w} < l_\mathrm{n}/3$ 时，按墙体的均布自重采用；当 $h_\mathrm{w} \geqslant l_\mathrm{n}/3$ 时，取高度为 $l_\mathrm{n}/3$ 墙体的均布自重（图 8-4a）。

2. 对小型砌块墙体，当 $h_\mathrm{w} < l_\mathrm{n}/2$ 时，按墙体的均布自重采用；当 $h_\mathrm{w} \geqslant l_\mathrm{n}/2$ 时，取高度为 $l_\mathrm{n}/2$ 墙体的均布自重（图 8-4b）。

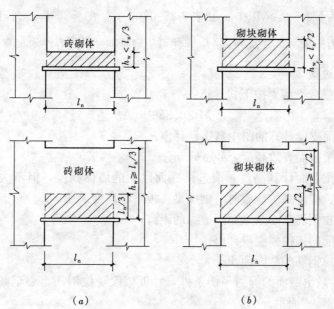

图 8-4 过梁上的墙体荷载

二、梁、板荷载

这里所说的梁、板荷载，常指房屋中由楼盖或屋盖传给过梁上的荷载。

对砖砌体和小型砌块墙体，当梁、板下的墙体高度 $h_\mathrm{w} < l_\mathrm{n}$ 时，应计入梁、板传来的荷载；当 $h_\mathrm{w} \geqslant l_\mathrm{n}$ 时，可不考虑梁、板荷载（图 8-5）。

8.2.2 过梁的承载力计算

由过梁的破坏特征可知，为防止过梁跨中截面的受弯破坏，需进行正截面受弯承载力

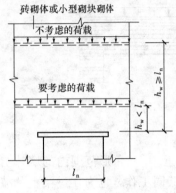

砖砌体或小型砌块砌体

不考虑的荷载

要考虑的荷载

$h_w \geqslant l_n$

$h_w < l_n$

l_n

图 8-5 过梁上的梁、板荷载

计算；为防止过梁支座沿阶梯截面破坏，需对支座截面进行受弯的受剪承载力计算；为防止过梁支座沿水平灰缝滑动，需对支座截面进行沿通缝截面的受剪承载力计算。在墙体中部的各过梁，两端的推力（水平剪力）可互相抵消，不必作通缝受剪承载力验算。而在墙体端部门窗洞口上设置的砖砌平拱或砖砌弧拱，支承处有可能产生通缝受剪破坏，此时，按公式（5-86）计算。

一、砖砌平拱

跨中正截面受弯承载力，按公式（5-81）计算。由于过梁两端墙体的抗推力作用，提高了过梁沿通缝的弯曲抗拉强度，计算时可将 f_{tm} 取为沿齿缝截面的弯曲抗拉强度。

支座截面受剪承载力，按公式（5-82）计算。

对于简支过梁，截面的内力 $M = pl_n^2/8$，$V = pl_n/2$。如取过梁截面计算高度 $h = l_n/3$，则由公式（5-81）和公式（5-82），可求得砖砌平拱按受弯和受剪承载力确定的容许均布荷载 p_M 和 p_V：

$$p_M = \frac{4}{27} b f_{tm}, \quad p_V = \frac{4}{9} p f_{v0}$$

当砂浆强度等级为 M2.5～≥M10 时，由表 3-23 可知，$f_{tm}/f_{v0} \approx 2$，p_M 总小于 p_V。因而设计时只需作受弯承载力计算，即按 $p_M = \frac{4}{27} b f_{tm}$，便可确定砖砌平拱的容许均布荷载设计值。

二、钢筋砖过梁

跨中正截面受弯承载力按下式计算：

$$M \leqslant 0.85 h_0 f_y A_s \tag{8-1}$$

式中　M——按简支梁计算的跨中弯矩设计值；

　　　h_0——过梁截面有效高度，$h_0 = h - a_s$；

　　　h——过梁截面计算高度，取过梁底面以上的墙体高度，但不大于 $l_n/3$；当考虑梁、板传来的荷载时，则按梁、板下的高度采用；

　　　a_s——受拉钢筋重心至截面下边缘的距离；

　　　f_y——钢筋的抗拉强度设计值；

　　　A_s——受拉钢筋的截面面积。

公式（8-1）系由截面的静力平衡条件，并近似取受拉钢筋重心至截面受压区合力作用点的距离为 $0.85 h_0$ 而得。

支座截面的抗剪承载力，按公式（5-82）计算。

三、钢筋混凝土过梁

作用于钢筋混凝土过梁上的荷载，亦由第 8.2.1 节所述方法确定，然后按钢筋混凝土受弯构件进行承载力计算。过梁端支承处砌体的局部受压，按公式（5-63）计算。由于过梁与上部墙件的共同工作，梁端变形极小，因而在按公式（5-63）计算时，可不考虑上部荷载的影响，即取 $\psi = 0$，且取 $\eta = 1$，$\gamma = 1.25$，$a_0 = a$。

在第 8.3 节中，我们要论述墙梁的受力性能及其计算方法。由于过梁与墙梁尚未有明确的定义，如何区分这两类构件有时是比较困难的，但可以肯定，对于有一定高度墙体的钢筋混凝土过梁，它与墙梁中的托梁的受力性能相同。当钢筋混凝土过梁按受弯构件计算，如遇需要考虑梁、板荷载，且该荷载较大时，由于没有考虑墙体与过梁的组合作用，过梁的配筋将偏多。因此当钢筋混凝土过梁跨度较大且梁、板荷载较大时，建议按墙梁的方法进行计算。

8.2.3 过梁的构造要求

砖砌过梁截面计算高度内的砂浆不宜低于 M5（Mb5、Ms5）。

砖砌平拱用竖砖砌筑部分的高度不应小于 240mm。

钢筋砖过梁底面砂浆层内设置钢筋，直径不应小于 5mm，间距不宜大于 120mm。钢筋伸入支座砌体内的长度不宜小于 240mm，并带弯钩。底面砂浆层一般采用 1∶3 水泥砂浆，厚度不宜小于 30mm。

钢筋混凝土过梁端部的支承长度，不宜小于 240mm。

8.3 墙 梁

8.3.1 概述

在多层民用与工业建筑中，为满足使用要求，往往要求底层有较大的空间，如底层为商店、上层为住宅的商店-住宅，及底层为饭店、上层为旅馆的饭店-旅馆等房屋，当采用砌体结构时，常在底层的钢筋混凝土楼面梁（称托梁）上砌筑砖墙，它们共同承受墙体自重及由屋盖、楼盖等传来的荷载。这种由支承墙体的钢筋混凝土托梁及其以上高度范围内的墙体所组成的组合构件，称为墙梁。它与钢筋混凝土框架结构相比较，具有节省钢材和水泥，造价低等优点。

墙梁分为承重墙梁和自承重墙梁。既承受墙体自重又承受由屋盖、楼盖等传来的荷载的墙梁，称为承重墙梁。根据其支承情况，有简支墙梁、框支墙梁和连续墙梁等，如图8-6所示。仅承受墙体自重的墙梁，称为自承重墙梁，如在工业建筑的围护结构中用基础梁、连系梁作托梁，并在托梁上砌筑砖墙，应用较为广泛。自承重墙梁的支承情况有的为简支，有的为连续。

本节除介绍已有的墙梁计算方法外，还重点论述我国对墙梁受力特性的研究成果和计

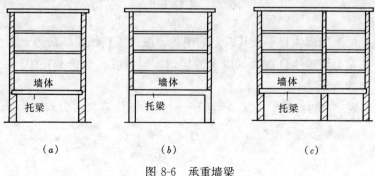

图 8-6 承重墙梁

（*a*）简支墙梁；（*b*）框支墙梁；（*c*）连续墙梁

算方法。

8.3.2 墙梁的几种计算方法

在国内外，已对墙梁提出了多种计算方法，现择其主要的简述如下。

一、全荷载法

将托梁视为一个独立构件，假定托梁上的全部墙体自重和屋盖、楼盖荷载均匀地直接作用在该托梁上。显然托梁承受的弯矩相当大，按这种方法，不但托梁截面尺寸大，且耗用钢材多。这种方法虽不被规范采纳，但时有用来估算托梁的截面尺寸。

二、弹性地基梁法

早在20世纪30年代，苏联学者 Жемочкии 发表了《弹性地基上无限长梁的计算》，

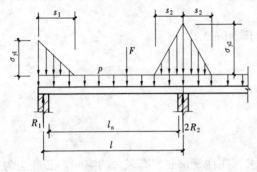

随后 Онищик、Пильдищ 等人对此方法作了一些简化和试验研究，并将它用于墙梁的计算中。弹性地基梁法的基本概念是将墙砌体视作托梁的半无限弹性地基，托梁是在支座反力作用下的弹性地基梁。按弹性理论平面应力问题，解得墙体与托梁界面上的竖向压应力，简化为三角形分布，以此作为通过墙体作用在托梁上的荷载，然后求得托梁的弯矩和剪力，按钢筋混凝土受弯构件计算托梁截面。

图 8-7 按弹性地基梁法的计算简图

当托梁上墙砌体高度大于或等于托梁跨度时，按该法托梁上的荷载为（图8-7）：

1. 托梁自重和直接作用在托梁上的楼盖或其他荷载，按均布荷载 p 或集中力 F 考虑。
2. 托梁上墙砌体自重及其以上的楼盖、屋盖和其他荷载，按三角形分布的荷载作用于托梁支座附近。

对于边支座

$$\sigma_{y1} = 2.14 \frac{R_1}{h_0} \tag{8-2}$$

$$s_1 = 0.93 h_0 \tag{8-3}$$

对于中间支座

$$\sigma_{y2} = 1.26 \frac{R_2}{h_0} \tag{8-2a}$$

$$s_2 = 1.57 h_0 \tag{8-3a}$$

式中　R_1——托梁上墙砌体自重及其以上的楼盖、屋盖或其他荷载在边支座产生的反力；

R_2——托梁上墙砌体自重及其以上的楼盖、屋盖或其他荷载在中间支座产生的反力的二分之一。

上述公式的推导，可参阅第5.2.4节中关于垫梁的计算。由公式（5-58），托梁的折算高度为：

$$h_0 = 0.9 h_b \sqrt{\frac{E_c}{E}} \tag{8-4}$$

式中　h_b——托梁的高度。

按图 8-7，在计算托梁的弯矩时，取计算跨度 $l=1.05l_n$；计算剪力时，取净跨 l_n。

上述荷载的取值与一些试验结果较吻合。如图 8-8 所示墙梁，在顶部施加均布荷载，根据墙体最下一皮砖的变形（托梁顶面的变形）的实测结果，求得在托梁顶面的竖向应力的近似分布。托梁支座处的竖向应力显著增加，而在跨中，其竖向应力几乎降至零。按理，上述竖向应力的分布是对称的，但由于材料的不均匀等因素的影响，因而实际试验中难以得到上述理想结果。

在苏联《砖石和配筋砖石结构设计规范》СНиП11—22—81 中，正式列入了墙梁的计算内容，其基

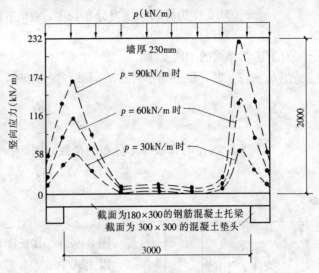

图 8-8 托梁顶面的实测竖向应力

本依据也就是这里所述的弹性地基梁法。该规范在确定作用于托梁上的墙砌体自重及其上部的楼盖、屋盖或其他荷载时，还考虑了托梁支座长度（窗间墙宽度）b_{sup} 的影响。

对于连续墙梁的边支座和单跨墙梁的支座，取三角形分布的荷载（图 8-9a），则

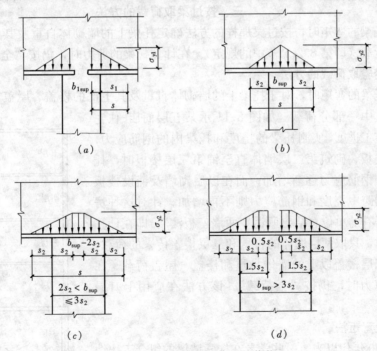

图 8-9 墙梁支座上作用的荷载

$$\sigma_{y1}=\frac{2R_1}{(b_{1sup}+s_1)\ h} \tag{8-5}$$

$$s=b_{1sup}+s_1 \tag{8-6}$$

式中 b_{1sup}——托梁支座部分长度，但不大于 $1.5h_b$；

s_1——从支座边算起的压力分布长度，$s_1=0.9h_0$；

h——墙厚。

对于连续墙梁的中间支座：

当 $b_{sup}≤2s_2$ 时，取三角形分布的荷载（图 8-9b），则

$$\sigma_{y2}=\frac{4R_2}{(b_{sup}+2s_2)\ h} \tag{8-5a}$$

当 $2s_2≤b_{sup}≤3s_2$ 时，取梯形分布的荷载（图 8-9c），则

$$\sigma_{y2}=\frac{2R_2}{b_{sup}h} \tag{8-5b}$$

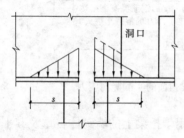

图 8-10　有门窗洞口时墙梁支座上作用的荷载

当 $b_{sup}>3s_2$ 时，公式（8-5b）中的 b_{sup} 以 $b_{2sup}=3s_2$ 代替（图 8-9d），其长度自窗间墙边算起每边各长 $1.5s_2$。

以上式中 $s_2=1.57h_0$。

当遇有门窗洞口时，可将洞口部分的荷载换算成等值的平行四边形荷载，将其附加在无洞口处的荷载图形上，如图 8-10 所示。

在我国，也曾采用弹性地基梁法。但应看到，该法在计算托梁时未考虑墙体与托梁的共同工作是其主要缺点。

三、按过梁取荷载的方法

在计算托梁的弯矩时，按过梁那样的方法确定托梁上的墙砌体自重及其上部的楼盖、屋盖或其他荷载（即第 8.2.1 节中的规定）。在计算托梁的剪力时，仍按"全荷载法"。

四、按经验取荷载的方法

在计算托梁的弯矩时，对于托梁上的墙砌体自重及其上部的楼盖、屋盖或其他荷载，根据经验取其中一部分荷载。如图 8-11 示某五层商店-住宅房屋，随着施工进度，实测托梁的挠度和托梁内的钢筋应力。在铺第一层楼板、砌筑第二层墙体直至铺第三层楼板时，托梁跨中挠度和钢筋应力逐渐增加；而在以后砌墙及铺设楼板的过程中，梁跨中挠度和钢筋应力则不再增加。针对这种房屋中的墙梁，有的单位总结出所谓"两墙三板法"。即在计算托梁的弯矩时，只取两层墙体的自重和三层楼盖传来的荷载，而不考虑第三层楼盖以上的墙体自重和楼盖、屋盖荷载。在计算托梁的剪力时，仍按"全荷载"。该方法在应用上有局限性。

五、当量弯矩法

20 世纪 50 年代以来，一些学者在探索墙梁的组合工作性能。如 50 年代初 Woods 等人在试验的基础上提出当量弯矩法，即墙梁承受的弯矩为简支梁弯矩乘以当量系数。Woods 的研究认为，对于无洞口或跨中有洞口的墙梁，承受的当量

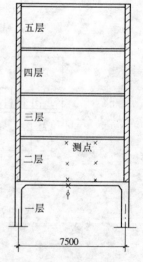

图 8-11　某五层商店-住宅房屋中的墙梁

弯矩可取 $\dfrac{Fl}{100}$；在靠近支座设有门窗洞口的墙梁，承受的当量弯矩可取 $\dfrac{Fl}{50}$ $\left(\text{简支梁弯矩为}\dfrac{Fl}{8}\right)$。随后，Stafford 和 Smith 引入一个特征参数，反映墙体和托梁的抗弯刚度对托梁弯矩的影响，当墙梁的高跨比大于或等于 0.6 时，托梁内的最大弯矩为：

$$M_{max}=\frac{Fl}{4\left(\dfrac{Ehl^3}{E_c I_c}\right)^{\frac{1}{3}}} \tag{8-7}$$

并提出了墙梁其他内力的计算公式：

梁内最大拉力：

$$N=\frac{F}{3.4} \tag{8-8}$$

墙体内的最大竖向应力：

$$\sigma_{ymax}=1.63\left(\frac{F}{hl}\right)\left(\frac{Ehl^3}{E_c I_c}\right)^{0.28} \tag{8-9}$$

Hendry 又对 Stafford 和 Smith 的方法作了一些改进，采用二个特征参数 k_1 和 k_2，反映墙体和托梁的抗压和抗弯刚度的影响。Hendry 不但提出了上述内力的计算公式，还提出了支座附近托梁顶面的最大剪应力的计算公式。如图 8-12 所示墙梁，按 Hendry 方法的计算结果如下：

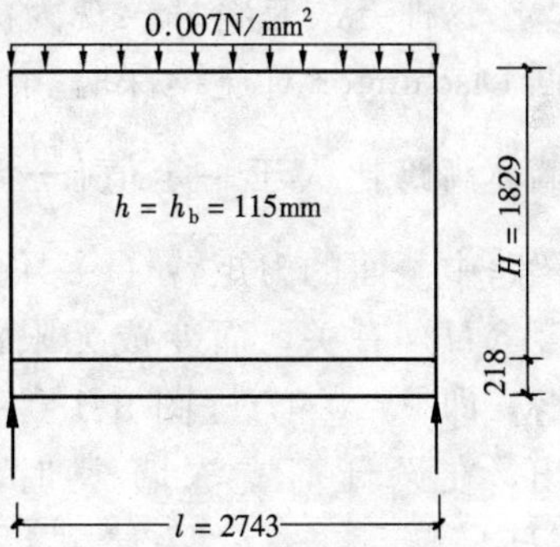

总荷载：$F=0.007\times2743\times115=2208\text{N}$

墙体高跨比：$\dfrac{1829}{2743}=0.67$

托梁高跨比：$\dfrac{218}{2743}=0.079$

托梁与墙砌体弹性模量比：$\dfrac{E_c}{E}=30$

托梁惯性矩：$I_c=115\times\dfrac{218^3}{12}=9.93\times10^7\text{mm}^4$

特征参数：

$$k_1=\sqrt{\frac{EhH^3}{E_c I_c}}=\frac{1}{30}\sqrt{\frac{115\times1829^3}{9.93\times10^7}}=3.92$$

$$k_2=\frac{EhH}{E_c A_c}=\frac{1}{30}\cdot\frac{115\times1829}{218\times115}=0.28$$

由 Hendry 的图表（可查阅文献 [8-15]），得系数 $c_1=6.8$，$c_2=0.325$。

墙体内的最大竖向应力：

$$\sigma_{ymax}=\frac{F}{hl}c_1=\frac{2208}{115\times2743}\times6.8=0.0476\text{N/mm}^2$$

托梁的轴向拉力：

$$N=Fc_2=2208\times0.325=717.6\text{N}$$

支座附近托梁顶面的最大剪应力：

图 8-12 简支墙梁

0.007N/mm²

$h=h_b=115\text{mm}$

$H=1829$

218

$l=2743$

$$\tau_{max}=\frac{F}{hl}c_1c_2=\frac{2208}{115\times2743}\times6.8\times0.325=0.0155N/mm^2$$

由 Hendry 的图表，$\frac{M_cc_1}{Fl}=0.115$，$\frac{M_mc_1}{Fl}=0.144$，得托梁跨度中线截面的弯矩为：

$$M_c=0.115\frac{Fl}{c_1}=0.115\frac{2208\times2743}{6.8}$$

$$=1.02\times10^5N\cdot mm$$

托梁最大弯矩：

$$M_m=0.144\frac{Fl}{c_1}=0.144\frac{2208\times2743}{6.8}=1.28\times10^5N\cdot mm$$

最大弯矩距支座的长度为 66.67mm。

六、极限力臂法

这种方法是将墙梁视为深墙-梁，根据 Dischinger 对连续深墙-梁的分析，当墙体高跨比大于一定值 $\left(\frac{H}{l}\approx\frac{2}{3}\right)$ 时，墙梁跨中截面的力矩臂（z）不再与墙体高度（H）有关，而变成无限深梁的力矩臂，即 $z=0.47l$（图 8-13）。Lawton 提出，在设计简支深墙-梁时，可取 $z=\frac{2H}{3}$，且不大于 $0.7l$。20 世纪 60 年代 Burhouse 根据试验结果，得到按极限力臂法确定托梁拉力的计算公式。

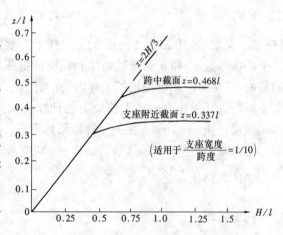

图 8-13　连续墙梁在均布荷载作用下的内力臂

归纳起来，上述方法一至方法四基本属于一种分析方法，即在设计墙梁时，均将托梁按一般梁计算，只是对作用于托梁上的荷载分布及其取值作了不同的规定，且这些方法基本上没有考虑墙和梁的共同工作。方法五和方法六则属于另一种分析方法，它们力图考虑墙和梁的共同工作，在计算上虽简便，但考虑墙梁组合工作的影响因素过于简单或比较简单，或者说考虑墙梁组合工作性能仍不完善。此外，以上方法基本上限于对钢筋混凝土托梁的计算。

在中国，20 世纪 70 年代以来，对墙梁进行了大量的试验研究和有限元分析，研究成果具有国际先进水平。1981 年由冶金工业部北京钢铁设计研究总院主编出版了《冶金工业厂房钢筋混凝土墙梁设计规程》YS07—79。在《砌体结构设计规范》中，采用组合作用并按极限状态设计的墙梁计算方法，较全面揭示了墙梁的受力特性，较为完整，符合实际。我们在下面详细介绍这种计算方法。

8.3.3　墙梁的受力性能

毋庸置疑，墙梁是由墙体和托梁形成的组合构件。20 世纪 50 年代初，已有学者对其组合受力性能进行研究。至今，积累了不少研究资料和实践经验。尤其在中国，70 年代~80 年代,华南工学院、西安冶金建筑学院等十余个单位通力合作,进行了 258 个简支墙梁模型试验,两幢墙梁房屋实测和近千个墙梁构件的有限元分析。90 年代以来同济大学、西安建筑科技大学等单位又相继完成了 20 余个连续墙梁和 30 余个框支墙梁构件的试验,并作了大量的有限元分析。这些工作充分说明,无论在深度还是广度上均将墙梁的研究提高到一个新的水平。

一、无洞口墙梁

试验研究及有限元分析表明,墙梁的受力性能与钢筋混凝土深梁类似。图 8-14 所示墙梁,在顶面作用均布荷载,当荷载很小时,墙体和托梁处于弹性受力阶段。按弹性理论计算,可求得墙梁内的竖向应力 σ_y、水平应力 σ_x 和剪应力 τ_{xy}。其主应力轨迹线如图 8-14e 所示。

墙梁的弯曲与托梁、墙体的刚度有关,当托梁的刚度愈大,作用于托梁跨中的竖向应力愈大;当托梁的刚度为∞时,作用在托梁上的竖向应力才为均匀分布。实际墙梁中,托梁的截面较小,刚度不大,由图 8-14 可看

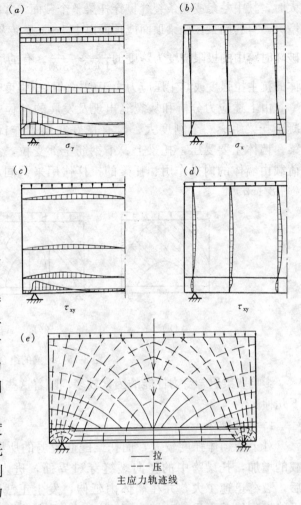

—— 拉
--- 压
主应力轨迹线

图 8-14 墙梁内应力分布示意图

出,墙梁顶面的均布荷载主要沿主压应力轨迹线逐渐向支座方向传递。随着距顶面距离的增加,水平截面上的竖向应力由均匀分布变成向两端集中的非均匀分布形式,而作用于托梁跨中的竖向应力不能继续增大(图 8-14a)。

从墙梁竖向截面内作用的水平应力的分布(图 8-14b)来看,墙梁的上部大部分为受压区,托梁的全部或大部分截面处于受拉区,受压区和受拉区的合力组成抵抗外荷载的力偶。就托梁本身而言,跨中竖向截面内的水平应力呈梯形分布,托梁处于偏心受拉状态。

墙梁内的剪应力分布(图 8-14c、d)表明,托梁和墙体均作用有剪力,在托梁与墙体的交界面上,剪应力的变化较大,且在支座处较为集中,加之这里的竖向应力也较集中,托梁端部受到较大的约束。

随着墙梁顶面荷载的增加,有的墙梁试件,托梁中的拉应力大于混凝土的抗拉强度,在托梁中产生多条垂直裂缝。这些裂缝一般先在托梁跨中或 $\frac{1}{4}$~$\frac{1}{3}$ 跨度处出现。当荷载较

大时，其中一条或数条裂缝贯穿托梁整个截面，并向上部墙体延伸。此时，随着荷载继续增大，有的墙梁在托梁顶面或顶面以上1～2皮砖灰缝上产生水平裂缝。实测无洞口墙梁破坏时跨中的极限挠度为跨度的$\frac{1}{1000}$～$\frac{1}{500}$。有的墙梁试件，当墙体内的主拉应力大于砌体的抗主拉强度或其主压应力大于砌体的抗压强度时，墙体两侧产生斜裂缝。

由上述应力分析和从裂缝出现及发展的过程中可以看出，墙梁的砖砌体和钢筋混凝土托梁组成一个刚度大、具有良好共同工作性能的组合承重结构。对于无洞口墙梁，墙体主要受压，托梁上、下钢筋全部受拉，托梁处于小偏心受拉状态。墙梁顶部荷载由墙体的内拱作用和托梁的拉杆作用来共同承受，墙梁如同带拉杆的拱一样工作（图8-15a）。

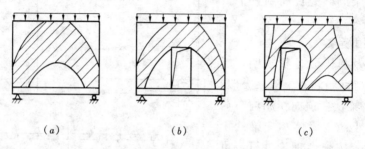

图8-15　墙梁的组合作用

影响墙梁组合受力性能的因素较多，随着这些因素的不同，墙梁的最终破坏形态有如下几种。

1. 弯曲破坏

对于墙砌体强度较大，而托梁配筋较弱的所谓"强墙弱梁"的墙梁试件，随着荷载的增加，托梁跨中的竖向裂缝穿过界面，进入上部墙体。托梁内的纵向钢筋屈服后，裂缝迅速扩大，并在墙体内延伸，发生正截面受弯破坏（图8-16a、b），有的也可能发生斜截面受弯破坏（图8-16c）。受弯破坏时，截面内受压区的高度与墙体高跨比有关，但即使墙体高跨比小时，受压区高度很小，仍未有受压区砌体沿水平方向被压碎的现象。

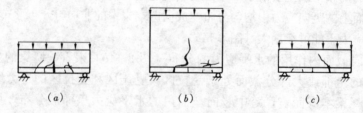

图8-16　墙梁弯曲破坏

2. 剪切破坏

对于墙砌体强度较弱而托梁配筋较强的墙梁试件，墙体高跨比$\left(\frac{h_w}{l_0}\right)$适中，随荷载的增加，支座上方砌体产生斜裂缝，引起墙体的剪切破坏。由于产生斜裂缝原因的不同，它又分为下列两种破坏形态。

(1) 斜拉破坏

一般当墙体高跨比较小 $\left(\frac{h_{\mathrm{w}}}{l_0}<0.5\right)$，砂浆强度较低，或集中荷载作用位置 $\left(\frac{a_{\mathrm{F}}}{l_0}\right)$ 较大，当荷载为破坏荷载的 $50\%\sim60\%$ 时，墙体中部的主拉应力大于砌体沿齿缝截面的抗拉强度而产生斜裂缝。随着荷载的增加，裂缝沿灰缝呈阶梯形，上端向上向跨中延伸，下端向支座延伸。当主斜裂缝基本贯通整个墙高，即达破坏，称为斜拉（剪拉）破坏（图 8-17a）。在集中荷载作用下，斜裂缝的走向基本沿支座至加荷点的连线范围，斜裂缝的出现和破坏比较突然。

(2) 斜压破坏

一般当墙体高跨比较大 $\left(\frac{h_{\mathrm{w}}}{l_0}>0.5\right)$，或集中荷载作用位置较小，当荷载为破坏荷载的 $60\%\sim70\%$ 时，墙体中部的主压应力大于砌体的斜向抗压强度而产生较陡的斜裂缝。随着荷载的增加，裂缝既穿过灰缝，亦穿过砖块，砌体沿斜裂缝被剥落或压碎而破坏，称为斜压破坏（图 8-17b）。在集中荷载作用时，开裂荷载一般为破坏荷载的 $70\%\sim100\%$，墙体初裂荷载与破坏荷载比较接近，破坏很突然。

一般情况下，托梁本身不易产生剪切破坏。这是因为托梁顶面的竖向应力在支座处高度集中，梁顶面又有水平剪应力的作用，使之具有很高的抗剪能力。在试验中仅当混凝土强度等级过低，或无腹筋时，才发生托梁的剪切破坏。

3. 局部受压破坏

一般当墙体高跨比较大 $\left(\frac{h_{\mathrm{w}}}{l_0}>0.75\sim0.8\right)$ 而砌体强度不高时，支座上方砌体的集中压应力大于砌体的局部抗压强度，在托梁端部较小范围的砌体内产生微小竖向裂缝。随着荷载的增大，该范围砖块剥落和压碎，称为局部受压破坏（图 8-18）。

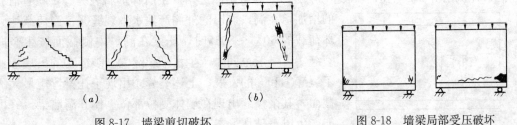

图 8-17　墙梁剪切破坏
(a) 斜拉破坏；(b) 斜压破坏

图 8-18　墙梁局部受压破坏

此外，由于构造措施不当，也可能引起一些其他形式的破坏，如托梁纵向钢筋锚固不足，托梁支座端部产生斜压破坏。

二、有洞口墙梁

对于中开洞墙梁，孔洞对称于跨中，其应力分布和主应力轨迹线与无洞口墙梁基本一致。由于孔洞处于低应力区，不影响墙梁的受力拱作用，受力性能如同无洞口墙梁那样，为拉杆拱组合受力机构（图 8-15b）。其破坏形态也与无洞口墙梁的破坏形态类同。

对于偏开洞墙梁，洞口偏于墙体一侧（图 8-19a），跨中竖向截面上的水平应力（σ_x）的分布与无洞口时相比较没有明显变化。但在洞口内侧的竖向截面上，σ_x 的变化较大。

它被洞口分割成两部分,在洞口上部,过梁受拉,顶部墙体受压;在洞口下部,托梁上部受压,下部受拉,托梁处于大偏心受拉状态。在洞口外侧墙的洞顶处,水平截面上的竖向应力(σ_y)近似呈三角形分布,外侧受拉,内侧受压,压应力较集中。托梁与墙体的交界面上,竖向压应力主要集聚于两支座上方和洞口内侧,在洞口外侧作用拉应力。该界面上的剪应力也因偏开洞口而分布较复杂(图8-19b)。由于偏开洞的干扰,其主应力轨迹线相当复杂(图8-19c),墙体内形成一个大拱并套一个小拱,托梁既作为拉杆,又作为小拱的弹性支承而承受较大的弯矩(属大偏心受拉),墙梁为梁-拱组合受力机构,如图8-15(c)所示。由于墙体受到洞口的削弱,变形较大,但仍较一般钢筋混凝土梁的刚度大得多,实测有洞口墙梁破坏时跨中的极限挠度为跨度的$\frac{1}{600} \sim \frac{1}{290}$。

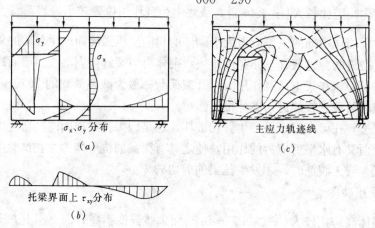

σ_x、σ_y分布

(a)

主应力轨迹线

(c)

托梁界面上 τ_{xy} 分布

(b)

图8-19 偏开洞墙梁应力分布

图8-20所示偏开洞墙梁,试验中观测到,当荷载达破坏荷载的30%~60%时,首先在洞口外侧沿界面产生水平裂缝①,随即在洞口内侧上角产生阶梯形斜裂缝②,随着荷载的增加,在洞口侧墙的外侧产生水平裂缝③,当荷载达破坏荷载的60%~80%时,托梁在洞口内侧截面产生竖向裂缝④,一般也同时产生水平裂缝⑤。裂缝④的出现加速了裂缝①和③的发展。上述裂缝④出现于托梁弯矩最大的截面,其余裂缝出现在墙体受拉部位。偏开洞墙梁最终可能产生以下破坏形态。

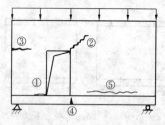

图8-20 偏开洞墙梁的裂缝

1. 弯曲破坏

一般当洞距(a——支座中心至洞口边缘的最近距离)较小$\left(\dfrac{a}{l_0} < \dfrac{1}{4}\right)$时,由于裂缝④的发展,该截面托梁底部纵向钢筋受拉达到屈服(上部纵向钢筋受压),托梁呈大偏心受拉破坏(图8-21a);当洞距较大$\left(\dfrac{a}{l_0} > \dfrac{1}{4}\right)$时,在裂缝④处托梁全截面受拉,如纵向钢筋达到屈服,托梁呈小偏心受拉破坏(图8-21b)。

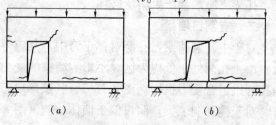

(a)

(b)

图8-21 偏开洞墙梁弯曲破坏

294

2. 剪切破坏

由于裂缝①和③的发展，洞口外侧墙体易产生剪切破坏，一般斜裂缝较陡，裂缝穿过灰缝亦穿过砖块，属斜压破坏（图 8-22a）。当洞距较小时，可能在侧墙上部产生阶梯形斜裂缝，斜裂缝以上的砌体有被推出趋势，这种破坏类似于砌体沿通缝剪切破坏（图 8-22b）。由于托梁处于偏心受拉状态，托梁在洞口部位又产生较大剪力，一般当洞距较小时，洞口部位的托梁易出现斜裂缝，导致托梁剪切破坏（图 8-22c）。

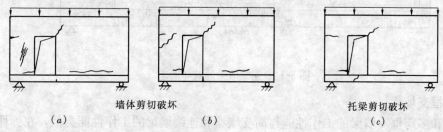

墙体剪切破坏 （a） （b） 托梁剪切破坏 （c）

图 8-22 偏开洞墙梁剪切破坏

3. 局部受压破坏

在竖向压应力集中处，当支座上方砌体及侧墙洞顶处的集中压应力大于砌体的局部抗压强度，产生砌体的局部受压破坏（图 8-23）。

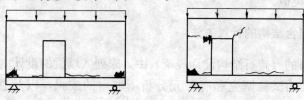

图 8-23 偏开洞墙梁局部受压破坏

三、连续墙梁

在墙梁顶面荷载作用下，连续墙梁在弹性阶段如同由托梁和墙体（包括顶梁）组合的连续深梁。托梁跨中大部分区段偏心受拉，中支座托梁小部分区段大偏心受拉。对 $h_w/l_0 = 0.4 \sim 0.5$ 的墙梁，当荷载达破坏荷载的 25% 时，托梁跨中出现多条竖向裂缝，并可能升到墙砌体中；当荷载达破坏荷载的 25%～40% 时，中支座墙砌体产生斜裂缝并延伸至托梁。对 $h_w/l_0 = 0.5 \sim 0.9$ 的墙梁，当荷载达破坏荷载的 30%～50% 时，中支座墙砌体出现斜裂缝并延伸至托梁；当荷载达破坏荷载的 40%～50% 时，托梁跨中产生竖向裂缝。上述所有试件加载至破坏荷载的 60%～80% 时，边支座墙砌体产生斜裂缝并延伸至托梁；加载至破坏荷载的 88%～94% 时，裂缝开展剧烈，挠度增长加快，中支座或边支座区段产生剪切破坏（如图 8-24 所示）。由于连续托梁分担的剪力比简支托梁的剪力更大，中支座处托梁剪切破坏更易发生，墙体剪切破坏和托梁支座上部砌体局部受压破坏与简支墙梁的类似，但中支座处更易发生。在墙体产生斜裂缝后，墙梁受力性能发生重大变化，形成以各跨墙体为拱肋，以托梁为偏心拉杆的连续拱受力模式。当 h_w/l_0 较大时，还可能形成大拱套小拱的受力模式，即边支座间形成大拱，各跨间形成小拱，其拱传力如图 8-24 中虚线所示。

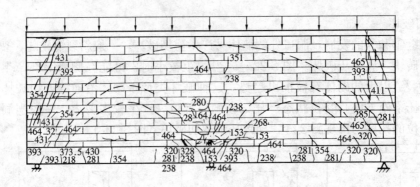

图 8-24　连续墙梁的破坏形态

四、框支墙梁

单跨和多跨框支墙梁的工作性能与简支墙梁和连续墙梁的工作性能类似,在弹性阶段为框支组合深梁。在竖向荷载作用下,竖向裂缝首先出现于托梁跨中段并上升至墙体,随后在支座上方顶梁产生竖向裂缝且延伸至墙体,随着支座上方墙砌体出现斜裂缝使框支墙梁形成框支组合拱受力体系。框支墙梁弯曲破坏使托梁跨中段偏心受拉,托梁支座截面或柱上截面偏心受压。框支墙梁的墙体剪切破坏和框支柱上部砌体的局部受压破坏与简支墙梁和连续墙梁的破坏类似。

8.3.4　墙梁按组合结构的计算方法

我国 1973 年颁布的《砖石结构设计规范》中,未列入墙梁的设计内容。基于 20 世纪 70 年代以来,对墙梁的试验研究和有限元分析所取得的成果,以及总结设计经验,在《砌体结构设计规范》GB 50003 中将墙梁作为组合结构并采用极限状态设计的方法。

一、墙梁的一般规定

为了保证墙梁的组合工作和防止某些承载能力很低的破坏形态的发生,规定了墙梁应满足的基本条件。如当墙体高度 $h_w < (0.35 \sim 0.4) l_0$ 时,墙梁的组合作用明显减弱,同时为了防止承载能力很低的墙体斜拉破坏,因而对墙体总高度、墙梁跨度提出了一定的要求。墙体上开洞后,尤其是偏开洞时,墙梁由拉杆拱组合受力机构变为梁-拱组合受力机构,墙梁的刚度和承载能力均受到较大影响。当洞口过宽 $\left(\dfrac{b_h}{l_0} 过大\right)$,严重削弱了墙体与托梁的组合作用;当洞口过高 $\left(\dfrac{h_h}{h_w} 过大\right)$,易使洞顶部位砌体产生脆性的剪切破坏;当洞口距支座很近 $\left(\dfrac{a_i}{l_0} 过小\right)$ 时,托梁在洞口内侧截面上的弯矩和剪力剧增;当墙肢很窄(a 过小)时,墙肢易被推出。因而对洞口的尺寸及位置作了相应的规定。托梁是墙梁的关键部件,较大的托梁刚度对改善墙体的抗剪和局部受压有利,但采用过大的托梁高跨比(h_b/l_0),墙梁顶面竖向荷载将向跨中分布,而不是向支座集聚,不利于托梁与墙体组合作用的发挥,对无洞口墙梁不宜大于 1/7,在偏开洞的情况下不宜大于 1/6。配筋砌块砌体墙梁的托梁高跨比可适当放宽,但不宜小于 1/14。当墙梁中墙体采用配筋砌块的砌体时,墙体总高度可不受限制。此外,承重墙梁、自承重墙梁所受荷载不同,对自承重墙梁的适

用条件也就规定得较宽一些。

采用烧结普通砖、烧结多孔砖、混凝土普通砖、混凝土多孔砖、混凝土小型砌块砌体和配筋砌块砌体的墙梁设计应符合表 8-1 的规定。可见 GB 50003—2011 较 GB 50003—2001 扩大了砌体在墙梁中的应用。墙梁计算高度范围内每跨允许设置一个洞口。对于多层房屋的墙梁，原规范 GB 50003—2001 要求洞口设置在相同位置并上、下对齐，在实际工程中难以做到，故新颁布的现行规范 GB 50003—2011 取消了这一规定；对称开两个洞口的墙梁和偏开一个洞的墙梁，其受力性能类同，多层房屋中的连续墙梁每层可对称开两个窗洞。如上所述，限制洞宽和洞高是为了保证墙体的整体受力性能，偏开洞对墙梁组合作用的发挥十分不利，洞口外墙肢过小，极易剪坏或被推出破坏。为此，洞口边至支座中心的距离，距边支座不应小于 $0.15l_{0i}$，距中支座不应小于 $0.07l_{0i}$。托梁支座上部墙体设置混凝土构造柱将改善偏开洞口墙梁的受力性能，可推迟或防止洞口外侧小墙肢破坏。因而当构造柱边缘至洞口边缘的距离不小于 240mm 时，洞口边至支座中心距离可不受限制。

墙梁的一般规定　　　　　　　　　　　　表 8-1

墙梁类别	墙体总高度 (m)	跨度 (m)	墙体高跨比 h_w/l_{0i}	托梁高跨比 h_b/l_{0i}	洞的宽跨比 b_h/l_{0i}	洞 高 h_h
承重墙梁	≤18	≤9	≥0.4	≥1/10	≤0.3	≤$5h_w/6$ 且 h_w-h_h≥0.4m
自承重墙梁	≤18	≤12	≥1/3	≥1/15	≤0.8	—

注：1. 墙体总高度指托梁顶面到檐口的高度，带阁楼的坡屋面应算到山尖墙 1/2 高度处；
　　2. 对自承重墙梁，洞口至边支座中心的距离不应小于 $0.1l_{0i}$，门窗洞上口至墙顶的距离不应小于 0.5m；
　　3. h_w——墙体计算高度；
　　　　h_b——托梁截面高度；
　　　　l_{0i}——墙梁计算跨度；
　　　　b_h——洞口宽度；
　　　　h_h——洞口高度，对窗洞取洞顶至托梁顶面距离。

二、墙梁承载力计算总则

（一）计算简图

在墙梁中，墙体总高度往往大于墙梁的跨度，此时跨中截面的内力臂为（0.6～0.7）l_0。对于有多层墙体的墙梁，其底层应力最大，但略小于承受相同荷载的单层墙梁的应力，破坏亦发生在底层。为简化计算，仅取托梁顶面一层墙高作为墙梁的计算高度，即按单层取计算简图。

简支墙梁、连续墙梁和框支墙梁的计算简图按图 8-25 采用。对各计算参数的规定如下。

1. 墙梁计算跨度 l_0（或 l_{0i}）

由于墙梁为组合深梁，其支承处应力分布比较均匀，因而墙梁计算跨度 l_0（l_{0i}），对简支墙梁和连续墙梁取 $1.1l_n$（$1.1l_{ni}$）或 l_c（l_{ci}）两者的较小值；l_n（l_{ni}）为净跨，l_c（l_{ci}）为支座中心线距离。框支墙梁支座中心线距离，取框架柱轴线间的距离。

2. 墙体计算高度 h_w

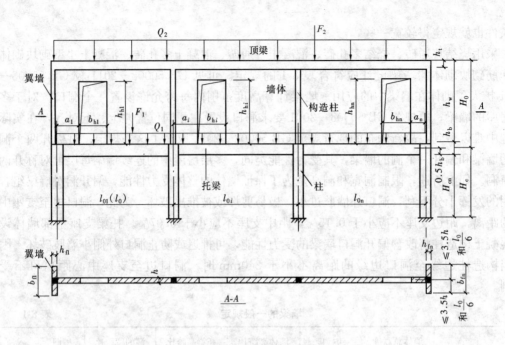

图 8-25　墙梁的计算简图

分析表明，当 $h_w > l_0$ 时，主要是 $h_w = l_0$ 范围内的墙体参与组合作用。墙体计算高度 h_w，取托梁顶面上一层墙体（顶梁）高度，当 $h_w > l_0$ 时，取 $h_w = l_0$（对连续墙梁和多跨框支墙梁，l_0 取各跨的平均值），这是偏于安全的。

3. 墙梁跨中截面计算高度 H_0

基于托梁内的轴向拉力作用于托梁中心，墙梁跨中截面计算高度 H_0，取 $H_0 = h_w + 0.5 h_b$。

4. 翼墙计算宽度 b_f

根据试验和弹性有限元分析结果，翼墙计算宽度 b_f，偏安全取窗间墙宽度或横墙间距的 2/3，且每边不大于 $3.5h$（h 为墙体厚度）和 $l_0/6$。

5. 框架柱计算高度 H_c

框架柱计算高度 H_c，取 $H_c = H_{cn} + 0.5 h_b$；H_{cn} 为框架柱的净高，取基础顶面至托梁底面的距离。

（二）墙梁上的荷载

在使用阶段，墙梁上的荷载分为作用于托梁顶面的荷载和作用于墙梁顶面的荷载。在托梁顶面的竖向荷载作用下，界面上产生较大的竖向拉应力，在没有有效措施保证传递该竖向拉应力的前提下，为偏于安全，将直接作用于托梁顶面的荷载由托梁单独承受，而不考虑上部墙体的组合作用。具体计算规定如下。

1. 使用阶段墙梁上的荷载

（1）承重墙梁

1）托梁顶面的荷载设计值 Q_1、F_1，为托梁自重及本层楼盖的恒荷载和活荷载。

2）墙梁顶面的荷载设计值 Q_2，为托梁以上各层墙体自重、墙梁顶面及以上各层楼盖的恒荷载和活荷载。

承托多层墙体的墙梁，当两端有翼墙时，作用于墙梁顶面及以上各层的楼盖荷载将有一部分传递到翼墙中。根据有限元分析和两个两层带翼墙梁的试验结果，当翼墙宽度与墙梁跨度比 $\dfrac{b_f}{l_0}=0.13\sim0.3$ 时，在墙梁计算高度位置上已有约 $30\%\sim50\%$ 的上部楼盖荷载传给翼墙。《砌体结构设计规范》GBJ 3—88 中，对墙梁顶面作用的楼盖荷载，乘以考虑翼墙影响的荷载折减系数。为了提高墙梁的可靠度，并简化计算，新的《砌体结构设计规范》GB 50003 规定不再考虑上部楼面荷载的折减，而仅在墙梁的墙体受剪和局部受压承载力计算中考虑翼墙的有利作用。

如有集中荷载作用，墙梁顶面及以上各层的集中荷载一般不大于该层墙体自重及楼盖均布荷载总和的 30%，且经各层传递至墙梁顶面已趋均匀，为简化计算，可将集中荷载除以计算跨度折算为均布荷载。

（2）自承重墙梁

只作用有托梁自重及托梁以上墙体自重，此即墙梁顶面的荷载设计值 Q_2。

2. 施工阶段托梁上的荷载

墙梁在施工阶段，只取作用在托梁上的荷载，它包括：

（1）托梁自重及本层楼盖的恒荷载。

（2）本层楼盖的施工荷载。

（3）墙体自重。墙梁墙体在砌筑过程中，托梁挠度和钢筋的应力将随砌筑高度的增加而增大。但实测表明，当墙体砌筑高度超过墙梁跨度的 $\dfrac{1}{2.5}$ 时，由于砌体和托梁的组合作用，托梁挠度和钢筋应力趋于恒定。因此墙体自重可按当量荷载，取高度为 $\dfrac{l_{0max}}{3}$ 的墙体自重。对于开洞墙梁，洞口削弱了上述砌体和托梁的组合作用，尚应按洞口顶面以下实际分布的墙体自重加以复核。l_{0max} 为各计算跨度的最大值。

（三）承载力计算的内容

根据墙梁的组合受力性能，归纳起来，墙梁在顶面荷载作用下将产生下列破坏形态：

（1）托梁跨中段或墙体洞口处截面偏心受拉，下部纵向钢筋先屈服的正截面破坏。

（2）连续墙梁或框支墙梁的托梁支座处截面大偏心受压，上部纵向钢筋先屈服的正截面破坏。

（3）托梁支座或墙体洞口处斜截面受剪破坏。

（4）墙体斜截面受剪破坏。

（5）托梁支座上部砌体局部受压破坏。

因此，要使墙梁安全可靠地工作，必须进行托梁使用阶段正截面受弯承载力、斜截面受剪承载力和墙体受剪承载力、托梁支座上部砌体局部受压承载力的计算，还应对托梁在施工阶段的受弯、受剪承载力进行验算。自承重墙梁，可不验算墙体受剪承载力和砌体局部受压承载力。

（四）墙梁的内力分析

为简化计算，墙梁无论在托梁顶面荷载 Q_1、F_1 作用下，还是在墙梁顶面荷载 Q_2 作用下，简支托梁、连续托梁和框支托梁的内力均采用一般结构力学方法进行计算，然后考虑托梁和墙体组合作用的影响。

计算时还应分别根据使用阶段和施工阶段，按上述规定取用相应的荷载。

三、墙梁的托梁正截面承载力

《砌体结构设计规范》GBJ 3—88 采用内力臂系数计算托梁的内力，并对跨中截面（Ⅰ-Ⅰ）和洞口边缘截面（Ⅱ-Ⅱ）分别进行计算。现以单跨简支墙梁为例，托梁承受的偏心拉力以轴心拉力 N_{bt} 和弯矩 αM_2 表示，由截面静力平衡（图 8-26a）可得：

$$M_2 = \gamma H_0 N_{bt} + \alpha M_2$$

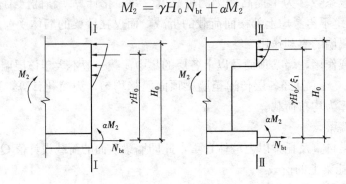

图 8-26　墙梁正截面承载力计算图

(a) 无洞口；(b) 有洞口

即托梁的轴心拉力按下式计算：

$$N_{bt} = \frac{(1-\alpha)M_2}{\gamma H_0} \tag{8-10}$$

设托梁在托梁顶面荷载作用下产生的弯矩为 M_1，则托梁弯矩按下式计算：

$$M_b = M_1 + \alpha M_2 \tag{8-11}$$

式中　M_1——荷载设计值 Q_1、F_1 在计算截面产生的简支梁弯矩；

　　　M_2——荷载设计值 Q_2 在计算截面产生的简支梁弯矩；

　　　α——托梁弯矩系数。

在公式（8-10）中，γ 为内力臂系数。如图 8-27 所示为国内 56 个无洞口墙梁试件的

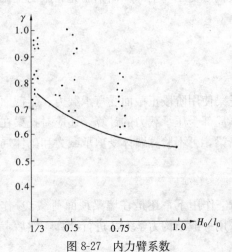

图 8-27　内力臂系数

试验结果，主要影响因素为 $\frac{H_0}{l_0}$。试验及有限元分析表明，有洞口墙梁Ⅱ-Ⅱ截面的内力臂大于无洞口墙梁的内力臂，计算时引入系数 ξ_1 进行调整。

在新的《砌体结构设计规范》GB 50003 中，为了使简支墙梁的计算方法拓展到连续墙梁和框支墙梁中应用，必需建立一个统一的计算模式。为此引入弯矩系数 α_M、轴力系数 η_N、洞口影响系数 ψ_M 和剪力系数 β_V，这些系数是在进一步了解托梁内力分布规律和主要影响因素的基础上确定的。新规范的计算公式即保持考虑墙梁组合作用，托梁按钢筋混凝土偏心受拉构件设计的合理模式，

又简化了计算，并适当提高了墙梁的可靠度。

（一）托梁跨中截面的承载力

托梁跨中截面的承载力，应按钢筋混凝土偏心受拉构件计算，其弯矩 $M_{\text{b}i}$ 和轴心拉力 $N_{\text{b}i}$ 为：

$$M_{\text{b}i} = M_{1i} + \alpha_{\text{M}} M_{2i} \tag{8-12}$$

$$N_{\text{b}i} = \eta_{\text{N}} \frac{M_{2i}}{H_0} \tag{8-13}$$

式中　M_{1i}——荷载设计值 Q_1、F_1 作用下的简支墙梁跨中弯矩或按连续梁或框架分析的托梁各跨跨中最大弯矩；

　　　M_{2i}——荷载设计值 Q_2 作用下的简支梁跨中弯矩或按连续梁或框架分析的托梁各跨跨中弯矩中的最大值。

上述公式中的系数，按下列方法确定。

1. 对简支墙梁

$$\alpha_{\text{M}} = \psi_{\text{M}} \left(1.7 \frac{h_{\text{b}}}{l_0} - 0.03 \right) \tag{8-14}$$

$$\psi_{\text{M}} = 4.5 - 10 \frac{a}{l_0} \tag{8-15}$$

$$\eta_{\text{N}} = 0.44 + 2.1 \frac{h_{\text{w}}}{l_0} \tag{8-16}$$

2. 对连续墙梁和框支墙梁

$$\alpha_{\text{M}} = \psi_{\text{M}} \left(2.7 \frac{h_{\text{b}}}{l_{0i}} - 0.08 \right) \tag{8-17}$$

$$\psi_{\text{M}} = 3.8 - 8 \frac{a_i}{l_{0i}} \tag{8-18}$$

$$\eta_{\text{N}} = 0.8 + 2.6 \frac{h_{\text{w}}}{l_{0i}} \tag{8-19}$$

式中　α_{M}——考虑墙梁组合作用的托梁跨中弯矩系数，按公式（8-14）或公式（8-17）计算，但对自承重简支墙梁应乘以 0.8；当公式（8-14）中的 $\frac{h_{\text{b}}}{l_0} > \frac{1}{6}$ 时，取 $\frac{h_{\text{b}}}{l_0}$ $= \frac{1}{6}$；当公式（8-17）中的 $\frac{h_{\text{b}}}{l_{0i}} > \frac{1}{7}$ 时，取 $\frac{h_{\text{b}}}{l_{0i}} = \frac{1}{7}$；当 $\alpha_{\text{M}} > 1.0$ 时，取 α_{M} $= 1.0$；

　　　η_{N}——考虑墙梁组合作用的托梁跨中轴力系数，按公式（8-16）或公式（8-19）计算，但对自承重简支墙梁应乘以 0.8；式中，当 $\frac{h_{\text{w}}}{l_{0i}} > 1$ 时，取 $\frac{h_{\text{w}}}{l_{0i}} = 1$；

　　　ψ_{M}——洞口对托梁弯矩的影响系数，对无洞口墙梁取 1.0，对有洞口墙梁按公式（8-15）或公式（8-18）计算；

a_i——洞口边至墙梁最近支座的距离，当 $a_i > 0.35 l_{0i}$ 时，取 $a_i = 0.35 l_{0i}$。

3. 不同取值的比较

（1）简支墙梁

对于简支墙梁，按有限元分析结果，托梁内力系数的回归公式为：

$$\alpha_M = \psi_M \left(1.27 \frac{h_b}{l_0} - 0.04\right) \left(0.79 + 5.27 \frac{h_t}{l_0}\right) \left(0.91 + 0.15 \frac{h_w}{l_0}\right)$$

$$\psi_M = 4.5 - 10 \frac{a}{l_0}$$

$$\eta_N = \left(0.4 + 1.81 \frac{h_w}{l_0}\right) \left(0.9 + 0.98 \frac{h_b}{l_0}\right) \left(1.01 - 0.11 \frac{h_t}{l_0}\right)$$

上述回归公式与有限元分析值之比、新规范与有限元分析值之比以及新规范与原规范值之比，列于表8-2。其中新规范公式（即公式8-14、公式8-15和公式8-16）与原规范值之比，对无洞口墙梁，其平均比值分别为 $\mu_{\alpha_M} = 1.376$ 和 $\mu_{\eta_N} = 1.149$，表明弯矩值有较大提高；对有洞口墙梁，$\mu_{\alpha_M} = 0.972$，$\mu_{\eta_N} = 1.564$，表明轴力值有较大提高，而弯矩略有减小，正好克服了原规范弯矩值偏大而轴力取值偏小的结果。

简支墙梁托梁内力系数比较 表8-2

类　　　别	无洞口墙梁						有洞口墙梁					
内 力 系 数	α_M		η_N		β_V		α_M		η_N		β_V	
回归公式	μ	δ	μ	δ	μ	δ	μ	δ	μ	δ	μ	δ
与有限元值之比	1.001	0.036	1.002	0.014	1.00	0.016	1.30	0.413	0.939	0.301	1.04	0.071
新规范与有限元值之比	1.644	0.101	1.146	0.023	1.102	0.078	2.705	0.38	1.153	0.262	1.397	0.123
新规范与原规范值之比	1.376	0.156	1.149	0.093	1.50	—	0.972	0.18	1.564	0.237	1.558	0.226

（2）连续墙梁

对于连续墙梁，通过 2~5 跨等跨无洞口及有门洞连续墙梁的有限元分析，曾提出下列回归公式和建议公式，其比较结果如表8-3所示。

托梁边跨跨中内力系数回归公式为：

$$\alpha_M = \psi_M (2.38 h_b/l_0 - 0.084)(0.44 + 0.053 E_c/E_m)(0.89 + 0.19 h_w/l_0)$$

$$\psi_M = 3.1 - 6 a_i/l_0$$

$$\eta_N = (0.37 + 2.38 h_w/l_0)(1.06 - 0.56 h_b/l_0)(1.03 - 0.61 h_b/l_0)$$

托梁第一内支座内力系数回归公式为：

$$\alpha_M = \psi_M (2.95 h_b/l_0 - 0.06)(0.48 + 0.05 E_c/E_m)$$

$$\psi_M = 2.05 - 3 a_i/l_0$$

为偏于安全和简化计算，托梁跨中截面内力系数建议公式为：

$$\alpha_M = \psi_M(3h_b/l_{0i} - 0.09)$$

$$\psi_M = 3.45 - 7a_i/l_{0i}$$

$$\eta_N = 0.4 + 3h_w/l_{0i}$$

中支座弯矩系数，对无洞口墙梁取 $\alpha_M = 0.4$，有洞口墙梁取 $\alpha_M = 0.75 - \dfrac{a_0}{l_0}$。

连续墙梁托梁内力系数比较　　　　　　　　表 8-3

截　面　位　置		边　跨　跨　中				中支座		边支座		中支座左	
内　力　系　数		α_M		η_N		α_M		β_V		β_V	
与有限元值的比较		μ	δ	μ	δ	μ	δ	μ	δ	μ	δ
回归公式	无洞口墙梁	1.004	0.016	1.000	0.008	1.006	0.011	1.003	0.008	1.005	0.009
	有洞口墙梁	1.031	0.169	1.128	0.188	1.060	0.167	1.037	0.078	1.006	0.079
建议公式	无洞口墙梁	1.332	1.095	1.047	0.015	1.715	0.245	1.254	0.135	1.094	0.062
	有洞口墙梁	1.365	1.190	1.182	0.191	1.826	0.332	1.404	0.159	1.098	0.162
规范公式	无洞口墙梁	1.251	1.095	1.129	0.039	1.715	0.245	1.254	0.135	1.094	0.062
	有洞口墙梁	1.302	0.198	1.269	0.181	1.826	0.332	1.404	0.159	1.098	0.162

（3）框支墙梁

对于框支墙梁，通过两跨不等跨和 2～4 跨等跨无洞口和有洞口框支墙梁的有限元分析，曾提出的回归公式和建议公式如下。其比较结果如表 8-4 所示。

计算表明 2 跨、3 跨、4 跨框架的内力是不同的，但框支墙梁托梁的内力较接近。如边跨跨中弯矩，2 跨为 3 跨的 1.07 倍，为 4 跨的 1.08～1.14 倍；又如边跨跨中轴拉力，2 跨为 3 跨的 1.17 倍，为 4 跨的 1.2 倍。故边跨跨中托梁内力系数，可按 2 跨框支墙梁确定，其回归公式为：

$$\alpha_M = \psi_M(1.71h_b/l_0 - 0.078)(1.5 - 0.83h_w/l_0)(0.52 + 0.046E_c/E_m)$$

$$\psi_M = 5.55 - 13a_i/l_0$$

$$\eta_N = (1.24 + 2.31h_w/l_0)(1.42 - 4.1h_b/l_0)(1.14 - 0.013E_c/E_m)$$

托梁中跨中弯矩与边跨中弯矩的比值，对无洞口墙梁为 1.03，对有洞口墙梁为 0.91～0.96。托梁中跨中轴力的比值，对无洞口墙梁为 0.8～0.92，对有洞口墙梁为 0.83～0.94。表 8-4 内仅列出最大取值的公式，这些取值偏于安全较多。

为偏于安全和简化计算，建议公式为：

对跨中截面：

$$\alpha_M = \psi_M(0.24h_b/l_{0i} - 0.07)$$

$$\psi_M = 4.15 - 9a_i/l_{0i}$$

$$\eta_N = 1.3 + 2.4 h_w / l_{0i}$$

对边支座和中支座，无洞口墙梁时取 $\alpha_M = 0.4$，有洞口墙梁时取 $\alpha_M = 0.75 - a_0 / l_0$。

框支墙梁托梁内力系数比较　　　　　　表 8-4

截 面 位 置		边 跨 跨 中				边 支 座				中 支 座			
内 力 系 数		α_M		η_N		α_M		β_V		α_M		β_V	
与有限元值的比较		μ	δ	μ	δ	μ	δ	μ	δ	μ	δ	μ	δ
回归公式最大值	无洞口墙梁	1.022	0.07	1.005	0.012	2.495	0.416	1.27	0.131	1.75	0.251	1.248	0.093
	有洞口墙梁	1.02	0.272	1.098	0.095	1.645	0.47	1.485	0.282	1.665	0.289	1.273	0.134
建议公式	无洞口墙梁	1.879	0.183	1.051	0.078	2.851	0.416	1.552	0.131	2.017	0.251	1.475	0.093
	有洞口墙梁	1.533	0.236	1.16	0.126	1.663	0.49	1.867	0.31	1.844	0.295	1.556	0.187
规范公式	无洞口墙梁	2.10	0.182	1.047	0.181	2.851	0.416	1.693	0.131	2.017	0.251	1.588	0.093
	有洞口墙梁	1.615	0.252	0.997	0.135	1.663	0.49	2.011	0.31	1.844	0.295	1.659	0.187

　　为了进一步简化计算，在上述连续墙梁和框支墙梁两套建议公式的基础上进行统一，从而确立了新规范的计算公式，即采用式（8-17）～式（8-19）。

　　（二）托梁支座截面的承载力

　　在连续墙梁和框支墙梁的受力性能中已指出，其支座截面为大偏心受压，现忽略轴压力按受弯构件计算是偏于安全的。因而规定托梁支座截面应按钢筋混凝土受弯构件计算，其弯矩 M_{bj} 可按下列公式计算：

$$M_{bj} = M_{1j} + \alpha_M M_{2j} \tag{8-20}$$

$$\alpha_M = 0.75 - \frac{a_i}{l_{0i}} \tag{8-21}$$

式中　M_{1j}——荷载设计值 Q_1、F_1 作用下按连续梁或框架分析的托梁支座弯矩；

　　　　M_{2j}——荷载设计值 Q_2 作用下按连续梁或框架分析的托梁支座弯矩；

　　　　α_M——考虑组合作用的托梁支座弯矩系数，无洞口墙梁取 0.4，有洞口墙梁可按公式（8-21）计算，当支座两边的墙体均有洞口时，a_i 取较小值。

　　其回归公式、建议公式、规范公式与有限元分析结果的比较如表 8-3 和表 8-4 所示。

　　四、框支柱的计算

　　框支墙梁在墙梁顶面荷载作用下，由于组合作用使框支柱柱端弯矩减少，依据"强柱弱梁"原则并为了简化计算，不考虑柱端弯矩的折减。有限元分析表明，多跨框支墙梁还存在边柱与边柱之间的内拱效应，可能使边柱轴力增大，中柱轴力减小，因而框支柱柱端弯矩 M_c 和轴力 N_c 按下列公式计算：

$$M_c = M_{c1} + M_{c2} \tag{8-22}$$

$$N_c = N_{c1} + \eta_N N_{c2} \tag{8-23}$$

式中　M_{c1}——荷载设计值 Q_1、F_1 作用下的框架柱端弯矩；

　　　　M_{c2}——荷载设计值 Q_2 作用下的框架柱柱端弯矩；

　　　　η_N——考虑墙梁组合作用的框架柱轴力系数，单跨框支墙梁边柱和多跨框支墙梁中柱，取 1.0；对多跨框支墙梁的边柱，当边柱的轴力不利时，取 1.2。

五、墙梁的斜截面受剪承载力

墙梁剪切破坏时，一般情况下墙体先于托梁进入极限状态，因而托梁和墙体应分别进行受剪承载力计算。这是为了保证托梁的抗剪强度，也能充分利用墙体的受剪承载能力。

（一）墙体受剪承载力

墙体剪切破坏是墙梁的一种重要破坏形态。根据无洞口墙梁的试验研究，当 $\frac{1}{3} < \frac{h_w}{l_0}$ $\leqslant 0.75 \sim 0.8$ 时，墙体往往发生斜压破坏；当 $\frac{h_w}{l_0} < 0.35 \sim 0.4$ 时，易产生斜拉破坏。前面已指出，墙体斜拉破坏时的抗剪能力是很低的，设计中只要满足表 8-1 的规定，这种破坏可予避免。因此可按斜压破坏模式来计算墙体的受剪承载力。

在墙体内自临界斜裂缝的起点至终点取割离体，以此作为墙体受剪承载力的计算单元（图 8-28）。由有限元分析和试验结果可知，割离体周边作用有正应力和剪应力，处于复合受力状态。剪应力的分布是不均匀的，最大值作用于割离体的角隅处，为便于分析，近似以作用于角部的集中力代替（图 8-28）。

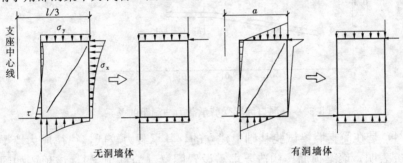

图 8-28 墙体受剪承载力计算单元

在第三章中已指出，以对角加载的试件测得的砌体的抗剪强度 $f_{v0} = 0.113f$，且斜压破坏时的砌体抗剪强度按公式（3-51）确定，因而按砌体复合受力抗剪强度可求得破坏截面的受剪承载力为：

$$V_2 = f_v h h_w = f_{v0} \sqrt{1 + \frac{\sigma_y}{f_{v0}}} h h_w = \alpha_f f h h_w$$

上式中，影响 α_f 的因素较多，即影响砌体在复合应力状态下的抗剪强度的因素较多。为此按正交方法对影响墙体受剪承载能力的诸因素进行了显著性分析，托梁高跨比和洞距比是最主要的影响因素，规范 GBJ 3—88 提出的墙体斜截面受剪承载力的简化计算公式为：

$$V_2 \leqslant \xi_2 \left(0.2 + \frac{h_b}{l_0} \right) f h h_w \tag{8-24}$$

式中　V_2——荷载设计值 Q_2 产生的最大剪力；

　　　　ξ_2——洞口影响系数，无洞口墙梁取 $\xi_2 = 1$；单层有洞口墙梁取 $\xi_2 = 0.5 + 1.25 \frac{a}{l_0}$，

　　　　　　且 ξ_2 不大于 0.9；多层有洞口墙梁取 $\xi_2 = 0.9$。

47 个无洞口和 33 个有洞口墙梁剪切破坏试件的试验值（图 8-29、图 8-30）与按公式

（8-24）的计算值比较，平均比值分别为 1.06 和 0.966，其变异系数分别为 0.141 和 0.155。在公式（8-24）中，未考虑托梁配筋率的影响。

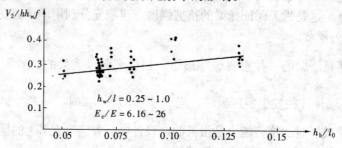

图 8-29　无洞口墙梁受剪承载力与托梁高度的关系

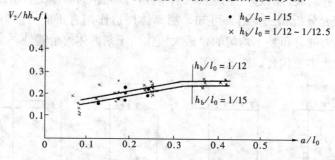

图 8-30　有洞口墙梁受剪承载力与洞距的关系

公式（8-24）是在简支墙梁试验基础上建立的，其承载力较低，往往成为墙梁设计的控制指标。研究表明，墙梁顶面按构造要求需设置圈梁（简称顶梁），该顶梁如同墙体上的弹性地基梁，能将部分楼层荷载传至支座，还与托梁共同约束墙体横向变形，延缓和阻滞墙体斜裂缝开展，从而提高了墙体受剪承载力。根据 7 个设置顶梁的连续墙梁剪切破坏试验结果，其回归公式为：

$$V_u = \left(0.2 + \frac{h_b}{l_{0i}} + 2.52\frac{h_t}{l_{0i}}\right)fhh_w$$

上式计算值与试验值之比，平均值为 1.01，变异系数为 0.088。还应看到，由于翼墙或构造柱的存在，多层墙梁的楼层荷载向翼墙或构造柱卸荷而使墙体剪力减小，构造柱还起了约束作用，改善了墙体的受剪性能。对于洞口的影响，单层有洞口墙梁的 ξ_2 取最小值 0.6。

根据上述分析，规范 GB 50003 对于墙梁墙体受剪承载力偏于安全地按下式计算：

$$V_2 \leqslant \xi_1\xi_2\left(0.2 + \frac{h_b}{l_{0i}} + \frac{h_t}{l_{0i}}\right)fhh_w \tag{8-25}$$

式中　V_2——在荷载设计值 Q_2 作用下墙梁支座边剪力的最大值；

　　　ξ_1——翼墙影响系数，对单层墙梁取 1.0，对多层墙梁，当 $\frac{b_f}{h}$＝3 时取 1.3，当 $\frac{b_f}{h}$＝7 时取 1.5，当 $3<\frac{b_f}{h}<7$ 时，按线性插入取值；

　　　ξ_2——洞口影响系数，无洞口墙梁取 1.0，多层有洞口墙梁取 0.9，单层有洞口墙

梁取 0.6;

h_t——墙梁顶面圈梁截面高度。

公式（8-25）的计算值与试验值之比，平均值为 0.844，变异系数为 0.084。

分析表明，自承重墙梁可不验算墙体受剪承载力。

（二）托梁受剪承载力

墙梁中托梁端部作用有较大的竖向压应力，此处产生剪切破坏的可能性较小。但在偏开洞墙梁的洞口部位，托梁可能有较大的剪力，且为偏心受拉状态，洞口部位的托梁易出现斜裂缝，也是托梁斜截面破坏的危险部位。

规范 GBJ 3—88 对托梁受剪承载力计算的规定过于烦琐，且 Q_2 作用下剪力 V_2 折减过多，使可靠度偏低。规范 GB 50003 采用了以剪力系数 β_V 表达的统一计算模式。墙梁的托梁斜截面受剪承载力应按钢筋混凝土受弯构件计算，其剪力 V_{bj} 可按下式计算：

$$V_{bj} = V_{1j} + \beta_V V_{2j} \tag{8-26}$$

式中　V_{1j}——荷载设计值 Q_1、F_1 作用下按连续梁或框架分析的托梁支座边剪力或简支梁支座边剪力；

　　　V_{2j}——荷载设计值 Q_2 作用下按连续梁或框架分析的托梁支座边剪力或简支梁支座边剪力；

　　　β_V——考虑墙梁组合作用的托梁剪力系数，无洞口墙梁边支座取 0.6，中支座取 0.7；有洞口墙梁边支座取 0.7，中支座取 0.8。对自承重墙梁，无洞口时取 0.45，有洞口时取 0.5。

对于剪力系数 β_V，通过有限元分析，曾提出下列回归公式和建议公式。

（1）对于简支墙梁，β_V 的回归公式为：

$$\beta_V = \psi_V \left(0.22 + 2.95 \frac{h_b}{l_0} \right) \left(0.95 + 1.24 \frac{h_t}{l_0} \right)$$

$$\psi_V = 1.14 - 0.4 \frac{a}{l_0}$$

（2）对于连续墙梁

β_V 的回归公式为：

对边支座

$$\beta_V = \psi_V \left(0.121 + 3.56 \frac{h_b}{l_0} \right) \left(0.833 + 0.016 \frac{E_c}{E_m} \right)$$

$$\psi_V = 1.14 - 0.4 \frac{a_i}{l_0}$$

对第一内支座

$$\beta_V = \psi_V \left(0.43 + 2.07 \frac{h_b}{l_0} \right) \left(0.84 + 0.011 \frac{E_c}{E_m} \right)$$

$$\psi_V = 1.35 - \frac{a_i}{l_0}$$

β_V 的建议值，无洞口墙梁边支座取 0.6，中支座取 0.7；有洞口墙梁边支座取 0.7，中支座取 0.8。

（3）对于框支墙梁

β_V 的回归公式为：

对边支座

无洞口墙梁　$\beta_V = 0.45$（有限元分析最大值为 0.442）

有洞口墙梁　$\beta_V = 0.625 - 0.5\frac{a}{l_0}$

对中支座

无洞口墙梁 $\beta_V = 0.55$

有洞口墙梁 $\beta_V = 0.725 - 0.5\frac{a}{l_0}$

β_V 的建议值，无洞口墙梁边支座取 0.55，中支座取 0.65；有洞口墙梁边支座取 0.65，中支座取 0.75。

上述回归公式、建议公式、规范公式与有限元分析结果的比较见表 8-2、表 8-3 和表 8-4。

六、墙梁的托梁支座上部砌体局部受压承载力

托梁支座上部砌体的局部受压不容忽视，研究表明，当 $h_w/l_0 > 0.75 \sim 0.8$，且无翼墙，砌体强度较低时，易发生托梁支座上方因竖向压应力集中而引起的砌体局部受压破坏。当托梁支座上部砌体的最大竖向压应力为 σ_{ymax}，为了保证砌体的局部受压强度，应符合下式要求：

$$\sigma_{ymax} \leqslant \gamma f \qquad (8-27)$$

式中 γ 为砌体局部抗压强度提高系数。按 16 个局压破坏的无翼墙墙梁试验结果，γ 为 1.19～1.73，平均值为 1.507，变异系数为 0.112。将上式两边同乘以 $\frac{h}{Q_2}$，令 $c = \sigma_{ymax}\frac{h}{Q_2}$，并取 $\zeta = \frac{\gamma}{c}$。c 称为应力集中系数，试验表明，它随荷载的增加稍有增加，大致在 3～5 之间变化，平均值为 4。有限元分析结果 c 大约为 4～6。ζ 称局压系数。则托梁支座上部砌体局部受压承载力按下式验算：

$$Q_2 \leqslant \zeta f h \qquad (8-28)$$

由 16 个典型局部受压破坏的墙梁试件的试验结果，无翼墙墙梁的局压系数为 0.31～0.414。如取 γ 和 c 的平均值，则 $\zeta = \frac{1.5}{4} = 0.37$。按公式（8-28）计算时，可取 $\zeta = 0.33$。纵向翼墙大大改善了墙体的局部受压，支座上方的应力集度降低，局压系数增大，按试验结果，ζ 为 0.475～0.747。有适当宽度翼墙的墙梁一般不产生墙体局部受压破坏，为此公式（8-28）中的局压系数，按下式计算：

$$\zeta = 0.25 + 0.08 \frac{b_{\mathrm{f}}}{h} \tag{8-29}$$

式中　ζ——局压系数。

当无翼墙时，即 $\frac{b_{\mathrm{f}}}{h}=1$，由上式得 $\zeta=0.33$。

墙梁的墙体设有构造柱后，它与顶梁约束砌体，构造柱对减少应力集中、改善局部受压性能更为明显，c 值可降至 1.6。因此，当 $b_{\mathrm{f}}/h \geqslant 5$ 或墙梁支座处设置上、下贯通的落地构造柱时，可不验算托梁支座上部砌体局部受压承载力。

应该看到，墙梁中砌体在局部受压时，由于局部受压面积难以确定，因此未采用第五章中所述的砌体局部受压承载力的计算公式。

对于自承重墙梁，已有大量工程实践证明，砌体有足够的局部受压承载力，因而可不验算。

七、墙梁在施工阶段托梁的承载力验算

先确定施工阶段托梁上的荷载，然后按钢筋混凝土受弯构件验算托梁的受弯和受剪承载力。分析表明，承重墙梁托梁的配筋由使用阶段承载力计算控制，一般无需作施工阶段验算。自承重墙梁可能由施工阶段的承载力控制托梁的配筋，必须验算。

八、关于墙梁设计计算的简化

我国 GBJ 3—88 首次采用组合作用并按极限状态设计简支墙梁，随后，GB 50003—2001 将该方法扩展到连续墙梁和框支墙梁的设计。但多年来它在工程设计上的应用尚不普遍。其主要原因之一在于墙梁设计的项目多，计算烦琐。例如，对于承重墙梁，既要作托梁使用阶段正截面受弯承载力、斜截面受剪承载力、墙体受剪承载力和托梁支座上部砌体局部受压计算，还应进行托梁施工阶段的受弯、受剪承载力计算；作用于墙梁的荷载分为 Q_1、F_1 和 Q_2 两种，且连续墙梁、框支墙梁与简支墙梁有两套内力计算系数的公式，这些显然加重了计算工作量。为此，在编制 GB 50003—2011 时曾呼吁进行简化。同济大学、西安建筑科技大学等为此作了较大量的分析与研究，提出不区分 Q_1、F_1 和 Q_2，只作一次内力计算；将简支、连续、框支墙梁的内力取值统一为一套计算公式；通过满足一定的措施不进行墙体受剪和局部受压验算。应该说这些都是很好的建议，但由于未获得统一的意见，最终现行 GB 50003—2011 仍沿用了 GB 50003—2001 的方法，有待今后予以完善和简化。

8.3.5　墙梁的基本构造要求

由于墙梁是组合结构，为了保证托梁与墙体很好地共同工作，反映托梁跨中段为偏心受拉等受力特点，除了进行上述承载力的计算，应满足下列基本构造要求。

一、材料

1. 托梁和框支柱的混凝土强度等级不应低于 C30；

2. 承重墙梁的块体强度等级不应低于 MU10，计算高度范围内墙体的砂浆强度等级不应低于 M10（Mb10）。

二、墙体

1. 框支墙梁的上部砌体房屋，以及设有承重的简支墙梁或连续墙梁的房屋，应满足刚性方案房屋的要求；

2. 墙梁的计算高度范围内的墙体厚度，对砖砌体不应小于240mm，对混凝土砌块砌体不应小于190mm；

3. 墙梁洞口上方应设置混凝土过梁，其支承长度不应小于240mm；洞口范围内不应施加集中荷载；

4. 承重墙梁的支座处应设置落地翼墙，翼墙厚度，对砖砌体不应小于240mm，对混凝土砌块砌体不应小于190mm；翼墙宽度不应小于墙梁墙体厚度的3倍，并应与墙梁墙体同时砌筑；当不能设置翼墙时，应设置落地且上、下贯通的构造柱；

5. 当墙梁墙体在靠近支座$\frac{1}{3}$跨度范围内开洞时，支座处应设置落地且上、下贯通的混凝土构造柱，并应与每层圈梁连接；

6. 墙梁计算高度范围内的墙体，每天可砌筑高度不应超过1.5m，否则应加设临时支撑。

三、托梁

1. 托梁两侧各两个开间的楼盖应采用现浇混凝土楼盖，楼板厚度不应小于120mm，当楼板厚度大于150mm时，应采用双层双向钢筋网，楼板上应少开洞，洞口尺寸大于800mm时应设洞口边梁；

2. 托梁每跨底部的纵向受力钢筋应通长设置，不得在跨中弯起或截断；钢筋连接应采用机械连接或焊接；

3. 托梁跨中截面纵向受力钢筋总配筋率不应小于0.6%；

4. 托梁上部通长布置的纵向钢筋面积与跨中下部纵向钢筋面积之比不应小于0.4；连续墙梁或多跨框支墙梁的托梁支座上部附加纵向钢筋从支座边算起每边延伸长度不应小于$l_0/4$；

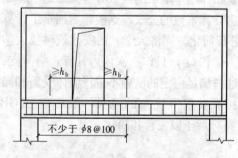

图 8-31　偏开洞时托梁箍筋加密区

5. 承重墙梁的托梁在砌体墙、柱上的支承长度不应小于350mm。纵向受力钢筋伸入支座应符合受拉钢筋的锚固要求；

6. 当托梁高度$h_b \geqslant 450$mm时，应沿梁截面高设置通长水平腰筋，直径不应小于12mm，间距不应大于200mm；

7. 对于洞口偏置的墙梁，其托梁的箍筋加密区范围应延伸到洞口外，距洞边的距离应大于、等于托梁截面高度h_b；箍筋直径不应小于8mm，间距不应大于100mm（图8-31）。

8.3.6　计算例题

【例题 8-1】　某商店-办公楼底层设有墙梁（图8-32）。已知设计资料如下：

屋面恒荷载标准值	4.5kN/m²
3～5层楼面恒荷载标准值	2.7kN/m²
2层楼面恒荷载标准值	3.9kN/m²
屋面活荷载标准值	2.0kN/m²
2～5层楼面活荷载标准值	2.0kN/m²

240mm墙（双面抹灰）自重标准值　　　　　　　　5.24kN/m²

房屋开间3.6m

2层墙体由MU10烧结粉煤灰砖、M10水泥混合砂浆砌筑，$f=1.89$MPa。设计使用年限50年，环境类别1类，施工质量控制等级为B级。

墙体计算高度 $h_w=2.88$m。

托梁支承长度为370mm，净跨 $l_n=5.4-2\times0.37=4.66$m，支座中心线距离 $l_c=5.4-0.37=5.03$m，墙梁计算跨度 $l_0=5.03$m$<1.1l_n=5.126$m。

外墙窗宽1.8m，翼墙计算宽度 $b_f=l_0/3=5.03/3=1.676$m（$2\times3.5h=7\times0.24=1.68$m），托梁采用混凝土C30（$f_c=14.3$MPa），配置HRB335（$f_y=300$MPa）、HPB300（$f_y=270$MPa）级钢筋，其他有关资料详见图8-32。试设计该墙梁。

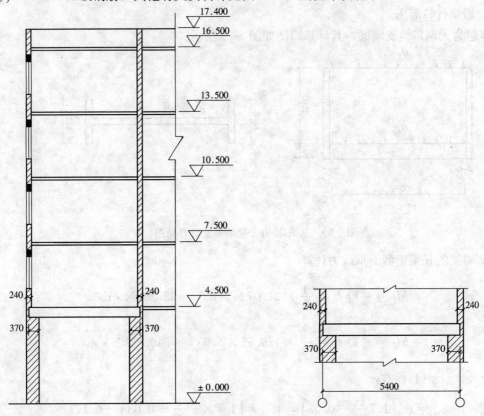

图8-32　某商店-办公楼墙梁

【解】　一、使用阶段墙梁的承载力计算

1. 墙梁上的荷载

托梁顶面的荷载设计值 Q_1 为托梁自重、本层楼盖的恒荷载和活荷载。

按公式（4-46），$Q_1^{(1)}=1.2\times25\times0.25\times0.6+(1.2\times3.9+1.4\times2.0)\times3.6$
　　　　　　　　$=31.43$kN/m

按公式（4-47），$Q_1^{(2)}=1.35\times25\times0.25\times0.6+1.35\times3.9\times3.6+1.4\times0.7\times2.0\times3.6$
　　　　　　　　$=31.07$kN/m

墙梁顶面的荷载设计值 Q_2，取托梁以上各层墙体自重以及墙梁顶面以上各层楼（屋）盖的恒荷载和活荷载。

按公式（4-46），$Q_2^{(1)} = 4 \times 1.2 \times 5.24 \times 2.88 + (1.2 \times 4.5 + 1.4 \times 2.0 + 3 \times 1.2 \times 2.7$
$\qquad\qquad + 3 \times 1.4 \times 2.0) \times 3.6$
$\qquad\qquad = 167.19 \text{kN/m}$

按公式（4-47），$Q_2^{(2)} = 4 \times 1.35 \times 5.24 \times 2.88 + (1.35 \times 4.5 + 1.4 \times 0.7 \times 2.0 + 3 \times$
$\qquad\qquad 1.35 \times 2.7 + 3 \times 1.4 \times 0.7 \times 2.0) \times 3.6$
$\qquad\qquad = 170.95 \text{kN/m}$

经过分析，取第二种荷载组合值，即取 $Q_1 = 31.07 \text{kN/m}$，$Q_2 = 170.95 \text{kN/m}$ 进行计算。

2. 墙梁计算简图

本题为无洞口简支墙梁，其计算简图如图 8-33 所示。

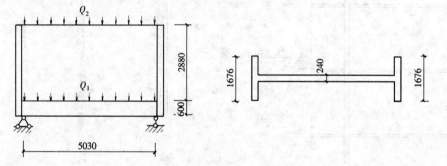

图 8-33　某商店-办公楼墙梁的计算简图

3. 墙梁的托梁正截面承载力计算

$$M_1 = \frac{1}{8} Q_1 l_0^2 = \frac{1}{8} \times 31.07 \times 5.03^2 = 98.26 \text{kN} \cdot \text{m}$$

$$M_2 = \frac{1}{8} Q_2 l_0^2 = \frac{1}{8} \times 170.95 \times 5.03^2 = 540.65 \text{kN} \cdot \text{m}$$

由公式（8-14），有：

$$\alpha_M = \psi_M \left(1.7 \frac{h_b}{l_0} - 0.03 \right) = 1.0 \times \left(1.7 \times \frac{0.6}{5.03} - 0.03 \right) = 0.173$$

由公式（8-12），有：

$$M_b = M_1 + \alpha_M M_2 = 98.26 + 0.173 \times 540.65 = 191.79 \text{kN} \cdot \text{m}$$

由公式（8-16），有：

$$\eta_N = 0.44 + 2.1 \frac{h_w}{l_0} = 0.44 + 2.1 \times \frac{2.88}{5.03} = 1.642$$

按公式（8-13），有：

$$N_{bt} = \eta_N \frac{M_2}{H_0} = 1.642 \times \frac{540.65}{2.88 + 0.5 \times 0.6} = 279.17 \text{kN}$$

托梁按钢筋混凝土偏心受拉构件计算

$$e_0 = \frac{M_b}{N_{bt}} = \frac{191.79}{279.17} = 0.69\text{m} > \frac{h_b}{2} - a_s = \frac{0.6}{2} - 0.035 = 0.265\text{m}$$

属大偏心受拉构件。

C30 混凝土，$f_{cu,k} = 30\text{MPa}$，$\varepsilon_{cu} = 0.0033 - (f_{cu,k} - 50) \times 10^{-5} = 0.0035 > 0.0033$，故取 $\varepsilon_{cu} = 0.0033$，则

$$\xi_b = \frac{\beta_1}{1 + \dfrac{f_y}{E_s \varepsilon_{cu}}} = \frac{0.8}{1 + \dfrac{300}{2.0 \times 10^5 \times 0.0033}} = 0.55$$

$$e = e_0 - \frac{h_b}{2} + a_s = 0.69 - \frac{0.6}{2} + 0.035 = 0.425\text{m}$$

$$e' = e_0 + \frac{h_b}{2} - a'_s = 0.69 + \frac{0.6}{2} - 0.035 = 0.955\text{m}$$

令 $\xi = \xi_b = 0.55$，则

$$A'_s = \frac{N_{bt}e - \alpha_1 f_c b h_0 \xi_b (1 - 0.5\xi_b)}{f'_y(h_0 - a'_s)} \qquad (\alpha_1 = 1.0)$$

$$= \frac{279.17 \times 10^3 \times 425 - 14.3 \times 250 \times 565^2 \times 0.55(1 - 0.5 \times 0.55)}{300 \times (565 - 35)} < 0$$

取 $A'_s = 0.002bh = 0.002 \times 250 \times 600 = 300\text{mm}^2$

选用 3 Φ 18（763mm²）。

重新计算 ξ，有：

$$\xi = 1 - \sqrt{1 - \frac{N_{bt}e - f'_y A'_s(h_0 - a'_s)}{0.5 f_c b h_0^2}}$$

$$= 1 - \sqrt{1 - \frac{279.17 \times 10^3 \times 425 - 300 \times 763 \times (565 - 35)}{0.5 \times 14.3 \times 250 \times 565^2}}$$

$$= -0.002 < 2a'_s/h_0 = 0.124$$

取 $\xi = 2a'_s/h_0 = 0.124$，则

$$A_s = \frac{N_{bt}e'}{f_y(h'_0 - a'_s)} = \frac{279.17 \times 10^3 \times 955}{300 \times (565 - 35)} = 1677\text{mm}^2$$

选用 2 Φ 22＋2 Φ 25（1742mm²），跨中截面纵向受力钢筋总配筋率 $\rho = \frac{1742 + 763}{250 \times 565} = 1.77\% > 0.6\%$，托梁上部采用 3 Φ 18 钢筋通长布置，其面积大于跨中下部纵向钢筋面积的 0.4 倍。

4. 托梁斜截面受剪承载力计算

$$V_1 = \frac{1}{2} Q_1 l_n = \frac{1}{2} \times 31.07 \times 4.66 = 72.39\text{kN}$$

$$V_2 = \frac{1}{2} Q_2 l_n = \frac{1}{2} \times 170.95 \times 4.66 = 398.31\text{kN}$$

由公式（8-26），有：

$$V_b = V_1 + \beta_v V_2 = 72.39 + 0.6 \times 398.31 = 311.38\text{kN}$$

梁端受剪按钢筋混凝土受弯构件计算：

$$0.7f_t bh_0 = 0.7 \times 1.43 \times 250 \times 565 \times 10^{-3} = 141.39\text{kN}$$

$$0.25\beta_c f_c bh_0 = 0.25 \times 1.0 \times 14.3 \times 250 \times 565 \times 10^{-3} = 504.97\text{kN}$$

因 $0.7f_t bh_0 < V_b < 0.25\beta_c f_c bh_0$ ，需按计算配置箍筋，则

由
$$V_b \leqslant 0.7f_t bh_0 + 1.25f_{yv}\frac{A_{sv}}{s}h_0$$

得
$$\frac{A_{sv}}{s} = \frac{V_b - 0.7f_t bh_0}{1.25f_{yv}h_0} = \frac{311380 - 141390}{1.25 \times 270 \times 565} = 0.89\text{mm}^2/\text{mm}$$

选用双肢箍筋 $\phi10@130\text{mm}\left(\dfrac{A_{sv}}{s} = \dfrac{157}{130} = 1.208\text{mm}^2/\text{mm}\right)$

5. 墙梁的墙体受剪承载力计算

因 $b_f/h = 1.676/0.24 = 6.98 \approx 7$ ，故 $\xi_1 = 1.5$

按公式（8-25），有：

$$\xi_1\xi_2\left(0.2 + \frac{h_b}{l_0} + \frac{h_t}{l_0}\right)fhh_w = 1.5 \times 1.0 \times \left(0.2 + \frac{0.6}{5.03} + \frac{0.18}{5.03}\right) \times 1.89 \times 240 \times 2.88 = $$
$695.78\text{kN} > V_2$ ，安全。

6. 托梁支座上部砌体局部受压承载力计算

因 $b_f/h = 6.98 > 5$ ，故可不验算局部受压承载力，能满足要求。

二、施工阶段托梁的承载力验算

1. 托梁上的荷载

$$Q_1^{(1)} = 31.43 + 1.2 \times 5.24 \times \frac{1}{3} \times 5.03 = 41.97\text{kN/m}$$

$$Q_1^{(2)} = 31.07 + 1.35 \times 5.24 \times \frac{1}{3} \times 5.03 = 42.93\text{kN/m}$$

取 $Q_1 = 42.93\text{kN/m}$。

2. 托梁正截面受弯承载力验算

$$M_1 = \frac{1}{8}Q_1 l_0^2 = \frac{1}{8} \times 42.93 \times 5.03^2 = 135.77\text{kN} \cdot \text{m}$$

$$\alpha_s = \frac{M}{f_c bh_0^2} = \frac{135.77 \times 10^6}{14.3 \times 250 \times 565^2} = 0.119$$

$$\xi = 1 - \sqrt{1 - 2\alpha_s} = 0.127 < \xi_b = 0.55$$

得 $A_s = f_c bh_0\xi/f_y = 14.3 \times 250 \times 565 \times 0.127/300 = 855\text{mm}^2$ ，小于按使用阶段的计算结果。

3. 托梁斜截面受剪承载力验算

$$V_1 = \frac{1}{2}Q_1 l_n = \frac{1}{2} \times 42.93 \times 4.66 = 100.03\text{kN} < 0.7f_t bh_0$$

对于托梁，最后应按使用阶段的计算结果进行配筋，如图 8-34 所示。

以上设计表明，墙体采用的砖、砂浆，托梁采用的混凝土、钢筋及配筋构造均符合环境类别 1 的要求。

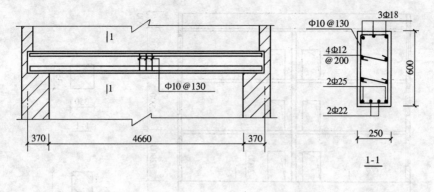

图 8-34 托梁配筋图

【例题 8-2】 某商场-旅馆底层设有框支墙梁，如图 8-35 所示，已知设计资料如下：

屋面恒荷载标准值	$4.5kN/m^2$
屋面活荷载标准值	$2.0kN/m^2$
3~4 层楼面恒荷载标准值	$2.7kN/m^2$
2 层楼面恒荷载标准值	$3.9kN/m^2$
2~4 层楼面活荷载标准值	$2.0kN/m^2$
240mm 墙（双面抹灰）自重标准值	$5.24kN/m^2$

房屋开间 4.2m，二层墙体由 MU15 烧结页岩砖、M10 水泥混合砂浆砌筑，$f=2.31MPa$。设计使用年限 50 年，环境类别 1 类，施工质量控制等级为 B 级。

墙体计算高度 $h_w=2.78m$（墙内偏开门洞）。

底层框架梁截面尺寸为 300mm×750mm，柱截面尺寸为 350mm×350mm，采用 C30 混凝土（$f_c=14.3MPa$），配置 HRB335 级钢筋（$f_y=f'_y=300MPa$）、HPB300 级钢筋（$f_y=f'_y=270MPa$）。

墙梁计算跨度 $l_{01}=l_{02}=l_{ci}=6.6m$。

外墙窗宽 2.1m，翼墙计算宽度取 $b_f=2\times3.5h=7\times240=1680mm$。其他有关资料详见图 8-35。试设计该墙梁。

【解】 **一、使用阶段墙梁的承载力计算**

1. 墙梁上的荷载

托梁顶面的荷载设计值 Q_1 为托梁自重、本层楼盖的恒荷载和活荷载。

按公式（4-46），$Q_1^{(1)}=1.2\times25\times0.3\times0.75+(1.2\times3.9+1.4\times2.0)\times4.2$
$=38.17kN/m$

按公式（4-47），$Q_1^{(2)}=1.35\times25\times0.3\times0.75+(1.35\times3.9+1.4\times0.7\times2.0)\times4.2$
$=37.94kN/m$

托梁以上各层墙体自重：

按公式（4-46），$g_w^{(1)}=3\times\dfrac{1.2\times5.24\times(2.78\times6.6-1\times2.1)}{6.6}$
$=46.44kN/m$

按公式（4-47），$g_w^{(2)}=3\times\dfrac{1.35\times5.24\times(2.78\times6.6-1\times2.1)}{6.6}$

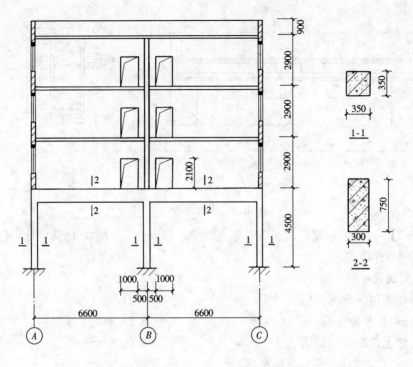

图 8-35　某商场-旅馆框支墙梁

$$=52.25\text{kN/m}$$

墙梁顶面的荷载设计值 Q_2，取托梁以上各层墙体自重以及墙梁顶面以上各层楼（屋）盖恒荷载和活荷载。

按公式（4-46），$Q_2^{(1)}=46.44+（1.2\times2.7\times2+1.2\times4.5+1.4\times2.0\times2+1.4\times$
$$2.0）\times4.2$$
$$=131.62\text{kN/m}$$

按公式（4-47），$Q_2^{(2)}=52.25+（1.35\times2.7\times2+1.35\times4.5+1.4\times0.7\times2.0\times2+$
$$1.4\times0.7\times2）\times4.2$$
$$=133.08\text{kN/m}$$

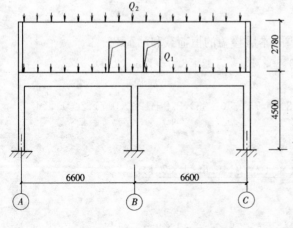

图 8-36　框支墙梁的计算简图

经过比较，最后取第二种荷载组合值，即取 $Q_1=37.94\text{kN/m}$，$Q_2=133.08\text{kN/m}$ 进行计算。

2. 墙梁计算简图

本题为两跨、偏开洞框支墙梁，其计算简图如图 8-36 所示。

3. 墙梁的托梁正截面承载力计算

底层框架在 Q_1、Q_2 作用下的弯矩图如图 8-37 所示。

（1）托梁跨中截面

在 Q_1、Q_2 作用下，托梁跨中截面的最大弯矩分别为：

$$M_{11} = M_{12} = 106.83 \text{kN} \cdot \text{m}$$

$$M_{21} = M_{22} = 370.26 \text{kN} \cdot \text{m}$$

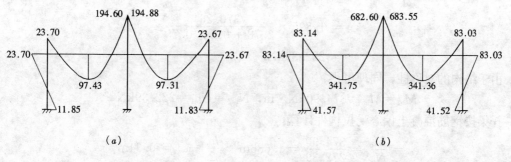

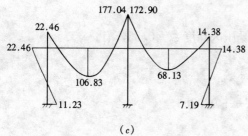
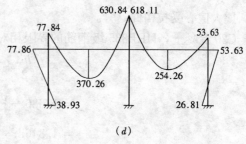

图 8-37 框架弯矩图（单位：kN·m）

(a) Q_1（恒载＋活载）作用下；(b) Q_2（恒载＋活载）作用下；

(c) Q_1（恒载＋左跨活载）作用下；(d) Q_2（恒载＋左跨活载）作用下

由公式（8-18），有：

$$\psi_M = 3.8 - 8 \frac{a_1}{l_{01}} = 3.8 - 8 \times \frac{0.5}{6.6} = 3.194$$

由公式（8-17），有：

$$\begin{aligned}
\alpha_M &= \psi_M \left(2.7 \frac{h_0}{l_{0i}} - 0.08\right) \\
&= 3.194 \left(2.7 \times \frac{0.75}{6.6} - 0.08\right) \\
&= 0.724
\end{aligned}$$

由公式（8-19），有：

$$\begin{aligned}
\eta_N &= 0.8 + 2.6 \frac{h_w}{l_{01}} \\
&= 0.8 + 2.6 \times \frac{2.78}{6.6} \\
&= 1.895
\end{aligned}$$

由公式（8-12），有：

$$\begin{aligned}
M_{b1} &= M_{11} + \alpha_M M_{21} \\
&= 106.83 + 0.724 \times 370.26 \\
&= 374.90 \text{kN} \cdot \text{m}
\end{aligned}$$

由公式（8-13），有：

$$N_{bt1} = \eta_N \frac{M_{21}}{H_0}$$

$$= 1.895 \times \frac{370.26}{2.78 + 0.5 \times 0.75}$$

$$= 222.39kN$$

由于结构的对称性，同理可得：

$$M_{b2} = M_{b1} = 374.90kN \cdot m, \quad N_{bt2} = N_{bt1} = 222.39kN$$

托梁按钢筋混凝土偏心受拉构件计算：

$$e_0 = \frac{M_b}{N_{bt}} = \frac{374.90}{222.39} = 1.686m > \frac{h_b}{2} - a_s = 0.34m$$

属大偏心受拉构件。

C30 混凝土，HRB335 级钢筋的界限相对受压区高度 $\xi_b = 0.55$，有：

$$e = e_0 - \frac{h_b}{2} + a_s$$

$$= 1.686 - \frac{0.75}{2} + 0.035$$

$$= 1.346m$$

$$e' = e_0 + \frac{h_b}{2} - a_s$$

$$= 1.686 + \frac{0.75}{2} - 0.035$$

$$= 2.026m$$

令 $\xi = \xi_b = 0.55$，则

$$A'_s = \frac{N_{bt}e - f_c bh_0^2 \xi_b(1 - 0.5\xi_b)}{f'_y(h_0 - a'_s)}$$

$$= \frac{222.39 \times 10^3 \times 1.346 \times 10^3 - 14.3 \times 300 \times 715^2 \times 0.55 \times (1 - 0.5 \times 0.55)}{300 \times (715 - 35)} <$$

$$0$$

取 $A'_s = 0.002bh = 0.002 \times 300 \times 750 = 450mm^2$

选用 2 Φ 18（509mm²）。

重新计算 ξ，有：

$$\xi = 1 - \sqrt{1 - \frac{N_{bt}e - f'_y A'_s(h_0 - a'_s)}{0.5 f_c bh_0^2}}$$

$$= 1 - \sqrt{1 - \frac{222.39 \times 10^3 \times 1.346 \times 10^3 - 300 \times 509 \times (715 - 35)}{0.5 \times 14.3 \times 300 \times 715^2}}$$

$$= 0.094 < 2a'_s/h_0 = 0.098$$

取 $\xi = 2a'_s/h_0 = 0.098$，得：

$$A_s = \frac{N_{bt}e'}{f_y(h'_0 - a'_s)}$$

$$= \frac{222.39 \times 10^3 \times 2.026 \times 10^3}{300 \times (715 - 35)}$$

$$= 2208.6 \text{mm}^2$$

选用 4 Φ 25 $+$ 1 Φ 20（2278mm^2），跨中截面纵向受力钢筋总配筋率 $\rho =$（2278$+$509）/（300$\times$715）$=1.299\% > 0.6\%$。

（2）托梁支座截面

对于边支座，在 Q_1、Q_2 作用下最大弯矩分别为：

$$M_1 = 22.46 \text{kN} \cdot \text{m}$$
$$M_2 = 77.84 \text{kN} \cdot \text{m}$$

由公式（8-20）和公式（8-21），有：

$$M_b = M_1 + \left(0.75 - \frac{a_i}{l_{01}}\right)M_2$$

$$= 22.46 + \left(0.75 - \frac{0.5}{6.6}\right) \times 77.84$$

$$= 74.94 \text{kN} \cdot \text{m}$$

对于中间支座：

$$M_1 = 194.88 \text{kN} \cdot \text{m}$$
$$M_2 = 683.55 \text{kN} \cdot \text{m}$$

由公式（8-20）和公式（8-21），有：

$$M_b = 194.88 + \left(0.75 - \frac{0.5}{6.6}\right) \times 683.55$$

$$= 655.76 \text{kN} \cdot \text{m}$$

托梁支座截面按钢筋混凝土受弯构件计算，对于边支座，有：

$$\alpha_s = \frac{M_b}{f_c b h_0^2} = \frac{74.94 \times 10^6}{14.3 \times 300 \times 715^2} = 0.034$$

$$\xi = 1 - \sqrt{1 - 2\alpha_s} = 0.035 < \xi_b = 0.55$$

$$A_s = \frac{f_c b h_0 \xi}{f_y} = \frac{14.3 \times 300 \times 715 \times 0.035}{300} = 357.9 \text{mm}^2$$

$$\rho_{min} = 45f_t/f_y \times 0.01 = 45 \times 1.43/300 \times 0.01 = 0.2145\%$$

$$\rho_{min} b h_0 = 0.2145\% \times 300 \times 715 = 460 \text{mm}^2$$

选 2 Φ 18（509mm^2）。

对于中间支座，钢筋按二排布置，$h_0 = 750 - 60 = 690 \text{mm}$，有：

$$\alpha_s = \frac{M_b}{f_c b h_0^2} = \frac{655.76 \times 10^6}{14.3 \times 300 \times 690^2} = 0.321$$

$$\xi = 1 - \sqrt{1 - 2\alpha_s} = 1 - \sqrt{1 - 2 \times 0.321} = 0.402 < \xi_b = 0.55$$

$$A_s = \frac{f_c b h_0 \xi}{f_y} = \frac{14.3 \times 300 \times 690 \times 0.402}{300} = 3966.5 \text{mm}^2$$

选用 8 Φ 25（3927mm^2）。

4. 墙梁的托梁斜截面受剪承载力计算

底层框架在 Q_1、Q_2 作用下的剪力图如图 8-38 所示。

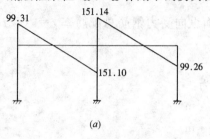
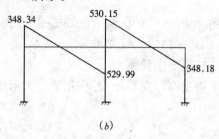

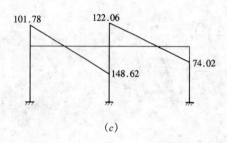
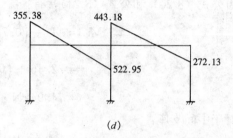

图 8-38 框架剪力图（单位：kN）

(a) Q_1（恒载＋活载）作用下；(b) Q_2（恒载＋活载）作用下；

(c) Q_1（恒载＋左跨活载）作用下；(d) Q_2（恒载＋左跨活载）作用下

托梁斜截面受剪承载力按钢筋混凝土受弯构件计算。

在 Q_1、Q_2 作用下，托梁边支座截面最大剪力分别为：

$$V_1 = 101.78 \text{kN}, \quad V_2 = 355.38 \text{kN}$$

由公式（8-26），有：

$$V_b = V_1 + \beta_v V_2 = 101.78 + 0.7 \times 355.38 = 350.55 \text{kN}$$

对于中间支座：

$$V_1 = 151.14 \text{kN}, \quad V_2 = 530.15 \text{kN}$$

由公式（8-26），有：

$$V_b = 151.14 + 0.8 \times 530.15 = 575.26 \text{kN}$$

现取 $V_b = 575.26 \text{kN}$ 进行计算，有：

$$0.7 f_t b h_0 = 0.7 \times 1.43 \times 300 \times 690 \times 10^{-3} = 207.21 \text{kN}$$

$$0.25 \beta_c f_c b h_0 = 0.25 \times 1.0 \times 14.3 \times 300 \times 690 \times 10^{-3} = 740.03 \text{kN}$$

因 $0.7 f_t b h_0 < V_b < 0.25 \beta_c f_c b h_0$，需按计算配置箍筋，由

$$V_b \leqslant 0.7 f_t b h_0 + 1.25 f_{yv} \frac{A_{sv}}{s} h_0$$

得

$$\frac{A_{sv}}{s} = \frac{575.26 \times 10^3 - 207.21 \times 10^3}{1.25 \times 270 \times 690} = 1.58 \text{mm}^2/\text{mm}$$

选用双肢箍筋 $\phi10@90mm\left(\dfrac{A_{sv}}{s}=\dfrac{157}{90}=1.744mm^2/mm\right)$。

5. 墙梁的墙体受剪承载力计算

因 $b_f/h=1680/240=7$，故 $\xi_1=1.5$。

按公式（8-25），有：

$$\xi_1\xi_2\left(0.2+\dfrac{h_b}{l_{01}}+\dfrac{h_t}{l_{01}}\right)fhh_w$$

$$=1.5\times0.9\times\left(0.2+\dfrac{0.75}{6.6}+\dfrac{0.18}{6.6}\right)\times2.31\times240\times2.78$$

$$=709.32kN>V_2=530.15kN(安全)$$

6. 托梁支座上部砌体局部受压承载力计算

因 $b_f/h=7>5$，故可不验算局部受压承载力，能满足要求。

二、施工阶段托梁的承载力验算

1. 托梁上的荷载

$$Q_1^{(1)}=38.17+1.2\times5.24\times\dfrac{(2.1\times6.6-1\times2.1)}{6.6}$$

$$=49.37kN/m$$

$$Q_1^{(2)}=37.94+1.35\times5.24\times\dfrac{(2.1\times6.6-1\times2.1)}{6.6}$$

$$=50.54kN/m$$

取 $Q_1=50.54kN/m$

2. 托梁正截面受弯承载力验算

底层框架梁在 Q_1 作用下的跨中最大弯矩 $M_1=129.78kN\cdot m$，中间支座弯矩 $M_{b1}=259.60kN\cdot m$，边支座弯矩 $M_{b1}=31.58kN\cdot m$。

（1）跨中截面

$$\alpha_s=\dfrac{M}{f_cbh_0^2}=\dfrac{129.78\times10^6}{14.3\times300\times715^2}=0.059$$

$$\xi=1-\sqrt{1-2\alpha_s}=0.061$$

$$A_s=f_cbh_0\xi/f_y=14.3\times300\times715\times0.061/300=623.7mm^2$$

小于按使用阶段的计算结果。

（2）中间支座弯矩和边支座弯矩均小于使用阶段时的相应弯矩，故不必再验算。

3. 托梁斜截面受剪承载力验算

在 Q_1 作用下中间支座剪力最大，$V_{bmax}=201.34kN<575.26kN$，因此，对于托梁，最后应按使用阶段的计算结果进行配筋，如图 8-39 所示。

为了满足托梁上部通长布置的纵向钢筋配筋构造要求，边支座上部配筋改用 2 Φ 25（982mm²），大于跨中下部纵向钢筋面积的 0.4 倍。

以上设计墙体采用的砖、砂浆，托梁采用的混凝土、钢筋及配筋构造，均符合环境类别 1 的要求。

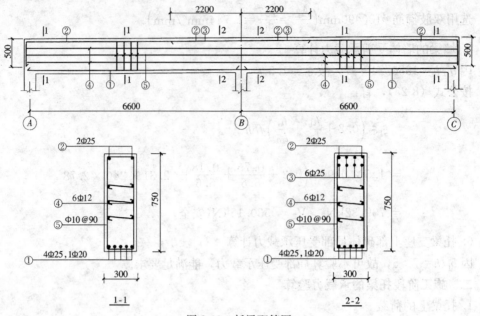

图 8-39　托梁配筋图

8.4　挑　梁

8.4.1　挑梁的破坏特征

埋置在砌体中的钢筋混凝土挑梁（简称挑梁）是混合结构房屋中常用的构件。

挑梁在荷载作用下，当假定砌体和钢筋混凝土为各向同性的匀质弹性材料时，按有限元法分析，其主应力轨迹线如图 8-40 所示。由于砌体和钢筋混凝土为弹塑性材料，显然挑梁的受力更为复杂。

在钢筋混凝土挑梁自身的承载力得到保证的前提下，根据试验研究，挑梁自开始加载直至破坏可分为三个受力阶段。

一、弹性工作阶段

当作用于挑梁上的荷载很小时，挑梁与砌体的上界面（图 8-41 中 A 点处）产生拉应力，其下界面（图 8-41 中 B 点处）产生压应力，直至该应力分别达到砌体沿通缝截面的弯曲抗拉强度和砌体的抗压强度，砌体的变形基本上呈线性，挑梁和砌体的整体性很好，共同工作，此时挑梁处于弹性工作阶段。

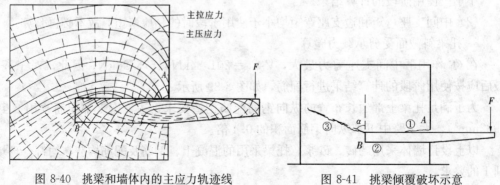

图 8-40　挑梁和墙体内的主应力轨迹线　　　　图 8-41　挑梁倾覆破坏示意

二、裂缝出现和发展阶段

当增加荷载（F），在埋入砌体的挑梁前端，挑梁与砌体的上界面（图 8-41 中 A 点处）首先产生水平裂缝，此时的外荷载约为倾覆破坏荷载的 $20\%\sim30\%$。随着荷载的继续增加，上述上界面处的水平裂缝向挑梁后部发展（图8-41中的裂缝①）；在挑梁尾端，挑梁与砌体的下界面（图 8-41 中 B 点处）也将产生水平裂缝，并向挑梁前部发展（图 8-41 中的裂缝②）。此时，在砌体内挑梁前端的下界面及其后端的上界面处压应力增加，受压区逐渐减小，砌体产生塑性变形，挑梁如同在砌体内具有面支承的杠杆一样工作。当荷载进一步增加，在砌体内挑梁的尾端将出现斜裂缝③。它沿砌体灰缝向后上方发展，形成阶梯形，与挑梁尾端垂直线呈 α 角。α 角范围内的砌体自重及其上部荷载均成为挑梁的抗倾覆荷载。由于使挑梁尾端砌体产生斜裂缝的荷载约为倾覆破坏荷载的 80%，且在砌体内挑梁本身的变形也较大，因而斜裂缝的产生预示挑梁进入倾覆破坏阶段。

三、破坏阶段

斜裂缝出现后，即使挑梁上的墙体较高，或挑梁埋入砌体的长度较大，或砌体强度较高，该斜裂缝的发展缓慢些，但由于砌体内挑梁本身的变形大，一旦荷载稍微增加，斜裂缝很快延伸并可能穿通墙体，导致挑梁倾覆破坏。

在梁尾端砌体产生斜裂缝的同时，砌体内挑梁前端的下界面及其后端的上界面处压应力进一步增大，受压区很小。一般情况下，有可能因挑梁下砌体的局部受压承载力不足，而使砌体产生局部受压破坏。

因此，如还包括挑梁本身有破坏的可能，则埋置在砌体中的钢筋混凝土挑梁有下列三种破坏形态：

1. 挑梁倾覆破坏（或称失去稳定破坏）。
2. 挑梁下砌体的局部受压破坏。
3. 挑梁本身的正截面或斜截面破坏。

8.4.2 挑梁倾覆时的受力性能

一、挑梁的分类

图 8-42 为两根不同挑梁的实测挠度曲线。当荷载较小时，梁和砌体的共同工作性能很好，挑梁挠曲变形小。随着荷载的增加，挑梁挠度为零的点由砌体内较深处逐渐向外移。倾覆破坏时，它至墙外边缘的距离最短，这个距离是挑梁下砌体压应力分布长度（a_0）。当荷载较大时，相对于刚度较大且埋入砌体的长度较大的挑梁（图 8-42a），挑出部分梁的竖向变形大，埋入砌体内的梁尾部的竖向变形也较大，挑梁的竖向变形主要因转动变形而引起。相对于砌体刚度较小且埋入砌体的长度较大的挑梁（图 8-42b），埋入砌体内的梁向上弯曲，挑梁尾端的竖向变形较小，上下界面受压面积的长度较大，挑梁的竖向变形主要因弯曲变形而引起。我们把以转动变形为主的挑梁称为刚性挑梁，如雨篷和悬臂楼梯等；把以弯曲变形为主的挑梁称为弹性挑梁，如一般的挑梁。

现将挑梁视作以砖砌体为地基的弹性地基梁，图 8-43 中 q_0 为上部砌体及由其传递下来的荷载（如楼面荷载），M_0、V_0 分别为挑梁外荷载简化成墙边缘的等效弯矩和剪力。按郭尔布诺夫-波沙多夫方法，梁下的反力函数与挑梁的柔度系数 k 密切相关，即

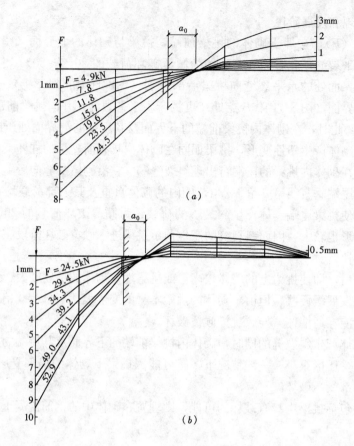

图 8-42 挑梁的实测挠度曲线

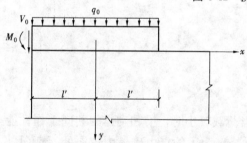

图 8-43 按弹性地基梁分析挑梁的简图

$$k = \frac{\pi E b l'^3}{4 E_c I_c} \quad (8\text{-}30)$$

式中 E、E_c——分别为砌体和混凝土的弹性模量。

按郭尔布诺夫-波沙多夫分析，当 $k<1$ 时属刚性梁，$k>10$ 时属无限长梁。在常用砌体材料及挑梁的混凝土为 C20 时，由公式（8-30）可得：

$$k = 0.57 \left(\frac{l'}{h_b} \right)^3 \quad (8\text{-}31)$$

当 $k<1$，$l_1 = 2l'$，可得 $l_1 < 2.41 h_b$。在砌体结构设计规范中规定：

当 $l_1 < 2.2 h_b$ 时，为刚性挑梁；

当 $l_1 \geqslant 2.2 h_b$ 时，为弹性挑梁。

从 $k>10$ 的条件来看，当 $l_1 > 5.2 h_b$ 时为无限长弹性挑梁。由于无限长弹性梁内产生弯矩反号的现象，它对挑梁的受力是不利的。设计时也不希望挑梁埋入砌体的长度过大。

二、抗倾覆荷载

试验表明，悬挑构件上砌体的整体作用对抗倾覆能力的影响大，挑梁和雨篷倾覆破坏时不是沿梁尾端砌体的垂直截面发生，而是沿梁尾端与垂直线方向成 α 角的阶梯形斜裂缝而发生（图 8-41）。根据 26 根挑梁的试验结果，α 角的平均值为 57.1°，变异系数为

0.178。8个雨篷试验的 α 角的平均值约为 75°。为了计算方便和偏于安全，可取 $\alpha=45°$。即设计时，挑梁的抗倾覆荷载为挑梁尾端上部 45°扩散角范围内的砌体和楼面恒荷载的标准值。在确定挑梁的抗倾覆力矩时，按公式（4-44）的要求，还应取荷载分项系数 0.8（详见公式 8-33）。挑梁在倾覆破坏时，梁尾端上界面处受压区较小，表明抗倾覆荷载作用在梁尾部一个较小的区域上，为此要求所计算得的抗倾覆荷载的合力作用点不要超出梁尾端。

三、倾覆点的位置

根据分析，挑梁下砌体压应力的分布图形与受力阶段有关，当作用于挑梁的荷载很小时，挑梁处于弹性工作阶段，砌体压应力图形可取为三角形分布；当梁尾端出现斜裂缝时，由于砌体的塑性变形发展，压应力图形可取为凸抛物线分布；倾覆破坏时，梁下砌体压应变梯度相当大，砌体压应力图形可取为凹抛物线分布。按理，当挑梁达倾覆极限状态时，倾覆荷载与抗倾覆荷载对倾覆点的力矩之代数和为零，该倾覆点也就是挑梁中弯矩最大、剪力为零的截面所处的位置。由于在试验中很难观测到挑梁沿那一个点（倾覆点）转动，它可能是沿一条线或一个局部的面转动而产生倾覆破坏。为了便于分析，现取图 8-44 作为挑梁达倾覆极限状态时的计算简图，近似取梁下砌体压应力（凹抛物线分布）合力作用点为倾覆点，并称此点为计算倾覆点。该合力至墙外边缘的距离 $x_0=0.25a_0$。按试验资料统计，砌体压应力分布长度 $a_0 \approx 1.2h_b$，因而可取 $x_0 = 0.25 \times 1.2h_b = 0.3h_b$。如按弹性地基梁法，

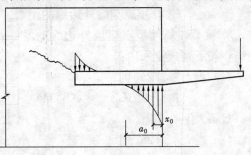

图 8-44　挑梁倾覆时的计算简图

由挑梁的变形、弯矩和剪力等方程式，取挑梁和砌体常用材料的参数，可求得 $x_0 = 1.25 \times \sqrt[4]{h_b^3}$。在常用挑梁高度范围内，这两种方法分析的 x_0 值比较接近。如当 $h_b = 250 \sim 500$mm 时，采用近似公式 $x_0 = 0.3h_b$ 与按弹性地基梁法导出的公式相比，平均比值为 1.051，变异系数为 0.064，设计上采用 $x_0 = 0.3h_b$ 更方便计算。对于刚性挑梁，可近似推导得 $x_0 = 0.13l_1$。对雨篷等悬挑构件，挑梁埋入砌体的长度（l_1）等于墙厚或梁宽。由以上分析，挑梁计算倾覆点的位置与以往取至墙外边缘处计算是不同的。

四、倾覆力矩

图 8-45 为某挑梁按有限元法经电算而求得的弯矩图和剪力图。由图可知，挑梁的最大弯矩不在墙外边缘处的截面。按弹性地基梁分析，27 根试验挑梁的最大弯矩 M_{max} 与外荷载对墙边缘弯矩 M_0 之比，平均值为 1.07，变异系数为 0.028。按试验结果，其平均值为 1.097，变异系数为 0.031。它们之间吻合较好。比较还表明，挑梁的最大弯矩与挑梁的荷载对计算倾覆点的力矩较为接近。

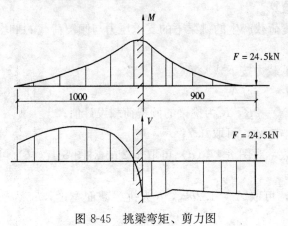

图 8-45　挑梁弯矩、剪力图

8.4.3 挑梁的设计计算

一、挑梁抗倾覆验算

1. 砌体墙中钢筋混凝土挑梁的抗倾覆，按下式进行验算：

$$M_{0v} \leqslant M_r \tag{8-32}$$

式中　M_{0v}——挑梁的荷载设计值对计算倾覆点产生的倾覆力矩，取式（4-48）和式（4-49）中最不利值；

　　　　M_r——挑梁的抗倾覆力矩设计值。

2. 挑梁的抗倾覆力矩设计值，按下式计算：

$$M_r = 0.8G_r(l_2 - x_0) \tag{8-33}$$

式中　G_r——挑梁的抗倾覆荷载，为挑梁尾端上部45°扩散角范围（其水平长度为 l_3）内本层的砌体与楼面恒荷载标准值之和（图8-46）；

　　　　l_2——G_r 作用点至墙外边缘的距离。

3. 挑梁计算倾覆点至墙外边缘的距离，按下列规定采用：

（1）当 $l_1 \geqslant 2.2h_b$ 时

$$x_0 = 0.3h_b \tag{8-34}$$

且不大于 $0.13l_1$。

（2）当 $l_1 < 2.2h_b$ 时

$$x_0 = 0.13l_1 \tag{8-35}$$

式中　l_1——挑梁埋入砌体的长度（mm）；

　　　　x_0——计算倾覆点至墙外边缘的距离（mm）；

　　　　h_b——挑梁截面高度（mm）。

工程上常在挑梁下设置钢筋混凝土构造柱，此时计算倾覆点至墙外边缘的距离可偏于安全的取 $0.5x_0$。

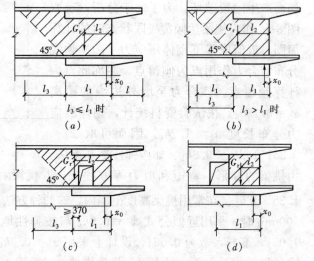

图 8-46　挑梁的抗倾覆荷载示意

二、挑梁下砌体的局部受压承载力验算

根据试验结果，由倾覆荷载和抗倾覆荷载产生的挑梁下的支承压力与倾覆荷载的平均比值为 2.184，计算时可近似取为 2。

挑梁下砌体的局部受压（图8-47）承载力按下式验算：

$$N_l \leqslant \eta \gamma f A_l \tag{8-36}$$

式中　N_l——挑梁下的支承压力，可取 $N_l = 2R$，R 为挑梁的倾覆荷载设计值；

　　　　η——梁端底面压应力图形的完整系数，可取 0.7；

　　　　γ——砌体局部抗压强度提高系数，对图8-47（a）可取 1.25；对图8-47（b）可取 1.5；

　　　　A_l——挑梁下砌体局部受压面积，可取 $A_l = 1.2bh_b$，b 为挑梁截面宽度，h_b 为挑梁截面高度。

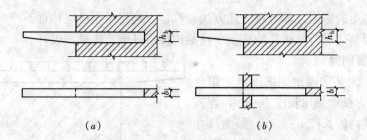

图 8-47　挑梁下砌体局部受压示意

顺便指出，房屋中挑梁下各层墙体的受压承载力如何计算，是个值得探讨的问题，它还涉及墙下基础怎样设计。设计人员虽有一些经验方法，亦只是各抒己见，这里的关键在于由挑梁传来的压力如何分配到横墙和纵墙（翼墙）上。

三、挑梁的承载力计算及构造

按钢筋混凝土受弯构件进行挑梁的正截面和斜截面的承载力计算，其中挑梁的最大弯矩设计值 M_{max} 与最大剪力设计值 V_{max}，按下式确定：

$$M_{max} = M_{0v} \tag{8-37}$$
$$V_{max} = V_0 \tag{8-38}$$

式中　V_0——挑梁的荷载设计值在挑梁墙外边缘处截面产生的剪力。

按弹性地基梁的方法计算，挑梁在埋深 $\dfrac{l_1}{2}$ 处的弯矩约为 $\dfrac{M_{max}}{2}$，因此在配筋时，纵向受力钢筋至少应有二分之一的钢筋面积伸入挑梁尾端，且不少于 $2\phi 12$。考虑锚固的要求，其他纵向受力钢筋伸入支座的长度不应小于 $2l_1/3$（图 8-48）。

根据理论分析和实践经验，挑梁埋入砌体的长度 l_1 与挑出长度 l 之比宜大于 1.2；当挑梁上无砌体时，l_1 与 l 之比宜大于 2。

四、雨篷等悬挑构件的抗倾覆验算

对于雨篷、悬臂楼梯梯板等悬挑构件，仍可按上述方法进行抗倾覆验算。但因这种构件属刚性挑梁，其抗倾覆荷载 G_r，应按图 8-49 采用。G_r 至墙外边缘的距离取 $l_2 = \dfrac{l_1}{2}$，且 $l_3 = \dfrac{l_n}{2}$。这是在按公式（8-32）和公式（8-33）等进行抗倾覆验算时应予注意的。

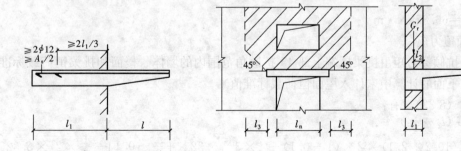

图 8-48　挑梁纵向钢筋配筋要求　　　图 8-49　雨篷的抗倾覆荷载示意

五、整体弯矩的影响

以上所述仅为挑梁在上部结构中的设计方法。在进行基础设计时，尚应考虑挑梁对房屋产生的整体弯矩的影响。即除按上述方法验算，以确保单个挑梁构件不产生倾覆等破坏外，还需就房屋整体进行分析，防止整个挑梁构件沿基础产生倾覆破坏。

8.4.4 计算例题

【**例题 8-3**】 某房屋中钢筋混凝土阳台挑梁（图 8-50），挑梁挑出长度 $l=2$m，埋入带冀墙截面横墙内的长度 $l_1=2$m，截面尺寸为 $b \times h_b = 240\text{mm} \times 350\text{mm}$；房屋层高为 3m；墙体采用 MU10 烧结页岩砖和 M2.5 水泥混合砂浆砌筑，墙厚 240mm，两面粉刷各 20mm，施工质量控制等级为 B 级。楼面挑梁上的荷载 $F_k=4.1$kN，$g_{1k}=9.8$kN/m，$q_{1k}=8.5$kN/m；$g_{2k}=10.2$kN/m，$q_{2k}=5.1$kN/m，挑梁自重标准值为 2.1kN/m，挑梁挑出部分

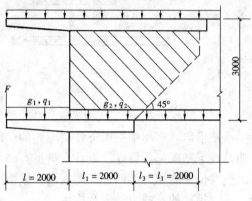

图 8-50 某挑梁的荷载简图

自重标准值 1.65kN/m，墙体自重标准值为 5.32kN/m²。验算该楼面挑梁的抗倾覆和承载力。

【**解**】

一、抗倾覆验算

1. 计算倾覆点

$$l_1 > 2.2h_b = 2.2 \times 0.35 = 0.77\text{m}$$

由公式（8-34），有：

$$x_0 = 0.3h_b = 0.3 \times 0.35 = 0.1\text{m}$$

2. 倾覆力矩

该楼面挑梁的荷载设计值对计算倾覆点的力矩由 F、g_1、q_1 和挑梁自重产生。

按式（4-48），

$$
\begin{aligned}
M_{0v} &= 1.2 \times 4.1 \times 2.1 + \frac{1}{2}[1.2(1.65+9.8)+1.4 \times 8.5] \times 2.1^2 \\
&= 66.87\text{kN} \cdot \text{m}
\end{aligned}
$$

按式（4-49），

$$M_{0v} = 1.35 \times 4.1 \times 2.1 + \frac{1}{2}[1.35(1.65+9.8)+1.4 \times 0.7 \times 8.5] \times 2.1^2 = 64.07\text{kN} \cdot \text{m}$$

取 $M_{0v} = 66.87\text{kN} \cdot \text{m}$

3. 抗倾覆力矩

挑梁的抗倾覆力矩由挑梁尾端上部 45°扩散角范围内的墙体、楼面和挑梁恒荷载标准值产生（在下面的计算中未计入屋面恒荷载标准值）。

由公式（8-33），有：

$$
\begin{aligned}
M_r &= 0.8G_r(l_2 - x_0) \\
&= 0.8\left[(10.2+2.1) \times 2 \times (1-0.1) + 4 \times 3 \times 5.32 \times \left(\frac{4}{2}-0.1\right) - \frac{1}{2} \times 2^2 \times 5.32 \right. \\
&\quad \left. \times \left(2+\frac{4}{3}-0.1\right)\right] \\
&= 87.23\text{kN} \cdot \text{m}
\end{aligned}
$$

由上述计算结果，$M_r > M_{0v}$，该楼面挑梁抗倾覆安全。

328

二、挑梁下砌体局部受压承载力验算

由公式（8-36），有：

按式（4-48），
$$N_l = 2R = 2\{1.2 \times 4.1 + [1.2(1.65 + 9.8) + 1.4 \times 8.5] \times 2.1\}$$
$$= 117.5 \text{kN}$$

按式（4-49），
$$N_l = 2\{1.35 \times 4.1 + [1.35(1.65 + 9.8) + 1.4 \times 0.7 \times 8.5] \times 2.1\}$$
$$= 111.0 \text{kN}, \text{取 } N_l = 117.5 \text{kN}$$
$$\eta \gamma f A_l = 0.7 \times 1.5 \times 1.30 \times 1.2 \times 0.24 \times 0.35 \times 10^3$$
$$= 137.6 \text{kN} > N_l (\text{安全})$$

三、挑梁承载力计算

由公式（8-37）和公式（8-38），有：
$$M_{\max} = M_{0v} = 66.87 \text{kN} \cdot \text{m}$$

按式（4-48），
$$V_0 = 1.2 \times 4.1 + 1.2(1.65 + 9.8) \times 2 + 1.4 \times 8.5 \times 2$$
$$= 56.2 \text{kN}$$

按式（4-49），
$$V_0 = 1.35 \times 4.1 + 1.35(1.65 + 9.8) \times 2 + 1.4 \times 0.7 \times 8.5 \times 2$$
$$= 53.11 \text{kN}, \text{取 } V_0 = 56.2 \text{kN}$$

按钢筋混凝土受弯构件计算正截面和斜截面承载力，采用混凝土C20，HRB335级钢筋。

由
$$\alpha_s = \frac{M_{\max}}{f_c b h_0^2} = \frac{66870000}{9.6 \times 240 \times 325^2} = 0.275$$

$$\xi = 1 - \sqrt{1 - 2\alpha_s} = 1 - \sqrt{1 - 2 \times 0.275} = 0.329 < \xi_b$$

得
$$A_s = \frac{\xi b h_0 f_c}{f_y} = \frac{0.329 \times 240 \times 325 \times 9.6}{300} = 821.2 \text{mm}^2$$

选用 $2\ \Phi\ 16 + 2\ \Phi\ 18$（$A_s = 911 \text{mm}^2$），则
$$0.7 f_t b h_0 = 0.7 \times 1.1 \times 240 \times 325 \times 10^{-3} = 60.1 \text{kN} > V_0$$

可按构造配置箍筋 $\phi 6@250 \text{mm}$。

【例题 8-4】 某房屋中钢筋混凝土雨篷（图8-51），雨篷板挑出长度 $l = 1\text{m}$，雨篷梁

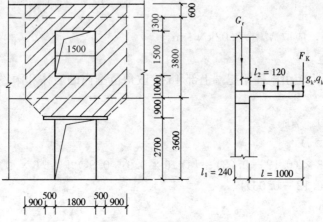

图 8-51 雨篷的荷载简图

截面 $b \times h_b = 240\text{mm} \times 240\text{mm}$；房屋层高为 3.8m；墙体采用烧结粉煤灰砖 MU10 和水泥混合砂浆 M2.5 砌筑，墙厚 240mm，两面粉刷各 20mm。雨篷上活荷载标准值 0.5kN/m，施工、检修集中荷载 $F_k = 1\text{kN}$，雨篷板 1m 宽板带自重标准值 3.5kN/m，雨篷梁自重标准值 4.1kN，墙体自重标准值 5.32kN/m²。验算该雨篷的抗倾覆和承载力。

【解】

一、抗倾覆验算

1. 计算倾覆点

$$l_1 < 2.2h_b = 2.2 \times 0.24 = 0.528\text{m}$$

由公式（8-35），有：

$$x_0 = 0.13l_1 = 0.13 \times 0.24 = 0.03\text{m}$$

2. 倾覆力矩

雨篷的荷载设计值对计算倾覆点的力矩由下列组合进行计算：

对于恒载＋均布活荷载

按式（4-48），

$$M_{0v} = (1.2 \times 3.5 + 1.4 \times 0.5) \times 2.8 \times (0.5 + 0.03) \times 1.0$$

$$= 7.27\text{kN} \cdot \text{m}$$

按式（4-49），

$$M_{0v} = (1.35 \times 3.5 + 1.4 \times 0.7 \times 0.5) \times 2.8 \times 1.0 \times (0.5 + 0.03)$$

$$= 7.74\text{kN} \cdot \text{m}$$

对于恒载＋施工和检修荷载（按 GB 50009—2011 规定，验算倾覆时，沿此雨篷板宽取一个 F_k）：

按式（4-48），

$M_{0v} = 1.2 \times 3.5 \times 2.8 \times 1.0 \times (0.5 + 0.03) + 1.4 \times 1.0 \times (1.0 + 0.03) = 7.67\text{kN} \cdot \text{m}$

按式（4-49），

$M_{0v} = 1.35 \times 3.5 \times 2.8 \times 1.0 \times (0.5 + 0.03) + 1.4 \times 0.7 \times 1.0 \times (1.0 + 0.03)$

$\quad = 8.02\text{kN} \cdot \text{m}$

比较上述结果，应取 $M_{0v} = 8.02\text{kN} \cdot \text{m}$。

3. 抗倾覆力矩

雨篷的抗倾覆力矩由雨篷梁尾端上部 45°扩散角范围内的墙体和雨篷梁的恒荷载标准值产生。

由公式（8-33），有：

$M_r = 0.8G_r(l_2 - x_0)$

$= 0.8 \times \{4.03 \times (0.12 - 0.03) + [(4.6 \times 0.9 - 0.9^2) + (4.6 \times 4.2 - 1.5 \times 1.5)]$

$\quad \times 5.32 \times (0.12 - 0.03)\}$

$= 8.46\text{kN} \cdot \text{m}$

由上述计算结果，$M_r > M_{0v}$，雨篷抗倾覆安全。

二、挑梁下砌体局部受压承载力验算

对于恒载＋均布活荷载：

按式（4-48），
$$R=(1.2\times3.5+1.4\times0.5)\times2.8\times1.0=13.72\text{kN}$$

按式（4-49），
$$R=(1.35\times3.5+1.4\times0.7\times0.5)\times2.8\times1.0=14.6\text{kN}$$

对于恒载＋施工和检修荷载（按 GB 50009—2012 规定，验算承载力时，沿雨篷板宽取 $F_k=1\text{kN/m}$）：

按式（4-48），
$$R=1.2\times3.5\times2.8\times1.0+1.4\times1.0\times2.8)=15.68\text{kN}$$

按式（4-49），
$$R=1.35\times3.5\times2.8\times1.0+1.4\times0.7\times1.0\times2.8=15.97\text{kN}$$

比较上述结果，应取 $R=15.97\text{kN}$。

则 $N_l=2R=2\times15.97=31.94\text{kN}$

按式（8-36），
$$\eta\gamma fA_l=0.7\times1.25\times1.30\times1.2\times0.24\times0.24\times10^3$$
$$=78.62\text{kN}>N_l\text{（安全）}。$$

三、雨篷板和雨篷梁的承载力计算

按钢筋混凝土受弯构件计算，此处从略。

参 考 文 献

［8-1］ 砌体结构设计规范 GBJ 3—88. 北京：中国建筑工业出版社，1988.

［8-2］ Поляков С В，Фалевич Б Н. Каменные Конструкции. Госстройиздат，1960.

［8-3］ 工程结构教材选编小组编. 砖石及钢筋砖石结构. 北京：中国工业出版社，1961.

［8-4］ 南京工学院主编. 砖石结构. 北京：中国建筑工业出版社，1981.

［8-5］ Suter G T，Hendry A W. Limit State Design of Reinforced Brickwork Beams. Proc. Br. Ceram. Soc.，No. 24，1975.

［8-6］ М Я 皮利吉什，С В 波里雅考夫著. 东北工学院混凝土与基础教研组译. 民用与工业房屋砖石结构. 北京：高等教育出版社，1955.

［8-7］ С В 契莫菲耶夫. 墙板下承台梁的计算. 建筑译丛建筑结构. 中国科学技术情报研究所，1964(5).

［8-8］ 汪齐正等. 悬墙计算原理及其应用探讨. 土木工程学报. 1961(1)

［8-9］ 砖石结构设计手册编写组. 砖石结构设计手册. 北京：中国建筑工业出版社，1976.

［8-10］ Wood R H. The Composite Action of Brick Panel Walls Supported on Reinforcement Concrete Beams. Studies in Composite Construction Part 1，National Building Studies Research Paper，No. 13. London：1957.

［8-11］ Burhouse P. Composite Action Between Brick Panel Walls and Their Supporting Beams. Proceedings，Institution of Engineers. 1969.

［8-12］ Haseltine B A，Fisher K. The Testing of Model and Full-size Composite Brick and Concrete Cantilever Wall Beams. Proc. of the British Ceramic Society，No. 21，1973.

［8-13］ Saw C B. Composite Action of Masonry Walls on Beams. Proc. of the British Ceramic Society，No. 24，1975.

　　[8-14]　Rosenhaupt S. Experimental Study of Masonry Walls on Beams. ASCE Vol. 88，No. ST3. June 1962，6.

　　[8-15]　Hendry A W. Structural Brickwork. New York：John Wiley and Sons，1981.

　　[8-16]　Hendry A W. and others. An Introduction to Load-bearing Brickwork Design. England：1981.

　　[8-17]　Каменные И Арокаменные Конструкции. Нормы Нроектирования，СНиП Ⅱ-22-81. Москва：1983.

　　[8-18]　Masonry Code of Practice. Association of Consulting Structural Engineers of New South Wales，1984.

　　[8-19]　北京钢铁设计院土建室. 建筑结构设计技术条件，钢筋混凝土墙梁、基础梁(GSJ 3—73). 1973，9.

　　[8-20]　冶金工业厂房钢筋混凝土墙梁设计规程(YS07—79). 北京：冶金工业出版社，1981.

　　[8-21]　陆能源，冯铭硕. 砖砌体与钢筋混凝土组合的墙梁的工作特性和强度. 华南工学院学报，1979(3)期增刊.

　　[8-22]　陆能源，冯铭硕. 考虑组合作用的墙梁设计. 建筑结构学报. 1980(3).

　　[8-23]　顾怡荪等. 单层厂房墙梁设计与计算. 冶金建筑. 1980(6).

　　[8-24]　British Standards Institution. Code of Practice for Structural use of Masonry. BS5628：Part 1，Unreinforced Masonry. 1978.

　　[8-25]　王庆霖，易文宗. 墙梁剪切强度的计算. 西安冶金建筑学院学报. 1979(1).

　　[8-26]　易文宗，王庆霖. 墙梁试验研究. 西安冶金建筑学院学报. 1985，4.

　　[8-27]　易文宗，王庆霖. 多层墙梁试验研究. 西安冶金建筑学院学报，1986，(4).

　　[8-28]　Wang Qinglin，Y Wenzong. An Experimental and Theoretical Investigation Ultimate Shear Capacity of Masonry Walls on Beams. Third International Symposium on Wall Structures. Warsaw：1984，6.

　　[8-29]　Lu Neng-yuan and others. The Behaviour and Strength of Brick and Reinforced Concrete Composite Wall Beams. Proceedings of the 7th IBMaC，Melbourne：1985，2.

　　[8-30]　Gu Yisun and others. Application of the Finite Element Method to the Design of Wall Beams. Proceedings of the 7th IBMac，Melbourne，1985，2.

　　[8-31]　罗松发等. 有限单元法对墙梁分析. 1978 年教育部高等学校计算结构力学学术交流会论文，华南工学院，1978.

　　[8-32]　钱义良，施楚贤主编. 砌体结构研究论文集. 长沙：湖南大学出版社，1989，4.

　　[8-33]　Yokel F Y，Fattal S G. Failure Hypothesis for Masonry Shear Walls. Journal of the Structural Division，ASCE，1976，3.

　　[8-34]　Borchelt J G. Analysis of Brick Walls Subject to Axial Compression and In-plane Shear. Proceedings of the SIBMaC，1971.

　　[8-35]　Turnsek V，Cacovic F. Some Experimental Results on the Strength of Brick Masonry Wall. Proceedings of the SIBMaC，1971.

　　[8-36]　Page A W. Finite Element Model for Masonry. Journal of the Structural Division，ASCE，1978，Vol. 104，No. ST8.

　　[8-37]　Mallet R J. Structural Behavior of Masonry Elements. Int. Conf. on Planning and Design of Tall Buildings，1972，Vol. 3.

　　[8-38]　砌体结构设计规范 GB 50003—2001. 北京：中国建筑工业出版社，1992.

[8-39] 龚绍熙等. 连续墙梁的试验研究、有限元分析和承载力计算. 建筑结构. 2001(9).

[8-40] 龚绍熙等. 框支墙梁在均布荷载下承载力的试验研究与塑性分析. 建筑结构. 1997(11).

[8-41] 龚绍熙等. 框支墙梁的试验研究、有限元分析和承载力计算. 建筑结构. 2001(9).

[8-42] 梁兴文等. 框支连续墙梁的实用计算方法. 现代砌体结构. 北京：中国建筑工业出版社，2000.

[8-43] 王风来等. 底层大开间框支墙梁的传力路径研究. 现代砌体结构. 北京：中国建筑工业出版社，2000.

[8-44] 李翔等. 竖向荷载作用位置对简支墙梁受力性能影响的试验研究. 新型砌体结构体系与墙体材料-工程应用. 北京：中国建材工业出版社，2010.

[8-45] 龚绍熙等. 墙梁的内力分析及简化计算. 建筑结构. 2001(9).

[8-46] 李晓文等. 竖向荷载作用下连续墙梁设计. 建筑结构. 2001(9).

[8-47] 龚绍熙等，考虑托梁上楼层数影响的墙梁简化计算. 新型砌体结构体系与墙体材料-工程应用. 北京：中国建材工业出版社，2010.

[8-48] 梁兴文等. 墙梁结构有限元分析和内力简化计算. 新型砌体结构体系与墙体材料-工程应用. 北京：中国建材工业出版社，2010.

[8-49] 梁兴文等. 底部框架抗震墙砌体房屋中墙梁承载力的实用计算方法. 建筑结构. 2002(4).

[8-50] 李翔等. 基于不同位置加载下墙梁有限元分析的托梁内力计算. 新型砌体结构体系与墙体材料-工程应用. 北京：中国建材工业出版社，2010.

[8-51] 砌体结构设计规范(GB 50003—2011). 北京：中国建筑工业出版社，2012.

[8-52] 砖石结构设计规范修订组. 砌体结构中悬臂挑梁的计算. 建筑结构. 1984(4).

[8-53] 宋雅涵. 钢筋混凝土挑梁倾覆计算方法探讨. 郑州工学院学报. 1980(1).

[8-54] 张保善，宋雅涵. 砌体中悬臂挑梁计算方法的研究与建议. 郑州工学院学报. 1984(2).

[8-55] 宋雅涵. 砌体中挑梁倾覆的试验研究. 郑州工学院学报. 1984(2).

[8-56] 吴保禄等. 砖砌体上钢筋混凝土挑梁的强度计算. 中州建筑，1984(5).

[8-57] 张金玲，冯天然. 关于钢筋混凝土挑梁倾覆计算的几点意见. 中州建筑. 1981(1).

[8-58] 李望明. 挑梁稳定及梁下砌体承压计算方法的研究. 郑州工学院学报. 1983(1).

[8-59] 唐岱新等. 砖砌体局部受压强度试验和实用计算方法. 建筑结构学报. 1980(4).

[8-60] 伍培根. 挑梁下砌体应力分析. 建筑结构. 1980(6).

[8-61] 吴保禄，李伯森. 钢筋混凝土挑梁下砌体局部承压计算. 中州建筑. 1982(7).

[8-62] 彭绍楣. 挑梁嵌固端砌体的局部受压计算. 建筑结构. 1984(6).

[8-63] 砖砌体沿阶梯形截面抗剪强度的试验方法及其分析. 钱义良、王增泽. 建筑结构. 1981(4).

[8-64] 江素华. 用有限元法分析挑梁结构. 郑州工学院学报. 1985(2).

[8-65] 华东水利学院. 弹性力学的有限单元法. 北京：水利电力出版社，1974.

[8-66] 肖至荣. 挑梁嵌固部分的配筋. 建筑结构. 1984(2).

[8-67] 郭尔布诺夫-波萨多夫著. 弹性地基上结构物的计算. 华东工业建筑设计院译. 北京：建筑工程出版社，1957.

[8-68] 建筑结构荷载规范(GB 50009—2012). 中国建筑工业出版社，2012.

第九章 砌体结构的构造措施

在结构设计中，除对受力构件进行承载力计算以确保安全外，还应使结构在正常使用时具有良好的工作性能，在正常维护条件下具有足够的耐久性。对砌体结构来说，通过一系列的构造措施来加强整体性，提高耐久性是不容忽视的。基于此，本章论述对墙、柱高厚比的要求，对墙、柱应采取的一般构造措施，以及防止或减轻墙体裂缝的措施。

9.1 墙、柱的高厚比要求

墙、柱的高厚比，在我国设计规范中系指墙、柱的计算高度 H_0 和墙或柱边长 h 的比值，用符号 β 表示，墙、柱的高厚比满足允许高厚比 $[\beta]$ 的要求。这项规定是考虑到砌体结构的墙、柱主要承受压力，所以除了需满足强度要求外，还应保证其稳定性。此处所指的稳定性，包括墙、柱在施工和偶然情况下的稳定性。此外，还考虑到墙、柱在使用荷载下的变形不应过大等。高厚比验算被认为是保证砌体结构稳定性的构造措施之一。在尚无明确的方法和规定来计算墙、柱变形的情况下，可以认为它是保证墙、柱满足正常使用极限状态的主要手段之一。

高厚比验算包括两个主要方面，一是允许高厚比 $[\beta]$ 的规定，另一是计算高厚比 $\dfrac{H_0}{h}$ 的确定。

其验算公式如下：

$$\beta = \frac{H_0}{h} \leqslant \mu_1 \mu_2 [\beta] \tag{9-1}$$

墙，柱的允许高厚比 $[\beta]$ 值　表 9-1

砌体类型	砂浆强度等级	墙	柱
无筋砌体	M2.5	22	15
	M5.0 或 Mb5.0、Ms5.0	24	16
	≥M7.5 或 Mb7.5、Ms7.5	26	17
配筋砌块砌体	—	30	21

注：1. 毛石墙，柱允许高厚比应按表中数值降低 20%；

2. 混凝土或砂浆面层的组合砖砌体构件的允许高厚比，可按表中数值提高 20%，但不得大于 28；

3. 验算施工阶段砂浆尚未硬化的新砌砌体高厚比时，允许高厚比对墙取 14，对柱取 11。

式中　μ_1——自承重墙允许高厚比的修正系数；

μ_2——有门窗洞口墙允许高厚比的修正系数。

允许高厚比限值的规定，主要根据实践经验，目前我国规范规定的允许高厚比限值见表 9-1。由表可见，$[\beta]$ 的大小与砂浆强度有关。此外，它还反映了我国施工的砌筑质量水平。随着高强度材料的采用和砌筑质量的改善，其值也应可以有所提高。一般来说，墙、柱的变形主要依赖于砂浆的强度等级和砌筑方式，而与块体的强度等级影响不大。这就是为什么表 9-1 中的 $[\beta]$ 值仅与砂浆强度等级、与某些砌体的类别有关的原因。

表 9-1 的限值是基于等截面和两端铰接，外荷载作用于柱上端情况下的规定值，由于高厚比验算是保证墙、柱稳定性的构造措施之一，所以当墙、柱的情况与上述条件不同时，验算条件也随其稳定临界条件与表 9-1 的不同而应有所变化。

支座条件的不同反映在公式（9-1）的计算高度 H_0 中。各种不同情况下计算高度 H_0 的取值在第七章 7.7 节和表 7-8 中已有详细的讨论和规定。

对于有门窗洞口的墙，也即变截面的墙，规范规定，允许高厚比 $[\beta]$ 应乘以折减系数 μ_2。

图 9-1 为变截面柱，其惯性矩上下端分别为 I_u 和 I_l，两端铰接。根据弹性稳定理论，假定其纵向变形曲线为：

$$y = H\sin\frac{\pi x}{H} \tag{9-2}$$

按能量法求得内力的功为：

$$\Delta U = \int_0^{H_l}\frac{M^2\,\mathrm{d}x}{2EI_l} + \int_{H_l}^{H_u}\frac{M^2\,\mathrm{d}x}{2EI_u} \tag{9-3}$$

外力的功为

$$\Delta T = \frac{P}{2}\int_0^H y_1^2\,\mathrm{d}x \tag{9-4}$$

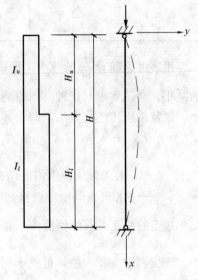

图 9-1　变截面柱

代入按公式（9-2）求得的 $M = EI_1 y''$ 和 y' 值于公式（9-3）和公式（9-4），得 ΔU 和 ΔT，并令 $\Delta U = \Delta T$，可解得临界荷载 P_{cr} 为：

$$P_{cr} = \frac{\pi^2 EI_l}{(\mu H)^2} \tag{9-5}$$

$$\mu = \sqrt{\cfrac{1}{\cfrac{H_l}{H} + \cfrac{I_u}{I_l}\cfrac{H_u}{H} - \cfrac{1}{2\pi}\left(1 - \cfrac{I_u}{I_l}\right)\sin 2\cfrac{\pi H_l}{H}}} \tag{9-6}$$

式中　μ——变截面墙、柱的高度修正系数；

　　　H——墙高；

　　　H_u——窗（门）高；

　　　$H_l = H - H_u$；

　　　I_u——净截面惯性矩；

　　　I_l——毛截面惯性矩。

现根据不同的 $\dfrac{H_u}{H}$ 和 $\dfrac{I_u}{I_l}$ 值，按公式（9-6）计算的 μ 值列于表 9-2。

变截面柱的高度修正系数 μ 值　　　　　　　表 9-2

I_u/I_l 　 H_u/H	1/4	1/3	1/2	2/3	3/4	$1/\mu_2$
0.1	1.04	1.08	1.35	1.74	2.35	1.56
0.2	1.03	1.06	1.29	1.58	1.93	1.47
0.3	1.03	1.05	1.24	1.45	1.65	1.39
0.4	1.03	1.04	1.20	1.34	1.82	1.32
0.5	1.02	1.03	1.16	1.26	1.41	1.25
0.6	1.02	1.02	1.12	1.19	1.29	1.19
0.7	1.00	1.00	1.05	1.08	1.10	1.14
0.8	1.00	1.00	1.03	1.04	1.05	1.09

由表可见随着 $\dfrac{H_u}{H}$ 的减小，即墙的门窗洞口的增大，μ 值逐渐增大，意味着临界荷载的减小。这就要求对这种有门窗洞口的墙，应把其允许高厚比降低，或者将其计算高度增加。规范采用传统的做法，即将其允许高厚比降低，修正系数 μ_2 为：

$$\mu_2 = 1 - 0.4 \frac{b_s}{s} \tag{9-7}$$

式中　b_s——在宽度 s 范围内的门窗洞口宽度；

s——相邻窗间墙或壁柱之间的距离。

规范的修正系数的倒数 $\dfrac{1}{\mu_2}$，相当于表 9-2 中的 μ 值。为比较起见，把 $\dfrac{1}{\mu_2}$ 也列于表 9-2 中。比较表中 μ 和 $\dfrac{1}{\mu_2}$ 值，可见 $\dfrac{1}{\mu_2}$ 相当于表中 $\dfrac{H_u}{H}$ 为 $\dfrac{2}{3}$ 这一列中的 μ 值。由于墙和柱的允许高厚比的比值为 0.7，所以规范规定公式（9-7）中 μ_2 计算值低于 0.7 时仍取 0.7。此时 $\dfrac{1}{\mu_2}=1.43$，因此当 $\dfrac{I_u}{I_l}\leqslant 0.3$ 时，μ 值与 $\dfrac{1}{\mu_2}$ 会有较大差别，而按规范规定实际取值都为 1.39，此时与公式（9-7）的形式无关。由表还可见 $\dfrac{1}{\mu_2}$ 是与 $\dfrac{H_u}{H}=\dfrac{2}{3}$ 时的值相当，对一般门窗洞口情况而言这是比较安全的，但对于 $\dfrac{H_u}{H}$ 更小的情况，例如仓库等门窗洞较小的情况，则偏于保守。为此，规范中规定当 $\dfrac{H_u}{H}\leqslant\dfrac{1}{5}$，即当洞口高度等于或小于墙高的 $\dfrac{1}{5}$ 时，$\mu_2 = 1$。表 9-2 中未列出 $\dfrac{H_u}{H}\leqslant\dfrac{1}{5}$ 值，但从 $\dfrac{H_u}{H}=\dfrac{1}{4}$ 时的 μ 值可见，此时系数已接近于 1。

自承重墙，即仅承受自重荷载的墙，其与在顶端为集中荷载的构件的临界荷载也有不同，因此其允许高厚比限值应该可以修正。根据弹性稳定理论，在自重作用下二端铰支杆件的临界荷载为：

$$P_{cr,G} = \eta_{st} \frac{EI}{H^2} \tag{9-8}$$

式中　$P_{cr,G}$——自重作用下压杆的临界荷载；

　　　E、I——杆件的弹性模量和惯性矩；

　　　η_{st}——系数，对二端铰支杆件 $\eta_{st}=9.87$。

336

支承条件不同，上端有集中荷载和承受自重杆件的 η_{st} 值的比值不同（见表 9-3）。其比值约在 1.8～3 之间。也就是说当材料和截面相同、支承条件相同时，承受自重的杆件的允许高厚比可以大于上端有集中荷载的杆件的允许高厚比 1.8 倍以上。规范规定厚度 h ≤240mm 的自承重墙允许高厚比可乘以提高系数 μ_1：

1. $h=240$mm　　　　$\mu_1=1.2$；

2. $h=90$mm　　　　$\mu_1=1.5$；

3. 240mm＞h＞90mm　μ_1 可按插入法取值。

可见 μ_1 最大值是 1.5 小于 1.8，因此是安全的。

系数 η_{st} 及其比值		表 9-3
荷载情况	悬臂杆	两端铰支杆
自重作用	7.8	20
上端集中荷载作用	2.46	9.87
比　值	3.17	2

在规范中规定 μ_1 与墙厚有关，这是因为 $I=\dfrac{bh^3}{12}$，设临界荷载 $P_{cr,G}$ 为 γbhH（γ 为砌体重力密度，b、h 为截面宽度和高度），按公式（9-8）：

$$P_{cr,G} = \gamma bhH = \eta_{st}\dfrac{Ebh^3\dfrac{1}{12}}{H^2} \tag{9-9}$$

$$\beta^3 = \left(\dfrac{H}{h}\right)^3 = \dfrac{\eta_{st}E}{12h\gamma} = \dfrac{A}{h} \tag{9-10}$$

$$\beta = \sqrt[3]{\dfrac{A}{h}} \tag{9-11}$$

$$A = \dfrac{\eta_{st}E}{12\gamma} \tag{9-12}$$

对一定材料和支承条件 A 为常量。由公式（9-11）可见，自承重墙高厚比 β 除与砌体材料、支承条件有关外，还与墙厚的立方根有关。墙厚度愈薄，允许高厚比愈大。若以 240mm 墙厚为基本值，则 120mm 和 90mm 墙厚，其提高值为 $\sqrt[3]{\dfrac{24}{12}}=1.26$ 和 $\sqrt[3]{\dfrac{24}{9}}=1.37$，而在规范中上述墙厚的 β 值分别取为 1.2 和 1.25。

单层厂房、食堂及有些多层房屋常采用带壁柱的截面形式。这种墙的高厚比验算应分二步进行。首先作整体验算，即把壁柱墙视作厚度为 $h_T=3.5i$（i 为截面回转半径）的一片墙，根据四边支承条件确定其计算高度 H_0，然后按下式验算：

$$\beta = \dfrac{H_0}{h_T} \leqslant \mu_1\mu_2[\beta] \tag{9-13}$$

其中在确定整片墙的两侧支承条件时，要取支承横墙的距离。第二步作局部验算，即验算壁柱间墙的高厚比，墙厚为 h，不计壁柱截面。此时壁柱可视作该墙的侧向不动铰支承，而墙的四边常可视作铰支承。当墙上置有钢筋混凝土圈梁时，圈梁可视作墙的不动铰支点，但要求圈梁的刚度满足 $\dfrac{b}{s}\geqslant\dfrac{1}{30}$（$s$ 为相邻壁柱间的距离；b 为圈梁的宽度，当与墙厚相同时即为 h）的要求。

近几十年来由于抗震的要求，钢筋混凝土构造柱用得愈来愈普遍。墙与柱采用马牙槎和水平拉结钢筋（或钢筋网片）连接，使墙的整体性大大提高。由于构造柱为钢筋混凝土，其刚度较大，在墙中可以认为相当于采用了壁柱加强。因此能够提高墙体的允许高厚比。按照弹性稳定理论，考虑构造柱的材料特点，构造柱间距和截面大小后，可得其允许高厚比的提高系数 μ_c 为：

$$\mu_c = \sqrt{1 + \frac{b_c}{l}(\alpha - 1)} \tag{9-14}$$

式中　$\alpha = E_c/E$，E_c 为钢筋混凝土的弹性模量，E 为砌体的弹性模量；

　　　　b_c——构造柱沿墙长方向的宽度；

　　　　l——构造柱沿墙长方向的间距。

经试算和比较后可简化为下面规范采用的计算公式：

$$\mu_c = 1 + \gamma b_c/l$$

式中　γ——系数，对细料石，半细料石砌体，$\gamma = 0$；对混凝土砌块、粗料石、毛料石及毛石砌体，$\gamma = 1.0$；其他砌体，$\gamma = 1.5$；

当 $b_c/l > 0.25$ 时，取 $b_c/l = 0.25$；当 $b_c/l < 0.05$ 时，取 $b_c/l = 0$

不同的 γ 值，按上式求得的 μ_c 值见表 9-4 所示。

采用构造柱时，墙的允许高厚比提高系数 μ_c　　　　表 9-4

γ	b_c/l					
	1/20	1/15	1/12	1/10	1/8	1/4
$\gamma = 1.5$	1.075	1.100	1.125	1.15	1.188	1.375
$\gamma = 1.0$	1.050	1.067	1.083	1.100	1.125	1.25

当验算施工阶段的高厚比时，由于构造柱一般还没有浇捣或混凝土强度尚没有达到设计强度，因此不应考虑构造柱对高厚比的有利作用。

我国现行规范对墙、柱高厚比验算的方法与苏联规范类似，根据构件的稳定条件不同，而作不同的变化。国外有些国家则比较简单，例如英国仅考虑计算高度而不考虑门窗洞口影响，允许高厚比限值对 1~2 层房屋 $[\beta] = 27$，对多层房屋 $[\beta] = 20$ 且与砂浆强度等级无关（英国最低砂浆等级为 M2.5）。加拿大（国家标准 GAN33304-N84 建筑物的砌体结构设计）则比较复杂，对按经验设计的采用表 9-5，由表可见 $[\beta]$ 值为 20，相当于我国砂浆强度等级 M1 的值。对按工程分析法设计的 $[\beta] = 10\left(3 - \dfrac{l_1}{l_2}\right)$，$l_1$ 为实际发生的最小偏心距，l_2 为实际发生的最大偏心距，但对墙 $[\beta]$ 不超过 20，对柱不超过 14。美国规范 UBC（1985）规定的允许高厚比限值，对实心墙及承重隔墙为 20，对多孔块体墙和空腔墙为 18。无筋砌体承重墙的最小厚度为 12 英寸（305mm）。原苏联规范规定与我国相同。纵观上述情况，我国规范对允许高厚比的限值与许多国家是相近的。但对于墙的最小厚度我国规范无明确规定。在我国实践中，砖砌承重墙最小厚度有 90mm（3 层横向承重房屋），120mm（4 层住宅），180mm（5~6 层），但 90mm 墙承重的房屋数量极少，180mm 墙则较多。混凝土小型砌块则为 190mm 厚度，已建不少房屋。从今后发展和实践经验看来，承重墙厚度不宜小于 180mm，这在我国的砌体结构设计规范中已有相应的规定。

墙的允许高厚比和最小厚度 表 9-5

砌体类别	允许高厚比	最小厚度（mm）
承重墙		
多孔或实心块体砌筑的实心墙	20	190
毛石墙	14	290
空腔墙	20	90（每翼）
自承重墙		
实心块体的外实心墙	20	140
多孔块体的外实心墙	20	190
空洞不大或空气压力不超过 0.24kPa 的隔墙	36	75
外空腔墙	20	90（每翼）

9.2 一般构造要求

为了保证砌体房屋的耐久性和整体性，墙柱还需满足一般构造要求。我国的规范更新周期一般在十年左右，每次规范更新都会依据有关最新、成熟的科研成果和国家综合实力的增强而提高相应的材料要求和结构的可靠度。新颁布的《砌体结构设计规范》GB 50003—2011 在原 GB 50003—2001 规范基础上提出了更高和更严格的要求，同时对目前已经大量应用的新型墙体材料也做了相应的要求。

一、块体和砂浆的最低强度等级

块体和砂浆的最低强度等级应符合耐久性要求，包括材料种类及应采取的技术措施请详阅第四章 4.5.2 节的规定。

这里就砌体中防潮层以下砌体、防潮层的设置与要求作些补充论述。

一般说来，防潮层以上和防潮层以下的砌体周围的环境截然不同。从耐久性的要求说，对两者有不同的要求。有些地区和有些特殊环境下的建筑物，应根据当地自然环境和房屋特殊条件以及实践经验提出相应的要求。例如有些海滨城市，空气中酸性较大，而当地的黏土砖抵抗这种湿气的耐久性不足，应采取特殊措施（如在墙外作水泥外粉刷等）。

防潮层以下的砌体由于基土所含水分情况复杂，各种酸性、碱性的成分都可能有，基础的砌体修复又十分困难，从满足长远的使用期限要求，采用耐久性更好的材料自然是合适的。众所周知，一般石材强度等级较高，常在 MU50 以上。在石材供应较充足地区，常采用石材作基础。由于基础四周有回填土，所以多数采用毛石砌体。这在土壤腐蚀性较强的地区十分重要。

在室内地面以下，室外散水坡顶面以上的砌体内，应铺设防潮层。防潮层材料一般情况下宜采用防水水泥砂浆，防潮层位置至少应高出室外散水坡顶面 50mm，并低于室内地坪 50mm（图 9-2）。勒脚部位应采用水泥砂浆粉刷。

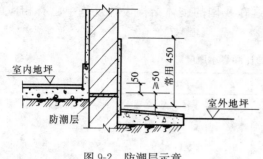

图 9-2 防潮层示意

我国新中国成立前常用油毡作防潮层,油毡耐久性不好,时间一长容易老化脱层,且不能传递拉力;20 世纪 60～70 年代大都采用 20～25mm 厚的 1:3 防水水泥砂浆,或 20mm 厚沥青砂浆;目前通常采用钢筋混凝土基础圈梁或高 60mm 的配筋防水细石混凝土带,其耐久性和防潮效果得到了提高。在国外尚有采用石板及工程块体作防潮层的(用四皮平砌薄石板或三皮工程块体)。所谓工程块体,即制作的吸水性极小,且强度较高的特殊块材。采用石板作防潮层也是利用其吸水性小的特点。

二、墙、柱最小截面尺寸

对于砖和砌块墙的最小截面尺寸,已在前面谈到,我国规范没有明确规定,但有一些实践经验。对于承重的独立砖柱,则规定截面尺寸不应小于 240mm×370mm;对于毛石墙的厚度不宜小于 350mm,毛料石柱截面较小边长不宜小于 400mm。当有振动荷载时,墙、柱不宜采用毛石砌体。

三、墙、柱的拉结

墙、柱必须与楼板、梁、屋架和骨架柱有可靠的拉结,形成整体稳定的承重体系,以承受荷载和各种可能有的振动。

对于预制钢筋混凝土板,规范规定在墙上的搁置长度不宜小于 100mm,在钢筋混凝土圈梁上不应小于 80mm;板搁置在内墙上时,板端的钢筋(俗称"胡子筋")伸出长度不应小于 70mm,搁置在外墙上时不应小于 100mm,且应与沿墙配置的纵筋绑扎后用不低于 C25 的混凝土捣实。如果板的搁置长度不满足上述要求,仅满足≥50mm 时,应采用"硬架支模"的施工方式加强板与梁和板与板之间的连接,即将预制板的板端与圈梁或板与板之间配置适当钢筋后整浇在一起(图 9-3)。如果搁置在墙或梁上的端部板缝小于 80mm 时,由于板端的板缝需要配置钢筋,板缝中浇捣的混凝土质量将无法保证,此时宜加大端部板缝,然后采用"硬架支模"。

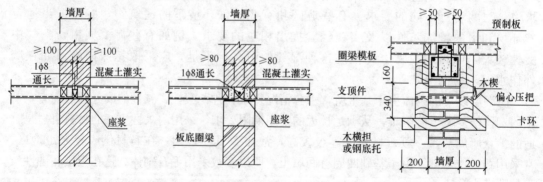

图 9-3 预制板搁置在墙、圈梁及硬架支模做法

对于支承在墙、柱上的吊车梁、屋架及跨度大于或等于下列数值的预制梁的端部,应采用锚固件与墙、柱上的垫板锚固:

1. 对砖砌体为9m；

2. 对砌块和料石砌体为7.2m。

跨度大于6m的屋架和跨度大于下列数值的梁，应在支承处砌体上设置混凝土或钢筋混凝土垫块以保证砌体的局部受压和梁与墙的拉结；当墙中设有圈梁时，垫块与圈梁宜浇成整体。

对砖砌体为4.8m；

砌块和料石砌体为4.2m；

对毛石砌体为3.9m；

当梁跨度大于或等于下列数值时，其支承处宜加设壁柱，或采取其他加强措施：

1. 对240mm厚的砖墙为6m，对180mm厚的砖墙为4.8m；

2. 对砌块，料石墙为4.8m

目前很多设计单位采用在梁下设置构造柱的办法作为加强措施。根据单层和多层房屋的静力计算简图，楼板和梁是墙的水平支承。在外荷载作用下，墙和水平支承杆间将有水平力存在。当水平支承为楼板时，由于其跨度较小，相互作用的水平力可以认为由其产生的摩擦力承担。实验证明，对于砌体结构多层房屋的底层，由于上部荷载的作用，当楼板和墙体满足规范的搁置长度时，两者不仅能够传递水平力而且能承受足够的弯矩。即使在较大的水平反复荷载作用下（如水平振动），两者之间也能保持足够的摩擦力而不会发生位移。当楼板和墙体平行，如果此时楼板在设计中是作为墙体的水平侧向支承，应加强楼板与墙的锚固或连接，如把楼板嵌入墙体内（此时应注意板边的负弯矩影响）或锚固件加以固定；目前通常做法是在平行与墙的板缝内隔一定间距中设置拉接钢筋，拉接钢筋跨过板面，另一端锚入墙体内，板缝用不低于C20的细石混凝土灌实。当填充墙或隔墙考虑上部的楼板为其水平支承时，一般在施工时把上部砖块斜砌并与楼板顶

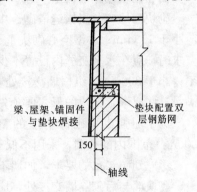

梁、屋架、锚固件
与垫块焊接

垫块配置双
层钢筋网

150

轴线

图9-4 屋面梁与柱的锚固

紧，并用砂浆填实。当水平支承杆件为跨度较大的梁或屋架时，考虑到其重要性和安装的要求，以及搁置点的摩擦力不可能保证传递水平力时，应采用锚固件，其典型构造见图9-4所示。预制钢筋混凝土梁在墙上的支承长度，不宜小于180～240mm。为了减小屋架或梁端部支承压力对砌体的偏心距，可以在屋架或梁端底面和砌体间设置带中心垫板的垫块或缺角垫块。

墙与混凝土柱的拉结，一般在钢筋混凝土柱中预埋拉结筋，砌砖时嵌入墙的水平灰缝内（图9-5）。这种拉结是柔性的，可以减轻墙与混凝土柱变形和沉降的差异而引起连接处的开裂和防止墙与混凝土柱的拉脱。

为了加强砌体房屋的整体性，在墙体转角处和纵横墙交接处如没有设置钢筋混凝土构造柱，则应沿墙高每隔400～500mm设拉结钢筋或拉结钢筋网片，埋入长度从墙转角或交接处算起每边不小于500mm，多孔砖或空心砌块由于孔洞原因钢筋在灰缝中的锚固能力相对较差，因此埋入长度应为700mm。另外，墙体的转角处、交接处应同时砌筑，这在施工及验收规范中有明确规定。如不能同时砌筑，又必须留置的临时间断处，应砌成斜槎，斜槎长度

不应小于高度的 2/3。若留斜槎确有困难，也可能做成直槎，但应加设拉结钢筋，其数量为每 120mm 墙厚，不得少于一根钢筋（直径不小于 6mm），其间距沿墙高不得超过 500mm，埋入长度从墙的留槎处算起，每边均不小于 500mm，末端应有直角弯钩。

山墙处的壁柱宜砌至山墙的顶部，山墙与檩条或屋面板应加以锚固（图 9-6），以保证两者的连接，因为此时仅依靠两者之间的摩擦力已不能满足连接要求。在风压较大地区，如沿海地区等，屋盖不宜挑出山墙，否则大风的吸力可能会掀起局部屋盖，使山墙成为无水平支承的悬臂状态而容易倒塌。

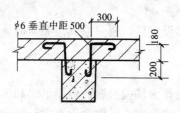

图 9-5　墙与混凝土柱拉结

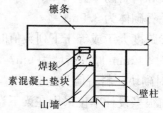

图 9-6　山墙壁柱与檩条的锚固

四、砌块砌体的构造

砌块砌体应分皮错缝搭砌。中型砌块上下皮搭砌长度不得小于砌块高度的 1/3，且不应小于 150mm；小型空心砌块上下皮搭砌长度不得小于 90mm。当搭砌长度不满足上述要求时，应在水平灰缝内设置不少于 2ϕ4 的钢筋网片，网片每端均应超过竖灰缝，其长度不得小于 300mm。纵横墙交接处要咬砌，搭接长度不宜小于 200mm 和块高的 1/3。为了满足这些要求，砌块的形式要预先安排。

为了加强砌块砌体房屋的整体性，宜在纵横墙交接处，距墙中心线每边不小于 300mm 范围内的孔洞，采用不低于 Cb20 的混凝土沿全墙高灌实。

考虑到防渗水的要求，如墙不是两面粉刷时，砌块的两侧宜设置灌缝槽。

砌块墙与后砌隔墙交接处，应沿墙高每 400mm 在水平灰缝内设置不少于 2ϕ4、横筋间距不应大于 200mm 的焊接钢筋网片（图 9-7）。

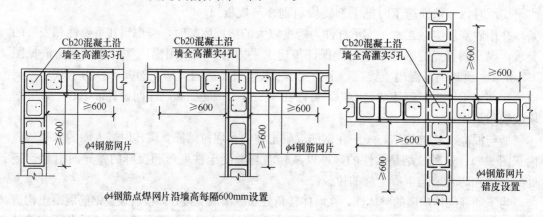

图 9-7　砌块砌体纵横墙的拉结钢筋网片布置

混凝土小型空心砌块墙体的下列部位，如未设圈梁或混凝土垫块，应采用不低于 Cb20 灌孔混凝土将孔洞灌实；（1）搁栅、檩条和钢筋混凝土楼板的支承面下，灌孔高度不应小于 200mm；（2）屋架、大梁等构件的支承面下，灌孔高度不应小于 600mm，长度不应小于 600mm；（3）挑梁支承面下，距墙中心线每边不应小于 300mm，高度不应小于 600mm。

在砌体中留槽洞及埋设管道时，应遵守下列规定：

1. 不应在截面长边小于 500mm 的承重墙体、独立柱内埋设管线；

2. 不宜在墙体中穿行暗线或预留、开凿沟槽，无法避免时应采取必要的措施或按削弱后的截面验算墙体的承载力。

对受力较小或未灌孔的砌块砌体，允许在墙体的竖向孔洞中设置管线。对于砌块砌体当需要时可在埋设管道后灌筑混凝土，以确保其强度。

目前我国对墙体的节能要求愈来愈高，外墙采用何种方式保温各地都在研究。夹心墙作为一种节能的墙体构造也受到大家的重视，英国、澳大利亚等国用得很多，但抗震性能研究不多。我国有些单位近年作了一些试验。新规范根据这些单位的研究成果对其构造作了一定的规定：

1. 外叶墙的砖及混凝土砌块的强度等级不应低于 MU10；

2. 夹心墙的夹层厚度不宜大于 120mm；

3. 夹心墙外叶墙的最大横向支承间距不宜大于 9m。

夹心墙墙间的连接应符合下列规定：

1. 叶墙应用防腐处理的拉结件或钢筋网片连接；

2. 当采用环形拉结件时，钢筋直径不应小于 4mm，当为 Z 形拉结件时，钢筋直径不应小于 6mm；拉结件应沿竖向梅花形布置，拉结件的水平和竖向最大间距分别不宜大于 800mm 和 600mm；对有振动和抗震设防要求时，其水平和竖向最大间距分别不宜大于 800mm 和 400mm；

3. 当采用钢筋网片作拉结件时，网片横向钢筋的直径不应小于 4mm，其间距不应大于 400mm；网片的竖向间距不宜大于 600mm。对有振动或有抗震要求时，不宜大于 400mm；

4. 拉结件在叶墙上的搁置长度，不应小于叶墙厚度的 2/3 并不应小于 60mm；

5. 门窗洞口周边 300mm 范围内应附加间距不小于 600mm 的拉结件。

对安全等级为一级或设计使用年限大于 50 年的房屋，夹心墙与叶墙间宜采用不锈钢拉结件。

9.3 防止墙体裂缝出现的措施和墙体伸缩缝

墙体由于受力、地基不均匀沉降或温度影响都会引起裂缝。

墙体在外荷载作用下的承载能力，根据规范要求需要进行详细的计算。一般说来，满足承载能力的极限状态要求，可以保证墙体不出现在使用状态下的裂缝。试验表明，在中心受压和偏心受压情况下，构件出现裂缝时的荷载为破坏荷载的 50%～80%。在墙体设计中，各分项系数表达的结构安全应该能够满足这个要求。如果在使用过程中明显出现由于受力而引起的墙体裂缝，表明房屋的承载能力处于危险状态，就应迅速采取加固措施。砌体墙由于受力引起的裂缝多数表现为竖向并贯通块材且平行出现一定数量和长度的裂缝。避免这种裂缝的出现，在设计时必须要有正确的承载能力计算，选择合理的材料并保证正确的施工方法。

房屋的不均匀沉降是引起墙体开裂的主要原因之一。不均匀沉降主要发生在三种情况中：一种是不均匀地基，即房屋场地范围内地基性质不同；一种是不均匀荷载，房屋的某些部位荷载差别很大；一种是高压缩性地基（软土地基），即使是均匀荷载也会引起不均匀沉降。一般说来，计算房屋的沉降工作量大，往往不容易准确，所以常根据荷载和地基的情况采用不同的措施。在一般地基与基础的教科书和文献中，对此已有详细的讨论。必须指出，防止不均匀沉降引起墙体开裂的重要措施之一是在房屋中设置沉降缝。此缝若有条件应该考虑与伸缩缝重合。

<table>
<tr><td colspan="3">砌体的徐变系数和干缩应变　　表 9-6</td></tr>
<tr><td>砌体的块体种类</td><td>φ_∞</td><td>$\varepsilon_{h\infty}$ （mm/m）</td></tr>
<tr><td>烧结普通砖</td><td>0.7</td><td>$-1 \sim +0.2$</td></tr>
<tr><td>硅酸盐砖</td><td>1.5</td><td>-0.2</td></tr>
<tr><td>加气混凝土砌块</td><td>1.5</td><td>-0.2</td></tr>
<tr><td>混　凝　土</td><td>1.5</td><td>-0.2</td></tr>
<tr><td>轻混凝土</td><td>2.0</td><td>-0.3</td></tr>
</table>

注：1. φ_∞ 为最终徐变系数，$\varphi_\infty = \varepsilon_\infty / \varepsilon_{el}$；
　　 ε_∞ 为最终徐变；
　　 ε_{el} 为弹性应变 ε_{el}。
　 2. $\varepsilon_{h\infty}$ 为湿胀或干缩的最终值，负值指收缩，正值指膨胀。

温度影响、湿度变化和墙体的干缩等，会引起墙体的变形，也会引起墙体与墙体间的变形差以及墙体与其交接和支承的构件（钢筋混凝土楼板等）的变形差。这些因素都会引起墙体的开裂。由于计算这些变形和应力的复杂性、因素的多元性和不定性，目前尚不能提供分析这些影响的准确方法。规范提供了防止这些裂缝的构造措施。我国规范列出了各种块材砌体的线膨胀系数（见表 3-30），有些国家还列出这些砌体的徐变和含湿收缩值作为计算和考虑措施的依据。表 9-6 为 ISO/TC179 无筋砌体结构设计规范（工作草案）的建议值。其线膨胀系数值与我国规范建议值略有差异。值得指出的是含湿收缩值是很大的，以硅酸盐砖砌体而言，含湿收缩值为 -0.2mm/m，其热膨胀系数为 $8 \times 10^{-6}/℃$，即每变化 $1℃$，变形为 $8 \times 10^{-6} \text{mm/mm} = 8 \times 10^{-3} \text{mm/m} = 0.008 \text{mm/m}$。将含湿收缩值比上变化 $1℃$ 的热膨胀值，$0.2/0.008 = 25$，即砌体的含湿收缩值相当于温差 $25℃$ 的收缩值。因此在考虑引起墙体裂缝的问题时，除了要考虑热膨胀影响外，还应考虑含湿收缩的影响。

温度和干缩引起的裂缝有多种多样，大致可分成下列四类。

一、第一类为由于钢筋混凝土屋盖的温度变化和墙体的干缩引起墙体的裂缝。主要的裂缝形态是顶层墙体的开裂，它包括纵墙的八字缝，横墙上的上端八字缝，楼板与墙的水平缝。严重的除顶层外，还引起其下一层甚至再下一层墙体的裂缝，但一般愈往下愈轻。图 9-8 为纵墙八字缝的情况。关于这类裂缝成因的分析，在 1963 年全国裂缝会议上曾经提出过两种不同意见，一种

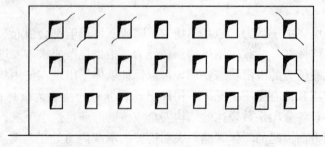

图 9-8　纵墙八字裂缝

认为是基础沉降不均引起的，一种认为是温度引起的。经过以后几十年的继续观察和分析，现在比较一致地认为是温度引起的。我国江苏、山东、安徽、上海、浙江等省市采用平屋面钢筋混凝土结构，刚性防水而无隔热层的许多房屋都存在这种裂缝，严重的甚至在晚间出现"咔咔"爆裂声，使人认为房屋即将倒塌，最大裂缝宽度可达 5mm 之巨。这种裂缝的出现是由于钢筋混凝土平屋面在太阳直射下，顶板温度很高，如广州地区可达 60℃，远远高出气温，南北墙面一般为 30～40℃，夏季昼夜屋面最大温差达 30℃。由于钢筋混凝土的线膨胀系数和砌体结构不同，屋面结构与墙体结构刚度不同，两者的变形不能协调，使得墙体约束了屋面变形，因此在墙体和屋面板内产生了很大的内力。当屋面膨胀时，屋面板内主要受压。墙体的受力则较为复杂：以顶层边端单元而言，一般说来上端伸长，单元体变形如图 9-9 所示：对角线一侧受拉，引起的裂缝将呈对角线状，此即为八字缝（房屋的二端头方向相反）。墙体的干缩变形增加这种影响，而温度收缩则引起相反的作用，会产生反向的裂缝，但这种情况似极少发现。调查还表明，坡屋面结构，如瓦屋面木屋架，有檩体系钢筋混凝土坡屋架，墙体八字裂缝很少发现。因为此时不仅屋面温度相对较低而且屋面刚度也低，引起纵向温度变形较平屋面的为小。有窗口的顶层边端单元的八字缝除端开间外，当温度应力大时可以出

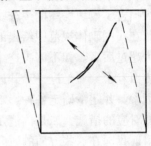

图 9-9　八字缝走向示意

现在第二、甚至第三开间。个别的例如混凝土小型砌块房屋，则在顶层下一层墙体也会出现。另外裂缝也会先出现在窗角下和窗角上，并逐渐延伸形成垂直裂缝和斜裂缝，这是因为窗角处存在应力集中的缘故。

合肥工业大学曾对某小型砌块 4 层房屋进行实测，房屋总长 61.2m、宽 13.8m、高 13.2m。屋面上铺 25mm 厚混凝土架空隔热板。由于隔热板的存在，太阳直射时最高温度发生在隔热板，屋面板较隔热顶板要低 10℃左右。房屋纵向伸长 u 与顶板温度 T 呈直线关系：

$$u = 0.15T$$

以 T 为 10℃ 计，则代入上式 $u = 1.5$mm，而板自由伸长时（$T = 10$℃）有 $u = (61.2/2) \times 1000 \times 10 \times 10^{-6} \times 10 = 3.06$mm（混凝土小砌块的线膨胀系数为 10×10^{-6}），实际伸长可近似认为是自由伸长的 1/2。对砖墙房屋实测的结果表明，实际伸长和自由伸长的比值较 1/2 大，一般在 0.6～0.7 左右。实际伸长和自由伸长的差异主要是由于混凝土小砌块房屋的干缩变形较大，增加了墙体对屋面板的约束作用。

自 1962 年始，我国对因温度和干缩影响顶层墙体产生的裂缝开始有所注意。我国第一本《砖石结构设计规范》GBJ 3—73 反映了这方面的内容，后来的《砌体结构设计规范》GBJ 3—88 基本保持了其内容。因大多数这种裂缝不会对结构的安全和破坏有太大的影响，故国内长期以来未作进一步的研究，也未作较大的改进。但自住宅商品化以来，这方面发生了较大的变化。尤其是进入 21 世纪以来，居民购房成为自己的财产，因此为墙体发生裂缝的争执、告状、上诉至法院的屡见不鲜。我国从《砌体结构设计规范》GB 50003—2001 开始，提出了更系统、更多的避免或减轻这种裂缝的措施，但并没有指出采用其中哪些措施后可保证不出现裂缝。由于房屋产生裂缝的机理很复杂，影响因素有

很多又交错在一起，要完全杜绝裂缝几乎很难实现，因此如何能用好这种措施避免或减轻裂缝的发生，仍是一个有待设计人员如何能根据自己的设计经验和所设计房屋的具体条件来解决的重要问题，这和前述的强度设计不同，广大设计人员在使用规范时应该予以足够重视。

近年来墙体改革在全国各地风起云涌，取材来源丰富而不影响农田的混凝土小砌块房屋在各地大量采用，还引进了不少国外先进设备，但由于一开始不重视混凝土小砌块房屋裂缝的研究和防治，使这种顶层墙体的开裂在已建房屋中极其普遍。据上海市的调查，砌块房屋中的 80% 都有这种裂缝存在，较过去的烧结普通砖墙体房屋要严重得多，这种现象大大损害了砌块房屋的声誉。分析产生这种现象的主要原因是由于砌块砌体的抗剪强度过低，在我国砌体规范中给出的砌块砌体抗剪强度仅为烧结普通砖砌体的 1/2，而干缩值又大大超过后者。如不解决这个问题势必会影响砌块的应用，而要解决好这个问题应该从两个方面着手，一是进一步开展细致的试验研究和理论研究，搞清楚裂缝产生的机理和各影响因素，并定量确定各种影响因素的作用及相互关系，从而明确在具体情况下应该采取何种相对应的措施。二是搞清楚现有的各种措施在解决各种裂缝问题时的作用和效果。应该说目前我国在这些方面的研究还很不充分，第一方面的问题还处于探索研究阶段，近年来浙江大学和同济大学都曾进行过一些相应的试验研究和理论分析，也进行了一系列的有限元计算分析，但仍不完全；第二方面的问题则很少有人问津，因为这要花很长的时间和很大精力进行实际测定才能得出正确的结论。我国幅员辽阔，各地实际存在的环境差异性和砌体材料差异性，再加上上述两方面问题的复杂性，这就是为什么在设计时还需要设计人员根据自身的经验和当地的具体情况按现行规范采取措施的原因。

要防止顶层墙体的温度和干缩裂缝，大致可以从下列三方面着手：

1. 减小温度和干缩的影响。

2. 降低其引起的砌体应力。

3. 增强墙体抵抗这种影响的作用，最常用的办法就是增强其抗剪强度。

规范中的各种措施基本上都是上述三种指导思想的具体化。根据目前粗略的理论分析，当钢筋混凝土板和墙体间有 10℃ 温差时，在墙体上将会产生约 0.4MPa 的剪应力。砌体的抗剪强度是比较低的，普通烧结砖砌体其抗剪强度标准值：对 M1 砂浆为 0.3MPa，对 M5 为 0.21MPa；对混凝土砌块砌体则分别为 0.15MPa 和 0.1MPa。而砌体房屋如屋面上没有采取隔热措施，其温差会在 15℃ 以上，此时墙体根本无法抵抗这样大的剪应力，产生裂缝就几乎是不可避免的。

下面对于混凝土砌块房屋的裂缝问题在大量的调查和一些测试的基础上，提出一些看法供设计和研究人员参考。为了防止顶层墙体的开裂，在某办公楼的二侧曾进行了对比试验。一侧按设计要求在横向承重墙内每隔 400mm 设置插筋芯柱，其孔洞用轻质混凝土灌实；另一侧未设芯柱。二侧的屋面构造相同：钢混现浇屋面板，加气混凝土碎块找平层（平均厚 100mm），40mm 厚细石混凝土整浇层，防水涂膜二层，45mm 厚聚苯乙烯水泥板（无灰缝）。在屋面保温板还未铺设前，一侧的三间横墙有轻微的踏步裂缝，一侧未见。屋面板施工完成后，灌芯一侧的墙体始终未出现裂缝；未灌芯的另一侧墙体原裂缝似有缩小，但未消失。在施工同时，还进行了热工测定：在室外温度 37℃ 时，测得的屋面表面温度为 56℃，隔热板的底面温度为 41℃。经屋面板隔热后钢筋混凝土板的上部温度为

36℃，底面的温度为 34℃，此时室内温度为 32℃。外墙面温度为 37℃，内面为 35℃。

从上述测得的数值看，隔热板的作用十分可观，降温达 15℃。降温后的钢筋混凝土板平均温度为 35℃。几乎与墙体的温度相同。根据一些理论分析，当钢筋混凝土板和墙体不存在温差时，但由于两者的线膨胀系数仍有少许差异以及墙体中存在温度梯度，所以仍会存在一定的剪应力，不过其剪应力相对是较小的。对砌块墙体顶层灌芯以减少墙体裂缝的做法，来源于上海建造的一座 18 层配筋砌块混凝土高层建筑。该房屋建成后，在房屋的全部墙面上、包括顶层墙体未见可视的微小裂缝。国外的砌块房屋之所以很少有裂缝，在于它们的砌块房屋绝大多数都是配筋和灌芯的。经过测试，上述用混凝土灌孔后的砌块砌体抗剪强度平均值达 1.38MPa，完全可以承受较大的温差引起的剪应力，从而保证了墙体不发生裂缝。通过上述成功的工程实践总结，可以得到以下几点结论：

1. 防止或减轻顶层墙体的开裂是完全有可能的，包括砌块砌体房屋。

2. 减少屋面的温度影响是十分重要的措施，应在设计中作第一位的考虑。对墙体较易出现裂缝的地区，应规定防止顶层墙体开裂的必要措施，必要时对不同地区还可规定不同的隔热要求。

3. 为保证小砌块砌体不出现顶层墙体裂缝，增加砌体的抗剪强度是必要的，可采取多种措施。如采用全部灌芯砌体，配置水平钢筋，或采用增加芯柱、构造柱的措施，以提高墙体的抗剪强度。最好能通过试验求得不同构造柱间距时的墙体抗剪强度，建议增加构造柱后的砌体整体抗剪强度不低于砌筑砂浆强度等级为 M5 以上的烧结普通砖砌体的抗剪强度。

不同地区的温差是不同的，寒冷地区，夏季温差小于南方地区，其抗裂措施可以较南方地区低些。目前各地反映的情况也是这样，北方房屋顶层墙体开裂就较南方的少些。

除此之外规范中还提出了不少其他措施，在设计中可具体参考其规定的内容。但有些规定如屋顶设置滑动层、顶层墙体设缝等，其指导思想是"以柔克刚"、"以放替抗"，是一个另辟蹊径解决裂缝问题的不错想法，从理论上说也确实能起到减少墙体中温度应力的作用，但由于房屋结构形式的多样性和影响墙体裂缝因素的复杂性，研究工作也远不够充分，这些措施在定量上还不能说得十分清楚，另外对房屋的整体性也会带来不利影响，因此目前来看单用这项措施还不一定能防止顶层墙体的开裂，而且也会给结构设计带来一系列的问题，这需要今后进一步的研究。

二、第二类为防止房屋在正常使用条件下，由温差和墙体干缩引起的墙体竖向裂缝而采取的构造措施。从整体上看，房屋可视为砌筑在基础上的一块悬臂板，在负温差和墙体干缩的作用下，会在中部产生拉应力，从而引起墙体从上而下的贯通裂缝（图 9-10）。

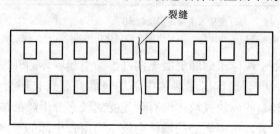

图 9-10　房屋中部的竖向裂缝

类似于这种裂缝的式样在土筑围墙上常可看到。我国规范规定的伸缩缝间距如表 9-7 所示。原苏联对这种措施比较重视，其伸缩缝间距（表 9-8）还与室外负温度有关。我国的经验表明，在我国这种贯通全墙的裂缝很少发现。按表 9-7 设置伸缩缝后，房屋墙体由于温差而产生裂缝的情况较少，所以当有实践经验时，还可以适当调整表 9-7 的规定。

砌体房屋中伸缩缝的最大间距（m）　　　　　　　　　　　　　　　　表 9-7

屋盖或楼盖类别		间距
整体式或装配整体式钢筋混凝土结构	有保温层或隔热层的屋盖，楼盖	50
	无保温层或隔热层的屋盖	40
装配式无檩体系钢筋混凝土结构	有保温层或隔热层的屋盖，楼盖	60
	无保温层可隔热层的屋盖	50
装配式有檩体系钢筋混凝土结构	有保温层或隔热层的屋盖，楼盖	75
	无保温层或隔热层的屋盖	60
瓦材屋盖，木屋盖或楼盖，轻钢屋盖		100

注：1. 对烧结普通砖、烧结多孔砖，配筋砌块砌体房屋，取表中数值；对石砌体、蒸压灰砂砖、蒸压粉煤灰砖、混凝土砌块、混凝土普通砖和混凝土多孔砖房屋，取表中数值乘以 0.8 的系数，当墙体有可靠外保温措施时，其间距可取表中数值；

2. 在钢筋混凝土屋面上挂瓦的层盖应按钢筋混凝土屋盖采用；

3. 按本表设置的墙体伸缩缝，一般不能同时防止由于钢筋混凝土屋盖的温度变形和砌体干缩引起的墙体局部裂缝；

4. 层高大于 5m 的烧结普通砖、烧结多孔砖、配筋砌块砌体结构单层房屋，其伸缩缝间距可按表中数值乘以 1.3；

5. 温差较大且变化频繁地区和严寒地区不采暖的房屋及构筑物墙体的伸缩缝的最大间距，应按表中数值予以适当减小；

6. 墙体的伸缩缝应与结构其他变形缝相重合，缝宽度应满足各种变形缝的变形要求；在进行立面处理时，必须保证缝的变形作用。

苏联规范规定的伸缩缝间距（m）　　　　　　　　　　　　　　　　表 9-8

最冷五天的平均室外温度	黏土砖、陶质及天然石块材、混凝土或黏土砖大型砌块砌体		硅酸盐砖、混凝土块材砌体、硅酸盐混凝土和硅酸盐大型砌块砌体	
	砂浆强度等级			
	≥M5	≤M2.5	≥M5	≤M2.5
−40℃及−40℃以下	50	60	35	40
−30℃	70	90	50	60
−20℃及−20℃以上	100	120	70	80

注：1. 对计算温度的中间值，允许按插入法确定温度缝间距。

2. 用砖壁板建造的大板房屋的伸缩缝间距，应按大板居住房屋的结构设计规定确定。

三、第三类单纯由于块体干缩和混凝土构件干缩引起墙体的开裂。块体干缩可以加重房屋顶层墙体的开裂，也会加重房屋墙体中部的竖向开裂。它还会引起墙体其他一些裂缝，例如，采用质量较差的砌块或块体没有事先受到较充分干燥的情况下，墙体内会发生局部的沿块体四周的开裂，房屋底层的墙体会发生沿窗台中部的竖向裂缝等。目前一般采用窗台下设置拉梁的办法来防止这种裂缝的出现，但需注意梁的长度，设置不当则会在梁的端部出现裂缝，这是由于构件的干缩引起墙体的开裂（有些城市已规定在顶层和底层的外墙窗台下，设置现浇钢筋混凝土通长窗台梁），这往往在构件的埋置长度较大时发生。例如挑梁的末端、较长过梁的末端等（图9-11）。房屋中楼层错位，而错层高度不大时，也会由于钢筋混凝土楼板的温度收缩和

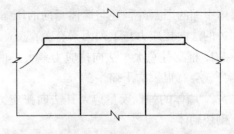

图 9-11　梁伸入支座过长引起的裂缝

干缩引起墙体开裂等（图9-12）。这些都是在设计中要预先考虑而采取相应措施的。

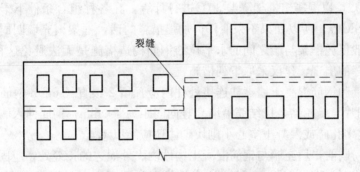

图 9-12　楼板错位引起的墙体开裂

混凝土小砌块、灰砂砖、粉煤灰砖砌体房屋中干缩裂缝往往更为严重。实测表明，这些块材出厂后的一个月内其干缩变形很大，因此必须严格控制这些块体出厂到砌筑的时间，否则墙体将可能到处开裂而不可收拾，更何况这些砌体的抗剪强度低于普通砖砌体的抗剪强度，所以问题更为严重。除此之外还应防止这些块材受雨淋问题，如果块材湿透后上墙，其干缩变形将显著增大，国外的块材出厂时用塑料薄膜包装，可以有效防止这一不利影响。

为了减低上述温度影响，国外还有采用在墙上设置局部伸缩缝的办法。这种伸缩缝做法与我国习惯做法不同。例如对混凝土小型砌块房屋在顶层每隔一开间，设置顶层局部伸缩缝（图9-13）。由于减小了墙面的刚度，从而降低了温度应力，达到墙面不出现裂缝的目的。

四、第四类框架填充墙的开裂。此类裂缝的原因和前面的相同，也是单纯由于块体和混凝土构件的干缩引起墙体的开裂。由于现在房屋的建筑平面布置追求突出个性、分隔灵活，所以大开间房屋愈来愈普遍，采用传统每开间的承重墙体系已不能满足这部分房屋的

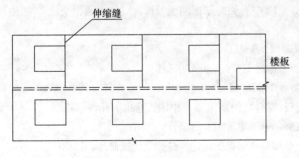

图 9-13　顶层局部伸缩缝

要求，国内许多大城市已广泛采用钢筋混凝土框架来代替砌体承重，但在调查中发现其填充墙很容易发生裂缝，也常会引起纠纷。这种结构中裂缝的形态极有规律性。主要是沿墙与框架柱和梁三边连接处的裂缝。其两侧开裂的原因明显的是由于墙体干缩和框架柱干缩引起的，上部与梁接触处除

墙体干缩的因素外，还与墙体竖向的压缩变形有关。经初步理论分析表明，框架填充墙体周边的法向拉应力与下列因素有关：

1. 框架柱愈大，法向拉应力愈大。现在采用的短肢剪力墙沿墙方向至少达 1m 多，其本身就会有很大的干缩。

2. 墙体的弹性模量愈大其法向拉应力愈大。采用轻质墙可能更有利，例如加气混凝土砌块砌体。

3. 法向应力与墙的长度关系不大，缩短墙长作用很小。墙高的影响也不是很重要。

上述作用在实际调查中都得到了证实。当取砌体干缩应变为 0.2mm/m，相当于其相应温度约降 20℃，以混凝土框架降温 30℃进行计算，在各种组合条件下干缩引起的主拉力为 0.78～1.9MPa。所以如果不采取任何加强措施的话，框架填充墙四周出现裂缝是不可避免的。一般仅凭框架与墙之间的水平拉结钢筋构造措施是无法避免这种裂缝出现的。为防止这种裂缝的出现，建议采取下列措施：

（1）填充墙和钢筋混凝土墙、柱连接处柱内应预留 2 根直径 6mm 钢筋或平面内点焊的 4mm 钢筋网片与墙拉结，拉结筋沿墙高竖向间距为 400mm，钢筋伸入墙内长度不小于1000mm，如是多孔砖或混凝土空心小砌块砌体还应乘以 1.4。

（2）墙面粉刷前，填充墙与钢筋混凝土构件内、外周边的接缝处，应固定设置宽度不小于 200mm 的镀锌钢丝网片（此处应注意的是网片要固定得很好），或采用其他有效防裂措施，也有采用在墙上粘贴玻璃纤维布的。

（3）在梁与墙的界面上采用混凝土实心砖斜砌、挤紧，但此时应注意主体结构的变形对填充墙的影响也有可能会造成墙体开裂。

实际上墙体由于温度和干缩引起的裂缝是多种多样的，此处讨论的仅是主要的几种。规范中提到的措施也并不是能解决全部问题，包括一些国外的做法。总之，要解决墙体裂缝的措施，很多情况都需要根据具体情况加以分析、解决。总结经验，加强研究，不断创新，就可以使我们的设计更能满足广大人民的需要。

参 考 文 献

[9-1] 砌体结构设计规范 GBJ 3—88. 北京：中国建筑工业出版社，1988.

[9-2] 砖石结构设计规范 GBJ 3—73. 北京：中国建筑工业出版社，1973.

[9-3] 砖石结构设计手册编写组. 砖石结构设计手册. 北京：中国建筑工业出版社，1976.

[9-4] Каменные И Армокаменные Конструкции. Нормы Проектирования，СНиП II-22-81. Москва：1983.

[9-5] British Standard Institution. Structural Recoraramentations for Load-Bearing Walls. CP111，1970.

[9-6] 黎文清. 砖石结构设计规范 GBJ 3—T3 中有关高厚比问题的探讨. 技术情报交流 5(结构)，中南工业建筑设计院科研情报科.

[9-7] Uniform Building Code. 1985 edition，U. S. A.

[9-8] 建筑物的砌体结构设计. 加拿大国家标准 CAN—5304—M94

[9-9] 无筋砌体结构设计规范(工作草案). ISO/TC 179.

[9-10] 结构物裂缝问题学术会议论文选集(混合结构). 北京：中国工业出版社，1965.

[9-11] 王铁梦. 工程结构裂缝控制. 北京：中国建筑工业出版社，1997.

[9-12] 钱义良. 关于小砌块房屋温度变形和裂缝问题的讨论. 硅酸盐建筑制品，1982(6).

[9-13] 胡曙初等. 砌块房屋在温度应力作用下的实测分析与理论研究. 合肥工业大学，1989，3.

［9-14］ 中国建筑砌块协会.99 混凝土砌块墙体裂缝研讨会论文集.1999.

［9-15］ 肖承波等.多层砌体房屋温度裂缝机理分析模型及防治对策计算机模拟分析,四川建筑科学研究,2006,05.

［9-16］ 李德荣等.砌体结构的温度裂缝特点、原因和防治方法.建筑结构,1995,04.

［9-17］ 砌体结构设计规范 GB 50003—2001.北京:中国建筑工业出版社,2002.

［9-18］ 砌体结构设计规范 GB 50003—2011.北京:中国建筑工业出版社,2011.

［9-19］ Jamese Amrhein. Informational Guide to Grouting Masonry. Masonry Institute of America, 1992.

［9-20］ 金伟良等.不同构造措施混凝土小型空心砌块墙体的抗侧力性能试验研究.建筑结构学报,2001(6).

［9-21］ 钱义良.混凝土小砌块建筑裂缝的主要形态成因分析和预防措施,建筑砌块与砌块建筑,2000(1).

［9-22］ 梁建国等.美国砌体结构房屋裂缝控制.砌体结构理论与新型墙材应用,北京:中国城市出版社,2007.

［9-23］ 金伟良等.混凝土小型空心砌块建筑裂缝宽度的标准设置研究,建筑结构,2002(10).

第十章 砌体结构房屋的抗震性能与设计

本章所指的砌体结构房屋主要可分为两类，第一类是由烧结普通黏土砖、烧结多孔砖、蒸压灰砂砖、蒸压粉煤灰砖、混凝土砖、混凝土（包括轻集料混凝土）小型空心砌块等砌筑而成的砌体作为承重构件的普通多层房屋，这类房屋因其屋盖和楼盖大多采用钢筋混凝土结构，所以又被称为多层砖混结构房屋；第二类是指由混凝土小型空心砌块砌筑，在其孔洞内按一定要求配置垂直钢筋和水平钢筋，然后灌入高流动性、低收缩混凝土而形成整体受力构件的多、高层房屋，这类房屋的受力性能和破坏机制与普通砌体房屋有很大的不同，是我国借鉴国外经验而发展起来的新型结构体系，被称为配筋混凝土小砌块砌体结构房屋。又可简称为配筋砌块砌体房屋。本章根据砌体结构房屋的震害和相关的试验、研究结果，按照抗震设计理论，分析了结构布置原则，提出了砌体房屋的地震作用计算和墙体抗震承载力的验算方法，较系统地介绍了其抗震构造措施，最后论述了配筋砌块砌体结构的抗震性能与设计建议。

10.1 概 述

一、多层砌体结构房屋

由于多层砌体结构房屋所用材料的脆性性质，抗剪、抗拉和抗弯的强度很低及连接较差，因此，其抗御地震灾害的能力较差。从国内外历次震害调查中可知，砖混结构房屋的破坏率都比较高。1923 年日本发生关东大地震，7000 多幢砖混结构房屋中，震后仅 1000 余幢平房能修复使用。唐山地震后，据对处于烈度为 10 度及 11 度区的 123 幢 2~8 层的砖混结构房屋的调查，倒塌率为 63.2%；严重破坏为 23.6%；尚能修复使用的仅占 4.2%，实际破坏率达 95.8%。8 度区的天津区及塘沽区，市房管局管理的住宅中受到不同程度损坏的占 62.5%。2008 年 5 月 12 日，我国四川省汶川县发生里氏 8.0 级地震，在 9 度至 11 度区房屋倒塌在 60% 以上，汶川、北川等县城几乎被夷为平地。2010 年 04 月 14 日青海玉树 7.1 级地震，约有 90% 的房屋倒塌，其中绝大部分是单层居民自建房。2013 年 4 月 20 日，四川省雅安市芦山县发生 7.0 级地震。造成房屋倒塌 5.6 万余间，严重损坏 14.7 万余间，中等至轻微损坏 71.8 万余间。

虽然多层砖混结构在地震时容易遭到破坏，但纵、横墙较多的房屋，除位于极高烈度区外，发生整幢坍塌的情况还是极少见的。历次震害调查表明，不仅在 7 度和 8 度区，甚至在 9 度区，砖混结构房屋震害较轻或基本完好的例子也不少。在汶川地震中，砌体结构破坏情况非常严重，完全倒塌的建筑物中有很大部分是没有经过抗震设计的砌体房屋，但在极震区有部分经抗震设计和正规施工的多层砌体结构房屋震害较轻，即使在汶川地震震中附近的映秀镇，地震烈度达 11 度（远超原 7 度设防烈度），在绝大部分钢筋混凝土框架结构基本倒塌的情况下，仍实现了大震不倒。通过对这些房屋的考察和总结，发现只要通过合理的抗震设计，采取恰当的抗震构造措施，保证施工质量，多层砌体结构房屋在遭受大于当地抗震设防烈度 1～2 度的地震时，能做到裂而不倒，甚至只有轻微至中等损坏，经修复后可以继续使用。事实说明在 9 度和 9 度以下地震区内建造多层砖混结构房屋，其抗震能力是有保证的。可以预言，今后相当长的一段时期内，砌体结构仍是广大抗震设防区的一种重要结构体系。

二、配筋混凝土小砌块砌体结构房屋

配筋混凝土小砌块砌体是指使用砌块外形尺寸为 390mm×190mm×190mm、空心率为 50％左右的单排孔混凝土小型空心砌块，在砌块的肋上开有约 100mm×100mm 的槽口以放置水平钢筋，在砌块的孔洞内按配筋砌体插筋间隔布置要求插有垂直钢筋，灌有高流动性混凝土且配筋混凝土小砌块砌体肢长一般不小于 1m 的墙体。配筋混凝土小砌块砌体作为一种替代黏土砖的新型墙体材料，由于其本身具有不用黏土、不用或少用模板、钢筋用量少、抗裂性能好等优点，符合可持续发展战略，成为我国住宅建筑的主导性墙体材料之一，并正在向中、高层建筑发展。2001 系列规范执行以来，上海、黑龙江、湖南等地都先后进行了配筋混凝土小型空心砌块抗震墙高层建筑的整体抗震性能计算分析、配筋混凝土小型空心砌块抗震墙抗弯、抗剪、轴心受压、偏心受拉、偏心受压试验以及房屋模型的伪动力试验和振动台试验等一系列的试验研究，同时开展了与之相应的试点工程建设，对配筋混凝土小型空心砌块抗震墙房屋抗震性能有了进一步的认识。目前我国已经建成和正在建设的配筋混凝土小型空心砌块抗震墙房屋已达四五百万平方米，已经跨越了新结构体系应用的探索期而逐步进入快速发展期。

由于我国的配筋混凝土小砌块砌体房屋是新发展的结构形式，尚未经历过实际地震的考验，但从美国、德国、苏联等国的使用情况来看，配筋混凝土小砌块砌体有着良好的抗震性能，被广泛地应用在地震区的办公楼、住宅、商场等建筑物上。根据我国目前有关配筋混凝土小砌块砌体的试验研究成果，由于灌孔配筋混凝土小砌块墙体按一定的要求布置了水平钢筋和垂直钢筋，在垂直荷载和水平荷载的作用下，当墙体达到承载力极限状态时钢筋都能达到屈服，改善了墙体的受力性能和变形能力，因此灌孔配筋混凝土小砌块墙体对一般多层和小高层住宅建筑而言，是一种结构性能比较优越、抗震性能比较好的结构构件。另外，从施工角度而言，灌孔配筋混凝土小砌块墙体的施工方法主要是先采用砌块砌筑，在孔洞内配置钢筋，然后采用高流动性混凝土灌芯填孔，而墙体的砌筑与传统的砖砌体施工方法类似，灌芯填孔又与普通浇捣混凝土的施工类似，施工工艺并不复杂。因此只要选择合适的砂浆和混凝土配合比，严格按照相应的施工操作规程施工，则灌芯配筋混凝土小砌块墙体的质量是有保证的。如图 10-1 所示是在上海某建筑工地上为了检验灌孔配筋混凝土小砌块墙体的施工质量，在凿去墙体表面的砌块壁后所观察到的混凝土芯柱完全填满了混凝土小砌块孔洞的情况；图 10-2 所示是建筑工人在现场砌筑配置了纵、横向钢筋的

图 10-1　凿去表面砌块壁后的混凝土芯柱

图 10-2　配筋墙体的现场施工

混凝土小砌块墙，其孔洞在墙体砌筑完成以后将用混凝土灌孔填实。

10.2　震　害　及　其　分　析

本节所提及的震害主要是指普通多层砖砌体结构房屋的震害。

砌体墙（柱）既是混合结构房屋的承重构件，又是抵抗水平地震剪力的唯一构件。而砌体墙体属脆性结构构件，抗震性能差，在不太大的地震作用下就会出现裂缝。地震烈度很高时，墙（柱）上的裂缝不仅多而宽，且由于往复运动，破裂后的砌体还会出现平面内和平面外的错动，甚至崩落，使墙（柱）的竖向承载能力大幅度降低。这是砌体结构房屋在地震作用下破坏、倒塌的直接原因。

在不同地震烈度区内，砌体结构房屋的破坏程度是不同的。未经抗震设防的多层砖房，在6度区内，除女儿墙、出屋面小烟囱多数遭到严重破坏外，仅极少数房屋的主体出现轻微损坏；7度区内，少数房屋轻微损坏，并有少量房屋达到中等破坏；8度区内，多数房屋出现震害，其中半数达到中等程度以上的破坏，并有局部倒塌情况发生；9度区内，房屋普遍遭到破坏，多数达到严重程度，局部倒塌的情况也比较多，个别房屋整幢坍塌；10度区以上地震区内，砖房普遍倒塌。表10-1为我国20世纪60年代～90年代以来在主要破坏地震中，未抗震设防的多层砖房震害程度统计表。

震害程度统计表　　　　　　　　　　　　表 10-1

地震烈度	6		7		8		9		10 以上	
震害统计	幢数	百分比	幢数	百分比	幢数	百分比	幢数	百分比	幢数	百分比
基本完好（Ⅰ）	230	45.9%	250	40.8%	141	37.2%	9	5.8%	4	0.8%
轻微损坏（Ⅱ）	212	42.3%	231	37.3%	74	19.5%	14	9.1%	30	2.5%
中等破坏（Ⅲ）	56	11.2%	75	12.2%	94	24.8%	38	24.7%	66	5.6%
严重破坏（Ⅳ）	3	0.6%	54	8.8%	69	18.2%	83	53.9%	154	13%
倒　　塌（Ⅴ）	—	—	3	0.5%	1	0.3%	10	6.5%	933	78.6%
总　　计	501	100%	613	100%	379	100%	154	100%	1187	100%

图 10-3 是 2008 年 5 月的汶川地震中部分城市的震害统计结果，其中部分房屋经过抗震设计，但实际遭受的地震烈度一般大于原设防烈度 2 度以上。根据在汶川地震中什邡市（原设防烈度 6 度，实际震害为 10～11 度）的 322 栋多层砌体房屋的震害调查结果，倒塌 1 栋（0.3%），严重破坏 19 栋（5.9%），中等破坏 47 栋（14.6%），轻微破坏 66 栋（20.5%），基本完好 189 栋（58.7%）。

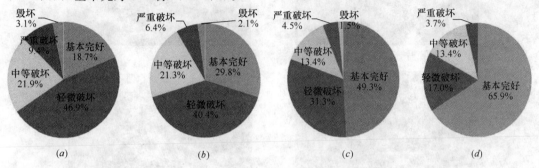

图 10-3　汶川地震中部分城市的震害统计结果
(a) 江油市房屋破坏率（65 栋砖混＋29 栋底框）；(b) 安县房屋破坏率（47 栋砖混＋17 栋底框）；
(c) 绵阳市房屋破坏率（砖混 60 栋＋底框 7 栋）；(d) 德阳市房屋破坏率（砖混 130 栋＋底框架 5 栋）

除此之外，还有 2003 年 2 月 24 日新疆巴楚-伽师 6.8 级地震，震中烈度达到 11 度，其中砖混结构毁坏约 2.1%，严重破坏约 34.8%，中等破坏约 20.6%，轻微破坏约 17%，基本完好约 25.5%；2007 年 6 月 3 日，云南宁洱地震 6.4 级地震，在其 8 度区，房屋倒塌的约 2%，严重损坏的约 18.91%，中等破坏约 26.03%，轻微损坏约 35.05%，基本完好约 18.01%。

地震对砌体结构房屋的破坏，主要表现在房屋的整体或局部倒塌，也可能在房屋不同部位出现不同程度的裂缝，具体破坏情况概要说明如下。

1. 墙体的破坏

墙体的破坏主要表现为外纵墙和内横墙出现水平裂缝、斜裂缝、"X"形交叉裂缝（图 10-4a～c），严重的则出现歪斜以至倒塌现象（图 10-4d）。

凡与主震方向平行的墙体，在水平地震作用下，常因其强度不足而产生斜裂缝。由于地震的反复作用，斜裂缝常变为"X"形裂缝。这种裂缝一般是底层比上层严重。在 7 度区，斜裂缝的最大缝宽可达 20mm。在横向，房屋两端的山墙最容易出现"X"形裂缝甚至局部垮塌（图 10-4e、f），这是因为山墙的刚度大而其压应力又比一般的横墙小的缘故。

水平裂缝常见于纵墙窗间墙上下截面处。这是由于墙肢较窄，在地震作用下墙体受弯、受剪的缘故。在大开间的纵墙上，窗间墙的上下端会出现水平通缝。水平通缝亦常在楼（屋）盖水平位置处发生，这多数是由于楼（屋）盖与墙体锚固较差，在地震作用下不能整体运动，而相互错位造成的。地震引起的地面开裂和错位，也会引起墙体开裂。

2. 墙角的破坏

墙角的开裂乃至局部倒塌是常见的。由于墙角位于尽端，房屋对它的约束作用相对较弱，同时地震对房屋的扭转作用，在墙角处也较大，这就使得墙角处受力比较复杂，容易产生应力集中。这种情况在房屋端部设有空旷房间，或在房屋转角处设置楼梯间时，更为显著（图 10-5）。

图 10-4　墙体破坏

(*a*) 窗下墙的 X 形裂缝；(*b*) 纵向窗间墙的 X 形裂缝；(*c*) 内横墙的 X 形裂缝；
(*d*) 底部墙体破坏严重至倒塌；(*e*) 端山墙的 X 形裂缝；(*f*) 房屋两端山墙垮塌

3. 楼梯间的破坏

楼梯间两侧承重横墙在震后出现的斜裂缝常比一般横墙为重，这是由于楼梯间一般开间小，水平方向的刚度相对较大，承担的地震作用较大。再加上楼梯间墙体和楼（屋）盖连系比一般墙体差，特别是楼梯间顶层休息平台以上的外纵墙，由于它的净高为一般楼层高度的 1.5 倍，墙体沿高度方向缺乏强劲的支撑，平面外的稳定性差，其破坏程度较一般纵墙严重（图 10-6）。另外，由于构件连接薄弱，在地震作用下，会发生楼梯间预制踏步板在接头处拉开以及现浇楼梯踏步板与平台梁相接处拉断的现象。

4. 纵横墙连接的破坏

纵横墙连接处由于受到两个方向的地震作用，受力比较复杂，容易产生应力集中现象。若纵横墙间缺乏足够的拉结，施工时又不注意咬槎砌筑，地震时在连接处易产生竖向裂缝，严重时纵横墙拉脱，出现纵墙外闪倒塌，房屋丧失了整体性（图 10-7）。

(a)   (b)

图 10-5　墙角破坏

(a) 墙角开裂破坏；(b) 山墙和纵墙拉脱

(a)   (b)

图 10-6　楼梯间破坏

(a) 楼梯间墙体及梯段板开裂破坏；(b) 楼梯间垮塌

(a)   (b)

图 10-7　墙体连接破坏

(a) 纵横墙交接处严重开裂、破坏；(b) 纵横墙拉脱、纵墙外甩

357

5. 平立面突出部位的破坏

平面形状复杂而没有设置防震缝的多层砌体结构房屋，在地震时，平面突出部位常出现局部破坏现象。当相邻部分的刚度差异较大时，破坏尤为严重。立面局部突出房屋的破坏比平面局部突出的房屋更为严重（图 10-8），其破坏程度与突出部位面积的大小有关，突出部分面积和房屋面积相差越大，震害愈加严重。这是由于建筑物的刚度、质量发生突变，因而加大了地震的动力效应而造成的。

(a)   *(b)*

图 10-8 突出部位破坏

（*a*）屋面局部突出部位破坏；（*b*）屋面局部突出部位倒塌

6. 底部框架结构的破坏

底部采用钢筋混凝土框架结构、上部采用多层砌体结构的房屋属典型的上刚下柔结构，在地震作用下，由于上、下侧向刚度不同，结构产生的振动变形不一致，从而会在结构的薄弱部位产生内力集中和变形集中，使得结构发生破坏。这一类结构往往是在底部的框架部分、框架至砌体的过渡层部分震害比较严重，甚至垮塌（图 10-9）。

(a)   *(b)*

图 10-9 底框房屋破坏

（*a*）底层框架柱根部破坏；（*b*）底部第二层框架垮塌、过渡层严重破坏

7. 预制板脱落破坏

当预制板在砌体墙上的搁置长度较短、板端和板侧与墙体之间以及板与板之间没有拉结时，房屋在地震作用下由于来回摇晃，楼面的预制板容易滑落。或者房屋没有设置圈梁、构造柱或圈梁、构造柱设置比较薄弱、无法对砌体墙形成有效约束时，房屋的整体性

358

较差，不能对预制板的侧向移动提供有效约束，使得楼面预制板脱落，局部甚至整个楼面垮塌（图 10-10）。在我国的唐山、汶川等大地震中，由于房屋中预制板脱落造成的破坏损失和人员伤亡往往要占到全部损失的大部分。

（a）　　　　　　　　　　　　　　　　　（b）

图 10-10　预制板破坏
（a）预制板脱落使房屋局部完全垮塌；（b）房屋薄弱部位预制板脱落

8. 其他部位的破坏

多层砌体结构房屋的附属物和装饰物，如附墙烟囱、通风竖井、女儿墙、挑檐等，都是地震时最容易破坏的部位，这是因为以上附属物与房屋立体的连接差，并且由于"鞭梢效应"加大了动力效应，因而破坏率很高，在 6 度区即有破坏，在 7、8 度区破坏更为常见。

其他部位常见的破坏有：由于楼（屋）盖缺乏足够的拉结或在施工中楼板搁置长度过小，会出现楼板坠落的现象；由于伸缩缝过窄，不能起防震缝的作用，地震时缝两侧墙体发生碰撞而造成破坏。

另外施工质量直接影响房屋的抗震能力。震害调查表明，砂浆强度、灰缝饱满程度、纵横墙体间及其他构件间的连接质量，都明显地影响房屋的抗震能力。这是因为砂浆的强度、灰缝的饱满程度直接影响砌体的抗剪、抗拉强度，而纵横墙体间及其他构件间的可靠连接是保证房屋整体性的重要措施，因而直接影响房屋的抗震能力。

10.3　结　构　布　置　原　则

一、多层砌体结构房屋

在地震作用下，砌体结构房屋的破坏以至倒塌，其主要原因可划归为二类：一类是墙体的抗剪强度不足，地震时，墙体产生交叉斜裂缝，墙体破裂并伴有出平面的错位，甚至局部崩落，竖向承载能力因而大大降低，最终导致房屋局部甚至全部坍塌；另一类是构造上存在缺陷，内外墙之间以及楼板与墙体之间缺乏可靠的连接，地震时连接破坏，房屋丧失整体性，墙体产生"出平面"的倾倒，楼板随之由墙上滑落，从而导致房屋破坏。我国的《建筑抗震设计规范》中对建筑抗震设防的一般目标提出：当遭受超越概率为 63% 的多遇地震影响时（低于本地区设防烈度，俗称小震），建筑物一般不受损坏或不需修理仍可继续使用；当遭受超越概率为 10% 地震影响时（对应本地区设防烈度，俗称中震），建筑物可能损坏，经一般修理或不需修理仍可继续使用；当遭受超越概率为3％的罕遇地震影响时（高于本地区预估设防烈度一度，俗称大震），建筑物不致倒塌或发生危及生命的严重破坏。根据这一"小震不坏，大震不倒"的抗震设防要求，在进行砌体结构房屋的抗震设计时，除了应用计算理论对结构进行承载力核算外，还应对房屋的体型、平面布置、结构形式等进行合理的选择，并从结构的地震反应和强度着手，使结构布置合理。实践证明，砌体结构房屋的抗震性能与所采用的结构布置方案关系甚大，合理的结构布置能使砌体结构房屋的整体抗震能力得以提高。因此，在进行房屋设计时，应注意下列几个方面。

（一）适当控制使用范围

目前地震学和抗震学的水平均尚处在初级阶段，地震的中长期预报，即对各地区基本烈度的预测，其误差还不能都控制在1度之内，且对砌体结构房屋的抗震反应分析也未达到完善的地步。因此，即使按现行抗震设计规范进行设计的砌体结构房屋，在其正常使用年限内遭遇一次大地震时，也不是所有砌体结构房屋的破坏程度都能控制在轻微损坏之内。根据历次地震的宏观调查资料可知，同一区域内砖房的破坏程度随层数的增多而加大，倒塌百分率更与层数成正比。因此，为了使多层砌体结构房屋有足够的概率可靠度，房屋的层数与高度应该有所控制，而且根据砌体材料的脆性性质和震害经验，限制砌体房屋的层数和高度是主要的抗震措施。从震害经验和研究结果来看，在一定条件下控制房屋的层数比控制房屋的高度可能更有效。现行《建筑抗震设计规范》对一般的不同砌体结构房屋在不同地震烈度区内和不同地震加速度时的层数和高度作了明确的限制，见表10-2。由于地震烈度每提高一度，相当于地震作用增加约一倍，在2001版及之前的规范按不同抗震设防烈度来划定砌体房屋的总高度和层数略显粗糙，因此在现行的《建筑抗震设计规范》GB 50011—2010不但考虑了不同抗震设防烈度，还考虑了不同地震加速度的影响，同时根据到目前我国多层砌体房屋建设的实际情况，对房屋的总高度和层数在过去规范的基础上作了适当的调整。

砌体房屋总高度（m）和层数限值（m）　　　　　　　　　　　　　　表10-2

房屋类别		最小抗震墙厚度（mm）	烈度和设计基本地震加速度										
			6		7				8				9	
			0.05g		0.10g		0.15g		0.20g		0.30g		0.40g	
			高度	层数	高度	层数	高度	层数	高度	层数	高度	层数	高度	层数
多层砌体	普通砖	240	21	7	21	7	21	7	18	6	15	5	12	4
	多孔砖	240	21	7	21	7	18	6	18	6	15	5	9	3
	多孔砖	190	21	7	18	6	15	5	15	5	12	4	—	—
	小砌块	190	21	7	21	7	18	6	18	6	15	5	9	3
底部框架-抗震墙砌体房屋	普通砖多孔砖	240	22	7	22	7	19	6	19	6	—		—	
	多孔砖	190	22	7	19	6	16	5	13	4	—		—	
	小砌块	190	22	7	22	7	19	6	19	6	—		—	

注：1. 房屋的总高度指室外地面到主要屋面板板顶或檐口的高度，半地下室从地下室室内地面算起，全地下室和嵌固条件好的半地下室应允许从室外地面算起；对带阁楼的坡屋面应算到山尖墙的1/2高度处；

2. 室内外高差大于0.6m时，房屋总高度允许适当增加，但不应多于1m；

3. 乙类的多层砌体房屋仍按本地区设防烈度查表，其层数应减少一层且总高度应降低3m；不应采用底部框架-抗震墙砌体房屋；

4. 本表小砌块砌体房屋不包括配筋混凝土小型空心砌块砌体房屋。

除上表中的总高度和层数限值外，《建筑抗震设计规范》还规定，当砌体结构房屋为医院、教学楼等，当房屋各层在同一楼层内开间大于 4.2m 的房间占该层总面积的 40％以上时，属横墙较少建筑，其总高度应比上表的规定相应降低 3m，层数也相应减少一层。随着目前建筑功能发展的合理与完善，建造的房屋开间有越来越大的趋向，因此《建筑抗震设计规范》还规定当各层横墙比上述房屋还要少时，属横墙很少建筑，如学校教学楼，由于这类房屋的整体性较差，抗震能力也较差，因此根据具体情况高度和层数还应再降低 3m 和减少一层。

此外，为防止可能产生的房屋整体弯曲破坏，《建筑抗震设计规范》还规定，多层砌体结构房屋的总高度与总宽度的最大比值符合表 10-3 所列要求。

房屋最大高宽比表　　　　　　　　　表 10-3

设防烈度	6	7	8	9
房屋总高度与总宽度比	2.5	2.5	2.0	1.5

（二）房屋体型宜规整、简单

设计时要避免在平、立面上的局部突出。在平面上，纵横墙应各自拉通对齐；在立面上，应避免上重下轻的建筑布局。房屋的内横墙，尽可能做到上下贯通，这样，地震作用传递直接，路线最短。在基础设计中，应使基础埋深一致，并尽量置于均匀的地基上。

房屋的平面最好为矩形。多次地震显示，房屋的外墙转角的破坏程度往往比其他部位重。L 形、Ⅱ 形、山字形等非简单平面，外墙转角比矩形多，因而房屋的震害程度也就显得重一些。若由于使用要求，在平面上或立面上必须做成复杂的体形时，则可用防震缝将整个房屋自上而下地分开，各成体系，变复杂的体形为由若干个规整、简单的体形的组合，以免在地震时房屋的各部分发生不同的振动而引起破坏。例如一个"Ⅱ"形的房屋，可在房屋的两端，结合沉降缝或温度缝，设立防震缝，将房屋的两个侧翼与其主体部分相分开，各自形成独立的简单外形——矩形平面（如图 10-11）。同样，在立面上，也可将高低相差悬殊的两部分用防震缝（结合沉降缝）把它们自上而下分开（如图 10-12）。

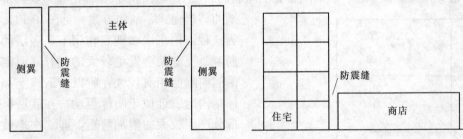

图 10-11　通过防震缝将复杂的平面划分　　　图 10-12　在立面上用防震缝划分开
　　　　　　为简单的平面

若平面为"Ⅱ"形或"L"形等非简单平面，而又不希望以抗震缝划分时，就一定要把交叉部位的墙体拉通，且最好在此处不设置楼梯间，以便能够简洁地传递地震作用。

若在平面上，房屋的质量中心与刚度中心不相重合，则在地震时除产生在主震方向的水平振动外，还会产生环绕刚度中心的扭转振动，使结构受力极为不利，从而导致房屋角部的破坏（如图 10-13）。为了避免这种不利情况的发生，除在建筑布置时就应注意房屋体形对称和刚度的对称、均匀分布外，必要时可用防震缝把这两部分各自分开，自成体系来处理。

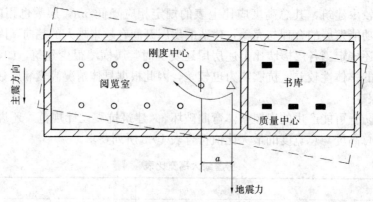

图 10-13　刚度中心与质量中心不重合而发生扭转

实践证明，防震缝是减轻地震对房屋破坏的有效措施之一。《建筑抗震设计规范》要求，当设计烈度为 8 度和 9 度且有下列情况之一时宜设置防震缝，将房屋分成若干体形简单、结构刚度均匀的独立单元：

1. 房屋立面高差在 6m 以上；
2. 房屋有错层，且楼板高差大于层高的 1/4；
3. 各部分结构刚度、质量截然不同。

防震缝应沿房屋全高设置，两侧均应布置墙体或柱，基础可不设防震缝。防震缝可与沉降缝、伸缩缝统一考虑，但沉降缝、伸缩缝应符合防震缝的要求。防震缝的宽度可视房屋的高度和设计烈度而定，一般可在 70~100mm 的范围内取值。

6 度和 7 度区内可不设防震缝，但须在转角处采取加强连接措施。

对于体形简单的房屋，在房屋的整个高度方向上，应使房屋的侧向刚度上下均匀分布，尽量避免采用上重下轻、底层刚度突然减弱的底层为框架的多层砌体房屋方案（即所谓的"鸡腿式"结构方案，见图10-14）。因为这种结构房屋在地震作用下，底层的钢筋混凝土框架会发生较大的侧移，而砌体的侧向刚度相对较大，所以会造成上部砌体结构房屋近似于刚体运动，在底层框架部分产生较大的附加弯矩，即二次矩效应明显，从而加剧了底层框架的震害，甚至使得底层框架倒塌。若由于建筑上的需要而必须采用这种结构方案时，应在底层设置一定数量的钢筋混凝土或砌体剪力墙，或设置钢筋混凝土构造柱，使尽可能多的横墙伸至底层，以增加底层的侧向刚度，减小底层的层间位移，从而提高房屋的抗震能力。

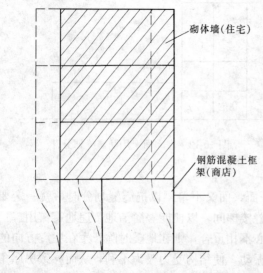

图 10-14　"鸡腿式"结构变形示意图

（三）注意横墙的布置

房屋的空间刚度对房屋的抗震性能影响很大。房屋的空间刚度主要取决于由楼盖、屋盖和纵横墙所组成的盒式结构的空间作用。由于横墙的间距直接影响水平地震力的传递，以至影响房屋的空间刚度，所以须首先注意横墙的布置。

砌体墙"沿平面"的抗剪强度较大，而"出平面"的抗弯强度却极低。因而，多层砌体结构房屋的横向水平地震剪力主要由横墙来承担。当横墙间距较大时，房屋的大部分地震作用需通过楼盖传至横墙。这不仅需要楼板应具有足够强度以传递水平地震作用，而且还具有足够的横向水平刚度以限制其水平位移。否则，纵向砌体墙就会因为过大的层间变位（Δ）、而发生"出平面"的弯曲破坏（图 10-15）。历次地震中，有不少房屋的横墙因受剪承载力不足而遭到破坏，纵墙也随之出现平面外的破坏。但也有一些房屋，横墙未坏或者只有细部裂缝，而纵墙却产生"出平面"的破坏，窗间墙在窗上口和窗台高度处出现水平通缝。前一情况纵墙的破坏是由于横墙的侧移（Δ_1）过大，而后一种情况，Δ_1 虽然很小，但由于该层横墙间距过大，楼盖水平横向水平刚度不足，产生了较大的变形（Δ_2），同样引起较大的层间变位，从而导致纵墙发生"出平面"破坏。此外，震害调查资料还指出，纵墙出平面的破坏程度，以及纵墙开始发生出平面破坏时横墙间距临界值，均与楼（屋）盖的结构类别有关。因此，要防止纵墙出平面的破坏，除了应对横墙进行抗震承载力验算以控制其侧移，还要按照楼盖的类别限制横墙的间距，横墙的间距限值一方面可参照震害调查的统计数据来确定；同时也可根据墙体发生"出平面"弯曲破坏的最小角变位，对不同楼层高度给出楼盖的相对水平变位，以此确定出不同地震烈度下不同类型楼盖的房屋的横墙间距限值。我国《建筑抗震设计规范》中关于多层砌体结构房屋抗震横墙最大间距的规定见表 10-4。

房屋抗震横墙最大间距（m）　　　　　　　　　　　　表 10-4

房屋类别		地 震 烈 度			
		6	7	8	9
多层砌体房屋	现浇或装配整体式钢筋混凝土楼、屋盖	15	15	11	7
	装配式钢筋混凝土楼、屋盖	11	11	9	4
	木楼、屋盖	9	9	4	—
底部框架-抗震墙砌体房屋	上部各层	同多层砌体房屋			—
	底层或底部二层	18	15	11	—

注：1. 多层砌体房屋的顶层，除木层盖外的最大横墙间距应允许适当放宽，但应采取相应加强措施；
　　2. 多孔砖抗震墙厚度为 190mm 时，最大横墙间距应比表中数值减小 3m。

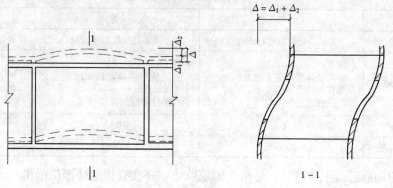

图 10-15　外纵墙出平面的弯曲变形示意图

房屋的横墙数量多、间距小，其空间刚度就大。抗震性能就好，因此地震区的砌体结构房屋宜采用横墙承重或纵横墙共同承重方案。当必须采用纵墙承重方案时，亦须设置足够的抗震横墙以承受横向地震剪力，此时，横墙的间距仍应符合表 10-4 要求。此外，房屋的横墙还应分布均匀、对称，内横墙尽可能做到上下贯通，以便地震剪力传递直接，路线最短。

（四）设置必要的圈梁和钢筋混凝土构造柱或芯柱

实践证明，在砌体结构房屋中设置圈梁和钢筋混凝土构造柱或芯柱对提高建筑物的整体性，从而提高其抗震性能是十分有效的。

圈梁是砌体房屋的一种经济、有效的抗震措施。首先，设置圈梁后，由于圈梁的约束作用，使纵、横墙可保持为一个整体的箱形结构，能有效地抵抗来自任何方向的水平地震作用。其二，圈梁作为楼盖的边缘构件，提高了楼盖的水平刚度，使局部地震作用能够分配给较多的砌体墙来承担，减轻了纵、横墙出平面破坏的危险性。再者，圈梁还能够限制墙体斜裂缝的开展和延伸，使墙体的抗剪强度得以充分发挥和提高。此外，楼（屋）盖处和基础处的圈梁，可以减轻地震时地基不均匀沉降对房屋的影响，减轻和防止地震时的地表裂隙将房屋撕裂而造成的破坏。

由于圈梁对提高多层砌体房屋抗震性能的重要性，因此应采用现浇的钢筋混凝土圈梁，最好设置在各层楼盖及屋盖底的标高处与楼（屋）盖连成整体。此外，对处于地震时地表裂隙比较发育的滨海、滨湖以及其他软弱地基的房屋，还需要在基础处设置钢筋混凝土圈梁。圈梁在平面上必须是封闭的，如遇有洞口，圈梁应上下搭接，圈梁还应与构造柱可靠连接。

圈梁配置多少，随地震烈度而定，根据《建筑抗震设计规范》，对于横墙承重的多层砖房，当其楼盖为装配式钢筋混凝土楼盖或木楼盖时，按表 10-5 的要求设置圈梁和配筋；对于纵墙承重房屋，每层均应设置圈梁，且抗震横墙上的圈梁应比表内规定适当加密，当在表 10-5 要求的最大间距值范围内无横墙时，应利用现浇混凝土梁或不小于 200mm 板缝中的现浇配筋板带替代圈梁。采用现浇钢筋混凝土楼（屋）盖且与墙体有可靠连接时，可不设置圈梁，但板沿抗震墙体周边均应加强配筋并应与相应的构造柱钢筋可靠连接。基础圈梁应采用现浇钢筋混凝土圈梁，高度不应小于 180mm，纵向钢筋不少于 4 Φ 12，箍筋不少于Φ 8@150mm。

砖房圈梁设置及配筋要求   表 10-5

设置部位	6 度和 7 度	8 度	9 度
沿外墙及内纵墙	屋盖处及每层楼盖处	屋盖处及每层楼盖处	屋盖处及每层楼盖处
沿内横墙	同上； 屋盖处间距不应大于 4.5m； 楼盖处间距不应大于 7.2m； 构造柱对应的部位	同上； 各层所有横墙，且间距不应大于 4.5m 构造柱对应的部位	同上； 各层所有横墙
最小纵筋	4Φ10	4Φ12	4Φ14
箍筋最大间距	250mm	200mm	150mm

所谓的钢筋混凝土构造柱，是指先砌筑墙体，并在有构造柱部位留出马牙槎，而后在墙体两端或纵横墙交接处现浇钢筋混凝土柱。在多层砌体结构房屋中设置钢筋混凝土构造

柱是提高房屋抗震能力的有效措施。首先，房屋设置构造柱后，能显著提高墙体和房屋的延性。房屋延性的提高，能够有效耗散输入房屋的地震能量，意味着就能有效提高砌体房屋的抗震能力。此外，由于构造柱与圈梁一道，对砌体竖向、横向加箍、加约束，阻止了裂缝的进一步开展和延伸，限制了开裂后砌体的错位，约束破裂墙体不致散落，使墙体的竖向承载能力不致大幅度下降，从而有效提高了房屋的整体性和延性，增强了地震时房屋的抗倒塌能力。根据构造柱的上述作用，构造柱一般可设置在房屋的四个角、内外墙的交接处、较长砌体墙的中部以及在平面上突出部分的外阳角处。《建筑抗震设计规范》对砖房中设置钢筋混凝土构造柱（简称构造柱）的要求如表 10-6 所示。根据最近几年的震害调查结果，对于多层砌体房屋，当地震发生时楼梯间往往是人们逃生的唯一通道，因此在现行规范中对楼梯间设置构造柱的要求予以了加强，使得楼梯间通过提高砌筑砂浆强度等级、加强设置构造柱、圈梁、混凝土配筋带等措施，形成地震发生时的疏散安全岛。

砖房构造柱的设置要求　　　　　　　　　　　　　　　　　　　表 10-6

房 屋 层 数				设 置 部 位	
6 度	7 度	8 度	9 度		
四、五	三、四	二、三		楼、电梯间的四角，楼梯斜梯段上下端对应的墙体处；	隔 12m 或单元横墙与外纵墙交接处；楼梯间对应的另一侧内横墙与外纵墙交接处
六	五	四	二	外墙四角和对应转角；错层部位横墙与外纵墙交接处；	隔开间横墙（轴线）与外墙交接处；山墙与内纵墙交接处
七	≥六	≥五	≥三	大房间内外墙交接处；较大洞口两侧	内墙（轴线）与外墙交接处；内墙的局部较小墙垛处；内纵墙与横墙（轴线）交接处

注：较大洞口，内墙是指不小于 2.1m 的洞口；外墙在内外墙交接处已设置构造柱时应允许适当放宽，但洞侧墙体应加强。

　　构造柱的截面不应小于 180mm×墙厚，纵向钢筋宜采用 4Φ12，箍筋间距不宜大于 250mm，房屋四角的构造柱还应适当加大截面和配筋；当在 6、7 度区超过六层，8 度区超过五层和 9 度区的房屋中，其构造柱纵向钢筋宜采用 4Φ14，箍筋间距不应大于 200mm；在楼层的底端和顶端箍筋的间距应加密至@100mm。此外，在 6、7 度时底部的 1/3 楼层、8 度时底部的 1/2 楼层和 9 度的全部楼层，构造柱与墙连接处应沿墙高每 500mm 设 2Φ6 纵筋和 Φ4@250 分布短筋平面内点焊的钢筋网片或 Φ4 点焊钢筋网片沿墙长通长设置，其余楼层则每边伸入墙内不小于 1m。构造柱的纵筋应从圈梁纵筋的内侧穿过，并应与圈梁整浇相连接，以加强对砌体房屋的整体约束。

　　根据试验研究结果，放置在墙体水平灰缝中的拉结钢筋由于是被砂浆握裹，而且砂浆与砖块的粘结抗剪强度也不高，因此即使是墙体受剪开裂，钢筋也不能充分发挥至其抗拉强度，一般仅达到 17%～20% 左右的屈服强度，所以在现行的规范中要求水平拉结钢筋应该采用有纵筋和横向分布短筋点焊组成的钢筋网片，以提高水平钢筋的拉结作用。

　　对于外廊式和单面走廊式的多层砖房，应根据房屋增加一层后的层数，按表 10-6 的要求设置构造柱，且单面走廊两侧的纵墙均应按外墙处理。横墙较少的房屋（同一楼层内开间大于 4.2m 的房间占该层总面积的 40% 以上），应根据房屋增加一层后的层数按表 10-6 的要求设置构造柱。横墙很少的房屋（同一楼层内开间小于 4.2m 的房间占该层总面积不到 20%、而开间大于 4.8m 则要占 50% 以上），应根据房屋增加二层后的层数按表 10-6 的要求设置构造柱。横墙较少的房屋为外廊式或单面走廊式时，在 6 度不超过四层、7 度不超过三层和 8 度不超过二层时，应按增加二层后的层数按表 10-6 的要求设置构造柱。当按增加计算的房屋层数已超过表 10-2 中的最大层数，则不仅应按最大层数要求设置构造柱，同时还应适当加密间距。

对于横墙较少的多层砖砌体大开间住宅房屋（开间大于或等于 4.2m），当其总高度和层数接近或达到表 10-2 的规定限值时，《建筑抗震设计规范》规定应采取有效的加强措施以保证房屋具有适当的抗震能力。其主要措施包括：墙体的布置及在墙上开洞的大小均应不妨碍纵横墙整体连接的要求；楼、屋盖结构采用现浇钢筋混凝土板等平面刚度大、整体性好的结构构件；增设满足表 10-7 规定的钢筋混凝土构造柱且构造柱间距不宜大于 3m、构造柱截面不宜小于 240mm×墙厚等要求；在房屋底层和顶层沿楼层半高处设置现浇的钢筋混凝土带，并增大配筋数量，以形成较强约束砌体墙段的要求。

增设构造柱的纵筋和箍筋设置要求　　　　　　　　　　　　　　表 10-7

位置	纵　向　钢　筋			箍　　　筋		
	最大配筋率 (%)	最小配筋率 (%)	最小直径 (mm)	加密区范围 (mm)	加密区间距 (mm)	最小直径 (mm)
角柱	1.8	0.8	14	全高	100	6
边柱			14	上端 700 下端 500		
中柱	1.4	0.6	12			

钢筋混凝土芯柱是指在空心砌块墙体上下贯通的孔洞中，插入钢筋并浇灌混凝土而形成的砌块墙中的“构造柱”。试验研究表明，墙体中间加芯柱后能有效地提高其抗剪能力；在墙体两端设芯柱后还能有效地限制砌体开裂后的错位，并能约束砌块在墙体大开裂后的散落，从而使墙体的竖向承载能力下降得以延缓；在纵横墙交接处设置芯柱后，能有效地提高房屋的整体性，从而提高墙体的抗震性能，且改善了整个建筑物的变形能力。实践证明，设置钢筋混凝土芯柱是提高混凝土空心砌块房屋抗震能力的有效措施。

芯柱一般应设置在房屋的四角，内外墙交接处，楼梯间和大房间的四角，以及外墙转角处，应伸入室外地面以下 500mm 或与埋深小于 500mm 的基础圈梁相连。《建筑抗震设计规范》对混凝土小型砌块房屋中设置芯柱的要求如表 10-8 所示。当墙体抗剪承载力不足时，亦可在墙体中部设置芯柱，以提高墙体的抗剪强度，但应该在墙体内均匀布置，最大净距不宜大于 2m，以更好地发挥芯柱的作用以及对砌块墙体的有效约束作用。芯柱的截面尺寸不宜小于 120mm×120mm，芯柱的混凝土强度等级不应低于 Cb20。混凝土小型砌块房屋中设置芯柱具有施工速度较快，节省模板等优点，其功能和作用与混凝土构造柱相类似，因此《建筑抗震设计规范》规定在房屋的某些部位，允许采用钢筋混凝土构造柱来替代部分芯柱，同时为了充分发挥构造柱的作用，保证其与混凝土砌块墙体的共同工作，还作了以下的规定：构造柱的最小截面尺寸应不小于 190mm×190mm，纵向钢筋的宜采用 4Φ12，箍筋间距不宜大于 250mm，且在构造柱的上下端宜适当加密。当房屋层数和抗震设防烈度较高时，构造柱的纵筋截面还应适当加大，箍筋间距还应适当加密，房屋外墙四角的构造柱也应适当加大截面及配筋；构造柱与砌块墙的连接处应砌成马牙槎，且 6 度时宜灌实、7 度时应灌实、8、9 度时应灌实并插筋。

房屋层数				设置部位	设置数量
6度	7度	8度	9度		
四、五	三、四	二、三		外墙转角，楼、电梯间四角，楼梯斜梯段上下端对应的墙体处； 大房间内外墙交接处； 错层部位横墙与外纵墙交接处； 隔12m或单元横墙与外纵墙交接处	外墙转角，灌实3个孔； 内外墙交接处，灌实4个孔； 楼梯斜梯段上下端对应的墙体处，灌实2个孔； 楼电梯间对应的另一侧内横墙与外纵墙交接处，灌实4个孔
六	五	四		同上； 隔开间横墙（轴线）与外纵墙交接处	
七	六	五	二	同上； 各内墙（轴线）与外纵墙交接处； 内纵墙与横墙（轴线）交接处和洞口两侧	外墙转角，灌实5个孔； 内外墙交接处，灌实4个孔； 内墙交接处，灌实4~5个孔； 洞口两侧各灌实1个孔
	七	≥六	≥三	同上； 横墙内芯柱间距不大于2m	外墙转角，灌实7个孔； 内外墙交接处，灌实5个孔； 内墙交接处，灌实4~5个孔； 洞口两侧各灌实1个孔

注：外墙转角、内外墙交接处，楼电梯间四角等部位，应允许采用钢筋混凝土构造柱替代部分芯柱。

芯柱或构造柱与砌块墙之间应沿墙高每隔 600mm 设置 Φ4 点焊的拉接钢筋网片，并应沿墙体水平通长设置；6、7 度时底部的 1/3 楼层、8 度时底部 1/2 楼层和 9 度时的全部楼层拉结钢筋网片沿墙高间距不大于 400mm，以加强芯柱或构造柱与墙体的连接。其他要求与砖房构造柱大致相同。

由于砌块的孔洞率一般在 50％左右，其与砂浆的粘结面较少，而且砌块与砂浆的粘结强度也要低于普通烧结砖，如果不考虑芯柱的作用，其砌块砌体的抗剪强度要明显弱于黏土砖砌体，因此《建筑抗震设计规范》对于砌块房屋的圈梁设置要求一般要比砖房的要求高一些。如表 10-9 所示，大致相差一个等级。除此之外，根据试验研究的对比分析结果，在砌块房屋的楼层半高处，如设置通长的现浇钢筋混凝土带，能提高房屋的整体性，对抗震有利，而且对减少砌块房屋外墙的开裂有利。因此《建筑抗震设计规范》还规定，当砌块房屋的高度和层数达到或接近于表 10-2 的限值时，应在房屋的顶层和底层的窗台标高处等应力较大处或应力集中处，沿纵横墙设置通长的现浇钢筋混凝土带，截面高度不小于 60mm，纵筋不小于 2Φ10，混凝土强度等级不小于 C20，但同时在设计中应注意砌块墙一般是以 2M 为模数，即砌块的高度是 190mm，设置钢筋混凝土带时必须考虑墙体各部分尺寸的相互协调。在工程实际应用中，往往采用在过梁砌块或系梁砌块中配置钢筋，然后再浇捣混凝土作为配筋带，不仅施工简单、节省模板，而且墙面各部分尺寸协调。

小砌块房屋现浇钢筋混凝土圈梁设置及配筋要求　　表 10-9

设置部位	6度和7度	8度	
外墙和内纵墙	屋盖处及每层楼盖处	屋盖处及每层楼盖处	屋盖处及每层楼盖处
内横墙	同上； 屋盖处间距不应大于4.5m； 楼盖处间距不应大于7.2m； 构造柱对应的部位	同上； 各层所有横墙，且间距不应大于4.5m； 构造柱对应的部位	同上； 各层所有横墙
最小梁宽	190mm		
最小纵筋	4Φ12		
最大箍筋间距	200mm		

（五）楼梯间及大开间房屋的结构布置要点

楼梯间的构造与一般楼面不同，在楼层的半高处有休息平台，顶层楼梯间的墙体高度也要大于楼层墙体高度，因此在地震荷载作用下楼梯间的实际受力情况比较复杂。现行的《建筑抗震设计规范》规定楼梯间及大开间房间不宜设在房屋的尽端或平面转角处，亦不宜沿外纵墙设置梯身，因为这样将使外纵墙缺少一定的支撑而在出平面承受较大的弯矩，容易丧失稳定，而且也容易造成房屋端部的墙体抗侧力偏弱，房屋的抗扭刚度偏低。

如果由于建筑功能上要求大房间布置在房屋的尽端，应从构造上改善或保证房屋的整体性考虑，最好采取如下措施：大房间的四角设置钢筋混凝土构造柱（或芯柱）；预制板端伸出钢筋，接缝处钢筋相互搭接（图 10-16），或沿梁的轴线每块板缝或每隔 1m 左右，采用一根 1m 长的Φ6 钢筋设于板的侧缝内（图 10-17）。若在每层楼盖外，沿大房间四周砖墙上均设现浇钢筋混凝土圈梁，且与大梁可靠拉结，板端接缝钢筋也可不设。同时还应注意调整墙片在结构平面布置中的位置，尽量避免房屋的刚度中心和质量中心的不重合而加剧大开间房屋在地震中的破坏。

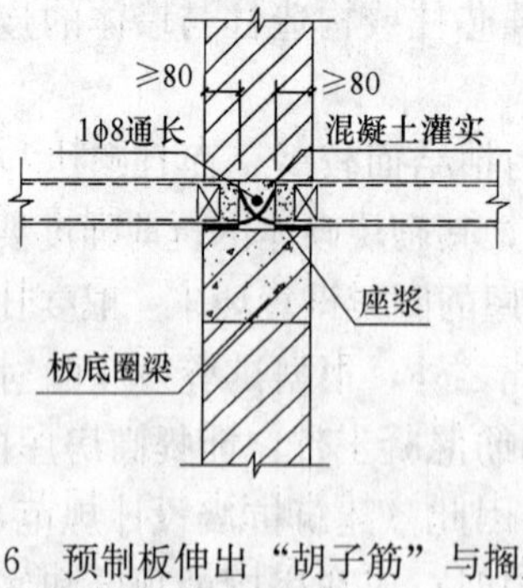

图 10-16　预制板伸出“胡子筋”与搁置构造

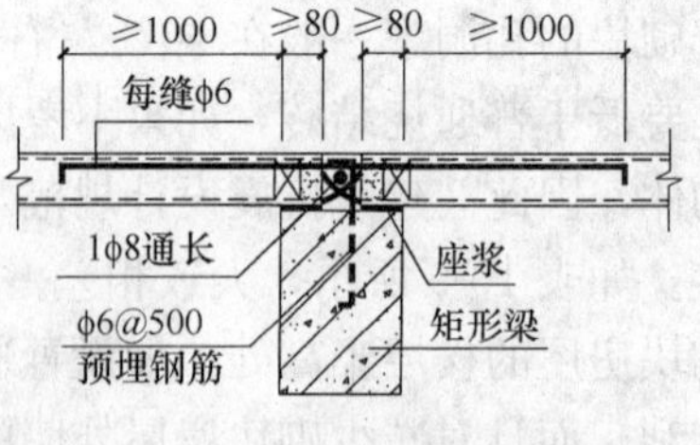

图 10-17　预制板板缝的拉结钢筋构造

二、配筋混凝土小砌块砌体结构

近二十年来，我国借鉴国外比较成熟的经验，并结合我国的房屋建设实际情况和房屋抗震机理的分析，从材料、插筋布置、抗压强度和变形性能、抗压弹性模量、偏压、抗剪、抗弯、构件破坏形态、结构形式、构造措施等方面对配筋混凝土小砌块砌体的基本力学性能和抗震性能进行了比较充分的试验研究，并取得了相应的成果。实践证明，在房屋设计中只要建立正确的计算模型，选择合理的计算方法，采取恰当的抗震构造措施和成熟的施工技术，在抗震设防区应用配筋混凝土小砌块砌体结构是完全可行的，特别是在小高层住宅建筑结构中具有一定的优势。我国上海、大庆、哈尔滨等地就采用配筋混凝土小砌块砌体结构已建造了 18 层、12 层、8 层等系列高层和小高层的住宅房屋，总建筑面积已愈 600 万 m^2。

与普通砌体结构房屋的抗震设计过程相仿，对灌孔配筋混凝土小砌块砌体房屋的抗震设计同样需注意以下几个方面。

（一）结构选型

配筋砌体房屋的结构布置在平面上和立面上应力求简单、规则、均匀，避免房屋有刚度突变、扭转和应力集中等不利于抗震的受力状况。在房屋设计时宜选用平面规则、传力合理的建筑结构方案。如房屋属一般不规则结构，则在选用合理的结构布置、采取有效的结构措施、保证结构整体性、避免扭转等不利因素的前提下，可以不设置防震缝。如因建筑功能需要而无法避免结构平面复杂时，则应设置防震缝把复杂平面简化成若干个简单平面，从而使每个简单平面都基本规则。当房屋各部分高差较大，结构平面不规则等需要设置防震缝时，为减少强烈地震下相邻结构局部碰撞造成破坏，防震缝必须保证一定的宽度。此时，缝宽可按两侧较低房屋的高度计算。

根据静力和动力试验研究结果以及理论计算分析，配筋混凝土小砌块抗震墙与混凝土抗震墙的受力特性相似，抗震墙的高宽比越小，就越容易产生剪切破坏。因此，为提高配筋砌体结构的变形能力，应将较长的抗震墙分成较均匀的若干墙段，使各墙段的高宽比不小于 2，使得每段墙体的受力均匀，变形一致，这对配筋砌体房屋的抗震比较有利。

（二）高度、高宽比的限制

配筋混凝土小砌块房屋高宽比限制在一定范围内时，有利于房屋的稳定性，减少房屋发生整体弯曲破坏的可能性，反映了这类结构形式的抗震性、经济性、适用性以及简化计算等多项综合指标。因此从安全、经济诸方面综合考虑，《建筑抗震设计规范》规定了配筋混凝土小型空心砌块抗震墙房屋适用的最大高度和最大高宽比，如表 10-10 所示。当房屋的最大高度和最大高宽比满足了《建筑抗震设计规范》规定的限制。一般可不做整体弯曲验算。但当房屋的平面布置和竖向布置不规则时，由于这种主体结构构件在平面上的不连续和在空间上的不连续会增大房屋的地震反应，因此应适当减小房屋高宽比，以保证在地震荷载作用下结构不会发生整体弯曲破坏。值得注意的是，规范中对配筋混凝土小型空心砌块房屋抗震设计要求仅适用于房屋高度和层数不超过表 10-10 的房屋，如房屋的高度和层数确实需要突破表 10-10 的规定，应当经过专门的试验、研究，有可靠的技术依据，以及采取必要的加强措施，则房屋的高度和层数还有可能适当增加。

配筋混凝土小型空心砌块抗震墙房屋适用的最大高度、最大高宽比　　　　表 10-10

烈　　度	6 度	7 度		8 度		9 度
	0.05g	0.10g	0.15g	0.20g	0.30g	0.40g
最小墙厚（mm）	190	190	190	190	190	190
最大高度（m）	60	55	45	40	30	24
最大高宽比	4.5	4.0		3.0		2.0

（三）抗震等级的确定

配筋混凝土小砌块砌体结构的抗震设计以及抗震构造措施，应该按照抗震设防类别、房屋高度等因素区别对待，这是因为对于相同的结构体系、相同的结构可靠度而言，房屋的抗震设防烈度不同、房屋的高度不同，对房屋结构中各个构件的抗震要求也不同，如：在Ⅰ类场地土上的高层建筑的地震反应要比Ⅳ类场地土上同样高层建筑的地震反应要小得多；较高建筑要比较低建筑的地震反应大，位移延性的要求也较高。因此根据配筋混凝土小砌块房屋的抗震性能接近混凝土抗震墙结构的特点，在参照钢筋混凝土抗震墙房屋的抗震设计要求基础上，《建筑抗震设计规范》依照建筑物的重要性分类、设防烈度和房屋的高度等因素来划分不同的抗震等级，以此在抗震计算和抗震构造措施上分别对待。根据配筋混凝土小砌块抗震墙的受力性能稍逊于混凝土抗震墙的特点，规范在确定其抗震等级时，对房屋的高度作了比混凝土抗震墙要严的规定。同时由于目前配筋混凝土小砌块抗震墙主要被使用在住宅房屋中，而且已有的试验研究也主要是针对这类房屋，因此《建筑抗震设计规范》仅对丙类建筑的抗震等级按表10-11作了规定，如是其他类别的建筑需采用配筋混凝土小砌块抗震墙结构，则应经过专门的试验或研究来确定其抗震等级和有关的计算及构造要求，确保房屋的使用安全。

配筋小型空心砌块抗震墙房屋的抗震等级 表 10-11

烈度	6 度		7 度		8 度		9 度
高度（m）	≤24	>24	≤24	>24	≤24	>24	≤24
抗震等级	四	三	三	二	二	一	一

注：接近或等于高度分界时，可结合房屋不规则程度和场地，地基条件确定抗震等级。

（四）抗震横墙的最大间距

房屋楼（屋）盖平面内的刚度将影响各楼层地震作用在各抗侧力构件之间的分配，因此对房屋而言，不仅需要抗震横墙有足够的承载能力，而且楼（屋）盖需具有传递水平地震作用给横墙的水平刚度。由于一般配筋混凝土小砌块抗震墙结构主要是被使用于较高的多层和小高层住宅房屋，其横向抗侧力构件就是抗震横墙，间距不会很大，因此《建筑抗震设计规范》在参照砖砌体房屋的相关规定的基础上，规定了不同设防烈度下抗震横墙的最大间距，如表10-12所示，既保证了楼、屋盖传递水平地震作用所需的刚度要求，也能够满足抗震横墙布置的设计要求和房屋灵活分割的使用要求。

配筋砌体抗震墙的最大间距 表 10-12

烈　度	6 度	7 度	8 度	9 度
最大间距（m）	15	15	11	7

对于纵墙承重的房屋，其抗震横墙的间距仍同样应满足规定的要求，以使在横向抗震验算时的水平地震作用能够有效地传递到横墙上。

10.4　砌体结构房屋的抗震验算

根据我国《建筑抗震设计规范》的规定，在地震区的建筑物应进行结构的抗震承载力验算以及建筑物的变形验算。本节重点讨论多层砌体结构房屋和配筋砌体结构房屋应如何进行抗震验算。

地震时地面运动存在着多维分量，就直角坐标而言，除了在相互垂直的三个方向上有平动分量外，还有绕坐标轴的旋转运动分量。但迄今为止，尚无简便实用的方法计算地面旋转运动分量对建筑物的作用，在砌体结构房屋设计中亦暂不考虑。此外，《建筑抗震设计规范》还规定，在设计烈度为 8 度及 9 度时，除大跨、长悬臂结构，烟囱和类似的高耸结构，以及 9 度时的高层建筑，应验算竖向地震作用，并按水平地震作用与竖向地震作用同时作用于结构上的最不利情况进行验算外，其余结构一般只需考虑水平方向的地震作用。因此，多层砌体结构房屋和配筋砌体结构房屋只需进行水平地震作用下的抗震验算。

10.4.1　地震作用的计算

地震作用与一般荷载不同，它不仅取决于地震烈度大小，而且与建筑物的质量和动力特性（如结构的自振周期、阻尼等）有密切关系。而一般荷载与动力特性无关，它只按荷载本身的特性独立地确定。因此，确定地震作用比确定一般荷载要复杂得多。

目前，我国和其他许多国家的抗震设计规范都采用反应谱理论来确定地震作用。这种计算理论是根据地震时地面运动的实测记录，通过计算分析所绘制的加速度（在计算中通常采用加速度相对值）反应谱曲线为依据的。所谓加速度反应谱曲线，就是单质点弹性体系在一定地震作用下，最大反应加速度与体系自振周期和阻尼比的函数曲线。如果已知体系的自振周期和阻尼比，则利用加速度反应谱曲线或相应公式就可以很方便地确定体系的反应加速度，进而求出地震作用。

应用反应谱理论不仅可以解决单质点体系的地震反应计算问题，而且，在一定条件下，通过振型组合的方法还可以计算多质点体系的地震反应。

一、单质点弹性体系的地震反应和水平地震作用

为了研究单质点弹性体系的地震反应，首先建立体系在地震作用下的运动方程。图 10-18 表示单质点弹性体系的计算简图。图 10-19 表示单质点弹性体系在地震的地面水平运动分量作用下的变形情形，其中 $x_g(t)$ 表示地面水平位移，它是时间 t 的函数，它的变化规律可从地震的地面运动实测记录求得，$x(t)$ 表示质点对于地面的相对弹性变位或相对位移反应，它也是时间 t 的函数，是待求的未知量。为了确定当地面位移按 $x_g(t)$ 的规律运动时，单质点弹性体系的相对位移反应 $x(t)$，下面来讨论如何建立运动方程及其求解方法。

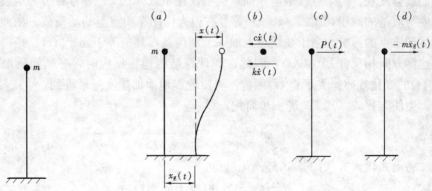

图 10-18　单质点弹性体系计算简图　　　　图 10-19　单质点弹性体系的变形

取质点 m 为隔离体（图 10-19b），由动力学知道，作用在它上面的力有：

1. 弹性恢复力 S

它是使质点从振动位置回到平衡位置的一种力，由连接质点的直杆提供，其特点是：恢复力的大小与质点离开平衡位置的位移成正比，且恢复力的方向始终指向平衡位置，即与位移 $x(t)$ 的方向相反。因此它可表示为：

$$S = -Kx(t) \tag{10-1a}$$

其中 K 表示直杆的刚度，即质点发生单位位移时，在质点处施加的力。

2. 阻尼力 R

当结构振动时，由于结构构件在连接处的摩擦，构件在变形过程中材料的内摩擦，以及通过地基散失的能量（由地基振动引起）等原因，将使结构振动逐渐衰减。这种使结构振动衰减的力就叫做阻尼力。关于阻尼的理论，主要有黏性阻尼理论和复阻尼理论。由于黏性阻尼理论比较简单，故在工程中得到采用。即假定阻尼力 R 与质点运动的速度成正比：

$$R = -c\dot{x}(t) \tag{10-1b}$$

式中　c——阻尼系数；
$\dot{x}(t)$——质点的速度，式中负号表示阻尼力与速度 $\dot{x}(t)$ 的方向相反。

3. 惯性力 F

惯性力 F 的大小等于质点的质量 m 与绝对加速度 $a = \ddot{x}(t) + \ddot{x}_g(t)$ 的乘积，其方向与加速度的方向相反，可表示为：

$$F = -ma = -m[\ddot{x}(t) + \ddot{x}_g(t)] \tag{10-1c}$$

根据达朗贝尔原理（D'Alembert's principle），在物体运动的任一瞬时，作用在物体上的外力和惯性力平衡，即：

$$-m[\ddot{x}(t) + \ddot{x}_g(t)] - c\dot{x}(t) - Kx(t) = 0$$

经整理后得：

$$m\ddot{x}(t) + c\dot{x}(t) + Kx(t) = -m\ddot{x}_g(t) \tag{10-2}$$

上式就是在地震作用下单质点弹性体系的运动微分方程。如果将式（10-2）与动力学中单质点弹性体系在动荷载 $P(t)$（图 10-19c）作用下的运动方程（10-3）进行比较，则

$$m\ddot{x}(t) + c\dot{x}(t) + Kx(t) = P(t) \tag{10-3}$$

我们就会发现，两个方程基本相同，区别仅在于式（10-2）等号右边为地震时地面运动加速度与质量的乘积，而式（10-3）等号右边为作用在质点上的动荷载。由此我们看到，地面运动质点的影响相当于在质点上加一个动荷载，其值等于 $m\ddot{x}_g(t)$，指向与质点运动的加速度方向相反（图 10-19d）。因此，在计算结构地震反应时，必须知道地震地面加速度 $\ddot{x}_g(t)$ 的变化规律。关于 $\ddot{x}_g(t)$ 函数，可由地震地面加速度纪录得到。

为使方程式（10-2）进一步简化，设：

$$\omega^2 = \frac{K}{m}, \quad \zeta = \frac{c}{2\sqrt{Km}} = \frac{c}{2\omega m}$$

将上式代入式（10-2），经简化后得：

$$\ddot{x}(t) + 2\zeta\omega\dot{x}(t) + \omega^2 x(t) = x_g(t) \tag{10-4}$$

式（10-4）是一个常系数二阶非齐次微分方程，它的解包含二部分：一个是方程

（10-4）对应的齐次方程的通解，另一个是方程式（10-4）的特解。前者代表自由振动，后者代表强迫振动。

当 $t=0$，$x=x(0)$，$\dot{x}=\dot{x}(0)$，此时，式（10-4）对应的齐次方程通解为：

$$x(t) = e^{-\zeta\omega t}\left[x(0)\cos\omega' t + \frac{\dot{x}(0)+\zeta\omega x(0)}{\omega}\sin\omega' t\right] \tag{10-5}$$

其中：$\omega' = \sqrt{1-\zeta^2}\omega$，称为有阻尼自振频率。

而方程式（10-4）的特解为：

$$x(t) = -\frac{1}{\omega'}\int_0^t \ddot{x}_g(t)e^{-\zeta\omega(t-\tau)}\sin\omega'(t-\tau)\mathrm{d}\tau \tag{10-6}$$

上式通常亦称为杜哈曼（Duhamel）积分，它与式（10-5）之和就是方程式（10-4）的通解。

由 $\omega' = \sqrt{1-\zeta^2}\omega$ 和 $\zeta = \frac{c}{2m\omega}$ 可以看出，有阻尼自振频率 ω' 随阻尼系数 c 的增大而减小。当阻尼系数达到某一数值 c_r 时，也就是

$$c = c_r = 2m\omega = 2\sqrt{Km}$$

即 $\zeta=1$ 时，$\omega'=0$，表示结构不再振动。这时的阻尼系数 c_r 叫做临界阻尼系数。它是由结构的质量 m 和刚度 K 决定的，不同的结构有不同的临界阻尼系数。根据这种分析，用表示结构的阻尼系数与临界阻尼系数 c_r 的比值，所以 ζ 叫做临界阻尼比，或称阻尼比。

$$\zeta = \frac{c}{2m\omega} = \frac{c}{c_r} \tag{10-7}$$

在工程抗震设计中，常采用阻尼比 ζ 表示结构的阻尼参数。由于阻尼比 ζ 数值很小，它的变化范围在 $0.01\sim0.1$ 之间，因此，有阻尼自振频率 $\omega' = \sqrt{1-\zeta^2}\omega$ 和无阻尼自振频率 ω 很接近，即 $\omega'\approx\omega$。也就是说，在计算体系的自振频率时，通常不考虑阻尼的影响。

在方程式（10-4）的通解中（即式 10-5 和式 10-6 之和），由于结构阻尼作用，自由振动很快就会衰减，故式（10-5）的影响常可以忽略不计，此时式（10-6）即可认为是式（10-4）的通解。将式（10-6）对 t 求导一次可得速度：

$$x(t) = \int_0^t x_g(\tau)e^{-\zeta\omega(t-\tau)}\left[\frac{\zeta\omega}{\omega}\sin\omega'(t-\tau) - \cos\omega'(t-\tau)\right]\mathrm{d}\tau \tag{10-8}$$

再将上式对 t 求导一次得加速度：

$$\ddot{x}(t) = \omega'\int_0^t \ddot{x}_g(\tau)e^{-\zeta\omega(t-\tau)}\left\{\left[1-\left(\frac{\zeta\omega}{\omega}\right)^2\right]\sin\omega'(t-\tau) + \frac{2\zeta\omega}{\omega}\cos\omega'(t-\tau)\right\}\mathrm{d}\tau - \ddot{x}_g(t) \tag{10-9}$$

在一般情况下，结构阻尼比 ζ 的数值很小，式（10-9）可简化为：

$$\ddot{x}(t) = \omega'\int_0^t \ddot{x}_g(\tau)e^{-\zeta\omega(t-\tau)}\sin\omega'(t-\tau)\mathrm{d}\tau - \ddot{x}_g(t) \tag{10-10}$$

分别对式（10-6）、式（10-8）和式（10-10）进行积分，可得单质点弹性体系位移、

速度和加速度的地震反应。

在地震作用下，单质点弹性体系的相对加速度已由式（10-10）给出，而质点的绝对加速度 $\ddot{x}+\ddot{x}_g$ 由下式可得：

$$a(t)=\ddot{x}(t)+\ddot{x}_g(t)=\omega'\int_0^t\ddot{x}_g(t)e^{-\zeta\omega(t-\tau)}\sin\omega'(t-\tau)\mathrm{d}\tau \qquad (10\text{-}11)$$

这时，单质点弹性体系的所谓地震作用就是单质点的惯性力，亦即单质点的质量 m 与其绝对加速度的乘积：

$$P(t)=m\omega'\int_0^t\ddot{x}_g(t)e^{-\zeta\omega(t-\tau)}\sin\omega'(t-\tau)\mathrm{d}\tau \qquad (10\text{-}12)$$

注意到式（10-6）中质点相对位移和地面运动加速度的关系，可将式（10-12）写为：

$$P(t)=m\omega'^2x(t)\approx m\omega^2x(t) \qquad (10\text{-}13)$$

上述表达了单质点弹性体系的地震作用与质点位移 $x(t)$ 之间的关系。

水平地震作用是时间 t 的函数，它的大小随时间 t 而变化。在结构抗震设计中，除个别复杂结构或超高层结构需进行时程分析外，绝大多数结构并不需要求出每一时刻的地震作用的数值，人们感兴趣的是确定地震作用的最大值，即最大绝对加速度和质量的乘积。单质点弹性体系的最大地震作用可表示为：

$$F=ma_{\max} \qquad (10\text{-}14)$$

为了应用方便，上式改写为：

$$F=\alpha G$$

式中　G——质点的质量，$G=mg$，g 为重力加速度；

　　　α——地震影响系数，$\alpha=a_{\max}/g$。

二、地震影响系数

关于地震影响系数的确定，由式（10-11）可知，如果知道结构的自振频率 ω，阻尼比 ζ 和地震时地面运动加速度 $\ddot{x}_g(t)$，便可由该式计算出加速度函数 $a(t)$，进而求出整个时间历程的结构地震反应。但这种方法计算工作量很大，对一般工程设计并不实用。目前工程中多采用"反应谱理论"进行抗震计算。

地震作用的反应谱理论，是以单质点弹性体系在实际地震作用下的反应为基础，对结构的地震反应进行分析。由于目前结构抗震设计大都采用地震作用的概念，因此在这里我们仅讨论加速度反应谱。

由式（10-14）可以得多质点的最大绝对加速度值为：

$$a_{\max}=\left|\omega\int_0^t\ddot{x}_g(\tau)e^{-\zeta\omega(t-\tau)}\sin\omega(t-\tau)\mathrm{d}\tau\right|_{\max}$$

$$=\frac{2\pi}{T}\left|\int_0^t\ddot{x}_g(\tau)e^{-\zeta\frac{2\pi}{T}(t-\tau)}\sin\frac{2\pi}{T}(t-\tau)\mathrm{d}\tau\right|_{\max} \qquad (10\text{-}15)$$

由于地面水平运动加速度 $\ddot{x}_g(t)$ 不是一个确定的函数，而是一系列随时间变化的随机脉冲，对式（10-15）只有采用数值分析方法来计算才能实现。如果以质点最大绝对加速度反应 a 为纵坐标，以周期 T 为横坐标，对不同周期的单质点体系用同一地震波输入，按不同阻尼比进行计算，就可以得到一组 a-T 曲线（图 10-20），通常称其为加速度反应谱，又称谱曲线。

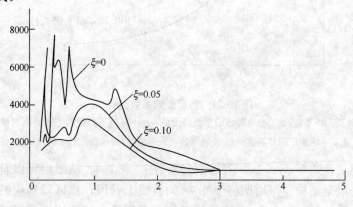

图 10-20 质点 a-T 曲线

从图中的几条曲线可以看出，阻尼比对峰值的影响很大，即使不大的阻尼比如（$\xi=0.05$）也能使峰点下降很多。另外，一定数值的阻尼比即可使曲线变得比较平滑。一般工程中房屋的阻尼比均在 0.05 左右，因此图 10-20 曲线中 $\xi=0.05$ 的一条谱曲线就最具有工程实用价值。

注意到地震影响系数 α 是以重力加速度为单位的质点最大绝对加速度（$\alpha=a_{\max}/g$），若以地震影响系数 α 为纵坐标，以周期 T 为横坐标，对不同周期的单自由度体系用同一地震波输入，即得地震影响系数谱曲线。其形状与图 10-20 的谱曲线相同，两者在数值上仅相差一个比例系数 g。

由于地震是具有随机性的，故即使是同一地点、同一震级，前后两次地震的地面运动加速度记录 $\ddot{x}_g(t)$ 也会很不一样。不同的地震记录会有不同的反应谱曲线，虽然它们大体上差不多，有某些共同的特性，但仍有差别。在进行结构抗震设计时，我们不可能预先知道 $\ddot{x}_g(t)$ 是怎样的变化曲线。因此，仅采用按某一次地震记录 $\ddot{x}_g(t)$ 所绘制的反应谱曲线作为设计标准来计算地震作用是没有意义的。目前解决这个问题的办法是，从已有的大量反应谱曲线中找出一条有代表性的平均曲线作为设计依据，这样的曲线叫做标准反应谱曲线。

理论分析和实测记录表明，场地土的特性对反应谱曲线有比较明显的影响。比如场地土愈软时，曲线主峰位置愈向右移，而峰点愈扁平。为了反映这种影响，可按场地土的类别分别绘出它们的反应谱曲线，然后进行统计分析，找出每种场地土的标准反应谱曲线。

此外，地震震中距结构物的远近也对地震影响系数有影响，在我国《建筑抗震设计规范》中主要是通过在全国各区域划分成一、二、三组的设计地震分组来考虑这种影响。图 10-21 所示就是地震影响系数与结构周期关系的曲线（α-T 曲线）。

图中的地震影响系数曲线实际上代表了四类场地土以及结构有不同阻尼的情况，场地土的具体分类标准及阻尼调整系数的取值可参见《建筑抗震设计规范》，对于砌体结构

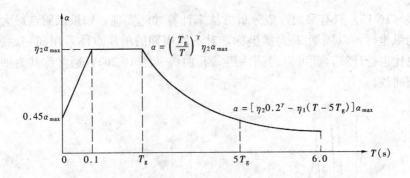

图 10-21　地震影响系数曲线

α—地震影响系数；α_{max}—地震影响系数最大值；η_1—直线下降段的下降斜率调整系
数；η_2—阻尼调整系数；γ—衰减指数；T—结构自振周期；T_g—特征周期；

房屋而言，其阻尼比约等于 0.05，阻尼调整系数 η_2 取 1.0。从图中可以看到，谱曲线共
分为四段：第一段是结构自振周期小于 0.1s 的直线上升段，该区段对应的是结构刚度非
常大的建筑物；第二段是自 0.1s 至特征周期的水平区段，特征周期是反映场地地震波能
量集中的指标，是场地土固有的技术参数，不同的场地类别和不同的设计地震分组其特征
周期值是不相同的。多层砌体房屋的自振周期一般均落在该区段内，此时地震影响系数达
到最大值；第三段是自特征周期至 5 倍特征周期的曲线下降段，配筋混凝土小砌块砌体结
构的小高层和高层建筑的自振周期一般都在该区段内；第四段是自 5 倍特征周期至 6s 的
直线下降段，主要用于自振周期特长的构筑物如塔、超高层建筑或桥梁等的抗震计算。表
10-13 和表 10-14 所示分别是在抗震计算中水平地震影响系数的最大值和特征周期的取值。

水平地震影响系数最大值 α_{max}　　　　　　　　　　　　　　　　　　表 10-13

地震影响	6 度	7 度	8 度	9 度
多遇地震	0.04	0.08（0.12）	0.16（0.24）	0.32
罕遇地震	0.28	0.50（0.72）	0.90（1.20）	1.40

注：括号中数值分别用于设计基本地震加速度为 0.15g 和 0.30g 的地区。

特征周期值 T_g（s）　　　　　　　　　　　　　　　　　　　　　　表 10-14

设计地震分组	场 地 类 别				
	I_0	I_1	II	III	IV
第一组	0.20	0.25	0.35	0.45	0.65
第二组	0.25	0.30	0.40	0.55	0.75
第三组	0.30	0.35	0.45	0.65	0.90

10.4.2　多层砌体结构房屋的计算简图与地震作用的简化计算方法

地震波可能来自任一方向，从理论上来说，可将地面的水平运动沿房屋的两个主轴方
向进行分解。沿水平方向作用的两个平动分量，数值大的为主震方向，数值小的为副震方

向。当主震方向与房屋横墙方向一致，则地震作用主要由横墙承担；当主震方向与房屋纵墙方向一致时，则地震作用主要要由纵墙承担，这样在抗震计算时，只需考虑主震方向地面运动在房屋中引起的地震作用，而不必同时考虑副震方向地面运动引起的地震作用。但是由于主震方向无法事先确定，就需按不同角度的地震方向作为输入，然后根据其各结构构件的内力包络来进行设计，计算工作量很大。在实际工程设计中，采用按房屋的两个主轴方向分别计算地震作用，并以此验算房屋纵、横墙的抗震能力。

一、计算简图

多层砌体结构房屋，在水平地震作用下，可先把与地震作用相平行的各道墙凝聚在一起，视作如图 10-22 (a) 所示的计算简图。由于建于地震区的多层砌体结构房屋，其总高度一般在 7 层或 21m 以下，而其总宽度均在 6m 以上，一般为 10m 左右，因此它的高宽比是比较小的，墙体在水平荷载作用下以剪切变形为主。另外，由于多层砌体结构房屋的纵横墙又相互交接着，形成一个空间的盒子体系，使得多层砌体结构房的刚度，无论在纵向，还是在横向都比较大，自振周期较短（一般在 0.15～0.30s 之间）。由于刚度大，自振周期短，在水平地震作用下，多层砌体结构房屋各层的水平侧向位移基本上与其离地面的距离成正比，即房屋的第一振型贡献一般要达到 80% 以上。因此，在抗震计算时，只需考虑房屋的基本振型即可。另外，假定各层的重力荷载集中在楼（屋）盖标高处，墙体则按上、下层各半的重力集中于该层的上、下层楼（屋）盖处，这样一来，计算简图便可进一步简化为图 10-22 所示。

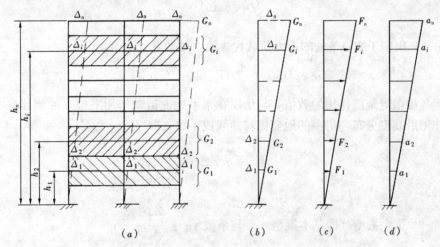

图 10-22 多层砌体结构房屋计算简图
(a) 多层砌体结构房屋；(b) 计算简图；(c) 地震作用；(d) 加速度分布

二、底部剪力法

水平地震作用可用两种方法来确定：底部剪力法和振型分解反应谱法。虽然用振型分解反应谱法来求解多层建筑物的地震作用能取得比较精确的结果，但由于需要计算结构的自振频率和振型，工作量较大，手算有困难。因多层砌体结构房屋的刚度大、自振周期短，故在水平地震作用下主要发生基本振型的振动，可假定各部位相对位移的比值在任何时刻均是相同的，不同时刻结构各点的位移以同一比例放大或缩小，犹如一个"刚体"作单自由度运动，从而使原来的多自由度体系简化为一个广义单自由度体系。任何瞬间，只要知道结构上某一点的位移，其他各点的位移就能唯一地确定，因而它在地震作用下的强迫振动只有一个位移未知量，在房屋各个部位上的地震作用，将因一个数值的确定而整个被确定。因此，多层砌体结构房屋的地震作用采用底部剪力法计算就能得到精度满意的计算结果。

所谓底部剪力法，它是根据建筑物所在地区的设计烈度、场地土类别、建筑物的基本周期和建筑物距震中的远近，在确定地震影响系数 α 后，先计算在结构底部截面的水平地震作用，即求得在整个房屋的总水平地震作用，后按照某种竖向分布规律，将总地震作用沿建筑物高度方向分配到各个楼层处，得出分别作用于建筑物各楼盖处的水平地震作用。

结构底部截面上的总水平地震作用为：

$$F_e = \alpha_1 G_{eq} \tag{10-16}$$

式中　α_1——相应于结构基本周期 T_1 的水平地震影响系数 α 值，对于多层砌体结构房屋，其基本周期 T_1 在 $0.25\sim0.4$s 左右，由图 10-21 可知，取 $\alpha_1 = \alpha_{max}$，根据不同的设防烈度，可以在《建筑抗震设计规范》中查得 α_{max}；

　　G_{eq}——结构等效总重力荷载，单质点体系取 G_E，多质点取 $0.85G_E$；

　　G_E——计算地震作用时，结构的总重力荷载代表值，应取结构自重标准值和各可变荷载组合值之和，各可变荷载的组合值系数可查《建筑抗震设计规范》；

$$G_E = \sum_{j=1}^{n} G_j$$

　　G_j——集中于质点 j 处的重力荷载代表值，可按下式取值：

$$G_j = G_{楼面} + \frac{1}{2}(G_{上层墙重} + G_{下层墙重})$$

房屋各楼盖处地震作用的数值，与房屋在水平地面运动作用下楼盖的侧移量成正比，即地震作用沿高度分布与房屋的地震侧移曲线成正比，即：

$$F_i = \alpha_1 \gamma_1 \Delta_i G_i \tag{10-17}$$

式中　γ_1——第一振型（即基本振型）参与系数 $\gamma_1 = \dfrac{\displaystyle\sum_{i=1}^{n} \Delta_i G_i}{\displaystyle\sum_{i=1}^{n} \Delta_i^2 G_i}$；

　　Δ_i——房屋发生基本振型时第 i 层楼盖的水平侧移值。

如前面所述，多层砌体房屋的楼层不高，其高宽比又较小，因此虽然严格来说房屋在地震作用下的第一振型是一条底部收敛的曲线，但由于墙体主要以剪切变形为主，我们就可以用一条斜直线来比较接近的替代第一振型曲线，使得计算大为简化。根据这一假定，有：

$$\Delta_i = \frac{h_i}{h_n}\Delta_n \cdots\cdots \Delta_2 = \frac{h_2}{h_n}\Delta_n, \Delta_1 = \frac{h_1}{h_n}\Delta_n$$

据此，可将任一楼盖处的水平地震作用写为：

$$F_n = \frac{\Delta_n G_n}{\Delta_i G_i} F_i = \frac{h_n G_n}{h_i G_i} F_i \Bigg\}$$

······

$$F_i = \frac{h_i G_i}{h_i G_i} F_i$$

······

$$F_2 = \frac{h_2 G_2}{h_i G_i} F_i$$

$$F_1 = \frac{h_1 G_1}{h_i G_i} F_i$$

$$(10\text{-}18)$$

根据图（10-23）可知：

$$F_e = F_1 + F_2 + \cdots\cdots + F_i + \cdots\cdots + F_n$$

$$= \sum_{j=1}^{n} F_j = \frac{F_i}{h_i G_i} \sum_{j=1}^{n} h_j G_j$$

由上式可知，第 i 层楼盖处的水平地震作用可用结构底部剪力来表示，即

$$F_i = \frac{h_i G_i}{\displaystyle\sum_{j=1}^{n} h_j G_j} F_e \qquad (10\text{-}19)$$

式中　h_j——第 j 层楼面之基础顶面的距离。

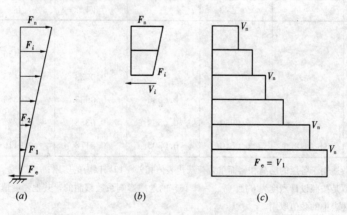

图 10-23　水平地震剪力

(a) 地震作用；(b) 层间剪力计算；(c) 层间剪力分布

　　对于突出建筑物顶面的屋顶间、女儿墙、烟囱等小建筑，由于受"鞭端效应"的影响，其动力特性与其下部的主体结构相差较大，所承受的水平地震作用将增加。《建筑抗震设计规范》规定，对突出建筑物顶面的小建筑，其水平地震作用按式（10-19）计算值

的 3 倍取值。但此增加部分的地震作用效应不往下传递，即在计算下部层间剪力时，突出部位的 F_i 值仍按式（10-19）取值。

三、简化计算公式

当房屋的各楼层建筑面积相同，楼面荷载、层高以及各层砌体墙厚也都大体相等时，这样，除集中到屋盖标高处的楼层重力荷载代表值约等于标准层重力荷载代表值 G_K 的 75%~80%外，其他各层的楼层重力荷载代表值 G_i 都和标准层大体相同。

设标准层层高为 h，重力荷载代表值为 G_K，则 $H=ih$，$G_i=G_K$，假定 $G_n=0.75G_K$，并注意到 $\sum\limits_{i=1}^{n} i=\dfrac{n(n+1)}{2}$，这样，楼层地震作用 F_i 的计算值可写为：

$$F_i=\frac{h_iG_i}{\sum\limits_{j=1}^{n}h_jG_j}F_e=\frac{G_iih}{0.75G_Knh+\sum\limits_{j=1}^{n-1}h_jG_j}F_e=\frac{G_Kih}{0.75G_Knh+G_Kh\sum\limits_{j=1}^{n-1}j}$$

$$=\frac{2i}{1.5n+n(n-1)}\alpha_1 G_{eq}=\xi_{Ei}G_{eq}\quad(i=1,2,\cdots,n-1)\qquad(10\text{-}20a)$$

$$F_n=\frac{0.75G_Knh}{\sum\limits_{j=1}^{n}h_jG_j}F_e=\frac{1.5}{1.5+(n-1)}\alpha_1 G_{eq}=\xi_{En}G_{eq}\qquad(10\text{-}20b)$$

式中　$\xi_{Ei}=\dfrac{2i\alpha_1}{1.5n+n(n-1)}$——第 i 层水平地震作用系数，见表 10-15；

　　　$\xi_{En}=\dfrac{1.5\alpha_1}{1.5+(n-1)}$——第 n 层（即屋盖的水平地震作用系数），见表 10-15；

其余符号意义同前。

水平地震作用系数 ξ_{Ei}、ξ_{En}　　　　　　　　表 10-15

层 次	房 屋 总 层 数					
	一	二	三	四	五	六
6						0.0370
5					0.0436	0.0410
4				0.0533	0.0465	0.0328
3			0.0686	0.0533	0.0349	0.0246
2		0.0960	0.0609	0.0356	0.0233	0.0164
1	0.1600	0.0640	0.0305	0.0178	0.0116	0.0082

注：1. 本表系数适用于各层的层高和楼面重力荷载代表值相差±15%以内的房屋；

　　2. 本表系数是按照设计烈度为 8 度（$\alpha_{max}=0.16$）的地震影响系数编制的，其他烈度情况按 α_{max} 之间的比值乘以上述表中的数值取用。

四、楼层地震剪力

各层的地震作用 F_i 求得后，则第 j 层的楼层地震剪力 V_j 就等于该层以上的各层地震作用 F_i 的和（图 10-23b），即

$$V_j=\sum\limits_{i=j}^{n}F_i\qquad(10\text{-}21)$$

楼层地震剪力 V_j 的分布如图 10-19 (c) 所示。

当房屋的各楼层平面尺寸、楼面荷载、层高以及各层砌体墙的厚度均大体相等时，V_j 可按下式简化公式计算。设 $G_n = 0.75G_K$。根据式 (10-20)，可按式 (10-21) 写为：

$$V_j = \sum_{i=j}^{n} F_i = \sum_{i=j}^{n} \zeta_{Ei}G_{eq} = \zeta_{Ej}G_{eq} \qquad (10\text{-}22)$$

式中 ζ_{Ej}——第 j 层的楼层地震剪力系数，见表 10-16。

楼层地震剪力系数 ζ_{Ej} 表 10-16

层次	房屋总层数					
	一	二	三	四	五	六
6						0.0370
5					0.0436	0.0780
4				0.0533	0.0901	0.1108
3			0.0686	0.1066	0.1250	0.1354
2		0.0960	0.1295	0.1422	0.1483	0.1518
1	0.1600	0.1600	0.1600	0.1600	0.1600	0.1600

注：本表适用条件同表 10-15。

各楼层的地震剪力 V_j 由各层与其方向一致的各抗震墙体共同承担，因此，需计算每一墙体所承担的地震剪力 V_{jm}。

五、楼层地震剪力分配

1. 若楼盖为现浇钢筋混凝土楼盖，且抗震横墙间距符合表 10-4 规定，则楼面在本身水平面内的抗弯刚度极大而近似地视作为一刚体，地震剪力只使该楼盖发生整体平移，各道横墙间的变位必然协调一致。在计算简图上，可将楼盖在其平面内视为绝对刚性的连续梁，而将各横墙看做是该梁的弹性支座，各支座反力即为各抗震横墙所承担的地震剪力。当结构、荷载都对称时，各横墙的水平位移将相等（图 10-24），故可以认为各道横墙所分配的楼层地震剪力与各横墙的侧向刚度成正比。

若第 i 层楼盖的水平位移为 Δ_i，第 $i-1$ 层的楼盖水平位移为 Δ_{i-1}，则第 i 层相对于第 $i-1$ 层的楼层水平位移 $\delta_i = \Delta_i - \Delta_{i-1}$（图 10-25）。根据结构力学可知，作用在第

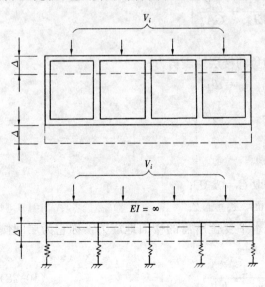

图 10-24　刚性楼盖计算简图

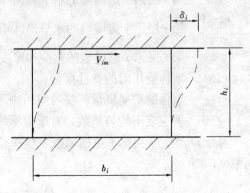

图 10-25　第 i 层第 m 道横墙的相对变位

i 层第 m 道横墙上的层间地震剪力 V_{im} 和该层相对位移 δ_i 的关系可表示为：

$$\delta_i = \left[\frac{h_i^3}{12EI_{im}} + \frac{h_i\zeta_s}{GA_{im}}\right]V_{im} \tag{10-23}$$

或

$$V_{im} = \frac{\delta_i}{\dfrac{h_i^3}{12EI_{im}} + \dfrac{h_i\zeta_s}{GA_{im}}} \tag{10-24}$$

第 i 层各抗震横墙所分担的地震剪力之和等于该楼层总地震剪力，即

$$\sum_{m=1}^{k} V_{im} = V_i \tag{10-25}$$

由于第 i 层的各道横墙的水平变位均等于 δ_i，因此，将式（10-24），代入式（10-25），可得：

$$V_i = \sum_{m=1}^{k} V_{im} = \delta_i \sum_{m=1}^{k}\left[\frac{1}{\dfrac{h_i^3}{12EI_{im}} + \dfrac{h_i\zeta_s}{GA_{im}}}\right]$$

即

$$\delta_i = \frac{V_i}{\displaystyle\sum_{m=1}^{k}\left[\dfrac{1}{\dfrac{h_i^3}{12EI_{im}} + \dfrac{h_i\zeta_s}{GA_{im}}}\right]} \tag{10-26}$$

以式（10-26）代入式（10-24），得 i 层第 m 道横墙所承担的楼层地震剪力 V_{im} 为：

$$V_{im} = \frac{1}{\left[\dfrac{h_i^3}{12EI_{im}} + \dfrac{h_i\xi_s}{GA_{im}}\right]} \times \frac{V_i}{\displaystyle\sum_{m=1}^{k}\left[\dfrac{1}{\dfrac{h_i^3}{12EI_{im}} + \dfrac{h_i\zeta_s}{GA_{im}}}\right]}$$

$$V_{im} = \frac{\dfrac{1}{\left[\dfrac{h_i^3}{12EI_{im}} + \dfrac{h_i\xi_s}{GA_{im}}\right]}}{\displaystyle\sum_{j=1}^{k}\left[\dfrac{1}{\dfrac{h_i^3}{12EI_{im}} + \dfrac{h_i\zeta_s}{GA_{ij}}}\right]}V_i \tag{10-27}$$

在式（10-23）～式（10-27）中：

　　V_{im}——地震时由第 i 层第 m 道横墙所担负的楼层地震剪力；

　　A_{ij}——第 i 层第 j 道横墙的水平截面积，$A_{ij}=tb$；

　　I_{ij}——第 i 层第 j 道横墙的水平惯性矩，$I_{ij}=\dfrac{1}{12}b^3t$；

b、t——第 i 层第 j 道横墙的宽度和厚度；

　　E——墙体受压时的弹性模量；

　　G——墙体的剪受模量，按习惯用法，取 $G=0.3E$；

　　ζ_s——剪应变不均匀系数，对于矩形截面，$\zeta_s=1.2$。

若令 D_{ij} 为第 i 层第 j 道横墙欲发生单位水平变位所需的楼面地震力，称它为层间侧向刚度，则

$$D_{ij} = \frac{1}{\dfrac{h_i^3}{12EI_{ij}} + \dfrac{h_i\zeta_s}{GA_{ij}}} \tag{10-28}$$

因此，式（10-27）可写为：

$$V_{im} = \frac{D_{im}}{\sum\limits_{j=1}^{k} D_{ij}} V_i \tag{10-29}$$

故由式（10-29）可看出，各道横墙所承担的层间剪力 V_{im} 可按各道横墙的侧向刚度分配。

根据式（10-23）可知，在单位力作用下，横墙产生的变形为：

$$\delta = \frac{h^3}{12EI} + \frac{h\zeta_s}{GA}$$

式中　$\dfrac{h^3}{12EI}$ ——墙体在单位水平力作用下的弯曲变形；

　　　$\dfrac{h\zeta_s}{GA}$ ——墙体在单位水平力作用下的剪切变形。

将 A、I 及 G 的表达式代入上式，并令墙体高度 h 与墙宽 b 的比值 $\dfrac{h}{b} = \rho$，则有：

$$\delta = \delta_b + \delta_s = \frac{\rho^3 + 4\rho}{Et} \tag{10-30}$$

根据上式，不同高宽比值的墙肢，剪切变形的数量关系以及在总变形中所占的比例见图 10-26 和表 10-17。从中可以看出：当 $\dfrac{h}{b} < 1$ 时，弯曲变形占总变形的 20% 以下；当 $\dfrac{h}{b} > 4$ 时，剪切变形占总变形的 20% 以下；而当 $1 \leqslant \dfrac{h}{b} \leqslant 4$ 时，剪切变形和弯曲变形在总变形总均占有相当比例。故《建筑抗震设计规范》规定，在进行地震剪力分配和截面验算时，层间墙段的侧向刚度应分别按下列原则确定：

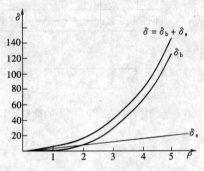

图 10-26　剪切变形和弯曲变形的比例

（1）当 $\dfrac{h}{b} < 1$ 时，只考虑剪切变形；

（2）当 $1 \leqslant \dfrac{h}{b} \leqslant 4$ 时，应同时考虑弯曲和剪切变形；

（3）当 $\dfrac{h}{b} > 4$ 时，不计入刚度计算。

墙段侧移中剪切变形和弯曲变形所占的比例　　　　　　　表 10-17

$\rho = h/b$	0.5	1.0	1.5	2.0	2.5	3.0	3.5	4.0	4.5
$\delta_b' = 4\rho$	2.000	4.000	6.000	8.000	10.000	12.000	14.000	16.000	18.000
$\delta_s' = \rho^3$	0.125	1.000	3.375	8.000	15.625	27.000	42.875	64.000	91.125
$\delta' = \delta_s' + \delta_b'$	2.125	5.000	9.375	16.000	25.625	39.000	56.875	80.000	109.125
δ_s'/δ'	0.941	0.800	0.640	0.500	0.390	0.308	0.246	0.200	0.165
δ_b'/δ'	0.059	0.200	0.360	0.500	0.610	0.692	0.754	0.800	0.835

在房屋的纵、横向墙体中，由于一般都开有门、窗洞口，对于墙体而言窗间墙、门间墙是明显的薄弱部位，因此墙段应该以门窗洞口来划分。对于小开口墙段，可以按照毛墙面计算的侧向刚度，乘以根据开洞率按表10-18查得的洞口影响系数，最后可以得到小开口墙段的侧向刚度近似计算值。表中开洞率为洞口水平截面面积与墙段水平毛面积之比，当窗洞高度大于层高的一半时，可按门洞考虑。

墙段洞口影响系数   表 10-18

开洞率	0.10	0.20	0.30
ρ	0.98	0.94	0.88

2. 若楼面为木楼面或虽为钢筋混凝土楼面，但由于楼面开洞率很大，这时，楼面的整体性差，刚度小，各道横墙不能保证共同工作，故各道横墙所负担的地震层间剪力，可按该道横墙两侧相邻的横墙之间的一半面积上的荷载比例分配（如图10-27）。

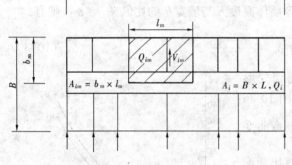

图 10-27 第 i 楼层的荷载面积

$$V_{im} = \frac{Q_{im}}{Q_i} V_i \qquad (10\text{-}31)$$

式中 Q_{im} ——第 i 层第 m 道横墙的荷载；

      Q_i ——第 i 层各横墙的总荷载。

考虑到作用于多层砌体结构房屋的竖向荷载，一般可近似认为按建筑面积均匀分布。为此，各道横墙所负担的楼层地震剪力 V_{im} 可近似按下式计算：

$$V_{im} = \frac{A_{q,im}}{A_{q,i}} V_i \qquad (10\text{-}32)$$

式中 $A_{q,im}$ ——第 i 层第 m 道横墙分摊到的荷载面积，即相邻横墙两侧的跨间中轴线范围内的面积；

      $A_{q,i}$ ——第 i 层的总建筑面积，即 $A_{q,i} = \sum_{m=1}^{k} A_{q,im}$。

3. 若楼面为装配式的钢筋混凝土结构，对它的整体性能和水平抗弯刚度的确切评价，目前国内还缺乏可靠的试验数据和理论分析方法。根据国内外的工程经验，装配式楼盖的刚度应该介于刚性楼盖和柔性楼盖之间。因此我国《建筑抗震设计规范》建议，装配式楼盖的横墙所担负的层间地震剪力取上述两种情况的平均值作为计算的依据，即

$$V_{im} = \frac{1}{2}\left[\frac{D_{im}}{\sum_{j=1}^{k} D_{ij}} + \frac{A_{q,im}}{\sum_{j=1}^{k} A_{q,ij}} \right] V_i \qquad (10\text{-}33)$$

式中各符号意义同前。

当同一建筑物中各层采用不同类型的楼盖时，应根据各层的楼盖类型分别按上述三种方法确定各横墙所担负的层间地震剪力。

各层间纵向楼层地震剪力的分配方法，原则上与横向分配方法相同。由于房屋的纵向一般都比较长，楼面在纵向的水平抗弯刚度很大，因此也可依据各道纵墙的抗侧力刚度分配。

有关楼梯间部位的抗震计算，过去在进行房屋的结构计算时，楼梯间部位往往简化为楼板开洞，在此局部能传递竖向荷载而无水平楼板刚度。地震灾害表明，楼梯间的破坏大多比较严重，因此人们在总结楼梯间震害时，总是把它归结为是楼梯间洞口的影响，认为由于楼梯间开洞，削弱了楼面的整体性。近年来，人们在总结楼梯间各种震害的基础上，通过不断的试验研究和理论分析，认识到除了开洞影响楼面的整体性能之外，楼梯间的休息平台和斜梯段板对楼层的刚度分布有较大影响，使得局部受力非常复杂，特别是在一定条件下，采用现浇钢筋混凝土楼梯的楼梯间，对结构整体抗震性能和楼层地震剪力分配的影响已不容忽视。我国现行规范建议应考虑现浇钢筋混凝土楼梯对整体结构的影响，如将斜梯段板按等效斜杆或楼梯的斜梯段与楼面之间的连接设计成滑动支座等，通过建立相应的计算模型进行计算，目前有关的试验研究和理论分析尚有待进一步深入。

10.4.3 墙体抗震承载力验算

在确定各道墙所承担的楼层地震剪力后，即可验算各道墙的抗震承载力。

在地震作用下，砌体一方面承受着楼层地震剪力，另一方面还承受着自重及上层所传来的垂直荷载所产生的压应力 σ_0 的作用。由于压应力 σ_0 能够有效地提高墙体的抗剪强度，因而砌体沿阶梯形截面破坏的抗震抗剪强度的设计值应予以修正。按《建筑抗震设计规范》规定，各类砌体沿阶梯截面破坏的抗震抗剪强度的设计值按下式确定：

$$f_{VE} = \zeta_N f_V \tag{10-34}$$

式中　f_{VE}——砌体沿阶梯形截面破坏的抗震抗剪强度设计值；

　　　f_V——非抗震设计的砌体抗剪强度设计值，按表 3-23 采用；

　　　ζ_N——砌体强度的正应力影响系数，按表 10-19 采用。

砌体抗震抗剪强度的正应力影响系数　　　　　　表 10-19

砌体类别	σ_0/f_v							
	0.0	1.0	3.0	5.0	7.0	10.0	12.0	$\geqslant 16.0$
普通砖、多孔砖	0.80	0.99	1.25	1.47	1.65	1.90	2.05	
小砌块	—	1.23	1.69	2.15	2.57	3.02	3.32	3.92

注：σ_0 为对应于重力荷载代表值的砌体截面平均压应力。

按《建筑抗震设计规范》规定，普通砖、多孔砖墙体的截面抗震受剪承载力应按下式验算：

$$V \leqslant \frac{f_{vE}A}{\gamma_{RE}} \tag{10-35}$$

式中　V——墙体剪力设计值；

　　　A——墙体横截面面积；

　　　γ_{RE}——抗力的抗震调整系数，两边均有构造柱或芯柱的墙体，取 $\gamma_{RE}=0.9$；自承重墙体，取 $\gamma_{RE}=0.75$；其他墙体，取 $\gamma_{RE}=1.0$。（详阅 GB 50011—2010 的规定）。

从上述的表中可以看到，砌体的抗震抗剪强度正应力影响系数随着正应力的增加而增加，反映了砌体在地震荷载作用下虽然可能出现裂缝，但墙体仍然可以承受水平剪力的剪摩特性。试验研究和理论分析还表明，当正应力超过砌体抗压强度的 $60\%\sim70\%$ 时，砌体的抗剪强度反而会随着正应力的增加而减小。

当按公式（10-35）对墙体验算不能满足要求时，可以按前所述在墙段的中部设置截面不小于 240mm×240mm（墙厚 190mm 时，可为 240mm×190mm）且间距不大于 4m 的构造柱，通过加强墙体的约束来提高受剪承载力。简化计算方法可采用公式（10-36a），即

$$V \leqslant \frac{1}{\gamma_{RE}}\left[\eta_c f_{vE}(A-A_c) + \zeta f_t A_c + 0.08 f_y A_s\right] \tag{10-36a}$$

式中　A_c——中部构造柱的横截面总面积（对横墙和内纵墙，$A_c>0.15A$ 时，取 $0.15A$；对外纵墙，$A_c>0.25A$ 时，取 $0.25A$）；

　　　f_t——中部构造柱的混凝土轴心抗拉强度设计值；

　　　A_s——中部构造柱的纵向钢筋截面总面积（配筋率不小于 0.6%，大于 1.4% 时取 1.4%）；

　　　f_y——钢筋抗拉强度设计值；

　　　ζ——中部构造柱参与工作系数；居中设一根时取 0.5，多于一根时取 0.4；

　　　η_c——墙体约束修正系数；一般情况取 1.0，构造柱间距不大于 3.0m 时取 1.1。

在普通砖、多孔砖墙体内，沿水平灰缝配置水平钢筋的墙体截面抗震受剪承载力可按公式（10-36b）计算，即

$$V \leqslant \frac{1}{\gamma_{RE}}(f_{vE}A + \zeta_s f_{yh} A_{sh}) \tag{10-36b}$$

式中　A——墙体横截面面积，多孔砖取毛截面面积；

　　　A_{sh}——层间墙体竖向截面的钢筋总水平钢筋面积，其配筋率应不小于 0.07% 且不大于 0.17%；

　　　ζ_s——钢筋参与工作系数，按表 10-20 采用。

钢筋参与工作系数　　　　　　　　　　　表 10-20

墙体高宽比	0.4	0.6	0.8	1.0	1.2
ζ_s	0.10	0.12	0.14	0.15	0.12

试验研究也表明，设置在墙体灰缝中的水平钢筋虽然可以提高墙体的抗剪能力，但是由于砂浆握裹钢筋的能力比较差，因此水平灰缝中的钢筋实际上无法被充分利用而达到屈服，而且当配筋率较高时，钢筋参与工作系数还会降低。

近年来有关科研单位进一步研究了有构造柱砌体墙的受力机理，认为当墙体中的构造柱、圈梁的截面特性和设置间距满足一定条件时，墙体的受力机理发生了改变，呈现钢筋混凝土弱框架和砌体共同受力的特征，因此墙体的抗震承载力计算方法应考虑这种受力特征。虽然这样的研究是有道理的，但由于问题的复杂性，譬如在什么样的条件下可以形成弱框架和砌体共同受力、如何界定在各种不同情况下的构造柱作用、不同砌体强度对弱框架的影响以及应该有什么样的构造措施等问题，有待进一步研究。

对于混凝土小型砌体墙体，由于通常均设有芯柱，故应考虑芯柱的抗剪作用。因此，混凝土小型砌块墙体的截面抗震承载力验算应采用下式：

$$V \leqslant \frac{1}{\gamma_{RE}}[f_{vE}A + (0.03f_tA_c + 0.05f_yA_s)\zeta_c] \tag{10-36c}$$

式中 f_t——芯柱混凝土轴心抗拉强度设计值；

A_c——芯柱截面总面积；

f_y——芯柱钢筋抗拉强度设计值；

A_s——芯柱钢筋截面总面积；

ζ_c——芯柱参与工作系数，按表 10-21 采用。

芯柱参与工作系数 表 10-21

填孔率 ρ	$\rho < 0.15$	$0.15 \leqslant \rho < 0.25$	$0.25 \leqslant \rho < 0.5$	$\rho \geqslant 0.5$
ζ_c	0.00	1.00	1.10	1.15

注：填孔率指芯柱根数（含构造柱和填实孔洞数量）与孔洞总数之比。

在进行墙体抗震承载力验算时，可只选取纵、横向的不利墙段进行验算，不利墙段主要是指那些承载面积较大、竖向压应力较小或局部截面较小的墙段，一般不需对所有墙段进行验算。

10.5　配筋砌块砌体房屋的抗震验算

配筋砌块砌体抗震墙结构，无论是从砌体的抗压强度、抗剪强度、抗弯强度以及变形能力都比传统的砖砌体结构好得多，而且根据配筋砌块砌体墙片低周反复荷载试验以及模型房屋的振动台试验等一系列研究结果，配筋砌体抗震墙的力学性能与钢筋混凝土抗震墙类似，因此能够充分发挥配筋砌体结构优点的主要是在高层和小高层的住宅房屋中。计算表明，较高层房屋的动力分析中除了第一振型对房屋有主要影响之外，前几阶高振型的影响往往不能忽略，在有些情况下甚至会起决定作用，因此在计算中应考虑高阶振型的影响。另外，配筋砌体抗震墙在水平荷载作用下主要是弯曲变形，采用基底剪力法进行计算可能会带来较大的误差。目前在工程中通常采用振型分解法和有限元分析来进行配筋砌体房屋各墙片的内力计算，并有相应的结构计算软件可以迅速、方便地对配筋砌体房屋进行抗震计算和分析。有关结构的振型分解法计算和有限元分析比较烦琐复杂，而且在许多动力分析和结构计算的书籍中都有详细的介绍，此处不再赘述。

以下主要讨论按上述结构计算分析方法，在已经计算得到地震作用下各墙段的内力以后，如何来进行墙体的抗震计算。

一、抗震计算的有关规定

1. 抗震验算范围

在《建筑抗震设计规范》中，允许对于抗震设防烈度为 6 度的配筋混凝土小砌块房屋在满足表 10-10 和表 10-12 中的有关规定及其他结构布置要求时，可以不做抗震验算。但对高于 6 度抗震设防烈度的房屋，由于地震对房屋的作用比较大，因此仍应按有关规定调整地震作用效应，进行抗震验算。

2. 抗震墙剪力设计值调整系数

根据大量的实例计算分析,在配筋混凝土小砌块抗震墙房屋抗震设计计算中,抗震墙底部的荷载作用效应最大。由于钢筋混凝土抗震墙在水平荷载作用下弯曲破坏的变形要比剪切破坏的变形大得多,而且在弯矩作用下的塑性铰开展比较充分,属延性破坏,这对有效地耗散房屋所吸收的地震能量有利,因此应根据计算分析结果,对底部截面的组合剪力设计值采用剪力放大系数的形式进行调整,以使房屋的最不利截面得到加强,保证墙体的"强剪弱弯"。抗震墙底部加强部位是指高度不小于房屋总高度的 1/6 且不小于二层楼的高度,房屋总高度从室内地坪算起,但应保证 ±0.000 以下的墙体承载力不小于 ±0.000 以上的墙体承载力。抗震墙底部加强部位截面的组合剪力设计值按以下规定调整:

$$V = \eta_{vw} V_w \tag{10-37}$$

式中 V——抗震墙底部加强部位截面组合的剪力设计值;

V_w——抗震墙底部加强部位截面组合的剪力计算值;

η_{vw}——剪力增大系数。

规范根据房屋的抗震等级,规定了不同的剪力增大系数,以对应不同抗震等级房屋对抗震设计的不同要求。在我国《混凝土小型空心砌块建筑技术规程》JGJ/T 14—2011 中根据房屋的不同情况,将剪力增大系数做了进一步的细分,给出了多层配筋砌块砌体房屋抗震墙的剪力增大系数。另外考虑到短肢抗震墙的抗震性能相对不利,因此对短肢抗震墙的取值要求更高一些。具体取值如表 10-22 所示。

剪力墙大系数 η_{vw} 表 10-22

结 构 部 位	抗震等级			
	一	二	三	四
底部加强区抗震墙	1.6	1.4	1.2	1.0
其他部位抗震墙	1.0	1.0	1.0	1.0
多层房屋底部加强区的短肢抗震墙	1.7	1.5	1.3	1.1
多层房屋其他部位的短肢抗震墙	1.2	1.15	1.1	1.05

注:多层房屋是指总高度≤8m 且按规定要求布置的短肢抗震墙多层房屋。

3. 抗震墙截面组合的剪力设计值

理论计算分析和试验研究结果表明,当混凝土构件的截面上要承受较大的剪应力时,容易发生突然的脆性破坏,这是我们在结构设计中必须注意避免的。因此配筋混凝土小砌块抗震墙截面组合的剪力设计值应符合下式的要求,如不能满足,则应加大抗震墙截面尺寸,以保证抗震墙在地震作用下有较好的变形能力,不至于发生脆性的剪切破坏。

剪跨比 $\lambda > 2$ $V \leqslant \dfrac{1}{\gamma_{RE}}(0.2 f_g b_w h_w)$ (10-38)

剪跨比 $\lambda \leqslant 2$ $V \leqslant \dfrac{1}{\gamma_{RE}}(0.15 f_g b_w h_w)$ (10-39)

式中 f_g——灌芯小砌块砌体抗压强度设计值,可按公式(3-63)计算;

b_w——抗震墙截面宽度;

h_w——抗震墙截面高度;

γ_{RE}——承载力抗震调整系数,取 0.85;

剪跨比 λ 应按墙段截面组合的弯矩计算值 M^c、对应的截面组合剪力计算值 V^c 及墙截面有效高度 h_{w0} 确定，即

$$\lambda = \frac{M^c}{V^c h_{w0}} \tag{10-40}$$

在验算配筋混凝土小砌块抗震墙截面组合的剪力设计值时，如是底部加强部位应注意取用的是经剪力增大系数调整后的剪力设计值。

4. 连梁的计算

连梁是保证房屋整体性的重要构件，为了保证连梁与抗震墙节点处在弯曲屈服前不会出现剪切破坏，对跨高比大于 2.5 的连梁应采用受力性能较好的钢筋混凝土连梁，以确保连梁构件的"强剪弱弯"，其设计方法可参照《混凝土结构设计规范》的有关要求。

二、配筋砌体抗震墙截面的受剪承载力计算

配筋混凝土砌块墙片的抗剪性能是整个房屋建筑抗震性能的关键。

1. 影响配筋砌块砌体墙片抗剪承载力的主要因素

影响配筋砌块砌体墙片抗剪承载力的因素主要有以下几点：墙片的形状、尺寸；高宽比 λ；灌孔砌体的抗压强度；竖向荷载；水平钢筋和垂直钢筋的配筋率等。

(1) 墙片的形状、尺寸。墙片抗剪承载力受其尺寸大小的影响是显而易见的，在组成墙片的材料相同的情况下，墙片的尺寸越大其承载能力也越大。另外，在保证墙片腹板翼缘共同工作的前提下，在一定范围内增加墙片腹板的截面尺寸，能有效地提高墙片的抗剪承载能力。

(2) 墙片的高宽比 λ。不管是钢筋混凝土构件还是砌体构件，高宽比都是影响其抗剪性能的主要因素之一，对于配筋砌块砌体墙片，已有的试验研究也证明了墙片的高宽比 λ 对抗剪强度有很大的影响。提高墙片的高宽比 λ 即增加墙片的高度将会增加墙片所承受的弯矩，而墙片的抗剪强度在高宽比 λ 一定范围内变动时，随着高宽比的加大而逐渐减小。

(3) 砌体和灌孔混凝土的强度。配筋砌块砌体墙片的抗剪强度与灌孔砌体的抗压强度基本上呈正比关系，当砌体墙片抵抗水平荷载作用时，砌体本身的抗剪能力占整个墙片的抗剪能力的很大一部分。因此当应用强度较高的砌体和灌孔混凝土砌筑墙片时，其抗剪承载能力也会相应地有较大的增加。

(4) 垂直荷载。当墙片承受水平荷载作用时，如果有适当垂直荷载的共同作用，则在墙片内的主拉应力轨迹线与水平轴的夹角变大，斜向主拉应力值降低，从而可以推迟斜裂缝的出现。垂直荷载的存在也使得斜裂缝之间的骨料咬合力增加，使斜裂缝出现后开展比较缓慢，从而提高墙片的抗剪能力。垂直荷载对墙片的抗剪能力有很大的影响，但并不是始终随着垂直荷载的增加而增加，当墙片的轴压比 $\frac{N}{f_m bh} \approx 0.3 \sim 0.5$ 时，垂直荷载对墙片的抗剪强度影响最大，当轴压比超过此值时，墙片的破坏形态由剪切破坏转化为斜压破坏，反而使得墙片的抗剪承载能力下降。

(5) 水平钢筋的配筋率。由于墙片开裂以后，配筋砌块砌体墙片的抗剪能力将大大削弱，而穿过斜裂缝的水平钢筋直接参与受拉，由墙片开裂面的骨料咬合及水平钢筋共同承担剪力，因此，水平钢筋的配筋率是影响墙片抗剪能力的主要因素之一。

(6) 垂直钢筋的配筋率。许多研究成果认为，配置于墙片中的垂直钢筋可以有效地提

高其抗剪能力，也有许多试验研究表明，垂直钢筋对墙片抗剪的贡献主要是由于销栓作用以及墙片在配置一定数量的钢筋以后对原素墙片受力性能的改良，其有利作用实际上已计入在砌体的抗剪强度这一部分中。由于配筋对改善素墙片受力性能的影响是多方面的，垂直钢筋提高墙片抗剪强度的机理是比较复杂的，因此就目前而言，将垂直钢筋的有利影响一并在砌体抗剪强度一项中统一考虑的方法是比较可行的。

2. 配筋砌体抗震墙截面的受剪承载力计算

根据上述对影响配筋砌体抗震墙截面受剪承载力诸因素的研究、分析，《建筑抗震设计规范》规定配筋砌体抗震墙截面受剪承载力计算应符合下列公式：

$$V \leqslant \frac{1}{\gamma_{RE}} \left[\frac{1}{\lambda - 0.5} (0.48 f_{gv} b_w h_{w0} + 0.1N) + 0.72 f_{yh} \frac{A_{sh}}{s} h_{w0} \right] \qquad (10\text{-}41)$$

$$0.5V \leqslant \frac{1}{\gamma_{RE}} \left(0.72 f_{yh} \frac{A_{sh}}{s} h_{w0} \right) \qquad (10\text{-}42)$$

式中　λ——计算截面处的剪跨比，$\lambda = M/V h_w$，小于 1.5 时取 1.5，大于 2.2 时取 2.2；

　　N——抗震墙轴向压力设计值，取值不应大于 $0.2 f_g b_w h_w$；

　　A_{sh}——同一截面的水平钢筋截面面积；

　　s——水平分布钢筋间距；

　　f_{gv}——是灌孔小砌块砌体的抗剪强度设计值，按公式（3-65）计算；

　　f_{yh}——水平分布钢筋抗拉强度设计值；

　　b_w、h_w——墙体截面厚度、截面高度；

　　h_{w0}——抗震墙截面有效高度；

　　γ_{RE}——承载力抗震调整系数，取 0.85。

需要说明的是，公式（10-42）是为了保证配筋混凝土小砌块抗震墙具有良好的受力性能和延性，特别是在墙体开裂以后仍具有一定的承载能力，而规定了水平分布钢筋所承担的剪力不应小于截面组合的剪力设计值的一半，实际上是根据剪力设计值的大小，规定了水平分布钢筋的最小配筋率。

三、配筋砌体抗震墙截面的压弯承载力

1. 影响配筋砌体抗震墙截面的压弯承载力的因素

影响配筋砌块砌体墙片压弯承载能力的主要因素有墙片的尺寸和形状、垂直钢筋的配筋率、垂直压力的大小及位置以及灌孔砌体的抗压强度等，其中墙片的尺寸和形状和灌孔砌体的抗压强度对墙体承载能力的影响在前面已有论述，这里主要讨论垂直钢筋的配筋率、垂直压力的大小及位置的影响。

（1）垂直荷载及其作用位置。根据墙片内力分析结果，作用在墙片上的轴力和弯矩可以看作是在一个偏心距上作用有一个垂直荷载。墙片在大偏心受压的情况下，随着垂直荷载的增加，墙片中增加的压应力抵消了部分由于弯矩作用所产生的拉应力，所以墙片的抗弯承载能力也相应地增加，而在小偏心受压的情况下，垂直荷载作用在墙片中产生的压应力与弯矩作用在墙片中产生的压应力相叠加，增加了墙片受压区的应力值，因此会降低墙片的抗弯承载能力，这和混凝土压弯构件类似。

（2）垂直钢筋的配筋率。当配筋砌块砌体墙片出现受拉裂缝以后，拉区灌孔混凝土退出工作，而由拉区的钢筋承担拉力，与灌孔混凝土受压区的合力组成抵抗矩来抵抗外弯

矩，因此垂直钢筋的数量多少是影响墙片抗弯能力的主要因素之一，墙片的抗弯承载力与垂直钢筋的配筋率成正比，随着垂直钢筋配筋率的增大而增大。

(3) 垂直钢筋的分布形式。按照弹性理论及平截面假定，当作用于墙片上的垂直荷载和垂直钢筋的配筋率相同时，在墙片两端集中配筋可以有效地提高抗弯能力，但是由于在实际工程中均匀配筋不仅有利于施工，也有利于改善墙片的抗剪性能和变形能力，所以一般采用均匀配筋的形式，而在墙片的端部加强配筋。

2. 配筋砌体抗震墙截面的压弯承载力计算

(1)《砌体结构设计规范》计算方法

根据国内外对配筋砌体压弯承载能力的试验研究及分析，配筋砌体抗震剪力墙在水平荷载和垂直荷载共同作用下的受弯破坏特征和钢筋混凝土剪力墙相似，主要是由灌孔砌体承受压力，而由墙内的垂直钢筋承受拉力，从而形成截面的抗力和抵抗矩来平衡外荷载。因此配筋砌体抗震墙在垂直荷载和弯矩作用下，随着截面受压区的高度不同，截面内竖向钢筋的受力情况也不同，在一定范围内会影响到截面的破坏形态。因此在进行配筋砌体抗震墙的压弯承载力计算时，就应区分墙体是属大偏心受压还是小偏心受压。

为了保证抗震墙在地震荷载作用下具有一定的承载能力和变形能力，应当对配筋砌块砌体墙片的轴压比进行适当的控制，以防止抗震墙发生脆性破坏。因此在进行压弯承载力计算时，首先应该验算配筋砌体抗震墙在重力荷载代表值作用下的轴压比，满足表 10-23 的轴压比限值要求，如不能满足，应增加墙片的截面积。

配筋砌块砌体抗震墙轴压比限值　　　　　　表 10-23

抗震等级	一级（9度）	一级（7、8度）	二、三级
抗震墙 （底部加强部位）	≤0.4	≤0.5	≤0.6
抗震墙 （一般部位）	≤0.6	≤0.6	≤0.6
短肢抗震墙全部部位 （有翼缘）	—	≤0.5	≤0.6
短肢抗震墙全部部位 （无翼缘）	—	≤0.4	≤0.5
小墙肢抗震墙全部部位 （有翼缘）	—	≤0.4	≤0.5
小墙肢抗震墙全部部位 （无翼缘）	—	≤0.3	≤0.4

注：抗震墙的墙体长度与厚度之比应大于8，小于等于8而大于5为短肢抗震墙，小于等于5而大于3为小墙肢抗震墙。

按《砌体结构设计规范》GB 50003—2011，配筋砌块砌体抗震墙的压弯承载力计算符合下列假定：

1) 墙体截面在受力之前是个平面，在荷载作用下该截面仍保持是个平面，即墙片截面变形符合平截面假定，截面上任一点的应变是其离墙片中和轴距离的函数；

2) 不考虑配筋砌体中钢筋的粘结滑移效应，即认为抗震墙在荷载作用下钢筋与毗邻灌孔砌体的应变相同；

3) 芯砌体的抗拉强度要远小于其抗压强度，计算时灌孔砌体的抗拉强度可以忽略不计；

4) 配筋砌体受压的应力应变关系如下：

$$\varepsilon_{gc} \leqslant \varepsilon_{g0} \text{ 时,} \qquad \sigma_{gc} = f_{gc}\left[1 - \left(1 - \frac{\varepsilon_{gc}}{\varepsilon_{g0}}\right)^2\right] \tag{10-43}$$

$$\varepsilon_{g0} \leqslant \varepsilon_{gc} \leqslant \varepsilon_{gcu} \text{ 时,} \qquad \sigma_{gc} = f_{gc} \tag{10-44}$$

式中 ε_{g0}——最大应力时灌芯砌体的压应变；

ε_{gcu}——灌芯砌体的极限压应变，对于压弯构件取 $\varepsilon_{gcu} = 0.003$；

f_{gc}——灌孔砌体的抗压强度。

5) 配筋砌体墙片内受拉钢筋的极限拉应变不大于0.01，当计算的钢筋拉应变大于0.01时即认为墙片的受压区过小，弯曲曲率过大，截面实际已经破坏。

6) 按极限状态设计时，受压区灌芯砌体的应力图形可简化为等效的矩形应力图，其高度 X 可取等于按平截面假定所确定的中和轴受压区高度 x_c 乘以0.8，矩形应力图的应力取为配筋砌体抗压强度设计值 f_g。

根据平截面假定，当墙片截面上的受拉钢筋刚好达到屈服和受压区灌芯砌体同时达到极限压应变时，截面处于大、小偏压的界限破坏状态，此时将受压区应力图形简化成矩形应力图的受压区相对高度的 ξ_b 可按下式计算：

$$\xi_b = \frac{0.8}{1 + \dfrac{f_y}{0.003E_s}} \tag{10-45}$$

式中 ξ_b——相对受压区高度；

f_y——钢筋设计强度；

E_s——钢筋弹性模量。

当 $x \leqslant \xi_b h_0$ 时，为大偏心受压。为简化计算，规范公式认为此时墙片的受压区加强端的钢筋均已达到受压屈服，受拉区加强端的钢筋也已达到受拉屈服，而且假定墙片内的分布钢筋均为受拉并已达到屈服，因此矩形墙体截面的大偏心受压承载力按下式计算：

$$\Sigma N = 0, \qquad N \leqslant \frac{1}{\gamma_{RE}}(f_g bx + f'_y A'_s - f_y A_s - \Sigma f_{si} A_{si}) \tag{10-46}$$

$$\Sigma M = 0, \quad Ne_N \leqslant \frac{1}{\gamma_{RE}}\left[f_g bx\left(h_0 - \frac{x}{2}\right) + f'_y A'_s(h_0 - a_s) - \Sigma f_{si} S_{si}\right] \tag{10-47}$$

式中 N——作用于墙体上的轴向力设计值；

f_y、f'_y——墙体中受拉、受压主筋的强度设计值；

f_{si}——墙体中竖向分布钢筋的抗拉强度设计值；

A_s、A'_s——端部加强区竖向受拉、受压主筋的截面面积；

A_{si}——单根竖向分布钢筋的截面面积；

S_{si}——第 i 根竖向分布钢筋对端部加强区受拉主筋合力点的面积矩；

x——在压弯荷载作用下墙体的受压区高度；

h_0——墙体截面的有效高度，$h_0 = h - a_s$；

a_s——墙体受拉区端部的加强区受拉钢筋合力点到最近端部外边缘的距离；

e_N——轴向力作用点到加强区受拉主筋合力点的距离，$e_N = e + e_a + \left(\dfrac{h}{2} - a_s\right)$；

e_a——附加偏心距，$e_a = \dfrac{\beta^2 h}{2200}(1 - 0.022\beta)$；

β——墙体的高厚比，按本书有关章节的规定计算。

当受压区高度 $x < 2a'_s$ 时，可按下式简化计算：

$$Ne'_N = \frac{1}{\gamma_{RE}}\left[f_y A_s (h_0 - a'_s)\right] \tag{10-48}$$

式中　a'_s——墙体受压端部加强区受压钢筋合力点到最近端部外边缘的距离；

e'_N——轴向力作用点到加强区受压主筋合力点的距离，$e_N = e + e_a - \left(\dfrac{h}{2} - a'_s\right)$。

当 $x > \xi_b h_0$ 时，为小偏心受压。当矩形截面墙片小偏心受压破坏时，截面上砌体的压应力图形与荷载作用位置以及配筋情况有关。荷载偏心距 e 较大时，墙片截面上会有小部分截面受拉，而大部分受压，破坏时压区边缘的灌芯砌体达到极限压应变，受压区的端部加强区钢筋基本上达到屈服强度，但受拉区的端部加强区钢筋一般没有达到屈服；当荷载偏心距 e 较小时，截面大部分受压或基本上全截面受压，在受压力大的一侧的钢筋能够达到屈服，而受压力小的一侧的钢筋不一定达到屈服，因此离受力作用点远端的加强区钢筋的应力大小与该点的应变有关。而且在小偏心受压计算中认为墙体中的竖向分布钢筋对承载力的贡献较小，可以忽略不计，因此矩形墙体截面的小偏心受压承载力可按下式计算：

$$\Sigma N = 0, \qquad N \leqslant \frac{1}{\gamma_{RE}}(f_g b x + f'_y A'_s - \sigma_s A_s) \tag{10-49}$$

$$\Sigma M = 0, \qquad Ne_N \leqslant \frac{1}{\gamma_{RE}}\left[f_g b x \left(h_0 - \frac{x}{2}\right) + f'_y A'_s (h_0 - a'_s)\right] \tag{10-50}$$

式中 σ_s 按公式（6-52）计算。

对于小偏心受压的矩形截面、对称配筋的墙片，也可近似地按下式来计算端部加强区钢筋的截面面积：

$$A_s = A'_s = \frac{\gamma_{RE} Ne_N - \xi(1 - 0.5\xi) f_g b h_0^2}{f'_y (h_0 - a'_s)} \tag{10-51}$$

此处相对受压区高度 ξ 按以下公式计算：

$$\xi = \frac{\gamma_{RE} N - \xi_b f_g b h_0}{\dfrac{\gamma_{RE} Ne - 0.43 f_g b h_0^2}{(0.8 - \xi_b)(h_0 - a'_s)} + f_g b h_0} + \xi_b \tag{10-52}$$

对于 T 形和 L 形截面的偏心受压墙片，规范规定可以考虑翼缘的共同工作，按表

10-24中的最小值作为翼缘的计算宽度。在计算中应分别考虑受压区在翼缘和在腹板两种情况。

T形、L形截面偏心受压构件翼缘计算宽度 b'_f 表 10-24

考 虑 情 况	T形截面	L形截面
按构件计算高度 H_0 考虑	$H_0/3$	$H_0/6$
按腹板间距 L 考虑	L	$L/2$
按翼缘厚度 h'_f 考虑	$b+12h'_f$	$b+6h'_f$
按翼缘的实际宽度 b'_f 考虑	b'_f	b'_f

除上述计算之外，还应满足按轴心受压砌体来验算墙体的出平面抗压强度。

（2）实用精确计算方法

上述的规范计算公式相对比较简单，适合于手算。但是，由于一般墙体的截面高度都比较大，受压区的高度可能比较小，也可能比较大，而且由于混凝土小砌块配筋砌体的端部加强区一般有三个孔，加强区钢筋的合力点至墙端外边缘的距离大约有 300mm 左右，因此在大偏压时认为墙片受压端部加强区内的钢筋全部达到抗压屈服强度，墙体内的分布钢筋全部达到受拉屈服强度，显然就有些不太合理。在有些情况下，甚至会导致较大的计算误差。另外在小偏压砌体的计算中，由于离轴向力作用点远端加强区内的钢筋一般不会全部达到受压屈服，因此在实际计算中，要确定该部分钢筋合力点的位置作为计算弯矩的起矩点，还是比较困难的。

下面介绍一种相对比较精确的实用计算方法。

一般情况下，当墙体大偏心受压时，受拉区的钢筋（端部加强区）应该都能达到屈服，但受压区的钢筋（端部加强区）不一定都会达到屈服，墙体内的分布钢筋也不一定都达到受拉屈服或受压屈服。根据平截面假定，墙片上的任一根钢筋的应变均可根据变形协调的相似关系计算得到，而钢筋的应力及性质由该处钢筋应变确定。如钢筋应变大于屈服应变，则钢筋应力即为屈服应力。根据截面内力平衡条件可以计算得到配筋砌块砌体抗震墙受压区截面高度 x_c，从而确定折算矩形应力图形的受压区高度 $x=0.8x_c$。当配筋砌体墙片的受压区折算高度 $x \leqslant \xi_b h_{w0}$ 时为大偏心受压，而当 $x > \xi_b h_{w0}$ 时为小偏心受压墙片。

因此，配筋砌块砌体抗震墙大偏心受压的压弯承载力计算公式可以表达为：

$$N \leqslant f_{gm}b_w x + \Sigma f'_{yi}A'_{si} - \Sigma f_{yj}A_{sj} - \Sigma \sigma_k A_{sk} \tag{10-53}$$

$$Ne \leqslant f_{gm}b_w x\left(h_{w0} - \frac{x}{2}\right) + \Sigma f'_{yi}S_{si} + \Sigma \sigma_k S_{sk} \tag{10-54}$$

式中　　f'_{yi}、f_{yi}——第 i 根和第 j 根分布钢筋的抗拉强度；

　　　　A_{si}、A_{sj}——第 i 根和第 j 根分布钢筋的截面积；

　　　　S_{si}、S_{sk}——第 i 根和第 k 根分布钢筋对受拉钢筋合力点的面积矩；

　　　　　　σ_k——第 k 根钢筋的应力，压为正，拉为负；

　　　　　　e——轴向力作用点到受拉钢筋合力点之间的距离；

　　　　　　a_s——墙体端部加强区（节点芯柱）受拉钢筋合力点到最近边缘的距离，一

般取 $a_s = 1.5b$；当 $4 \leqslant h/b < 6$ 时，可取 $a_s = b$；

a_s'——墙体另一端部加强区（节点芯柱）受压钢筋合力点到最近边缘的距离，一般墙体采用对称配筋，因此可取 $a_s' = a_s$。

由于一般墙片的截面高度都比较大，在极限荷载状态下，离中和轴距离稍远的纵向钢筋都能达到屈服，或者即使没有达到屈服但对截面抵抗外荷载（外弯矩）仍有较大的贡献。因此在上述的基本假定以及计算公式中，不仅考虑了端部加强区纵向钢筋的作用，而且还根据平截面假定考虑了墙片内分布钢筋的作用。

如上所述，由于墙片内分布钢筋的应变和中和轴的位置有关，利用公式（10-53）和公式（10-54）无法直接求解，因此在具体计算配筋砌块砌体墙片的压弯承载能力时，可采用试算法，即先假定纵向钢筋的直径和间距以及受压区高度，然后按平截面假定来计算截面的内力，通过不断修正受压区高度及调整纵向钢筋的直径和间距使作用的荷载与内力达到平衡，这在计算机已非常普遍的今天，可以很方便地实现。首先先建立墙片的压弯承载力的计算简图如图 10-28 所示，计算方法可按下列步骤进行：

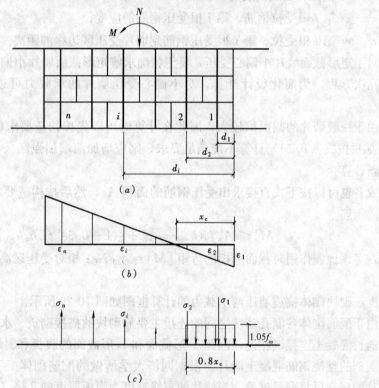

图 10-28 墙片压弯承载力计算简图
(a) 墙片立面；(b) 截面应变分布；(c) 截面应力分布

1）假定受压区高度 x_c。

2）根据平截面假定计算每根钢筋应变 ε_{si}。如钢筋应变大于屈服应变 $\varepsilon_y = 0.001675$（HRB335 钢筋），取钢筋应力 $\sigma_{si} = E_s \varepsilon_{si} = f_y$。其中 E_s、f_y 为钢筋的弹性模量、抗拉屈服强度。

3）计算受拉钢筋承担的力的总和：

$$N_t = A_s E_s \sum_{i=1}^{n} \varepsilon_{si} \tag{10-55}$$

计算受压区钢筋和砌块砌体承担的力的总和：

$$N_c = 0.8 x_c b_w f_{gm} + A_s' E_s \sum_{j=1}^{m} \varepsilon_{sj}' \tag{10-56}$$

4）逐步调整 x_c 使 $N_c - N_t = N$。 (10-57)

5）根据求出的受压区高度 x_c 确定截面折算受压区高度 $x = 0.8 x_c$。

6）计算砌体受压区和各部分钢筋对中和轴力矩，即可得到在外荷载作用时截面能承担的弯矩设计值：

$$M = b_w f_{gm} x \left(x_c - \frac{x}{2} \right) + A_s' E_s \sum_{j=1}^{m} \varepsilon_{sj}' (x_c - d_j') + A_s E_s \sum_{i=1}^{n} \varepsilon_{si} (d_i - x_c) \tag{10-58}$$

式（10-55）～式（10-58）中：

A_s、A_s'——受拉、受压钢筋的面积；

ε_{si}、ε_{sj}'——第 i 根受拉钢筋、第 j 根受压钢筋的应变；

d_i、d_j'——第 i 根受拉、第 j 根受压钢筋到墙片受压区边缘的距离。

对于矩形截面墙片小偏心受压，要想精确求解矩形截面墙片小偏心受压的承载力需要解析高次方程。为简化设计计算，对小偏心受压墙片的承载力可近似按以下方法进行验算。

由于一般墙片的截面积较大，因此在计算时可以先按构造要求假定受压钢筋的面积 A_s'，如果按式（10-51）计算不能满足要求，则应增加两端加强区（节点芯柱）钢筋的面积重新计算。

或者也可以按下式直接求出受压钢筋的面积 A_s'，然后按构造要求布置墙片加强区内的纵向钢筋。

$$[M] \leqslant A_s' f_y (h_{w0} - a_s') + \xi (1 - 0.5\xi) f_{gm} b_w h_{w0} \tag{10-59}$$

式中：考虑地震作用时截面承担的弯矩 $[M] = \gamma_{RE} Ne$；相对受压区高度 ξ 按公式（10-52）计算。

配筋砌块砌体抗震墙压弯承载力的计算框图如图 10-29 所示。

由于配筋砌块砌体各灌孔芯柱之间的连接主要靠砌块的搭接砌筑、水平钢筋和砌块水平槽内的通长混凝土连接键相连，因此 T 形截面和 L 形截面的腹板和翼缘之间的连接要明显弱于类似的整浇钢筋混凝土墙片。根据同济大学所做的配筋砌体工字形截面和 Z 字形截面墙片的压弯反复荷载试验，当墙片的翼缘宽度为腹板厚度的 3 倍（工字形截面）和 2 倍（Z 字形截面）时，在垂直荷载和水平反复荷载作用下，虽然翼缘部分的钢筋仍能达到屈服，但在接近破坏时，翼缘和腹板的连接处会突然产生垂直通缝，翼缘和腹板的共同工作明显减弱。因此砌体设计规范的有关规定参照混凝土设计规范，可能高估了配筋砌体翼缘和腹板的共同工作作用，从而使按规范设计的实际构件处于不安全状态。根据上述的试验结果和分析，在设计计算时，除非有可靠试验结果支持，否则对于配筋砌体的 T 形截面和 L 形截面的翼缘计算宽度取值应慎重。但在我国有关计算抗震墙承载能力的软件中，往往采用简化计算方法，即不考虑翼缘的有利作用，使计算结果偏于安全。

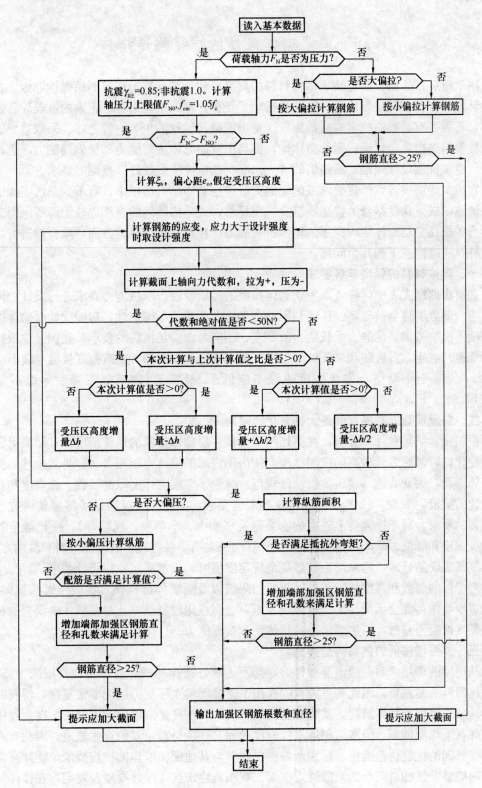

图 10-29　偏心受压承载力计算框图

10.6　多层砌体房屋的抗震构造措施

由于地震发生的不确定性、结构材料的离散性和抗震计算的相对不精确性，因此在房屋设计时要有合理的抗震概念，这就包括除了要有合理的结构布置、正确的抗震计算方法之外，还需要有必要的抗震构造措施，这是房屋抗震设计的主要内容之一。采取适当、合理的抗震构造措施，保证房屋的整体性，提高房屋的总体抗震能力和抗倒塌能力，也符合我国《建筑抗震设计规范》所提倡的"三水准、二阶段抗震设计"准则的要求。

在历次地震中遭到严重破坏或倒塌的大量多层砌体结构房屋中，有不少是由于构造上存在缺陷，或是构件本身的构造不符合抗震要求，或是构件间的连接比较脆弱等原因造成的。为了提高多层砌体结构房屋的整体抗震能力，在抗震构造措施方面，除合理进行结构布置外，还应注意下列几个问题。

一、砌体材料的强度等级要求

在历次地震灾害中，都可以发现砌体房屋的砖墙即使按承载能力要求进行设计，但仍有相当一部分墙体会被剪坏、压碎。因此由于地震荷载的不确定性，房屋设计时砌体的材料强度不仅应考虑满足静力承载能力的要求，还应考虑满足抗震的要求。我国《建筑抗震设计规范》规定，普通砖和多孔砖的强度等级不应低于 MU10，砌筑砂浆强度等级不应低于 M5；混凝土小型空心砌块强度等级不应低于 MU7.5，砌筑砂浆强度等级不应低于 Mb7.5。

二、房屋层数、总高度和最大高宽比的限制

根据试验结果和计算分析，按剪切模型计算多层砌体房屋的地震反应，其结果对房屋层数变化比较敏感，且较高的房屋高度会使房屋底部的整体弯矩较大，容易发生弯曲破坏或整体倾覆，因此我国《建筑抗震设计规范》规定了多层砌体房屋的层数、总高度和最大高宽比的限值，如表 10-2 所示。满足这些限值要求，实际上也就满足了房屋整体抗弯和抗倾覆的要求。对于抗震要求较高的乙类建筑（如中、小学校，医院等），应比规定的限制减少一层和降低 3m。大量工程实践的计算结果表明，根据现有的砌体材料和结构方式，在 8 度抗震设防地区，房屋层数超过规范规定限值时，很难满足抗震设计要求。

当房屋的层数和高度接近或达到规范的限值以及当墙体部位搁置混凝土梁和挑梁时，在地震中墙体可能会承受较大的荷载或弯矩，受力也比较复杂，此时在墙体中设置的构造柱宜伸入混凝土基础，以加强房屋的整体性和抗震能力。

三、加强楼梯间的抗震构造措施

从房屋的楼层来看，楼面至楼梯间局部不连续，楼梯间的休息平台在楼层的半高处，楼梯梯段板又是斜板，因此在地震荷载作用下楼梯间的实际受力情况非常复杂，现有的结构设计软件也很难计算清楚。震害经验表明，楼梯间往往是房屋的薄弱部位，在地震中容易破坏甚至局部倒塌，但多层砌体房屋的楼梯间又往往是最重要的逃生通道，因此有必要加强楼梯间的抗震构造措施，区别对待楼梯间其与其他部位墙体的抗震要求，使其在地震发生时能够发挥相对安全的疏散通道作用。我国《建筑抗震设计规范》规定，在楼梯间的四角以及楼梯斜梯段上下对应处等受力复杂、荷载又相对较大部位设置构造柱，而且在休息平台或楼层半高处还应设置现浇钢筋混凝土配筋带以及在墙体中设置通长拉结钢筋网片

等，从构造上来提高楼梯间的抗震性能。

四、底部框架-抗震墙房屋的抗震要求

底部是框架-抗震墙的多层砌体房屋属比较典型的上刚下柔房屋，如果上部房屋的侧向刚度与下部框架-抗震墙的刚度之比过大，则在地震荷载作用下底部会形成薄弱层。产生变形集中而导致垮塌。近年来的有关试验研究还表明，如果底部框架-抗震墙的侧向刚度要大于上部砌体房屋的刚度，则会放大上部砌体房屋的地震作用，同样也对抗震不利。因此我国《建筑抗震设计规范》规定，底部仅有一层框架-抗震墙时，在纵横两个方向第二层计入构造柱影响的侧向刚度与底层侧向刚度之比：6、7 度时不应大于 2.5，8 度时不应大于 2.0，且均不应小于 1.0；底部有二层框架-抗震墙时，底部一层和二层的侧向刚度应接近，第三层计入构造柱影响的侧向刚度与底层侧向刚度之比：6、7 度时不应大于 2.0，8 度时不应大于 1.5，且均不应小于 1.0。

砌体抗震墙相对钢筋混凝土抗震墙，其强度和变形能力要差一些，因此《建筑抗震设计规范》还规定 6 度区的底层可以采用砖砌体和砌块砌体抗震墙，但砌体抗震墙中的构造柱、混凝土配筋带、拉结钢筋网片等抗震构造措施必须按要求予以加强，而且在施工时应先砌墙后浇框架，以确保砌体抗震墙能有效发挥作用；7 度时可采用配筋混凝土小型空心砌块砌体抗震墙，与混凝土抗震墙相比，配筋砌块砌体抗震墙的抗侧承载能力、抗侧刚度要低一些，但有更好的变形能力；8 度时必须采用钢筋混凝土抗震墙。

底部框架-抗震墙至上部砌体房屋的首层称之为过渡层，由于底部结构和上部结构的材料不同，结构形式不同，抗侧刚度又有较大差别，需要过渡层来传递荷载和协调两者之间的位移变形，其结构内力一般较大。因此《建筑抗震设计规范》规定，过渡层的抗震构造措施也应按要求进行加强。

五、房屋开间的尺寸不宜过大并控制墙面开洞率

如前所述，多层砌体结构房屋抗震性能差的原因之一是房屋的整体性差。为了加强墙体的强度、刚度和稳定性，除了房屋的房间尺寸不宜过大，还要适当控制墙面开洞率。由于地震时沿房屋纵向的地面运动，常导致纵墙薄弱部分——窗间墙开裂（少数情况下，裂缝发生在窗下墙部位）。随着地震烈度的增高，地震作用将成倍的增长，窗间墙的破坏程度也会更重。为了将裂缝控制在不需要修理或稍加修理后房屋即可使用的限度之内，按地震烈度控制墙面的开洞率是必要的。一般来说，一片墙面的水平截面开洞率，7、8、9 度区最好分别不超过 0.60、0.45 和 0.30。此外，开洞位置不应在墙的尽端，且不应影响纵横墙的整体连接。

六、加强墙体间的连接

施工时纵横墙在交接处应同时咬槎砌筑，否则应留坡槎，且坡槎的坡度不得大于 60°，而不应留直槎与马牙槎。当设防烈度为 7 度，且层高超过 3.6m 或长度大于 7.2m 的大房间以及 8 度和 9 度时房屋四角及内外墙交接处等部位未设构造柱时，均应沿墙高每隔 500mm（砌块砌体墙时为 600mm）配置拉结钢筋网片，且每边伸入墙内不应小于 1m（图 10-30），拉结钢筋网片由 $2\phi6$ 纵筋与 $\phi4$ 分布短筋平面内点焊而成，或是 $\phi4$ 点焊钢筋网片。当房屋的高度和层数达到或接近《建筑抗震设计规范》规定的限值或在高烈度区时，应对房屋内力比较大的底部墙体甚至全部楼层加强拉结连接。在 6、7 度时，底部 1/3 楼层；8 度时，底部 1/2 楼层；9 度时全部楼层的水平拉结钢筋网片还应沿墙体全长设置。

后砌的非承重墙应沿墙高每隔500mm配置拉结钢筋网片与承重墙或柱拉结，每边伸入墙体内不应小于500mm；当设防烈度为8度和9度时，长度大于5.1m的后砌非承重墙的墙顶尚应与楼板或梁相拉结。

此外，为了加强山墙及墙角处的抗震性能，高度在窗口上下截面处的外墙转角拉结钢筋网片宜伸过第一开间的横墙，并沿山墙拉通。

房屋顶层为坡屋面时，宜在顶层内纵横墙交接处砌筑踏步式墙垛，顶层构造柱应延伸至三角形墙顶并与爬山圈梁相连，以加强纵横墙的拉结和稳定。

七、加强楼（屋）盖的整体性与刚度

为了加强装配式楼（屋）盖整体性和刚度，预制楼（屋）盖板端部宜留有锚固钢筋，并使其与其他构件拉结（图10-31）。为了保证质量，板缝不宜小于400mm，房屋端部大房间的楼板，以及在设计烈度为8度或9度时，房屋屋盖应加强钢筋混凝土预制板相互间及板与梁、墙或圈梁的拉结（10-32）。

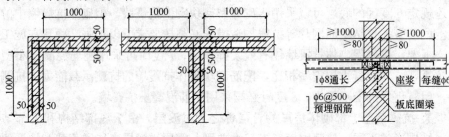

图 10-30　砌体墙转角钢筋网片拉结　　　　图 10-31　预制板板端连接

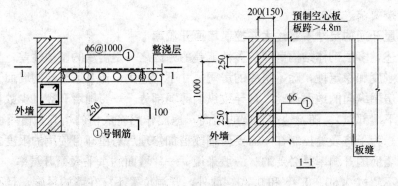

图 10-32　预制板与外墙的拉结

八、加强墙体与楼板间的连接

楼（屋）盖板与墙体间的牢靠连接，是加强楼（屋）盖的刚度和加强房屋空间作用的重要措施，因为各层的地震剪力需要通过楼（屋）盖与墙体的连接传递至下层墙体。在一般情况下，地震剪力是靠楼（屋）盖板和上层重力所产生的摩擦力以及楼（屋）盖下砂浆垫层的粘结力来传递的。因此，预制板搁置处应座浆，而不应干摆，以增强相互之间的粘结。同时，预制板端的预留锚固钢筋应与现浇钢筋混凝土圈梁整浇锚固（图10-33）。

对于现浇钢筋混凝土楼（屋）盖板，其板端伸进纵、横墙内的长度均不宜小于120mm。当现浇楼板下不设圈梁时，但板宜伸进墙全厚，且板沿墙周边均应加强配筋并应与相应的构造柱钢筋可靠连接。对于装配式钢筋混凝土楼板或屋面板，当圈梁未设在板

的同一标高时，板端在外墙上的搁置长度不应小于 120mm，且不应小于墙厚减 120mm，否则应增加板与外墙的锚拉措施。预制板在内墙上的搁置长度不应小于 100mm，在梁上不应小于 80mm，当板的跨度大于 4.8m，并与外墙平行时，靠外墙的预制板的侧边应与圈梁拉结（图 10-34）。每块板用 2Φ6 与墙拉结，其位置在板长 1/3 处。

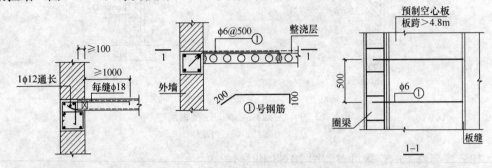

图 10-33　板端与圈梁的拉结　　　　图 10-34　预制板侧边与墙（圈梁）拉结

九、注意钢筋混凝土构造柱和芯柱与墙体和圈梁的连接

钢筋混凝土构造柱与墙体连接处宜砌成马牙槎结合（图 10-35），并应沿墙高每隔 500mm 设 2Φ6 拉结钢筋网片，每边伸入墙内不应小于 1m 或沿墙通长设置。几种情况下墙柱之间连接钢筋的配置示于图 10-36 和图 10-37。

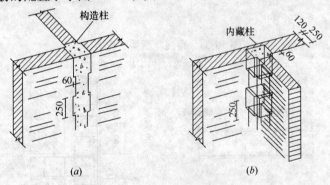

图 10-35　构造柱与墙体的结合

（a）构造柱与墙体的马牙槎结合；（b）内藏柱的结合面

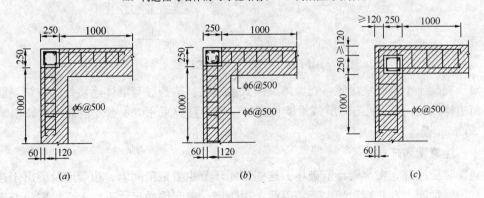

图 10-36　角柱与墙的连接钢筋

（a）先立柱筋后砌墙；（b）先砌墙后立柱筋；（c）内藏角柱

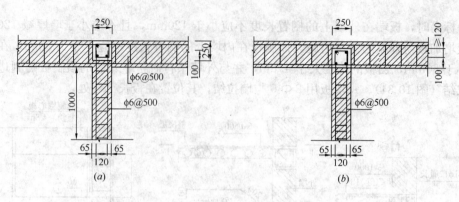

图 10-37　边柱与墙的连接钢筋

(a) 外露柱；(b) 内藏柱

构造柱与圈梁的连接可参阅图 10-38 和图 10-39。

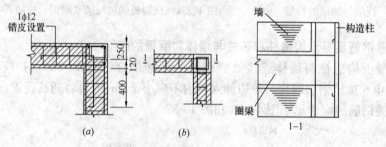

图 10-38　角柱与圈梁的连接

(a) 370mm 墙；(b) 240mm 墙

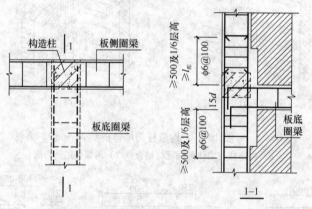

图 10-39　圈梁与边柱的连接

对于混凝土小型砌块房屋，在墙体交接处或芯柱、构造柱与墙体连接处的拉结钢筋网片，每边伸入墙内不宜小于 1m 或沿墙长通长设置，且应采用Φ 4 点焊钢筋网片，沿墙高每隔 600mm 设置。

十、注意薄弱环节

地震时房屋首先在薄弱环节破坏。这些薄弱环节主要是窗间墙、边端墙及突出于建筑物顶部的屋顶间、女儿墙和烟囱等。因此，边端墙、窗间墙的尺寸不宜太小，窗间墙尺寸均应一致。我国《建筑抗震设计规范》对房屋的局部尺寸的限值作了规定，如表 10-25 所示。当房屋局部尺寸不满足限值时，应采取增设构造柱和水平拉结钢筋网片的措施予以加强，但房屋局部尺寸仍不能小于规定限值的80%。

房屋的局部尺寸限值（m）　　　　　　　　　　　　　　　表 10-25

局部墙垛部位	设 防 烈 度			
	6度	7度	8度	9度
承重窗间墙最小宽度	1.0	1.0	1.2	1.5
承重外墙尽端至门窗洞边的最小距离	1.0	1.0	1.2	1.5
非承重外墙尽端至门窗洞边的最小距离	1.0	1.0	1.0	1.0
内墙阳角至门窗洞边的最小距离	1.0	1.0	1.5	2.0
无锚固女儿墙（非出入口处）的最大高度	0.5	0.5	0.5	0.0

注：1. 局部尺寸不足时应采取局部加强措施弥补，且最小宽度不宜小于1/4层高和表列数据的80%；
　　2. 出入口处的女儿墙应有锚固。

当在房屋的墙体内设置烟道、风道和垃圾道等时，不应削弱墙体，否则应采取措施予以加强。不宜采用无竖向配筋的附墙烟囱及出屋面的小烟囱。

十一、注意施工质量，提高墙体抗震性能

注意墙体的砌筑质量，砂浆应有较好的和易性和保水性，砌块和砂浆的强度等级应满足《建筑抗震设计规范》的要求。砌筑时，灰缝要横平竖直，砂浆的饱满度应达到80%以上；砖应提前浇水湿润，以保证与砂浆的可靠粘结。已有的试验研究表明，砖砌体墙砖块上墙时的含水率对砌体的抗剪强度有较大的影响，即存在一个最佳含水率范围，不同材质的砖块有不同的最佳含水率，但一般在8%～10%左右。

10.7　配筋砌块砌体房屋的抗震构造措施

由于配筋混凝土小砌块砌体抗震墙的受力机制、截面的应力分布、承载力的计算方法都与传统的砖砌体结构有所不同，而且配筋砌块砌体墙片中的孔洞相对较小、垂直钢筋又是单排布置，施工工艺也与传统施工方法不同。因此，配筋砌体房屋的抗震构造措施也与砖砌体房屋不同。

一、对灌孔混凝土的要求

配筋混凝土小砌块砌体的灌孔浇捣质量对墙体的受力性能影响很大，因此必须保证灌孔混凝土浇捣密实，没有空洞。采用的灌孔混凝土坍落度一般在22～25mm左右，流动性和和易性好并与混凝土小砌块结合良好的细石混凝土，此外还要有正确的施工方法，则灌孔的施工质量才有保证。如混凝土的强度等级低于C20，就很难配出施工性能能够满足灌孔要求的混凝土。

二、加强房屋整体性的构造要求

配筋混凝土小砌块砌体抗震墙中的灌孔混凝土部分类似于密肋结构，通过竖向芯柱和水平连通槽口的钢筋混凝土连接件将砌块墙体连接成整体，使得墙体具有类似于整片钢筋混凝土墙的受力性能以及很好的变形能力，浇筑在混凝土中的钢筋也能充分发挥作用，因此配筋混凝土小砌块砌体抗震墙可以按受弯构件进行内力计算分析。而部分灌孔的砌块砌体墙（如隔孔灌芯或隔二孔灌芯），水平钢筋只能放置在灰缝中，不能充分发挥作用，也无法有效协调各孔芯柱的共同工作，墙体截面的应力变化也不陆续，因此其受力性能应该类似于有比较密集芯柱的普通砌块砌体墙，而与钢筋混凝土墙有很大差别。我国《建筑抗震设计规范》规定了配筋混凝土小砌块砌体抗震墙应采用全灌孔，如墙体中有部分不灌孔，则该部分应视作是砌块砌体填充墙。

一般而言，房屋的顶层受气候温度变化以及墙体材料收缩的影响较大，比较容易开裂，而房屋的底层则受地震作用的影响比较大，因此在配筋小型空心砌块房屋的顶层及墙段底部（高度不小于房屋高度的 1/6 且不小于二层高）以及受力比较复杂的楼梯间和电梯间、端山墙、内纵墙的端开间等部位，应按加强部位配置水平和竖向钢筋。

楼、屋盖除了承受垂直荷载作用之外，还是传递水平地震作用、协调各墙段共同工作的重要结构构件，对整幢房屋的整体性影响很大。因此配筋砌体房屋的楼、屋盖宜采用整体性好的现浇钢筋混凝土板，以使各抗侧力构件能够共同工作，充分发挥作用。只有抗震等级为四级时，可采用装配整体式钢筋混凝土楼盖。

同理，为保持房屋的整体性，提高房屋的抗震能力，配筋砌体房屋的各楼层均应设置现浇钢筋混凝土圈梁，其混凝土强度等级应为砌块强度等级的二倍或以上，即圈梁的混凝土强度应不低于制作小型空心砌块的混凝土强度；圈梁截面高度是现浇楼盖的不宜小于 200mm，并应符合砌块高度的模数，装配整体式楼盖板底圈梁截面高度不宜小于 120mm；其纵向钢筋直径不应小于砌体的水平分布钢筋直径，箍筋直径不应小于 Φ8，间距不应大于 200mm。

配筋砌体抗震墙之间的连梁也是墙与墙传递荷载和内力以及协调变形的重要构件之一，其本身就应具有良好的受力性能和变形能力。因此对于跨高比大于 2.5 的连梁宜采用现浇钢筋混凝土连梁，其截面组合的剪力设计值、弯矩设计值和斜截面抗震受剪承载力、正截面抗震受弯承载力，均应符合国家标准《混凝土结构设计规范》GB 50010 对连梁的有关规定，其构造应符合下列要求：

1. 连梁的纵向钢筋锚入墙内的长度、一、二级不应小于 1.15 倍锚固长度，三级不应小于 1.05 倍锚固，四级不应小于锚固长度，且都不应小于 600mm。

2. 连梁的箍筋应沿梁全长设置，并应符合框架梁梁端的箍筋加密区的构造要求。

3. 顶层连梁的纵向钢筋锚固长度范围内，应设置间距不大于 200mm 的箍筋，直径与该连梁的箍筋直径相同。

4. 跨高比小于 2.5 的连梁，自梁顶面下 200mm 至梁底面上 200mm 的范围内应增设水平分布钢筋；其间距不大于 200mm；每层分布筋的数量，一级不少于 2Φ12，二～四级不少于 2Φ10；水平分布筋伸入墙内长度，不应小于 30 倍钢筋直径和 300mm。

5. 配筋砌体抗震墙的连梁内不宜开洞。需要开洞时应符合下列要求：

（1）在跨中梁高 1/3 处预埋外径不大于 200mm 的钢套管；

（2）洞口上下的有效高度不应小于 1/3 梁高，且不小于 200mm；

（3）洞口处应配置补强钢筋，并在洞边浇筑混凝土；

（4）被洞口削弱的截面应进行受剪承载力验算。

三、墙体内钢筋的构造布置

根据地震荷载是反复作用性质以及配筋砌块砌体墙片的受力特性，抗震墙墙体宜采用对称配筋，墙肢或独立墙段端部加强区（节点芯柱）受压钢筋总面积 A'_s 和另一端加强区受拉（或压应力较小一端）钢筋总面积 A_s 宜相同，即 $A'_s=A_s$；墙内每一根竖向分布筋宜面积相同，均为 A_{sw}。根据试验研究结果，配筋砌块砌体墙片中的竖向钢筋的直径和配筋率不应过小，也不宜过大。如竖向钢筋直径和配筋率太小，一旦墙体开裂，钢筋即刻达到屈服，起不到配筋改善墙片受力性能的效果；如竖向钢筋直径和配筋率太大，则直至墙片破坏，钢筋可能都不会达到屈服，同样也无法改善墙片的受力性能。因此竖向钢筋的最小直径不应小于 $\phi12mm$，最大间距不应大于 600mm，在顶层和底层还应适当减小钢筋布置的间距。为了使墙体的受力比较均匀、减少施工误差以及减少墙体抗力的偏心影响，墙体内每道横向钢筋宜双排布置，最小直径为 8mm，最大间距为 600mm，在顶层和底层则不大于 400mm。抗震墙的水平分布钢筋和竖向分布钢筋的要求见表 10-26 和表 10-27，这些构造措施都是为了保证房屋具有良好的整体性，墙体在开裂以后不至于马上丧失承载能力，而有适当的延性。

抗震墙水平分布钢筋的配筋构造　　　　　　　　　　　　　　表 10-26

抗震等级	最小配筋率（%）		最大间距（mm）	最小直径（mm）
	一般部位	加强部位		
一级	0.13	0.15	400	$\phi8$
二级	0.13	0.13	600	$\phi8$
三级	0.11	0.13	600	$\phi8$
四级	0.10	0.10	600	$\phi6$

注：1. 水平分布钢筋宜双排布置，在顶层和底部加强部位，最大间距不应大于 400mm；
　　2. 双排水平分布钢筋应设不小于 $\phi6$ 拉结筋，水平间距不应大于 400mm。

抗震墙竖向分布钢筋的配筋构造　　　　　　　　　　　　　　表 10-27

抗震等级	最小配筋率（%）		最大间距（mm）	最小直径（mm）
	一般部位	加强部位		
一级	0.15	0.15	400	$\phi12$
二级	0.13	0.13	600	$\phi12$
三级	0.11	0.13	600	$\phi12$
四级	0.10	0.10	600	$\phi12$

注：竖向分布钢筋宜采用单排布置，直径不应大于 25mm，9 度时配筋率不应小于 0.2%。在顶层和底部加强部位，最大间距应适当减小。

　　另外，在墙体端部加强筋和竖向分布筋宜采用同一强度等级钢筋，一般可采用 HRB 400 级的热轧钢筋，也可采用符合抗震性能指标的 HRB 335 级钢筋。根据配筋混凝土小砌块抗震墙的施工特点，墙内的竖向钢筋无法绑扎搭接，钢筋应力只能靠混凝土空心小砌块孔洞内所浇灌的混凝土进行传递，因此墙内钢筋的搭接长度规定应该要严格一些。根据《建筑抗震设计规范》规定，墙内钢筋的搭接长度不应小于48倍钢筋的直径，锚固长度不应小于42倍钢筋的直径，以保证墙内纵向钢筋受力的连续性和有效性。

四、轴压比控制

试验研究表明，当墙体的轴压比较高时，墙体的受弯承载能力以及变形能力都会大幅度降低，墙体的破坏呈现明显的脆性性质，这是在结构的抗震设计中应该尽量避免的。因此配筋混凝土小型空心砌块抗震墙在重力荷载代表值作用下的轴压比应符合表10-23的要求，这是为了保证在水平荷载和垂直荷载共同作用下配筋砌体的延性和强度得到合理的发挥。

五、边缘构件的构造要求

配筋砌体抗震墙的边缘构件是指在墙片的两端设置有经过加强的区段。根据试验研究结果，在配筋混凝土小砌块抗震墙结构中，墙片的边缘构件无论是在提高墙体的强度和变形能力方面的作用都是非常明显的，因此在一般情况下配筋砌体抗震墙端部应设置长度不小于2倍墙厚的构造边缘构件，当底部加强部位的轴压比，一级大于0.2和二级大于0.3时，应设置加强边缘构件。构造边缘构件的配筋范围：无翼墙端部为3孔配筋；"L"形转角节点为3孔配筋；"T"形转角节点为4孔配筋；边缘构件范围内应设置水平箍筋；边缘构件的最小配筋应符合表10-28的要求。加强边缘构件的范围应沿受力方向比构造边缘构件增加1孔，水平箍筋应相应加强。当房屋高度较高时，也可采用钢筋混凝土边框柱作为加强边缘构件来加强对墙体的约束，边框柱截面沿墙体方向的长度可取400mm。但根据有关的试验研究结果，过于强大的边框柱可能会造成墙体与边框柱的受力和变形不协调，使边框柱和配筋砌块墙体的连接处开裂，影响整片墙体的抗震性能。

配筋砌块砌体抗震墙边缘构件的配筋要求　　　　　　　　　　　表 10-28

抗震等级	每孔竖向钢筋最小量		水平箍筋最小直径	水平箍筋最大间距 (mm)
	底部加强部位	一般部位		
一级	1φ20	1φ18	φ8	200
二级	1φ18	1φ16	φ6	200
三级	1φ16	1φ14	φ6	200
四级	1φ14	1φ12	φ6	200

10.8 计算例题

【例题 10-1】 某六层住宅，屋面及楼面板为预应力多孔板，横墙承重，平面见图10-40。房屋墙体采用 MU10 烧结普通砖，底层和二、三层采用 M7.5 混合砂浆、三层以上采用 M5.0 混合砂浆砌筑，墙厚 240mm。底层计算层高 3.4m，其余各层均为 2.8m。该区域抗震设防烈度为 8 度（设计基本地震加速度为 0.2g），场地土类别为Ⅳ类，设计地震分组为第三组。试验算该住宅（五开间为一单元）墙体的截面抗震承载力。

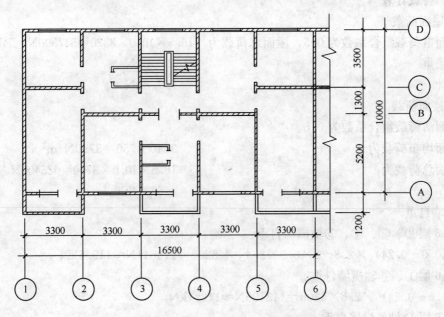

图 10-40 某六层烧结普通砖房屋平面

【解】

一、荷载资料

1. 屋面荷载

油毡防水层	350N/m²
20mm 厚水泥砂浆面层	400N/m²
板自重	2000N/m²
粉刷层	320N/m²
合计	3070N/m²
屋面雪荷载	500N/m²

2. 楼面荷载

30mm 厚水泥石屑面层	720N/m²
板自重	2000N/m²
粉刷层	320N/m²
合计	3040N/m²
楼面活荷载	1500N/m²

3. 阳台自重

阳台板、面层、粉刷	3040N/m²
栏杆、扶手折算重	250N/m²
合计	3290N/m²
阳台活荷载	2500N/m²

4. 墙体自重

双面粉刷 240mm 厚砖墙自重   5200N/m²

二、荷载计算

1. 屋面荷载

屋面雪荷载组合系数为 0.5，屋面总荷载为 $16.5 \times 10.0 \times 3320 = 547800N = 547.8kN$

水箱重   150.0kN

总计   697.8kN

2. 楼面荷载

楼面活荷载组合系数为 0.5。

楼面均布荷载为 $3040 + 750 = 3790N/m²$。

楼面总荷载为 $16.5 \times 10.0 \times 3790 = 625400N$

$= 625.4kN$。

3. 墙自重

2～6 层②、③、④、⑤轴横墙自重：

$[(10.0 - 0.24) \times 2.8 - 2 \times 0.9 \times 2.4] \times 5200 = 119641N \approx 119.6kN$

2～6 层①、⑥轴横墙自重：

$(10.0 - 0.24) \times 2.8 \times 5200 = 142106N \approx 142.1kN$

2～6 层 D 轴外纵墙自重：

$(16.75 \times 2.8 - 5 \times 1.5 \times 1.5) \times 5200 = 185380N \approx 185.4kN$

2～6 层 A 轴外纵墙自重：

$(16.75 \times 2.8 - 3 \times 2.1 \times 2.2 - 2 \times 1.5 \times 1.5) \times 5200 = 148408N \approx 148.4kN$

2～6 层内纵墙自重：

$[(3.3 - 0.24) \times 5 \times 2.8 - 0.9 \times 2.4] \times 5200 = 211500N = 211.5kN$

2～6 层阳台自重，活荷载组合系数为 0.5。

$3.3 \times 1.2 \times 4540 \times 3 = 53900N = 53.9kN$

1 层②、③、④、⑤轴横墙自重：

$[(10.0 - 0.24) \times 3.4 - 2 \times 0.9 \times 2.4] \times 5200 = 150093N \approx 150.1kN$

1 层①、⑥轴横墙自重：

$(10.0 - 0.24) \times 3.4 \times 5200 = 172557N \approx 172.6kN$

1 层 D 轴外纵墙自重：

$(16.75 \times 3.4 - 5 \times 1.5 \times 1.5) \times 5200 = 237463N \approx 237.5kN$

1 层 A 轴外纵墙自重：

$(16.75 \times 3.4 - 3 \times 2.1 \times 2.2 - 2 \times 1.5 \times 1.5) \times 5200 = 200491N \approx 200.5kN$

1 层内纵墙自重：

$[(3.3 - 0.24) \times 5 \times 3.4 - 0.9 \times 2.4] \times 5200 = 259272N = 259.3kN$

4. 各层重力荷载（图 10-41）

$G_6 = 697.8 + \frac{1}{2}(119.6 \times 4 + 142.1 \times 1.5 + 185.4 + 148.4 + 211.5)$

$= 697.8 + \frac{1}{2} \times 1236.9 = 1316.3kN$

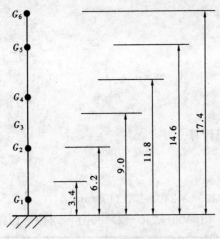

图 10-41 各层重力荷载

$G_5 = 1236.9 + 625.4 + 53.9 = 1916.2 \text{kN}$

$G_4 = G_3 = G_2 = 1916.2 \text{kN}$

$G_1 = \frac{1}{2} \times 1236.9 + \frac{1}{2} \times (172.6 \times 1.5 + 150.1 \times 4 + 237.5 + 200.5 + 259.3) + 625.4$

$\quad + 53.9 = 2076.3 \text{kN}$

$\Sigma G_i = 11057.4 \text{kN}$

三、各层地震作用及底部总剪力 （图 10-42）

$F_e = \alpha_{1\max} G_{eq} = 0.16 \times 0.85 \times 11057.4 = 1503.8 \text{kN}$

$F_i = \dfrac{G_i H_i}{\Sigma G_j H_j} F_e$

$F_6 = 291.4 \text{kN}$

$F_5 = 391.4 \text{kN}$

$F_4 = 316.2 \text{kN}$

$F_3 = 242.2 \text{kN}$

$F_2 = 166.2 \text{kN}$

$F_1 = 98.4 \text{kN}$

四、各层地震剪力 （图 10-43）

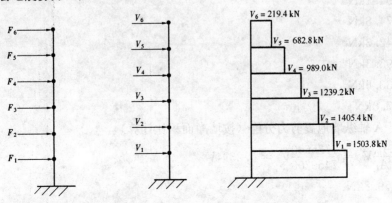

图 10-42　各层地震作用　　　　　图 10-43　各层地震剪力

$V_6 = 291.4\text{kN}$

$V_5 = 682.8\text{kN}$

$V_4 = 998.0\text{kN}$

$V_3 = 1238.2\text{kN}$

$V_2 = 1404.4\text{kN}$

$V_1 = 1502.8\text{kN}$

五、各层抗剪墙净面积计算

1. 墙净面积计算

6 层横墙净面积计算：

$A_{61} = A_{66} = （10000 - 240）\times 240 = 2342400\text{mm}^2$

$A_{62} = A_{63} = A_{64} = A_{65} = （10000 - 240 - 2\times 900）\times 240 = 1910400\text{mm}^2$

$A_{6横} = 9984000\text{mm}^2$（考虑到中间计算单元，$A_{61}$ 和 A_{66} 各取一半面积）1～5 层横墙净面积计算同 6 层。

$A_{6D} = （16740 - 1500\times 5）\times 240 = 2217600\text{mm}^2$

$A_{6C} + A_{6B} = [（3300 - 240）\times 5 - 900]\times 240 = 3456000\text{mm}^2$

$A_{6A} = （16740 - 3\times 2100 - 2\times 1500）\times 240 = 1785600\text{mm}^2$

$A_{6纵} = 7459200\text{mm}^2$

1～5 层纵墙净面积计算同 6 层。

2. 各层的各轴线墙段从属荷载面积的计算

$A_{g,i1} = 1650\times 10000 = 16500000\text{mm}^2$

$A_{g,i2} = A_{g,i3} = A_{g,i4} = A_{g,i5} = 3300\times 10000 = 33000000\text{mm}^2$

$A_{g,i6} = 16500000\text{mm}^2$

$A_{g,i} = \sum_{j=1}^{6} A_{g,ij} = 165000000\text{mm}^2$

六、最不利墙段的地震剪力分配

1. 各层的②轴横墙地震剪力分配（按墙净面积比和墙从属荷载面积比之和的平均值计算）

$$V_{i2} = \frac{1}{2}\left(\frac{A_{i2}}{A_i} + \frac{A_{g,i2}}{A_{g,i}}\right)V_i = \frac{1}{2}\times\left(\frac{1910400}{9984000} + \frac{33000000}{165000000}\right)V_i = 0.1957V_i$$

$V_{12} = 294.1\text{kN}$

$V_{22} = 274.8\text{kN}$

$V_{32} = 242.3\text{kN}$

$V_{42} = 195.3\text{kN}$

$V_{52} = 133.6\text{kN}$

$V_{62} = 57.0\text{kN}$

2. 各层 A 轴纵墙地震剪力分配（按墙净面积比计算）

$$V_{iA} = \frac{A_{iA}}{A_i}V_i = \frac{1785600}{7459200}V_i = 0.2394V_i$$

$V_{1A} = 359.8\text{kN}$

$V_{2A} = 336.2\text{kN}$

$V_{3A} = 296.4\text{kN}$

$V_{4A} = 238.9\text{kN}$

$V_{5A} = 163.4\text{kN}$

$V_{6A} = 69.8\text{kN}$

七、抗震承载力验算

$$V_{im} \leqslant \frac{f_{VE} A_{im}}{\gamma_{RE}}, f_{VE} = \zeta_N f_V$$

1. 各层②轴横墙验算

$[V_{im}] = \dfrac{f_{VE} A_{im}}{\gamma_{RE}}$，房屋是横墙承重且不考虑墙内构造柱的作用，取 $\gamma_{RE} = 1.0$，各层②轴横墙验算结果见表 10-29。

各层②轴横墙验算结果   表 10-29

分项 层数	V_{i2} (kN)	σ_0 (MPa)	f_V (MPa)	ζ_N	f_{VE} (MPa)	A_{i2} (m²)	$[V_{i2}]$ (kN)	$\dfrac{[V_{iA}]}{V_{iA} * \gamma_{Eh}}$
1	294.2	0.73	0.17	1.39	0.236	1.9104	398.5	1.18
2	274.8	0.59	0.17	1.31	0.223	1.9104	369.1	1.19
3	242.3	0.47	0.17	1.22	0.207	1.9104	345.0	1.26
4	195.3	0.34	0.14	1.18	0.165	1.9104	264.8	1.24
5	133.6	0.21	0.14	1.06	0.148	1.9104	233.3	1.63
6	57.0	0.08	0.14	0.91	0.127	1.9104	197.5	3.28

水平地震作用分项系数 $\gamma_{Eh} = 1.3$；承载力抗震调整系数 $\gamma_{RE} = 1.0$

2. 各层 A 轴纵墙验算

纵墙是自承重墙，各层 A 轴纵墙验算结果见表 10-30。

各层 A 轴纵墙验算结果   表 10-30

分项 层	V_{iA} (kN)	σ_0 (MPa)	f_V (MPa)	ζ_N	f_{VE} (MPa)	A_{iA} (m²)	$[V_{iA}]$ (kN)	$\dfrac{[V_{iA}]}{V_{iA} * \gamma_{Eh}}$
1	359.4	0.44	0.17	1.20	0.204	1.7856	484.3	1.04
2	336.2	0.36	0.17	1.14	0.193	1.7856	459.5	1.05
3	296.4	0.29	0.17	1.09	0.184	1.7856	437.8	1.14
4	238.9	0.21	0.14	1.06	0.148	1.7856	351.6	1.13
5	163.4	0.13	0.14	0.98	0.138	1.7856	325.5	1.53
6	69.8	0.04	0.14	0.86	0.120	1.7856	284.8	3.14

水平地震作用分项系数 $\gamma_{Eh} = 1.3$；承载力抗震调整系数 $\gamma_{RE} = 0.75$

通过上述验算，该住宅楼底层和二、三层采用 M7.5 混合砂浆砌筑，四、五、六层采用 M5 混合砂浆砌筑，在设计烈度为 8 度（设计基本地震加速度为 $0.2g$）、场地土类别为 Ⅳ 类、设计地震分组为第三组时，房屋的纵、横墙均能满足抗震承载力的要求。

【例题 10-2】 某六层住宅（图 10-44），各层层高为 2.8m。室外高差为 0.6m，基础

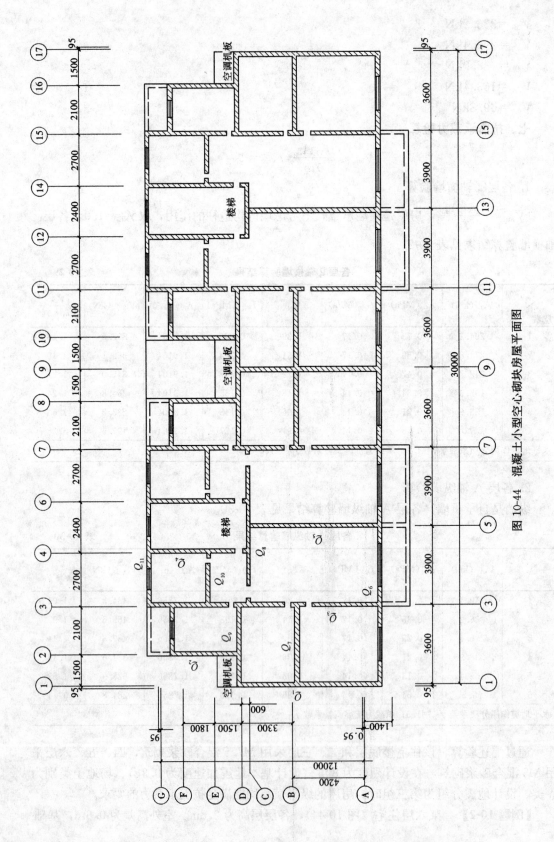

图 10-44　混凝土小型空心砌块房屋平面图

412

埋深－1.6m，墙厚 190mm，建筑面积为 1990.74m²，现浇钢筋混凝土楼屋盖。砌块为 MU15，混凝土采用 C20。第一层到第三层采用 M10 砂浆，第四层到第六层采用 M7.5 砂浆。基础形式为天然地基条形基础。场地类别Ⅳ类，抗震设防烈度为 7 度（设计基本地震加速度为 0.1g），设计地震分组为第二组。试对该住宅墙体进行抗震设计计算。

【解】

一、荷载资料

1. 屋面（无屋顶水箱）

架空板	1.2kN/m²
防水层	0.4kN/m²
保温找坡	1.0kN/m²
现浇板　$h=120$	3.0kN/m²
板底粉刷	0.4kN/m²
	合计 6.0kN/m²
活载（不上人屋面）	0.7kN/m²

2. 卧室、厅

面层	1.0kN/m²
现浇板　$h=100mm$	2.5kN/m²　　　　$h=80mm$　　　　2.0kN/m²
板底粉刷	0.4kN/m²
	合计 3.9kN/m²　　　　　　合计 3.4kN/m²
活载	2.0kN/m²
计算基础	$3.9+0.65×2.0=5.2$kN/m²

3. 厨房、厕所

面层	1.0kN/m²
现浇板　$h=80$	2.0kN/m²
板底粉刷	0.4kN/m²
	合计 3.4kN/m²
活载	2.0kN/m²
	合计 5.4kN/m²
计算基础	$3.4+0.65×2=4.7$kN/m²

4. 楼梯

现浇楼梯自重	6.5kN/m²
活载	1.5kN/m²
	合计 8.0kN/m²
计算基础	$6.5+0.65×1.5=7.5$kN/m²

5. 阳台（梁板式）

阳台板	3.4kN/m²
阳台栏杆、梁	4.8kN/m²
活载	2.5kN/m²

6. 墙体

190 厚小砌块　　　　　　　　3.7kN/m²（含双面粉刷,设有芯柱墙体自重折算平均）

100mm 厚小砌块　　　　　2.9kN/m²（含双面粉刷）

80mm 厚空调机板（600×1000）　2.0kN/m²

面层　　　　　　　　　　1.0kN/m²

板底粉刷　　　　　　　　0.4kN/m²

栏杆　　（1+0.6）×2.5/($\underline{1\times0.6}$)＝6.7kN/m²

合计 10.1kN/m²

将空调机板荷载转化到砖墙上　　10.1×0.6＝6.06≈6.1kN/m²

活载　　　　　　　　　　$\underline{2.5\times0.6=1.5kN/m^2}$

合计 7.6kN/m²

二、墙体刚度计算

1. 底层墙厚 $t=0.19$m，底层墙体刚度见表 10-31。

底层墙体刚度　　　　　　　　　　　　　　　　　　表 10-31

轴线号	墙号	墙高 h (m)	墙段宽 b (m)	$\rho=h/b$	墙段数量	$h/b<1$ $K=t/3\rho$	$1<h/b<4$ $K=t/(\rho^3+3\rho)$	ΣK	备注
1	Q_1	3.8	7.69	0.49<1	3	0.19/(3×0.49)=0.129		0.129×3=0.387	
2	Q_2	3.8	3.49	1<1.09<4	4		0.19/(1.09³+3×1.09)=0.042	0.042×4=0.168	
3	Q_3	3.8	3.2 2.9 2.5	1.19 1.31 1.52	4		0.19/5.255=0.036 0.19/6.178=0.031 0.19/8.072=0.024	(0.036+0.031+ 0.024)×4=0.364 0.091×4=0.364	横墙刚度 合计 1.313
4	Q_4	3.8	1.1 3.19	3.45 1.19	4		0.19/51.41=0.004 0.19/5.255=0.036	0.04×4=0.16	
5	Q_5	3.8	7.09	0.54<1	2	0.19/(3×0.54)=0.117		0.117×2=0.234	
A	Q_6	3.8	1.24 1.8 1.5	3.06 2.11 2.53	2 4 3		0.19/37.83=0.005 0.19/15.72=0.012 0.19/23.78=0.008	0.005×2=0.010 0.012×4=0.048 0.008×3=0.024	
B	Q_7	3.8	3.79	1.003	4		0.19/4.043=0.047	0.047×4=0.188	纵墙刚度 合计 0.496
C	Q_8	3.8	2.59	1.467	2		0.19/7.558=0.025	0.025×2=0.05	
D	Q_9	3.8	2.29	1.659	4		0.19/9.543=0.020	0.02×4=0.080	
E	Q_{10}	3.8	1.9	2	4		0.19/14=0.014	0.014×4=0.056	
G	Q_{11}	3.8	0.995	3.82	4		0.19/63.33=0.003	0.01×4=0.04	

2. 标准层墙宽 $h=2.8$m，墙厚 $t=0.19$m，标准层墙体刚度见表 10-32。

标准层墙体刚度
表 10-32

轴线号	墙号	墙高 h (m)	墙段宽 h (m)	$\rho=h/b$	墙段数量	$h/b<1$ $K=t/3\rho$	$1<h/b<4$ $K=t/(\rho^3+3\rho)$	ΣK	备注
1	Q_1	2.8	7.69	0.364<1	3	0.19/(3×0.364)=0.174		0.174×3=0.522	
2	Q_2	2.8	3.49	0.802<1	4	0.19/(3×0.802)=0.079		0.079×4=0.316	
3	Q_3	2.8	3.2 2.9 2.5	0.875<1 0.966<1 1<1.12<4	4	0.19/(3×0.875)=0.072 0.19/(3×0.966)=0.066 $K_2=0.19/(1.12^3+3×1.12)=0.040$		0.178×4=0.712	横墙刚度合计 2.19
4	Q_4	2.8	1.1 3.19	1<2.545<4 0.878<1	4	$K_2=0.19/(2.545^3+3×2.545)=0.008$ $K_1=0.19/(3×0.878)=0.072$		0.08×4=0.32	
5	Q_5	2.8	7.09	0.359<1	2	$K_1=0.19/(3×0.395)=0.16$		0.16×2=0.32	
A	Q_6	2.8	1.24 1.8 1.5	1<2.258<4 1<1.556<4 1<1.867<4	2 4 3	$K_2=0.19/(2.258^3+3×2.258)=0.010$ $K_2=0.19/(1.556^3+3×1.556)=0.023$ $K_2=0.19/(1.867^3+3×1.867)=0.016$		0.010×2=0.02 0.023×4=0.092 0.016×3=0.048	
B	Q_7	2.8	3.79	0.739<1	4	$K_1=0.19/(3×0.739)=0.086$		0.086×4=0.344	
C	Q_8	2.8	2.59	1<1.081<4	2	$K_2=0.19/(1.081^3+3×1.081)=0.042$		0.042×2=0.840	纵墙刚度合计 1.672
D	Q_9	2.8	2.29	1<1.223<4	4	$K_2=0.19/(1.223^3+3×1.223)=0.035$		0.035×4=0.140	
E	Q_{10}	2.8	1.9	1<1.474<4	4	$K_2=0.19/(1.474^3+3×1.474)=0.025$		0.025×4=0.100	
G	Q_{11}	2.8	0.995 1.5	1<2.814<4 1<1.867<4	4	$K_2=0.19/(2.814^3+3×2.814)=0.006$ $K_2=0.19/(1.867^3+3×1.867)=0.016$		0.022×4=0.088	

三、抗震验算

设防烈度 7 度，场地类型Ⅳ。

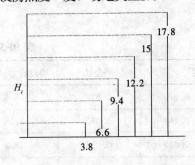

层	$G_{eg}=1.0$ 静+0.5 活 (kN)
6	4380
5	3852
4	3852
3	3852
2	3852
1	6341
Σ	26129kN

总水平地震作用标准值：

$$F_{EK}=\alpha_{max}G_{eg}=0.08×26129×85\%=1776.8kN$$

$$F_i=G_iH_i×F_{EK}\bigg/\sum_{i=1}^{6}G_iH_i$$

其中

$$\sum_{i=1}^{6}G_iH_i=6341×3.8+3852×(6.6+9.4+12.2+15)+17.8×4380=268466$$

$$F_i=G_iH_i×F_{EK}\bigg/\sum_{i=1}^{6}G_iH_i=G_iH_i×1776.8/268466=0.0066G_iH_i$$

1. 各层地震作用标准值

$F_6 = 0.0066 \times 4380 \times 17.8 = 514.6 \text{kN}$

$F_5 = 0.0066 \times 3852 \times 15 = 381.3 \text{kN}$

$F_4 = 0.0066 \times 3852 \times 12.2 = 310.2 \text{kN}$

$F_3 = 0.0066 \times 3852 \times 9.4 = 239 \text{kN}$

$F_2 = 0.0066 \times 3852 \times 6.6 = 167.8 \text{kN}$

$F_1 = 0.0066 \times 6341 \times 3.8 = 159 \text{kN}$

2. 作用于 i 层的地震剪力

$V_6 = 514.6 \text{kN}$

$V_5 = 514.6 + 381.3 = 895.9 \text{kN}$

$V_4 = 895.9 + 310.2 = 1206.1 \text{kN}$

$V_3 = 1206.1 + 239.0 = 1445.1 \text{kN}$

$V_2 = 1445.1 + 167.8 = 1612.9 \text{kN}$

$V_1 = 1612.9 + 159 = 1771.9 \text{kN}$

3. 地震剪力分配

因为楼屋面板均为现浇，故地震剪力按墙段等效刚度比例进行分配，横墙、纵墙地震剪力计算结果见表 10-33、表 10-34。

选择墙段：

横墙　Q_2（墙宽 3.49m）

　　　Q_5（墙宽 7.09m）

纵墙　Q_6（墙宽 1.5m）

　　　Q_7（墙宽 3.79m）

横墙地震剪力

表 10-33

层　　次	层剪力（kN）	层总刚度	墙段刚度		刚度比	墙段剪力（kN）
6	514.6	2.190	Q_2	0.079	0.036	18.6
			Q_5	0.160	0.073	37.6
5	895.9	2.190	Q_2	0.079	0.036	32.3
			Q_5	0.160	0.073	65.4
4	1206.1	2.190	Q_2	0.079	0.036	43.4
			Q_5	0.160	0.073	88.1
3	1445.1	2.190	Q_2	0.079	0.036	52.0
			Q_5	0.160	0.073	105.5
2	1612.6	2.190	Q_2	0.079	0.036	58.1
			Q_5	0.160	0.073	117.7
1	1771.9	1.313	Q_2	0.042	0.032	56.7
			Q_5	0.117	0.089	157.7

层 次	层剪力（kN）	层总刚度	墙段刚度		刚度比	墙段剪力（kN）
6	514.6	1.672	Q_6	0.016	0.0096	4.92
			Q_7	0.086	0.0514	26.5
5	895.9	1.672	Q_6	0.016	0.0096	8.6
			Q_7	0.086	0.0514	46.0
4	1206.1	1.672	Q_6	0.016	0.0096	11.6
			Q_7	0.086	0.0514	62.0
3	1445.1	1.672	Q_6	0.016	0.0096	13.9
			Q_7	0.086	0.0514	74.3
2	1612.6	1.672	Q_6	0.016	0.0096	15.5
			Q_7	0.086	0.0514	82.9
1	1771.9	0.496	Q_6	0.008	0.016	28.4
			Q_7	0.047	0.095	168.3

4. 正应力计算（表 10-35）

横墙　　$A_{Q2}=3.49\times0.19=0.663\text{m}^2$

　　　　$A_{Q5}=7.09\times0.019=1.347\text{m}^2$

纵墙　　$A_{Q6}=1.5\times0.19=0.285\text{m}^2$

　　　　$A_{Q7}=3.79\times0.19=0.720\text{m}^2$

正应力 $\sigma_0=N\times L/(L\times t)$ （kN/m²）$=N/(t\times1000)$ （N/mm）

层次	Q_2		Q_5		Q_6		Q_7	
	轴力设计值 N（kN/m）	正应力 σ_0（MPa）	轴力设计值 N（kN/m）	正应力 σ_0（MPa）	轴力设计值 N（kN/m）	正应力 σ_0（MPa）	轴力设计值 N（kN/m）	正应力 σ_0（MPa）
6	21.2	0.112	38.5	0.203	33.326	0.176	26.8	0.141
5	40.4	0.213	74.3	0.391	61.452	0.324	52.2	0.275
4	59.6	0.314	110.1	0.579	89.645	0.472	77.5	0.408
3	78.8	0.415	145.9	0.768	117.838	0.621	102.8	0.541
2	98.0	0.516	181.7	0.956	146.03	0.769	128.2	0.675
1	122.7	0.646	245.7	1.293	216.290	1.139	172.3	0.907

5. 墙段抗力与效应之比（表 10-36）

墙段抗力与效应之比　　　　　　　　　表 10-36

墙段剪力 V_i (kN)	层次	抗剪强度		Q_2 ($A=0.663\text{m}^2$)			
		砌筑砂浆	f_V (MPa)	正应力影响系数 ζ_n	$f_{VE}=\zeta_n \cdot f_V$ (MPa)	抗震承载力 $V_R=\dfrac{f_{VE}\times A_i}{\gamma_{RE}}\times 1000$	抗力效应 $k=\dfrac{V_R}{V_i\times\gamma_{Eh}}$
18.6	6	M7.5	0.08	1.322	0.106	77.91	3.22
32.3	5	M7.5	0.08	1.612	0.129	95.02	2.26
43.4	4	M7.5	0.08	1.903	0.152	112.14	1.99
52	3	M10	0.1	1.955	0.195	143.98	2.13
58.1	2	M10	0.1	2.184	0.218	160.86	2.13
56.7	1	M10	0.1	2.457	0.246	180.97	2.46

水平地震力分项系数 $\gamma_{Eh}=1.3$;　　　　　　承载力抗震调整系数 $\gamma_{RE}=0.9$

墙段剪力 V_i (kN)	层次	抗剪强度		Q_5 ($A=1.347\text{m}^2$)			
		砌筑砂浆	f_V (MPa)	正应力影响系数 ζ_n	$f_{VE}=\zeta_n \cdot f_V$ (MPa)	抗震承载力 $V_R=\dfrac{f_{VE}\cdot A_i}{\gamma_{RE}}\times 1000$	抗力效应 $k=\dfrac{V_R}{V_i\cdot\gamma_{Eh}}$
37.6	6	M7.5	0.08	1.584	0.127	189.61	3.88
65.4	5	M7.5	0.08	2.124	0.170	254.33	2.99
88.1	4	M7.5	0.08	2.606	0.208	311.98	2.72
105.5	3	M10	0.1	2.672	0.267	399.91	2.92
117.7	2	M10	0.1	2.954	0.295	442.12	2.89
157.7	1	M10	0.1	3.460	0.346	517.77	2.53

水平地震力分项系数 $\gamma_{Eh}=1.3$;　　　　　　承载力抗震调整系数 $\gamma_{RE}=0.9$

墙段剪力 V_i (kN)	层次	抗剪强度		Q_6 ($A=0.285\text{m}^2$)			
		砌筑砂浆	f_V (MPa)	正应力影响系数 ζ_n	$f_{VE}=\zeta_n \cdot f_V$ (MPa)	抗震承载力 $V_R=\dfrac{f_{VE}\cdot A_i}{\gamma_{RE}}\times 1000$	抗力效应 $k=\dfrac{V_R}{V_i\cdot\gamma_{Eh}}$
4.92	6	M7.5	0.08	1.51	0.120	38.15	5.96
8.6	5	M7.5	0.08	1.93	0.155	48.93	4.38
11.6	4	M7.5	0.08	2.34	0.187	59.25	3.93
13.9	3	M10	0.1	2.40	0.240	76.13	4.21
15.5	2	M10	0.1	2.67	0.267	84.66	4.20
28.4	1	M10	0.1	3.23	0.323	102.24	2.77

水平地震力分项系数 $\gamma_{Eh}=1.3$;　　　　　　承载力抗震调整系数 $\gamma_{RE}=0.9$

墙段剪力 V_i (kN)	层次	抗剪强度		Q_7 ($A=0.72\text{m}^2$)			
		砌筑砂浆	f_V (MPa)	正应力影响系数 ζ_n	$f_{VE}=\zeta_n \cdot f_V$ (MPa)	抗震承载力 $V_R=\dfrac{f_{VE}\cdot A_i}{\gamma_{RE}}\times 1000$	抗力效应 $k=\dfrac{V_R}{V_i\cdot\gamma_{Eh}}$
26.5	6	M7.5	0.08	1.41	0.112	89.9	2.61
46.0	5	M7.5	0.08	1.79	0.143	114.6	1.92
62.0	4	M7.5	0.08	2.17	0.174	138.9	1.72
74.3	3	M10	0.1	2.24	0.224	178.9	1.85
82.9	2	M10	0.1	2.52	0.252	201.4	1.87
168.3	1	M10	0.1	2.88	0.288	230.4	1.05

水平地震力分项系数 $\gamma_{Eh}=1.3$;　　　　　　承载力抗震调整系数 $\gamma_{RE}=0.9$

设在外墙转角及楼梯间四角处的各柱灌实 5 个孔，其他各柱灌实 4 个孔。灌孔混凝土强度等级 Cb20，芯柱竖向插筋 1Φ14，竖向插筋贯通墙身与圈梁连接，并且深入地面下 500mm。

【例题 10-3】 某 11 层住宅楼，采用混凝土小型空心砌块配筋砌体短肢剪力墙结构体系，现浇钢筋混凝土楼盖。建筑层高为 2.8m，室内外高差 0.6m，混凝土小型空心砌块尺寸为 390mm×190mm×190mm，一～三层砌块强度为 MU20，砌筑砂浆强度为 M15，灌孔混凝土采用 C30。四层以上砌块强度为 MU15，砌筑砂浆强度为 M10，灌孔混凝土采用 C30。房屋单元的标准层平面图如图 10-45 所示。根据房屋建造要求和抗震规范的有关规定，设计的抗震设防烈度为 7 度（设计基本地震加速度为 0.1g），设计地震分组为第三组，场地土类别Ⅳ类，建筑抗震重要性类别为丙类，建筑结构安全等级为二级，抗震等级为三级。试对该住宅楼的短肢剪力墙进行抗震设计计算。注：本例题计算中墙片内的钢筋按 HRB400（f_y＝360MPa）进行设计。

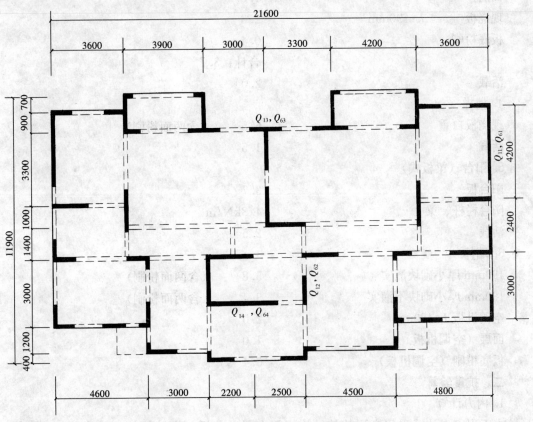

图 10-45 配筋混凝土小型空心砌块房屋单元平面图

【解】

一、荷载资料

1. 屋面（无屋顶水箱）单位（kN/m²）

架空板	1.2
防水层	0.4
保温找坡	1.0
现浇板 h＝110mm	2.8

板底粉刷	0.4
	合计：5.8
活载（不上人屋面）	0.7

2. 卧室、厅

面层	1.0
现浇板 $h=110mm$	2.8
板底粉刷	0.4
	合计：4.2
活载	2.0

3. 厨房、厕所

面层	1.0
现浇板 $h=90mm$	2.3
板底粉刷	0.4
	合计：3.7
活载	2.0

4. 楼梯

现浇板自重	6.5	（含两面粉刷）
活载	1.5	

5. 阳台（梁板式）

阳台板	3.7
阳台栏杆、梁	4.8kN/m
活载	2.5

6. 墙体

190mm 厚小砌块灌实	5.8	（含两面粉刷）
190mm 厚小砌块不灌实	3.4	（含两面粉刷）
空调机板 $h=80mm$	2.0	
面层（空调机板）	1.0	
板底粉刷（空调机板）	0.4	

二、抗震验算

1. 内力计算

本工程内力计算采用高层建筑结构空间有限元分析与设计软件（SATWE）进行计算，现根据计算结果摘录底层和六层各四片墙片的设计内力值如表 10-37 所示。

底层和六层各四片墙片的设计内力值　　　　　　　　　表 10-37

内力	一 层 墙 片				六 层 墙 片			
	Q_{11}	Q_{12}	Q_{13}	Q_{14}	Q_{61}	Q_{62}	Q_{63}	Q_{64}
N （kN）	1601.9	1045.6	767.9	3466.6	334.5	555.0	475.8	1517.8
M （kN·m）	3597.9	223.6	409.2	3936.1	633.6	193.9	182.2	517.8
V （kN）	998.9	105.6	98.2	569.3	305.9	122.7	107.1	286.8

底层属于底部加强区，因此应对截面的组合剪力设计值进行调整，$V = \eta_{vw}V_w$，η_{vw} 为剪力增大系数，此处取 1.2。表中的截面剪力设计值已按规定进行了调整。

2. 墙片竖向钢筋布置假定

根据抗震规范附录 F 中抗震构造措施的有关要求以及内力计算结果，以及本工程抗震等级为三级，竖向钢筋的最小配筋率为 0.11%，也即Φ12@600，因此先假定：当墙片轴压比没超过 0.4 时，墙端部 2 孔作为边缘构件预配 2Φ12，纵横墙交接处墙端部 3 孔作为边缘构件预配 3Φ12；当墙片轴压比超过 0.4 时，墙端部 3 孔作为边缘构件预配 3Φ16；底层加强区墙端边缘构件预配钢筋采用同样原则。墙内分布钢筋原则上按Φ12@600 预配，所有纵筋均为 HRB400 级钢筋。墙片内最终竖向钢筋布置按计算结果调整。

3. 墙片水平钢筋布置假定

水平钢筋布置应满足大于 0.11% 的最小配筋率及不小于 2Φ8@600 的要求，现水平钢筋预配为 2Φ8@200。

4. 配筋计算

选取六层墙片 Q_{62} 进行配筋计算，已知内力：$N=555.0$kN，$M=193.9$kN·m，$V=122.7$kN 墙长 1000mm。为说明计算步骤，水平钢筋预配 2Φ8@600。

（1）抗剪计算

由《砌体结构设计规范》可以计算出砌块强度为 MU10，砂浆强度为 M10，灌孔混凝土为 C20 的灌孔小砌块砌体的抗压强度设计值 $f_{gc}=8.04$MPa

$$f_{gv}=0.2 \times 8.04^{0.55}=0.63\text{MPa}$$

$$h_{w0}=h_w-200=800\text{mm}$$

$$\lambda=\frac{M}{Vh_{w0}}=\frac{193.9}{122.7 \times 0.8}=1.97<2$$

$$\frac{1}{\gamma_{RE}}(0.15f_{gc}b_wh_w)=\frac{1}{0.85} \times 0.15 \times 8.04 \times 190 \times 1000 \approx 269.58\text{kN}>V=122.7\text{kN}$$

截面尺寸满足要求。

$\because N=555.0\text{kN}>0.2f_{gc}b_wh_w=0.2 \times 8.04 \times 190 \times 1000=305.5\text{kN}$

$\therefore$计算抗剪钢筋时取 $N=305.5$kN，则

$$A_{sb}=\frac{\gamma_{RE}V-\dfrac{1}{\lambda-0.5}(0.48f_{gv}b_wh_{w0}+0.1N)}{0.72f_{yh}h_{w0}}s$$

$$=\frac{0.85 \times 122700-\dfrac{1}{1.97-0.5} \times (0.48 \times 0.63 \times 190 \times 800+0.1 \times 305500)}{0.72 \times 360 \times 800}$$

$$\times 600$$

$$=151.2\text{mm}^2$$

水平钢筋间距太大，调整钢筋间距为 200mm，则 $A_{sb}=57.5$mm^2，选 2Φ8@200，实配钢筋面积 101mm^2>A_{sh}。再验算水平钢筋配置是否满足下式要求：

$$\frac{1}{\gamma_{RE}}\left(0.72f_{yh}\frac{A_{sb}}{s}h_{w0}\right)=\frac{1}{0.85}\times\left(0.72\times360\times\frac{101}{200}\times800\right)\approx123.2\text{kN}$$

$$>0.5V=61.4\text{kN}$$

水平钢筋 2Φ8@200 满足计算和构造要求。

（2）抗弯计算

$$\xi_b=\frac{0.8}{1+\dfrac{f_y}{0.003E_s}}=\frac{0.8}{1+\dfrac{360}{0.003\times200000}}=0.5$$

配筋混凝土小砌块墙体大小偏心受压的相对受压区高度界限 $\xi_b=0.5$，其中配筋砌体的极限压应变取 0.003，钢筋为 HRB400 级钢。若 $\xi<\xi_b$，为大偏心，否则为小偏心。

对于大偏心墙片构件，按平截面假定通过截面内力与荷载的平衡来计算纵向受弯钢筋所需的面积。在具体计算时可先假定受压区高度，然后通过试算逐步调整受压区高度，使之最后满足截面内力—荷载的平衡。在计算中可取配筋砌体弯曲抗压强度 $f_{gm}=1.05f_{gc}$。

对于小偏心墙片构件，可按下式计算：

$$M=f_yA'_s(h_{w0}-a'_s)+\xi(1-0.5\xi)f_{gc}b_wh_{w0}$$

其中：$\xi=\dfrac{\gamma_{RE}N-\xi_bf_{gm}b_wh_{w0}}{\dfrac{\gamma_{RE}Ne-0.45f_{gm}b_wh_{w0}^2}{(0.8-\xi_b)(h_{w0}-a'_s)}+f_{cm}b_wh_{w0}}$

e 的取值与钢筋混凝土小偏心受压构件相同。

在计算墙内所需钢筋时，如原假定的 Φ12 钢筋配置面积偏小不满足要求时，应首先增加墙片端部边缘构件的钢筋至允许的最大钢筋直径，再不满足则增加墙内分布钢筋的数量和面积，这样的设计计算顺序可以使得用钢量最为经济。

仍以六层的 Q_{62} 墙片计算纵向受弯钢筋：

先假定受压区高度 X_C 为 300mm。

$$\xi=\frac{0.8X_c}{h_{w0}}=\frac{0.8\times300}{800}=0.3<\xi_b=0.5\text{ 是大偏压}$$

根据平截面假定，可求得从左到右各竖向钢筋的应变分别为 0.002、0、0.004、0.006，对应的应力分别为：-360MPa、0MPa、360MPa、360MPa。

截面内力的合力：

$N_o=0.8\times300\times190\times8.04\times1.05-(-360+2\times360)\times113.1=344.3\text{kN}<\gamma_{RE}N=471.8\text{kN}$

不平衡，需重新计算。再假定受压区高度为 390mm。

$\xi=0.39<\xi_b$，仍是大偏压。

根据平截面假定，可求得从左到右各竖向钢筋的应力分别为：-360MPa、-138.5MPa、360MPa、360MPa。

$$\begin{aligned}N_o&=0.8\times390\times190\times8.04\times1.05-(-360-138.5+360+360)\times113.1\\&=475.4\text{kN}>\gamma_{RE}N=471.8\text{kN}\end{aligned}$$

将受压区高度在 300~390mm 中插值，重复上述计算，可得 $X_C\approx390\text{mm}$。对截面形心取矩有以下计算墙片抗弯能力公式：

$$Ne_i \leqslant \frac{1}{\gamma_{RE}}\left[f_{gm}Xb_w\left(\frac{h_w}{2}-\frac{X}{2}\right)+\Sigma\sigma_sA_sX_i\right]$$

其中：$\because e_o = \dfrac{M}{N} = \dfrac{193.9}{555} = 0.349\text{m} > 0.3h_{w0} = 0.3\times0.8 = 0.24\text{m}$

$\therefore e_a = 0, e_i = e_o + e_a = 349\text{mm}$

$$X = 0.8X_C = 312\text{mm}$$

各根纵向钢筋应力从左到右分别为：-360MPa、-138.5MPa、360MPa、360MPa，至形心的距离 X_i 按实际情况取用。

$$\frac{1}{\gamma_{RE}}\left[f_{gm}Xb_w\left(\frac{h_w}{2}-\frac{X}{2}\right)+\Sigma\sigma_sA_sX_i\right]$$

$$=\frac{1}{0.85}\left[8.45\times312\times190\times\left(\frac{1000-312}{2}\right)+\left(360\times400+138.5\times200+360\times200\right.\right.$$

$$\left.\left.+360\times400\right)\times113.1\right]$$

$$=254.3\text{kN}\cdot\text{m} > M = 193.9\text{kN}\cdot\text{m}$$

墙片两端部各两孔插筋Φ12能够满足抗弯承载力要求。

其余墙片的详细计算步骤略。

5. 墙片荷载效应与抗力计算结果

根据计算结果，底层和六层各四片墙片的纵向钢筋配筋如图 10-46 所示，计算结果如表 10-38 所示。

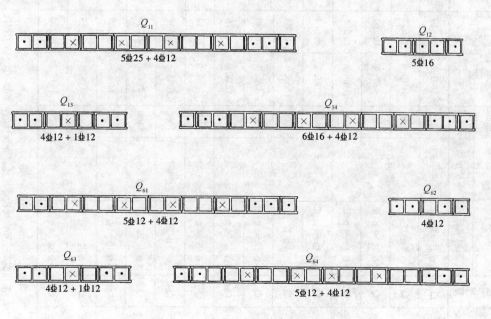

图 10-46 墙片竖向钢筋布置示意图

底层和六层各四片墙片墙片纵向钢筋计算结果

表10-38

层次	墙片号	竖向钢筋	水平钢筋	截面高度 (mm)	墙片轴力设计值 N (kN)	轴压比	相对受压区高度 ξ	内力设计值 M(kN·m)	内力设计值 V(kN)	墙片抗力 M(kN·m)	墙片抗力 V(kN)	备注
第一次计算 一层	Q_{11}	5Φ12+4Φ12		3400	1601.9	0.249	0.262	3597.9	998.9	2470.8	待调整	水平钢筋不符合公式 (10-42) 要求，纵筋需调整
	Q_{22}	4Φ12	2Φ8@200	1000	1045.6	0.552		223.6	105.6	待调整	待调整	轴压比>0.5，按规定调整钢筋布置
	Q_{23}	4Φ12+1Φ12		1400	767.9	0.290	0.302	409.2	98.2	455.5	245.9	水平钢筋间距待优化
	Q_{24}	5Φ12+4Φ12		3600	3466.6	0.508		3936.1	569.3	待调整	待调整	轴压比>0.5，按规定调整钢筋布置
六层	Q_{61}	5Φ12+4Φ12		3400	334.5	0.064	0.083	633.6	305.9	1003.7	985.6	满足要求，水平钢筋布置由公式 (10-42) 控制
	Q_{62}	4Φ12		1000	555.0	0.363	0.490	193.9	122.7	254.3	119.9	满足要求
	Q_{63}	4Φ12+1Φ12	2Φ8@200	1400	475.8	0.223	0.212	182.2	107.4	333.2	334.7	水平钢筋间距待优化
	Q_{64}	5Φ12+4Φ12		3600	1517.8	0.276	0.248	517.8	286.8	2080.3	1047.2	满足要求，水平钢筋布置由公式 (10-42) 控制
最终计算结果 一层	Q_{11}	5Φ25+4Φ12	2Φ10@200	3400	1601.9	0.249	0.262	3597.9	998.9	3436.5	1122.2	满足要求
	Q_{22}	5Φ16	2Φ8@200	1000	1045.6	0.552	0.561	223.6	105.6	369.7	208.8	属小偏压构件，满足要求
	Q_{23}	4Φ12+1Φ12	2Φ8@400	1400	767.9	0.290	0.304	409.2	98.2	455.5	153.5	满足要求
	Q_{24}	6Φ16+4Φ12	2Φ8@200	3600	3466.6	0.508	0.432	3936.1	569.3	4333.6	950.4	满足要求
六层	Q_{63}	4Φ12+1Φ12	2Φ8@400	1400	475.8	0.223	0.309	182.2	107.1	336.4	158.1	满足要求
	Q_{64}	5Φ12+4Φ12		3600	1517.8	0.276	0.320	517.8	286.8	2232.0	523.5	满足要求，水平钢筋布置由公式 (10-42) 控制

注：1. 墙厚 t=190mm，层高 h=2.8m；

2. 灌孔混凝土小砌块砌体抗压强度设计值：底层 f_{gc}=9.97MPa，六层 f_{gc}=8.04MPa；

3. 纵向钢筋和水平钢筋为 HRB400。

10.9 配筋砌块砌体结构的抗震性能

配筋混凝土小型空心砌块砌体结构是住房和城乡建设部批准推广的结构体系。本节论述 2005 年以来作者与黄靓、蔡勇、吕伟荣等人对配筋砌块砌体结构、框支配筋砌块砌体结构抗震性能研究的主要成果。

10.9.1 框支配筋砌块砌体剪力墙的抗震性能

框支配筋砌块砌体剪力墙结构综合了框支混凝土结构和配筋砌块砌体结构的诸多优点，是一种具有推广价值的结构形式。我国在 20 世纪 90 年代开始对配筋砌块砌体剪力墙结构进行了广泛研究，但至今国内外对框支配筋砌块砌体剪力墙结构的研究还较少见。由于我国的砌块砌体结构的基本力学性能测试方法与国外有着明显的不同，且砌块、砌块专用砂浆、灌孔混凝土以及钢筋四种主要组成材料与国外亦有不同之处，很难照搬国外的研究成果。因此要在我国运用这种体系，必须深入研究采用具有我国特点的框支配筋砌块砌体剪力墙结构的抗震性能。

一、模型设计与试验方法

为了了解这种结构的受力机理、抗震性能和破坏形态，基于对简单相似关系的研究，按 1/4 缩尺比例设计了两榀试验模型，一榀为底部两层框架框支配筋砌块砌体剪力墙（KZW-1），另一榀为底部两层框剪框支配筋砌块砌体剪力墙（KZW-2），试验试件见图 10-47。取底部 4 层为试验子结构，上部 10 层为计算子结构，运用子结构技术对两榀墙体进行子结构拟动力试验，分析其在地震作用下的抗震性能。旨在进行试验子结构试验的同时，得到全结构的地震反应全过程。

(a)　　　　　　　　　　(b)

图 10-47　试验墙
(a) KZW-1；(b) KZW-2

1. 墙体模型设计

为了使墙体模型具有代表性，原型房屋的平面与 1984 年中国建筑科学研究院进行的 12 层框支混凝土剪力墙的模型试验的原型房屋的平面类似，但是层数增加到 14 层，层高为 2.8m，底部框支层高为 3.6m，剪力墙墙厚为 190mm。模型材料采用简单相似关系，其材料的相似关系见表 10-39，模型试验材料的实测抗压强度平均值见表 10-40，模型所配钢筋的实测力学性能见表 10-41，两榀框支剪力墙的立面和底框配筋见图 10-48。

模型材料的相似关系 表 10-39

几何尺寸	线位移	集中力	应力	应变	弹性模量	抗压强度	刚度	时间
1/4	1/4	1/16	1	1	1	1	1/4	1/4

实测模型材料的强度平均值 表 10-40

组 成 材 料	KZW-1 (一、二层)	KZW-1 (三、四层)	KZW-2 (一、二层)	KZW-2 (三、四层)
砌块 f（MPa）	—	19.6	19.6	19.6
砌块专用砂浆 f_2（MPa）	—	12	20	25
灌孔混凝土 f_{cu}（MPa）	—	25	35	42
框支部分混凝土 f_{cu}（MPa）	35	—	27	—

模型钢筋的实测力学性能指标 表 10-41

直径	f_y（MPa）	f_u（MPa）	E_g（MPa）
$\phi 4$	358	650	2.08×10^5
$\phi 6$	400	587	2.10×10^5
$\phi 10$	450	640	2.10×10^5

2. 试验方法

采用子结构拟动力试验方法。由于模型高度和作动器大小的限制，将底部 4 层的试验子结构看成 2 个自由度结构，采用两个作动器，顶部 10 层的计算子结构看成 5 个自由度的结构。以往震害表明，框支混凝土剪力墙结构在地震作用下的破坏基本集中在底部框架和底部框架上一到两层剪力墙，其他部分基本上不破坏。所以这里取底部 4 层作为试验子结构，直接由试验获得其非线性特征，而取上部作计算子结构，采用线性的恢复力滞回曲线。子结构拟动力试验数值积分方法采用预先修正法——PCM-Newmark 法。试验结构模型及试验子结构见图 10-49。

拟动力试验装置见图 10-50。

试验采用 El Centro（S-N）波。S-N 方向最大加速度为 341.7cm/s²，场地土属 Ⅱ～Ⅲ类。加载的地震波见图 10-51。

二、KZW-1 的试验结果与分析

KZW-1 上部两层墙体与下部两层框架间的实测初始弹性侧移刚度比为 12.6，等效侧移刚度比为 9.8。

对应不同烈度，进行 4 次拟动力加载试验，峰值加速度分别为 65Gal、125Gal、220Gal。地震波分 1000 步输入，时间间隔取 0.005s。弹性阶段在一个波作用下试验耗时约为 15～20min，随着结构非线性程度的增加，试验时间逐渐增加。

1. 破坏形态

在峰值加速度为 65Gal 的地震作用下，底部框架和上部墙体均未出现任何裂缝，结构处于弹性状态。在峰值加速度为 125Gal 的地震作用下，当两作动器水平力之和为 50kN 时

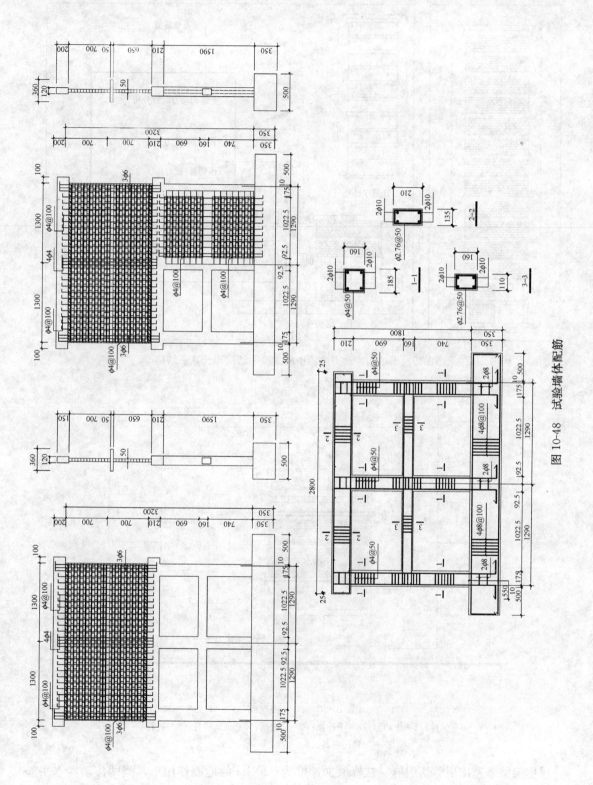

图 10-48 试验墙体配筋

427

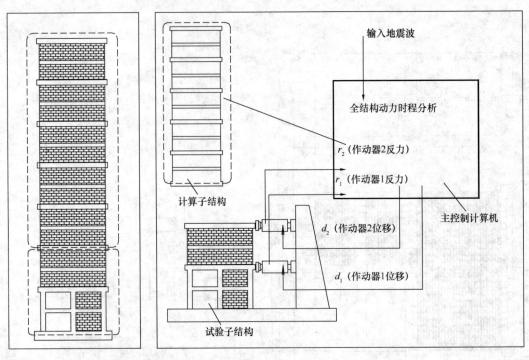

图 10-49　子结构拟动力试验中的试验子结构和计算子结构

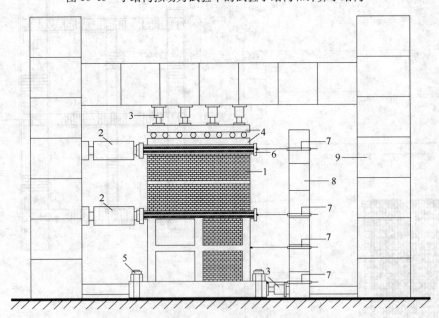

图 10-50　试验装置图

1—试件；2—作动器；3—千斤顶；4—分配梁；5—地脚螺栓；6—拉杆；

7—位移传感器；8—钢架；9—承力架

一层框架梁率先出现剪切裂缝。在峰值加速度为 220Gal 的地震作用下，当两作动器水平力之和为 65kN 时框架柱的底部和顶部均出现弯曲裂缝，随着水平力的进一步加大，部分节点出现剪切裂缝，框架柱底部和顶部的裂缝进一步扩展并出现很多新的裂缝。柱顶部和底部的裂缝进一步加宽，框架柱中部的节点处均出现明显的交叉斜裂缝，柱与一层框架梁的交接处附近出现很多周圈水平裂缝。一层框架梁两端都出现明显的交叉斜裂缝，但框支梁未出现明显的裂缝。上部的配筋砌块砌体剪力墙未出现任何裂缝。试验结果表明，破坏均在底部产生，上部墙体基本处于弹性状态，底部形成明显的柔弱层。构件的破坏形态见图 10-52。

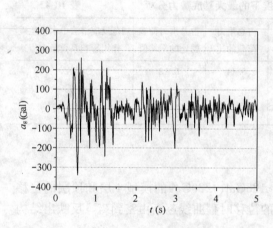

图 10-51　用于加载的 EI Centro（S-N）波

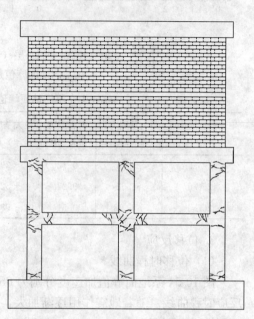

图 10-52　KZW-1 的破坏形态

2. 基底剪力反应

基底剪力的大小在客观上反映了结构在某种地面加速度下所受到的地震作用大小。图 10-53 是在 65Gal、125Gal 和 220Gal 时基底剪力时程曲线。从图中可以看出，基底剪力时程曲线与结构顶层位移时程曲线（图 10-54）有一定的相似之处。

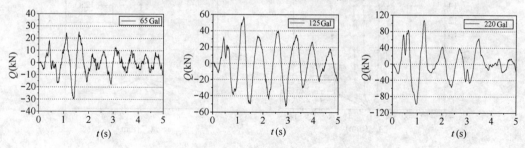

图 10-53　KZW-1 在不同地面峰值加速度下的基底剪力时程曲线

墙体试件 KWZ-1 在正负方向（规定作动器推为正，拉为负）的最大基底剪力以及占结构总重力荷载的比值见表 10-42。分析表明，结构在不同地面峰值加速度下的最大基底剪力占结构总重力荷载的平均值与《建筑抗震设计规范》反应谱法中水平地震作用影响系数最大值比较接近，说明本试验能够合理体现结构在不同大小地震作用时的反应情况。

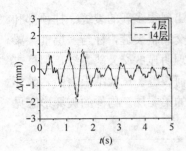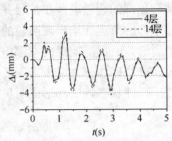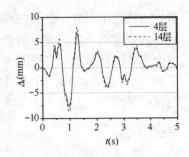

图 10-54　KZW-1 的 4 层（试验子结构）和顶层（计算子结构）
在不同地面峰值加速度下的位移时程曲线

KZW-1 在不同地面峰值加速度下的最大基底剪力分析　　　　　　　　表 10-42

地面峰值加速度 a_g	最大基底剪力（＋）（kN）	占总重力荷载的比	最大基底剪力（－）（kN）	占总重力荷载的比	占总重力荷载的比的平均值	规范反应谱法中水平地震作用影响系数最大值
65Gal	25.18	0.12	－29.56	0.14	0.13	0.12
125Gal	56.52	0.27	－52.92	0.25	0.26	0.23
220Gal	106.98	0.51	－98.60	0.47	0.49	0.50

3. 位移反应

（1）位移时程曲线

图 10-54 系地面峰值加速度分别为 65Gal、125Gal、220Gal 的模型 4 层和顶层的位移反应时程曲线。随着地震作用逐渐加大，结构的位移时程曲线逐渐由密到疏，反映出结构的周期也在逐渐变大。

（2）侧向变形

不同地面峰值加速度下各层最大位移见图 10-55，不同地面峰值加速度下各层最大层间位移见图 10-56。从图中可以看出，随着地面峰值加速度的增大，变形曲线在结构的层刚度突变处出现了明显的拐点。

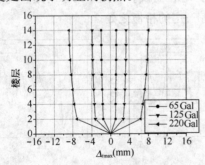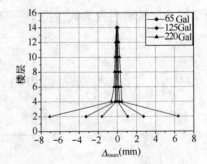

图 10-55　KZW-1 各层最大位移　　　　　图 10-56　KZW-1 各层最大层间位移

4. 滞回曲线

（1）层剪力-层间位移滞回曲线

图 10-57 为地面峰值加速度 65Gal、125Gal 和 220Gal 时 KZW-1 的 1～2 层、3～4 层和 13～14 的层剪力-层间位移滞回曲线。

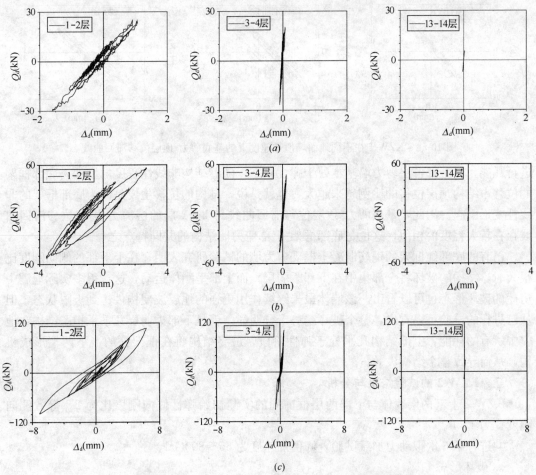

图 10-57 KZW-1 的 1～2 层、3～层和 13～14 层在不同地面峰值加
速度下的层剪力-层间位移滞回曲线

(a) $a_g=65Gal$；(b) $a_g=125Gal$；(c) $a_g=220Gal$

从层滞回曲线可以看出，65Gal 时，KZW-1 的底部框架部分和上部剪力墙部分的滞回曲线基本呈线性状态，耗能很少。125Gal 时，由于底层框架梁两端出现裂缝，底部的滞回曲线逐渐变得饱满些，上部剪力墙的滞回曲线依然呈明显的线性，显示上部结构没有耗能。220Gal 时，由于框支柱的底部和顶部出现了弯曲和剪切裂缝，底部框架部分的耗能进一步增加，上部剪力墙结构的刚度基本没有退化，耗能极少。随着底部框架结构的裂缝越来越多，底部形成了明显的薄弱层。上述分析表明，底部为纯框架的框支配筋砌块砌体剪力墙主要依靠底部框架结构进行耗能，而且采用多自由度子结构拟动力试验方法进行这种结构的抗震性能试验研究可以观察到不同部分在地震作用下抗震性能以及耗能的贡献大小，这是一般抗震试验很难得到的。

(2) 基底剪力-顶层位移（全结构）滞回曲线

地面峰值加速度为 65Gal、125Gal 和 220Gal 的基底剪力-顶层位移（全结构）滞回曲线见图 10-58。

从试验可以看出，底部为纯框架的框支配筋砌块砌体剪力墙结构主要是依靠底部框架

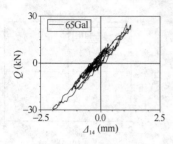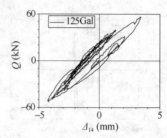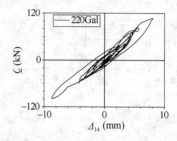

图 10-58　KZW-1 在不同地面峰值加速度下的基底剪力-顶层位移滞回曲线

进行耗能，而上部各层剪力墙基本处于弹性状态，随着结构非线性程度的增加，底部框架的位移占结构顶层位移的比例越来越大，也就是说，结构的位移主要是因为底部框架的非线性变形引起。因此，基底剪力-顶层位移滞回曲线与 1～2 层的层剪力-层间位移滞回曲线存在较大程度的相似，这也是底部框架-上部剪力墙结构的共同特点之一。

已有的底部纯框架的钢筋混凝土框支剪力墙的试验研究表明，在上下部的侧向刚度比很大时，结构的破坏将全部集中在下部柔弱层，而上部呈刚体运动，这在很多实际地震中房屋的破坏形态也可以看出。该墙体虽未继续作用更强的地震波使构件达到极限状态，但从已进行的试验可以看出，整个破坏趋势十分明显，就是下部柔弱层几乎承担了结构在地震中所有的耗能，上部结构几乎处于弹性阶段，最终结构将在框架柱的上下两端形成机构，从而导致整个结构失效。

三、KZW-2 的试验结果与分析

KZW-2 上部两层墙体与下部两层框剪间的实测初始弹性侧向刚度比为 2，等效侧向刚度比为 1.56。

共进行了 6 次拟动力加载试验，峰值加速度为 65～800Gal。

1. 破坏形态

在峰值加速度分别为 65Gal、125Gal 和 220Gal 的地震作用下，底部框架和上部墙体均未出现任何裂缝，结构基本处于弹性状态。在峰值加速度为 400Gal 的地震作用下，一层处的框架梁出现了斜裂缝（此时所受的水平地震作用之和为 -170kN，这里规定作动器推为正，拉为负），框支柱出现了水平裂缝（此时所受的水平地震作用之和为 -190kN），墙体未出现裂缝。在峰值加速度为 600Gal 的地震作用下，底部框支剪力墙的剪力墙部分出现斜裂缝，框支柱出现了更多的水平裂缝，此时所受的水平地震作用之和为 -208kN，1～2 层层间位移为 5.48mm；当 3～4 层层剪力为 -210kN 时，大空间处上部墙体出现负向剪切裂缝，此时 3～4 层层间位移 -5.35mm，接着框支梁出现部分剪切裂缝；3～4 层层剪力为 245kN 时，在上部大空间处上部墙体出现正向斜裂缝，形成交叉裂缝，此时 3～4 层的层间位移为 5.68mm。在峰值加速度为 800Gal 的地震作用下，底部剪力墙部分出现多条交叉斜裂缝。其他各部分的裂缝进一步加密增多。与剪力墙相连的框架柱以及未与剪力墙相连的框架柱上的裂缝分布基本均为水平裂缝，呈弯曲破坏，裂缝分布比较均匀，未出现明显的塑性铰，框支柱的破坏比较轻。底部剪力墙墙体的裂缝与柱的裂缝连接在一起，说明与落地剪力墙连接的框架柱与墙体共同作用良好，底部剪力墙的破坏比较严重，它承担了底部主要的耗能工作，大空间上框支梁与框支柱的节点及附近出现了明显的剪切裂缝，显示出这是结构的薄弱部位，设计时宜采取一定措施增加其受剪能力。破坏形态如

图 10-59 所示。整体上看，砌体墙体的裂缝与钢筋混凝土剪力墙的裂缝比较相近，且裂缝密而均匀，显示这种结构的抗震性能和耗能能力较好。

2. 基底剪力反应

KZW-2 在不同地面峰值加速度下的基底剪力时程曲线见图 10-60，其最大基底剪力分析见表 10-43，表明结构在各地震波下的最大基底剪力占结构总重力荷载的平均值与抗震规范反应谱法中水平地震作用影响系数最大值比较接近。

3. 位移反应

（1）位移时程曲线

图 10-61 分别为地面峰值加速度为 65～800Gal 时

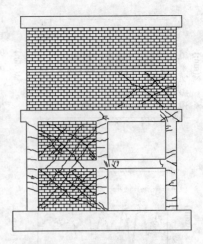

图 10-59　KZW-2 的破坏形态

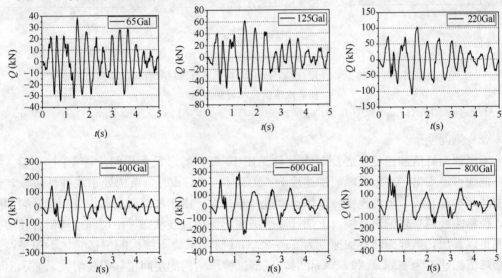

图 10-60　KZW-2 在不同地面峰值加速度下的基底剪力时程曲线

模型 2、4 层和顶层的位移反应时程曲线。由图中可以看出，随着地面峰值加速度的不断增大，各层位移时程曲线逐渐由密到疏，反映了各层和整个结构的刚度处于不断退化之中。

KZW-2 在不同地面峰值加速度下的最大基底剪力分析　　　　　表 10-43

地面加速度 a_g	最大基底剪力（＋）（kN）	占总重力荷载的比	最大基底剪力（－）（kN）	占总重力荷载的比	占总重力荷载的比的平均值	规范反应谱法中水平地震作用影响系数最大值
65Gal	37.7	0.17	−34.1	0.15	0.16	0.12
125Gal	61.8	0.26	−62.4	0.28	0.28	0.23
220Gal	101.7	0.45	−108.5	0.48	0.47	0.50
400Gal	172.6	0.77	−196.6	0.87	0.82	0.90
600Gal	288.0	1.28	−246.9	1.10	1.19	1.40
800Gal	303.0	1.35	−235.9	1.05	1.20	—

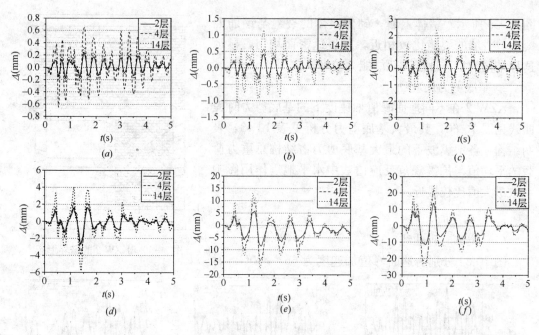

图 10-61　KZW-2 的 2 层、4 层（试验子结构）和顶层（计算子结构）在不同地面峰值
加速度下的位移时程曲线

(a) $a_g = 65Gal$；(b) $a_g = 125Gal$；(c) $a_g = 220Gal$；(d) $a_g = 400Gal$；(e) $a_g = 600Gal$；(f) $a_g = 800Gal$

（2）侧向变形

不同地面峰值加速度下各层最大位移见图 10-62，各层最大层间位移见图 10-63。由位移曲线可以看出，当地面峰值加速度为 65Gal 和 125Gal 时，结构处于线弹性阶段，位移曲线基本为直线，随着地面峰值加速度进一步加大，由于底部两层各构件相继开裂和破坏，位移曲线越来越偏离直线。上部计算子结构仍保持直线状态。由层间位移沿各楼层分布图可以看出，当地面峰值加速度为 65～220Gal 时，试验子结构的位移变化不明显，当地面峰值加速度为 600Gal 和 800Gal 时，底部试验子结构的层间位移明显增大，显示出其非线性变形明显加大。

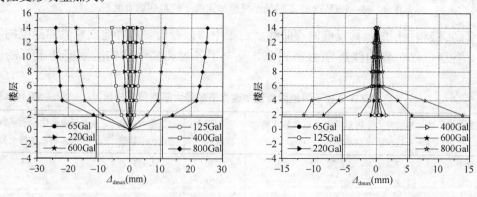

图 10-62　KZW-2 各最大位移　　　　图 10-63　KZW-2 各层最大层间位移

（3）结构位移角反应

结构的层间位移角、总位移角是判定结构抗震性能的重要指标。根据模型试验结果总

结的结构在不同地面峰值加速度下总位移角、层间位移角最大值分别见表 10-44 和表 10-45。在地面峰值加速度为 65Gal、125Gal 和 220Gal 的地震作用下，结构的层间位移角、总位移角都很小，均小于 1/2000，结构基本处于弹性阶段。在地面峰值加速度为 400Gal 的地震作用下，由于底部 1～2 层的局部构件发生破坏，其层间位移角达到 1/833，大于 1/1000。在地面峰值加速度为 600Gal 的地震作用下，由于 1～4 层的剪力墙以及底部框支梁、柱均发生不同程度的开裂和破坏，试验子结构的层间位移角以及结构的总位移角均大于 1/1000，1～2 层和 3～4 层的层间位移角分别达到 1/254 和 1/274。在地面峰值加速度为 800Gal 的地震作用下，结构 1～2 层和 3～4 层的层间位移角分别达到 1/142 和 1/165，总位移角达到了 1/414。从位移角反应可以看出，该结构可以满足我国抗震规范 6～8 度抗震设防区的第二阶段的位移验算要求。

KZW-2 在不同地面峰值加速度下的最大层间位移角 θ_{dmax} 表 10-44

楼层	θ_{dmax}（rad）					
	a_g=65Gal	a_g=125Gal	a_g=220Gal	a_g=400Gal	a_g=600Gal	a_g=800Gal
13～14 层	1/60869	1/30434	1/17500	1/9825	1/5714	1/6335
11～12 层	1/24138	1/17500	1/8750	1/5176	1/3077	1/3318
9～10 层	1/16867	1/12173	1/7000	1/3518	1/2373	1/2288
7～8 层	1/13207	1/9459	1/5185	1/2800	1/2121	1/1795
5～6 层	1/14737	1/8750	1/4516	1/2300	1/1837	1/1489
3～4 层	1/1556	1/8333	1/3684	1/1556	1/272	1/165
1～2 层	1/8781	1/4931	1/2105	1/833	1/254	1/142

KZW-2 在不同地面峰值加速度下的最大总位移角 表 10-45

地面加速度 a_g（Gal）	65	125	220	400	600	800
总位移角 θ_{max}（rad）	1/15692	1/9272	1/3669	1/2056	1/671	1/414

4. 滞回曲线

（1）层剪力-层间侧移滞回曲线

图 10-64 为输入不同地面峰值加速度时 KZW-2 的 1～2 层、3～4 层和 13～14 层剪力-层间侧移滞回曲线。从层滞回曲线可以看出，从 65Gal 到 125Gal，KZW-2 的底部框剪部分和上部剪力墙部分的滞回曲线基本呈直线状态，耗能很少。随着地面加速度变大，底部框剪部分和上部剪力墙部分的耗能先后逐步增大，在 220Gal 时，底部框剪部分滞回环出现了面积突然变大现象，显示构件出现了损伤，但是所有底部构件并未开裂。在 400Gal 时，由于底部的框架梁、柱先后开裂，滞回环不再呈线性状态，此时，上部 3～4 层配筋砌块砌体剪力墙结构整体上并未开裂，基本呈线性状态，结构主要依靠底部框架结构进行耗能。在 600Gal 时，由于底部剪力墙开裂，并出现了交叉裂缝，底部框剪部分的滞回环渐渐饱满，呈捏拢状，上部剪力墙接着也出现了少量裂缝，从而使上部结构更多地参与了耗能。800Gal 时，底部框剪部分的滞回环较 600Gal 时更为饱满，不过基本形状保持一致，为捏拢状，上部 3～4 层剪力墙的裂缝进一步开展，滞回环也较 600Gal 时饱满，其参与整体结构耗能的比例比 600Gal 时要大。KZW-2 的整体抗震性能较 KZW-1 的强得多，未出现明显的薄弱层。

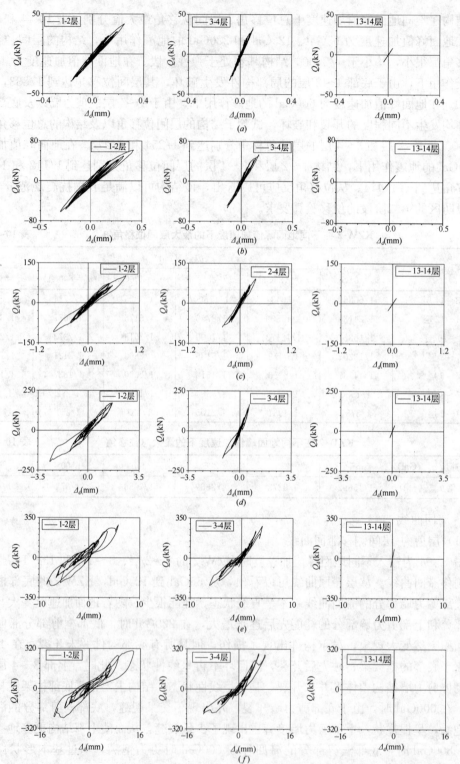

图 10-64　KZW-2 的 1～2 层、3～4 层（试验子结构）和 13～14 层（计算子结构）
在不同地面峰值加速度下的层剪力-层间位移滞回曲线

(a) $a_g = 65$Gal；(b) $a_g = 125$Gal；(c) $a_g = 220$Gal；(d) $a_g = 400$Gal；(e) $a_g = 600$Gal；(f) $a_g = 800$Gal

(2) 基底剪力-顶层位移（全结构）滞回曲线分析

基底剪力-顶层位移滞回曲线见图 10-65。底部框剪的框支配筋砌块砌体剪力墙（KZW-2）的基底剪力-顶层位移滞回曲线较底部框架的框支配筋砌块砌体剪力墙（KZW-1）杂乱，与底层的层剪力-层间位移滞回曲线也不具明显的相似性，显示出转换层上部的剪力墙结构更多地参与了整体结构的抗震，而不再像底部框架的配筋砌块砌体剪力墙（KZW-1）那样，整个上部剪力墙呈近似刚体的运动。800Gal 时，滞回曲线呈现稍捏拢状的弓形。

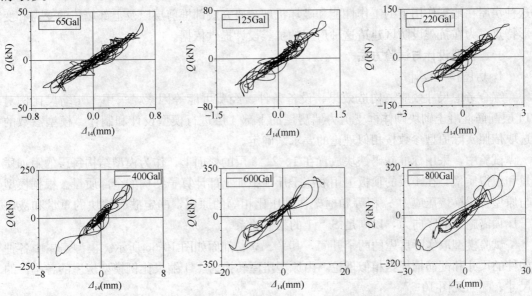

图 10-65　KZW-2 在不同地面峰值加速度下的基底剪力-顶层位移滞回曲线

上述试验和研究表明：

（1）采用子结构技术对框支配筋砌块砌体剪力墙这类复杂高层结构进行拟动力试验是可行的，试验过程中可以方便地得到全结构各层的加速度、速度和位移的地震反应以及各层结构和整体结构的耗能情况。

（2）KZW-1、KZW-2 的基底剪力分析表明，在不同地面峰值加速度下的最大基底剪力占结构总重力荷载的平均值与反应谱法中水平地震作用影响系数最大值比较接近，本试验能够合理体现结构在不同大小的地震中的反应情况。

（3）底部框架-上部配筋砌块砌体剪力墙结构在 6 度小震－7 度中震基本呈线弹性状态，而在 7 度大震以上基本呈非线性状态。

（4）底部框剪-上部配筋砌块砌体剪力墙结构在地面峰值加速度为 65Gal、125Gal 和 220Gal 的地震作用下，结构的层间位移角、总位移角均小于 1/2000，结构基本处于弹性阶段。在地面峰值加速度为 400～800Gal 的地震作用下，结构的层间位移角和总位移角均小于 1/100，显示其良好的抗震性能。

（5）初始弹性侧移刚度比对框支结构的抗震性能的影响较大。该值很大程度上决定了结构薄弱层的位置、弹塑性变形性能和破坏形态。

（6）底部框剪-上部配筋砌块砌体剪力墙结构的抗震性能远好于底部框架-上部配筋砌

块砌体剪力墙结构的抗震性能，并且符合我国规范多道抗震设防的设计思想。

10.9.2 框支配筋砌块砌体剪力墙房屋的抗震性能

我国在哈尔滨、辽宁抚顺建有配筋混凝土砌块砌体框支剪力墙房屋试点工程，但国内外缺乏系统的试验研究。为此通过一幢 14 层配筋混凝土砌块砌体框支剪力墙模型房屋，进行子结构拟动力试验（试验子结构为下部 4 层，其底层为框架-剪力墙，上部 3 层为配筋混凝土砌块砌体剪力墙；计算子结构为上部 10 层配筋混凝土砌块砌体剪力墙），以探讨这种房屋在地震作用下的工作性能和破坏机理，研究底部框剪层以及上部墙体的受力和变形特点，为在抗震设防区建造这种房屋的抗震设计提供依据。

一、模型设计与试验方法

1. 房屋模型设计

综合考虑尺寸效应、构造效果、设备条件、经费可能等因素，采用 1/4 缩尺比例对 14 层配筋混凝土砌块砌体框支剪力墙房屋的下部 4 层进行模型设计和制作。模型参数的选取依照实际原型参数按相似理论的要求来确定。

试验中，采用标准砝码铁块放置在 1、2、3 层的楼面上，作为模型结构每层的附加质量和模拟质量。在 4 层的顶板上用液压千斤顶施加上部计算子结构的全部质量。根据模型与原型各层横墙压应力 σ_0 相等和框架柱轴压比相等的原则，确定砝码铁块的重量和液压千斤顶需施加的竖向力，以满足 $S_\sigma = 1$ 的相似关系。

试验模型取实际房屋的两个开间，其平、立、剖面如图 10-66 所示。模型房屋中各种构件的尺寸和配筋均根据相似理论，由原型房屋转换为 1/4 缩尺比例模型房屋的各构件的尺寸、配筋见图 10-67。

试验所用模型混凝土砌块抗压强度平均值为 $f_1 = 19.58 \text{N/mm}^2$。其他材料的试验结果见表 10-46、表 10-47。

模型房屋材料强度平均值 表 10-46

材　料	底板	1 层	2 层	3 层	4 层
混凝土 f_{cv}（MPa）		46.8	43.5	37.4	25.6
砂浆 f_2（MPa）	33.6	35.3	35.7	31.8	33.9
灌孔混凝土 f_{cu}（MPa）		47.3	37.7	34.9	20.7

模型钢筋力学性能 表 10-47

直径	f_y（MPa）	f_u（MPa）	延伸率 δ（%）
$\phi 4$	350.3	435.6	36.7
$\phi 6$	513.1	619.3	28.7
$\phi 10$	480.0	670.3	22.5

2. 试验方法

试验装置类同于图 10-50。其竖向加载设备，模型房屋 1、2、3 层的附加质量，采用标准砝码放置在每层的楼板上，计算子结构部分 4～14 层的模型结构质量及附加质量，通过 4 层顶面液压千斤顶施加。

水平加载装置见图 10-68。模型第 2 层与第 1 层侧向刚度比 γ 为 4.46。

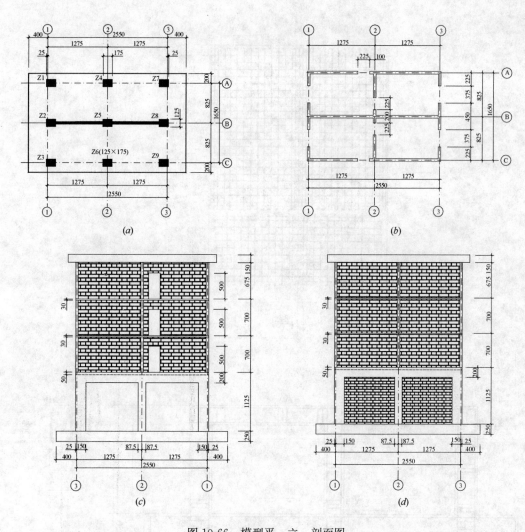

图 10-66　模型平、立、剖面图
(a) 1 层平面图；(b) 2、3、4 层平面图；(c) Ⓐ、Ⓒ轴线立面图；(d) Ⓑ轴线剖面图

拟动力试验中，在弹性阶段，采用 El Centro、Taft、天津宁河三种地震波，地震加速度峰值从小值开始，逐渐加大至模型发生初始裂缝，最后采用 El Centro 地震波，逐步加大加速度峰值，到模型破坏为止。

二、试验结果及分析

1. 弹性阶段子结构拟动力试验

（1）采用 Taft 地震波，截取 6.95～11.94s，时间轴按相似比压缩。进行了加速度峰值为 35Gal、65Gal、125Gal 三次子结构拟动力试验，模型房屋的位移、加速度及层间剪力的试验结果如图 10-69 所示。

（2）采用 El Centro 地震波，截取前 5s，时间轴按相似比压缩。进行了加速度峰值为 35Gal、65Gal、125Gal 三次子结构拟动力试验，模型房屋的位移、加速度及层间剪力的试验结果如图 10-70 所示。

（3）采用宁河地震波，截取 3.42～8.4s，时间轴按相似比压缩。进行了加速度峰值为 35Gal、65Gal 两次子结构拟动力试验，模型房屋的位移、加速度及层间剪力的试验结

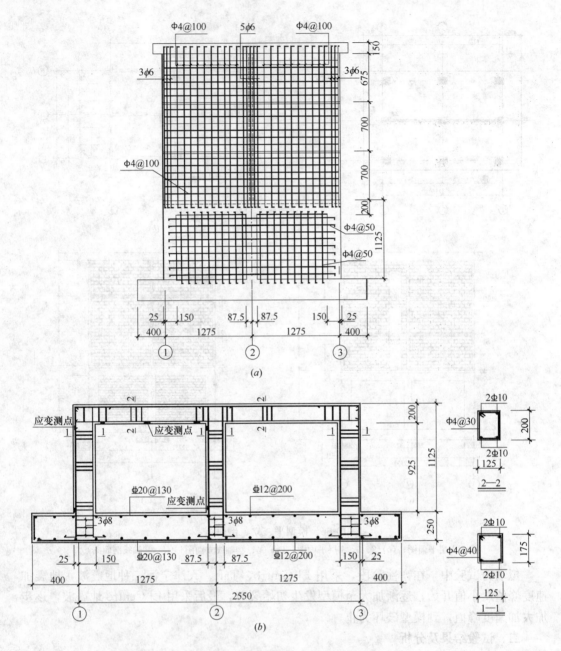

图 10-67　模型配筋图及应变测点

(a) Ⓑ轴线墙体配筋图及应变测点布置；(b) Ⓐ、Ⓑ、Ⓒ轴线框架配筋图及应变测点布置

果如图 10-71 所示。

　　从三种地震波的动力反应情况来看，模型房屋对于宁河地震波的地震反应最大，El Centro 地震波次之，Taft 地震波最小。模型房屋在加速度峰值为 35Gal、65Gal、125Gal 时，完全处于弹性阶段，混凝土梁、柱及剪力墙均无明显的裂缝出现。地震作用按近似倒三角分布，底层位移反应稍微大一点，但整体来说位移反应均匀。仅在宁河地震波试验时，地震反应加大，加速度峰值 65Gal 时底层相对位移达到 1.452mm。接下来改用 El Centro 地震波进行弹塑性阶段的试验。

图 10-68　水平加载装置图

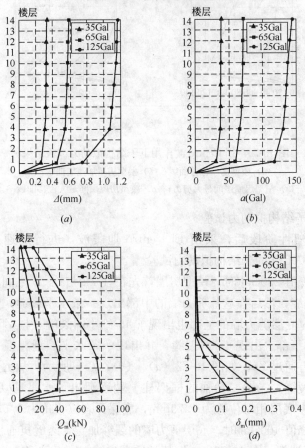

(a)

(b)

(c)

(d)

图 10-69　Taft 波作用下子结构拟动力试验结果

(a) 模型房屋位移曲线；(b) 模型房屋加速度曲线；

(c) 模型房屋层间最大剪力；(d) 模型房屋层间最大位移曲线

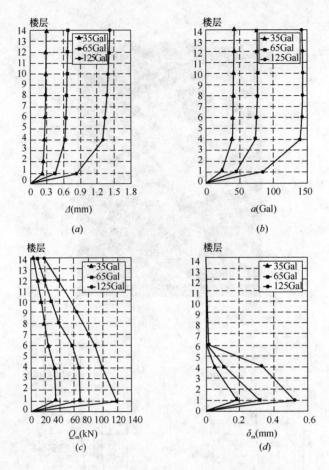

图 10-70　El Centro 波作用下子结构拟动力试验结果

(*a*) 模型房屋位移曲线；(*b*) 模型房屋加速度曲线；

(*c*) 模型房屋层间最大剪力；(*d*) 模型房屋层间最大位移曲线

2. 弹塑性阶段子结构拟动力试验

当结构进入弹塑性阶段后，采用 El Centro 地震波，进行加速度峰值为 220Gal、400Gal、600Gal、800Gal 的子结构拟动力试验。

(1) 在加速度峰值 220Gal 时，模型房屋首先在柱 Z2 与柱 Z5 之间底层剪力墙下部出现一条 45°细小斜裂缝，然后在这片剪力墙的中部出现一条水平裂缝，斜裂缝继续发展与水平裂缝相连，同时底层剪力墙的上部也出现了 45°细小斜裂缝，柱 Z5 与柱 Z8 之间底层剪力墙靠近柱 Z8 的下部也出现 45°斜裂缝，并出现一条水平裂缝，但 Z5 没有出现裂缝，剪力墙的斜裂缝没有通过 Z5，如图 10-72 (*a*)、(*b*)、(*c*) 所示。从剪力墙的裂缝形态判断，该裂缝为剪切裂缝。Ⓐ轴、Ⓒ轴的框架柱上端逐渐出现水平剪切裂缝，如图 10-72 (*d*) 所示。开裂时，底层相对位移为 1.79mm，底层开裂位移角为 1/628。

(2) 在加速度峰值 400Gal 时，底层剪力墙的裂缝加宽，裂缝贯通柱 Z5 (图 10-73*a*)，并延伸到柱 Z8 的下端部 (图 10-73*b*)，框架柱原有裂缝加宽，柱 Z1、Z2、Z3 在柱身出现水平裂缝，柱 Z7、Z9 在柱下端被压坏，如图 10-73 (*c*)、(*d*) 所示。在试验过程中，能听到框架以上墙体发出清脆的"叭"的响声，但没发现裂缝，说明此时上部墙体有发生轻

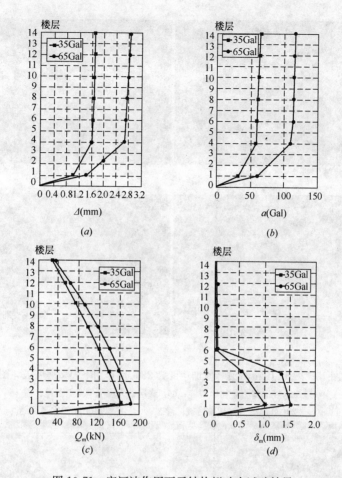

图 10-71 宁河波作用下子结构拟动力试验结果

(a) 模型房屋位移曲线；(b) 模型房屋加速度曲线；(c) 模型房屋层间最大剪力；(d) 模型房屋层间最大位移曲线

微损伤。此时底层相对位移为 3.13mm，层间位移角为 1/360。

(3) 在加速度峰值 600Gal 时，底层剪力墙不断有对角斜裂缝开展，原有裂缝不断加宽，裂缝处的混凝土砌块表面开始脱落（图 10-74a、b），裂缝贯通柱 Z5 处的混凝土保护层也开始脱落（图 10-74c），柱 Z8 下端部的裂缝不断加宽（图 10-74d），框架柱原有裂缝加宽，柱 Z1、Z2、Z3 在柱身出现的水平裂缝加宽，柱 Z7、Z9 在柱下端混凝土被压碎。此时底层相对位移为 7.44mm，层间位移角为 1/154。框架柱 Z5 在 1/2 柱高处出现了塑性铰，钢筋屈服。说明带有配筋混凝土砌块砌体剪力墙的框架柱在层间弯矩和层间剪力的共同作用下出现塑性铰弯剪破坏，柱铰的位置可能不在柱端而移到柱身或柱中部。

(4) 在加速度峰值 800Gal 时，柱 Z8 下端部被剪坏，露出柱子主筋（图 10-75a、b）。柱 Z5 中部处被剪坏，露出柱子的箍筋（图 10-75c）。柱 Z7、Z9 在柱下端混凝土被压酥、上端形成了塑性铰（图 10-75d、e）柱 Z1、Z2、Z3 在柱身出现水平裂缝加宽（图 10-75f），底层剪力墙不再有新的裂缝开展，原有裂缝处的混凝土砌块表面不断脱落，露出水平、竖向钢筋，整个剪力墙被剪断（图 10-75g、h、k）。模型房屋已经达到极限承载状态，处于倒塌的边缘，但模型房屋仍具有良好的整体性。此时的底层相对位移为 10.92mm，极限层间位移角为 1/103。在整个试验过程中，框架托墙梁没有出现裂缝。

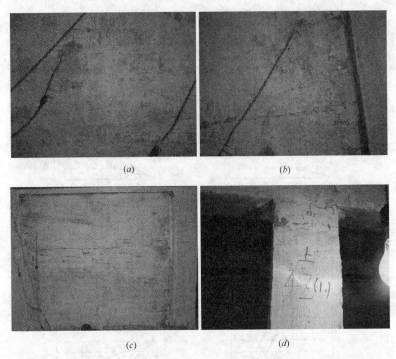

图 10-72 El Centro 波峰值加速度为 220Gal 作用下模型房屋破坏图

(a) 底层剪力墙初始裂缝；(b) 底层剪力墙水平及斜裂缝；

(c) 220Gal 地震能级试验后破坏形态；(d) 框架柱上端的水平裂缝

图 10-73 El Centro 波峰值加速度为 400Gal 作用下模型房屋破坏图

(a) 斜裂缝贯通 Z5 柱；(b) 斜裂缝贯通 Z8 柱；(c) Z7 柱下端压坏；(d) Z9 柱下端压坏

图 10-74　El Centro 波峰值加速度为 600Gal 作用下模型房屋破坏图

（*a*）底层剪力墙斜裂缝增多；（*b*）底层剪力墙砌块表面脱落；（*c*）Z5 柱塑性胶处混凝土保护层脱落；（*d*）Z8 柱下端破坏

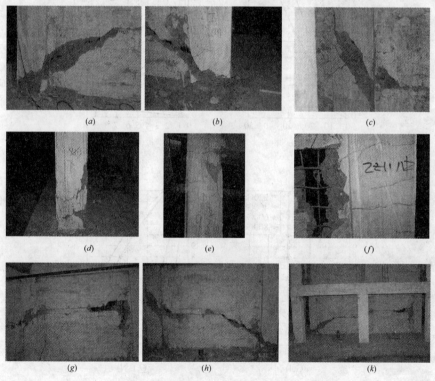

图 10-75　El Centro 波峰值加速度为 800Gal 作用下模型房屋破坏图

（*a*）Z8 柱脚破坏；（*b*）Z8 柱脚破坏露出钢筋；（*c*）Z5 柱剪切破坏后露出钢筋；（*d*）Z9 柱脚混凝土压酥；（*e*）Z9 柱上端混凝土压酥；（*f*）Z2 柱水平裂缝；（*g*）②～①轴剪力墙最终破坏形态；（*h*）②～③轴剪力墙最终破坏形态；（*k*）底部框剪层最终破坏形态

3. 模型房屋地震反应分析

(1) 位移反应。在水平地震作用下，模型房屋在弹塑性阶段的侧向位移如图 10-76 (a) 所示，模型底层位移较大，是结构的薄弱层。模型房屋在加速度峰值 220Gal 及以下时，是剪切型变形；大于 220Gal 时，底层变形为剪切型，上部配筋混凝土砌块砌体剪力墙变形为弯剪型。图 10-76 (b) 随着加速度峰值的加大，各层层间最大位移也相应加大，6 层以上楼层的层间位移较小，底部框剪层层间位移最大。

(2) 加速度反应。从图 10-76 (c) 中的加速度曲线看出，模型结构底层刚度比较小，上部结构质量分布比较连续，加速度呈倒三角形分布。

(3) 层间最大剪力分布。从图 10-76 (d) 曲线可知，模型房屋的地震作用在 400Gal 以下时，符合倒三角形的分布规律，这一结果表明，在加速度峰值 400Gal 以下的地震作用下，14 层配筋混凝土砌块砌体框支剪力墙模型房屋的地震作用计算仍可按倒三角形计算，按底部剪力法进行抗震验算是合理的。

(4) 模型房屋破坏特征。从模型房屋的破坏现象可知，底层带边框的配筋混凝土砌块砌体剪力墙属于剪切破坏（高宽比为 0.89），底层框架内嵌配筋混凝土砌块砌体剪力墙的框架柱也是剪切破坏，纯框架柱为弯曲破坏。模型房屋整体的破坏形态为剪切型。

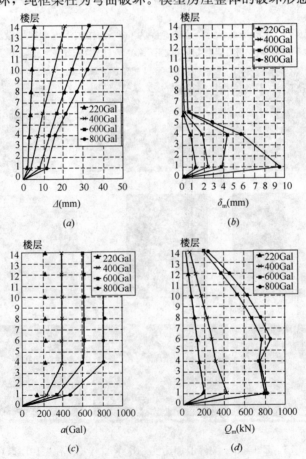

图 10-76 弹塑性阶段模型房屋地震反应

(a) El Centro 波模型位移曲线；(b) El Centro 波模型层间最大位移曲线；(c) El Centro 波模型加速度曲线；(d) El Centro 波模型层间最大剪力曲线

（5）模型房屋应变反应分析

表 10-48 列出了 El Centro 波在各加速度峰值时框架柱纵向钢筋部分应变的测试结果。测点布置见图 10-67（b）。分析可知，带有配筋混凝土砌块砌体剪力墙的框架柱的应变值比纯框架柱大，表明带有剪力墙的框架柱比纯框架柱受力大，主要是配筋混凝土砌块砌体剪力墙的抗侧力作用使抗侧力构件刚度分布发生变化，按抗侧刚度的大小分配水平地震剪力，不带剪力墙的框架所分配的地震剪力有所减少，而带剪力墙的框架柱中则产生附加轴力和剪力；框架边柱柱底应变比中柱柱底应变大，说明边柱柱底的受力较大，因为边柱除受框架侧移引起的固端弯矩外，还受整体倾覆力矩的作用。

模型房屋框架柱纵向钢筋应变反应峰值   表 10-48

测 点		ε_{sz}（$\times 10^{-6}$）						
		35Gal	65Gal	125Gal	220Gal	400Gal	600Gal	800Gal
Ⓐ轴	上端	68	−105	460	864	−1210	*	*
框架柱 Z7	下端	−89	−127	−526	−973	1337	*	*
Ⓐ轴	上端	−50	88	−360	−769	−1154		
框架柱 Z4	下端	51	−89	379	783	1276		
Ⓑ轴	上端	−128	285	595	−1886	2536		
框架柱 Z8	下端	189	395	−618	1979	−2760		
Ⓑ轴	上端	110	−366	584	−1770	−2357	*	*
框架柱 Z5	下端	−195	426	−709	2066	2979	*	*

注：* 表示钢筋已经屈服。

表 10-49 列出了 El Centro 波在各加速度峰值时框架托梁纵向钢筋部分应变的测试结果。测点布置见图 10-67（b）。三个测点分别为框架托梁跨中、中柱边、边柱边。应变测试是在施加竖向力以后开始的，测得的应变值是托梁对地震的应变反应。

模型房屋框架托梁纵向钢筋应变反应峰值   表 10-49

测点（Ⓐ轴）	ε_{sb}（$\times 10^{-6}$）					
	35Gal	65Gal	125Gal	220Gal	400Gal	600Gal
Z4 柱边部位	48.4	69.6	90.4	94.8	276.4	399.6
托梁跨中	−26.8	−44.4	−54.8	−44.8	−82.8	−141.8
Z7 柱边部位	52.4	87.8	132.4	97.6	250.4	376.4

分析可知，框架托梁在地震作用下，跨中为正弯矩，托梁上部受压，应变为负值。托梁两端节点为负弯矩，托梁上部受拉，应变为正值。从应变数值看框架托梁受力不大，模型试验结束时托梁也没有发现裂缝。说明底部框架与上部配筋混凝土砌块砌体剪力墙形成了类似于钢筋混凝土的组合深梁，是整体性能良好的组合深梁。

4. 模型房屋的抗震能力

由试验结果可见，配筋混凝土砌块砌体框支剪力墙模型房屋具有较强的抗震能力，经历 Taft 地震波、El Centro 地震波加速度峰值 35～125Gal 及宁河地震波加速度峰值 35～65Gal 多次地震作用下，模型房屋仍处于弹性阶段，没有明显的裂缝，此时相当于承受 7

度中震时的地震作用。当输入 El Centro 地震波加速度峰值 220Gal 时，模型房屋底层剪力墙开始出现对角斜裂缝及水平裂缝，确定模型房屋处于开裂状态，此时相当于承受 7 度大震时的地震作用。当输入 El Centro 地震波加速度峰值 400Gal 时，底层剪力墙及框架柱原有裂缝不断加宽，并不断有新的裂缝出现，模型房屋处于中等破坏状态，此时相当于承受 8 度大震时的地震作用。当输入 El Centro 地震波加速度峰值 600Gal 时，模型房屋处于严重破坏状态，此时相当于承受 9 度大震时的地震作用。至输入 El Centro 地震波加速度峰值 800Gal 时，模型房屋底层剪力墙被贯通剪坏，框架柱下端出现酥裂、上端形成了铰，处于倒塌的边缘。

以上试验和研究表明：

（1）在 Taft 地震波（峰值加速度不大于 125Gal）、宁河地震波（峰值加速度不大于 65Gal）和 El Centro 地震波（峰值加速度不大于 125Gal）作用下的子结构拟动力试验表明，配筋混凝土砌块砌体框支剪力墙模型房屋地震反应均处于弹性阶段，但模型房屋对宁河地震波的反应最大，El Centro 地震波次之，Taft 地震波最小，这正是不同地震、地震波记录所在场地类别所致。弹塑性阶段，配筋混凝土砌块砌体框支剪力墙模型房屋在 El Centro 地震作用下，具有较好的抗震能力，破坏形态为剪切型，底部框剪层为模型房屋的薄弱层。因此这种结构体系房屋应用于 7 度抗震设防区时，经受大震作用才会开裂；应用于 8 度抗震设防区时，可以达到"小震不坏、大震不倒"的抗震设防要求。

（2）研究结果均表明随着层间刚度比 γ 的减小，层间最大位移将由底部框剪层转移到上部结构层。对于上部为配筋混凝土砌块砌体剪力墙的结构，墙体开裂以后，将由水平及竖向钢筋承担水平剪力，具有较好的变形能力。因此对于 14 层及 14 层以下配筋混凝土砌块砌体框支剪力墙房屋，建议非抗震设计时 γ 为 1.5～3，抗震设计时 γ 为 1.5～2。

（3）配筋混凝土砌块砌体框支剪力墙模型房屋，在水平地震作用下底部剪力墙首先开裂，墙内的水平钢筋发挥了抗剪的作用承担了较大的水平荷载。剪力墙破坏以后，水平荷载大部分由框架柱承担。带有剪力墙的框架柱发生剪切破坏，裂缝为剪力墙裂缝的延伸，框架柱在层间弯矩和层间剪力的共同作用下出现塑性铰弯剪破坏，柱铰的位置可能不在柱端而移到柱身或柱中部。而没有剪力墙的框架柱发生弯曲破坏，柱的上、下端出现塑性铰。

（4）在试验过程中，框架托梁没有出现裂缝，说明底部框架与上部配筋混凝土砌块砌体剪力墙形成了类似钢筋混凝土的组合深梁，是整体性能良好的组合深梁。由于上部的配筋砌块砌体具有按配筋混凝土砌块砌体剪力墙加强区要求的水平及竖向配筋率，其受力特点要比无筋砌体好得多。这种构件按深梁理论计算是合适和安全的，并将会获得更好的经济效益。

（5）在地震作用下，配筋混凝土砌块砌体框支剪力墙房屋是剪切型破坏，层间剪力呈倒三角形分布，因此对于 14 层和 45m 以下的这种结构房屋，在 7 度及 7 度以下抗震设防区可以采用底部剪力法进行结构设计。

10.9.3　配筋砌块砌体剪力墙的位移延性分析

震害和研究表明，建筑结构的倒塌，主要是由于结构构件的耗能能力和塑性变形能力小于所需的能力，而基于承载力的设计并不能保证结构达到预期的塑性变形或延性要求。

由于配筋混凝土砌块砌体材料的极限压应变小于钢筋混凝土的极限压应变，并且砌体墙竖向劈裂破坏特征会使受压区的承载力衰退非常迅速，在地震作用下，必须对配筋混凝土砌块砌体剪力墙的延性能力进行仔细验算，并使剪力墙能满足地震侧向力作用下对延性能力的要求。因此有必要研究这种结构体系的位移延性设计方法以及确定配筋混凝土砌块砌体剪力墙弹塑性层间位移角的限值。

延性一般用延性系数来度量，延性系数 μ 是结构、构件或材料破坏前的极限变形 Δ_u 与屈服变形 Δ_y 之比：

$$\mu = \Delta_u / \Delta_y \tag{10-60}$$

当变形 Δ 是以曲率 φ 衡量时，则 $\mu_\varphi = \varphi_u / \varphi_y$，称为曲率延性比系数，当变形 Δ 是以位移衡量时，则 $\mu_\Delta = \Delta_u / \Delta_y$，称为位移延性比系数。

一、基本假定

为了分析配筋混凝土砌块砌体剪力墙的延性，采用如下基本假设：

(1) 截面符合平截面假定，即应变沿截面高度的分布在变形后保持线性；

(2) 端部受拉主筋达到屈服应变时的截面曲率为屈服曲率 φ_y；

(3) 受压区外边混凝土砌块砌体达到极限应变 ε_{cm} 时的截面曲率为极限曲率 φ_u；

(4) 砌体受压区应力图形采用等效应力图形，其弯曲抗压强度取为灌孔砌体抗压强度 f_g，等效受压区应力图形高度 $x = 0.8x_f$，x_f 为实际受压区应力图形高度；

(5) 钢筋采用理想弹塑性应力-应变关系，不考虑强化，根据材料选择钢筋的极限拉应变，极限拉应变不超过 $\varepsilon_y = 0.01$；

(6) 只计截面弯曲变形时层间位移的贡献，忽略墙肢的剪切变形和轴向变形。

二、计算与分析

1. 截面曲率延性比的计算

根据基本假定，截面屈服曲率 φ_y 按下式计算：

$$\varphi_y = (\varepsilon_y + \varepsilon_{cy}) / (h - a_s) \tag{10-61}$$

式中　ε_y——端部受拉主筋的屈服应变；

　　　ε_{cy}——端部受拉主筋屈服时受压区外边缘混凝土砌块砌体的应变；

　　　h——剪力墙截面长度（mm）；

　　　a_s——端部受拉钢筋 A_s 重心到受拉边缘的距离（mm）。

国内外大量的试验结果表明，配筋混凝土砌块砌体（RM）与钢筋混凝土（RC）结构具有相类似的受力性能，取

$$\varepsilon_{cy} = (0.00056 + 0.03\xi) f_y / 310 \tag{10-62}$$

式中　f_y——端部受拉主筋的屈服应力（MPa）；

　　　ξ——相对受压区高度，$\xi = 0.8x_f / (h - a_s)$。

截面极限曲率 φ_u（1/mm）按下式计算：

$$\varphi_u = \varepsilon_{cm} / x_f \tag{10-63}$$

现忽略配筋混凝土砌块砌体剪力墙结构采用的边缘构件对极限压应变的提高，取 $\varepsilon_{cm} = 0.003$；用截面极限状态力的平衡关系得实际受压区应力图形高度 x_f：

$$x_f = (N - f_y' A_s' + f_y A_s + \rho_s b h_0 f_{sy}) / 0.8b(f_g + 1.5\rho_s f_{sy}) \tag{10-64}$$

式中　f_{sy}——竖向分布钢筋屈服应力；

ρ_s——竖向分布钢筋配筋率；

N——轴向压力。

则配筋混凝土砌块砌体剪力墙曲率延性比按下式计算：

$$\mu_\varphi = \varphi_u / \varphi_y \tag{10-65}$$

2. 截面位移延性比的计算

依据 PAULAY T 和 PRIESTLEY MJN 对配筋混凝土砌块砌体剪力墙的推导结果，配筋混凝土砌块砌体剪力墙的位移延性比按下式计算：

$$\mu_\Delta = 1 + \frac{3}{2A_r}(\mu_\varphi - 1)\left(1 - \frac{1}{4A_r}\right) \tag{10-66}$$

式中 $A_r = H/h$；

H——配筋混凝土砌块砌体剪力墙的高度；

h——剪力墙截面长度。

3. 弹塑性层间位移角的计算

当只考虑弯曲变形对层间位移的贡献，忽略墙肢的剪切变形和轴向变形时，墙肢达到极限变形时的弹塑性层间位移 Δ_u 及弹塑性层间位移角 θ_u 为：

$$\Delta_u = (1/2)\varphi_u H_c^2 \tag{10-67}$$

$$\theta_u = (1/2)\varphi_u H_c \tag{10-68}$$

式中 H_c——层高。

4. 计算结果分析

计算中采用如下墙肢参数：墙肢为矩形截面，截面长分别为 6000mm 和 4000mm，厚 190mm，砌块尺寸为 390mm×190mm×190mm，混凝土砌块强度等级为 MU15，砌筑砂浆为 Mb15，灌芯混凝土为 Cb35 竖向分布钢筋采用 HRB400 级，配筋率为 0.13%、0.25%。截面的轴压比为 0.1、0.2、0.4、0.5，楼层层高取 2.8m、3.0m、3.6m，灌孔率为 100%、50%、33%，灌孔砌体的抗压强度设计值 f_g 按规范的规定计算。

按上述公式的计算结果见表 10-50。结果表明，配筋混凝土砌块砌体剪力墙的位移延性比随轴压比的增加而减小，对于 6000mm 长的墙肢轴压比由 0.1 增大到 0.4 时，位移延性比从 7.55 减小到 1.39，对于 4000mm 长的墙肢轴压比由 0.1 增大到 0.4 时，位移延性比从 6.88 减小到 1.37，当轴压比接近 0.5 时墙体基本没有延性性能，将发生脆性破坏；随着轴压比的增大，相对受压区高度增加，墙肢将从大偏心受压变为小偏心受压，结构的延性和耗能能力将下降；位移延性比随高宽比的增加而减小；位移延性比随竖向分布筋配筋率的提高而减小；位移延性比随砌块砌体灌芯混凝土的灌孔率的增加而增大，灌芯率主要影响砌块砌体的抗压强度，由此可得出采用高强混凝土砌块砌体，并采用相匹配的砂浆和灌芯混凝土可以增加配筋混凝土砌块砌体剪力墙的延性性能。

极限位移、位移延性比、层间位移角、受压区高度的计算结果   表 10-50

编号	截面尺寸 (mm×mm×mm)	灌孔率 %	高宽比 H/h	轴压比 n	竖向分布筋配筋率 ρ_s (%)	极限位移 (mm)	位移延性比 μ_Δ	弹塑性层间位移角 θ_u	相对受压区高度 ξ
1	6000×2800×190	100	0.47	0.1	0.13	11.40	7.55	1/246	0.181
2	6000×2800×190	100	0.47	0.2	0.25	6.14	3.21	1/445	0.336

编号	截面尺寸 (mm×mm×mm)	灌孔率 %	高宽比 H/h	轴压比 n	竖向分布筋 配筋率 ρ_s （%）	极限位移 （mm）	位移延性比 μ_Δ	弹塑性层间 位移角 θ_u	相对受压区 高度 ξ
3	6000×2800×190	100	0.47	0.2	0.13	6.81	3.71	1/411	0.303
4	6000×2800×190	100	0.47	0.3	0.13	4.85	2.19	1/578	0.426
5	6000×2800×190	100	0.47	0.4	0.13	3.76	1.39	1/744	0.548
6	6000×2800×190	100	0.47	0.5	0.13	3.07	—	1/911	0.67
7	6000×3000×190	100	0.50	0.2	0.13	7.81	3.72	1/384	0.303
8	6000×3000×190	100	0.50	0.2	0.25	7.05	3.21	1/425	0.336
9	6000×3600×190	100	0.60	0.2	0.25	10.16	3.14	1/354	0.336
10	6000×3600×190	50	0.60	0.2	0.25	7.95	2.13	1/453	0.429
11	6000×3600×190	33	0.60	0.2	0.25	7.20	1.79	1/500	0.474
12	4000×2800×190	100	0.70	0.1	0.13	17.28	6.88	1/162	0.184
13	4000×2800×190	100	0.70	0.2	0.13	9.30	2.95	1/301	0.342
14	4000×2800×90	100	0.70	0.2	0.13	8.43	3.42	1/332	0.310
15	4000×2800×190	100	0.70	0.3	0.13	7.31	2.02	1/384	0.436
16	4000×2800×190	100	0.70	0.4	0.13	5.66	1.37	1/494	0.561
17	4000×2800×190	100	0.70	0.5	0.13	4.63	—	1/605	0.687
18	4000×3000×190	100	0.75	0.2	0.13	11.77	3.35	1/254	0.310
19	4000×3000×190	100	0.75	0.2	0.25	10.67	2.89	1/281	0.342
20	4000×3600×190	100	0.90	0.2	0.25	15.37	2.70	1/234	0.342
21	4000×3600×190	50	0.90	0.2	0.25	12.02	1.86	1/299	0.437
22	4000×3600×190	33	0.90	0.2	0.25	10.89	1.60	1/331	0.482

三、设计建议

（1）配筋混凝土砌块砌体剪力墙结构体系的结构设计，除了应该满足承载力、刚度的要求外，还应该满足位移延性比的要求。参照现有的配筋混凝土砌块砌体剪力墙的试验结果，对于工程设计要求可取位移延性比 $\mu_\Delta=3$。

（2）轴压比对配筋混凝土砌块砌体剪力墙的位移延性具有较大的影响，配筋混凝土砌块砌体剪力墙的极限压应变，不像钢筋混凝土剪力墙可以增加约束边缘构件提高极限压应变，因此应严格限制轴压比，以增加墙肢的延性性能。由于《砌体结构设计规范》和《建筑抗震设计规范》对配筋混凝土砌块砌体剪力墙的最大高度范围的控制，考虑到在中等开间 4～6m，层高在 2.8～3.6m，并采用高强砌体材料，平均轴压比小于 0.4，且由上述计算结果也可看出，一般规定轴压比不宜大于 0.5，偏不安全，建议轴压比不应大于 0.4。在配筋混凝土砌块砌体剪力墙结构设计时，应综合考虑高宽比、竖向钢筋配筋率的影响，并采用高强砌块及相匹配的砂浆和灌芯混凝土，从而提高结构在地震作用下的耗能能力和塑性变形能力。

（3）根据上述计算结果，配筋混凝土砌块砌体剪力墙弹塑性层间位移角在 1/911～1/162 之间。在实际结构中配筋混凝土砌块砌体剪力墙各墙肢之间以及墙肢与连梁之间存在着内力重分布，其整体的变形能力和稳定性一般比单片墙好得多，如果考虑到配筋混凝土砌块砌体结构的边缘构件对极限压应变的增大，其整体变形能力还要提高，并且目前国内试验量测的配筋混凝土砌块砌体剪力墙的极限位移角均大于 1/200，建议偏安全地取 1/300 作为配筋混凝土砌块砌体剪力墙结构体系弹塑性层间位移角的限值。

10.9.4　配筋砌块砌体剪力墙房屋的最大适用高度

自 1897 年美国建成世界上第一栋砌块建筑以来，经过一百多年的发展，配筋砌块砌体作为目前高层砌体结构的主要承重结构形式已趋于完善，尤其在美国，其允许建造高度与钢筋混凝土结构的同等对待。我国对配筋砌块砌体剪力墙的建筑高度限制则较为严格，与《高层建筑混凝土结构技术规程》（简称高规）中规定的钢筋混凝土剪力墙结构相差甚远。现运用改进框架支撑模型模拟配筋砌块砌体剪力墙，分别对 11 种不同高宽比的全部落地剪力墙结构和转换层上、下结构不同侧移刚度比的框支剪力墙结构进行模态 Push-over（简称 MPA）结合能力谱法分析，由此实现对这类结构抗震能力的总体评估，为配筋砌块砌体剪力墙结构建造高度的提升提供依据。

一、改进框架支撑模型

如图 10-77（a）所示，在满足抗弯、抗剪及轴向刚度相等的基础上，由柱、链杆、斜支撑及刚性梁组成的框架支撑模型可实现对剪力墙弹性受力状态下的结构性能模拟。通过对模型中的柱、链杆及斜支撑设置合理的塑性铰可模拟剪力墙结构弹塑性受力状态下的变形性能。同时，框架支撑模型具有运算速度快、效率高等优点。

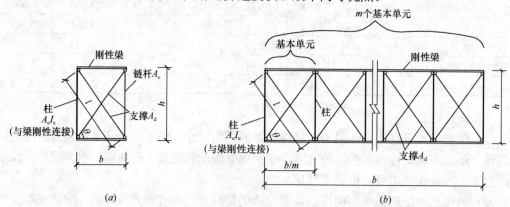

图 10-77　剪力墙结构的框架支撑模型

（a）框架支撑模型；（b）改进框架支撑模型

但是，上述模型当层高宽比 $h/b < 2[(1+\mu)/3]0.5$ 或 $h/b > 2(1+\mu)0.5$ 时，I_c、A_c 为负值。若取泊松比 $\mu = 0.2$，则要求剪力墙 $h/b \in [1.265, 2.191]$，这对于大多数 $h/b < 1$ 的剪力墙结构是不能满足的，使得该模型在实际应用中受到很大的限制。为此，对该模型进行改进，如图 10-77（b）所示，即通过增加基本单元的数目 m 以满足不同层高宽比 h/b 的要求，符合实际工程需要。各杆件截面参数计算如下：

柱：
$$I_c = \frac{tb^3}{12}\left\{\frac{1}{m+1} - \frac{12\sum k_i^2}{(m+1)^2}\right\}\left[1 - 2mC\left(B + \frac{D}{2}\right)\right] \tag{10-69}$$

$$A_c = tb\left[\frac{1}{m+1} - \frac{2m}{m+1}C\left(B+\frac{D}{2}\right)\right] \tag{10-70}$$

斜支撑：
$$A_d = tb\frac{C}{\sin^3\theta}\left(B+\frac{D}{2}\right) \tag{10-71}$$

式中，$B = \frac{\alpha h^2}{4(1+\mu)b^2}$；$C = \frac{m(1+m)}{1+m+12m^2\sum k_i^2}$；$D = \frac{12\sum k_i^2}{1+m}-1$；$b$、$h$、$t$ 分别为墙体的楼层宽度、高度和厚度；$k_i b$ 为 i 柱对模型中心线的距离；α 为考虑墙体材料各向异性性能参数，试验表明，灌孔砌块砌体墙体具有明显的各向异性，水平方向的弹性模量约为竖向弹性模量的 0.6~0.7 倍，故对于灌孔砌块砌体墙体取 0.65，钢筋混凝土墙体取 1.0。

同样，改进框架支撑模型中必须满足 A_c、I_c 大于 0。若取 $\mu = 0.2$，对于不同的 m，对式（10-69）、式（10-70）进行求解可得墙体区段 h/b 的允许范围，如表 10-51 所示。表中 n_1、n_2 分别为 h/b 的上、下限值。

墙体区段层高宽比 h/b 允许范围　　　　　　　　　　表 10-51

m	$\sum k_i^2$	砌筋砌块砌体剪力墙 h/b ($\alpha=0.65$)		钢筋混凝土剪力墙 h/b ($\alpha=1.0$)	
		$\geqslant n_1$	$\leqslant n_2$	$\geqslant n_1$	$\geqslant n_2$
1	0.500	1.5689	2.7175	1.2649	2.1909
2	0.500	0.6794	2.1483	0.5477	1.7321
3	0.556	0.4053	2.0255	0.3268	1.633
4	0.625	0.2774	1.9807	0.2236	1.5969
5	0.700	0.2054	1.9596	0.1656	1.5799
6	0.778	0.1602	1.948	0.1292	1.5706
7	0.857	0.1294	1.941	0.1043	1.5649
8	0.938	0.1075	1.9365	0.0867	1.5612
9	1.019	0.0911	1.9334	0.0735	1.5587
10	1.100	0.0784	1.9311	0.0632	1.5569

若框架支撑模型中柱、斜支撑分别采用矩形和正方形截面，则由 A_c、I_c、A_d 可确定柱截面高度 h_c、宽度 b_c 与斜支撑截面宽度 b_d。

柱：
$$\begin{cases} h_c = \sqrt{12I_c/A_c} \\ b_c = A_c/h_c \end{cases} \tag{10-72}$$

斜支撑：
$$b_d = \sqrt{A_d} \tag{10-73}$$

二、模态 Pushover-能力谱分析方法

对于高层建筑结构而言，高阶模态的影响不可忽略，故传统的静力弹塑性分析方法（Pushover Analysis）并不适用。为此，Chopra（2002）提出了改进方法，即 Model Pushover Analysis（简称 MPA）。通过对结构逐步施加第 n 阶模态质量分布荷载 s_n，由计算可得结构基底剪力 V_{bn}—顶点位移 u_m 曲线，如图 10-78（a）所示。按下式可将 $V_{bn}-u_m$

转化为 n 阶模态的等效单自由度弹塑性体系（简称 ESDOF）的基底剪力 F_{sn}/L_n 一顶点位移 D_m 曲线，如图 10-78 (b) 所示。选择有代表性的地震波，对 ESDOF 体系进行时程分析即可计算地震反应值 $A_n (t)$。

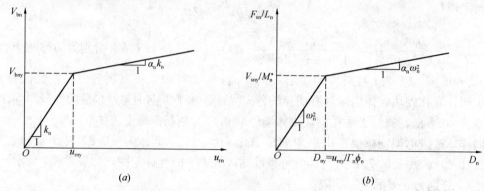

图 10-78　第 n 阶模态 Pushover 曲线转换
(a) 理想双线性 Pushover 曲线；(b) 坐标转换后的 Pushover 曲线

$$\frac{F_{an}}{L_n}=\frac{V_{bn}}{L_n\varGamma_n}=\frac{V_{bn}}{M_n^*}, \quad D_n=\frac{u_m}{\varGamma_n\phi_m} \tag{10-74}$$

式中　$\varGamma_n$——n 阶模态参与系数，$\varGamma_n=\dfrac{\phi_n^T m}{\phi_n^T m\phi_n}$；

s_n——n 阶模态质量荷载向量，$s_n=\varGamma_n m\phi_n$；

M_n^*——n 阶模态有效质量，$M_n^*=L_n\varGamma_n=(\phi_n^T m)^2/\phi_n^T m\varphi_n$；

ϕ_n——n 阶模态向量。

选择模态数量时，需满足所选模态的有效模态质量之和至少大于 90% 实际质量，即有效模态质量比 $\lambda_m \geqslant 0.9$。将所有计算模态下的地震反应值 $A_n (t)$ 按 SRSS 组合即可得到 MPA 分析的结构地震反应值 $A (t)$。

运用能力谱法替代上述 MPA 方法中的时程分析法计算结构的计算地震反应值 $A_n (t)$，如图 10-79 所示。计算结果表明，MPA—能力谱法既简单又有代表性。

三、配筋砌块砌体剪力墙结构的 MPA—能力谱分析

1. 结构选用材料

（1）灌孔砌体材料：计算结构选用 190mm 厚的混凝土小型空心砌块，灌孔砌体材料均选用 MU20、Mb15 及 Cb30，灌孔率为 46%，全部满灌。

（2）框支层框架混凝土：选用 C40，$f_{ck}=26.8$MPa，$E_c=3.25\times10^4$MPa。

（3）钢筋：配筋砌块砌体剪力墙，纵横向水平钢筋选用 HRB335，$f_{yk}=335$MPa。框支层框架，纵向钢筋选用 HRB335，$f_{yk}=335$MPa；箍筋选用 HPB235，$f_{yk}=235$MPa。配筋砌块砌体剪力墙与框支层框架的配筋率由程序自动计算得出，且最小配筋率为 0.8%。

2. 计算模型

选用的计算模型分别是不同宽度的全部落地配筋砌块砌体剪力墙 JLQ 系列和转换层上、下结构不同侧移刚度比的框支配筋砌块砌体剪力墙 KZQ 系列，其参数如表 10-52 所示。墙片的改进框架支撑模型及构件截面参数见图 10-80 和表 10-53。KZQ1、KZQ2 和

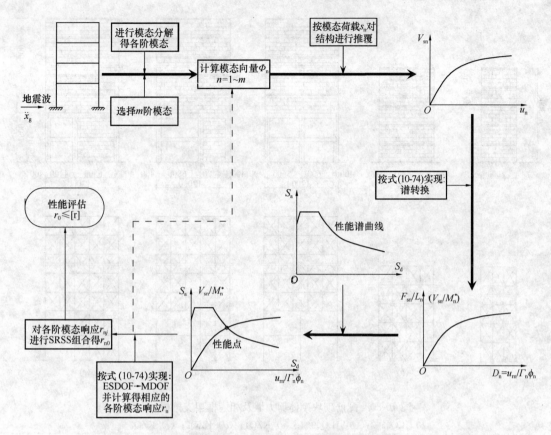

图 10-79　MPA-能力谱法流程图

KZQ3 框支配筋砌块砌体剪力墙结构转换层上、下结构计算侧向刚度比分别为 19.62、1.79 和 1.28。

各系列配筋砌块砌体剪力墙的计算高度　　　　　　　表 10-52

墙　片　类　型		宽度（m）	层数	高度（m）	高宽比
全部落地配筋砌块 砌体剪力墙	JLQ0603	6	10	30	5
			12	36	6
	JLQ0906	9	12	36	4
			15	45	5
			18	54	6
部分落地配筋砌块 砌体剪力墙	KZQ2	12	11	34.8	2.9
			15	46.8	3.9
			19	58.8	4.9
	KZQ3	12	11	34.8	2.9
			15	46.8	3.9
			19	58.8	4.9
底部纯框架配筋 砌块砌体剪力墙	KZQ1	12	10	31.8	2.65
			12	37.8	3.15

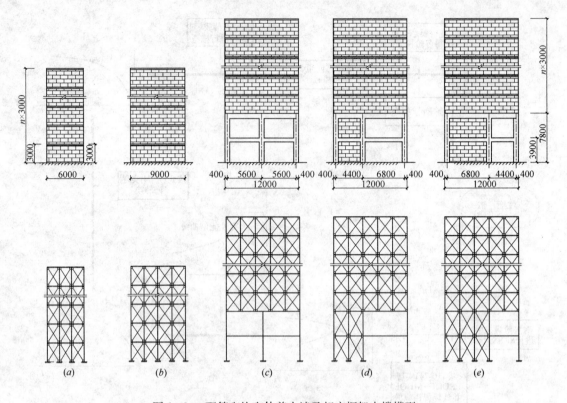

图 10-80 配筋砌块砌体剪力墙及相应框架支撑模型

(a) JLQ0603；(b) JLQ0903；(c) KZQ1；(d) KZQ2；(e) KZQ3

注：图中底部框架部分，全部框架柱截面：$800 \times 800 mm^2$；一层框架梁截面；$250 \times 600 mm^2$；二层框架梁截面：$300 \times 800 mm^2$。

配筋砌块砌体剪力墙计算参数   表 10-53

墙片 类型		JLQ0603	JLQ0903	上部剪力墙/ KZQ1	KZQ2 框支墙 中柱/端柱	KZQ3 框支墙 中柱/端柱
层高 h（m）		3	3	3	3.9	3.9
宽度 b（m）		6	9	12	5.2	7.6
层高宽比 h/b		0.50	0.33	0.25	0.75	0.513
m		3	4	5	2	3
$\sum k_i^2$		0.556	0.625	0.7	0.5	0.556
b_c（mm）		145	215	260	140/370	130/390
h_c（mm）		1155	1044	1040	1160/2300	1580/2300
a_d（mm）		370	375	370	470	410
替代重度（kN/m³）		12.0	11.9	11.7	10.3	10.3
抗弯刚度	框架支撑模型（N·m²）	8.41×10^{10}	9.3	6.72×10^{11}	3.01×10^{11}	7.28×10^{11}
	墙片（N·m²）	8.39×10^{10}	2.83×10^{11}	6.71×10^{11}	2.22×10^{11}	5.67×10^{11}
	框架支撑模型（墙片）	1.00	0.99	1.00	1.36	1.28

墙片类型		JLQ0603	JLQ0903	上部剪力墙/ KZQ1	KZQ2 框支墙 中柱/端柱	KZQ3 框支墙 中柱/端柱
抗剪 刚度	框架支撑模型（N·m）	2.53×109	3.76×109	5.01×109	5.24×109	5.72×109
	墙片（N·m）	2.52×109	3.79×109	5.05×109	5.61×109	6.39×109
	框架支撑模型（墙片）	1.00	0.99	0.99	0.93	0.89
轴向 刚度	框架支撑模型（N·m）	9.35×109	1.39×1010	1.86×109	1.49×109	1.76×1010
	墙片（N·m）	9.32×109	1.40×1010	1.86×109	1.50×109	1.78×1010
	框架支撑模型（墙片）	1.00	1.00	1.00	1.00	0.99

3. 计算结果分析与建议

为节省篇幅，现仅列出 JLQ0603 系列结构的计算结果（见图 10-81、表 10-54）。

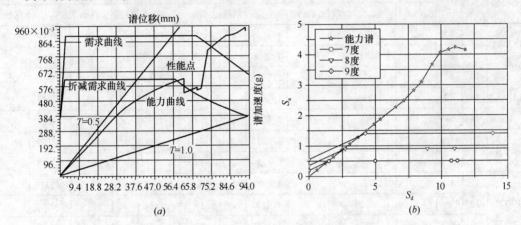

(a) (b)

图 10-81   12 层 JLQ0603 结构 MPA-能力谱计算结果

(a) 第 1 模态 8 度时性能点的确定；(b) 第 2 模态性能点的确定

JLQ0603 系列墙片计算模态参数和模态图   表 10-54

层数	高度（m）	第 1 阶模态			第 2 阶模态			M_{Total} （kN）	λ_m
		T_1	Γ_1	M_1^*（kN）	T_2	Γ_2	M_2^*（kN）		
10	30	0.387	1.524	1001	0.078	0.800	414	1512	0.935
12	36	0.543	1.533	1190	0.104	0.819	475	1826	0.912

参考相关文献，配筋砌块砌体剪力墙结构满足弹性和弹塑性抗震变形要求的限值为：多遇地震作用下，$[\theta_e]=1/1000$；罕遇地震作用下，尽管有试验和研究结果表明，配筋砌块砌体剪力墙具有与钢筋混凝土剪力墙相接近的变形能力，但终归由于试验资料相对较少，建议 $[\theta_p]=1/150$。表 10-55、表 10-56 为 JLQ 系列和 KZQ 系列墙片在多遇和罕遇地震作用下，结构抗震性能的判断。

表 10-55、表 10-56 的计算结果表明，配筋砌块砌体剪力墙结构具有良好的抗震变形能力，能满足抗震设防区高层建筑的建造要求。为此，对我国规范中关于配筋砌块砌体剪力墙结构的最大适用高度提出以下改进建议：

(1) 全部落地配筋砌块砌体剪力墙结构

6度区：60m；7度区：55m；8度区：45m；9度区：30m。

(2) 有部分落地剪力墙的框支配筋砌块砌体剪力墙结构

6度区：55m；7度区：50m；8度区：30m；9度区：不允许。

(3) 对于底部纯框架上部配筋砌块砌体剪力墙的 KZQ1 系列结构在转换层处出现极为明显的薄弱层。在8、9度罕遇地震作用下，结构在转换层处由于层间位移角过大而发生倒塌。尽管此类结构底层框架具有良好的塑性变形能力，但仍不建议在高层结构中采用。

JLQ 系列和 KZQ 系列墙片在多遇地震时结构抗震性能判断　　　　表 10-55

墙片类型	层数	高度 (m)	结构性能点处顶点位移 Δ_n 及最大层间位移角 θ_{maxl}											
			6度多遇			7度多遇			8度多遇			9度多遇		
			Δ_n(mm)	θ_{max}	判断	Δ_n(mm)	θ_{max}	判断	Δ_n(mm)	θ_{max}	判断	Δ_n(mm)	θ_{max}	判断
JLQ0603	10	30	2	1/9978	√	4	1/4539	√	9	1/2269	√	18	1/979	×
	12	36	5	1/5405	√	9	1/2600	√	18	1/1348	√	35	1/732	×
JLQ0903	12	36	2	1/11079	√	4	1/5629	√	7	1/3787	√	14	1/1945	√
	15	45	4	1/10156	√	8	1/4840	√	16	1/2276	√	33	1/985	√
	18	54	6	1/8043	√	12	1/4038	√	24	1/1620	√	49	1/811	√
KZQ1	10	31.8	3	1/4096	√	6	1/2013	√	11	1/988	×	22	1/457	×
	12	37.8	4	1/2501	√	7	1/1229	√	14	1/707	×	27	1/323	×
KZQ2	11	34.8	2	1/14733	√	3	1/9822	√	6	1/4911	√	10	1/2114	√
	15	46.8	5	1/7622	√	9	1/4134	√	15	1/2460	√	27	1/1364	√
	19	58.8	9	1/5335	√	15	1/3049	√	27	1/1670	√	50	1/892	√
KZQ3	11	34.8	1	1/28379	√	2	1/14190	√	4	1/7094	√	8	1/3520	√
	15	46.8	4	1/9167	√	7	1/5154	√	13	1/2759	√	25	1/1429	√
	19	58.8	8	1/5873	√	14	1/3221	√	27	1/1874	√	52	1/880	×

JLQ 系列和 KZQ 系列墙片在罕遇地震下结构抗震性能判断　　　　表 10-56

墙片类型	层数	高度 (m)	经 SRSS 组合后结构性能点处顶点位移 Δ_f 及最大层间位移角 θ_{max}											
			7度罕遇				8度罕遇				9度罕遇			
			Δ_f(mm)	θ_{max} 发生层	θ_{max}	判断	Δ_f(mm)	θ_{max} 发生层	θ_{max}	判断	Δ_f(mm)	θ_{max} 发生层	Δ_{max}	判断
JLQ0603	10	30	29	10 层	1/1071	√	49	10 层	1/517	√	66	10 层	1/375	√
	12	36	54	12 层	1/489	√	89	12 层	1/308	√		*		
JLQ0903	12	36	22	10 层	1/1265	√	38	10 层	1/711	√	83	10 层	1/393	√
	15	45	50	13 层	1/673	√	83.5	13 层	1/416	√	146.5	13 层	1/247	√
	18	54	75	16 层	1/523	√	124	16 层	1/377	√		*		
KZQ1	10	31.8	31	2 层	1/297	√	63	2 层	1/139	√	133	2 层	1/62	×
	12	37.8	39	2 层	1/241	√	84	2 层	1/94	×	226	2 层	1/36	×

458

墙片类型	层数	高度(m)	经SRSS组合后结构性能点处顶点位移 Δf 及最大层间位移角 θmax											
			7度罕遇				8度罕遇				9度罕遇			
			Δf(mm)	θmax发生层	θmax	判断	Δf(mm)	θmax发生层	θmax	判断	Δf(mm)	θmax发生层	Δmax	判断
KZQ2	11	34.8	15	10层	1/2307	√	25	2层	1/1000	√	38	2层	1/830	√
	15	46.8	39	12层	1/949	√	72	2层	1/467	√			*	
	19	58.8	75	17层	1/600	√	114	17层	1/405	√			*	
KZQ3	11	34.8	13	10层	1/2143	√	21	9层	1/1200	√	36	9层	1/811	√
	15	46.8	37	12层	1/980	√	59	12层	1/568	√			*	
	19	58.8	77	18层	1/588	√	123	18层	1/375	√			*	

注:"√"表示结构能满足相应的地震需求;"×"表示结构不满足相应的地震需求;" * "为结构能力曲线与需求曲线无交点,表明结构抗震能力不足。

10.9.5　配筋砌块砌体复合节能墙体

世界上发达国家早在 20 世纪 70 年代,就已开始使用节能墙体,发展至今,国外的外墙主要采用夹芯复合保温和外复合保温两大类型,尤其前者应用更为广泛。

国内的墙体保温措施有外墙外保温、外墙内保温及外墙夹芯保温等形式。为研究夏热冬冷地区的外墙夹芯复合节能墙体,我们将配筋混凝土砌体复合成节能墙体,墙体的内叶采用190mm 厚的配筋混凝土砌体剪力墙,承重;外叶采用 90mm 厚的烧结页岩砖砌体墙,自承重;两叶之间设置保温材料增加其保温隔热性能,两叶间采用钢筋拉结,保证外叶墙体的整体稳定性。该墙体(图 10-82),热工性能优良,稳定可靠;耐久性好,与建筑结构同寿命;可不做外装饰;在抗震与非抗震、多层与高层房屋中均可采用。

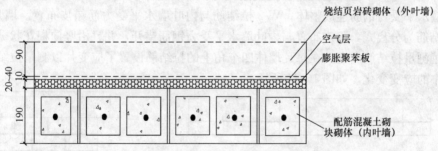

图 10-82　配筋砌块砌体复合节能墙体构造示意图

一、复合节能墙体的热工性能

内填不同保温材料(膨胀聚苯板或陶粒)的复合墙体的传热系数 K 值和热惰性指标 D 值的计算结果与热工性能试验值的分析比较表明:

(1)理论计算得到内插 30mm 苯板的复合节能墙体(RW-1)的 $K=0.986W/(m^2 \cdot K)$,$D=3.512$,满足湖南省等夏热冬冷地区居住建筑节能设计标准的规定,墙体具有良好的保温隔热性能;理论计算得到内填 40mm 厚陶粒保温材料的复合节能墙体(RW-2)的 $K=1.77W/(m^2 \cdot K)$,$D=3.9$,其中 K 值不满足规范的要求,墙体保温性能欠佳,隔热性能良好。

（2）检测得到 RW-1 墙体的传热系数 $K=0.8W/（m^2 \cdot K）$，RW-2 墙体的传热系数 $K=1.6W/（m^2 \cdot K）$。检测结果与理论计算值比较接近，且比理论计算值偏小。

（3）复合节能墙体内的保温材料要兼顾导热系数和蓄热系数两项指标，为了更好地达到建筑外墙保温隔热的目的，建议采用内插苯板的复合节能墙体的构造形式。

（4）采用内插苯板的复合节能墙体时，综合考虑经济效益以及建筑节能的发展对建筑外墙节能指标要求的进一步提高，建议复合节能墙体的烧结页岩砖外叶墙厚度取 90mm，聚苯板厚度取 20~40mm，外叶墙与聚苯板之间设置 10mm 厚空气层（图 10-82）。

二、复合节能墙体内、外叶墙及拉结钢筋的受力性能

为了研究配筋砌体复合节能墙体的外叶墙与内叶墙协同工作性能及外叶墙平面外受力性能，进行了四片复合节能墙体的平面内低周反复水平加载试验与外叶墙平面外静力加载试验。墙体的内叶墙为普通混凝土砌块配筋砌体剪力墙，墙厚 190mm；外叶墙采用烧结页岩砖，墙厚 90mm。内、外叶墙间距为 40mm。四片墙体具有不同的高宽比及拉结筋形式，见表 10-57 和图 10-83。

墙片基本情况　　　　　　　　　　　　　　　　　　　　表 10-57

墙片编号	高 h（m）	宽 l（m）	高宽比 λ	拉接筋直径（mm）	拉接筋总截面面积（mm²）	拉接筋率（%）
W-1	1.4	1.6	0.88	4	226.08	0.010
W-2	1.4	1.2	1.17	4	150.72	0.009
W-3	1.4	1.6	0.88	4	200.96	0.009
W-4	1.4	1.2	1.17	6	226.08	0.013

墙片 W-1、W-2 拉结筋为整体的钢筋网片式，每隔一皮砌块设置。其中 W-1 拉结筋与内叶墙水平受力钢筋连成整体，W-2 拉结筋与内叶墙水平受力筋错皮布置。墙片 W-3、W-4 拉结筋为分离式，隔皮布置与内叶墙水平受力钢筋错开，并且沿竖向梅花状分布。

为了测量拉结筋应变，在每片墙体四个角上的拉结筋设置了应变片以测量拉结筋在试验过程中的应变变化，如图 10-84 所示。

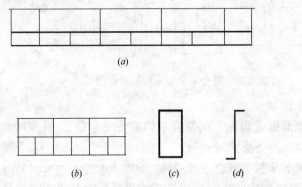

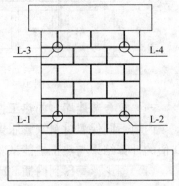

图 10-83　各墙片拉结筋形式　　　　　图 10-84　拉结筋应变片位置
（a）W-1 拉结筋；（b）W-2 拉结筋；（c）W-3 拉结筋；（d）W-4 拉结筋

1. 内、外叶墙的协同受力性能

配筋砌体复合节能墙体平面内受力的低周反复水平加载试验装置如图 10-85 所示。轴力采用同步液压千斤顶施加在内叶墙顶，水平荷载采用往复加载作动器施加在内叶墙一侧的顶端。

(a)   (b)

图 10-85　复合墙体平面内低周反复水平加载试验装置

在墙体的低周反复水平加载试验过程中，测量拉结筋应变以了解各种形式拉结筋的工作性能。各墙片在不同受力过程中的拉结筋应变值如表 10-58～表 10-61 所示。

墙片 W-1 拉结筋应变　　　　　　　　　　　　　　　　　　表 10-58

内叶墙水平力 (kN)	拉结筋应变（10^{-6}）				内叶墙轴力 (kN)	备　注
	L-1	L-2	L-3	L-4		
0	−1	−3	11	31	65	开始加载
−500	−894	925	−53	64	65	内叶墙出现斜裂缝
−400	−723	868	−104	47	45	
900	−1269	−371	93	−37	45	
1000	−815	−369	234	−414	45	内叶墙达到最大承载力

墙片 W-2 拉结筋应变　　　　　　　　　　　　　　　　　　表 10-59

内叶墙水平力 (kN)	拉结筋应变（10^{-6}）				内叶墙轴力 (kN)	备　注
	L-1	L-2	L-3	L-4		
0	89	−9	−93	−23	49	开始加载
−679	−202	646	118	−113	49	内叶墙出现斜裂缝
400	−100	58	−152	−14	24	
−379	460	−83	408	−41	24	
592	−13	−136	−338	−176	24	内叶墙达到最大承载力

461

墙片 W-3 拉结筋应变　　　　　　　　　　　　　　　　　　表 10-60

内叶墙水平力 (kN)	拉结筋应变（10^{-6}）				内叶墙轴力 (kN)	备　注
	L-1	L-2	L-3	L-4		
0	12	−127	−7	−139	49	开始加载
−643	4059	112	−117	149	49	内叶墙出现斜裂缝
506	2905	127	132	70	49	
630	2804	322	258	−81	49	
859	2151	1204	245	−872	49	内叶墙达到最大承载力

墙片 W-4 拉结筋应变　　　　　　　　　　　　　　　　　　表 10-61

内叶墙水平力 (kN)	拉结筋应变（10^{-6}）				内叶墙轴力 (kN)	备　注
	L-1	L-2	L-3	L-4		
0	−25	−61	−9	−46	36	开始加载
−486	324	123	−27	−343	36	内叶墙出现斜裂缝
−582	81	87	−30	−154	36	
572	110	39	−22	−15	36	
696	106	54	−30	−23	36	内叶墙达到最大承载力

在内叶墙开始出现裂缝时，各墙片内、外叶墙开裂情况的对比如图 10-86～图 10-89 所示。在内叶墙破坏后，各墙片内、外叶墙的破坏情况的对比见图 10-90～图 10-93。

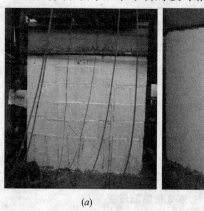 

(a)　　　　　　　　　　　　　　(b)

图 10-86　墙片 W-1 内叶墙开裂时内、外叶墙开裂情况对比
(a) 内叶墙；(b) 外叶墙

根据试验结果，在内叶墙刚开始出现裂缝时，外叶墙均只在底部出现沿灰缝较细的水平裂缝，墙体其他部位并无开裂现象。当内叶墙破坏后，外叶墙也只是轻微损坏。可见在拉结筋的作用下，内、外叶墙协同工作性能良好。墙片 W-1、W-2、W-3 的拉结筋应变相差不大，三种形式的拉结筋工作性能差不多。墙片 W-4 的拉结筋应变明显小于其他墙片，表明"Z"字形拉结筋在四种形式的拉结筋中所起的作用是最小的。

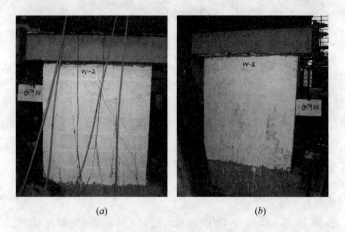

(a)　　　　　　　　　　　　　　(b)

图 10-87　墙片 W-2 内叶墙开裂时内、外叶墙开裂情况对比
(a) 内叶墙；(b) 外叶墙

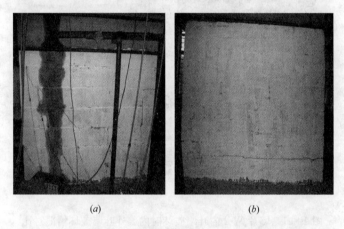

(a)　　　　　　　　　　　　　　(b)

图 10-88　墙片 W-3 内叶墙开裂时内、外叶墙开裂情况对比
(a) 内叶墙；(b) 外叶墙

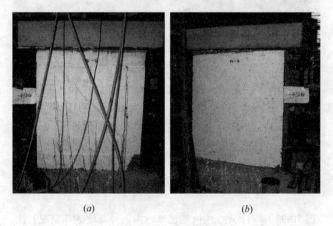

(a)　　　　　　　　　　　　　　(b)

图 10-89　墙片 W-4 内叶墙开裂时内、外叶墙开裂情况对比
(a) 内叶墙；(b) 外叶墙

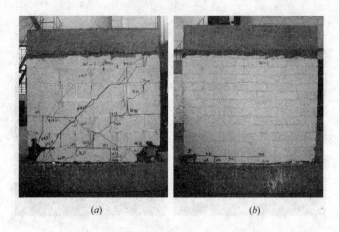

(a)   (b)

图 10-90　墙片 W-1 内叶墙破坏时内、外叶墙破坏情况对比
(a) 内叶墙；(b) 外叶墙

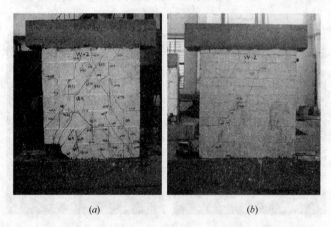

(a)   (b)

图 10-91　墙片 W-2 内叶墙破坏时内、外叶墙破坏情况对比
(a) 内叶墙；(b) 外叶墙

(a)   (b)

图 10-92　墙片 W-3 内叶墙破坏时内、外叶墙破坏情况对比
(a) 内叶墙；(b) 外叶墙

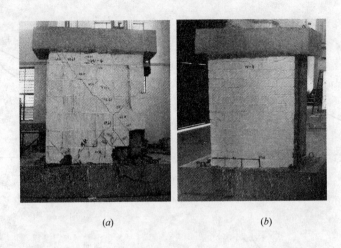

(a)   (b)

图 10-93　墙片 W-4 内叶墙破坏时内、外叶墙破坏情况对比

(a) 内叶墙；(b) 外叶墙

2. 外叶墙的抗震、抗风性能

在进行了低周反复水平加载试验之后，各墙片的外叶墙只是轻微损坏，于是又进行了外叶墙的平面外静力加载试验。

试验采用砝码堆载模拟均布平面外荷载，测量外叶墙墙顶处、墙中处、墙底处的位移。试验装置如图 10-94 所示。

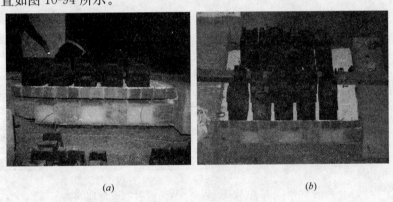

(a)   (b)

图 10-94　外叶墙平面外加载试验装置

各墙片外叶墙的墙顶处、墙中处、墙底处在加载中的位移-荷载曲线如图 10-95 所示。

选取墙片 W-1、W-2 和 W-3，将其支座位移消除后，外叶墙的最终变形曲线如图 10-96 中实践所示，图中虚线表示的为考虑外叶墙两端简支并不考虑拉结筋的情况下外叶墙变形的理论计算值。

试验结果整理如表 10-62 所示，其中墙片 W-4 的外叶墙因为在之前的低周反复水平加载实验中其底部就已经破坏，因此其最大位移出现在墙底部。

考虑到墙片面积有限不适于继续堆载，各墙片均只加载到 10kN 左右。由试验结果可知，各墙片外叶墙在加载过程中荷载-位移曲线基本呈线性变化，墙的内、外面未产生任何裂缝，表明外叶墙基本处于弹性工作阶段，而最大荷载已经达到 5.95kN/m^2。各墙片位移也很小，与不考虑拉结筋作用的墙中位移计算值相比，可知拉结筋对外叶墙平面外承

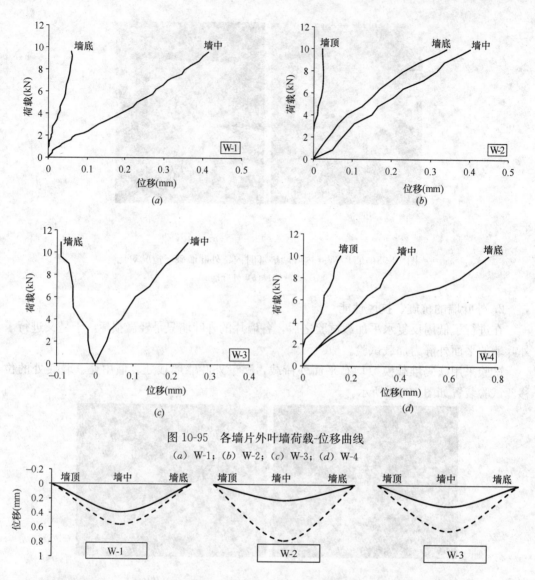

图 10-95　各墙片外叶墙荷载-位移曲线

(a) W-1；(b) W-2；(c) W-3；(d) W-4

图 10-96　墙片 W-1、W-2、W-3 外叶墙变形曲线

载力的贡献是相当大的。

平面外加载试验结果

表 10-62

墙片编号	高 h (m)	宽 l (m)	施加荷载 (kN/m²)	最大位移 (mm)	最大位移/墙高 (%)	最大位移位置	墙中位移计算值* (mm)	位移试验值/计算值*
W-1	1.4	1.6	4.29	0.41	1/3415	墙中	0.56	0.73
W-2	1.4	1.2	5.95	0.40	1/3500	墙中	0.77	0.52
W-3	1.4	1.6	4.87	0.24	1/5833	墙中	0.63	0.38
W-4	1.4	1.2	5.95	—	—	—	—	—

*：表中墙中位移计算值为考虑外叶墙两端简支并不计拉结筋作用的计算值。

　　通过计算，在 7 度抗震设防区，罕遇地震下单位面积外叶墙所受地震力约为 0.86kN。在 8 度抗震区，罕遇地震下单位面积外叶墙所受地震力约为 1.54kN。

当复合墙体的外叶墙按《建筑结构荷载规范》计算，围护结构风压标准值（式中符号见规范）为：

$$w_k = \beta_{gz} \mu_s \mu_z w_0$$

设建筑物为 20 层（层高 2.8m），长沙地区基本风压 $w_0 = 0.35 \text{kN/m}^2$，地面粗糙度取 C 类。计算正风压力时，体型系数取 0.8，可计算出 $w_k = 0.62 \text{kN/m}^2$，其风载设计值为 0.87kN/m²。计算负风压时，局部风压体型系数取 -1.0（墙面）和 -1.8（墙角），可计算出 $w_k = -0.78 \text{kN/m}^2$（墙面），$-1.40 \text{kN/m}^2$（墙角），其风载设计值为 -1.09kN/m^2（墙面），-1.96kN/m^2（墙角）。若取基本风压为 0.6kN/m^2，则正风压设计值为 1.49kN/m²，负风压设计值为 -1.87kN/m^2（墙面），-3.36kN/m^2（墙角）。

上述结果表明，复合墙体外叶墙的平面外荷载效应，风荷载起控制作用，因而中、美抗震规范没有将其列入计算范围。

由上可知，该复合墙体外叶墙能满足 7、8 度大震下的抗震要求及长沙地区 20 层建筑风荷载下的承载力要求，即使将基本风压提高到 0.6kN/m^2，也能满足要求。

而对于拉结筋的压屈、拉伸和拔出的受力计算，美国砌体规范规定，当墙体空腔厚度超过 115mm 时才需要考虑。我国规范规定的墙体空腔厚度小于该尺寸，因此可不作计算。

以上试验和分析表明：

（1）四片墙体在内叶墙破坏后，外叶墙均只是轻微损坏，表现出与内叶墙之间良好的协同工作性能。

（2）拉结筋对于外叶墙的平面外承载力起到了相当大的作用，四片墙体的外叶墙在承受 5.95kN/m^2 的均布荷载时，仍处于弹性阶段，其承载力满足 7、8 度大震下的承载力要求及长沙地区 20 层高建筑的抗风承载力要求，即使将基本风压提高到 0.6kN/m^2，也能满足要求。

（3）四种形式的拉结筋中，"Z"字形拉结筋的作用明显较弱，可在多层建筑中使用，在高层建筑中建议不采用此种形式的拉结筋。

（4）四种形式的拉结筋中，两种整体式的拉结筋与方框型拉结筋效果相差不大，在高层建筑中这三种形式的拉结筋均可使用，考虑到施工方便建议采用方框型拉结筋。

参 考 文 献

[10-1] 建筑抗震设计规范 GBJ 11—2001. 北京：中国建筑工业出版社，2001.

[10-2] 建筑抗震设计规范 GB 50011—2010. 北京：中国建筑工业出版社，2010.

[10-3] 砌体结构设计规范 GB 50003—2011. 北京：中国建筑工业出版社，2012.

[10-4] 混凝土结构设计规范 GB 50010—2011. 北京：中国建筑工业出版社，2011.

[10-5] 设置钢筋混凝土构造柱多层砖房抗震技术规程 JGJ/T 13-94. 北京：中国计划出版社，1994.

[10-6] 配筋砌体结构设计规范 ISO 9652—3. 2000.

[10-7] 混凝土小型空心砌块建筑技术规程 JGJ/T 14—2011. 北京：中国建筑工业出版社，2011.

[10-8] 建筑抗震鉴定标准 GB 50023—2009. 北京：中国建筑工业出版社，2009.

[10-9] 房屋建筑抗震设计新技术(建筑抗震设计规范 GB 50011—2001 修订背景材料)北京：中国建筑工业出版社，2005.

［10-10］　建筑抗震设计规范 GB 50011—2010 统一培训教材．北京：地震出版社，2010.

［10-11］　龚思礼等．建筑抗震设计手册(第二版)．北京：中国建筑工业出版社，2002.

［10-12］　刘恢先等．唐山大地震震害．北京：地震出版社，1986.

［10-13］　蔡君馥等．唐山市多层砖房震害分析．北京：清华大学出版社，1981.

［10-14］　韩军，李英民，刘立平等．5·12汶川地震绵阳市区房屋震害统计与分析．重庆建筑大学学报，2008年10月第5期．

［10-15］　贾强，孙剑平．汶川大地震底框结构建筑物震害调查．山东建筑大学学报，2008年12月．

［10-16］　郑怡，张耀庭．汶川地震主要建筑物震害调查及思考．华中科技大学学报(城市科学版)，2009年6月．

［10-17］　王光远．建筑结构的振动．北京：科学出版社，1970.

［10-18］　朱伯龙等．工程结构抗震设计原理．上海：上海科学技术出版社，1982.

［10-19］　吕西林，周德源等．建筑结构抗震设计理论与实例．上海：同济大学出版社，2002.

［10-20］　朱伯龙．砌体结构设计原理．上海：同济大学出版社，1991.

［10-21］　刘大海．房屋抗震设计．西安：陕西科学技术出版社，1985.

［10-22］　朱伯龙，吴明舜等．在周期荷载作用下砖砌体基本性能的试验研究．同济大学学报，1980(2).

［10-23］　朱伯龙，吴明舜．砖混结构房屋的非线性地震反应．同济大学学报，1979(5).

［10-24］　朱伯龙，蒋志贤，吴明舜．外加钢筋混凝土构造柱提高砖混结构房屋抗震性能的研究．同济大学学报，1983(1).

［10-25］　刘锡荟等．用钢筋混凝土构造柱加强砖房抗震性能的研究．建筑结构学报，1981(6).

［10-26］　张立人，施楚贤．钢筋混凝土圈梁与构造柱在垂直荷载作用下承载能力的试验研究．湖南科技大学学报(自然科学版)，1993年第03期．

［10-27］　任振甲．多层砌体房屋中构造柱的设置及功能分析．工程抗震，1995年第03期．

［10-28］　杨玉成等．多层砖房的地震破坏和抗裂抗倒设计．北京：地震出版社，1981.

［10-29］　程才渊，孙恒军，吴明舜，马云凤．配筋混凝土砌块剪力墙抗震性能的试验研究．结构工程师，2001(增刊).

［10-30］　程才渊，吴明舜，孙恒军．配筋混凝土小砌块墙片的抗弯性能试验研究．第八届高层建筑抗震技术交流会论文集，2001.

［10-31］　程才渊，吴明舜等．8～12层混凝土小型空心砌块配筋砌体建筑基本力学性能和抗震性能试验研究报告集．8～12层混凝土小型空心砌块配筋砌体建筑试验研究与试点工程鉴定资料，2002.

［10-32］　张伟，余国英，程才渊．十字形截面配筋砌体墙片的非线性有限元抗剪分析．结构工程师，2009年第1期．

［10-33］　程才渊，柳卫忠，吴明舜．配筋砌块砌体剪力墙平面外偏心受压的有限元分析．新型砌体结构体系与墙体材料(上)．北京：中国建材工业出版社，2010.

［10-34］　程才渊，胡嘉，吴明舜．配筋砌块砌体剪力墙平面外偏心受压试验研究．新型砌体结构体系与墙体材料(上)．北京：中国建材工业出版社，2010.

［10-35］　周德源，程才渊，吴明舜．砌体结构抗震设计．武汉：武汉理工大学出版社，2004.

［10-36］　T. 鲍雷，M. J. N 普里斯特利．钢筋混凝土和砌体结构的抗震设计．北京：中国建筑工业出版社，1999.

［10-37］　周炳章．我国砌体结构抗震的经验与展望．建筑结构，2011(9).

［10-38］　杨春侠，施楚贤等．混凝土多孔砖砌体模型房屋抗震性能研究．建筑结构学报，2006(3).

［10-39］　旋楚贤，黄靓等．框支配筋砌块砌体剪力墙抗震性能试验研究．建筑结构学报，2007(1).

[10-40]　黄靓，施楚贤．配筋砌块砌体结构的模型试验和理论研究．建筑结构学报，2005(3)．

[10-41]　旋楚贤，蔡勇等．配筋混凝土砌块砌体框支剪力墙模型房屋抗震性能试验研究．建筑结构学报，2007(6)．

[10-42]　蔡勇，施楚贤等．配筋砌块砌体剪力墙 1/4 比例模型房屋抗震性能试验研究．土木工程学报，2007(9)．

[10-43]　蔡勇，施楚贤等．配筋混凝土砌块砌体剪力墙位移延性设计方法．湖南大学学报（自然科学版）2005(3)．

[10-44]　吕伟荣，施楚贤等．改进框架支撑模型对剪力墙结构抗震性能的模拟．地震工程与工程振动，2008(5)．

[10-45]　刘桂秋，施楚贤等．砌体剪力墙的受剪性能及其承载力计算．建筑结构学报，2005(5)．

[10-46]　吕伟荣，施楚贤等．高层配筋砌块砌体剪力墙最大适用高度的研究．砌体结构理论与新型墙材应用．北京：中国城市出版社，2007．

[10-47]　FEMA NEHRP Recommended Provisions for Seismic Regulations for New Buildings and other Structures．FEMA-450，2004．

[10-48]　Building Code Requirements for Masonry Structures（ACI 530-02/ASCE 5-02/TMS 402-02）and its Commentary；Specifications for Masonry Structures（ACI 530.1-02/ASCE 6-02/TMS 602-02）and its Commentary．

[10-49]　Chopra A K，Goel R K．A Modal Pushover Analysis Procedure for Eastimating Seismic Demands for Building．Earthquake Engineering and Structural Dynamics，2002，31(3)．

[10-50]　高层建筑混凝土结构技术规程 JGJ 3—2010．北京：中国建筑工业出版社，2011．

[10-51]　苑振芳等．夹心墙设计概述(一)、(二)、(三)建筑结构．技术通讯，2009(7)、(9)、(11)．

[10-52]　配筋混凝土砌体结构拓展应用关键技术研究报告集．湖南大学土木工程学院，长沙市新型墙体材料办公室，2009．

[10-53]　吕伟荣．基于大震安全的高层配筋砌块砌体剪力墙结构房屋抗震性能研究．[清华大学博士后研究报告]．北京：清华大学，2013．